航天知识片头

环球风景名胜

天使宝宝相册

栏目包装片头

速度与激情

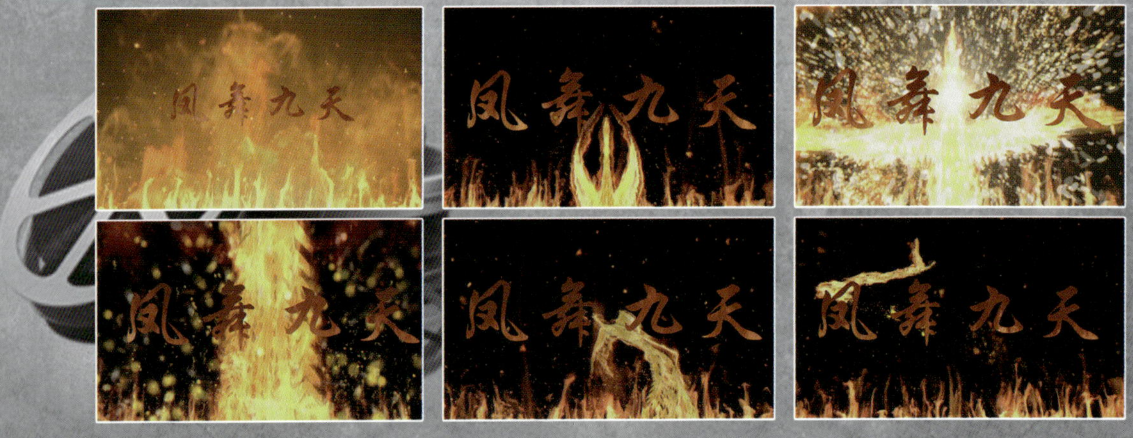

火焰字

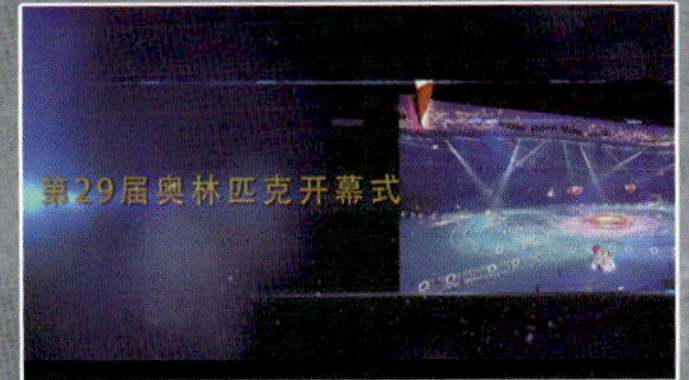

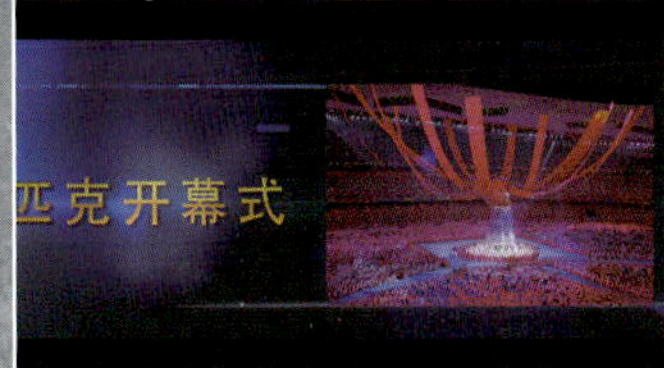

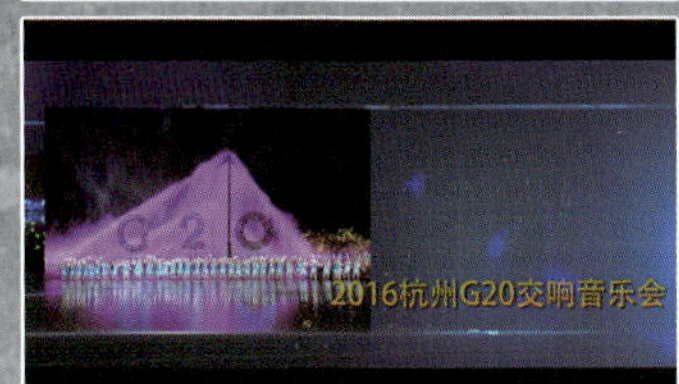

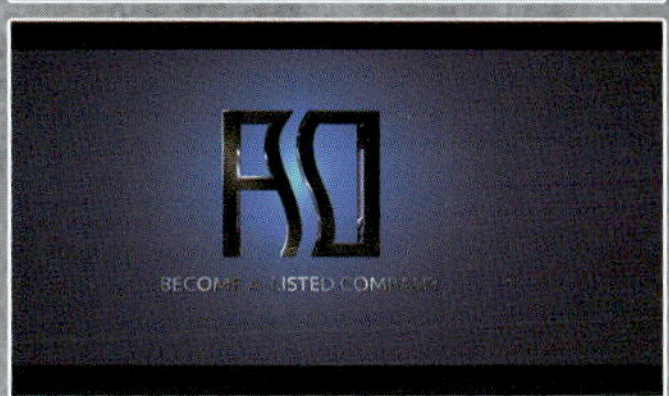

企业宣传片

风车动画

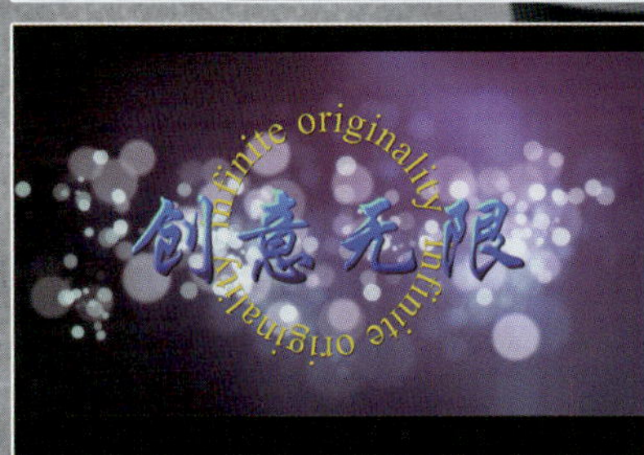

创意文字动画

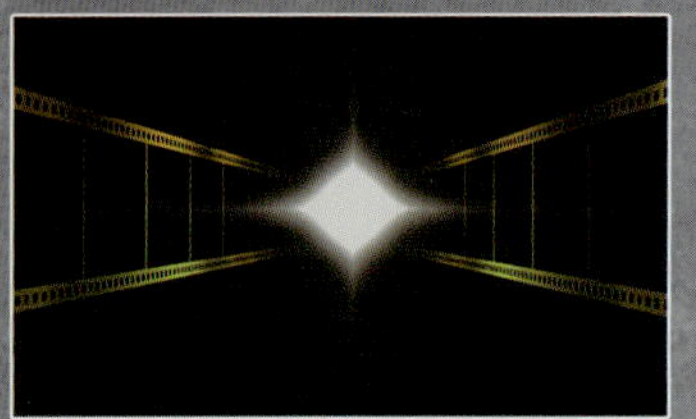

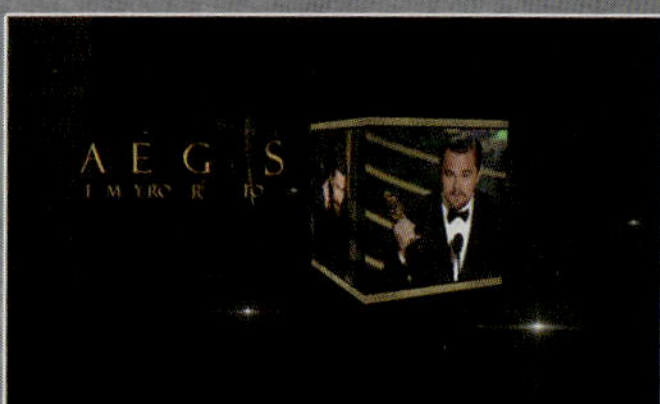
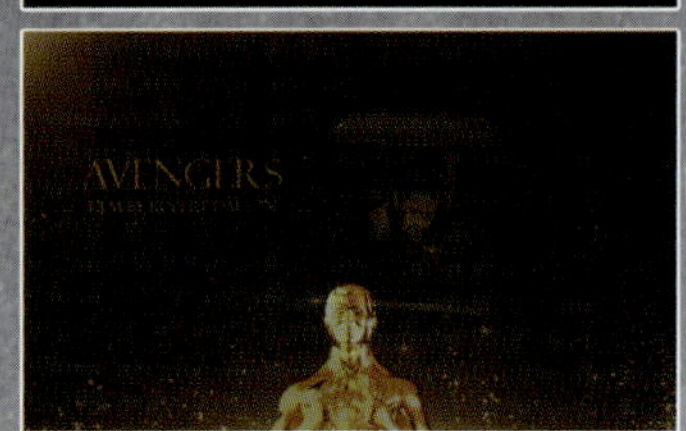

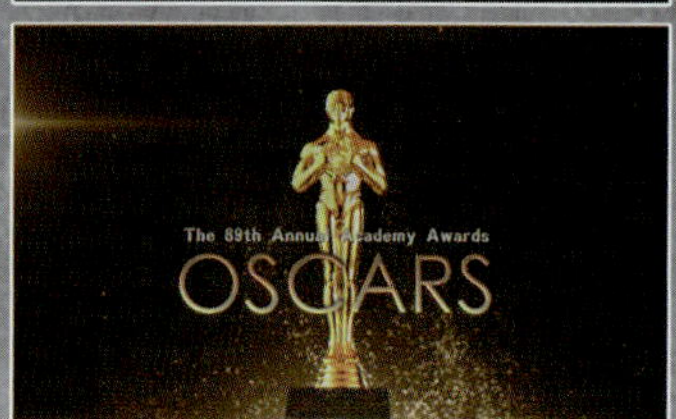

奥斯卡颁奖片头

蝶舞扇子短片

旋转的立方体

动物视频集锦

校企合作计算机精品教材

数字影音后期制作案例教程

主编　霍慧煜　蒋　茜　江　伟

内容提要

Premiere 与 After Effects 是目前最优秀的非线性视频编辑与合成软件，本书按照系统、实用、易学、易用的原则介绍了 Premiere Pro CC 与 After Effects CC 的基本操作及在影视编辑、合成和特效制作方面的应用，内容涵盖 Premiere Pro CC 与 After Effects CC 快速入门、素材的导入与管理、视频编辑、视频切换、视频特效、视频合成与抠像、字幕制作、编辑音频、输出影片、综合应用实战等。

本书可作为各类院校，以及各类计算机教育培训机构的专用教材或相关技能大赛用书，也可供广大电脑爱好者自学使用。

图书在版编目（CIP）数据

数字影音后期制作案例教程 / 霍慧煜，蒋茜，江伟主编. -- 上海 ：上海交通大学出版社，2016（2023 重印）
ISBN 978-7-313-15950-2

Ⅰ. ①数… Ⅱ. ①霍… ②蒋… ③江… Ⅲ. ①视频编辑软件－教材 Ⅳ. ①TP317.53

中国版本图书馆 CIP 数据核字(2016)第 239639 号

数字影音后期制作案例教程
SHUZI YINGYIN HOUQI ZHIZUO ANLI JIAOCHENG

主　　编：霍慧煜　蒋　茜　江　伟
出版发行：上海交通大学出版社　　地　　址：上海市番禺路 951 号
邮政编码：200030　　电　　话：021-64071208
印　　制：北京同文印刷有限责任公司　　经　　销：全国新华书店
开　　本：787mm×1092mm　1/16　　印　　张：26
字　　数：496 千字
版　　次：2017 年 2 月第 1 版　　印　　次：2023 年 11 月第 11 次印刷
书　　号：ISBN 978-7-313-15950-2
定　　价：68.00 元

前言 Preface

Premiere 与 After Effects 是目前最优秀的非线性视频编辑与合成软件，被广泛应用于电视、电影、广告后期制作，以及个人视频制作等领域。

为了帮助各院校学生和广大读者能熟练地使用 Premiere 和 After Effects 进行影视编辑、合成，制作出符合实际应用需要的作品，我们在充分调研各院校关于该门课程教学改革情况的基础上，结合编者丰富的教学经验和影视制作经验编写了本书。

本书内容

- 第 1 章：介绍非线性编辑技术与数字合成技术的相关知识。
- 第 2 章至第 7 章：通过大量案例介绍 Premiere Pro CC 的基本操作，以及在 Premiere Pro CC 中应用视频转场效果、制作视频特效、应用字幕、编辑和混合音频、输出影音文件的操作。
- 第 8 章至第 12 章：通过大量案例介绍 After Effects CC 的基本操作，以及在 After Effects CC 中制作文本特效、进行抠像、应用视频特效和应用三维效果的操作。
- 第 13 章：通过制作四个综合案例，介绍将 Premiere Pro CC 与 After Effects CC 结合使用进行影视合成的方法。

本书特色

（1）精心安排内容。计算机每种软件的功能都很强大，如果将所有功能都一一讲解，无疑会浪费大家时间，而且无任何用处。因此，我们只讲解 Premiere Pro CC 与 After Effects CC 最实用的功能，让读者在最短的时间内掌握这两个软件的功能，能在技能大赛或实际工作中应用这两个软件进行视频编辑、合成和制作特效。

（2）以软件功能和应用为主线。本书突出两条主线，一条是 Premiere Pro CC 与 After Effects CC 软件的功能；另一条是这两个软件在实践中的应用。以软件功能为主线，可使读者系统地学习相关知识；以应用为主线，可使读者学有所用。

（3）采用“精讲理论+典型案例”的教学方式。其中，“精讲理论”是指在每小节开头用最精炼的语言告诉读者这个功能是什么，在实际工作中用在什么地方；“典型案例”是指将功能的具体使用方法和技巧融入到案例中去讲解。这样，既可以让大家边学边练，轻松学习，还可以让大家具备举一反三的能力。

（4）精心设计案例。本书中的案例分为三种类型，一类是讲解 Premiere Pro CC 与 After Effects CC 软件功能的小案例，其目的是让读者通过动手操作掌握软件功能；一类是安排在每节后面，用于巩固所学知识的典型案例；一类是安排在本书最后的综合实战案例。这三类案例都是作者根据多年实际工作经验精心设计的，具有极强的代表性，不仅可以帮助读者循序渐进地学习 Premiere Pro CC 与 After Effects CC 软件的功能，而且可使读者了解如何将所学知识与实践相结合，制作出专业、精美的影视作品。

（5）提供完善的配套资源。本书附赠的资料包中包含符合教学需要的课件和完整的素材，方便老师教学和学生上机练习。

（6）很好地适应了教学需要。本书在安排各章内容和案例时严格控制篇幅和案例的难易程度，从而很好地适应了教学需要。

本书读者对象

本书可作为各类院校，以及各类计算机教育培训机构的专用教材，也可供广大影视制作爱好者自学使用。

教学资源下载

本书配有精心制作的教学课件，并且书中用到的全部素材和制作的全部实例都已整理和打包，读者可以登录文旌综合教育平台“文旌课堂”（www.wenjingketang.com）下载。如果读者在学习过程中有什么疑问，也可登录该网站寻求帮助，我们将会及时解答。

本书创作队伍

本书由霍慧煜、蒋茜、江伟担任主编，杨路、成孝俊、任姚鹏、周西平、王红日、高乃尧担任副主编。

为学习贯彻党的二十大精神，提升课程铸魂育人效果，本书专门在扉页“教·学资源”二维码中设计了相应栏目，以引导学生践行社会主义核心价值观，涵养学生奋斗精神、敬业精神、奉献精神、创新精神、工匠精神、法制精神、绿色环保意识等。

尽管我们在编写本书时已竭尽全力，但书中仍可能会存在问题，欢迎读者批评指正。

目录

第1章　数字影音后期制作概述

数字影音后期制作是指将拍摄或收集的视频素材与图形、图像、声音、动画及字幕等元素组合，并以艺术手法进行剪辑与合成，最终制作出影视作品的过程。了解非线性编辑技术、数字合成技术和数字影音后期制作软件，是学习数字影音后期制作的第一课。

第2章　Premiere Pro 基本操作

Premiere Pro CC 是由 Adobe 公司开发的一款专门用于视频后期处理的非线性编辑软件，广泛应用于电视节目和广告制作、电影剪辑等领域。利用它可以快速对视频进行剪辑、添加特效和转场，以及对数码照片和音频等进行编辑处理。本章将介绍在 Premiere Pro CC 中导入、捕捉和创建素材，以及剪辑音视频素材的方法。

第 3 章 Premiere Pro 视频转场效果

一部完整的影视作品是由一个个镜头拼接而成的，镜头与镜头间的切换称为转场或过渡。有时镜头间只是简单地衔接起来，这种方式称为硬切；但有时镜头间需要具有较为柔和的过渡，此时硬切便无法满足影视作品的需要了。Premiere Pro CC 为用户提供了诸如淡入淡出、渐黑渐白等多种视频过渡效果，让用户轻松制作出精彩的影视作品。

第 4 章 Premiere Pro 视频特效

Premiere Pro CC 具有强大的运动特效功能，通过为视频、静态图片、字幕等素材片段添加运动特效，可以使其产生移动、缩放和变形等动画效果。同时，Premiere Pro CC 还拥有强大的视频特效功能，用户可通过为素材片段添加各种视频特效，使其产生动态的扭曲、模糊、风吹和幻影等效果，以增强影视作品的视觉效果，使其更加吸引观众。

第 5 章 Premiere Pro 字幕应用

在制作影视作品的过程中，经常需要为作品添加文字说明、对白字幕、片头片尾的标题及演职员表等，这些都属于字幕的范畴。Premiere Pro CC 提供了强大的字幕设计功能，用户可以创建各种静态及动态文本字幕，以及为字幕设置各种漂亮的外观。

第 6 章 Premiere Pro 音频编辑与混合

声音是一部影视作品不可或缺的组成部分。Premiere Pro CC 为用户提供了多种便捷的音频处理功能，让用户可以根据自身需要对音频进行编辑、合成，还可以为音频添加过渡效果和音频特效等。

第 7 章 影音文件输出

影视作品制作完成后，需要将其输出，才能供观众欣赏。用户除了可以利用 Premiere Pro CC 的“导出设置”对话框直接输出序列外，还可以使用 Adobe Media Encoder CC 工具将制作好的序列批量输出为不同格式的音视频和图像文件。

第 8 章 After Effects 基本操作

After Effects CC 是由 Adobe 公司推出的一款用于制作专业视频特效的影视后期合成软件，它借鉴了许多优秀软件的长处，将视频特效合成推向了一个新的高度，广泛应用于电影、电视、广告和网络视频的后期制作。本章将介绍 After Effects CC 的基本操作，包括图层的基础知识和创建关键帧动画的方法等。

第 9 章 After Effects 文本特效

在影视作品中，文本除了可以用于制作标题、字幕和说明信息外，还经常作为装饰图形使用。After Effects CC 的文本功能非常强大，与 Premiere Pro CC 相比，其特效更加丰富，动画控制也更为精准。

第 10 章 在 After Effects 中抠像

所谓抠像，就是将视频、图像等素材中的指定颜色或特定区域变为透明，从而显示出下层素材的画面，实现两层画面叠加合成的一种技术手段。抠像在影视合成中具有非常重要的作用，是学习影视后期制作必须掌握的基本技能之一。After Effects CC 提供了强大的抠像功能，可以让用户随心所欲地抠取出需要的视频区域。

第 11 章 After Effects 视频特效

After Effects CC 为用户内置了丰富的视频特效，利用这些特效可以制作出各种神奇的视觉效果，通过为特效参数创建关键帧还可以制作特效动画。

第 12 章 After Effects 三维效果应用

利用 After Effects CC 的三维功能，可以为二维图像或视频创建三维效果，以满足影视合成的需求。

第 13 章 综合应用实战

通过前面章节的学习，我们已经掌握使用 Premiere Pro CC 和 After Effects CC 编辑、合成视频和制作视频特效的方法，本章将综合运用前面所学知识，使用 Premiere Pro CC 和 After Effects CC 制作几个精彩的影视作品。

第 1 章　数字影音后期制作概述

数字影音后期制作是指将拍摄或收集的视频素材与图形、图像、声音、动画及字幕等元素组合，并以艺术手法进行剪辑与合成，最终制作出影视作品的过程。了解非线性编辑技术、数字合成技术和数字影音后期制作软件，掌握影视制作的必备知识，是学习数字影音后期制作的第一课。

学习目标

- 了解非线性编辑技术
- 了解数字合成技术
- 了解数字影音后期制作软件
- 掌握影视制作必备知识

1.1　非线性编辑技术

如今，影视后期制作已经完成了革命性飞跃，从早期模拟视频的线性编辑时代迈入到了数字视频的非线性编辑时代。非线性编辑（简称非编）借助计算机进行数字化制作，直接从硬盘中以帧或文件的方式随意存取和编辑素材，非常方便、高效。

1.1.1　非线性编辑的概念

非线性编辑（Non-Linear Editing）是指以计算机为操作平台，配合软硬件对原始素材通过随机存取的方式反复进行各种编辑操作，并把最终编辑好的结果高质量地输出到计算机硬盘、磁带、录像机和光盘等存储介质上的过程。

与早期需要两台以上的录像机，从不同的磁带合成到一盘磁带的线性编辑方式相比，非线性编辑能立即重新排列、替换、增加、删除和修改映像数据，实现快速完成影视后期剪辑合成及其他特技制作的目的。

从狭义上讲，非线性编辑是指剪切、复制和粘贴素材时无须在磁带、录像带等存储介质上重新安排它们；从广义上讲，非线性编辑是指在用计算机编辑视频的同时，还能轻易实现诸多处理效果，如特技、字幕、转场等。

知识库

传统的录像带编辑、素材存放都是有次序的，必须反复搜索，并在另一个录像带中重新安排它们，因此称为线性编辑。线性编辑方法必须按顺序寻找所需要的视频画面，且无法在已有的画面之间插入一个镜头，也无法删除一个镜头，除非把这之后的全部画面重新录制一遍。这种方法常常会因为一个细节而重新编辑，效率非常低，且影视作品质量不高，因此已经基本淘汰。

1.1.2 非线性编辑的特点

非线性编辑的特点主要体现在以下几个方面。

（1）图像信号质量高。非线性编辑的素材是以数字信号的形式存入到计算机硬盘中的，可以随调随用。采集的时候，一般用分量采入，或用串行数字接口采入，信号基本上没有衰减。另外，图像信号的质量可以通过数字压缩技术进行控制。

（2）要编辑和处理的是数字视频文件，在计算机中可以对其重复使用和随意编辑而不影响质量。剪辑过程中的随意修改、复制和调整画面顺序只是针对编辑点的特技效果的记录，因此不会影响画面的质量。

（3）可以对采集的原始素材进行实时编辑和预览，且工作流程比较灵活，可以不按时间顺序编辑，可以方便地对素材进行查找、定位、设置出点和入点等。

（4）编辑影视作品的精度高，具有丰富的特技、字幕、音频处理等功能，可以充分发挥编辑人员的创造力和想象力。

（5）内容交换与交流方便。各种格式的多媒体文件都可以在非线性编辑系统中调出使用；可以兼容各种视频、音频设备，也便于输出录制成各种格式的影视文件。

（6）非线性编辑系统的硬件高度集成化、小型化，可靠性高，且可以方便地与其他非线性编辑系统和个人计算机实现协同创作与网络资源共享。

1.1.3 非线性编辑的工作流程

任何非线性编辑的工作流程，都可以简单地分为输入、编辑和输出 3 个步骤。当然，由于不同软件功能的差异，其使用流程还可以进一步细化。例如，Premiere Pro 的使用流程可分为以下 5 个步骤。

1．采集与输入素材

采集就是利用 Premiere Pro，将模拟视频、音频信号转换成数字信号存储到计算机中，或者将外部的数字视频存储到计算机中，使之成为可以处理的素材。输入主要是把其他软件处理过的图像、声音等素材，导入到 Premiere Pro 中。

2．编辑素材

编辑素材就是设置素材的入点与出点，以选择最合适的部分，然后按时间顺序组接不同素材的过程。

3．添加转场和特效

通过为视频和音频素材添加转场和特效，可以制作场景和声音的自然转换、不同画面的合成叠加，以及一些令人震撼的画面和声音效果。配合某些硬件，Premiere Pro 还能够实现特技播放。

4．制作字幕

字幕是影视作品的重要组成部分，它包括文字和图形两个方面。在 Premiere Pro 中，可以方便地制作多种效果的静态字幕和动态字幕，且有大量的模板可以选择。

5．输出与生成

影视作品制作完成后，可以利用 Premiere Pro 将其输出回录到录像带上，也可以生成多种格式的视频文件，发布到网上或刻录 VCD 和 DVD 等。

1.2　数字合成技术

数字合成技术是指在计算机中使用相应软件对多种原始素材进行加工处理，从而形成具有丰富声画效果的影视作品。它在影视节目后期制作中扮演着越来越重要的角色。如今，国内外影视大片及电视片头、广告、MTV 等几乎都使用了数字合成技术，如图 1-1 所示。

图 1-1　影视作品中的酷炫画面

早期的影视合成技术主要是通过特技摄影、模型制作和光学合成等手段，在拍摄阶段和洗印胶片过程中完成的，效果有限，且操作繁杂。计算机的使用为影视合成提供了更多、更好的手段，合成技术的改进在很大程度上提升了视听效果。

需要注意的是，数字合成技术不单纯是对某一种软件的操作能力，它还涵盖了一定的理解能力、审美能力和创造能力等。在进行影视合成时，切忌盲目、无新意地堆砌合成特效，而应有明确的表现目的，这样才能制作出优秀的影视作品。

1.3 数字影音后期制作软件

如前所述，非线性编辑技术相当于将传统线性编辑系统中的录像机、编辑机、字幕机、切换台、调音台等外部设备集成到了一台计算机中。现在用户使用一台普通计算机并配合相应的后期制作软件，随时随地都可以实现影视作品的后期剪辑。

数字影音后期制作软件有很多，其中，Adobe 公司推出的非线性编辑软件 Premiere Pro 和后期合成软件 After Effects，是目前应用最为广泛的两款音视频编辑与合成软件。

1.3.1 Premiere Pro CC 简介

Premiere Pro 是目前最流行的非线性编辑软件，也是全球用户数量最多的非线性视频编辑软件，Premiere Pro CC 是其最新系列版本。Premiere Pro 提供了强大的动态音视频编辑功能，以往需要多种专业设备和专业技能相互配合使用才能实现的效果，现在可以使用 Premiere Pro 轻松实现。

Premiere Pro 的主要功能包括以下几点。

- 采集和导入：采集摄像机或磁带录像机中的音视频，存放到计算机中；导入计算机中已有的各种格式的视频、音频、图形和图像等素材。
- 剪辑素材：可通过设置入点和出点对视频、音频、图形和图像等素材进行剪辑。
- 创建运动动画：可通过设置素材的位置、大小、角度和透明度，以及创建关键帧等，来制作各种运动动画。
- 创建切换和特效：可为视频、音频、图形和图像等素材添加各种切换效果和特效，还可通过键控特效对视频进行抠像和合成。
- 创建字幕：可创建静态字幕和动态字幕。
- 编辑音频：调整音量和增益、调节声道等。
- 输出影片：可将制作好的作品输出为多种格式的文件。

1.3.2　After Effects CC 简介

After Effects（简称 AE）是目前使用最广泛的影视后期合成软件，After Effects CC 是其最新系列版本，它借鉴了许多优秀软件的成功之处，将视频特效合成提升到了新的高度。

知识库

① 层的引入，使 AE 可以对多层的合成图像进行控制，制作出天衣无缝的合成效果；② 关键帧、路径的引入，使 AE 对二维动画的制作游刃有余；③ 高效的视频处理系统，确保了高质量视频的输出；④ 强大的特技系统，使 AE 能更完美地实现用户的创意。

After Effects 的主要功能包括以下几点。

- **多层剪辑：**层的运用，使 After Effects 可以实现视频及静态图像的无缝合成。
- **关键帧编辑：**在 After Effects 中，关键帧支持所有层属性，在不同关键帧中设置层属性，After Effects 会自动处理关键帧之间的变化，形成动画。
- **路径功能：**通过创建动画路径，可使动画中的对象沿指定路径运动。
- **Mask（遮罩）功能：**通过在 After Effects 中应用 Mask（遮罩）功能，可以有选择地显示影像中的某一部分。
- **应用三维效果：**在 After Effects 中可将二维效果转换为三维效果。
- **特效应用：**After Effects 拥有多种特效，可制作出丰富多彩的特技效果。

提　示

Adobe CC 系列产品（包括 Photoshop CC、Illustrator CC、Dreamweaver CC、Flash CC、Premiere Pro CC、After Effects CC 等）自 2013 年 6 月 18 日正式发布以来（从此取代了 CS 系列），一直在不断完善和更新，功能越来越强大。

本书将基于 Premiere Pro CC 2015.2（v9.2）版和 After Effects CC 2016.0（13.8.0.37）版进行讲解，建议读者安装与本书一致的软件版本，以便于学习。

1.4　影视制作必备知识

在学习数字影音后期制作之前，读者应先了解一些影视制作的必备知识。

1.4.1 视频编辑常见概念

1．帧和帧速率

电影和电视中显示的动态影像实质上是由一幅幅静态图片连续播放形成的，由于人眼具有视觉暂留的特性，就会认为图片中的静态元素动了起来。组成视频的每一幅静态图像称为“帧”，而每秒钟显示的图片数量就称为帧速率，单位是帧/秒（fps）。

在播放视频的过程中，播放效果的流畅程度取决于帧速率。目前，电影画面的帧速率为 24 fps，而电视画面的帧速率则为 25 fps 或 30 fps。

2．扫描方式和场

现代人观看视频的渠道越来越多，如电视机、电脑显示器、手机屏幕等，大家在观看视频所呈现的精彩画面的同时，是否想过每一幅（帧）画面是如何显示出来的呢？

早期的 CRT 电视机和显示器以电子枪扫描的方式显示图像。其中，显示器采用的是逐行扫描，即从图像左上角开始由左向右水平扫描，当扫描点到达图像右侧边缘时，快速返回左侧进行另一行扫描，由此以点成线，以线成面，最终完成一幅图像的显示。

传统电视机采用隔行扫描来显示图像，该方式下，电子枪首先扫描图像的奇数行（或偶数行），当扫描完所有的奇数行（或偶数行）后，再使用相同方法扫描偶数行（或奇数行）以填补上一场扫描留下的空缺，即分两场显示一幅图像，如图 1-2 所示。由此可见，场速率是帧速率的 2 倍。例如，若视频播放速度为 30 帧/秒，实质每秒需要播放 60 场画面。

图 1-2　隔行扫描和场

隔行扫描又分为上场优先和下场优先两种表现形式。其中，上场优先也称为奇场优先，即优先扫描奇数行（1，3，5，7，9……）；下场优先也称为偶场优先，即优先扫描偶数行

（2，4，6，8，10……）。

在 Premiere Pro 中创建序列和输出作品时，需要正确设置扫描方式。如果设置为隔行扫描，则还需要正确设置场序，否则播放时会出现画面抖动的问题。至于应该设置为哪种扫描方式，以及上场优先还是下场优先，可根据素材自身的场和作品的应用来决定。例如，若作品是拿到电视台播放，则需要根据电视台的要求设置场序。

知识库

一般情况下，逐行扫描（Progressive Scanning）用字母 p 表示，隔行扫描（Interlace Scanning）用字母 i 表示。一副静态画面是由线组成的，1080p/1080i 表示垂直方向有 1080 条水平扫描线，这些线按自上而下的顺序完成扫描。如果采用连续的扫描，就称为逐行扫描（p）；如果采用跳行的扫描，就称为隔行扫描（i）。

逐行扫描的图像画面平滑、无闪烁；隔行扫描行间闪烁比较明显，会造成锯齿现象，这是由组成单一帧的两个视场间的相对位移造成的。1080i 每秒显示 30 个完整画面，而 1080p 每秒显示 60 个完整画面，故 1080p 的画面比 1080i 更加稳定、流畅。通常而言，1080i 比较适合纪录片等，而 1080p 比较适合电影或者运动图像等。

3．视频时间码

时间码用来确定视频的长度，识别和记录视频数据流中的每一帧。从一段视频的起始帧到终止帧，其间的每一帧都有一个唯一的时间码，从而方便对视频进行精确定位和编辑。目前常用的时间码是由美国电影电视工程师协会（SMPTE）制定的，其格式为：

小时（h）：分钟（m）：秒（s）：帧（f）

例如，一个视频片段的长度为 00:01:30:12，表示它持续播放 1 分钟 30 秒 12 帧。

4．像素和分辨率

像素和分辨率都是影响视频质量的重要因素，与视频的播放效果有着密切联系。

像素是组成图像的最基本元素，每个像素只能显示一种颜色，各个像素共同组成了整幅图像。至于分辨率，则是指一幅图像中像素的数量，通常用“水平方向像素数量×垂直方向像素数量”的方式来表示，例如 720×576、1280×720、1920×1080 等。

像素和分辨率对视频质量的影响在于：在画面尺寸相同的情况下，分辨率越大，像素数量也就越多，视频的清晰度也就越高；反之，视频画面的清晰度也就越低。

提　示

在传统电视机中，视频画面的垂直分辨率表现为每帧图像中水平扫描线的可视数量。至于水平分辨率，则是每行扫描线中包含的像素数。

5. 帧宽高比和像素宽高比

帧宽高比即视频画面的宽高比，电视视频的常见规格为标准的4∶3和宽屏的16∶9，如图1-3所示，一些电影具有更宽的比例。至于像素宽高比，则是指视频画面内每个像素的长宽比，具体比例由视频所采用的视频标准决定。

（a）4∶3画面

（b）16∶9画面

图1-3　帧宽高比

计算机显示器一般使用正方形像素显示画面，其像素宽高比为1.0；电视机一般使用矩形像素，如标准PAL电视制式的像素宽高比为1.07，宽屏PAL制式的像素宽高比为1.42。这也是为什么标准和宽屏PAL电视制式的分辨率都为720×576，但视频画面的宽高比一个是4∶3，一个是16∶9的原因。视频画面的宽高比是由分辨率和像素宽高比共同决定的。

6. 电视制式

电视制式是实现电视画面、伴音及其他电视信号正常传输与重现的方法与技术标准，因此也称为电视标准。电视制式的出现，保证了电视机、视频及其他相关设备之间所用标准的统一或兼容。目前世界上通用的电视制式有NTSC制、PAL制和SECAM制3种。

- **NTSC制式：**由美国国家电视标准委员会（National Television Standards Committee，NTSC）制定，视频帧速率为29.97 fps，扫描线为525行，分辨率为720×480像素，隔行扫描，每秒约播放60场画面。采用NTSC制式的国家和地区有美国、加拿大、墨西哥、日本、韩国和中国台湾等。

提　示

在扫描显示视频画面的过程中会产生逆程线。例如，扫描线为525行，其中会产生45行左右的逆程线，实际有效扫描线（即构成图像的扫描线）只有480行左右，因此可视垂直分辨率为480像素左右。

- **PAL 制式：** PAL 是英文 Phase Alteration Line 的缩写，这种制式的视频帧速率为 25 fps，扫描线为 625 行，分辨率为 720×576 像素，隔行扫描。采用 PAL 制式的国家和地区有中国、绝大部分欧洲国家、南美和澳大利亚等。
- **SECAM 制式：** SECAM 是法文 Sequentiel Couleur A Memoire 的缩写，它与 PAL 制式有着相同的帧速率和扫描线数，但其色度信号的调制方式与 NTSC 和 PAL 制式不同，它不怕干扰，彩色效果好，但兼容性差。采用 SECAM 制式的国家和地区有俄罗斯、法国、中东和大部分非洲国家等。

提　示

电视制式是电视独有的一种标准，如果制作的影视作品要在国内电视上播放，在 Premiere Pro 中新建和输出序列时应选择 PAL 制式。

7. 标清、高清和超高清

如果将视频从画面清晰度来分类的话，可分为标清（SD）、高清（HD）和超高清（UHD）三种层次，它们是分辨率上的差别，而不是文件格式上的差异。

- **标清（SD）：** 即视频的垂直分辨率在 720p 以下。例如，分辨率在 400 线左右（通常为 480p）的 VCD、DVD、电视节目等。
- **高清（HD）：** 即视频的垂直分辨率达到 720p 以上。关于高清的标准，国际上公认的有两条：① 视频垂直分辨率超过 720p 或 1080i；② 视频宽高比为 16∶9。
- **超高清（UHD）：** 国际电信联盟最新批准的信息显示，“4K 分辨率（3840×2160 像素）”的正式名称被定为“超高清”。同时，这个名称也适用于“8K 分辨率（7680×4320 像素）”。

知识库

一般使用垂直分辨率来界定视频属于标清还是高清。在描述视频的垂直分辨率时，通常都会在分辨率后添加 p 或 i 标识，以表明视频在播放时采用逐行扫描（p）还是隔行扫描（i）。1080p（即视频的垂直分辨率为 1080 线逐行扫描）是高清的顶级规格，因此又被称为“全高清（FHD）”。

1.4.2　常见的视频编码和视频格式

在制作影视作品的过程中，经常会遇到有些视频文件无法导入软件中进行编辑，或导入后播放不正常等问题。一般情况下，这些问题都是由视频素材的编码引起的。

什么是视频编码呢？所谓视频编码，是指使用特定技术对视频进行压缩，在尽量不损害播放效果的情况下减少视频体积的一种方式。

常用的视频编解码标准有国际电联制定的 H.261、H.263、H.264，运动静止图像专家组制定的 M-JPEG 和国际标准化组织制定的 MPEG 系列标准。此外，在互联网上广泛应用的还有 Real-Networks 公司的 RealVideo，微软公司的 WMV、VC-1，以及苹果公司的 QuickTime 等。

知识库

要在电脑中播放和处理视频，需要安装相应的编解码器。例如，大多数视频播放器都包含了各种视频编解码器，播放视频的过程其实就是使用相应的编解码器对视频进行解码的过程。如果电脑中没有某类视频编解码器，将无法播放使用该编码的视频。例如，若没有 RealVideo 编解码器，将无法播放 RM 或 RMVB 格式的视频。

不同编码标准对视频的压缩方式不同，视频的大小和清晰度也不同。目前常用的高清视频编码标准有 H.264、MPEG-2 和 VC-1 等。MPEG-2 是 DVD 视频使用的编码标准，属于编码标准中的老一辈成员。H.264 是目前流行的视频编码标准，它最大的特点是具有极高的压缩比，在同等的视频质量下，H.264 的数据压缩率比 MPEG-2 高 2～3 倍。H.264 的缺点是计算复杂，对计算机的配置要求较高。VC-1 编码的数据压缩率介于 H.264 与 MPEG-2 之间，画质表现方面与 H.264 接近，但其对硬件的要求较低。

需要注意的是，我们常说的诸如 AVI、MP4 等视频格式与视频编码是不同的概念，但二者有一定的联系。视频格式指的是对编码后的视频流进行封装的方式。采用相同编码的视频流可以使用不同的格式进行封装。目前常见的视频格式如表 1-1 所示。

表 1-1　常见的视频格式

格式	格式说明
AVI	微软推出的视频格式，可用来封装多种编码的视频流，如 DivX、XviD（这两种编码都属于 MPEG 系列编码）、RealVideo、H.264、MPEG-2、VC-1 等
MKV	与 AVI 格式一样，可用来封装多种编码的视频流，被誉为万能封装器
MOV	苹果公司开发的音视频文件格式，常用来封装 QuickTime 编码的视频流，可以提供体积小、质量高的视频
ASF	微软公司主推的一种网络视频格式，常用来封装采用 WMV、VC-1 编码的视频流，具有很高的压缩比
RM/RMVB	用来封装采用 RealVideo 编码的音视频流，优点是具有很高的压缩比，缺点是多数视频编辑软件不支持 RealVideo 编码，需要转码才能使用

续表

格式	格式说明
TS	高清视频专用的封装容器，多见于原版的蓝光、HD DVD 转换的视频影片，这些影片一般采用 H.264、VC-1 等最新的视频编码
MP4	目前被广泛应用于封装 H.264 视频和 ACC 音频
3GP	相当于 MP4 格式的简化版本，但文件体积更小，是手机上经常使用的视频格式。3GP 格式支持多种视频编码，如 H.263、H.264 和 MPEG-4 等

1.4.3 常见的图像格式和音频格式

制作影视作品时，除了要使用视频素材外，还经常需要使用图像和音频素材，下面介绍常见的图像格式和音频格式，分别如表 1-2 和表 1-3 所示。

表 1-2 常见的图像格式

格式	格式说明
BMP	微软推出的图像格式，采用无损压缩，图像质量高，但文件稍大
JPG	一种压缩率很高的图像文件格式。由于它采用的是具有破坏性的压缩算法，因此会降低图像的质量
GIF	网络上经常使用的图像文件格式，支持透明背景和动画，但由于它最多只包含 256 种颜色，因此很少在视频软件中使用
PNG	支持 8、24、32 位图像，具有很高的压缩比，支持透明
TIFF	采用无损压缩方式来存储图像信息，图像质量高
PSD	Photoshop 的专用文件格式，可保存图层和透明信息，可以很好地与 Premiere Pro 软件进行无缝结合
AI	Illustrator 的标准文件格式，用来保存矢量图形，同样可以很好地与 Premiere Pro 软件进行无缝结合
TGA	计算机上应用非常广泛的一种图像格式，具有体积小和图像质量高的优点，并且支持透明。TGA 格式常作为影视动画的图像序列输出格式

表 1-3　常见的音频格式

格式	格式说明
WAV	微软公司开发的一种音频文件格式，被大多数应用程序支持。标准 WAV 格式的音频文件的音质和 CD 相差无几
AIFF	苹果公司开发的一种音频文件格式，与 WAV 相似，被大多数应用程序支持
MP3	一种采用有损压缩的音频文件格式，其压缩率可达 1∶10。由于 MP3 文件体积小，音质也不错，因此成为网络上最流行的音频文件格式
WMA	微软力推的一种音频文件格式，其压缩率可达 1∶18，音质与 MP3 差不多

1.4.4　制作影视节目的基本流程

随着影视产业的不断发展，影视节目制作已经形成一个完整的科学体系，其基本流程如下。

1．前期准备

在制作影视节目时，应先由创意部门进行节目构思，确立节目主题，搜集相关资料，确定节目脚本。脚本通过审议后，由创意部门将节目脚本及相关材料呈递给制作部门，制作部门针对拍摄脚本对灯光、音乐、布景、演员造型、道具和服装等进行全面准备。

2．现场录制

首先按照拍摄方案进行排演，排演通过导演的审议后，由摄制组按照拍摄脚本进行拍摄工作。在拍摄的过程中，应根据分镜头剧本安排镜头序列、景别和角度等，还应注意备份镜头的拍摄。

3．后期制作

后期制作主要包括初剪、正式剪辑、特效合成、配音和配乐、整合输出几个步骤，下面分别进行介绍。

- **初剪：**也称粗剪。在初剪阶段，导演会将拍摄素材按照脚本的顺序拼接起来，剪辑成一个没有特效、配音和字幕的版本，该版本称为 A 复制。
- **正式剪辑：**A 复制获得认可后，就进入了正式剪辑阶段，该阶段也称为精剪。在精剪阶段会对 A 复制中的不足进行修改。
- **特效合成：**根据脚本的需要，将特效合成到影片中。

- **配音和配乐：**根据影片需要录制对白、旁白和音乐等，并由音效剪辑师为影片添加音效。
- **整合输出：**制作影视节目的最后一道工序就是将制作好的视频和音频元素精确地合成在一起，并输出到电视播出或储存到其他媒体介质。

本章总结

本章主要介绍了非线性编辑技术、数字合成技术、数字影音后期制作的常用软件，以及影视制作的必备知识。在学完本章内容后，读者应重点掌握以下知识。

- 非线性编辑是影视后期制作中采用的一种现代剪辑方式，它借助计算机对原始素材进行数字化制作，可以随意存取、反复编辑。
- 数字合成技术是指在计算机中使用相应软件对多种原始素材进行加工处理，从而形成具有丰富声画效果的影视作品。
- Adobe 公司推出的非线性编辑软件 Premiere Pro 和后期合成软件 After Effects，是目前应用最为广泛的两款音视频编辑与合成软件。
- 组成视频的每一幅静态图像称为“帧”；每秒显示的图片数量称为帧速率，单位是帧/秒（fps）。
- 视频时间码的格式为：小时（h）：分钟（m）：秒（s）：帧（f）。
- 像素和分辨率都是影响视频质量的重要因素，与视频的播放效果有着密切联系。
- 帧宽高比是指视频画面的宽高比，如标准的 4∶3 和宽屏的 16∶9；像素宽高比是指视频画面内每个像素的长宽比，它由视频标准决定。
- 目前世界上通用的电视制式有 NTSC 制、PAL 制和 SECAM 制 3 种，我国采用的是 PAL 制。
- 如果将视频从画面清晰度来分类的话，可分为标清（SD）、高清（HD）和超高清（UHD）三种层次，它们是分辨率上的差别，而不是文件格式上的差异。
- 制作影视节目的基本流程为：前期准备>现场录制>后期制作。

思考与练习

一、选择题

1．下列不属于非线性编辑特点的是（　　）。

A．图像信号质量高　　B．信号质量可控

C．配置要求高　　D．兼容性好

2．数字合成技术不单纯是对软件的操作，还应具有一定的（　　）。

A．美术功底　　B．审美能力和创造能力

C．沟通能力　　D．应变能力

3．下列不属于 Premiere Pro 主要功能的是（　　）。

A．剪辑素材　　B．创建运动动画

C．创建切换和特效　　D．应用三维效果

4．下列不属于 After Effects 主要功能的是（　　）。

A．创建字幕　　B．特效应用

C．关键帧编辑　　D．多层剪辑

5．下列不属于目前世界通用电视制式的是（　　）。

A．NTSC 制式　　B．DVB-T 制式

C．PAL 制式　　D．SECAM 制式

6．下列不属于后期制作步骤的是（　　）。

A．制作分镜头　　B．初剪

C．正式剪辑　　D．特效合成

二、简答题

1．什么是非线性编辑？非线性编辑有什么特点？

2．什么是数字合成技术？

3．Premiere Pro 的主要功能是什么？

4．After Effects 的主要功能是什么？

5．什么是逐行扫描？什么是隔行扫描？

6．像素和分辨率对视频质量有什么影响？

7．常见的视频编解码标准有哪些？

8．制作影视节目的基本流程是怎样的？

第 2 章　Premiere Pro 基本操作

Premiere Pro CC 是由 Adobe 公司开发的一款专门用于视频后期处理的非线性编辑软件，广泛应用于电视节目和广告制作、电影剪辑等领域。利用它可以快速对视频进行剪辑、添加特效和转场，以及对数码照片和音频等进行编辑处理。本章将介绍 Premiere Pro CC 的工作界面，创建项目和序列的方法，导入、捕捉和创建素材的方法，以及在 Premiere Pro CC 中剪辑音视频素材的方法。

学习目标

- 熟悉 Premiere Pro CC 的工作界面
- 掌握创建项目和序列的方法
- 掌握导入、捕捉和创建素材的方法
- 掌握剪辑音视频素材的方法

2.1　初识 Premiere Pro CC

Premiere Pro CC 是一款功能十分强大且易于使用的非线性视频编辑软件，无论是影视制作专业人士还是业余爱好者，都可以用它制作出精彩的作品。下面，我们就来启动 Premiere Pro CC，熟悉一下它的工作界面。

2.1.1　启动 Premiere Pro CC

要启动 Premiere Pro CC，可按以下步骤进行操作。

步骤 1▶ 单击“开始”按钮，在弹出的菜单中选择“所有程序”>“Adobe”>“Adobe Premiere Pro CC”菜单。

步骤 2▶ 启动 Premiere Pro CC 后，会打开图 2-1 所示的欢迎界面，在该界面中可以新建项目或打开已有的项目。

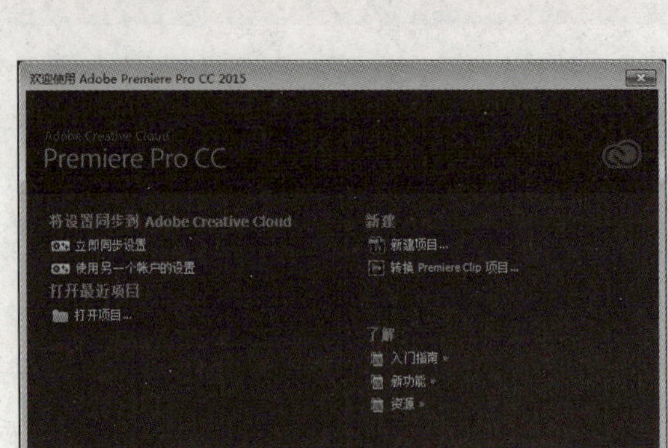

图 2-1　Premiere Pro CC 的欢迎界面

2.1.2　创建项目和序列

要进入 Premiere Pro CC 的工作界面，首先要创建项目文件或打开已有的项目文件。下面介绍创建和打开项目文件的方法。

步骤 1▶ 在欢迎界面单击“新建项目”按钮，打开“新建项目”对话框，在“名称”文本框中输入项目名称，在“位置”文本框中设置项目文件的保存路径（也可单击右侧的“浏览”按钮，在打开的“请选择新项目的目标路径”对话框中进行设置），“常规”选项卡中的选项保持默认参数不变，如图 2-2（a）所示。

步骤 2▶ 单击“新建项目”对话框中的“暂存盘”选项卡，可设置所捕捉视频和音频的暂存盘位置，以及视频预览和音频预览的暂存盘位置等，本例保持默认的“与项目相同”选项不变，如图 2-2（b）所示。

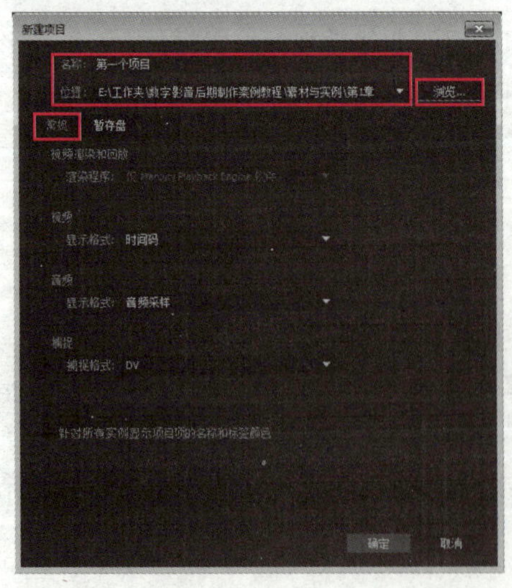

（a）

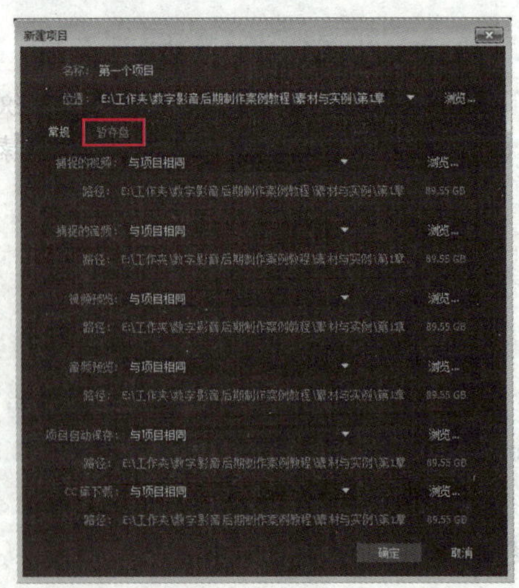

（b）

图 2-2　设置项目的名称、保存位置和暂存盘参数

步骤 3▶ 设置完成后，单击“新建项目”对话框中的“确定”按钮，即可创建一个项目文件。

步骤 4▶ 选择“文件”>“新建”>“序列”菜单，在打开的“新建序列”对话框的“序列预设”选项卡中可选择一种系统预设的视频标准，例如选择“DV-PAL”文件夹下的“标准 48 kHz”选项，如图 2-3 所示。

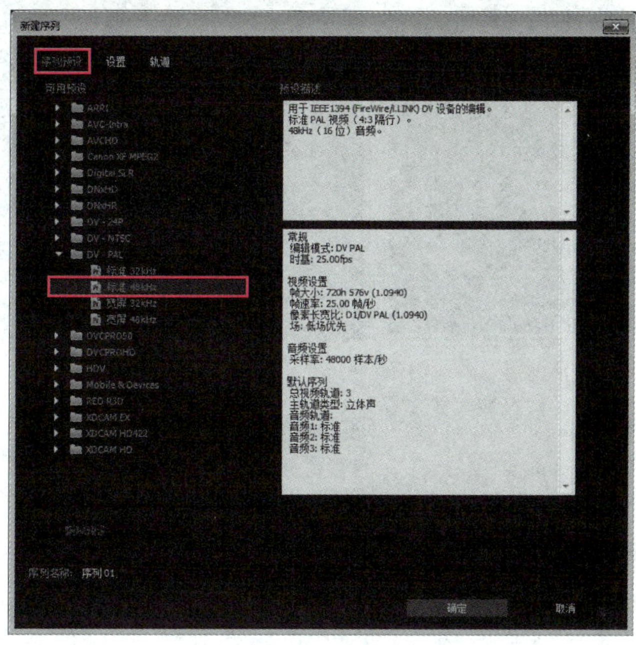

图 2-3 设置视频标准

知识库

Premiere Pro CC 中的序列用来组织素材片段并合成影视作品，每个序列中都包含多个视频、音频轨道，用来组织和编辑素材。

步骤 5▶ 如果系统提供的序列预设无法满足作品的制作要求，则可将“新建序列”对话框切换到“设置”选项卡，在其中进行自定义设置，如图 2-4 所示。

步骤 6▶ 单击“新建序列”对话框中的“轨道”选项卡，可设置 Premiere Pro CC“时间轴”调板中视频轨道的数量，以及各类型音频轨道的数量和主音轨的类型等，如图 2-5 所示。

步骤 7▶ 在编辑项目的过程中，选择“文件”>“保存”菜单，或按快捷键【Ctrl+S】可保存项目；若要将项目文件另存，可选择“文件”>“另存为”菜单。

步骤 8▶ 若要打开已有的项目，可在欢迎界面中单击“打开项目”按钮，或在工作界面中选择“文件”>“打开项目”菜单，再在打开的“打开项目”对话框中选择要打开的项目文件，并单击“打开”按钮即可，如图 2-6 所示。

图 2-4 “设置”选项卡

图 2-5 “轨道”选项卡

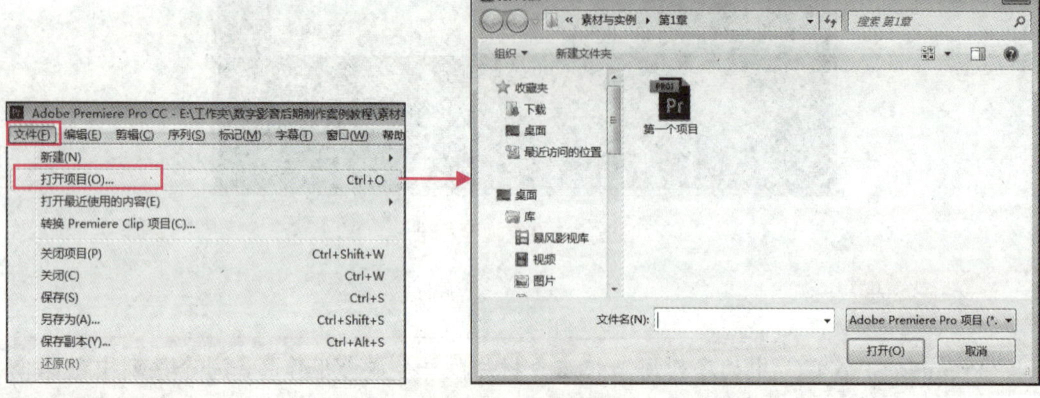

图 2-6 打开项目文件

提 示

保存项目文件后，若项目中某些素材的保存位置发生了改变，再次打开该项目时会出现“链接媒体”对话框，提示用户缺少了哪些素材，此时可单击“查找”按钮，在打开的对话框中找到存放该素材的文件夹，然后选中该素材并单击“确定”按钮。

2.1.3 熟悉 Premiere Pro CC 的工作界面

新建或打开一个项目文件后，便会进入 Premiere Pro CC 的工作界面，如图 2-7 所示。Premiere Pro CC 的工作界面主要由“项目”调板、“监视器”调板、“时间轴”调板、“工具”

调板和“信息”调板等组成，下面分别进行介绍。

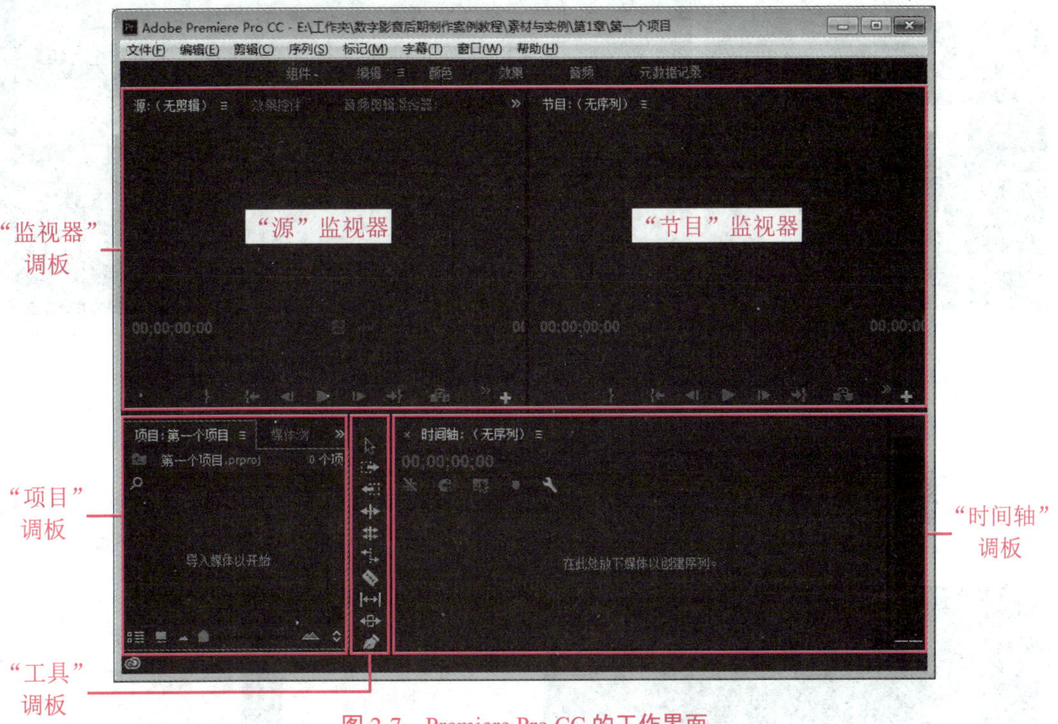

图 2-7　Premiere Pro CC 的工作界面

1. “项目”调板

“项目”调板主要用于管理素材文件，导入到 Premiere Pro CC 中的素材和新建的序列、素材等都会保存在该调板中，如图 2-8 所示。

当项目中没有序列时，将“项目”调板中的素材拖到“时间轴”调板中后，会自动在“项目”调板和“时间轴”调板中生成一个与素材同名的序列。

2. “监视器”调板

“监视器”调板主要由左侧的“源”监视器和右侧的“节目”监视器组成，如图 2-9 所示。利用“监视器”调板不但可以预览素材和制作的影视作品，还可以对素材进行一些基本的编辑操作。

3. “时间轴”调板

“时间轴”调板是用来编辑影视作品的主要场所，它包含多个视频和音频轨道。制作影视作品时，需要将素材片段按照播放的前后顺序从左至右排列在各视频或音频轨道中，如图 2-10 所示。用户可以在“时间轴”调板中对素材片段进行各种编辑操作。

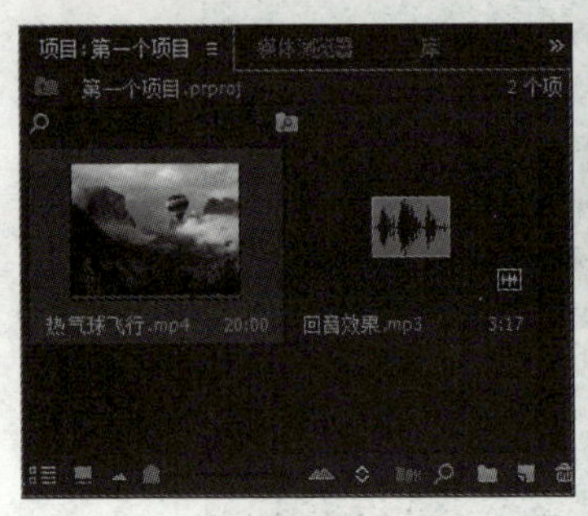

图 2-8 “项目”调板

图 2-9 “监视器”调板

4. “工具”调板

“工具”调板又称工具箱，利用其中包含的各种工具可以对“时间轴”调板中的素材片段进行编辑，如图 2-11 所示。关于各工具的功能和用法，将在后续章节中详细介绍。

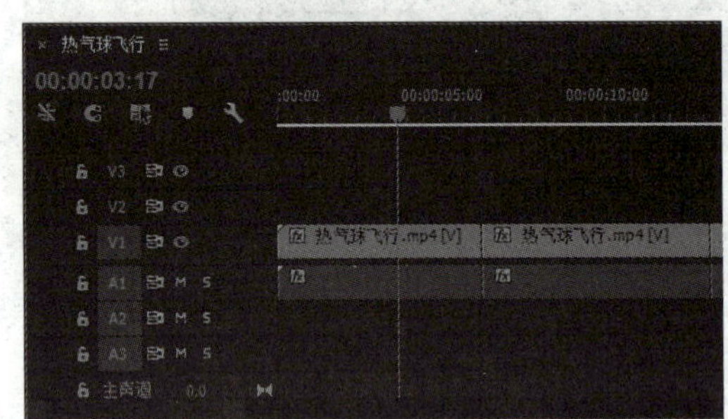

图 2-10 “时间轴”调板

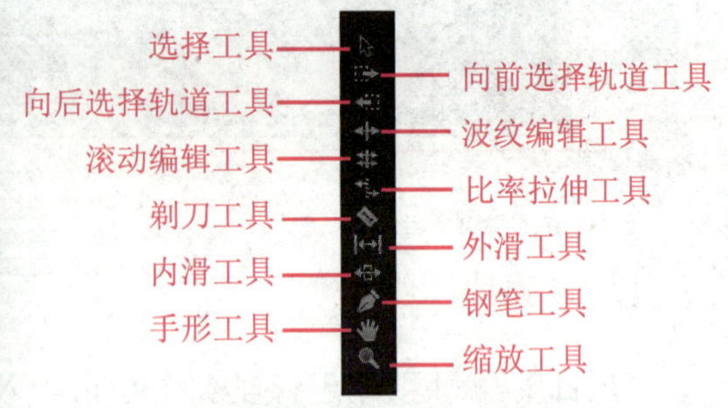

图 2-11 “工具”调板

5. 其他调板

除了前面介绍的几个调板外，Premiere Pro CC 工作界面中的调板还有：用于显示所选素材基本信息的“信息”调板；用于添加视频、音频特效及过渡效果的“效果”调板；用于调整“时间轴”调板中素材特效的“效果控件”调板；用于调整声音大小和混音的“音轨混合器”调板；用于撤销误操作的“历史记录”调板等。

关于这些调板的使用方法，也会在后续章节中详细介绍。

2.1.4 调整 Premiere Pro CC 工作区布局

用户可根据需要调整 Premiere Pro CC 的工作区，以提高工作效率。

步骤 1▶ 在 Premiere Pro CC 的“窗口”>“工作区”子菜单中，为用户提供了 6 种预设的工作区布局方案，用户可根据需要进行选择，如图 2-12 所示。此外，单击“监视器”调板上方的 6 个快捷按钮，也可改变工作区布局。

步骤 2▶ 要关闭某个调板，可单击调板标签右侧的☰按钮，在弹出的下拉列表中选择“关闭面板”选项；要打开某个调板，可选择“窗口”菜单中的相应调板菜单项，使其左侧显示✓。

步骤 3▶ 要移动某个调板的位置，可用鼠标单击并拖动该调板标签，将其拖到合适位置后释放鼠标即可；要调整调板的宽度，可将鼠标指针放在调板间的空隙处，此时鼠标指针会呈⇹形状，然后按住鼠标左键向左或向右拖动即可，如图 2-13 所示。

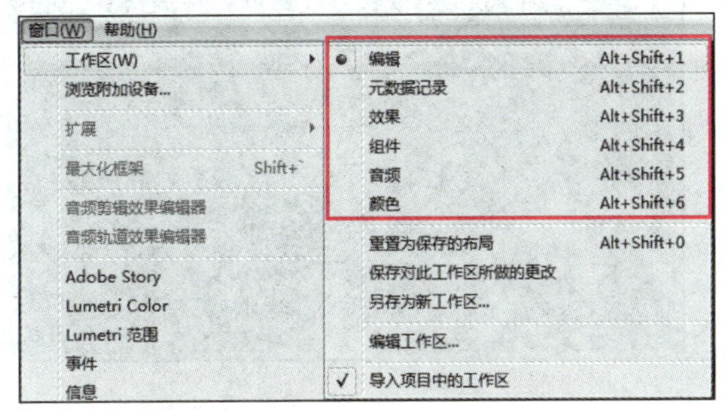

图 2-12 选择预设的工作区布局方案

图 2-13 调整调板的宽度

步骤 4▶ 要将工作界面恢复为默认，可选择“窗口”>“工作区”>“重置为保存的布局”菜单；要将自定义的工作界面保存起来，可选择“窗口”>“工作区”>“另存为新工作区”菜单，在打开的“新建工作区”对话框中输入工作区的名称并单击“确定”按钮。

2.1.5 设置 Premiere Pro CC 默认参数

通过选择“编辑”>“首选项”子菜单中的相应选项，可在打开的“首选项”对话框中自定义 Premiere Pro CC 的默认环境设置，如图 2-14 所示。其中各选项卡的作用如下。

- **常规：** 用于对 Premiere Pro CC 的一些基本参数进行设置（见图 2-14）。例如，利用“视频过渡默认持续时间”选项可设置视频过渡效果的默认播放时间；利用“静止图像默认持续时间”选项可设置静态图片的默认播放时间；利用“默认缩放为帧大小”选项可设置是否自动将导入的素材缩放到项目默认的帧大小等。
- **外观：** 用于设置工作界面的总体亮度，还可控制高亮蓝色、交互控件和焦点指示器的亮度及饱和度，如图 2-15 所示。
- **音频：** 用于设置与音频相关的一些参数，如自动匹配时间、5.1 混音类型等，并可添加和管理音频增效工具。
- **音频硬件：** 用于指定计算机的音频设备及其参数，包括 ASIO（专业声卡）和 MME（标准声卡）设置。当连接音频硬件设备时，该类型设备的硬件设置（如默认输入、默认输出、主控时钟、等待时间和采样率等）将在此对话框中加载，可以修改默认选项。

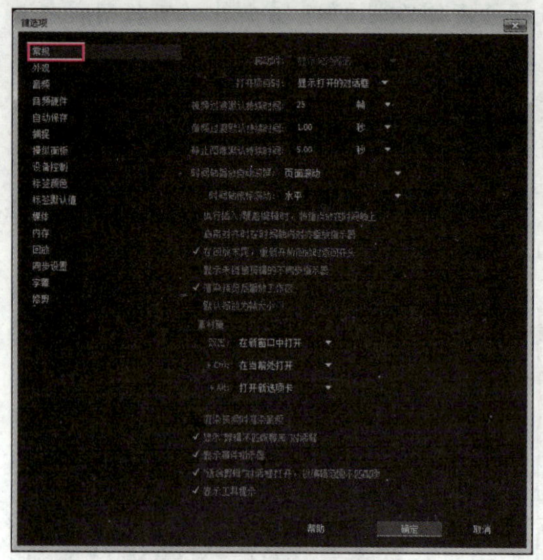

图 2-14 “常规”选项卡

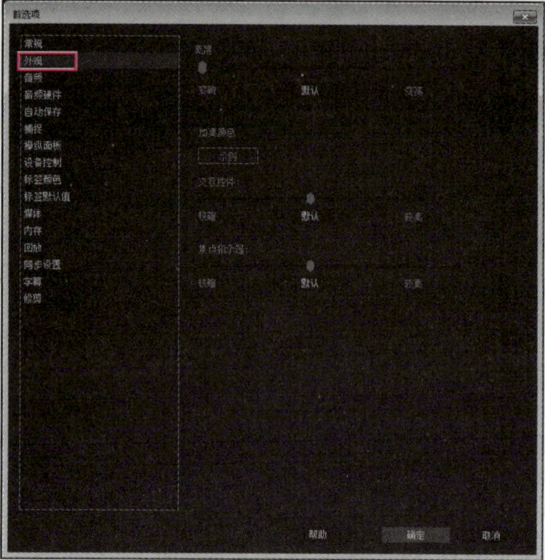

图 2-15 “外观”选项卡

- **自动保存：**用于设置是否开启自动保存功能，以及设置自动保存项目的时间间隔、系统一次能保存的最多项目数量等。
- **捕捉：**用于设置与捕捉音频和视频素材相关的一些参数，如丢帧时是否中止捕捉、是否报告丢帧、是否使用设备控制时间码等。
- **操纵面板：**用于连接和管理支持 EUCON 或 Mackie 协议的外部平板控制器，让用户以交互方式混合音频。
- **设备控制：**在不同的设备中捕捉素材时，可在此选项卡中选择相应的设备控制模块，并对选择的设备进行参数设置。例如，在捕捉 DV 中的视频素材时，可在“设备”下拉列表中选择“DV/HDV 设备控制”选项。
- **标签颜色和标签默认值：**用于设置各素材标签的颜色，以便区别不同类型的素材。
- **媒体：**用于设置媒体缓存库的位置，还可以清理媒体缓存库中的数据等。
- **内存：**用于为 Premiere Pro CC 分配可用内存，进行渲染优化设置。包含高分辨率源视频或静止图像的序列往往需要大量内存来同时渲染多个帧，为避免软件无法渲染或低内存报警，可将“优化渲染为”首选项从“性能”改为“内存”，以最大程度地提高可用内存。当渲染不再需要内存优化时，再将此首选项改回“性能”。
- **回放：**用于设置预卷时间、过卷时间和每次前进或后退的帧数。
- **同步设置：**当在多台计算机上使用 Premiere Pro CC 时，可以通过 Creative Cloud 在这些计算机之间管理和同步首选项设置、工作区布局、键盘快捷键等。

- **字幕：**用于设置在字幕设计器中所显示的字体样本。
- **修剪：**用于设置修剪视频和音频时的最大偏移量。

2.1.6 自定义快捷键

在编辑影视作品时，使用快捷键可以大大提高工作效率。Premiere Pro CC 中的大部分操作都可以使用快捷键完成，用户可以查看和自定义快捷键设置，具体操作如下。

步骤 1▶ 选择“编辑”>“快捷键”菜单，打开“键盘快捷键”对话框。

步骤 2▶ “键盘布局预设”下拉列表中提供了系统预设或用户自定义的快捷键方案，用户可选择一种符合自己使用习惯的方案，如图 2-16（a）所示。

步骤 3▶ 要自定义快捷键使用方案，可在“命令”列表区选择要自定义快捷键的命令，如“全屏切换”，单击其右侧的快捷键使其变为编辑状态，然后按键盘上的相应按键，如【F12】，如图 2-16（b）所示。如此一来，以后按【F12】键即可执行全屏切换命令。

步骤 4▶ 自定义好快捷键后，单击“另存为”按钮，在打开的对话框中输入快捷键方案的名称，单击“保存”按钮，如图 2-16（b）所示，该方案将出现在“键盘布局预设”下拉列表中。最后单击“确定”按钮关闭对话框即可。

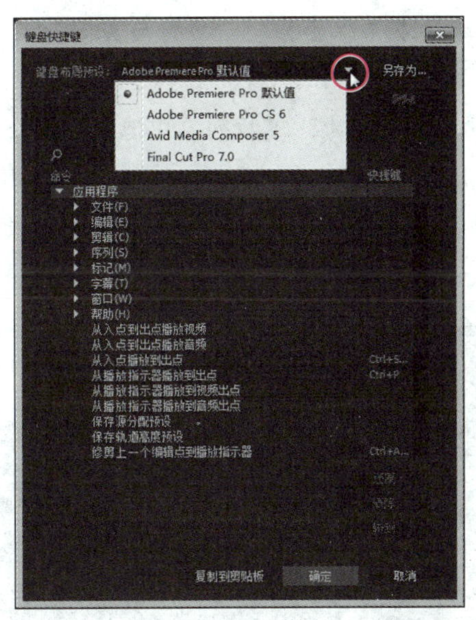

（a）

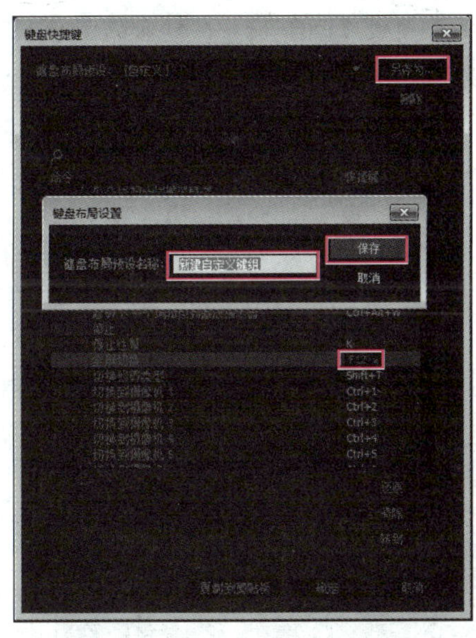

（b）

图 2-16 自定义快捷键

2.2 导入、捕捉、创建和管理素材

要制作影视作品，首先需要准备好相关的视频、音频、图像等素材。在 Premiere Pro CC

中可以直接导入保存在电脑中的素材，也可以从音视频设备（如摄像机和麦克风）中捕捉素材，还可以自己创建素材。导入、捕捉或创建素材后，还可以在 Premiere Pro CC 中对素材进行管理。

2.2.1 导入素材

在 Premiere Pro CC 中导入素材的方法很简单，只需选择“文件”>“导入”菜单，然后在打开的“导入”对话框中选择要导入的对象，并单击“打开”按钮，即可将所选对象导入到 Premiere Pro CC 的“项目”调板中。下面介绍一些特殊素材的导入方法。

1. 导入分层的 PSD 和 AI 文件

Premiere Pro CC 支持 Photoshop 生成的 PSD 图像文件，以及 Illustrator 生成的 AI 文件。导入 AI 文件时，Premiere Pro CC 会自动对其进行栅格化，将基于路径的矢量图形转化为基于像素的位图。

下面通过一个简单实例介绍在 Premiere Pro CC 中导入分层素材的具体操作。

步骤 1▶ 新建一个名为“导入分层图像”的项目文件，选择“文件”>“导入”菜单或按快捷键【Ctrl+I】，在打开的“导入”对话框中选择本书配套素材“素材与实例”>“第 2 章”文件夹中的“分层图像.psd”文件，并单击“打开”按钮。

步骤 2▶ 在打开的“导入分层文件”对话框的“导入为”下拉列表中选择“各个图层”选项，然后单击“确定”按钮，如图 2-17（a）所示。

步骤 3▶ 此时即可将分层图像导入到“项目”调板中，原图像的每个图层都形成了一个单独图像，并放置在一个与原图像同名的文件夹中，如图 2-17（b）所示。

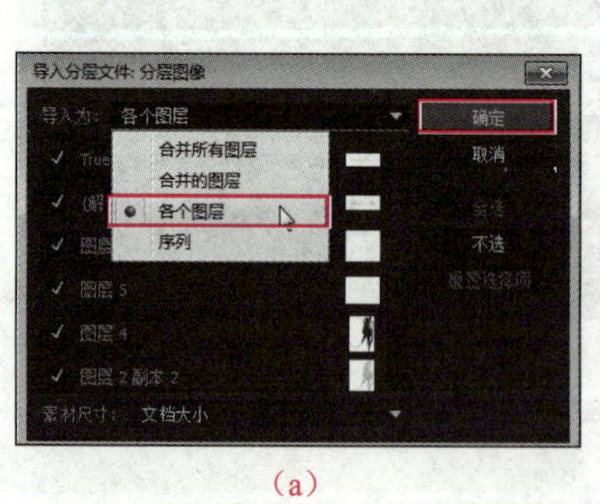

（a）

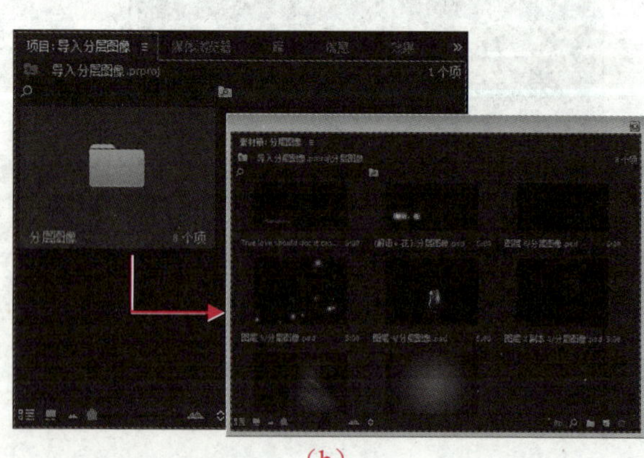

（b）

图 2-17　导入分层图像素材

➢ **合并所有图层：** 将所有图层合并为一个图层并全部导入。

➢ **合并的图层：**选择该选项后，可在下方的图层列表中选择要导入的图层，系统会将选择的图层合并为一个图层并导入。

➢ **各个图层：**选择该选项后，在下方的图层列表中选择要导入的图层，所选图层在导入后将分别成为独立的图片。

提　示

在导入分层文件时，Premiere Pro CC 支持分层文件中图层的位置、透明度、蒙版、调节层和图层组等属性，并进行相应的转换，以保持其外观和可编辑性。

在导入 PSD 格式的图片时，若希望保留图层的透明区域，则不要导入“背景”图层。

2. 导入图像序列

Premiere Pro CC 可以导入 GIF 格式的动画图片文件，还可以将同一个文件夹中的一组静态图片按照其文件名称（按数字或字母顺序排列）以图像序列的方式导入，并合并成一个视频片段。

下面通过一个简单实例介绍在 Premiere Pro CC 中导入图像序列的具体操作。

步骤 1▶ 新建一个名为“导入图像序列”的项目文件，然后选择“文件” > “导入”菜单，在打开的“导入”对话框中选择要作为第一帧的图片，本例选择本书配套素材“素材与实例” > “第 2 章” > “GIF 序列”文件夹中的“仙鹤 0001.gif”文件，并勾选对话框下方的“图像序列”复选框，如图 2-18（a）所示。

步骤 2▶ 单击“导入”对话框中的“打开”按钮，即可将图像序列导入到“项目”调板，并生成一个与所选图像名称相同的视频片段，如图 2-18（b）所示。

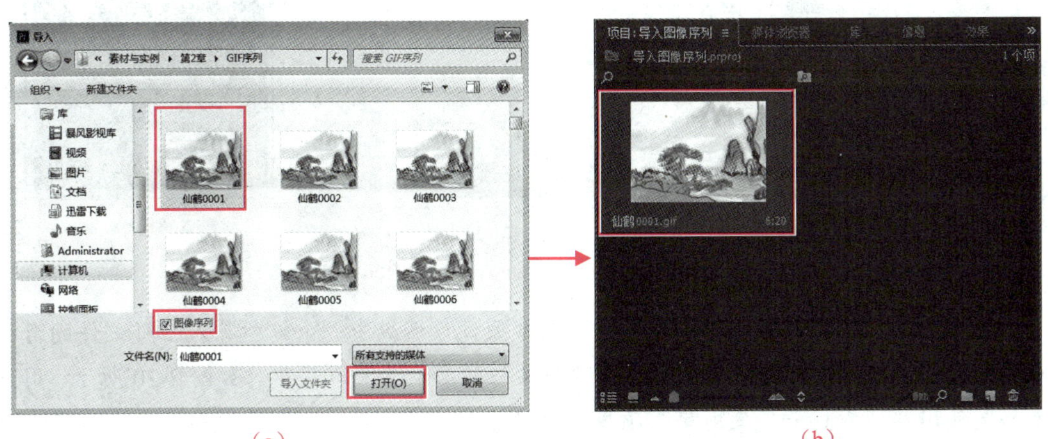

（a）　　　　（b）

图 2-18　导入图像序列

提　示

导入图像序列时，图像的格式必须统一，不同格式的图像无法作为序列导入；此外，图像的名称应包含递增或递减的数字，例如共有 9 个图像文件，其中 8 个文件是以 ST0001，ST0002，ST0003……的形式命名，只有第 5 个图像文件的名称是 ST5，那么序列就会在第 5 个图像文件处中断。

3．导入 Premiere Pro 项目文件

Premiere Pro CC 可以导入已有的 Premiere Pro 项目文件，并使用其中的序列和素材。导入项目也称项目嵌套，利用这种方法可以将多个 Premiere Pro 项目文件合并。下面通过一个简单实例介绍在 Premiere Pro CC 中导入 Premiere Pro 项目文件的具体操作。

步骤 1▶ 新建一个名为“导入项目文件”的项目文件，然后选择“文件”>“导入”菜单，在打开的“导入”对话框中选择本书配套素材“素材与实例”>“第 2 章”文件夹中的“电子相册素材.prproj”项目文件，并单击“打开”按钮，如图 2-19（a）所示。

步骤 2▶ 在打开的“导入项目”对话框中选择“导入整个项目”单选钮，并勾选“创建用于导入项的文件夹”复选框，然后单击“确定”按钮，如图 2-19（b）所示。

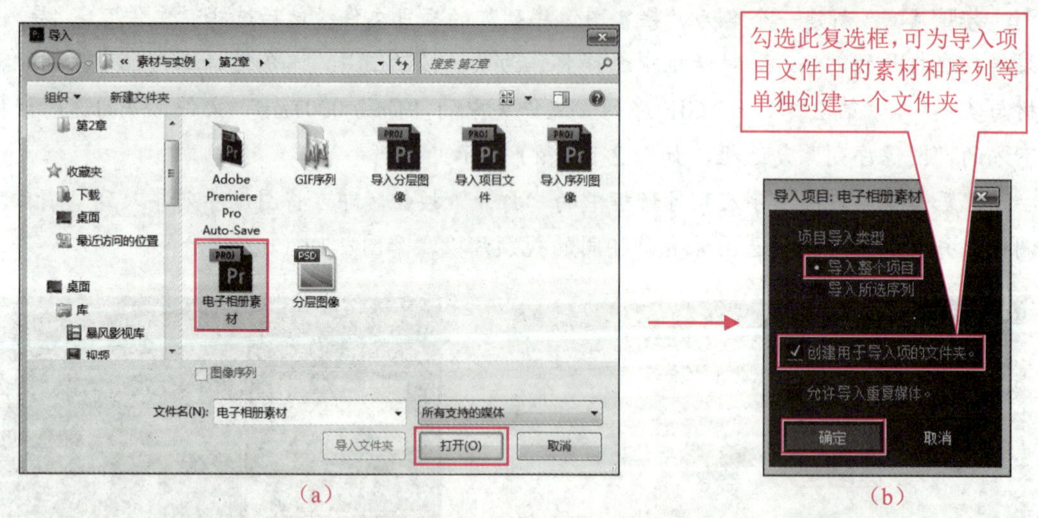

（a）　（b）

图 2-19　导入 Premiere Pro 项目文件

步骤 3▶ 导入的项目文件会被放置在“项目”调板中一个以所导入项目文件的名称命名的文件夹内，该文件夹中包含了原项目文件的所有素材和序列，如图 2-20 所示，用户可如同使用其他素材一样使用导入项目文件的素材。

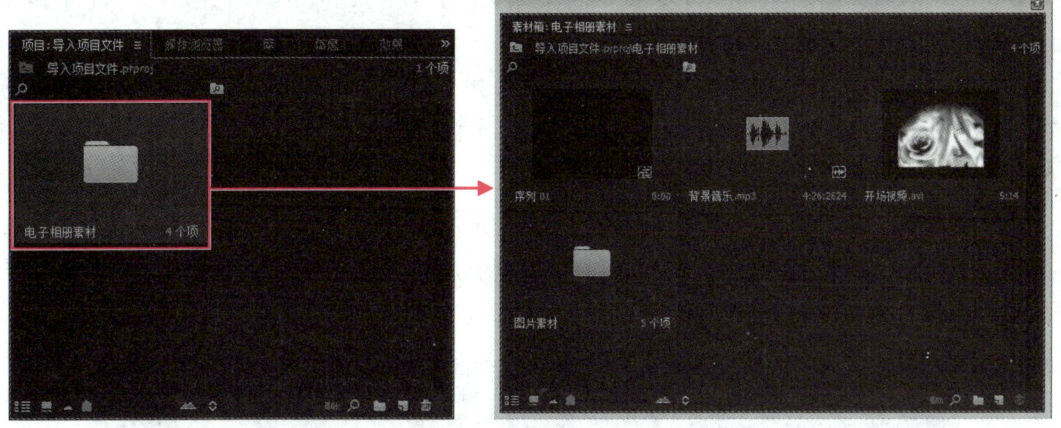

图 2-20　项目文件夹中的素材

2.2.2　捕捉素材

除了导入素材外，利用 Premiere Pro CC 还可以将模拟摄像机、数字摄像机（DV）、电视机等设备输出的视频信号捕捉到电脑中进行编辑，以及通过麦克风录制声音素材。

1．视频捕捉卡与 IEEE 1394 接口

若要捕捉高质量的视频，则需要在电脑中安装专业的视频捕捉卡（又称视频采集卡），如图 2-21 所示；若需要捕捉 DV 摄像机中的视频，并且对视频的质量要求不是非常高，则只需在电脑中安装一块普通的 IEEE 1394 接口卡即可，有些电脑自带有 IEEE 1394 接口，如图 2-22 所示。此外，对于视频质量没有什么要求的用户，还可以直接通过 USB 接口从 DV 或数码相机等设备中捕捉视频。

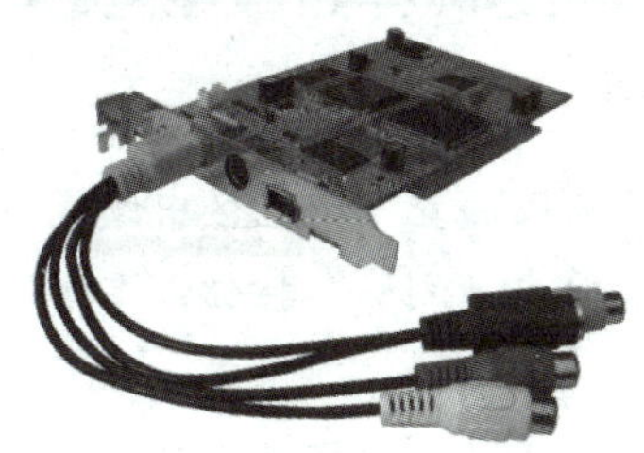

图 2-21　视频捕捉卡

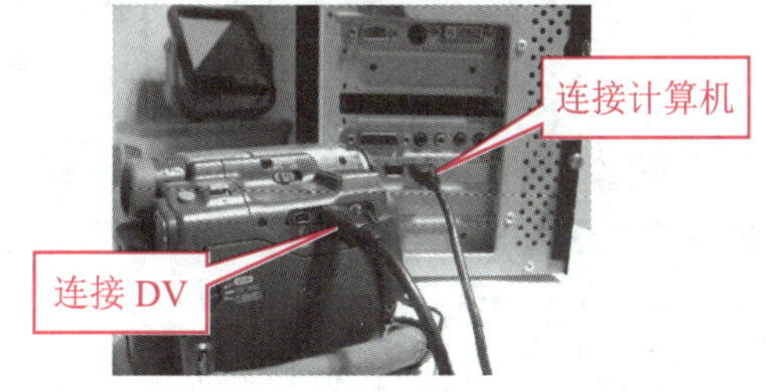

图 2-22　用 IEEE 1394 接口连接 DV 和计算机

2．手动捕捉视频

视频的捕捉是将摄像机或其他设备输出的视频信号，转换为二进制数字信息后储存在

计算机中的过程。在 Premiere Pro CC 中捕捉视频有手动捕捉和自动捕捉两种方式，下面介绍手动捕捉视频的方法。

步骤 1▶ 首先使用 IEEE 1394 连接线或 USB 数据线将 DV 与计算机连接，然后启动 Premiere Pro CC 并新建一个项目文件，再选择“文件”>“捕捉”菜单，打开“捕捉”调板，如图 2-23 所示。

步骤 2▶ 在“捕捉”调板右侧的“记录”选项卡的“捕捉”下拉列表中选择是捕捉视频、音频还是音频和视频同时捕捉，在“剪辑数据”设置区输入磁带名称、剪辑名称等信息，如图 2-23 所示。

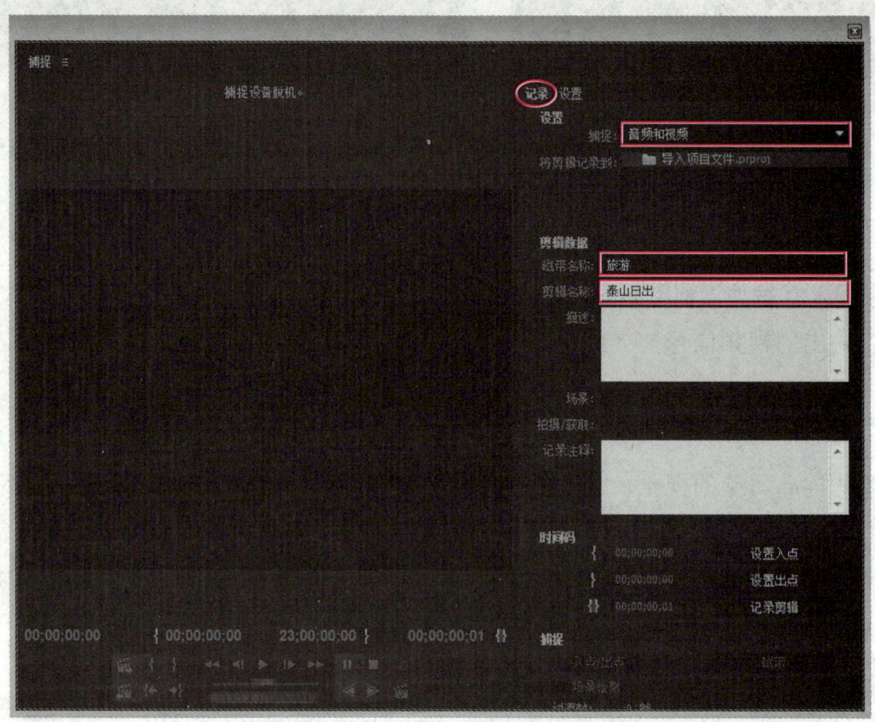

图 2-23　设置捕捉类型和剪辑数据

步骤 3▶ 在“捕捉”调板“设置”选项卡的“捕捉位置”设置区中设置所捕捉素材的保存位置（默认与项目文件的保存位置相同，也可单击“浏览”按钮，重新选择保存位置），如图 2-24 所示。

步骤 4▶ 打开摄像机的电源，按下摄像机上的播放按钮，播放并预览拍摄的视频。当播放到欲捕捉片段的入点位置之前几秒时，单击“捕捉”调板左下角控制面板中的“录制”按钮开始捕捉，如图 2-25 所示。

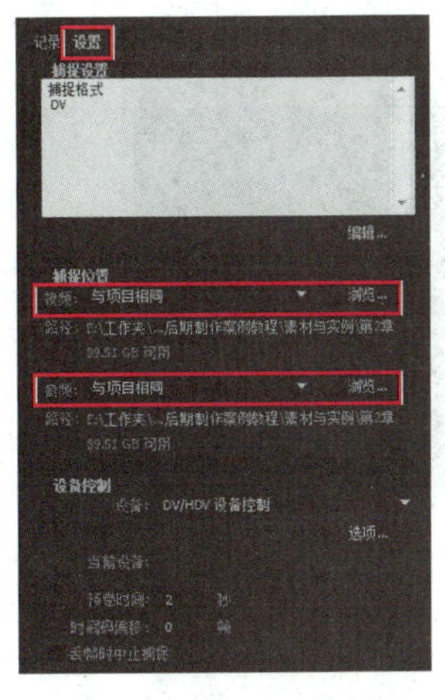

图 2-24 设置捕捉位置

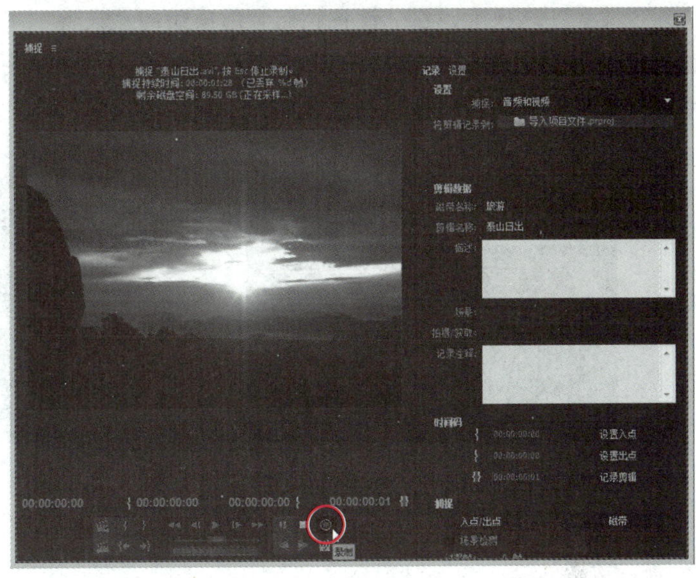

图 2-25 开始捕捉素材

步骤 5▶ 捕捉完成后，单击“停止”按钮■或按【Esc】键停止捕捉，在弹出的“保存捕捉的剪辑”对话框中输入相关信息或保持默认设置，并单击“确定”按钮，即可将捕捉的视频片段保存到硬盘，并出现在“项目”调板中，如图 2-26 所示。

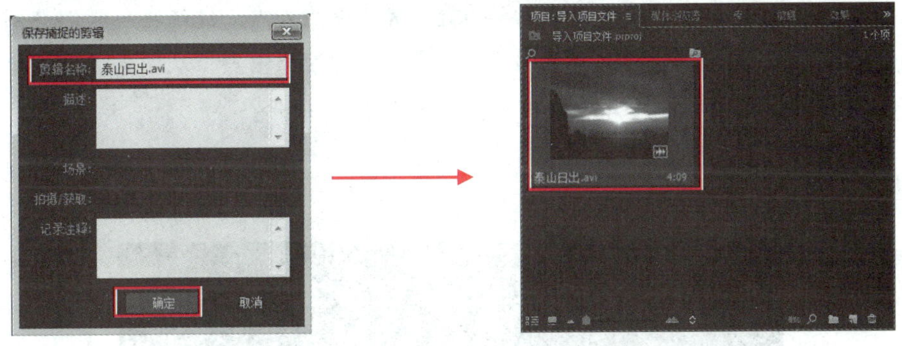

图 2-26 完成捕捉

3. 自动捕捉视频

除了可以手动捕捉视频外，还可利用 Premiere Pro CC“捕捉”调板左下角的控制面板控制摄像机中视频的播放，以及对欲捕捉视频片段的入点和出点进行精确定位并进行捕捉。值得注意的是，如果是使用 USB 接口连接摄像机，将无法使用 Premiere Pro CC 控制摄像机中视频的播放。

步骤 1▶ 确认设备连接正确并已打开电源，然后打开“捕捉”调板，在调板右侧切换到“设置”选项卡，在“设备控制”选项组的“设备”下拉列表中选择设备类型，这里选择“DV/HDV 设备控制”，如图 2-27（a）所示，接着单击“选项”按钮，在打开的对话框中设置视频制式、摄像机的品牌等，如图 2-27（b）所示。

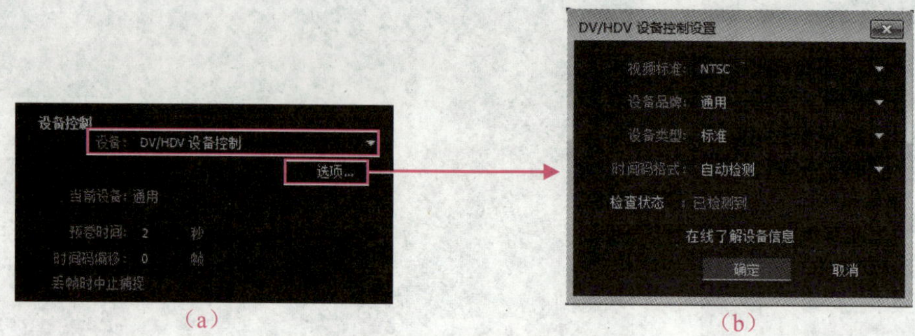

（a）　　（b）

图 2-27　设置摄像机

提　示

如果 Premiere Pro CC 中没有提供某种摄像机的品牌和型号（通过“设备品牌”和“设备类型”下拉列表选择），可以选择“通用”设备品牌和“标准”设备类型。此外，还可单击“在线了解设备信息”按钮，上网查看设备的相应信息。

步骤 2▶ 使用“捕捉”调板左下角的视频控制按钮将摄像机中的视频调整到欲捕捉片段的第 1 帧，然后单击“设置入点”按钮，将其设为入点；继续将视频调整到欲捕捉片段的最后 1 帧，然后单击“设置出点”按钮，将其设为出点，从而完成欲捕捉片段的剪辑，入点和出点之间的视频片段将被捕捉，如图 2-28 所示。

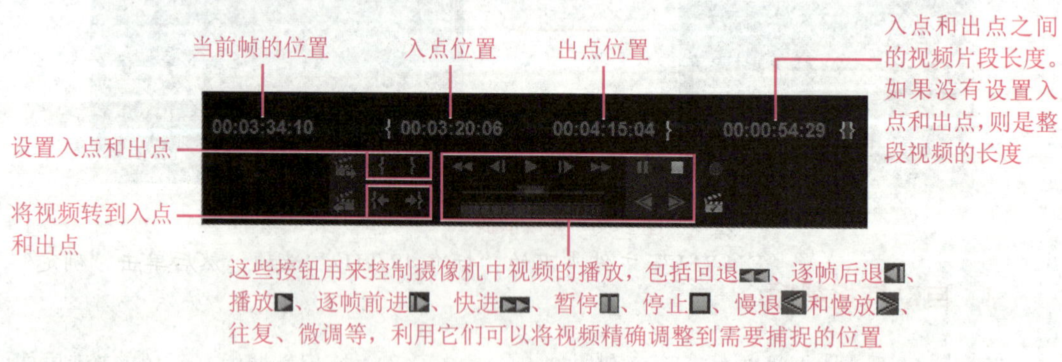

图 2-28　视频控制面板

步骤 3▶ 参照手动捕捉视频的操作，设置要捕捉的素材类型、保存位置和素材名称等信息，然后单击“记录”选项卡“捕捉”选项组中的“入点/出点”按钮，如图 2-29 所示，系统将自动对记录的入点和出点之间的视频片段进行捕捉，完成后将弹出“保存捕捉的剪

辑”对话框，单击“确定”按钮即可。

知识库

若需要对整卷磁带进行捕捉，需先将磁带倒回开始位置，然后单击“捕捉”选项组中的“磁带”按钮；若勾选“捕捉”选项组中的“场景检测”复选框，可以在捕捉时自动根据场景的转换将不同场景的视频片段捕捉为独立的文件；若希望在视频片段的入点和出点之外多捕捉一些额外帧，可在“过渡帧”右侧的编辑框中输入所需帧数，如图 2-29 所示。

此外，若用户使用的是高清摄像机，希望捕捉高清视频，可在“设置”选项卡的“捕捉设置”选项组中单击“编辑”按钮，在打开的“捕捉设置”对话框的“捕捉格式”下拉列表中选择“HDV”选项，如图 2-30 所示。

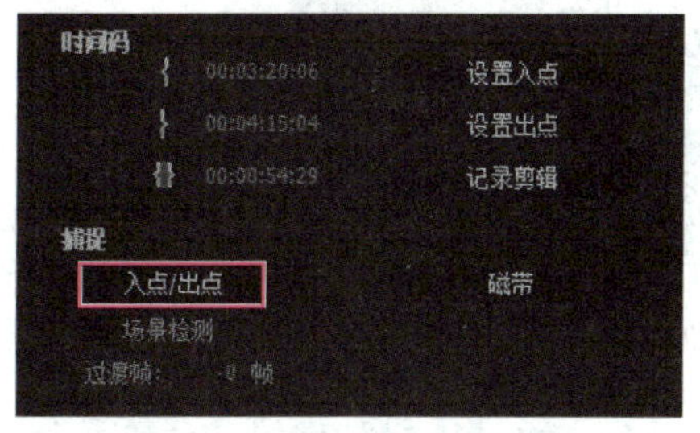

图 2-29 “时间码”和“捕捉”选项组

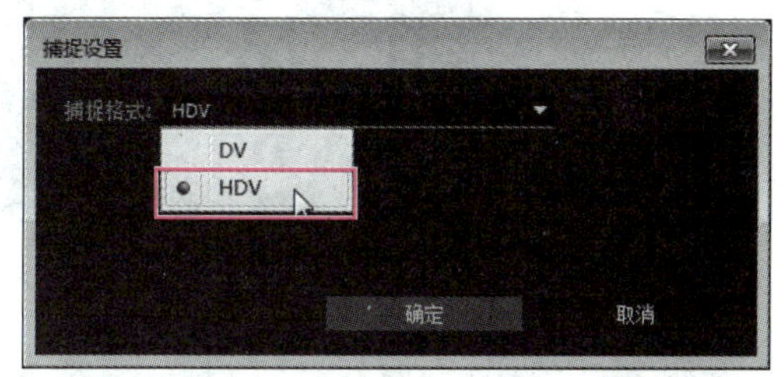

图 2-30 “捕捉设置”对话框

4. 捕捉音频

只要在计算机上连接了麦克风，便可以捕捉音频。捕捉音频的方法有很多，最简单的是利用 Windows 自带的录音机程序进行录制，此外也可以利用 Premiere Pro CC 自带的“音轨混合器”调板进行捕捉，下面介绍使用“音轨混合器”调板捕捉音频的方法。

步骤 1▶ 将麦克风连接到计算机的音频输入接口，打开麦克风。

步骤 2▶ 启动 Premiere Pro CC，新建一个项目文件，然后选择“文件”>“新建”>“序列”菜单，在打开的“新建序列”对话框的“序列预设”选项卡中选择一种系统预设的视频标准，例如选择“DV-PAL”文件夹下的“标准 48 kHz”选项，然后单击“确定”按钮，如图 2-31 所示。

知识库

要捕捉音频，必须先创建一个序列，每个序列都拥有独立的时间轴。

32 kHz 和 48 kHz 是音频的采样率，采样率越高，音频效果越好。

用户应根据素材的大小（即分辨率）、场和视频的用途等来选择系统预设的视频标准，或自定义视频标准，从而保证最终输出的视频的清晰度。

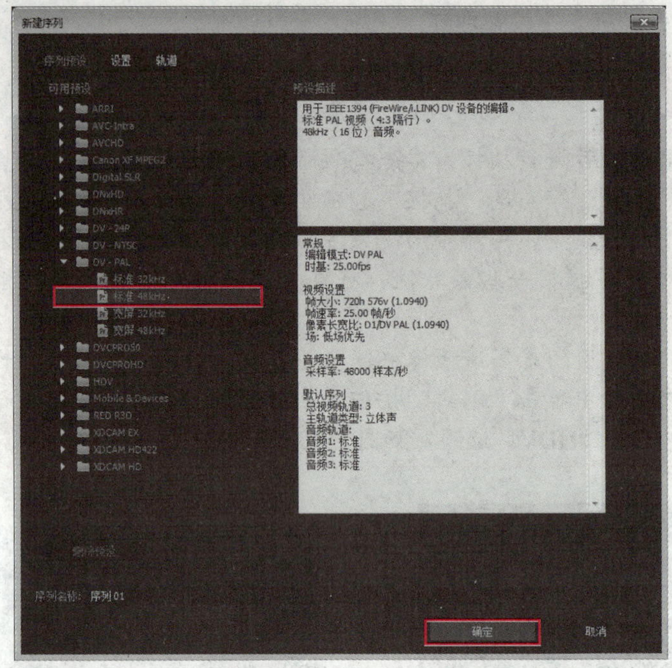

图 2-31　创建序列

步骤 3▶　选择“窗口”>“音轨混合器”菜单，打开新建序列对应的“音轨混合器”调板。

步骤 4▶　在“时间轴”调板中将当前时间指针拖至需要录音的位置，然后在“音轨混合器”调板中单击需要进行录音的音频轨道的“启用轨道以进行录制”按钮，再单击调板底部的“录制”按钮和“播放-停止切换”按钮，如图 2-32 所示。

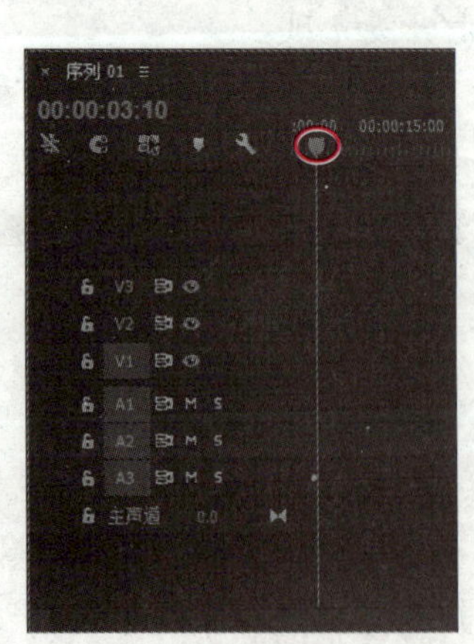

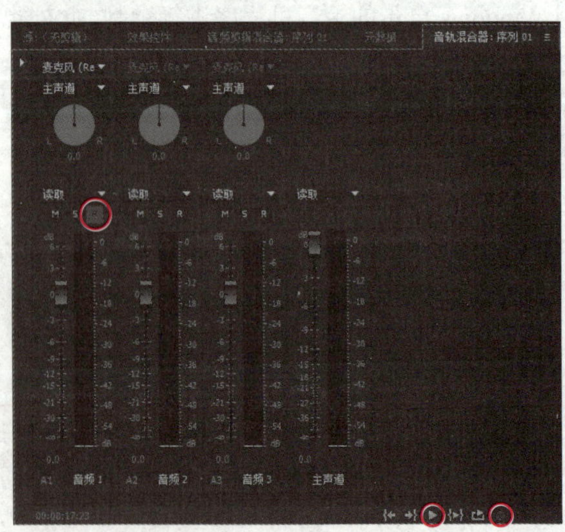

图 2-32　在“时间轴”调板和“音轨混合器”调板中进行设置

步骤 5▶ 开始对着麦克风说话以进行录音，录制完毕，在“音轨混合器”调板中单击“播放-停止切换”按钮■，录制的音频文件将以 WAV 格式被保存到硬盘中，并出现在“项目”调板中和“时间轴”调板的相应音频轨道上，如图 2-33 所示。

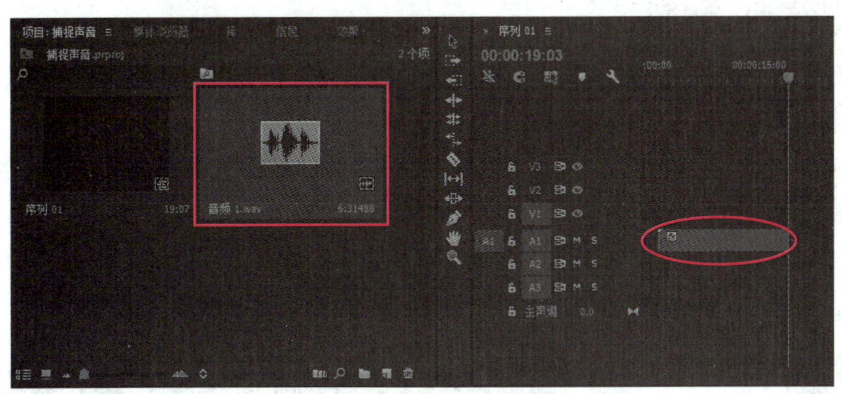

图 2-33 声音录制完毕后的效果

2.2.3 创建素材

在 Premiere Pro CC 中，用户不但可以导入和捕捉素材，还可以自己创建字幕、彩条、黑场视频、颜色遮罩、倒计时片头、脱机文件、透明视频等素材。

1. 创建黑场视频

黑场即黑色的静态图片，默认持续时间为 5 秒。在制作影视作品的过程中，经常利用黑场在两个素材片段或场景间进行转场。以下是创建黑场视频的方法。

步骤 1▶ 单击“项目”调板底部的“新建项”按钮■，在展开的列表中选择“黑场视频”选项，如图 2-34（a）所示。

步骤 2▶ 在打开的“新建黑场视频”对话框中设置黑场视频的宽度、高度、时基和像素长宽比，再单击“确定”按钮，即可创建一个黑场视频，如图 2-34（b）、（c）所示。

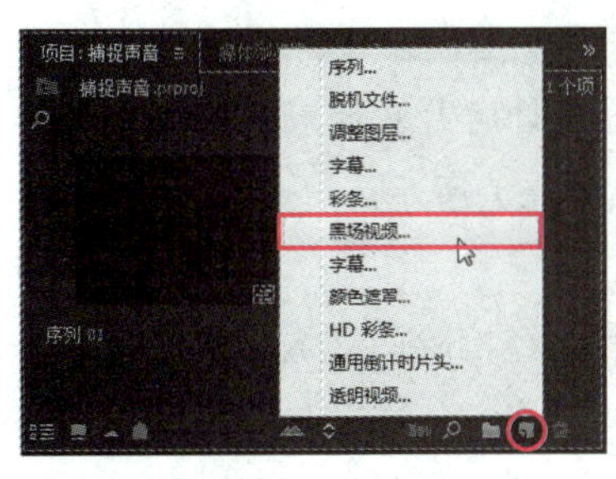

（a）

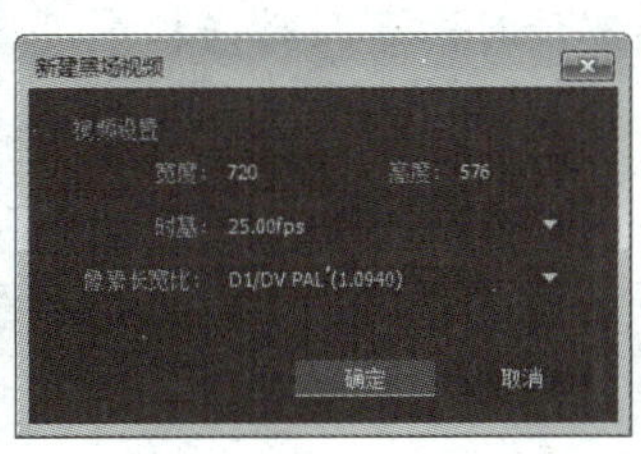

（b）

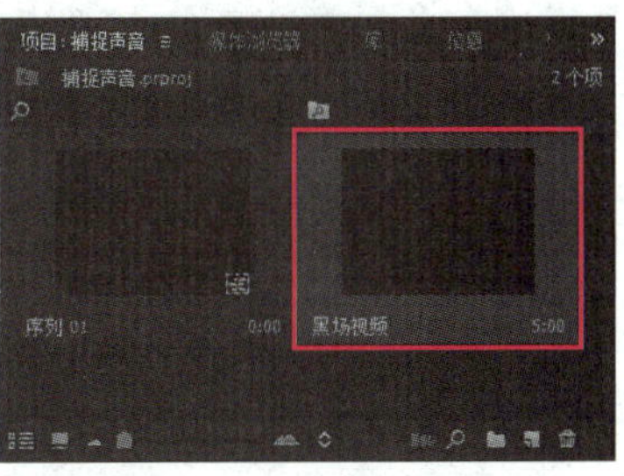

（c）

图 2-34 创建黑场视频

步骤 3▶ 若要删除黑场视频，可在“项目”调板中将其选中，然后单击“项目”调板底部的“清除”按钮，或者按【Delete】(或【Backspace】)键。

2. 创建 HD 彩条

在制作影视节目的过程中，为了校准视频监视器和音频设备，常在影视节目的前面加上若干秒的彩条和测试音。以下是创建 HD 彩条的方法。

步骤 1▶ 单击“项目”调板底部的“新建项”按钮，在展开的列表中选择“HD 彩条”选项，如图 2-35（a）所示。

步骤 2▶ 在打开的“新建 HD 彩条”对话框中设置宽度、高度、时基、像素长宽比和采样率，再单击“确定”按钮，即可创建一个 HD 彩条，如图 2-35（b)、(c）所示。

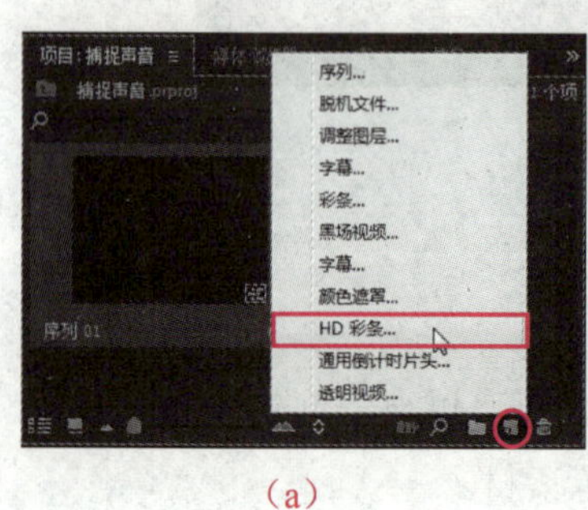

(a)

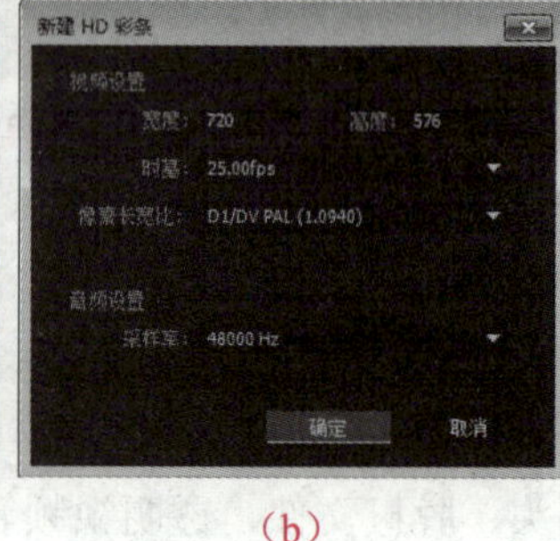

(b)

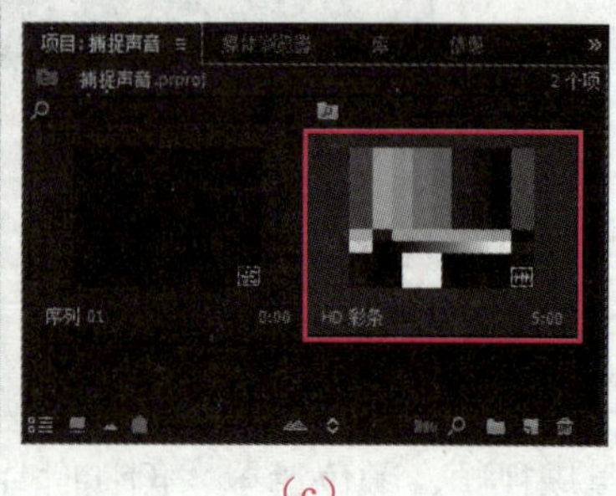

(c)

图 2-35　创建 HD 彩条

3. 创建通用倒计时片头

在电影开始之前，常会看到一个倒计时片头，用来提示观众影片即将开始播放。在 Premiere Pro CC 中可以轻松创建这样的倒计时片头。以下是创建通用倒计时片头的方法。

步骤 1▶ 单击“项目”调板底部的“新建项”按钮，在展开的列表中选择“通用倒计时片头”选项，如图 2-36（a）所示。

步骤 2▶ 在打开的“新建通用倒计时片头”对话框中设置宽度、高度、时基、像素长宽比和采样率，并单击“确定”按钮，如图 2-36（b）所示。

步骤 3▶ 在打开的“通用倒计时设置”对话框中设置倒计时片头的颜色样式，并单击“确定”按钮，即可创建一个通用倒计时片头，如图 2-36（c）所示。

图 2-36（c）中各颜色设置项的含义如下：

- **擦除颜色：** 单击该选项右侧的色块，可以为指示线已经擦除的区域设置颜色（即设置指示线围绕圆心转动后留下的颜色）。
- **背景色：** 单击该选项右侧的色块，可以为擦除颜色前的区域设置颜色（即设置指示线尚未转过区域的颜色）。

➢ **线条颜色**：单击该选项右侧的色块，可以为水平和垂直线条及指示线设置颜色。
➢ **目标颜色**：单击该选项右侧的色块，可以为数字周围的双圆形设置颜色。
➢ **数字颜色**：单击该选项右侧的色块，可以为倒数数字设置颜色。

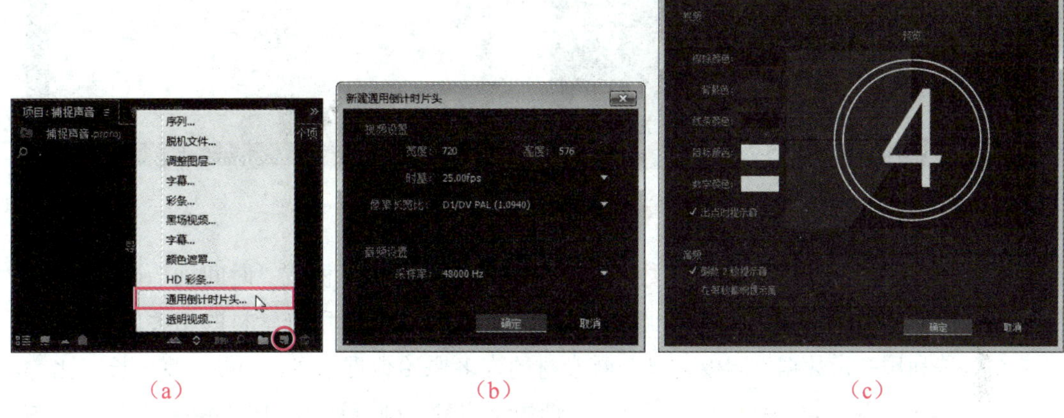

（a）　　（b）　　（c）

图 2-36　创建通用倒计时片头

2.2.4　管理素材

在制作影视作品时，通常要用到大量素材，这会导致“项目”调板中的素材排放比较杂乱且难以查找，此时应对各种素材进行有效管理，以提高工作效率。

下面，读者可打开本书配套素材“素材与实例”>“第 2 章”文件夹中的“素材管理.prproj”项目文件进行操作。

1. 查看素材信息

通过查看和分析素材信息，可以对素材进行更有效的编辑和输出。在 Premiere Pro CC 中，用户主要可以通过以下几种方式查看素材信息。

➢ **利用“属性”对话框**：若要查看已导入“项目”调板中的素材信息，可在“项目”调板中单击选中该素材，然后选择“文件”>“获取属性”>“选择”菜单，打开“属性”对话框进行查看，如图 2-37 所示。

知识库

若要查看保存在电脑中的素材信息，可选择“文件”>“获取属性”>“文件”菜单，在打开的“获取属性”对话框中选择要查看信息的素材，并单击“打开”按钮，打开“属性”对话框进行查看。

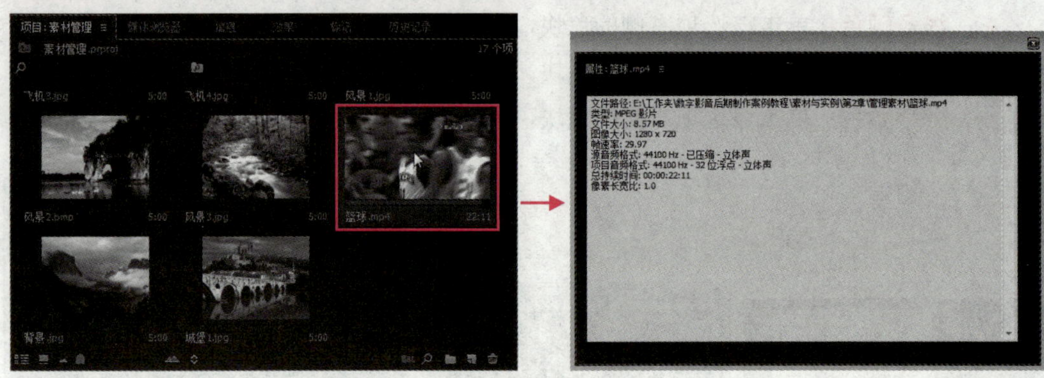

图 2-37　查看素材信息

- **利用“信息”调板和“元数据”调板：**在“项目”调板或“时间轴”调板中选中素材后，可利用“信息”调板和“元数据”调板查看所选素材的相关信息。尤其是利用“元数据”调板可以查看素材的许多原始数据信息，如帧速率、长宽比等。
- **切换视图显示方式：**单击“项目”调板下方的“列表视图”按钮和“图标视图”按钮，可将所有素材在图标视图（见图 2-37）和列表视图（见图 2-38）之间进行切换。

2. 整理素材

在“项目”调板中，用户可以对素材进行选择、复制、剪切、粘贴、重命名和查找等操作，还可以使用文件夹对素材进行分类管理。

- **选择素材：**在“项目”调板中单击素材名称左侧的图标可将该素材选中；要选择连续的多个素材，可按住【Shift】键单击首末两个素材；要选择不连续的多个素材，可按住【Ctrl】键依次单击要选择的素材，如图 2-38 所示。
- **对素材进行基本管理：**在“项目”调板中选择素材后，利用“编辑”菜单中的相应命令，可对所选素材进行剪切、复制、粘贴和清除等操作，如图 2-39 所示。此外，也可按快捷键来执行相应的操作。
- **重命名素材：**在“项目”调板中选中素材文件后单击该素材的名称，此时素材名称将呈可编辑状态，输入新名称即可重命名素材。
- **查找素材：**当“项目”调板中包含大量素材时，可在“项目”调板的“查找”文本框中输入要查找的素材名称关键字，如输入“城堡”，此时在“项目”调板中只显示名称中带有“城堡”字样的素材，如图 2-40 所示。单击“查找”编辑框右侧的×按钮，可使“项目”调板中的素材恢复原样。

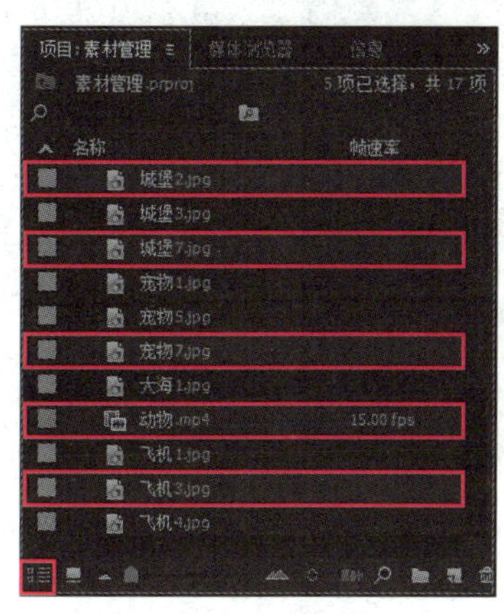

图 2-38 选择素材

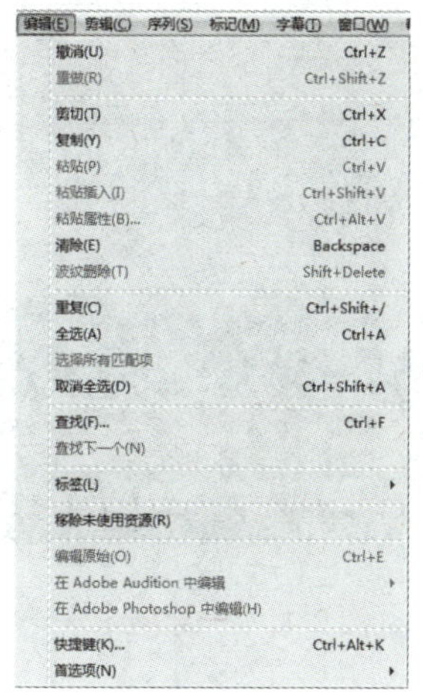

图 2-39 利用编辑菜单管理素材

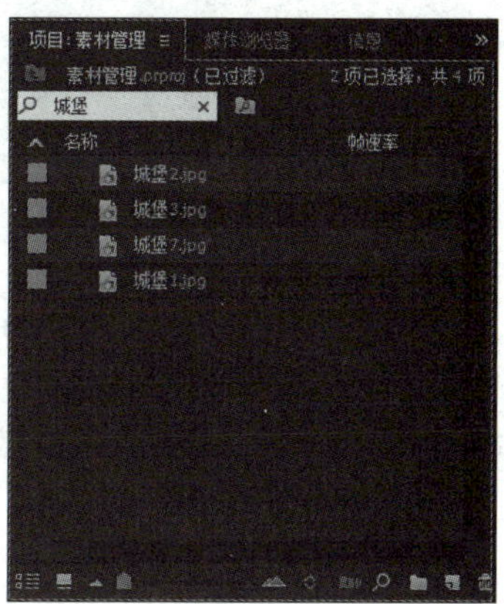

图 2-40 只显示需要的素材

➢ **分类管理素材：**当素材较多时，可将相同类型或相关的素材放在同一个素材箱中，以便对素材进行分类管理，方法是：单击“项目”调板底部的“新建素材箱”按钮，创建一个素材箱，输入素材箱名称，然后选择要放入该素材箱中的素材，将其拖至素材箱上方，释放鼠标即可将素材放入素材箱中，如图 2-41 所示。

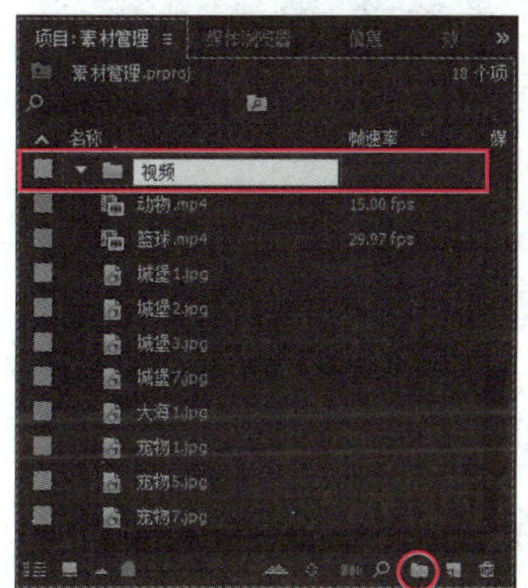

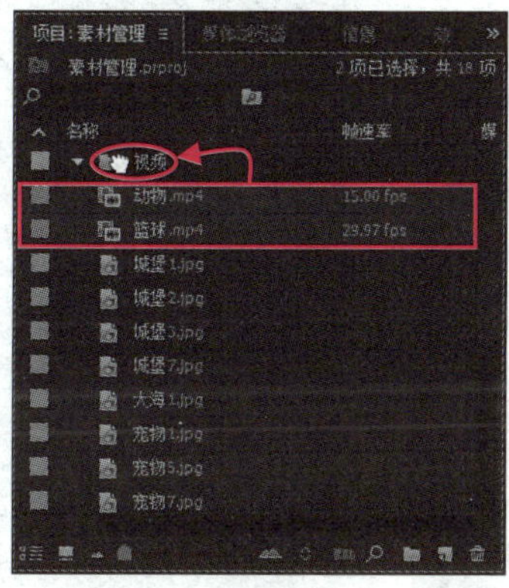

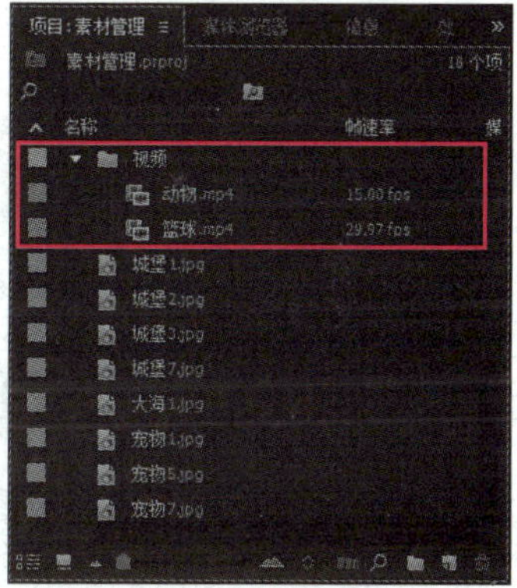

图 2-41 使用素材箱管理素材

2.2.5 典型案例——制作短片“一起向未来”

下面通过制作一个图 2-42 所示的短片，使读者巩固在 Premiere Pro CC 中导入素材文件，以及管理导入的素材文件的知识。

素材文件	素材与实例\第 2 章\一起向未来素材
效果展示和源文件	素材与实例\第 2 章\一起向未来.prproj、一起向未来.mp4

图 2-42　一起向未来

制作步骤

步骤 1▶　新建一个名为“一起向未来”的项目文件，选择“文件”>“新建”>“序列”菜单，在“新建序列”对话框的“序列预设”选项卡下选择“DV-PAL”文件夹中的“宽屏 48 kHz”选项，并单击“确定”按钮，如图 2-43 所示。

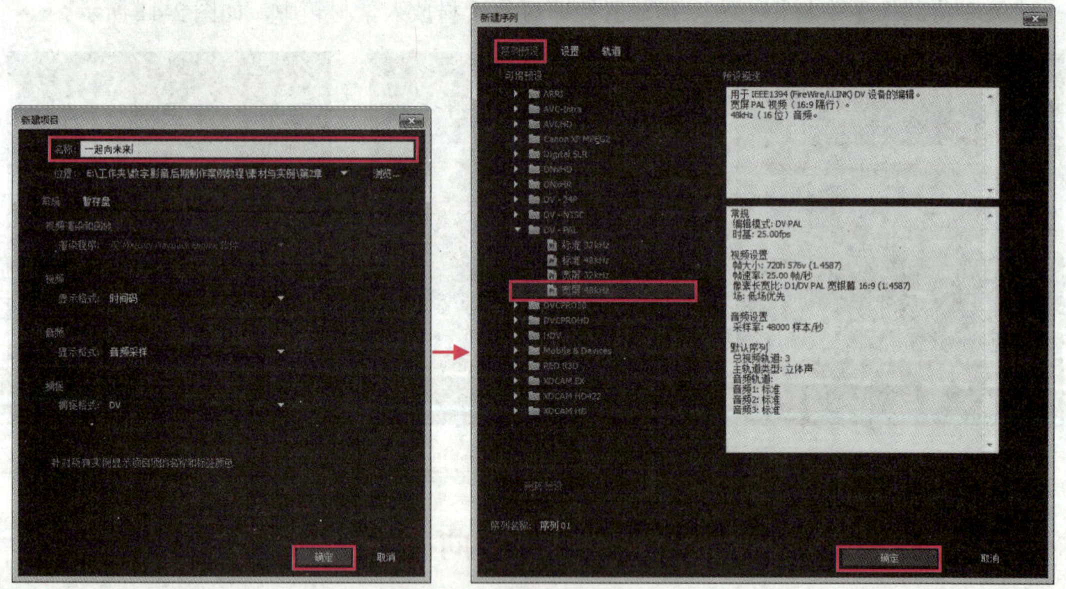

图 2-43　新建项目和序列

步骤 2▶　选择“文件”>“导入”菜单，在打开的“导入”对话框中选择本书配套素材“素材与实例”>“第 2 章”>“一起向未来素材”文件夹中的所有素材（按快捷键【Ctrl+A】），然后单击“导入”对话框中的“打开”按钮，将所选素材导入到 Premiere Pro CC 的“项目”调板中，如图 2-44 所示。

图 2-44　导入素材

步骤 3▶ 单击“项目”调板底部的“新建素材箱”按钮，新建一个素材箱，并将其命名为“图像素材”，如图 2-45 所示。

步骤 4▶ 在按住【Ctrl】键的同时选中“项目”调板中的所有图像素材，并将选中的图像素材拖至“图像素材”素材箱中，如图 2-46 所示。

图 2-45　创建并命名素材箱

图 2-46　将图像素材拖至素材箱中

步骤 5▶ 双击“项目”调板中的“图像素材”素材箱将其打开，然后将其中的“未来 1.jpeg”拖至“时间轴”调板的“V1”轨道中（“V1”是视频轨道编号，表示第 1 个视频轨道，即“视频 1”），如图 2-47 所示。

图 2-47　将“未来 1.jpeg”图像素材拖到视频轨道中

步骤 6▶ 双击轨道名称“V1”右侧的空白处可展开轨道，依次将“图像素材”素材箱中的“未来 2.jpg”～“未来 8.jpg”图像素材拖至“时间轴”调板的“V1”轨道中，并使后一个图像素材贴紧前一个图像素材，如图 2-48 所示。

步骤 7▶ 在“V1”轨道中的“未来 1.jpeg”图像素材上右击，在弹出的快捷菜单中选择“缩放为帧大小”菜单，如图 2-49 所示。

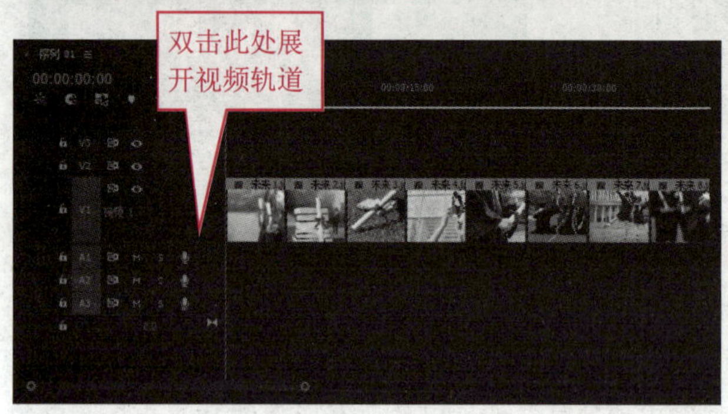

图 2-48　改变轨道高度并拖入其他图像素材

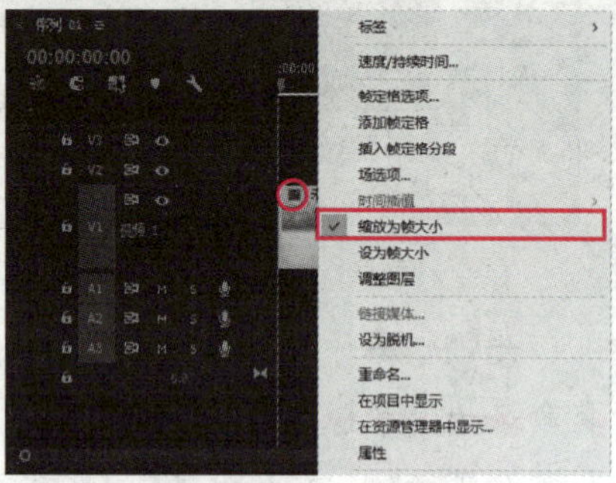

图 2-49　缩放图像素材

步骤 8▶ 按住鼠标左键并拖动，框选“V1”轨道中的“未来 2.jpg”～“未来 8.jpg”图像素材，然后参照步骤 7 的操作进行缩放。

步骤 9▶ 将“项目”调板中的“背景音乐.mp3”音频素材拖至“时间轴”调板的“A1”轨道中（“A1”是音频轨道编号，表示第 1 个音频轨道，即“音频 1”），然后拖动“时间轴”调板下方的滑块对其进行缩放，使“背景音乐.mp3”音频素材完全显示，如图 2-50 所示。

步骤 10▶ 将光标移至“背景音乐.mp3”音频素材的右侧，当光标呈![]形状时按住鼠标左键不放并向左拖动，使其与“未来 8.jpg”图像素材的右侧对齐，如图 2-51 所示。

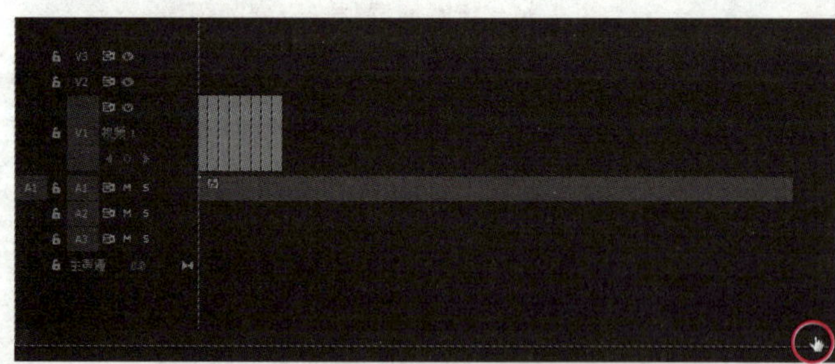

图 2-50　缩放“时间轴”调板

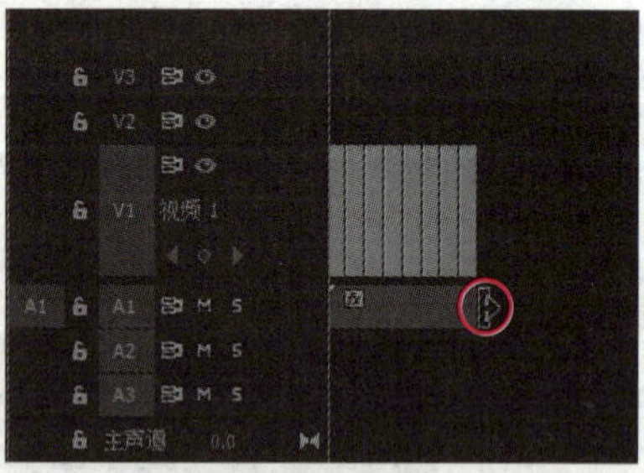

图 2-51　调整音频素材长度

步骤 11▶ 单击调板组中的“效果”选项卡，切换至“效果”调板，然后将“视频过渡”>“页面剥落”组中的“翻页”过渡效果拖至“未来 1.jpeg”与“未来 2.jpg”图像素材相交的位置，如图 2-52 所示。

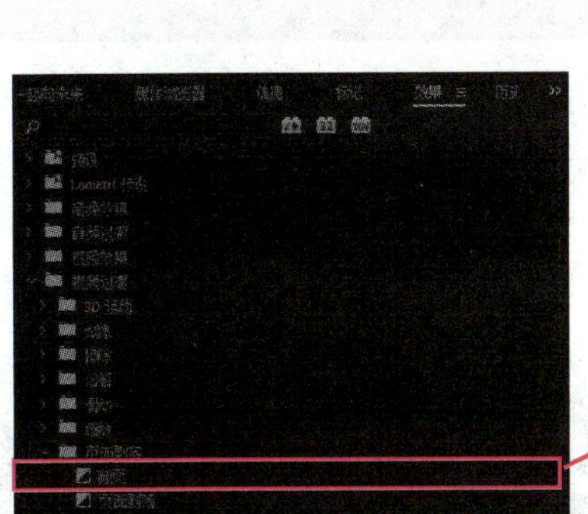
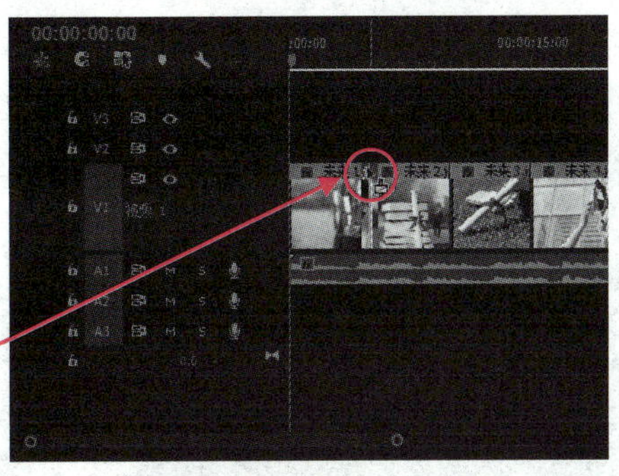

图 2-52 为图像素材添加“翻页”过渡效果

步骤 12▶ 参照步骤 11 的操作，在其他图像素材之间添加“翻页”切换效果，然后保存文件，至此实例就完成了。

提 示

单击右上方“节目”监视器中的“播放-停止切换”按钮，可以预览“一起向未来”项目的视频效果。

2.2.6 典型案例——创建和应用颜色遮罩

下面通过一个制作如图 2-53 所示的应用颜色遮罩的实例，使读者进一步了解介绍在 Premiere Pro CC 中创建和应用素材的方法。

素材文件	素材与实例\第 2 章\颜色遮罩素材\纪录片解说片段.mp4
效果展示和源文件	素材与实例\第 2 章\应用颜色遮罩.prproj、应用颜色遮罩.mp4

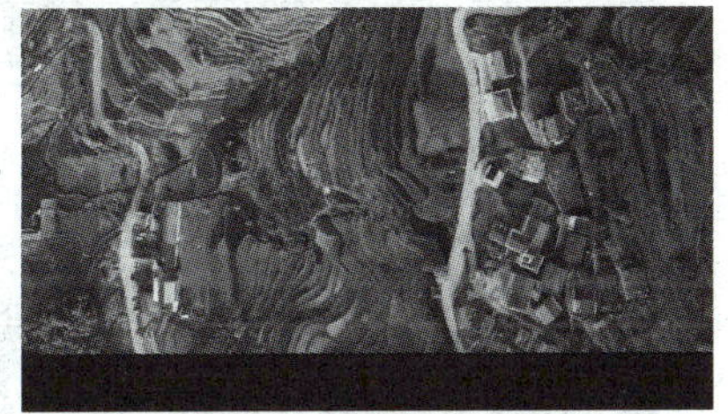

图 2-53 应用颜色遮罩

制作步骤

步骤 1▶ 新建一个名为“应用颜色遮罩”的项目文件，选择“文件”>“新建”>“序列”菜单，在“新建序列”对话框的“序列预设”选项卡中选择“DV-PAL”文件夹中的“标准 48 kHz”选项，并单击“确定”按钮。

步骤 2▶ 将本书配套素材“素材与实例”>“第 2 章”>“颜色遮罩素材”文件夹中的“纪录片解说片段.mp4”视频素材导入到“项目”调板中，如图 2-54 所示。

步骤 3▶ 将“纪录片解说片段.mp4”视频素材拖到“时间轴”调板的“V1”轨道中，

在弹出的“剪辑不匹配警告”对话框中单击“更改序列设置”按钮，如图 2-55 所示。

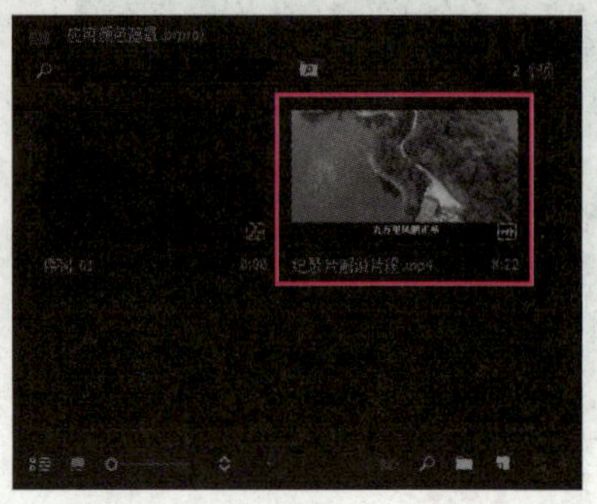

图 2-54　导入视频素材

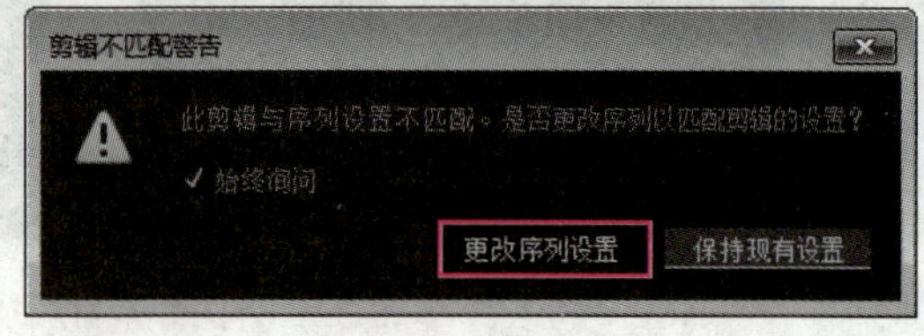

图 2-55　“剪辑不匹配警告”对话框

步骤 4▶　单击“节目”监视器中的“播放-停止切换”按钮▶预览视频素材，可以看到视频素材中包含字幕，如图 2-56 所示。

步骤 5▶　单击“项目”调板底部的“新建项”按钮，在展开的列表中选择“颜色遮罩”选项，如图 2-57 所示。

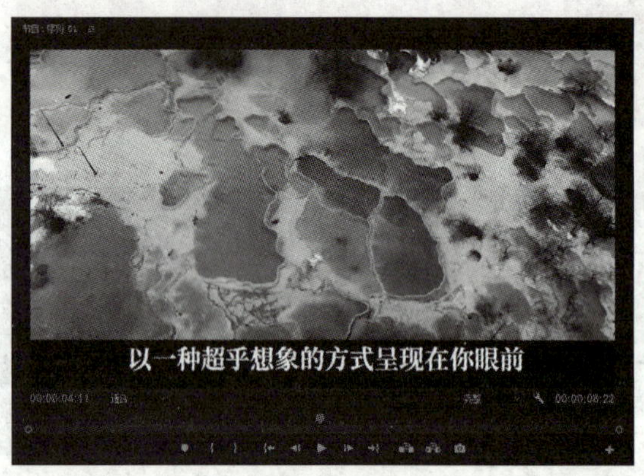

图 2-56　预览视频素材

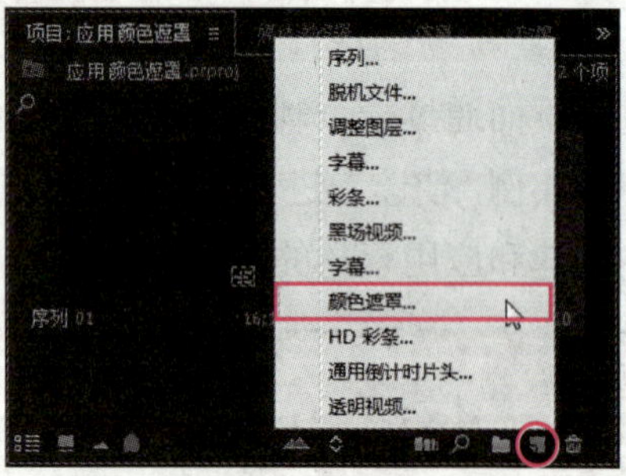

图 2-57　选择“颜色遮罩”选项

步骤 6▶　在打开的“新建颜色遮罩”对话框中设置宽度、高度、时间基准和像素长宽比，并单击“确定”按钮，如图 2-58（a）所示。

步骤 7▶　在打开的“拾色器”对话框中将遮罩的颜色设为蓝色（#001298），并单击“确定”按钮，如图 2-58（b）所示。

步骤 8▶　在打开的“选择名称”对话框中设置颜色遮罩的名称，本例保持默认不变，单击“确定”按钮，如图 2-59 所示。

步骤 9▶　创建颜色遮罩后，将其由“项目”调板拖至“时间轴”调板的“V2”轨道中，并通过拖拽其左右两端，使其与视频素材的出点和入点对齐，如图 2-60 所示。

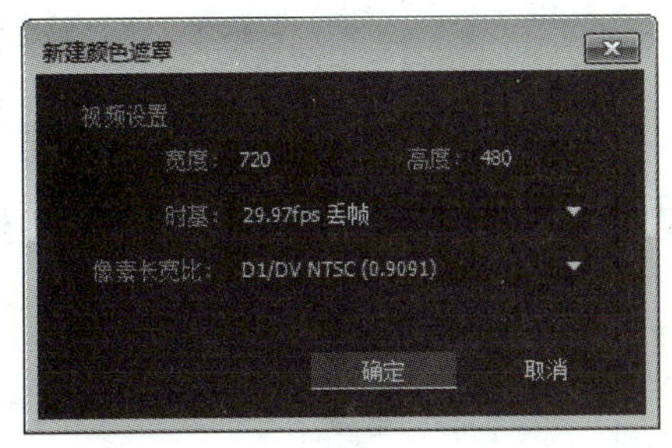

(a)

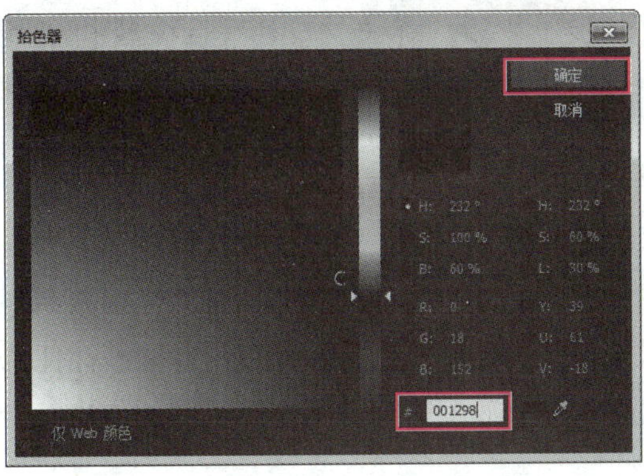

(b)

图 2-58 设置颜色遮罩的参数和颜色

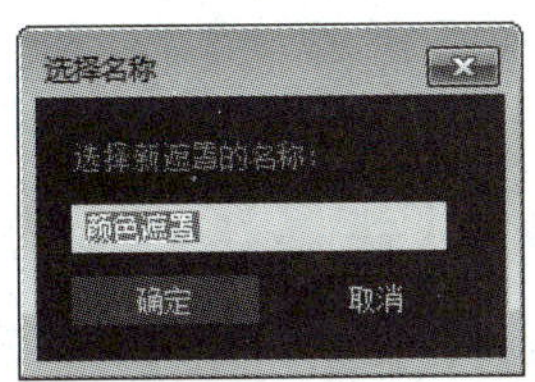

图 2-59 设置颜色遮罩的名称

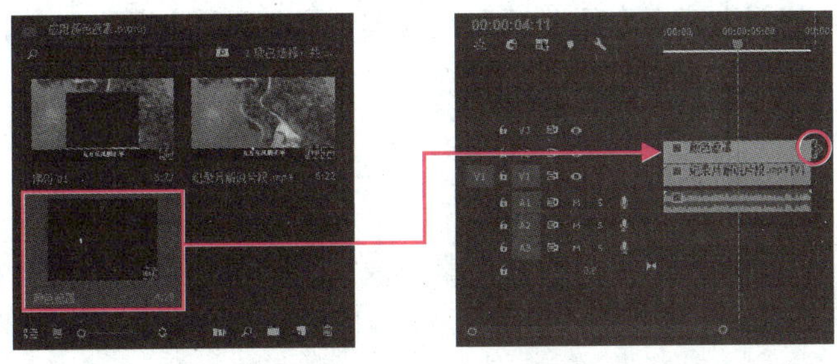

图 2-60 将颜色遮罩添加到时间轴并设置其入点和出点位置

步骤 10▶ 单击选中时间轴中的颜色遮罩，然后选择"窗口">"效果控件"菜单，在打开的"效果控件"调板中展开"运动"特效，取消勾选"缩放宽度"选项下方的"等比缩放"复选框，如图 2-61 所示。

步骤 11▶ 双击"节目"监视器中的颜色遮罩，其四周会出现调节框，将光标移至调节框上方或下方中间的调节点处，然后按住鼠标左键不放并向屏幕中间拖动，调整颜色遮罩的高度，再将调整好的颜色遮罩拖至屏幕下方，使其覆盖字幕，如图 2-62 所示。

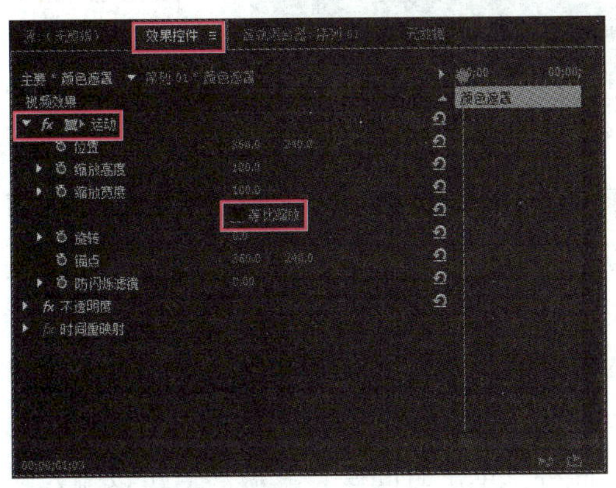

图 2-61 取消勾选"等比缩放"复选框

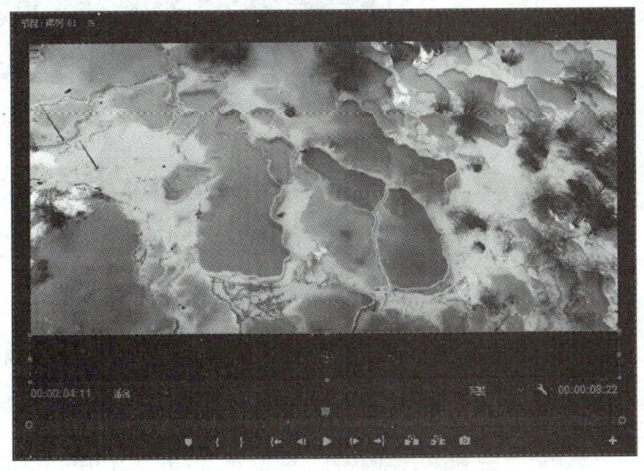

图 2-62 调整颜色遮罩的高度和位置

步骤 12▶ 单击“节目”监视器中的“播放-停止切换”按钮▶预览视频素材，可以看到视频素材中的字幕已经被颜色遮罩覆盖住了。

2.3 音视频编辑功能

Premiere Pro CC 拥有非常强大的音视频编辑处理功能，我们可以在序列的时间轴中组织素材，并对各种音视频和图片素材进行任意切割、复制、插入、覆盖、删除、调整入点、出点和播放速度等编辑操作，从而制作出符合需要的影视作品。

2.3.1 音视频编辑基础

下面为读者介绍“源”监视器、“节目”监视器和“时间轴”调板的组成，视频和音频轨道的基本操作，以及调整音视频素材播放速度和持续时间的方法等知识。

1．认识监视器调板

Premiere Pro CC 的监视器中最常用的是“源”监视器和“节目”监视器。

- **“源”监视器调板：**该调板的主要作用是预览和剪辑素材，在编辑影片时只需双击“项目”调板中的素材图标，即可将其载入“源”监视器调板中。
- **“节目”监视器调板：**该调板主要用于预览“时间轴”调板当前序列中的内容，即预览序列的制作效果。此外，还可对序列进行一些简单的编辑。

“源”监视器和“节目”监视器调板的组成基本相同，下面我们以“源”监视器调板为例，简单介绍一下其底部各主要选项的作用，如图 2-63 所示。

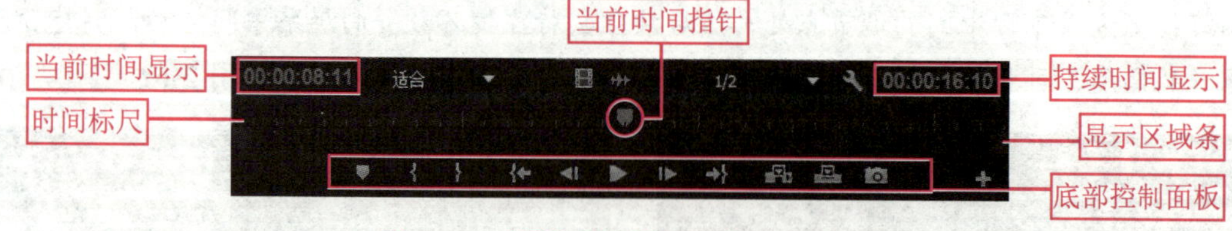

图 2-63 “源”监视器调板底部的选项

- **时间标尺：**使用时间码刻度来显示当前时间指针的位置，以及测量素材或序列的播放时间。其使用的时间码格式可在新建项目时设置。
- **当前时间指针：**指示当前帧的位置。在 Premiere Pro CC 中进行的许多操作都是针对当前帧进行的，可以通过拖拽当前时间指针来更改当前帧位置。“节目”监视器调板中的当前时间指针位置与“时间轴”调板中的位置是一致的。
- **当前时间显示：**显示当前帧的时间码。此外，单击时间码将其激活后可以输入新的时间，以精确定位当前帧的位置。

➢ **持续时间显示：**显示素材片段或序列的持续时间。在未设置入点和出点时，持续时间就是“源”监视器中整段素材或“时间轴”调板中序列的播放时间；若设置了入点和出点，则持续时间是入点到出点之间的视频片段播放时间。

➢ **显示区域条：**用于设置时间标尺上的可视区域。拖动显示区域条的两端可改变其长度，从而放大或缩小显示时间标尺，以便更精确或更完整地查看播放时间。

➢ **底部控制面板：**利用其中的按钮可以播放视频、设置入点和出点、微调当前时间指针的位置、显示安全边距和设置视频的显示方式等。单击底部控制面板右方的“按钮编辑器”按钮，会打开图 2-64 所示的“按钮编辑器”对话框，用户可将该对话框中的按钮拖到底部控制面板中。

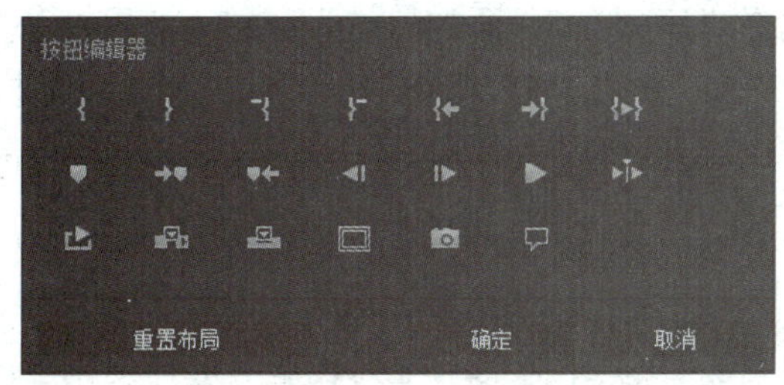

图 2-64　“按钮编辑器”对话框

2. “时间轴”调板及轨道常用操作

“时间轴”调板是对序列中的素材进行组织和编辑的主要场所，每个序列的时间轴都由多个视频轨道（用来组织图片和视频等素材）和音频轨道（用来组织音频素材）组成，如图 2-65 所示。输出制作好的作品（序列）时，素材在时间轴中将按从左到右的顺序进行播放，上方视频轨道中的素材将遮挡下方视频轨道中的素材。

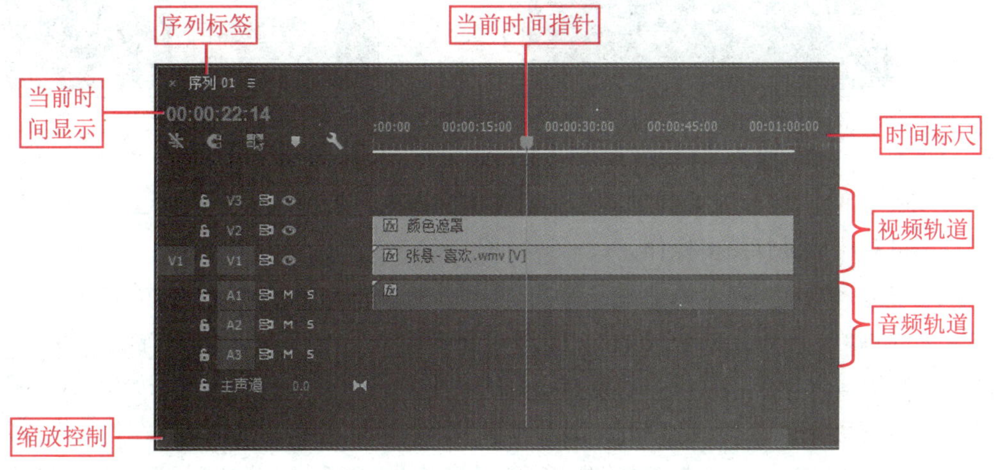

图 2-65　“时间轴”调板

提　示

利用“时间轴”调板底部的缩放控制滑块，可以改变时间标尺的显示比例。此外，单击“工具”调板中的“缩放工具”按钮，然后单击“时间轴”调板，可以放大时间标尺的显示比例；如果同时按住【Alt】键单击“时间轴”调板，则可以缩小时间标尺的显示比例。

时间轴轨道是“时间轴”调板最重要的组成部分，在制作影视作品时，可根据需要对当前序列的时间轴轨道进行添加、删除、重命名、设置目标轨道、锁定及隐藏等操作。

- **添加轨道：**“时间轴”调板默认有 3 个视频轨道和 3 个音频轨道，若想添加更多的轨道，可选择“序列”>“添加轨道”菜单，打开“添加轨道”对话框，分别在“视频轨道”和“音频轨道”选项组中设置要添加的视频轨道和音频轨道的数量和位置，然后单击“确定”按钮，如图 2-66 所示，即可根据设置添加新轨道。
- **删除轨道：**作品制作完成后，可将没有使用的空轨道删除，以提高输出影片时的速度。选择“序列”>“删除轨道”菜单，打开“删除轨道”对话框，选择要删除的轨道类型，然后在其下方的下拉列表框中选择要删除的轨道，如图 2-67 所示，单击“确定”按钮，即可删除所选轨道。

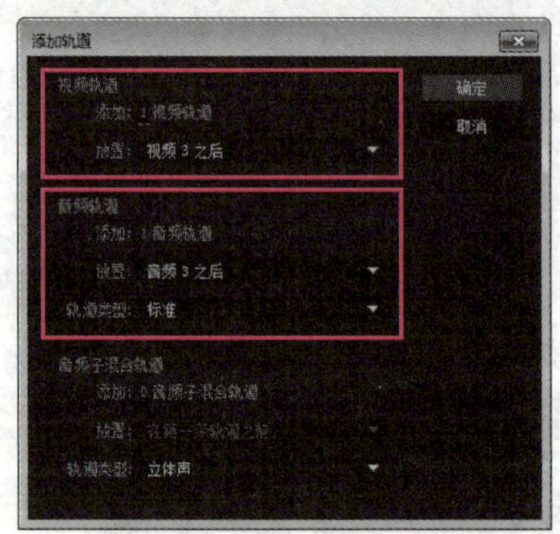

图 2-66　添加轨道

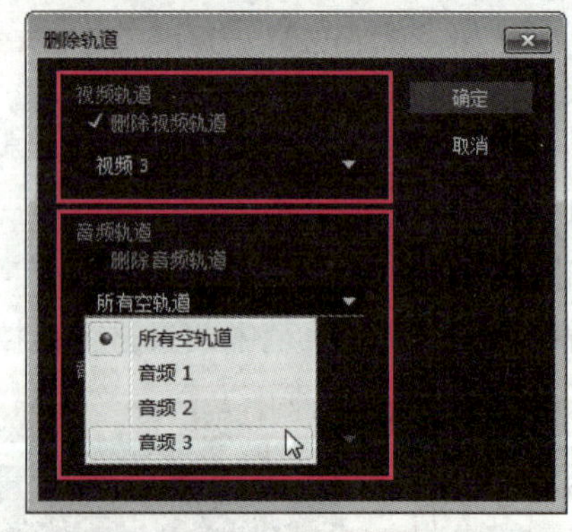

图 2-67　删除轨道

- **展开或折叠轨道：**双击轨道名称右侧的空白处可展开或折叠该轨道，展开轨道后，可对轨道进行更多操作。
- **重命名轨道：**展开轨道后，在“时间轴”调板的轨道控制区空白处右击要重命名的轨道，在弹出的快捷菜单中选择“重命名”项，然后输入新的轨道名称（可为轨道输入一个与其组织的素材相符的名称），即可重命名轨道，如图 2-68 所示。
- **设置目标轨道：**一个序列中通常包含多个视频轨道和音频轨道，在使用拖拽以外的方式向轨道中添加素材前，应设定此素材占用哪个轨道，即设置目标切换轨道。

单击轨道左侧的编号图标（如 V1），当其周围变为蓝色时，表示该轨道被选中；再次单击编号图标可取消其选中。

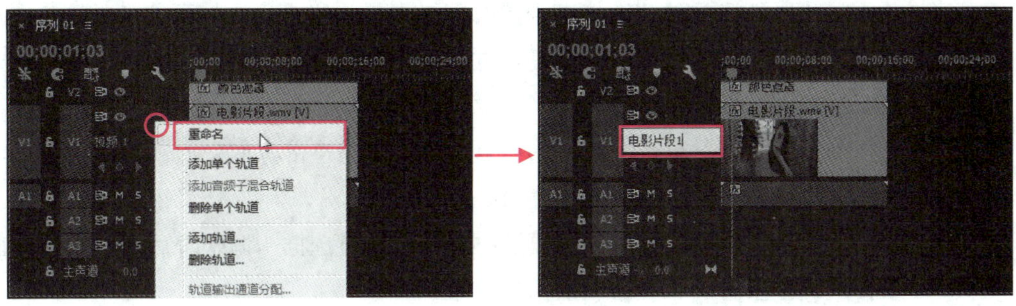

图 2-68　重命名轨道

➢ **隐藏和静音轨道：**在轨道控制区中单击视频轨道名称上方的图标，或音频轨道名称上方的图标，可将视频轨道隐藏或将音频轨道静音。被隐藏或静音轨道上的素材无法预览和输出。再次单击隐藏或静音轨道的或图标可重新显示轨道或取消轨道的静音。

➢ **锁定轨道：**在轨道控制区单击轨道名称左侧的图标，该图标会显示为，同时该轨道上会显示斜线，表示其被锁定。将编辑好的轨道锁定可有效防止误操作。单击被锁定轨道的图标，可将该轨道解锁。

3．取消音视频素材的链接

将包含声音和视频的素材添加到“时间轴”调板的轨道中后，默认情况下素材片段的视频部分和音频部分具有链接关系，当操作视频片段时，将同时对其链接的音频片段进行相同操作。在轨道中选中要取消链接的视频片段，然后选择“剪辑”>“取消链接”菜单，即可解除该视频片段和音频的链接关系。

4．调整素材的播放速度和持续时间

通过调整素材的播放速度和持续时间可制作快镜头和慢镜头等效果。选中要改变播放速度和持续时间的素材，然后选择“剪辑”>“速度/持续时间”菜单，或按快捷键【Ctrl+R】，打开“剪辑速度/持续时间”对话框，在其中可设置素材的播放速度和持续时间等，如图 2-69 所示。

➢ **速度：**该选项数值越大素材片段的播放速度越快，持续时间就越短，反之越长。

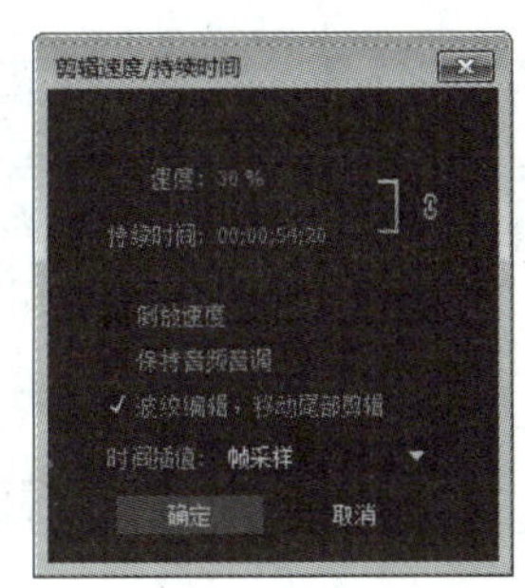

图 2-69　“剪辑速度/持续时间”对话框

- **持续时间：** 该选项用于设置视频素材片段的持续时间，单击右侧的图标，将其与“速度”选项解锁，则持续时间与播放速度不再相关。若数值低于原时间，部分素材片段不播放；若数值高于原时间，素材片段最后 1 帧画面延长。
- **“倒放速度”复选框：** 勾选该复选框，可颠倒素材片段的播放顺序，使其从末尾向前播放。
- **“保持音频音调”复选框：** 勾选该复选框，在调整带有音频的视频素材的播放速度时，只有音速发生变化，而音频、音调不变。
- **“波纹编辑，移动尾部剪辑”复选框：** 勾选该复选框，调整时后面的素材片段会根据所调整素材的长度自动后移或前移。

2.3.2 音视频编辑工具

Premiere Pro CC 提供了多种音视频编辑工具，通过使用这些编辑工具可以对音视频素材进行选择、切割、改变速率和滚动编辑等操作。下面为读者介绍 Premiere Pro CC 中各种音视频编辑工具的用法，读者可打开本书配套素材“素材与实例”>“第 2 章”文件夹中的“编辑工具.prproj”项目文件进行操作。

1. 选择、切割和改变速率

使用“工具”调板中的“选择工具”单击轨道中的某一素材，可选中该素材；若素材的视频和音频链接在一起，在选择素材的同时按住【Alt】键，可只选择视频或音频素材。

使用“向前选择轨道工具”在轨道上单击，可选择所单击位置右侧所有轨道上的素材，如图 2-70（a）所示；按住【Shift】键在轨道上单击，可选择所单击位置右侧单个轨道上的素材。

使用“向后选择轨道工具”在轨道上单击，可选择所单击位置左侧所有轨道上的素材，如图 2-70（b）所示；按住【Shift】键在轨道上单击，可选择所单击位置左侧单个轨道上的素材。

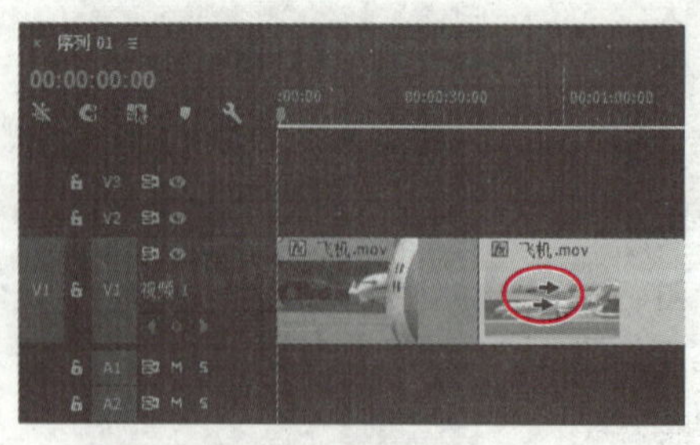

（a）

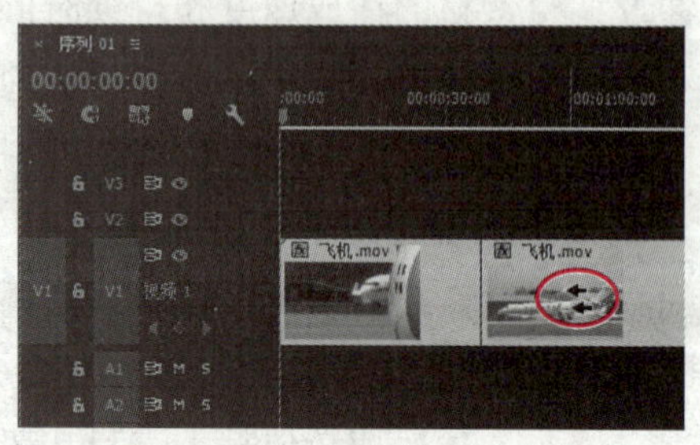

（b）

图 2-70 “向前选择轨道工具”和“向后选择轨道工具”的用法

使用“剃刀工具”在轨道中的某一素材上单击，可以单击处为分割点切割素材，如图 2-71 所示。

“比率拉伸工具”的作用与“剪辑速度/持续时间”对话框相似。使用“比率拉伸工具”拖拽素材片段的入点或出点，可改变素材片段的播放速率和持续时间，如图 2-72 所示。

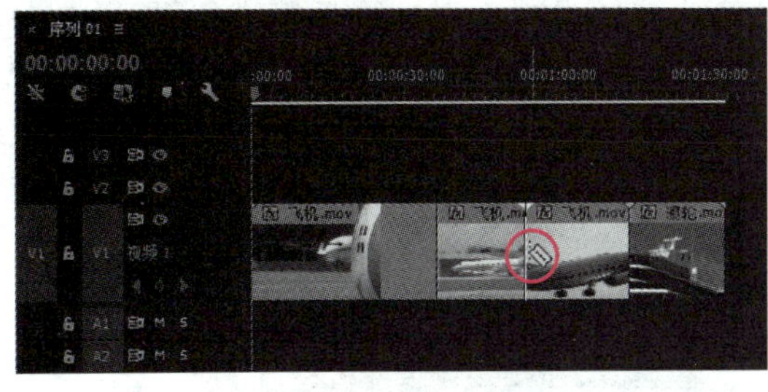

图 2-71　切割素材片段

图 2-72　改变素材片段的播放速率和持续时间

2. 滚动编辑

通过滚动编辑可以对轨道中相邻素材片段的出点和入点进行同步调整，其他素材片段的位置和序列总长度保持不变。在“工具”调板中选择“滚动编辑工具”，将鼠标指针移至要调整素材片段的相邻位置，当其变为形状时左右拖动鼠标即可，如图 2-73 所示。

使用“波纹编辑工具”和“滚动编辑工具”调整素材片段的入点和出点时，“节目”监视器中会显示前一个素材片段的出点帧和后一个素材片段的入点帧画面，并显示相应的时间，以方便用户观察操作，如图 2-74 所示。

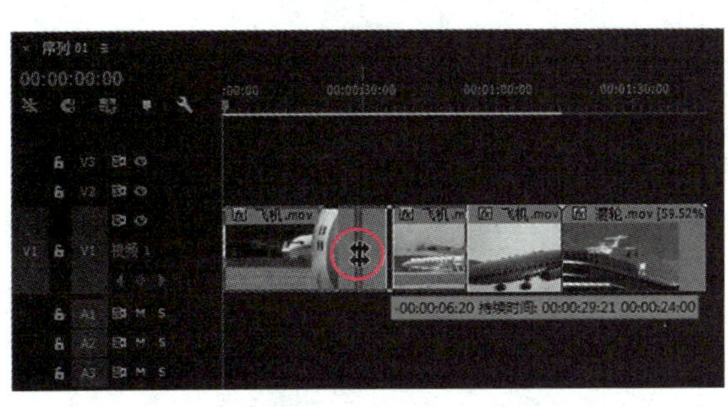

图 2-73　滚动编辑

图 2-74　在“节目”监视器中观察调整效果

3．滑动编辑

选择“外滑工具”后，将鼠标光标放在某个素材片段上方，按住鼠标左键并拖动，可同步调整该素材片段的入点和出点，但该素材片段的播放长度不变，也不影响相邻的素材片段，如图 2-75 所示。

选择“内滑工具”后，将鼠标光标放在某个素材片段上方，按住鼠标左键并拖动，可同步调整与该素材片段相邻的两个素材片段的入点和出点，而该素材片段的入点和出点保持不变，节目的总长度保持不变，如图 2-76 所示。

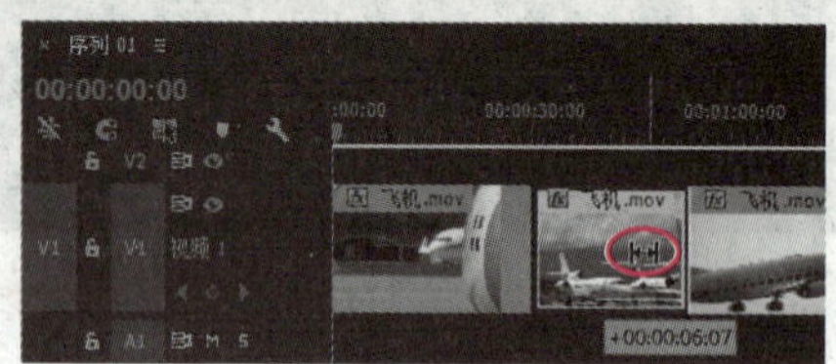

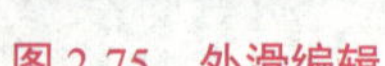
图 2-75　外滑编辑

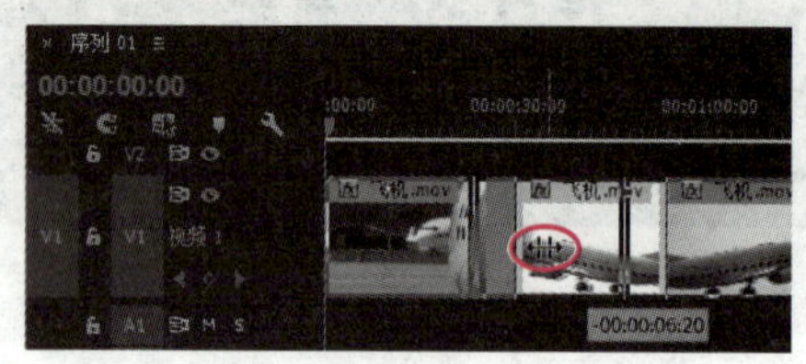

图 2-76　内滑编辑

提　示

使用“外滑工具”和“内滑工具”编辑素材片段时，“节目”监视器中会显示中间素材片段的入点帧和出点帧，以及前一个素材片段的出点帧和后一个素材片段的入点帧。

2.3.3　音视频编辑进阶

编辑音视频素材的常用方法有四点编辑和三点编辑两种。此外，读者还应了解插入和覆盖、提升和提取的区别，并掌握标记的使用方法。

1．四点编辑

所谓四点编辑，就是通过在“源”监视器中设置素材的入点和出点，在“节目”监视器中设置序列的入点和出点，再通过匹配对齐将素材添加到序列中。下面利用一个简单实例为读者介绍四点编辑的具体应用。

步骤 1▶ 打开本书配套素材“素材与实例”>“第 2 章”>“剪辑素材.prproj”项目文件，将“项目”调板中的“草原.mp4”素材片段拖到“时间轴”调板的“V1”轨道中，再双击“武术.mp4”素材片段，使其显示在“源”监视器中，如图 2-77 所示。

图 2-77　准备素材

步骤 2▶　在“源”监视器中将当前时间指针移至第 1 分 06 秒 19 帧处，然后单击“标记入点”按钮，再将当前时间指针移至第 1 分 54 秒 07 帧处，并单击“标记出点”按钮，如图 2-78 所示。

步骤 3▶　在“节目”监视器中将当前时间指针移至第 16 秒 07 帧处，然后单击“标记入点”按钮，再将当前时间指针移至第 51 秒 04 帧处，并单击“标记出点”按钮，如图 2-79 所示。可以看到，源素材片段出点和入点之间的长度（47 秒 13 帧）大于序列出点和入点之间的长度（34 秒 22 帧）。

图 2-78　设置素材的入点和出点

图 2-79　设置序列的入点和出点

步骤 4▶　单击“源”监视器中的“覆盖”按钮，在弹出的“适合剪辑”对话框中选择“忽略序列出点”单选钮，然后单击“确定”按钮，如图 2-80（a）所示。此时 Premiere Pro CC 就会用“源”监视器中入点和出点间的素材片段覆盖“节目”监视器（“时间轴”调板）中入点和出点间的素材片段，如图 2-80（b）所示。

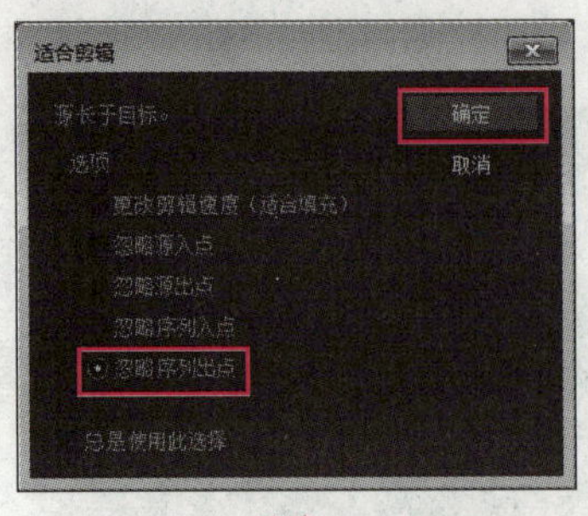

（a）

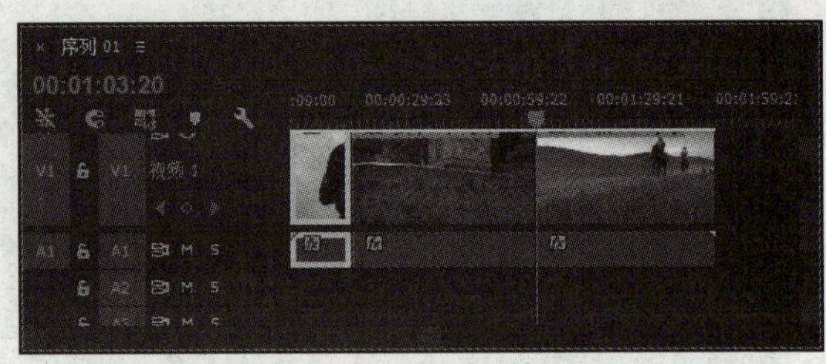

（b）

图 2-80　使用四点编辑覆盖“时间轴”调板中的素材片段

- **更改剪辑速度（适合填充）**：改变源素材的播放速度，以适应节目中设定的长度。
- **忽略源入点**：修整源素材的入点，以适应节目中设定的长度。
- **忽略源出点**：修整源素材的出点，以适应节目中设定的长度。
- **忽略序列入点**：忽略节目中设定的入点，以适应源素材中设定的长度。
- **忽略序列出点**：忽略节目中设定的出点，以适应源素材中设定的长度。

2．三点编辑

学完四点编辑，三点编辑就很好理解了。所谓三点编辑，就是通过在“监视器”调板中设置两个入点和一个出点，或一个入点和两个出点，对素材在序列中进行定位，第四个点会被自动计算出来。下面利用一个简单实例为读者介绍三点编辑的具体应用。

步骤 1▶ 打开“剪辑素材.prproj”项目文件，将“项目”调板中的“草原.mp4”素材片段拖到“时间轴”调板的“V1”轨道中，再双击“武术.mp4”素材片段，使其显示在“源”监视器中，然后在“源”监视器中将“武术.mp4”素材的入点和出点分别设置为 1 分 06 秒 19 帧和 1 分 54 秒 07 帧。

步骤 2▶ 在“节目”监视器中将当前时间指针移至第 16 秒 07 帧处，然后单击“标记入点”按钮，设置序列的入点，如图 2-81 所示。

步骤 3▶ 单击“源”监视器中的“插入”按钮，即可将源素材入点和出点间的片段插入到序列中，如图 2-82 所示。

图 2-81　设置序列的入点

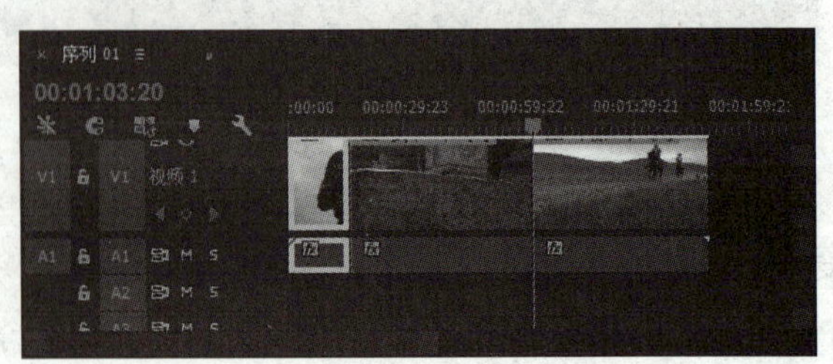

图 2-82　使用三点编辑插入素材片段

单击“源”监视器中的“覆盖”按钮，会将素材片段覆盖到序列中目标轨道的某一位置，替换掉原有的部分素材片段；单击“源”监视器中的“插入”按钮，会将素材片段插入到序列中的目标轨道，序列从插入位置被分开，后面的素材片段被移动到新插入素材片段的出点之后。

3. 设置标记

在编辑视频时，可以为素材片段或序列添加标记，这样就可以在随后的编辑过程中快速切换到标记的位置，便于快速查找相关帧，以及使素材对齐到指定帧等。

1）添加标记

步骤 1▶ 要为“源”监视器中的素材片段添加标记，可在“源”监视器中将当前时间指针定位到要添加标记的位置，然后单击控制面板中的“添加标记”按钮，将添加了标记的素材片段插入或覆盖到时间轴后，该素材片段上会显示标记符号，如图 2-83 所示。

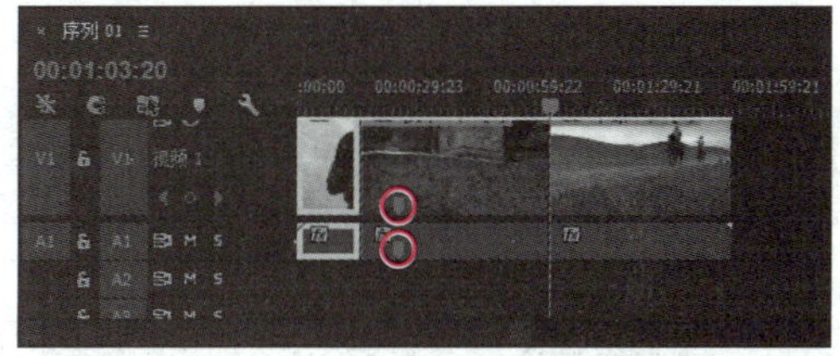

图 2-83 为素材片段添加标记

步骤 2▶ 要为序列添加标记，可在时间轴或“节目”监视器中将当前时间指针移动到需要添加标记的位置，然后在“节目”监视器中单击“添加标记”按钮，如图 2-84 所示，此时将在“时间轴”调板的刻度线上显示标记符号。

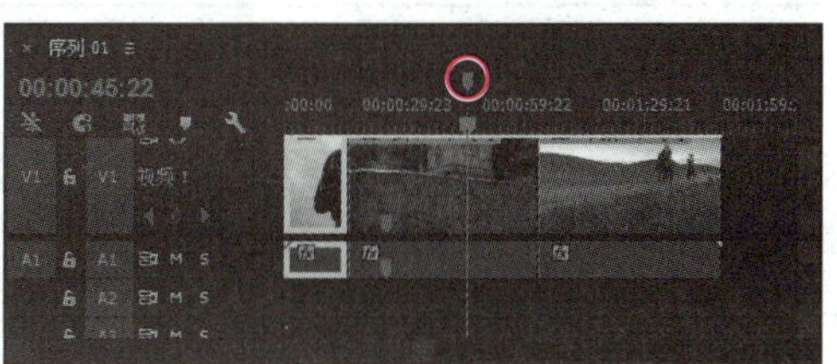

图 2-84 为序列添加标记

2）使用标记

当为“源”监视器中的素材添加了标记后，单击“转到上一标记”按钮和“转到下一标记”按钮（可提前将这两个按钮从“按钮编辑器”对话框拖到底部控制面板中），可将当前时间指针快速定位到相应的标记点处。

当为序列添加了标记后，右击“时间轴”调板的标尺区域，从弹出的快捷菜单中选择“转到下一个标记”或“转到上一个标记”菜单，可将当前时间指针快速定位到相应的序列标记处。

3）清除标记

当用户不再需要添加的标记时，可以将标记删除。

- 若想清除全部标记，可在“源”监视器或“时间轴”调板的时间标尺上右击，在弹出的快捷菜单中选择“清除所有标记”菜单。
- 若只想删除某一标记，则在右键快捷菜单中选择“清除所选的标记”菜单即可。

2.3.4 典型案例——制作影院宣传片

下面使用三点编辑法和四点编辑法及相应编辑工具，在 Premiere Pro CC 中制作如图 2-85 所示的影院宣传片。

图 2-85　影院宣传片截图效果

素材文件	素材与实例\第 2 章\影院宣传片素材
效果展示和源文件	素材与实例\第 2 章\影院宣传片.prproj、影院宣传片.mp4

制作分析

首先新建一个项目文件和一个序列，然后导入素材，在“源”监视器中对素材进行剪辑并添加到时间轴的相应轨道中，再在时间轴中对素材片段进行各种编辑操作，最后输出视频，完成实例制作。

制作步骤

步骤 1▶ 新建一个名为“影院宣传片”的项目文件，然后新建一个序列，在“新建序列”对话框中切换到“设置”选项卡，并进行如图 2-86 所示的设置。

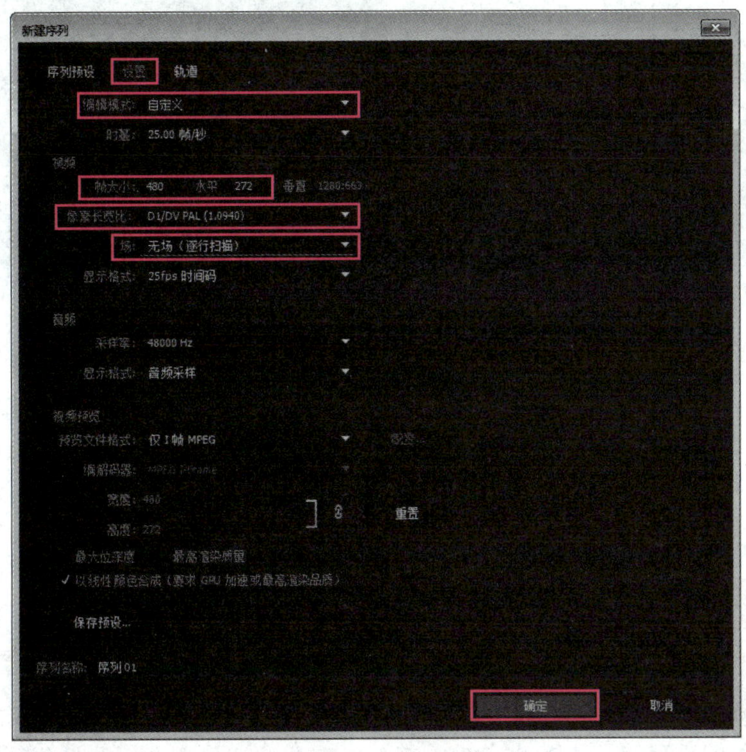

图 2-86 设置序列参数

小技巧

设置序列参数时，可根据素材的属性（如视频素材的分辨率大小、帧速率和场等）进行设置，以保证影视作品的清晰度。我们可在 Premiere Pro CC 中查看素材的属性，也可在普通播放器或图像编辑软件中查看其属性。

步骤 2▶ 按快捷键【Ctrl+I】打开“导入”对话框，选择本书配套素材“第 2 章”>“影院宣传片素材”文件夹中的所有文件，然后单击“打开”按钮。

步骤 3▶ 由于素材中有 PSD 格式的图片，因此会出现图 2-87 所示的对话框，让用户选择是否合并该图片中的图层，此处在“导入为”下拉列表中选择“各个图层”，在下方的图层列表中选择要导入的图层“胶片”，取消“背景”图层的选择，单击“确定”按钮。

步骤 4▶ 我们首先剪辑一段夜间赛车的视频。双击“项目”调板中的“电影 1.mp4”素材图标，将其添加到“源”监视器中，然后在“源”监视器中将当前时间指针移至第

2 秒 22 帧，并单击“标记入点”按钮，再将当前时间指针移至第 7 秒 6 帧处，并单击“标记出点”按钮，如图 2-88 所示。

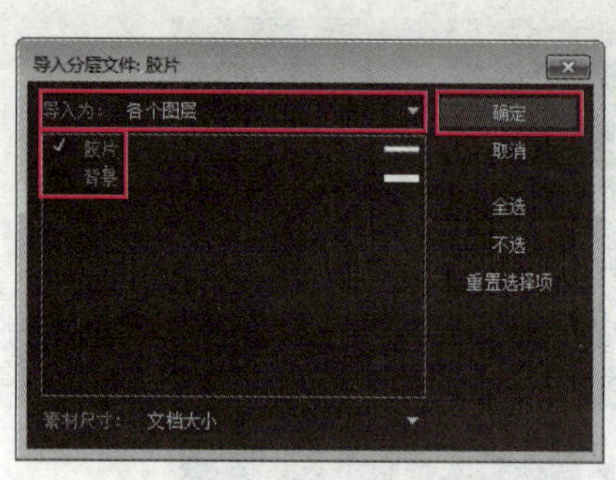

图 2-87　导入分层素材

图 2-88　设置素材入点和出点

步骤 5▶ 为避免在时间轴中添加素材中的音频，单击“A1”轨道左侧的图标取消其选中状态，接着将当前时间指针移至时间轴的第 0 帧，单击“源”监视器中的“插入”按钮，将源素材“电影 1.mp4”入点和出点之间的视频片段插入“V1”轨道，使其入点与序列的入点对齐，效果如图 2-89 所示。

小技巧

在“源”监视器中剪辑素材片段是制作影视作品的常用手法。在剪辑过程中，经常需要通过单击“后退一帧”按钮、“前进一帧”按钮来将当前时间指针向后或向前移动一帧。设置好入点和出点后，可单击“从入点到出点播放视频”按钮来预览入点和出点间的视频片段。

步骤 6▶ 在“节目”监视器中将序列的入点和出点分别设置为第 1 秒 10 帧和第 2 秒 10 帧，如图 2-90 所示。

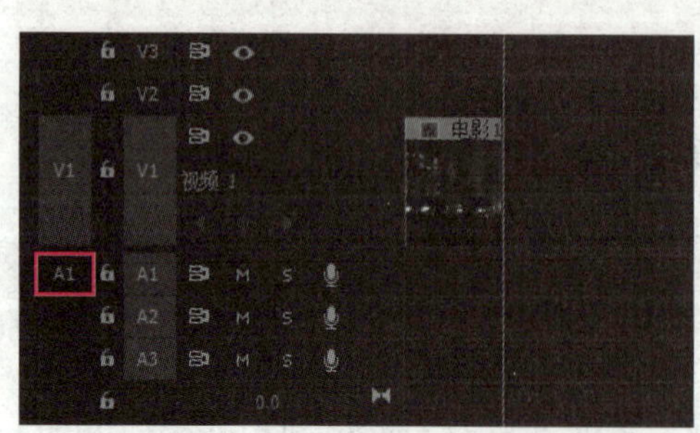

图 2-89　在时间轴中插入素材片段

图 2-90　设置序列的入点和出点

步骤 7▶ 在“源”监视器中将“电影 1.mp4”素材的入点和出点重新设置为第 7 秒 22 帧和第 9 秒 20 帧，然后单击“覆盖”按钮，如图 2-91（a）所示；在打开的“适合剪辑”对话框中选择“更改剪辑速度（适合填充）”单选钮，然后单击“确定”按钮，如图 2-91（b）所示，用源素材入点和出点之间的素材片段覆盖序列入点和出点之间的素材片段。

（a）

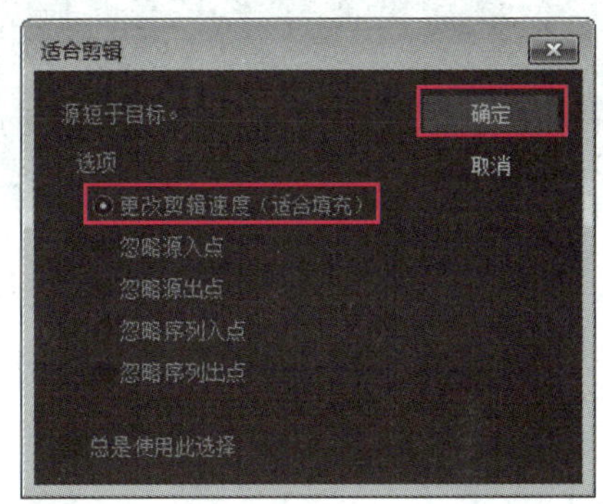

（b）

图 2-91 使用四点编辑法添加素材

步骤 8▶ 在“源”监视器中将“电影 1.mp4”素材的入点和出点重新设置为第 22 秒和第 32 秒 20 帧，再单击“节目”监视器中的“转到出点”按钮，将时间轴的当前时间指针移至序列出点处，然后单击“源”监视器中的“插入”按钮，将选取的素材片段插入到时间轴中，效果如图 2-92 所示。如此一来，我们便在“电影 1.mp4”素材中剪辑出了一段赛车的视频。

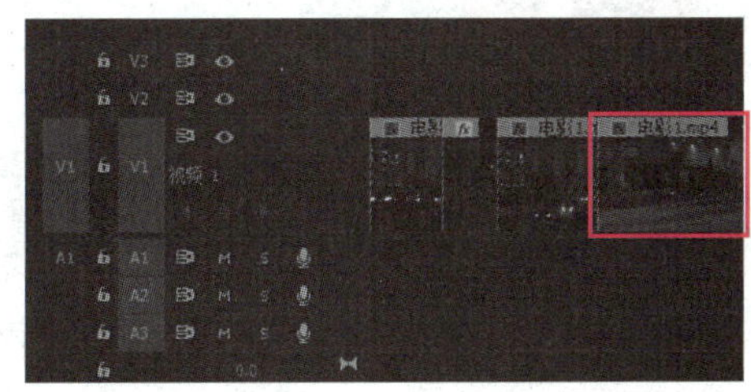

图 2-92 使用三点编辑法添加素材片段

步骤 9▶ 将“电影 2.mp4”素材添加到“源”监视器中，设置入点和出点分别为第 1 秒 5 帧和第 8 秒 10 帧，然后单击“插入”按钮，将选取的素材片段插入到时间轴中，其入点与上一个素材片段的出点对齐，如图 2-93 所示。

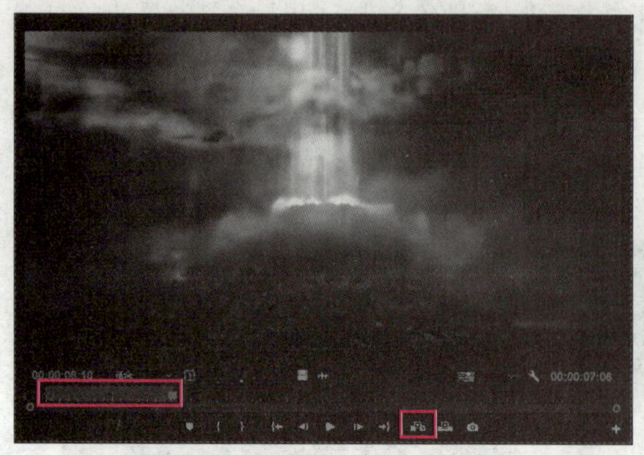

图 2-93　使用三点编辑法向时间轴中添加素材片段

步骤 10▶　在“节目”监视器中设置序列的入点和出点分别为第 17 秒 2 帧和第 19 秒，然后单击“提取”按钮，删除入点和出点之间的素材片段，如图 2-94 所示。

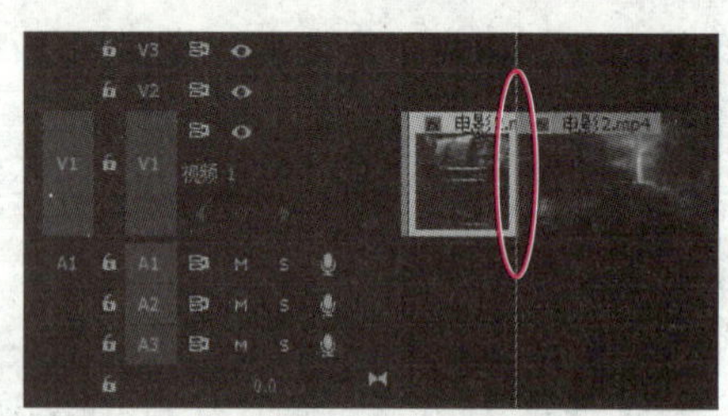

图 2-94　使用提取编辑法在序列中删除不需要的素材片段

提　示

在“节目”监视器中设置序列的入点和出点，然后单击“节目”监视器下方的“提升”按钮，序列中入点和出点之间的内容被删除，序列总长度不变；单击“提取”按钮，序列中入点和出点之间的内容被删除，且删除点后面的素材向前移动，以填补留下的空白。

步骤 11▶　参考前面的操作，分别将“电影 3.mp4”素材的第 4 秒 18 帧至第 10 秒、“电影 4.mp4”素材的第 23 秒 15 帧至第 31 秒 11 帧、“电影 5.mp4”素材的第 0 帧至第 4 秒 10 帧的视频片段添加到“V1”轨道中，且下一个素材片段的入点与上一个素材片段的出点对齐，效果如图 2-95 所示。

图 2-95　添加其他素材片段

提　示

在将素材片段添加到时间轴后，读者也可以根据需要使用“波纹编辑工具”、“滚动编辑工具”、“外滑工具”和“内滑工具”调整各视频片段的出点和入点。使用这几个工具编辑视频片段时，应注意通过“节目”监视器观察相应视频片段入点和出点的变化。

步骤 12▶ 将“项目”调板中的“胶片/胶片.psd”图像素材拖到“时间轴”调板的“V2”轨道中，然后使用“选择工具”向右拖动其出点，使其与“V1”轨道中最后一段视频的出点对齐，效果如图 2-96 所示。

步骤 13▶ 分别将“项目”调板中的“文字 1.ai”至“文字 4.ai”矢量图素材拖到“时间轴”调板的“V3”轨道中，各素材的入点分别位于序列的第 4 秒 9 帧、第 13 秒 20 帧、第 20 秒 10 帧和第 31 秒 23 帧，效果如图 2-97 所示。

图 2-96　添加并编辑“胶片/胶片.psd”素材

图 2-97　添加“文字 1.ai”至“文字 4.ai”素材

步骤 14▶ 将“项目”调板中的“背景音乐.mp3”素材拖到“时间轴”调板的“A1”轨道中，然后锁定“V1”、“V2”和“V3”轨道，并使用“波纹编辑工具”调整声音的入点位置，裁掉一部分前奏音，再调整声音的出点位置，使其与“V1”轨道中最后一段视频的出点对齐，效果如图 2-98 所示。

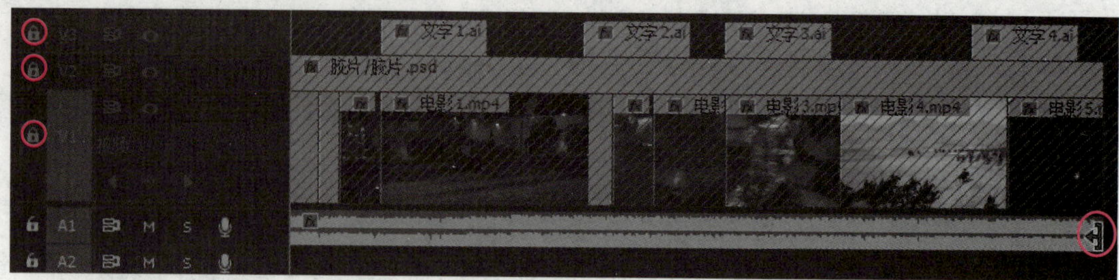

图 2-98　添加并编辑“背景音乐.mp3”素材

步骤 15▶ 选择“文件”>“导出”>“媒体”菜单，打开“导出设置”对话框，根据图 2-99 所示设置参数，并单击“导出”按钮，得到“影院宣传片.mp4”视频文件。

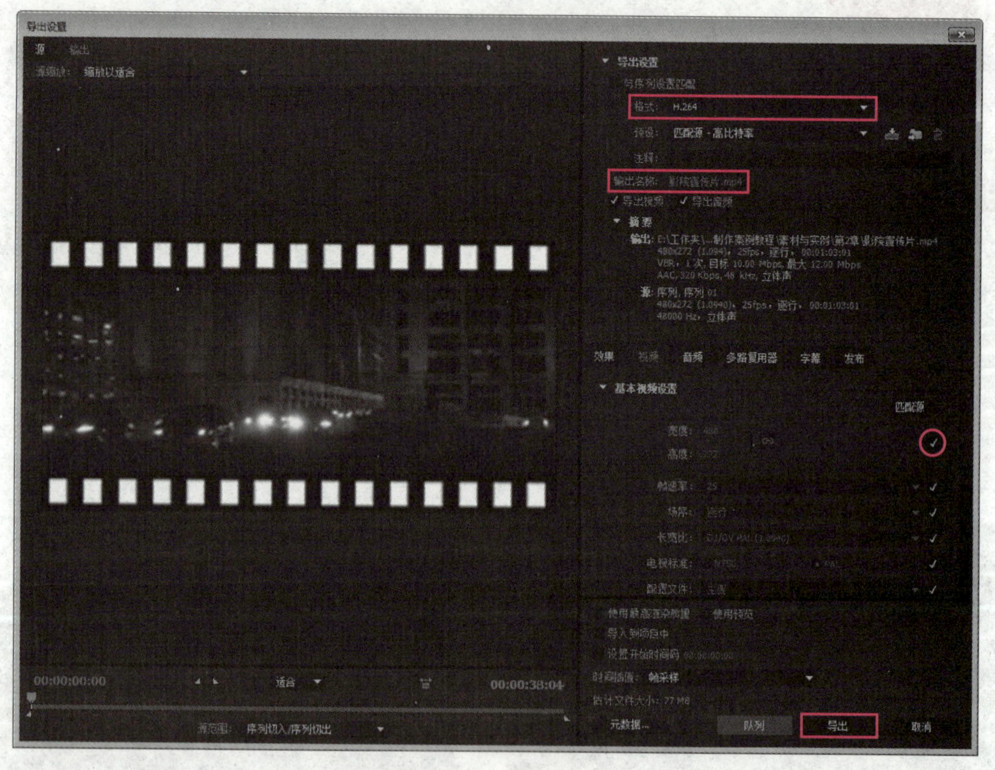

图 2-99　“导出设置”对话框

本章总结

本章主要介绍了 Premiere Pro CC 的工作界面，在 Premiere Pro CC 中导入、捕捉、创建和管理素材，以及利用“监视器”调板和编辑工具编辑素材的方法。在学完本章内容后，读者应重点掌握以下知识。

- Premiere Pro CC 的工作界面主要由“项目”调板、“监视器”调板、“时间轴”调板、“信息”调板和“工具”调板等组成。
- 在 Premiere Pro CC 中导入素材的方法很简单，要注意的是，在导入 PSD 等格式的分层图像素材时，可在导入过程中选择要导入的图层。
- 在 Premiere Pro CC 的“项目”调板中，可对素材进行查看信息、重命名、查找和分类管理等操作。
- 从 DV 中捕捉视频时，要注意将 DV 与计算机正确连接，然后利用 Premiere Pro CC 的“捕捉”调板进行捕捉。
- 在 Premiere Pro CC 中可创建黑场、颜色遮罩、彩条和倒计时片头等多种素材。
- 利用“监视器”调板中的“源”监视器和“节目”监视器，可以分别预览和编辑素材与序列。
- “时间轴”调板是对素材进行组织和编辑的主要场所。使用“工具”调板中的各种工具，可在“时间轴”调板中对素材片段进行调用、分割和组合等操作。
- 四点编辑和三点编辑是编辑素材时常用的方法。“波纹编辑工具”和“滚动编辑工具”用于改变素材的出点和入点；“外滑工具”和“内滑工具”用于编辑 3 个相邻的素材片段。
- 在素材或时间轴上添加标记，可以在编辑过程中快速切换到标记的位置，从而方便用户快速查找视频帧，以及使素材快速对齐到指定帧。

思考与练习

一、选择题

1．主要用于管理素材文件的调板是（　　）。

A．“时间轴”调板　　B．“项目”调板

C．“监视器”调板　　D．“工具”调板

2．下列无法导入 Premiere Pro CC 的对象是（　　）。

A．视频素材　　B．分层图像

C．项目文件　　D．Word 文档

3．Premiere Pro CC 无法创建的素材是（　　）。

A．三维模型　　B．黑场视频

C．颜色遮罩　　D．倒计时片头

4．要改变素材片段的播放速率和持续时间应使用（　　）。

A．剃刀工具　　B．滚动编辑工具

C．比率拉伸工具　　　　　　　　　D．波纹编辑工具

5．在使用四点编辑法编辑素材片段时，若源素材与序列出入点间素材片段的长度不一致，且想改变素材的速度，以适应节目中设定的长度，可在打开的“适合剪辑”对话框中选择（　　）。

A．“更改剪辑速度（适合填充）”单选钮

B．“忽略源入点”单选钮

C．“忽略源出点”单选钮

D．“忽略序列出点”单选钮

二、简答题

1．Premiere Pro CC 的工作界面主要由哪些部分组成？如何调整 Premiere Pro CC 的工作区布局？

2．如何设置 Premiere Pro CC 的默认参数和快捷键？

3．如何在 Premiere Pro CC 中导入和管理素材？

4．在 Premiere Pro CC 中可以创建哪些素材？如何创建？

5．如何对“时间轴”调板中的轨道进行添加、删除和重命名等操作？

6．什么是四点编辑和三点编辑？

7．“插入”按钮和“覆盖”按钮的作用有何不同？“提升”按钮和“提取”按钮的作用有何不同？

8．标记有何作用？如何添加、使用和删除标记？

本章实训

实训 1　故乡美景

利用本章所学的知识，制作一个如图 2-100 所示的音乐短片“故乡美景”。

图 2-100　故乡美景视频截图

素材文件	素材与实例\第 2 章\故乡美景素材
效果展示和源文件	素材与实例\第 2 章\故乡美景.prproj、故乡美景.mp4

提示：

新建一个项目文件，然后导入本书配套素材“素材与实例” > “第 2 章” > “故乡美景素材”文件夹中的所有素材，并将图像和音频素材添加至“时间轴”调板，再为图像素材添加“交叉溶解”过渡效果，并调整音频素材的长度；最后保存项目文件并导出视频。

实训 2　极速运动

利用本章所学的编辑工具和相关知识，制作一个如图 2-101 所示的极速运动视频。

图 2-101　极速运动视频截图

素材文件	素材与实例\第 2 章\极速运动素材
效果展示和源文件	素材与实例\第 2 章\极速运动.prproj、极速运动.mp4

提示：

首先新建一个项目文件和一个序列，导入视频和声音素材，并创建一个通用倒计时片头；然后依次将各视频素材添加至时间轴中，并利用“比率拉伸工具”和“剪辑速度/持续时间”对话框调整各素材片段的播放速度，以及使用“剃刀工具”切割和删除不需要的素材片段内容；接着将声音素材添加至时间轴的指定位置，并使用“剃刀工具”切割声音素材，将不需要的部分删除；最后保存项目文件并导出视频。

实训 3　动物视频集锦

利用本章所学的音视频编辑知识，制作一个如图 2-102 所示的动物视频集锦。

图 2-102　动物视频集锦截图效果

素材文件	素材与实例\第 2 章\动物视频集锦素材
效果展示和源文件	素材与实例\第 2 章\动物视频集锦.prproj、动物视频集锦.mp4

提示：

新建一个名为“动物视频集锦”的项目文件，然后导入“动物视频集锦素材”文件夹中的素材文件，将“动物视频.mp4”添加到“V1”轨道中，删除链接的“A1”轨道中的音频素材，将“背景音乐.mp3”音乐素材添加到“A1”轨道并锁定。利用三点编辑法、四点编辑法、提取编辑法等编辑素材，然后制作某些镜头的慢镜头效果，最后保存项目文件并导出视频。

第 3 章 Premiere Pro 视频转场效果

一部完整的影视作品是由一个个镜头拼接而成的，镜头与镜头间的切换称为转场或过渡。有时镜头间只是简单地衔接起来，这种方式称为硬切；但有时镜头间需要具有较为柔和的过渡，此时硬切便无法满足影视作品的需要了。Premiere Pro CC 为用户提供了诸如淡入淡出、渐黑渐白等多种视频过渡效果，本章便来学习这些视频过渡效果的应用方法。

学习目标

- 掌握添加和编辑视频过渡效果的方法
- 掌握常用视频过渡效果的相关知识

3.1 3D 运动类和划像类过渡效果

下面为读者介绍视频过渡的基础知识，以及 3D 运动类和划像类视频过渡效果的应用。

提 示

Premiere Pro CC 不同版本中自带的视频过渡、视频效果、音频过渡和音频效果有所不同，本书以 Premiere Pro CC 2015.2（v9.2）为例进行介绍。

3.1.1 视频过渡基础

1. 设置默认过渡效果

Premiere Pro CC 默认状态下使用“交叉溶解”过渡效果作为默认过渡效果，要应用默认过渡效果只需将时间轴中的当前时间指针■移至要添加过渡效果的素材片段连接处，然后选择“序列”>“应用视频过渡”菜单或按快捷键【Ctrl+D】即可。

若要将其他视频过渡效果作为默认过渡效果，可在“效果”调板中右击要设为默认过渡效果的效果，在弹出的快捷菜单中选择“将所选过渡设置为默认过渡”菜单，如图 3-1 所示。

2．调整视频过渡效果

在为素材片段添加完视频过渡效果后，有时过渡效果并不能完全满足影视作品的需要，还需要对其参数进行调整。在时间轴中选中要调整的过渡效果，然后选择“窗口”>“效果控件”菜单，即可在打开的“效果控件”调板中对视频过渡效果的参数进行设置，如图 3-2 所示。

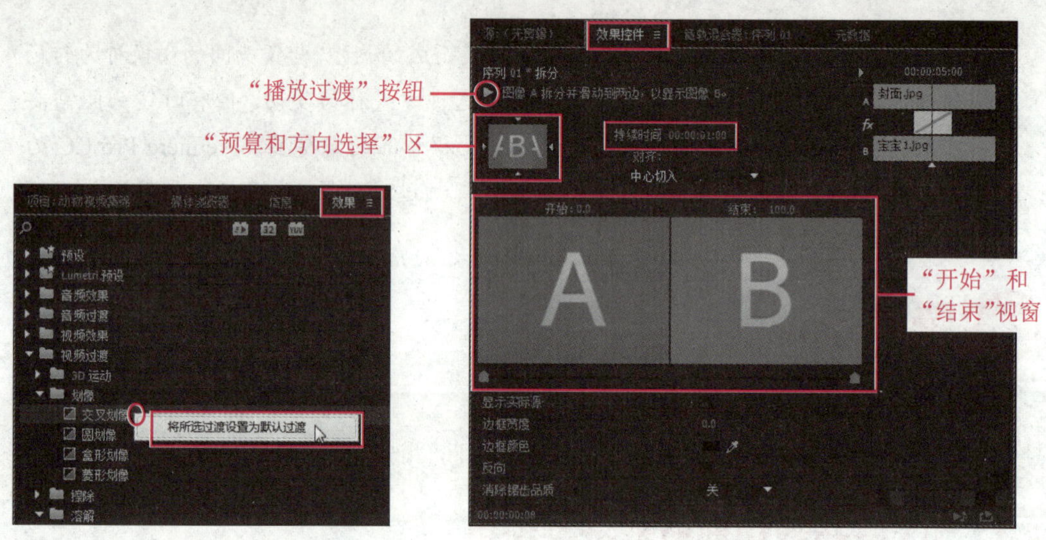

图 3-1　设置默认过渡效果　　　　图 3-2　“效果控件”调板

- **“播放过渡”按钮**▶：单击该按钮后，将在下方的“预算和方向选择”区中显示视频过渡效果。该按钮右侧是关于所选视频过渡效果的描述。
- **“预算和方向选择”区：**用于预演视频过渡效果，单击其四周的三角按钮可改变视频过渡效果的方向。
- **“开始”和“结束”视窗：**分别对应前一个和后一个素材，拖动下方的滑块可改变视频过渡效果开始和结束的位置，也可通过上方的数值编辑框进行设置。
- **“持续时间”编辑框：**在该文本框中可设置视频过渡效果的持续时间。
- **“对齐”下拉列表框：**该下拉列表框中的选项用于设置视频过渡效果相对于素材片段的对齐方式。
- **“显示实际源”复选框：**勾选该复选框后，将在“预算和方向选择”区以及“开始”和“结束”视窗中显示实际的素材效果。
- **“边框宽度”编辑框：**该文本框用于设置视频过渡效果的边框宽度，默认值为“0”，即无边框。

- **“边框颜色”选项：** 单击该选项右侧的色块，可在打开的“拾色器”对话框中设置边框颜色；也可单击右侧的吸管工具，从工作界面的任意位置获取一种颜色。
- **“反转”复选框：** 勾选该复选框后，会使视频过渡效果反向运动。
- **“消除锯齿品质”下拉列表：** 该下拉列表用于设置过渡效果中两个素材相交边缘的抗锯齿效果，品质越高视频过渡越平滑。

3．删除和替换视频过渡效果

要删除已经添加的视频过渡效果，只需在时间轴上添加过渡效果的位置右击鼠标，在弹出的快捷菜单中选择“清除”菜单，或者先单击选中时间轴上添加的过渡效果，然后按【Delete】键即可。

将视频过渡效果拖到时间轴上已有的过渡效果上，可以用新的过渡效果替换旧的过渡效果，过渡效果的对齐方式和持续时间不变，但其他参数会变为新过渡效果的参数。

3.1.2 3D 运动类过渡效果

3D 运动类视频过渡效果主要体现镜头之间的层次变化，从而使观众有一种从二维到三维的立体视觉效果。

- **立方体旋转：** 应用“立方体旋转”过渡效果后，前面与后面的素材片段将会作为同一立方体的两个相邻面，通过对立方体进行旋转实现素材片段间的切换，如图 3-3 所示。

图 3-3 “立方体旋转”过渡效果

提 示

> 图 3-3 中的双线框是“节目”监视器中显示的安全边距，即安全动作边距和安全字幕边距。

- **翻转：** 应用“翻转”过渡效果后，前面与后面的素材片段将作为同一平面的正反面，通过翻转平面使后面的素材片段替换前面的素材片段。添加“翻转”过渡效果后，还可以在“效果控件”调板中单击“自定义”按钮，在打开的“翻转设置”对话框中设置“带”的数量，例如将“带”的数量设为“4”，效果如图 3-4 所示。

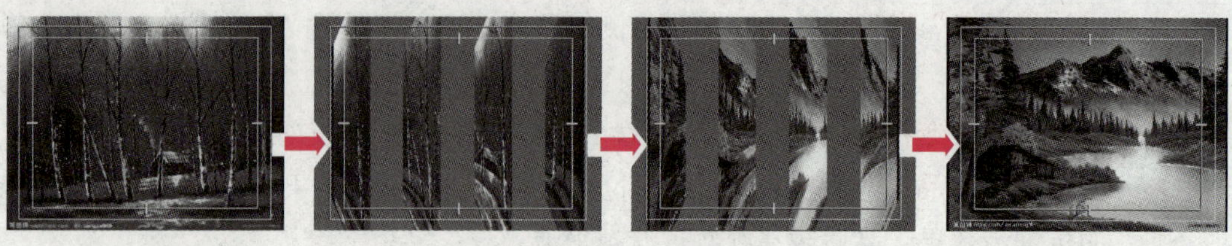

图 3-4 “翻转”过渡效果

3.1.3 划像类过渡效果

划像类视频过渡效果以前后素材片段的画面交替切换完成转场，即前面素材片段的画面以划像方式退出的同时，后面素材片段的画面逐渐显示。

- **交叉划像**：应用“交叉划像”过渡效果后，后面素材片段的画面会以十字状的形态出现在前面素材片段的画面中，并逐渐变大，最终覆盖前面素材片段的画面，如图 3-5 所示。

图 3-5 “交叉划像”过渡效果

- **圆划像、盒形划像和菱形划像**：这些视频过渡效果与“交叉划像”过渡效果类似，它们的名称代表了各自划像的形状。

3.1.4 典型案例——制作电子婚纱相册

下面利用本节所学的知识，制作图 3-6 所示的电子婚纱相册。

图 3-6 电子婚纱相册截图效果

素材文件	素材与实例\第 3 章\电子婚纱相册素材
效果展示和源文件	素材与实例\第 3 章\电子婚纱相册.prproj、电子婚纱相册.mp4

制作分析

创建项目文件并导入素材；然后将导入的视频、图像和音频素材依次添加至“时间轴”调板中，并使用“剃刀工具”调整音频素材的长度；接着在各素材片段间添加视频过渡效果；最后保存项目文件并输出视频。

制作步骤

步骤 1▶ 新建一个名为“电子婚纱相册”的项目文件，再新建一个序列，在“新建序列”对话框的“序列预设”选项卡下选择“DV-PAL”文件夹中的“标准 48 kHz”选项。

步骤 2▶ 按快捷键【Ctrl+I】，导入“电子婚纱相册素材”文件夹中的所有素材文件，然后依次将“项目”调板中的视频素材和图像素材添加至“时间轴”调板的“视频 1”轨道，再将“背景音乐.mp3”音频素材添加至“音频 1”轨道中，如图 3-7 所示。

步骤 3▶ 选择“工具”调板中的“剃刀工具”，根据“视频 1”轨道中素材的长度，对“音频 1”轨道中的音频素材进行切割，然后选中切割出来的右侧片段并删除，使音频素材与“视频 1”轨道中的素材长度相同，效果如图 3-8 所示。

图 3-7 导入素材并添加至时间轴

图 3-8 切割并删除多余的音频素材

步骤 4▶ 拖动鼠标框选“时间轴”调板“视频 1”轨道中的所有素材片段，然后在选中的素材片段上右击，在弹出的快捷菜单中选择“缩放为帧大小”菜单，如图 3-9 所示。

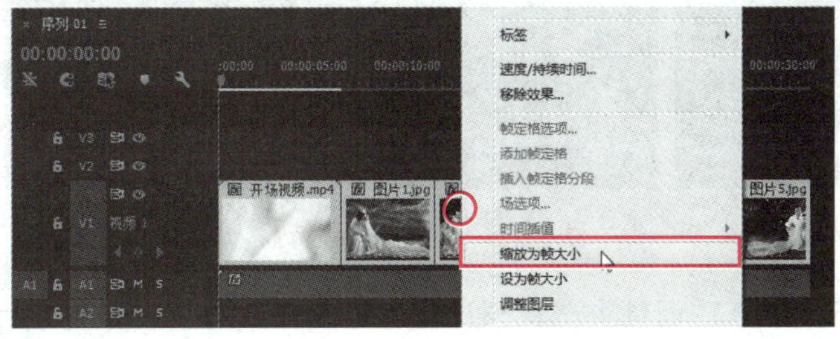

图 3-9 缩放素材片段

步骤 5▶ 选择“窗口”>“效果”菜单，打开“效果”调板，将“视频过渡”>“3D 运动”文件夹下的“翻转”过渡效果拖到时间轴中“开场视频.mp4”素材片段的出点处，当光标呈形状时释放鼠标，即可添加视频过渡效果，如图 3-10 所示。

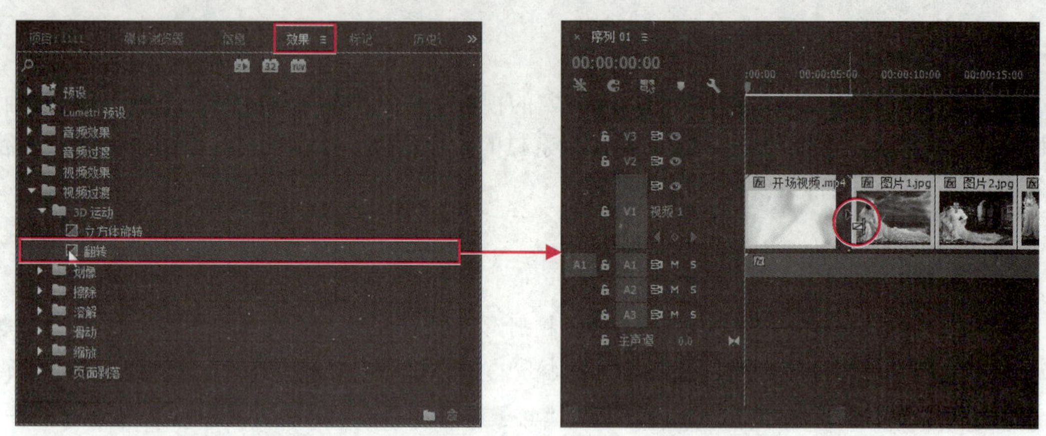

图 3-10　在素材片段的出点添加过渡效果

- ：视频过渡效果的结束点与前一个素材片段的出点对齐。
- ：视频过渡效果与前后两个素材片段间的切线居中对齐。
- ：视频过渡效果的起始点与后一个素材片段的入点对齐。

步骤 6▶ 选择“工具”调板中的“选择工具”，在时间轴上“开场视频.mp4”素材片段的右侧单击选中新添加的视频过渡效果，然后选择“窗口”>“效果控件”菜单，打开“效果控件”调板，单击“自定义”按钮，在打开的“翻转设置”对话框中将“带”的数量设为“4”，将“填充颜色”设为黑色，然后单击“确定”按钮，如图 3-11 所示。

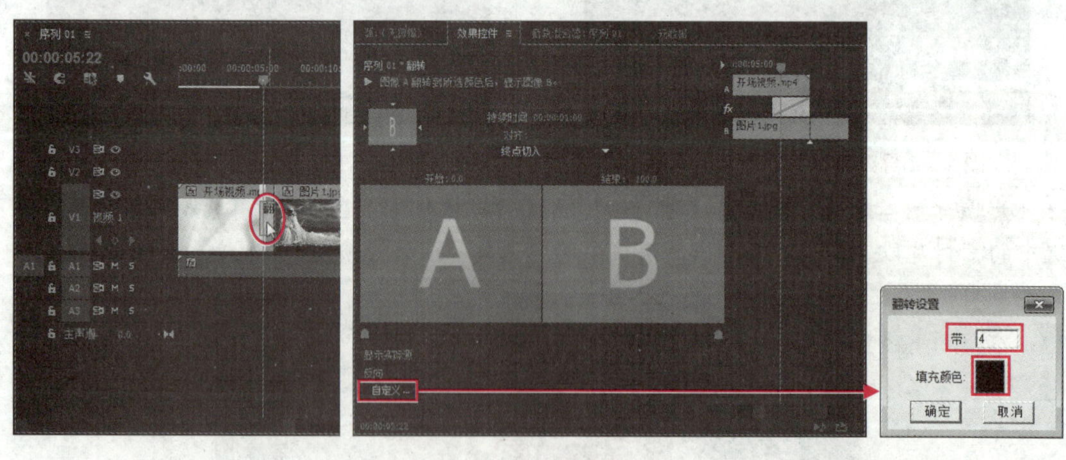

图 3-11　自定义视频特效

步骤 7▶ 将“效果”调板中“视频过渡”>“3D 运动”文件夹下的“立方体旋转”过渡效果拖到时间轴中“图片 1.jpg”和“图片 2.jpg”图像素材之间的位置，当光标呈形状时释放鼠标，如图 3-12 所示。

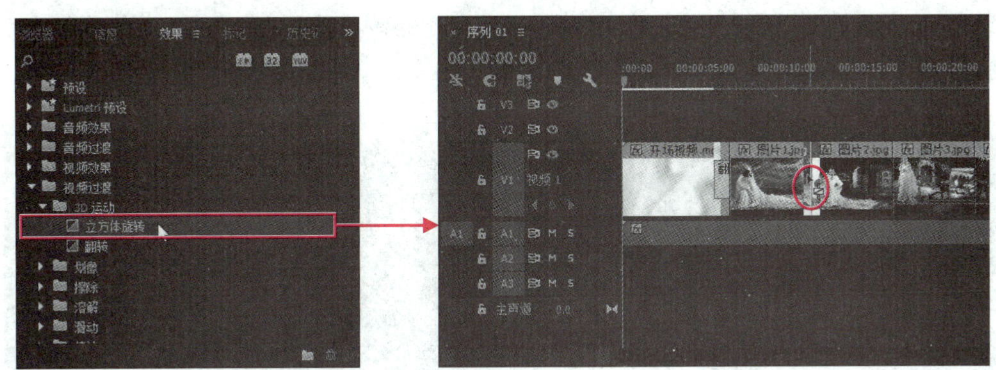

图 3-12 为素材片段添加“立方体旋转”视频过渡效果

步骤 8▶ 将“效果”调板中“视频过渡”>“划像”文件夹下的“交叉划像”过渡效果拖到时间轴中“图片 2.jpg”和“图片 3.jpg”图像素材之间的位置，当光标呈⊡形状时释放鼠标，如图 3-13 所示。

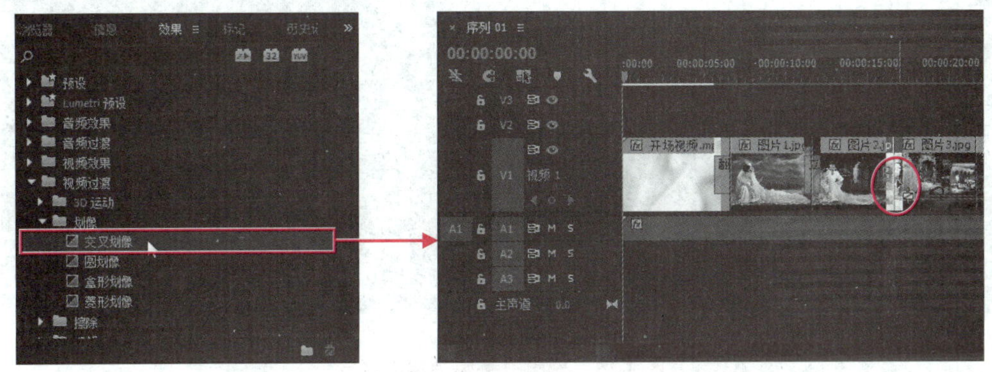

图 3-13 为素材片段添加“交叉划像”视频过渡效果

步骤 9▶ 参照前面的操作，在“图片 3.jpg”和“图片 4.jpg”图像素材之间添加“盒形划像”视频过渡效果，在“图片 4.jpg”和“图片 5.jpg”图像素材之间添加“菱形划像”视频过渡效果，如图 3-14 所示。

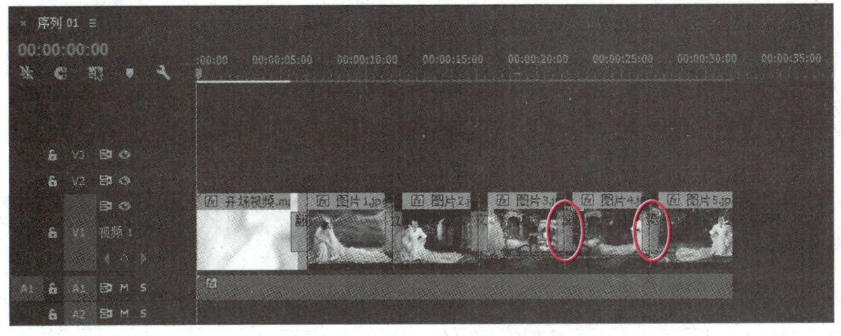

图 3-14 添加其他视频过渡效果

步骤 10▶ 按快捷键【Ctrl+M】，在打开的“导出设置”对话框中设置“格式”和“输出名称”，然后单击“导出”按钮，将制作好的电子婚纱相册导出为 mp4 格式的影片，如图 3-15 所示。

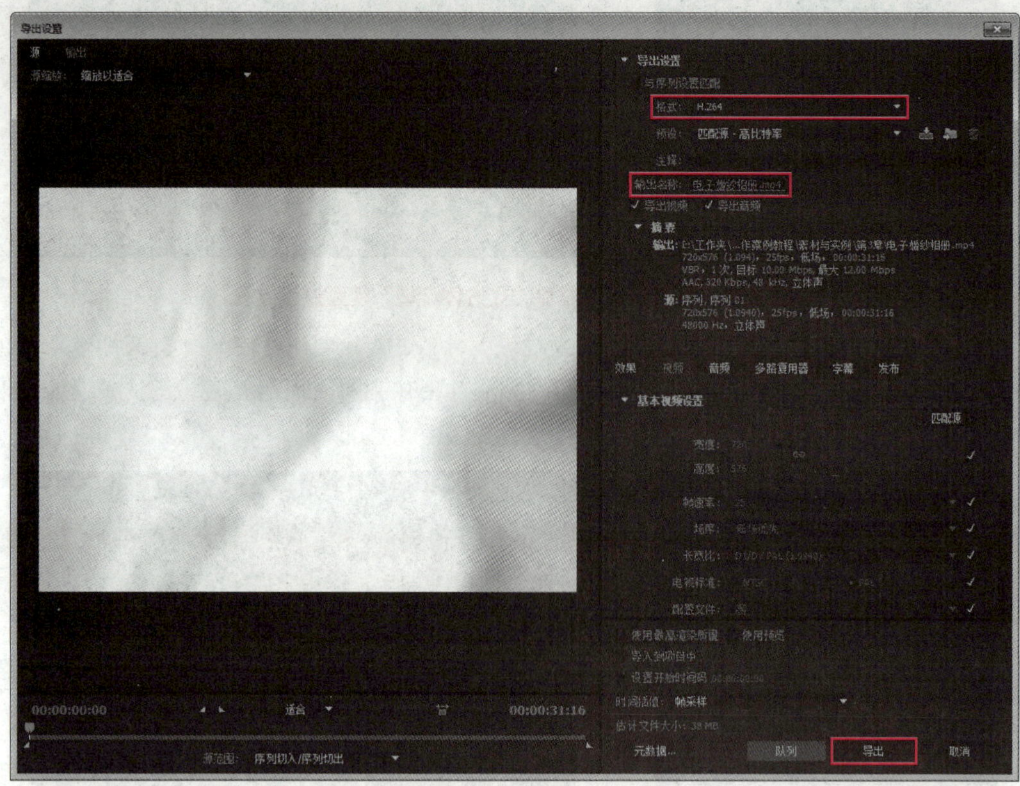

图 3-15　导出电子婚纱相册影片

3.2　擦除类和滑动类过渡效果

擦除类和滑动类视频过渡效果主要通过擦除前面的素材和平移画面来完成转场，下面分别进行介绍。

3.2.1　擦除类过渡效果

擦除类视频过渡效果通过在不同位置以多种形式擦除前面素材片段的画面来显示后面素材片段的画面。

- **划出：** 应用“划出”过渡效果后，会从屏幕某一侧向另一侧对前面素材片段的画面进行擦除，显示出后面素材片段的画面，如图 3-16 所示。

图 3-16　“划出”过渡效果

- **双侧平推门：**应用“双侧平推门”过渡效果后，会从前面素材片段画面的中间向屏幕两侧进行擦除，显示出后面素材片段的画面，如图 3-17 所示。

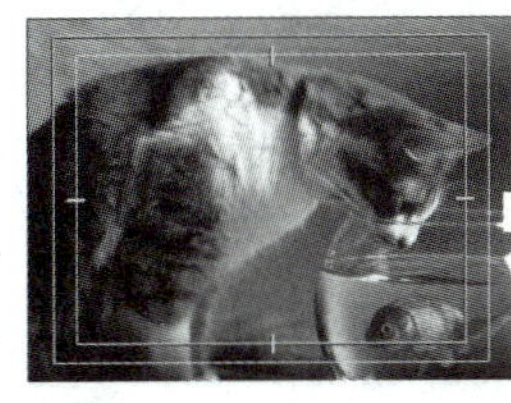
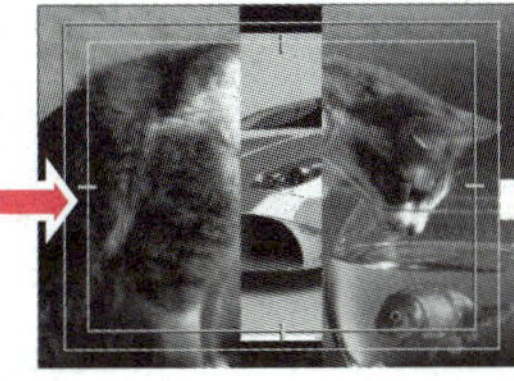

图 3-17　“双侧平推门”过渡效果

- **带状擦除：**应用“带状擦除”过渡效果后，将采用矩形条左右交叉的形式擦除前面素材片段的画面，显示出后面素材片段的画面，如图 3-18 所示。

图 3-18　“带状擦除”过渡效果

- **径向擦除：**应用“径向擦除”过渡效果后，将以屏幕的某一角作为圆心，顺时针径向擦除前面素材片段的画面，显示出后面素材片段的画面，如图 3-19 所示。

图 3-19　“径向擦除”过渡效果

- **插入：**应用“插入”过渡效果后，将通过一个逐渐放大的矩形，从屏幕的某一角开始擦除前面素材片段的画面，显示出后面素材片段的画面，如图 3-20 所示。

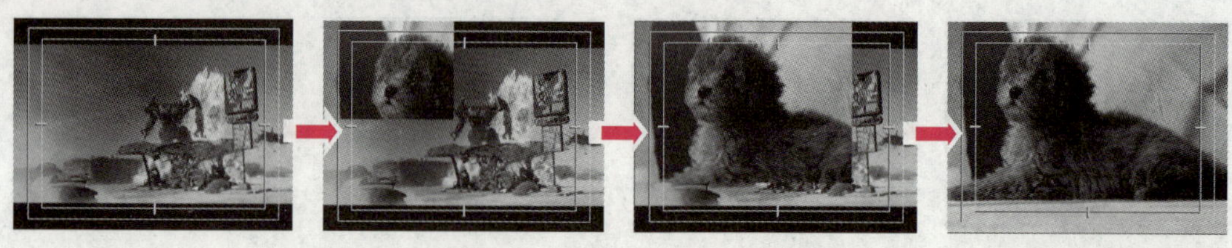

图 3-20 “插入”过渡效果

- **时钟式擦除**：应用“时钟式擦除”过渡效果后，将以屏幕中心作为圆点，顺时针擦除前面素材片段的画面，显示出后面素材片段的画面，如图 3-21 所示。

图 3-21 “时钟式擦除”过渡效果

- **棋盘**：应用“棋盘”过渡效果后，屏幕会被分割为大小相等的若干个方格，方格中的画面将逐渐由前面素材片段的画面向后面素材片段的画面变化，如图 3-22 所示。

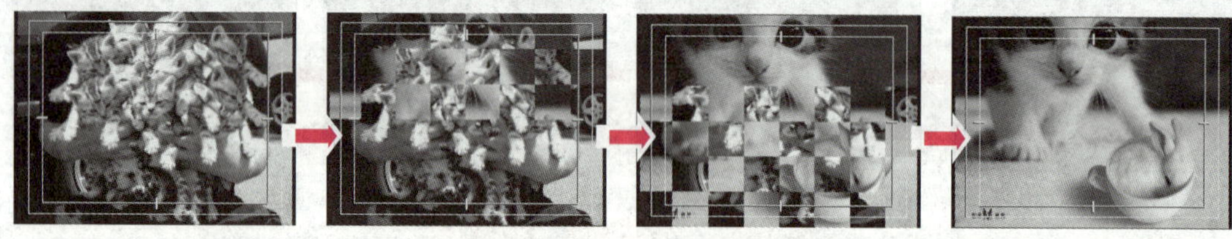

图 3-22 “棋盘”过渡效果

- **棋盘擦除**：应用“棋盘擦除”过渡效果后，会将后面素材片段的画面分割为若干方块，然后从指定方向同时进行铺开，从而覆盖前面素材片段的画面，如图 3-23 所示。

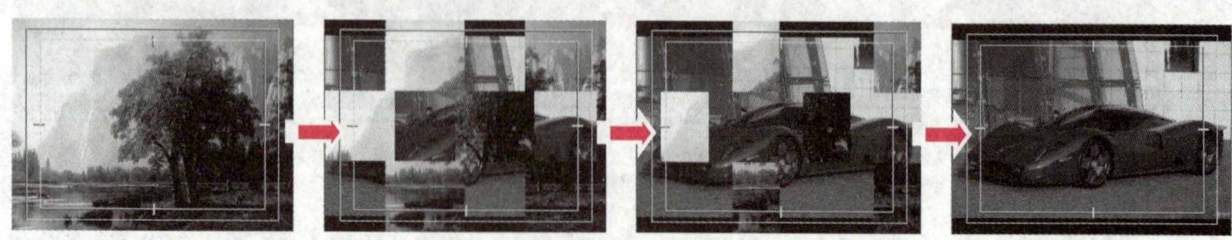

图 3-23 “棋盘擦除”过渡效果

➢ **楔形擦除：**应用“楔形擦除”过渡效果后，将以屏幕中心作为圆点，从上方到两边，再到下方擦除前面素材片段的画面，显示出后面素材片段的画面，如图 3-24 所示。

图 3-24 “楔形擦除”过渡效果

➢ **水波块：**应用“水波块”过渡效果后，会将前面素材片段的画面分割为若干方块，然后按左右摆动、由上到下的顺序逐渐擦除，显示出后面素材片段的画面，如图 3-25 所示。

图 3-25 “水波块”过渡效果

➢ **油漆飞溅：**应用“油漆飞溅”过渡效果后，后面素材片段的画面将以喷洒油漆的方式覆盖前面素材片段的画面，如图 3-26 所示。

图 3-26 “油漆飞溅”过渡效果

➢ **渐变擦除：**应用“渐变擦除”过渡效果后，将从屏幕的左上角向右下角对前面素材片段的画面进行溶解，逐渐显示出后面素材片段的画面，如图 3-27 所示。在添加“渐变擦除”过渡效果时还会弹出“渐变擦除设置”对话框，让用户设置过渡效果的“柔和度”。

图 3-27 “渐变擦除”过渡效果

➢ **百叶窗：**应用“百叶窗”过渡效果后，会将后面素材片段的画面分割为若干贯穿屏幕左右的矩形，然后模拟百叶窗的效果，逐渐覆盖前面素材片段的画面，如图3-28 所示。

图 3-28 “百叶窗”过渡效果

➢ **螺旋框：**应用“螺旋框”过渡效果后，会将前面素材片段的画面分割为若干块，然后按照螺旋形进行擦除，显示出后面素材片段的画面，如图 3-29 所示。

图 3-29 “螺旋框”过渡效果

➢ **随机块和随机擦除：**“随机块”和“随机擦除”过渡效果都是将后面素材片段的画面分割成若干块，然后随机出现逐渐覆盖前面素材片段的画面。不同的是，“随机块”过渡效果中的随机块没有方向限制，如图 3-30（a）所示；而“随机擦除”过渡效果是由上向下进行覆盖，如图 3-30（b）所示。

（a）

（b）

图 3-30 “随机块”和“随机擦除”过渡效果

➢ **风车**：应用“风车”过渡效果后，会以屏幕中心为起点将前面素材片段的画面分割为若干扇形区域，然后逐渐进行擦除，显示后面素材片段的画面，如图 3-31 所示。

图 3-31　“风车”过渡效果

3.2.2　滑动类过渡效果

滑动类视频过渡效果主要通过画面的平移来完成转场。

➢ **中心拆分**：应用“中心拆分”过渡效果后，将前面素材片段的画面平均分为 4 部分，4 部分画面向屏幕的四个角移动，显示出后面的素材片段，如图 3-32 所示。

图 3-32　“中心拆分”过渡效果

➢ **带状滑动**：“带状滑动”过渡效果与擦除类中的“带状擦除”过渡效果相似。

➢ **拆分**：应用“拆分”过渡效果后，将前面素材片段的画面平均分为左右两部分，两部分从中间位置分别向屏幕两侧移动，显示出后面的素材片段，如图 3-33 所示。

图 3-33　“拆分”过渡效果

➢ **推与滑动**：应用“推”过渡效果后，后面素材片段的画面从屏幕一侧进入，前面素材片段的画面从屏幕的另一侧退出，如图 3-34 所示。“滑动”过渡效果与“推”过渡效果相似，只是在后面素材片段的画面进入时，前面素材片段画面的位置不变。

图 3-34 “推”过渡效果

3.2.3 典型案例——制作中国山水短片

下面利用本节所学的擦除类和滑动类过渡效果，制作图 3-35 所示的中国山水短片。

图 3-35 中国山水短片截图效果

素材文件	素材与实例\第 3 章\中国山水素材
效果展示和源文件	素材与实例\第 3 章\中国山水.prproj、中国山水.mp4

制作分析

首先创建项目文件和序列并导入素材文件；然后将素材依次添加到“时间轴”调板中；接着为时间轴中的素材片段添加视频过渡效果；最后保存项目文件并输出短片。

制作步骤

步骤 1▶ 新建一个名为“中国山水”的项目文件，再新建一个序列，在“新建序列”对话框的“序列预设”选项卡下选择“DV-PAL”文件夹中的“标准 48 kHz”选项。

步骤 2▶ 双击“项目”调板的空白区域，导入“中国山水素材”文件夹中的“字幕.prproj”项目文件（弹出“导入项目：字幕”对话框时，选择“导入整个项目”单选钮；弹出“链接媒体”对话框时，单击“取消”按钮）以及图像和音频素材，如图 3-36 所示。

步骤 3▶ 在“时间轴”调板的“V3”轨道名称右侧右击，在弹出的快捷菜单中选择“添加轨道”菜单，再在打开的“添加轨道”对话框中设置添加“7”条视频轨道，单击

"确定"按钮，如图 3-37 所示。

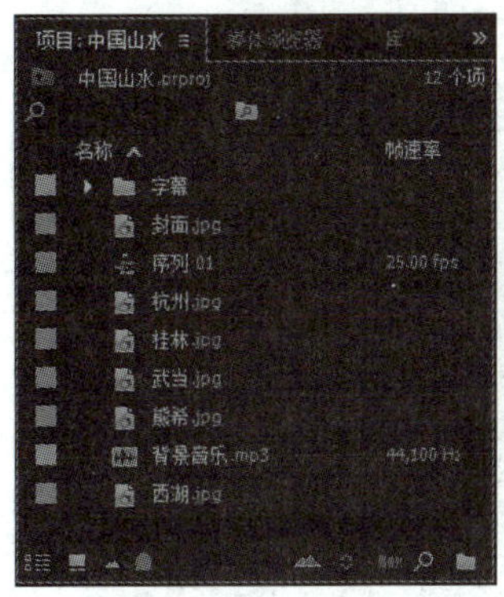

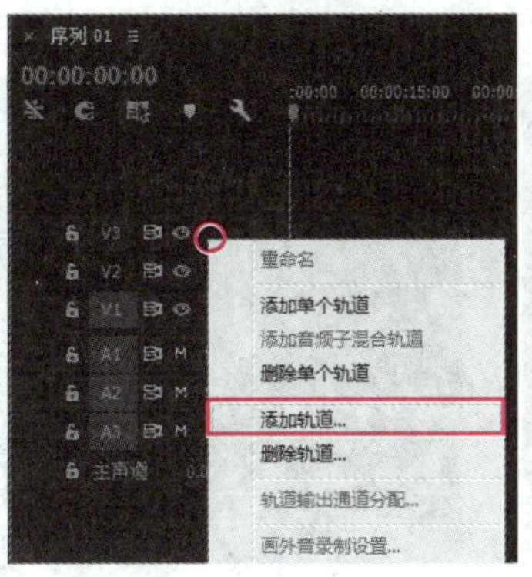

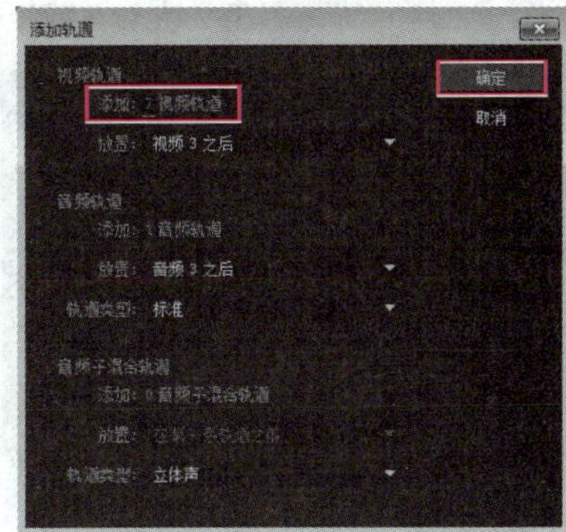

图 3-36　导入素材　　　　图 3-37　添加视频轨道

步骤 4▶　根据先后播放顺序，将"项目"调板中的图像素材按照"封面.jpg"、"西湖.jpg"、"桂林.jpg"、"黄山.jpg"、"熊希.jpg"、"香格里拉.jpg"、"武当.jpg"、"黄龙.jpg"和"杭州.jpg"的顺序依次添加到"时间轴"调板的"视频 1"～"视频 9"轨道中，如图 3-38 所示。

步骤 5▶　将"项目"调板"字幕"文件夹下的"字幕 01"拖至"时间轴"调板的"视频 2"轨道中，并使其入点与"封面.jpg"素材片段的入点对齐。

步骤 6▶　将"项目"调板"字幕"文件夹下的"字幕 02"拖至"时间轴"调板的"视频 3"轨道中，并使其出点与"西湖.jpg"素材片段的出点对齐，入点对齐至第 6 秒 12 帧处，如图 3-39 所示。

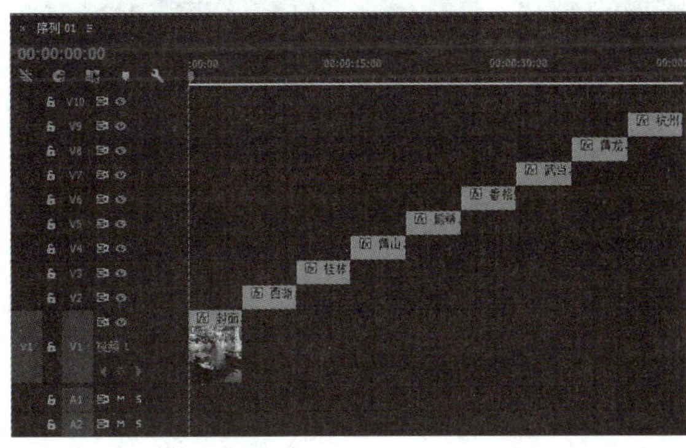

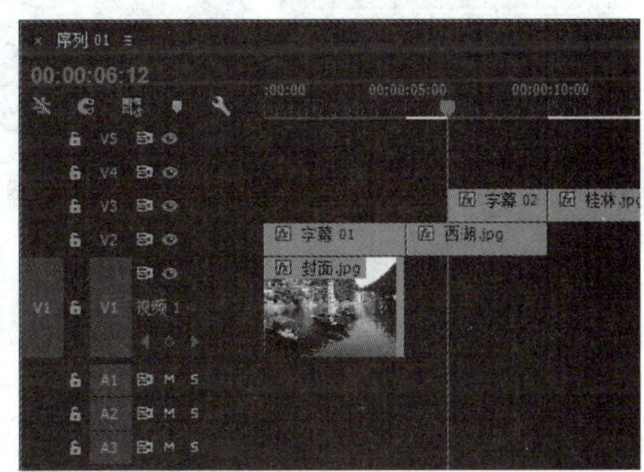

图 3-38　将图像素材添加至时间轴　　　　图 3-39　添加"字幕 02"

步骤 7▶　参照步骤 6 的操作，将其他字幕素材依次添加至"视频 4"～"视频 10"轨道中，注意每个字幕素材的入点都比其下方图像素材的入点向后顺延 1 秒 12 帧，如图 3-40 所示。

步骤 8▶ 将“效果”调板“视频过渡”>“擦除”文件夹中的“径向擦除”过渡效果拖至时间轴中“字幕 01”的入点处，如图 3-41 所示。

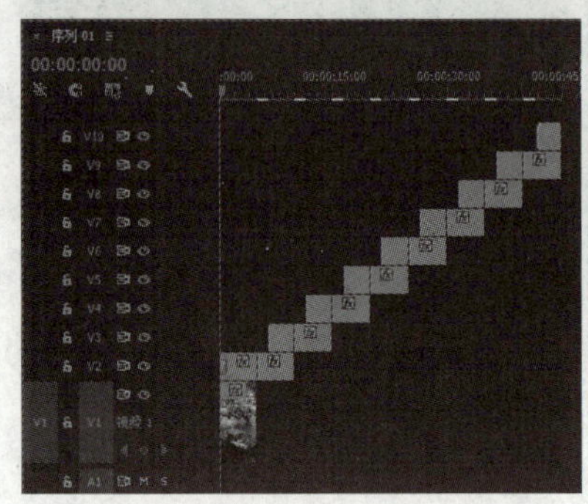

图 3-40 添加其他字幕

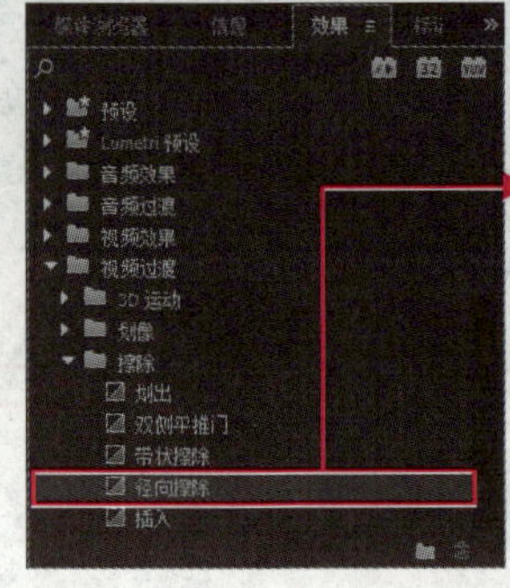

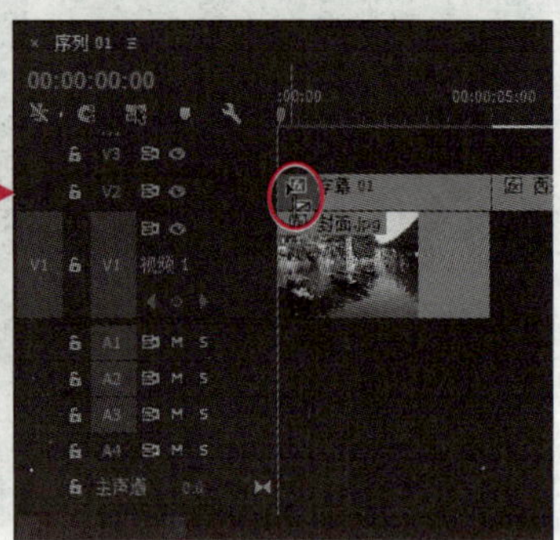

图 3-41 添加“径向擦除”过渡效果

步骤 9▶ 将“效果”调板“视频过渡”>“擦除”文件夹中的“插入”过渡效果拖至时间轴中“字幕 02”的入点处，如图 3-42 所示。

步骤 10▶ 参照步骤 9 的操作，为时间轴中的其他字幕素材添加“插入”过渡效果，如图 3-43 所示。

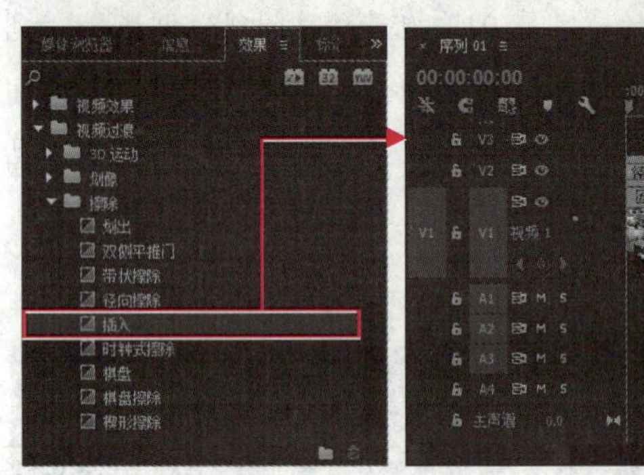

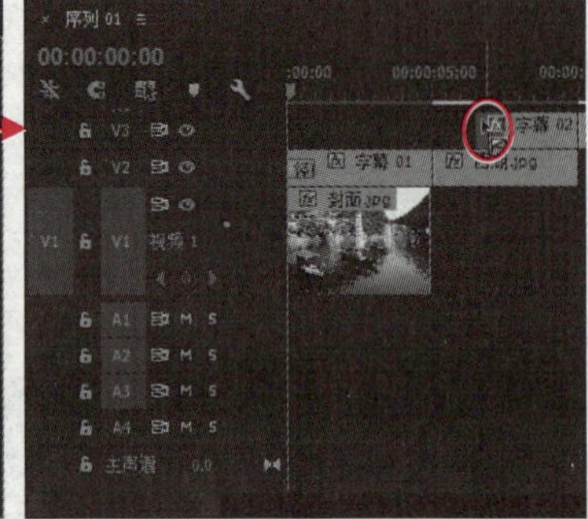

图 3-42 添加“插入”过渡效果

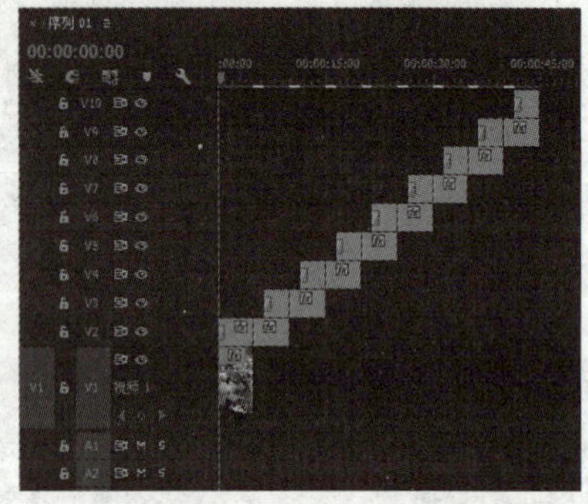

图 3-43 为其他字幕添加过渡效果

步骤 11▶ 将“效果”调板“视频过渡”>“滑动”文件夹中的“中心拆分”过渡效果拖至时间轴中“字幕 01”的出点处，然后单击“节目”监视器中的“播放-停止切换”按钮，预览其效果，如图 3-44 所示。

步骤 12▶ 将“效果”调板“视频过渡”>“擦除”文件夹中的“棋盘”过渡效果拖至时间轴中“字幕 02”的出点处，然后预览其效果，如图 3-45 所示。

步骤 13▶ 将“效果”调板“视频过渡”>“滑动”文件夹中的“带状滑动”过渡效果拖至时间轴中“字幕 03”的出点处，然后预览其效果，如图 3-46 所示。

步骤 14▶ 将“效果”调板“视频过渡”>“擦除”文件夹中的“时钟式擦除”过渡效果拖至时间轴中“字幕 04”的出点处，然后预览其效果，如图 3-47 所示。

图 3-44　添加并预览“中心拆分”过渡效果

图 3-45　添加并预览“棋盘”过渡效果

图 3-46　添加并预览“带状滑动”过渡效果

图 3-47　添加并预览“时钟式擦除”过渡效果

步骤 15▶　将“效果”调板“视频过渡”>“擦除”文件夹中的“百叶窗”过渡效果拖至时间轴中“字幕 05”的出点处，然后预览其效果，如图 3-48 所示。

步骤 16▶　将“效果”调板“视频过渡”>“滑动”文件夹中的“拆分”过渡效果拖至时间轴中“字幕 06”的出点处，然后预览其效果，如图 3-49 所示。

图 3-48　添加并预览“百叶窗”过渡效果

图 3-49　添加并预览“拆分”过渡效果

步骤 17▶ 将“效果”调板“视频过渡”>“擦除”文件夹中的“风车”过渡效果拖至时间轴中“字幕 07”的出点处，然后预览其效果，如图 3-50 所示。

步骤 18▶ 将“效果”调板“视频过渡”>“擦除”文件夹中的“楔形擦除”过渡效果拖至时间轴中“字幕 08”的出点处，然后预览其效果，如图 3-51 所示。

图 3-50 添加并预览“风车”过渡效果

图 3-51 添加并预览“楔形擦除”过渡效果

步骤 19▶ 双击“项目”调板中的“背景音乐.mp3”声音素材，将其添加至“源”监视器中，然后将“源”监视器中的当前时间指针移至第 4 秒 1 帧处，并单击“标记入点”按钮，如图 3-52 所示，然后锁定所有视频轨道，并单击“源”监视器中的“插入”按钮将音频素材插入“音频 1”轨道中，入点与序列入点对齐。

步骤 20▶ 选择“工具”调板中的“剃刀工具”，在“音频 1”轨道中音频素材与“视频 10”轨道中“字幕 09”出点位置对齐处单击进行切割，并删除多余的音频素材，如图 3-53 所示。至此，实例就制作完成了，保存项目文件并输出短片即可。

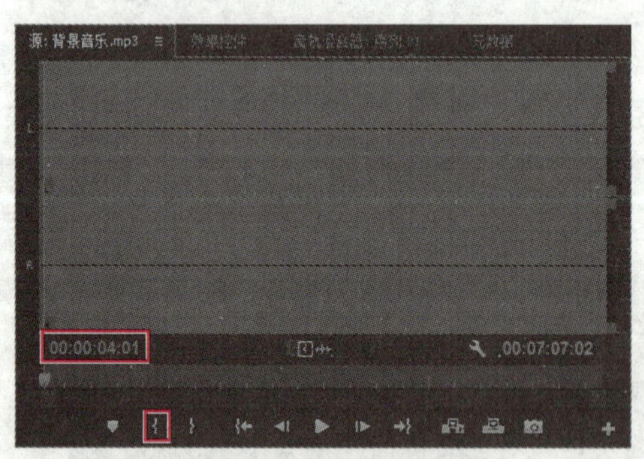

图 3-52 设置音频入点

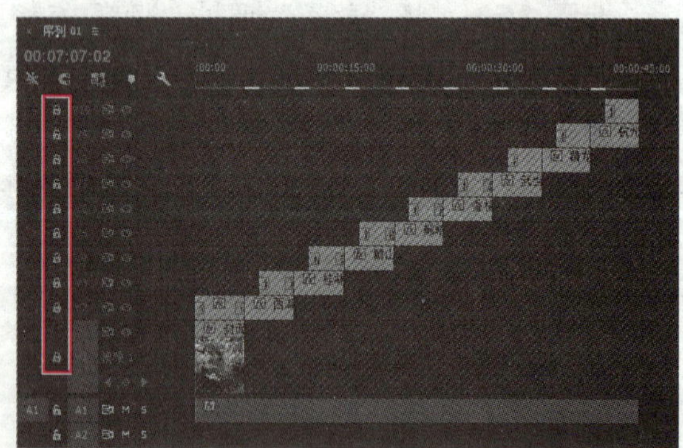

图 3-53 切割并删除多余的音频素材

3.3 溶解类、缩放类和页面剥落类过渡效果

溶解类、缩放类和页面剥落类视频过渡效果可以在素材片段间实现淡入淡出、缩放和翻页的过渡效果，下面分别进行介绍。

3.3.1 溶解类过渡效果

溶解类视频过渡效果主要以淡入淡出的方式完成转场，使前面的素材片段柔和地过渡到后面的素材片段。

➢ **MorphCut**：应用“MorphCut”过渡效果后，系统对同一轨道中的前后两个素材片段进行分析，然后自动生成过渡画面，常用于解决视频的跳帧现象。

➢ **交叉溶解**：应用“交叉溶解”过渡效果后，前面素材片段的画面逐渐变得透明，显示出后面素材片段的画面，如图 3-54 所示。

图 3-54 “交叉溶解”过渡效果

➢ **叠加溶解**：应用“叠加溶解”过渡效果后，前面和后面的素材片段的画面在淡入淡出的同时，会为屏幕附加一种过渡曝光的效果，如图 3-55 所示。

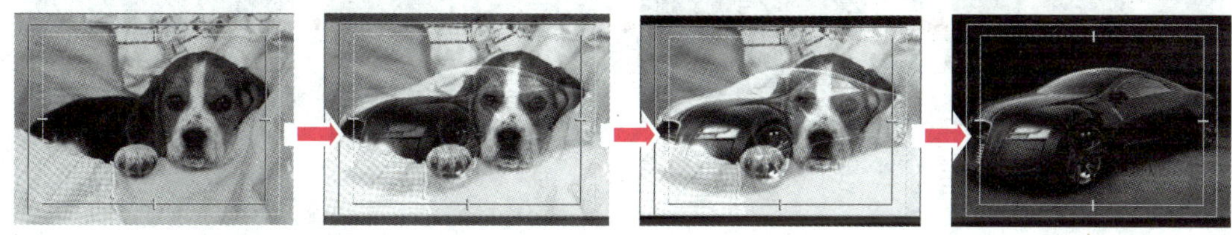

图 3-55 “叠加溶解”过渡效果

➢ **渐隐为白色与渐隐为黑色**：应用“渐隐为白色”过渡效果后，前面素材片段的画面会逐渐变为白色，然后再由白色变为后面素材片段的画面，如图 3-56 所示；应用“渐隐为黑色”过渡效果后，前面素材片段的画面会逐渐变为黑色，然后再由黑色变为后面素材片段的画面。

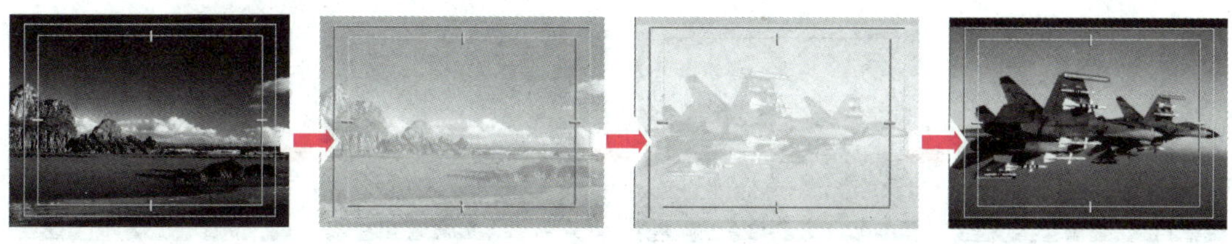

图 3-56 “渐隐为白色”过渡效果

- **胶片溶解**：“胶片溶解”过渡效果与“交叉溶解”的效果类似。
- **非叠加溶解**：应用“非叠加溶解”过渡效果后，后面素材片段画面的明亮度会映射在前面素材片段的画面中，交替的部分呈不规则形状，如图 3-57 所示。

图 3-57　“非叠加溶解”过渡效果

3.3.2　缩放类过渡效果

缩放类视频过渡效果只有一个“交叉缩放”过渡效果，应用该过渡效果后，前面素材片段的画面逐渐放大，然后切换到后面素材片段的放大画面，再逐渐缩小到正常尺寸，如图 3-58 所示。

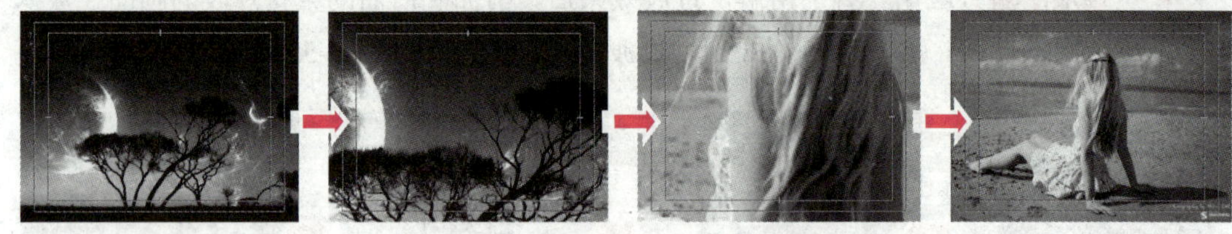

图 3-58　“交叉缩放”过渡效果

3.3.3　页面剥落类过渡效果

页面剥落类视频过渡效果是通过模拟翻动或卷动页面的方式将前面素材片段的画面消去，显示出后面素材片段的画面。

- **翻页**：应用“翻页”过渡效果后，前面素材片段的画面会像翻开书页一样，被从屏幕一角揭开，露出后面素材片段的画面，如图 3-59 所示。

图 3-59　“翻页”过渡效果

- **页面剥落**：“页面剥落”与“翻页”过渡效果相似，只是前面素材片段画面的背面换成了不透明的渐变色，如图 3-60 所示。

图 3-60　“页面剥落”过渡效果

3.3.4　典型案例——制作数码产品展示短片

下面利用本节所学的溶解类、缩放类和页面剥落类过渡效果，制作图 3-61 所示的数码产品展示短片。

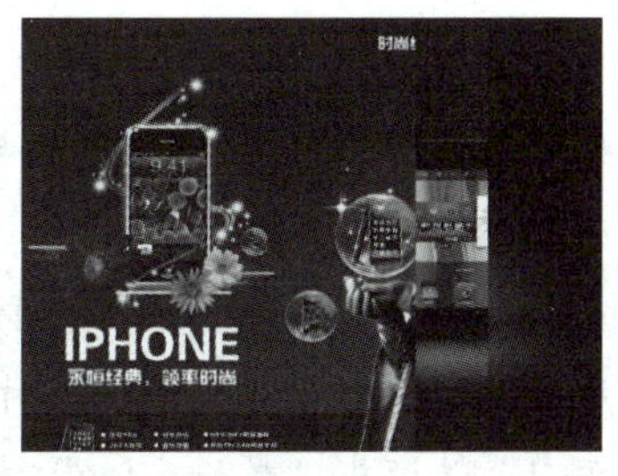

图 3-61　数码产品展示短片截图效果

素材文件	素材与实例\第 3 章\数码产品素材
效果展示和源文件	素材与实例\第 3 章\数码产品展示.prproj、数码产品展示.mp4

制作分析

首先创建项目文件和序列并导入素材文件；然后将素材依次拖到“时间轴”调板中并添加视频过渡效果；最后保存项目文件并输出短片。

制作步骤

步骤 1▶ 新建一个名为“数码产品展示”的项目文件，再新建一个序列，在“新建序列”对话框的“序列预设”选项卡下选择“DV-PAL”文件夹中的“标准 48 kHz”选项。

步骤 2▶ 选择“文件”>“导入”菜单，导入“数码产品素材”文件夹中的“片头.prproj”项目文件，在打开的“导入项目：片头”对话框中选择“导入整个项目”单选钮，单击“确定”按钮，如图 3-62 所示。若弹出“链接媒体”对话框，单击“取消”按钮即可。

步骤 3▶ 双击“项目”调板的空白位置，导入“数码产品素材”文件夹中的其他素材，然后将“项目”调板“片头”文件夹中的“片头”序列拖至“时间轴”调板的“视频 1”轨道中，如图 3-63 所示。

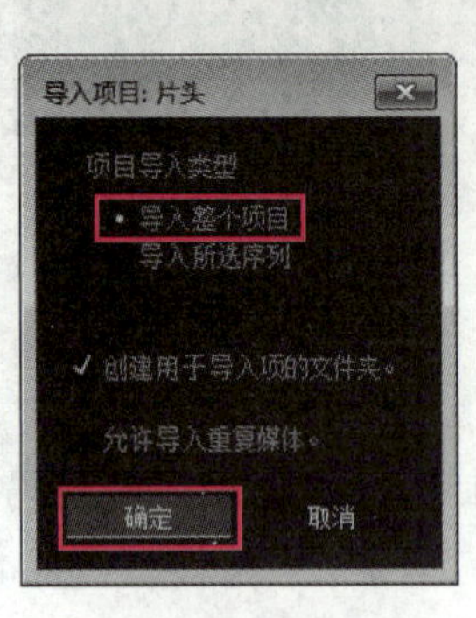

图 3-62 设置导入选项

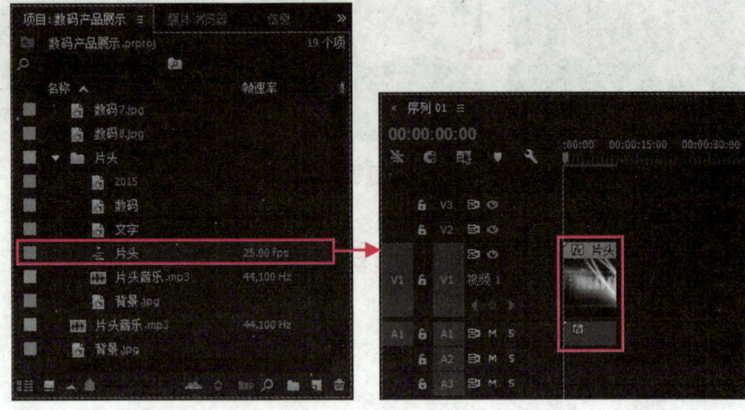

图 3-63 将“片头”序列添加至时间轴

步骤 4▶ 将“项目”调板中的“数码 1.jpg”～“数码 8.jpg”图像素材依次添加至“时间轴”调板的“视频 1”轨道中，如图 3-64 所示。

步骤 5▶ 将“项目”调板中的“背景音乐.mp3”音频素材拖至“时间轴”调板的“音频 1”轨道中，使其入点与“片头”素材片段音频的出点对齐，再使用“剃刀工具”对其进行切割，使其出点与“视频 1”轨道中“数码 8.jpg”素材片段的出点对齐，并删除多余的部分，如图 3-65 所示。

图 3-64 将图像素材添加至时间轴

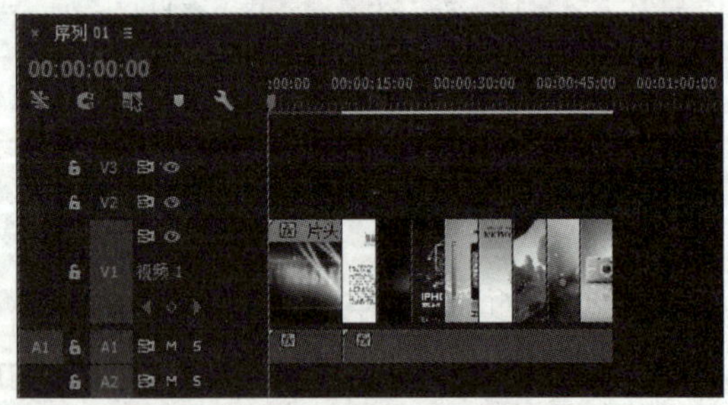

图 3-65 添加并切割音频素材

步骤 6▶ 打开“效果”调板，将“视频过渡”>“溶解”文件夹中的“渐隐为黑色”过渡效果拖至时间轴中“片头”素材片段的出点位置，当光标呈形状时释放鼠标，如图 3-66 所示。

步骤 7▶ 单击“节目”监视器中的“播放-停止切换”按钮，预览“渐隐为黑色”过渡效果，如图 3-67 所示。

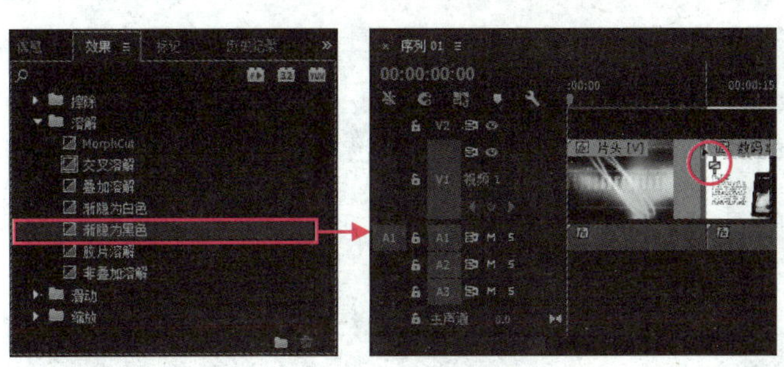

图 3-66　添加“渐隐为黑色”过渡效果

图 3-67　“渐隐为黑色”过渡效果

步骤 8▶ 将“时间轴”调板中的当前时间指针移动到“数码 1.jpg”与“数码 2.jpg”素材片段的衔接处，然后选择“序列”>“应用视频过渡”菜单，或按快捷键【Ctrl+D】，为素材片段添加默认过渡效果（本例中为“交叉溶解”过渡效果），如图 3-68（a）所示，然后预览效果，如图 3-68（b）所示。

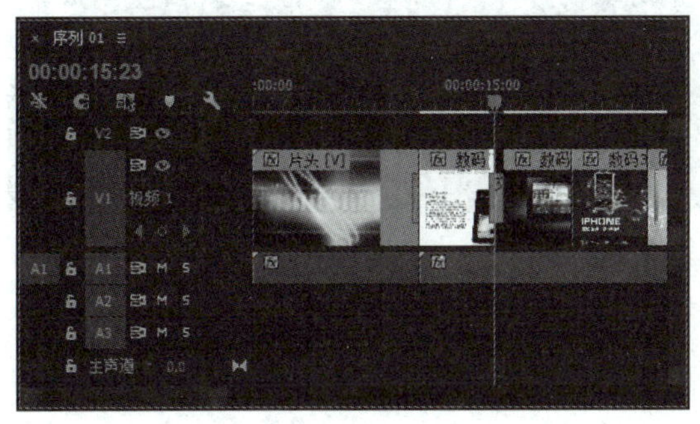

（a）

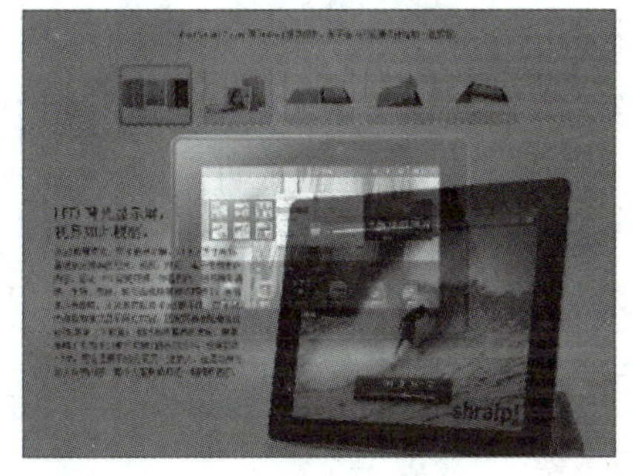

（b）

图 3-68　添加默认过渡效果

步骤 9▶ 将“效果”调板中“视频过渡”>“页面剥落”文件夹下的“翻页”过渡效果拖至“数码 2.jpg”和“数码 3.jpg”素材片段之间，当光标呈形状时释放鼠标，然后预览效果，如图 3-69 所示。

步骤 10▶ 参照步骤 9 的操作，将“效果”调板中“视频过渡”>“溶解”文件夹下的“胶片溶解”过渡效果拖至“数码 3.jpg”和“数码 4.jpg”素材片段之间，然后预览效果，如图 3-70 所示。

步骤 11▶ 将“效果”调板中“视频过渡”>“溶解”文件夹下的“叠加溶解”过渡效果拖至“数码 4.jpg”和“数码 5.jpg”素材片段之间，然后预览效果，如图 3-71 所示。

步骤 12▶ 参照前面的操作，在“数码 5.jpg”和“数码 6.jpg”、“数码 6.jpg”和“数码 7.jpg”以及“数码 7.jpg”和“数码 8.jpg”之间，分别添加“交叉缩放”、“页面剥落”和“非叠加溶解”过渡效果，如图 3-72 所示。至此，实例就制作完成了，最后保存项目文件并输出短片。

图 3-69　添加并预览“翻页”过渡效果

图 3-70　添加并预览“胶片溶解”过渡效果

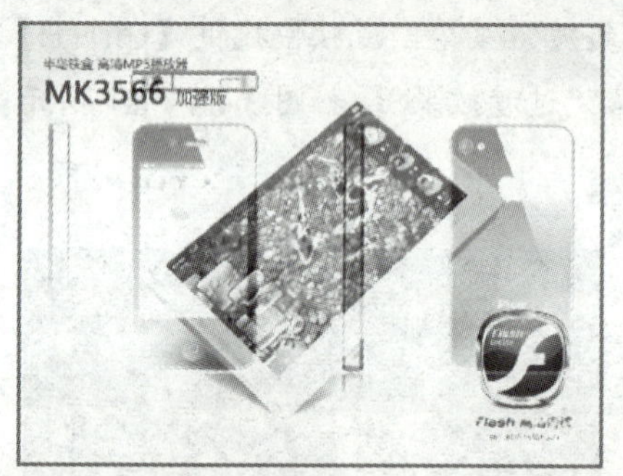

图 3-71　添加并预览“叠加溶解”过渡效果

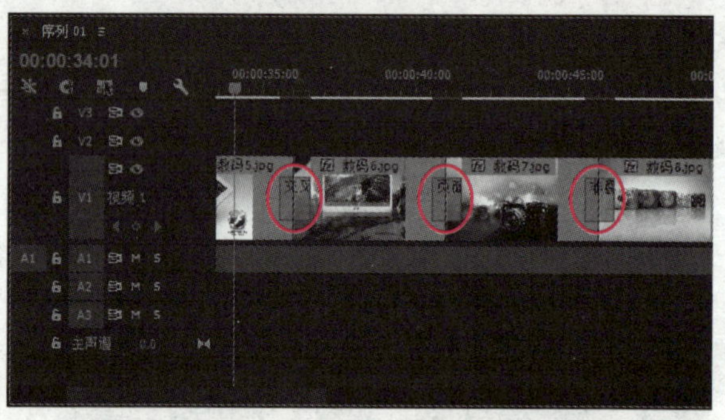

图 3-72　为其他素材片段添加过渡效果

本章总结

本章主要介绍了在 Premiere Pro CC 中为素材片段添加视频过渡效果，以及调整视频过渡效果的方法。在学完本章内容后，读者应重点掌握以下知识。

- 要应用某个视频过渡效果，只需将其从“效果”调板中拖到时间轴中素材片段的入点或出点处即可。
- 在时间轴中选中要调整的过渡效果，然后可利用“效果控件”调板对视频过渡效果的参数进行设置。
- 要删除已添加的视频过渡效果，只需在时间轴上添加过渡效果的位置右击鼠标，在弹出的快捷菜单中选择“清除”菜单，或单击选中时间轴上添加的过渡效果，然后按【Delete】键。
- 将视频过渡效果拖到时间轴上已有的过渡效果上，可以用新的过渡效果替换旧的过渡效果，过渡效果的对齐方式和持续时间不变，但其他参数会变为新过渡效果的参数。

思考与练习

一、选择题

1. Premiere Pro CC 默认的视频过渡效果是（　　）。

A. 立方体旋转　　B. 交叉划像

C. 交叉溶解　　D. 划出

2. 用于调整视频过渡效果参数的调板是（　　）。

A. “项目”调板　　B. “效果控件”调板

C. “监视器”调板　　D. “时间轴”调板

3. 应用哪种过渡效果，可实现后面素材片段的画面以十字状的形态出现在前面素材片段的画面中，并逐渐变大，最终覆盖前面素材片段画面的效果？（　　）。

A. “交叉划像”过渡效果　　B. “径向擦除”过渡效果

C. “交叉溶解”过渡效果　　D. “中心拆分”过渡效果

4. 应用哪种过渡效果，可将前面素材片段的画面平均分为左右两部分，两部分画面从中间位置分别向屏幕两侧移动，显示出后面的素材片段？（　　）

A. “中心拆分”过渡效果　　B. “拆分”过渡效果

C. “页面剥落”过渡效果　　D. “双侧平推门”过渡效果

二、简答题

1. 在 Premiere Pro CC 中如何更改默认过渡效果？
2. 如何设置视频过渡效果的持续时间？
3. 如何删除和替换已添加的视频过渡效果？
4. 举例说明：不同类型的视频过渡效果，各自是如何实现画面间的过渡的？

本章实训

实训 1　海底世界

利用本章所学的知识，制作一个图 3-73 所示的海底世界短片。

素材文件	素材与实例\第 3 章\海底世界素材
效果展示和源文件	素材与实例\第 3 章\海底世界.prproj、海底世界.mp4

图 3-73　海底世界短片截图效果

提示：

新建一个项目文件和一个序列，导入“海底世界素材”文件夹中的图像和音频素材；然后将图像素材依次添加到“时间轴”调板中，再将音频素材添加至“时间轴”调板并进行剪辑；接着在图像素材之间添加视频过渡效果；最后保存文件并导出影片。

实训 2　天使宝宝相册

利用本章所学的知识，制作一个图 3-74 所示的天使宝宝相册。

图 3-74　天使宝宝相册截图效果

素材文件	素材与实例\第 3 章\天使宝宝素材
效果展示和源文件	素材与实例\第 3 章\天使宝宝相册.prproj、天使宝宝相册.mp4

提示：

新建一个项目文件和一个序列，然后导入“天使宝宝素材”文件夹中的素材；将图像素材依次添加到“时间轴”调板中，再将音频素材添加至时间轴并进行剪辑；接着在图像素材之间添加视频过渡效果；最后保存文件并导出影片。

实训 3　环球风景名胜

利用本章所学的知识，制作一个图 3-75 所示的环球风景名胜影集。

图 3-75　环球风景名胜影集截图效果

素材文件	素材与实例\第 3 章\环球风景名胜素材
效果展示和源文件	素材与实例\第 3 章\环球风景名胜.prproj、环球风景名胜.mp4

提示：

新建一个项目文件和一个序列，然后导入“环球风景名胜素材”文件夹中的项目文件，以及图像和音频素材；将图像素材和字幕依次添加到“时间轴”调板中，再将音频素材添加至时间轴并进行剪辑；接着在字幕和图像素材之间添加视频过渡效果；最后保存文件并导出影片。

第 4 章　Premiere Pro 视频特效

虽然 Premiere Pro CC 不是动画制作软件，但它具有强大的运动特效功能，通过为视频、静态图片、字幕等素材片段添加运动特效，可以使其产生移动、缩放和变形等动画效果。同时，Premiere Pro CC 还拥有强大的视频特效功能，用户可通过为素材片段添加各种视频特效，使其产生动态的扭曲、模糊、风吹和幻影等效果，以弥补视频拍摄过程中产生的曝光度和色彩问题等画面缺陷，增强影视作品的视觉效果，使其更加吸引观众。

学习目标

- 掌握创建和编辑关键帧的方法
- 掌握编辑运动路径的方法
- 掌握设置运动和不透明度特效参数的方法
- 掌握应用和编辑视频特效的方法
- 熟悉常用的视频特效类型

4.1　创建运动特效动画

下面介绍为素材片段添加运动特效，以及通过设置运动特效参数制作移动、缩放和旋转等动画效果的方法。

4.1.1　认识关键帧和特效动画

关键帧的概念来源于传统的动画片制作。在早期制作动画时，由熟练的动画师设计卡通片中的关键画面，也即所谓的关键帧，然后由一般的动画师设计中间帧；现在，我们使用电脑制作动画，只需设置好前后两个关键帧中的画面，中间帧由电脑自动生成。

在 Premiere Pro CC 中，我们可为“时间轴”调板中的素材片段添加特效，然后通过在不同的关键帧上设置特效的不同参数来制作特效变化的动画。Premiere Pro CC 提供的特效包括以下几类。

- **运动特效**：系统默认添加的特效类型，包括位置、缩放和旋转等属性，利用它们可以改变图像或视频素材的位置、大小和角度等，并可制作相应的动画。
- **不透明度特效**：同样是系统默认添加的特效类型，用来改变图像或视频素材的不透明度，以制作视频的合成效果或渐入渐出动画效果等。
- **视频特效**：包括变换类特效、图像控制类特效、颜色校正类特效和键控类特效等，可以应用于视频或图像素材。
- **音频特效**：只能应用于声音素材。

4.1.2 创建和编辑关键帧——滚动的篮球

在 Premiere Pro CC 中有两种创建关键帧的方法：一种是在“效果控件”调板中创建；另一种是在“时间轴”调板中创建。下面通过制作滚动的篮球动画效果，来说明创建和编辑关键帧的方法。

素材文件	素材与实例\第 4 章\篮球素材
效果展示和源文件	素材与实例\第 4 章\滚动的篮球.prproj、滚动的篮球.mp4

1. 在“效果控件”调板中创建关键帧

步骤 1▶ 新建一个名为“滚动的篮球”的项目文件，再新建一个序列，在“新建序列”对话框的“序列预设”选项卡下选择“DV-PAL”文件夹中的“标准 48 kHz”选项。

步骤 2▶ 导入“篮球素材”文件夹中的“篮球场.jpg”和“篮球.png”图像素材，如图 4-1 所示。

步骤 3▶ 将“篮球场.jpg”图像素材添加到“时间轴”调板的“视频 1”轨道中，将“篮球.png”图像素材添加到“视频 2”轨道中，如图 4-2 所示。

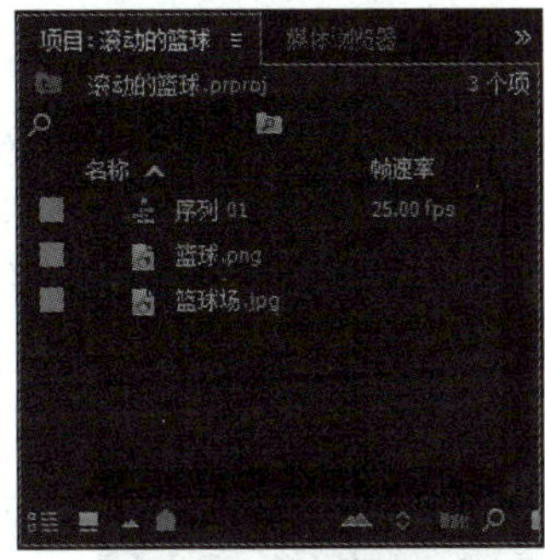

图 4-1 导入图像素材

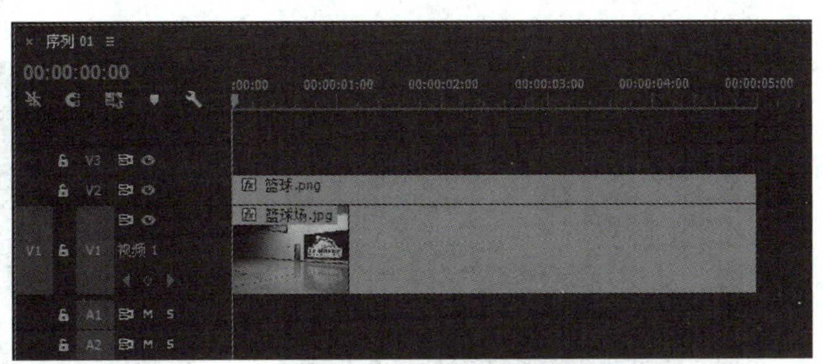

图 4-2 将图像素材添加到时间轴中

步骤 4▶ 分别在“时间轴”调板中的图像素材上右击，在弹出的快捷菜单中选择“缩放为帧大小”菜单。

步骤 5▶ 单击选中“时间轴”调板中的“篮球.png”图像素材，然后在“效果控件”调板中展开“运动”特效，在“缩放”属性的编辑框中输入“20”，如图 4-3 所示，从而使用运动特效将篮球图像缩小。

步骤 6▶ 要为某特效的属性创建关键帧，必须先激活该属性的“切换动画”按钮。例如，将“效果控件”调板的当前时间指针移至 0 秒处，然后分别单击“位置”和“旋转”属性左侧的“切换动画”按钮。第一次激活该按钮时，系统将自动在相应属性的当前时间指针处创建一个关键帧，如图 4-4 所示。

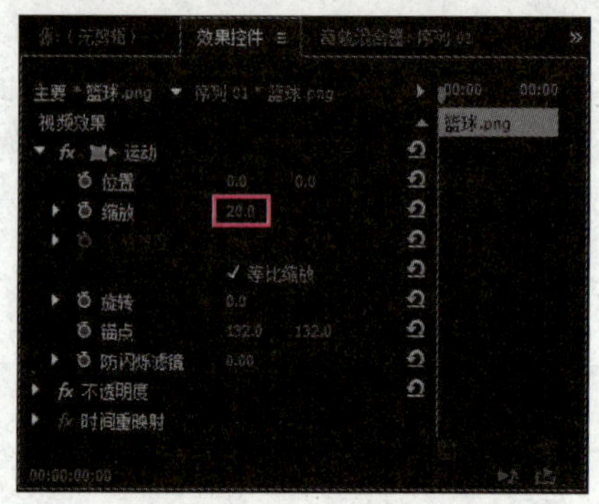

图 4-3 设置篮球缩放比例

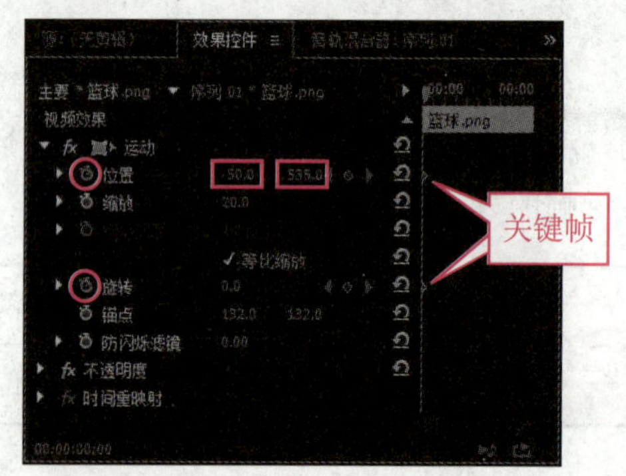

图 4-4 设置篮球在第 0 秒处的位置

步骤 7▶ 在“位置”属性右侧的“x”编辑框中输入“-50”，在“y”编辑框中输入“535”，如图 4-4 所示，从而确定该关键帧处篮球对象的位置。也可在单击“运动”特效，使该方框呈灰白显示后，在“节目”监视器中的篮球控制框内拖动，以移动篮球的位置。

步骤 8▶ 将“效果控件”调板中的当前时间指针移至第 3 秒处，然后在“位置”属性右侧的“x”编辑框中输入“596”，在“y”编辑框中输入“402”，再在“旋转”属性右侧的编辑框中输入“720”。此时系统将自动在“位置”和“旋转”属性的当前时间指针处分别创建一个关键帧，如图 4-5 所示。

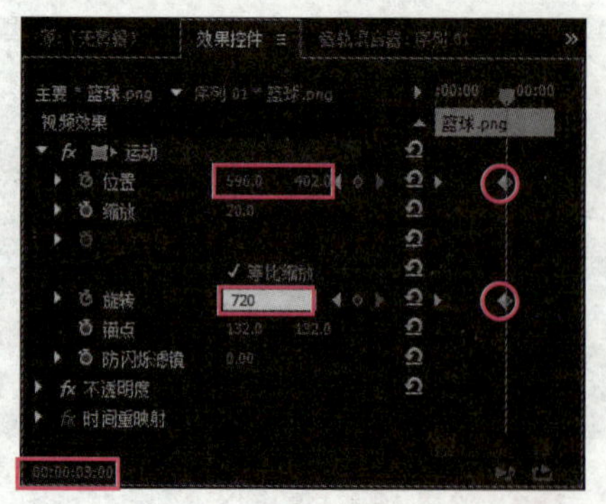

图 4-5 设置篮球在第 3 秒处的位置和角度

2. 在时间轴上创建关键帧

用户也可在时间轴上创建和编辑特效关键帧。右击时间轴上素材片段左上角的图标，在弹出的快捷菜单中选择要添加和显示关键帧的特效和特效属性，然后通过定位当前时间指针并单击轨道控制区的“添加-移除关键帧”按钮，来添加或移除相应特效或特效属性的关键帧，如图 4-6 所示。

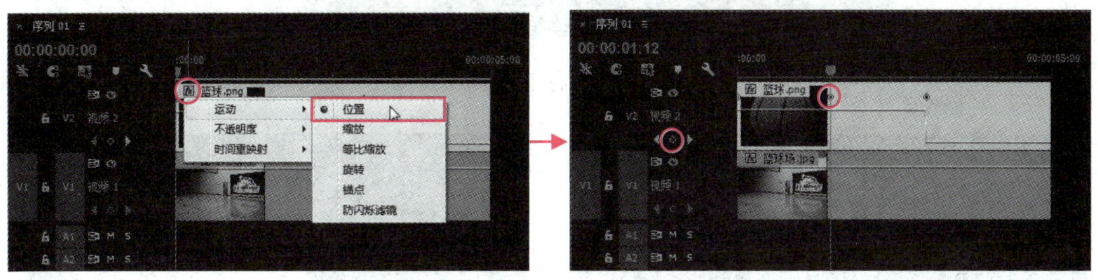

图 4-6 在时间轴上添加或移除关键帧

在时间轴中添加和编辑关键帧的优点是比较直观，在“效果控件”调板中添加和编辑关键帧的好处是能更详细、更精确地设置特效参数，而且可以一次为多个属性添加关键帧。除了不透明度和音量特效外，我们一般利用“效果控件”调板来添加关键帧并设置参数。

3. 编辑关键帧

在制作运动特效动画时，掌握编辑关键帧的方法是非常重要的。下面继续进行前面的实例，学习选择、移动、复制、定位和删除关键帧等操作。

步骤 1▶ 选择关键帧。在“效果控件”调板或“时间轴”调板的某个关键帧上单击，可将其选中；如果按住【Shift】键依次单击多个关键帧，可同时将它们选中，所选关键帧的颜色将变成蓝色。

步骤 2▶ 移动关键帧。移动或复制关键帧时，关键帧中的内容也将被移动或复制，从而使动画发生相应变化。要移动关键帧，可先选中要移动的关键帧，然后按住鼠标左键将其向左或向右拖动，到合适位置后释放鼠标左键即可，如图 4-7 所示。

步骤 3▶ 复制关键帧。选中要复制的关键帧，按快捷键【Ctrl+C】或选择“编辑”>“复制”菜单，然后将当前时间指针移至要复制到的位置，按快捷键【Ctrl+V】或选择“编辑”>“粘贴”菜单，即可复制关键帧，如图 4-8 所示。根据图 4-8 完成复制后，预览动画，会发现篮球开始向右侧滚动，碰到墙之后向左侧滚动。

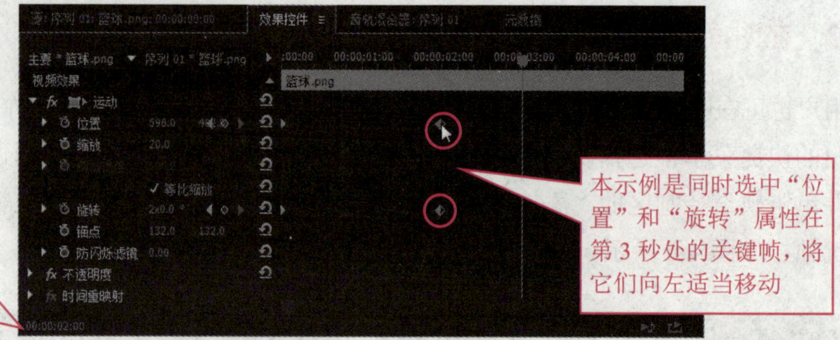

图 4-7　移动关键帧

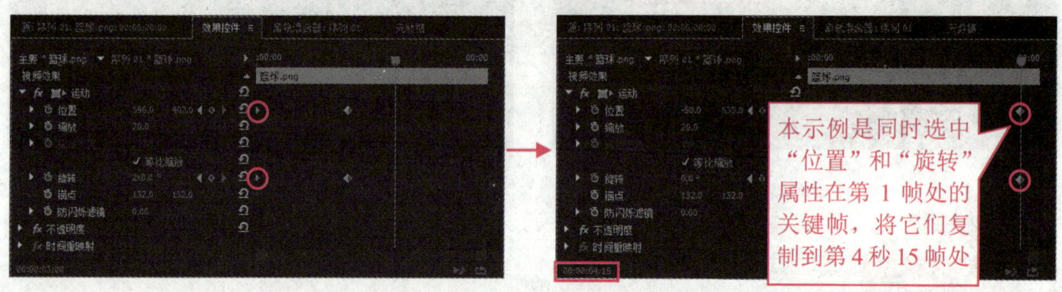

图 4-8　复制关键帧

步骤 4▶　**定位关键帧**。制作动画时经常需要设置各关键帧中特效属性的参数，为此，需要先将当前时间指针定位到要编辑的关键帧处。要定位关键帧，除了利用拖动当前时间指针的方法外，最常用的方法是单击特效属性右侧的“转到上一关键帧”按钮◀或“转到下一关键帧”按钮▶。

提　示

要删除关键帧，可将当前时间指针定位到关键帧后，单击“添加-移除关键帧”按钮◆；或选中关键帧后，直接按【Delete】键。

步骤 5▶　**设置关键帧插值**。通过设置关键帧插值可以定义动画变化的快慢，从而制作出更精细的动画。例如，单击“位置”属性左侧的▶按钮展开该属性，可看到有一条直线显示了篮球位置变化速度的快慢，如图 4-9（a）所示。

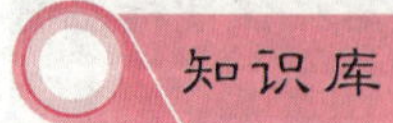

知识库

在图 4-9 所示的直线中，纵坐标表示对象位置变化的速度，横坐标表示时间。可以看出，篮球在第 1 个和第 2 个关键帧，以及第 2 个和第 3 个关键帧之间都是匀速运动，但前两个关键帧之间的运动速度与后两个关键帧之间的运动速度并不相同。

步骤 6▶ 我们可先将直线转换为曲线，然后通过编辑曲线来更精细地调整动画变化的快慢。例如，在“位置”属性的中间的关键帧上右击鼠标，从弹出的快捷菜单中选择“临时插值”>“贝塞尔曲线”项，如图 4-9（b）所示。

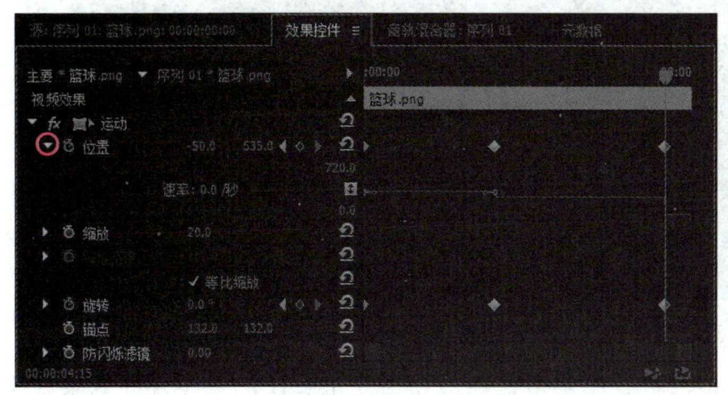

（a）

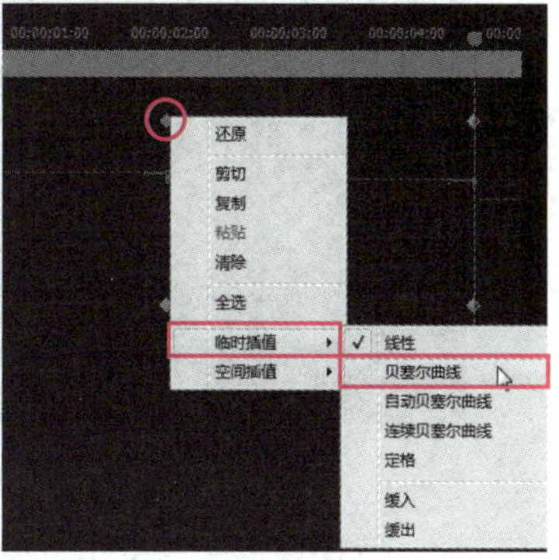

（b）

图 4-9　显示“位置”属性的变化直线

步骤 7▶ 此时表示篮球位置变化速度的直线变成了曲线，选中要调整的关键帧，然后在曲线的控制柄上拖动鼠标，将其调整为图 4-10 所示的形状，之后预览动画，会发现篮球在滚向墙壁时会逐渐减速，撞上墙壁并反弹时有一小段时间的加速，然后逐渐减速至 0。最后保存项目文件并输出序列。

“时间重映射”选项用来改变特效动画的整体变化速度

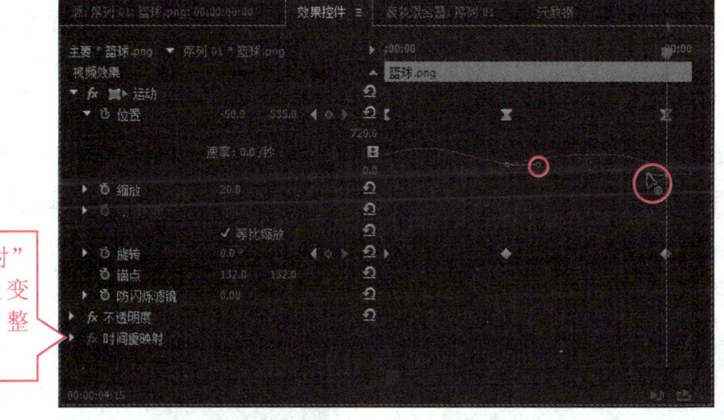

图 4-10　通过调整曲线设置动画的变化速度

4.1.3　设置运动特效参数

如前所述，用户可对运动特效和不透明度特效的参数进行设置，从而改变素材对象在画面中的位置、大小、角度和不透明度，并可利用关键帧制作各种动画效果。

对于运动特效来说，有两种设置其参数的方法。一种方法是利用“效果控件”调板，这点我们在 4.1.2 节的实例中已多次用到，如图 4-11 所示。

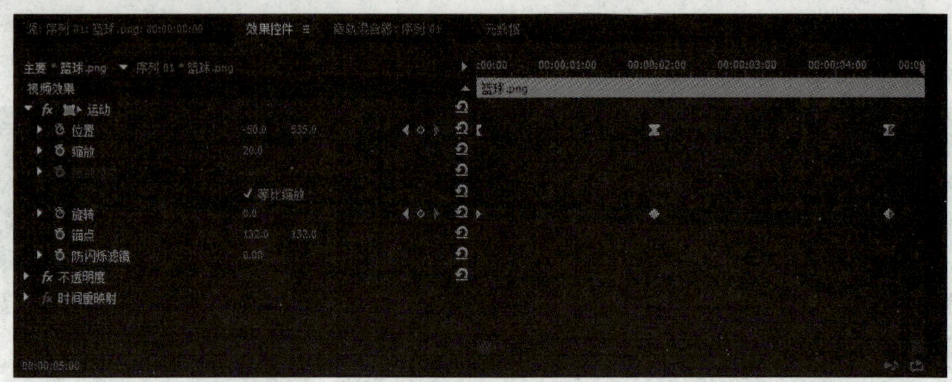

图 4-11　利用“效果控件”调板设置运动特效的参数

- **位置：**其右侧的两个编辑框分别用于设置素材对象在屏幕中的 x 坐标和 y 坐标，从而移动对象的位置。
- **缩放：**用于设置素材对象的缩放比例。
- **缩放宽度：**当取消勾选“等比缩放”复选框后，利用该编辑框可以单独设置素材对象的宽度。
- **旋转：**用于设置素材对象在屏幕中的旋转角度。
- **锚点：**用于设置素材对象在进行缩放或旋转操作时作为基准的坐标点。
- **防闪烁滤镜：**用于对素材对象的颜色进行提取，以减少或避免屏幕画面中的闪烁现象。
- **时间重映射：**用于设置运动特效动画的播放速度。

另一种方法是利用“节目”监视器，如图 4-12 所示。在“效果控件”调板中选择“运动”特效（使其呈灰白显示）后，对象上将出现一个控制框，拖动控制框上的任一控制点可缩放对象；将鼠标指针移至任意一个角控制点的外侧，当其变为形状时拖动鼠标可旋转对象；将鼠标指针放置在控制框内进行拖动，可改变对象的位置。

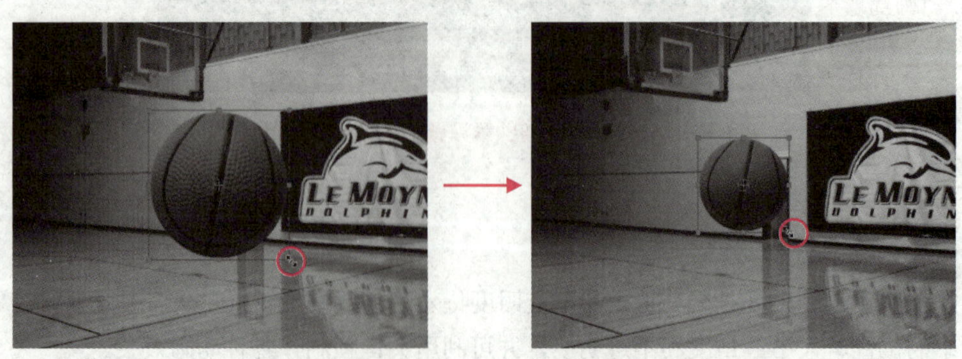

图 4-12　在“节目”监视器中调整对象的运动特效参数

对于通过改变位置制作的动画，还可在“节目”监视器调板中设置运动的路径。将光标移至运动路径左侧节点的控制柄上，当光标呈形状时拖动控制柄，可改变运动路径的弧度，如图 4-13 所示；可利用相同的方法拖动运动路径右侧节点的控制柄。

图 4-13　在“节目”监视器中调整动画的运动路径

4.1.4　不透明度特效动画

在 Premiere Pro CC 中，通过设置不透明度特效可实现对象渐隐/渐显、模糊、覆盖等动画效果。不透明度特效的参数如图 4-14 所示。

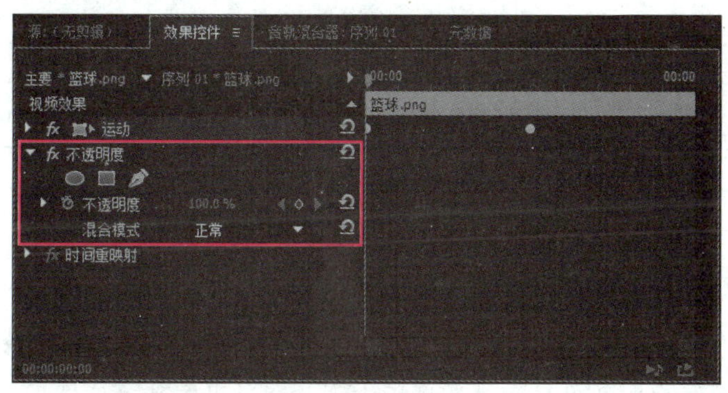

图 4-14　不透明度特效的参数

- **“创建椭圆形蒙版”按钮：** 单击该按钮，可在“节目”监视器中所选剪辑对象处创建一个可编辑的椭圆形蒙版区域。
- **“创建 4 点多边形蒙版”按钮：** 单击该按钮，可在“节目”监视器中所选剪辑对象处创建一个可编辑的四边形蒙版区域。
- **“自由绘制贝塞尔曲线”按钮：** 单击该按钮，可在“节目”监视器中所选剪辑对象处使用钢笔工具绘制一个任意形状的蒙版区域。
- **不透明度：** 用于设置所选剪辑对象的不透明度。

➢ **混合模式**：在“混合模式”下拉列表中，可设置所选剪辑对象与其下方剪辑对象的混合（或叠加）方式，包括6个类别，分别是正常、加色、减色、复杂、差值和HSL，它们在列表中以分割线隔开。默认模式为“正常”，即结果颜色为源颜色，忽略基础颜色。

4.1.5 典型案例——制作香水广告

下面利用本节所学的运动特效动画和不透明度特效动画知识，制作图4-15所示的香水广告。

图4-15 香水广告截图效果

素材文件	素材与实例\第4章\香水广告素材
效果展示和源文件	素材与实例\第4章\香水广告.prproj、香水广告.mp4

制作分析

创建项目文件并导入素材图像后添加两个视频轨道；然后将“背景”和“香水”图像添加到“时间轴”调板中，并通过设置“不透明度”参数，制作香水图像的渐显效果；再分别将三个文字图像添加到“时间轴”调板中，并通过设置其“位置”、“缩放”、“旋转”和“不透明度”属性的参数，制作文字的进入效果。

制作步骤

步骤 1▶ 新建一个名为“香水广告”的项目文件，再新建一个序列，在“新建序列”对话框的“序列预设”选项卡中选择“DV-PAL”文件夹中的“标准48 kHz”选项。

步骤 2▶ 导入本书配套素材“香水广告素材”文件夹中的“香水素材.psd”图像文件，在打开的“导入分层文件：香水素材”对话框的“导入为”下拉列表中选择“各个图层”选项，单击“确定”按钮，如图4-16所示。

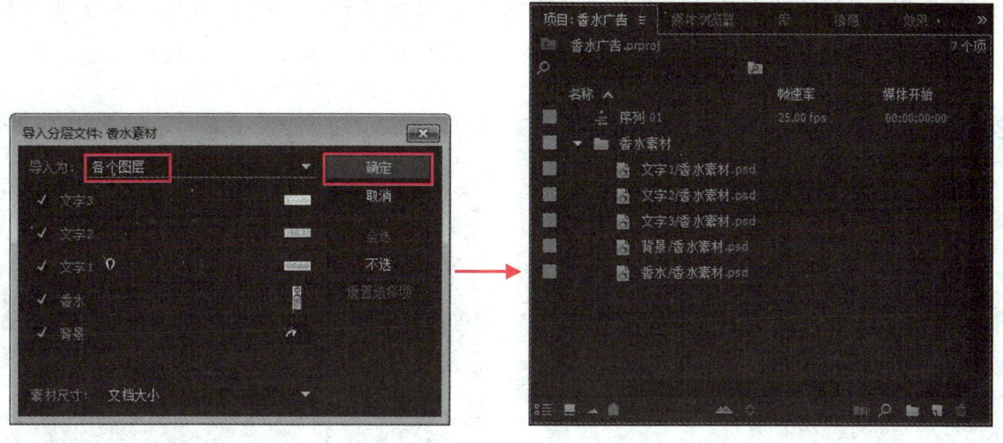

图 4-16 导入分层图像素材

步骤 3▶ 在“时间轴”调板“视频 1”轨道的轨道名称右侧右击，在弹出的快捷菜单中选择“添加轨道”菜单，然后在打开的“添加轨道”对话框中设置添加 2 个视频轨道，如图 4-17 所示。

步骤 4▶ 将“项目”调板“香水素材”文件夹中的“背景/香水素材.psd”图像素材添加到“时间轴”调板的“视频 1”轨道中，将“香水/香水素材.psd”图像素材添加到“视频 2”轨道中，如图 4-18 所示。

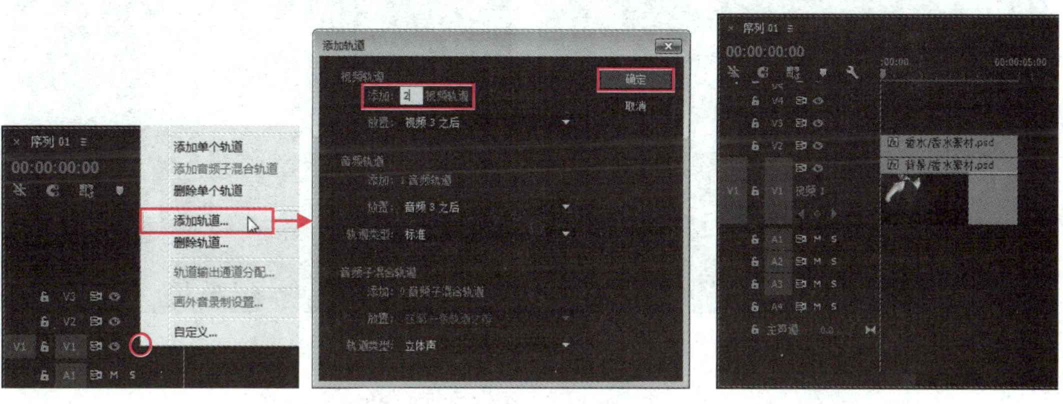

图 4-17 添加视频轨道

图 4-18 添加图像素材

步骤 5▶ 分别在“时间轴”调板中的两个图像素材上右击，在弹出的快捷菜单中选择“缩放为帧大小”菜单。

步骤 6▶ 选中“时间轴”调板中的“香水/香水素材.psd”图像素材，在“效果控件”调板中将当前时间指针移至第 0 秒处，然后展开“不透明度”特效，并将“不透明度”属性的参数设为“0”，如图 4-19 所示。

步骤 7▶ 将“效果控件”调板中的当前时间指针移至第 1 秒 12 帧处，然后将“不透明度”属性的参数设为“100”，如图 4-20 所示。

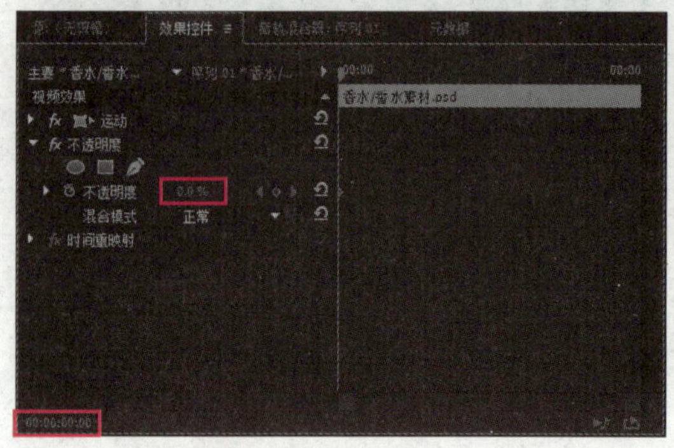

图 4-19 设置香水图像在第 0 秒处的不透明度

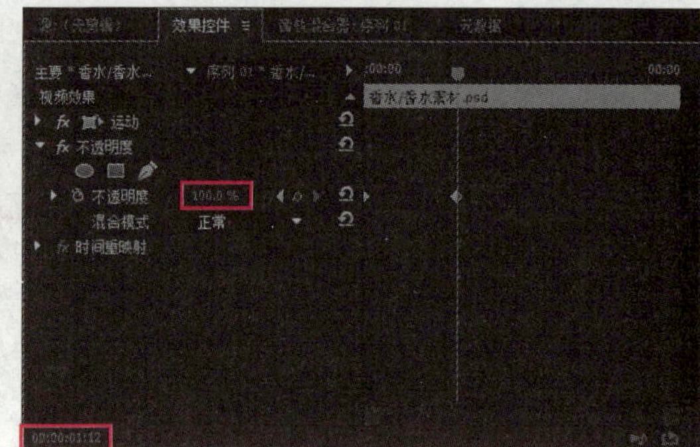

图 4-20 设置香水图像在第 1 秒 12 帧处的不透明度

步骤 8▶ 将“效果控件”调板中的当前时间指针移至第 0 秒 18 帧处，展开“时间重映射”特效，单击“速度”属性右侧的“添加/移除关键帧”按钮◆，添加一个关键帧，再展开“速度”属性，将关键帧左侧的速率控制曲线向下拖动至 50%，如图 4-21（a）所示。

步骤 9▶ 将“效果控件”调板中的当前时间指针移至刚添加的关键帧右侧，并将关键帧右侧的速率控制曲线向上拖动至 175%，如图 4-21（b）所示。

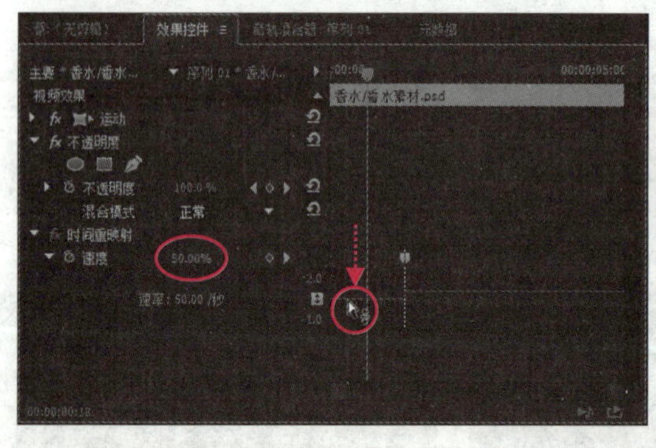

（a）

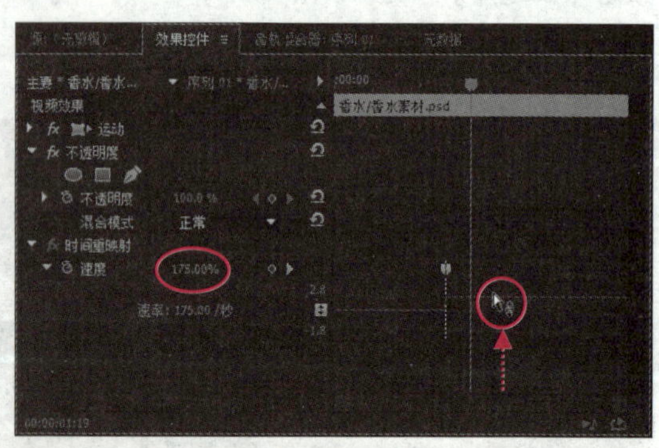

（b）

图 4-21 设置香水图像的渐显速度

步骤 10▶ 将“时间轴”调板中的当前时间指针移至第 2 秒处，然后将“文字 1/香水素材.psd”图像素材添加到“时间轴”调板的“视频 3”轨道中，并使其入点位于第 2 秒处，如图 4-22 所示。

步骤 11▶ 在“时间轴”调板中的“文字 1/香水素材.psd”图像素材上右击，在弹出的快捷菜单中选择“缩放为帧大小”菜单。

步骤 12▶ 单击选中“时间轴”调板中的“文字 1/香水素材.psd”图像素材，然后在

“效果控件”调板中展开“运动”和“不透明度”特效，并单击“位置”属性左侧的“切换动画”按钮，再在“位置”属性右侧的“x”编辑框中输入“100”，在“不透明度”属性编辑框中输入“0”，如图4-23所示。

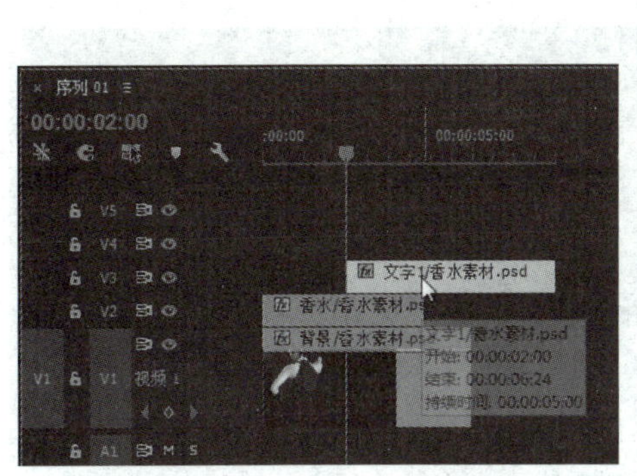

图4-22　添加文字1图像素材

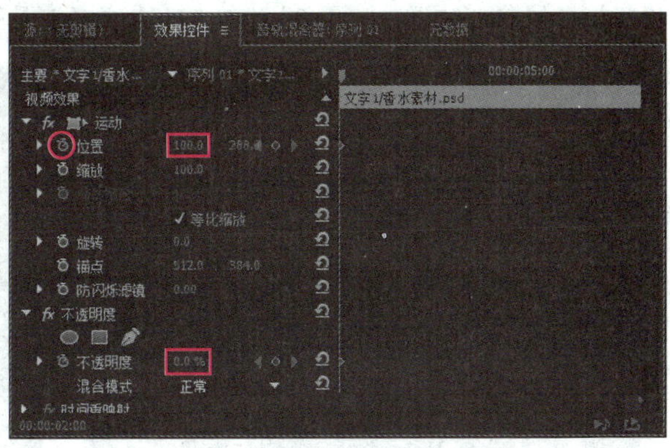

图4-23　设置文字1图像在第2秒处的位置和透明度

步骤13▶ 将“效果控件”调板中的当前时间指针移至第2秒12帧处，然后在“位置”属性右侧的“x”编辑框中输入“360”，在“不透明度”属性编辑框中输入“100”，如图4-24所示。

步骤14▶ 将“时间轴”调板中的当前时间指针移至第3秒处，然后将“文字2/香水素材.psd”图像素材添加到“时间轴”调板的“视频4”轨道中，并使其入点位于第3秒处，再在其上右击，在弹出的快捷菜单中选择“缩放为帧大小”菜单。

步骤15▶ 单击选中“时间轴”调板中的“文字2/香水素材.psd”图像素材，然后在“效果控件”调板中展开“运动”特效和“不透明度”特效，在“锚点”属性右侧的“x”编辑框中输入“640”，“y”编辑框中输入“170”，再将“节目”监视器中的文字2图像拖至图4-25所示的位置。

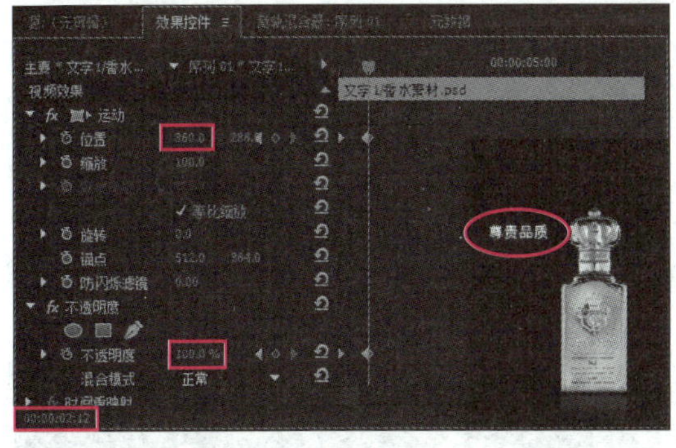

图4-24　设置文字1图像在第2秒12帧处的参数

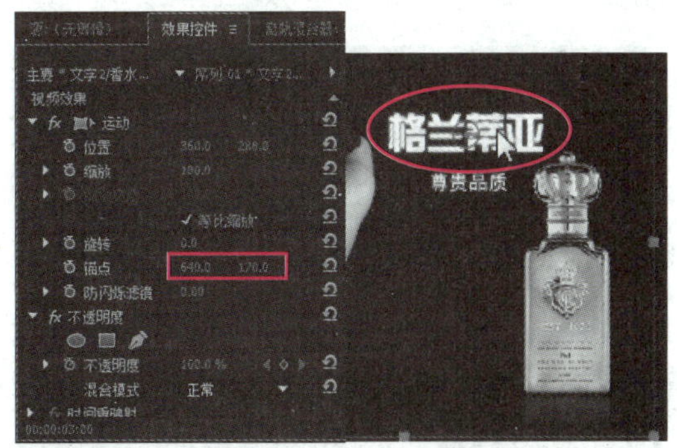

图4-25　设置文字2图像的锚点和位置

步骤 16▶ 单击“缩放”属性左侧的“切换动画”按钮，然后在“缩放”属性编辑框中输入“0”，在“不透明度”属性编辑框中输入“0”，如图 4-26 所示。

步骤 17▶ 将“效果控件”调板中的当前时间指针移至第 3 秒 12 帧处，然后在“缩放”属性编辑框中输入“100”，在“不透明度”属性编辑框中输入“100”，如图 4-27 所示。

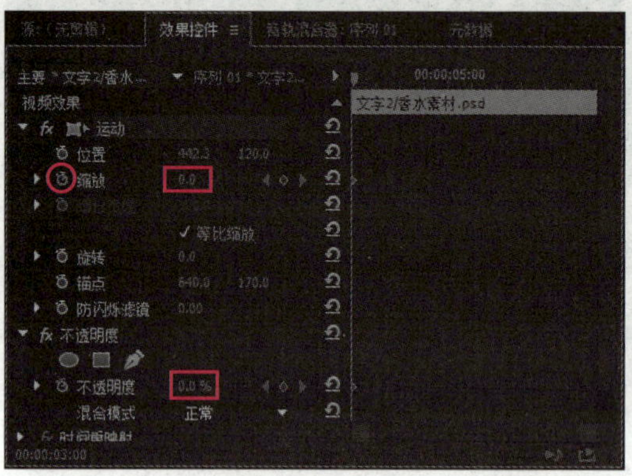

图 4-26 设置文字 2 图像在第 3 秒处的参数

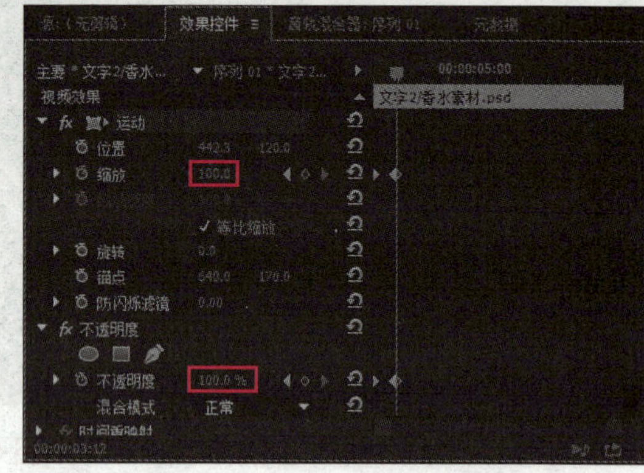

图 4-27 设置文字 2 图像在第 3 秒 12 帧处的参数

步骤 18▶ 将“时间轴”调板中的当前时间指针移至第 4 秒处，然后将“文字 3/香水素材.psd”图像素材添加到“时间轴”调板的“视频 5”轨道中，并使其入点位于第 4 秒处，再在其上右击，在弹出的快捷菜单中选择“缩放为帧大小”菜单。

步骤 19▶ 单击选中“时间轴”调板中的“文字 3/香水素材.psd”图像素材，然后在“效果控件”调板中展开“运动”和“不透明度”特效，在“锚点”属性右侧的“x”编辑框中输入“640”，“y”编辑框中输入“330”，再将“节目”监视器中的文字 3 图像拖至图 4-28 所示的位置。

步骤 20▶ 单击“位置”和“旋转”属性左侧的“切换动画”按钮，然后在“位置”属性右侧的“x”编辑框中输入“125”，“y”编辑框中输入“510”，在“不透明度”属性编辑框中输入“0”，如图 4-29 所示。

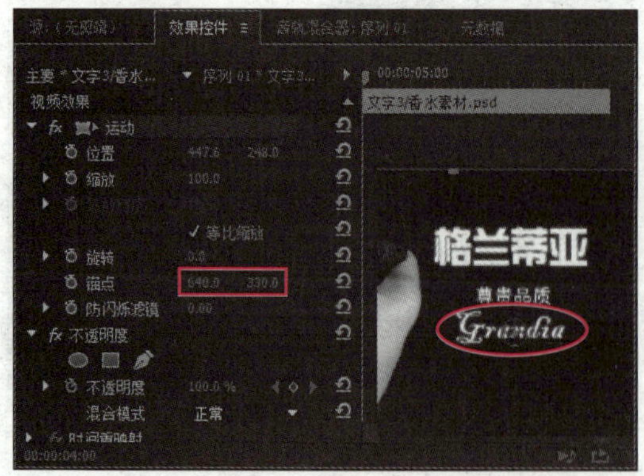

图 4-28 设置文字 3 图像的锚点和位置

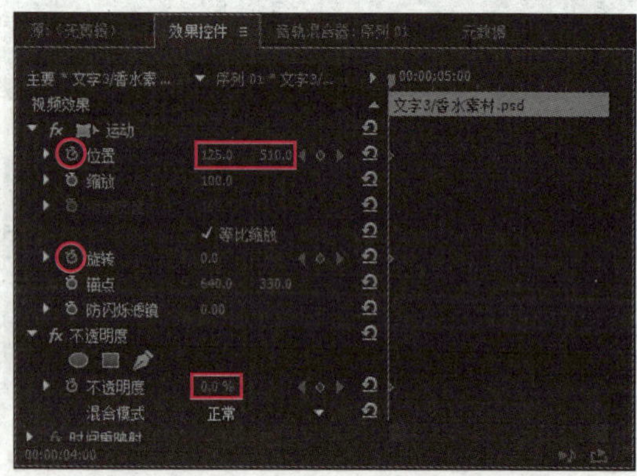

图 4-29 设置文字 3 图像在第 4 秒处的参数

步骤 21▶ 将“效果控件”调板中的当前时间指针移至第 4 秒 12 帧处，然后在“位置”属性右侧的“x”和“y”编辑框中分别输入“446”和“250”，在“旋转”属性编辑框中输入“720”，在“不透明度”属性编辑框中输入“100”，如图 4-30 所示。

步骤 22▶ 将“时间轴”调板中的当前时间指针移至第 7 秒处，然后利用“工具”调板中的“选择工具”，依次拖动“时间轴”调板中各图像素材的出点，使其对齐到第 7 秒，如图 4-31 所示。最后保存项目文件并进行输出。

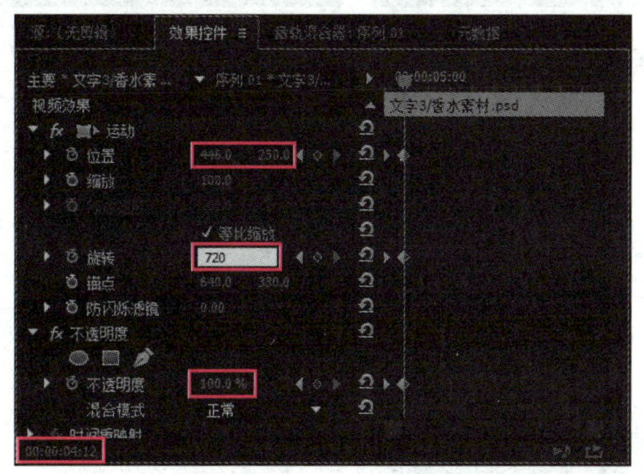

图 4-30 设置文字 3 图像在第 4 秒 12 帧处的参数

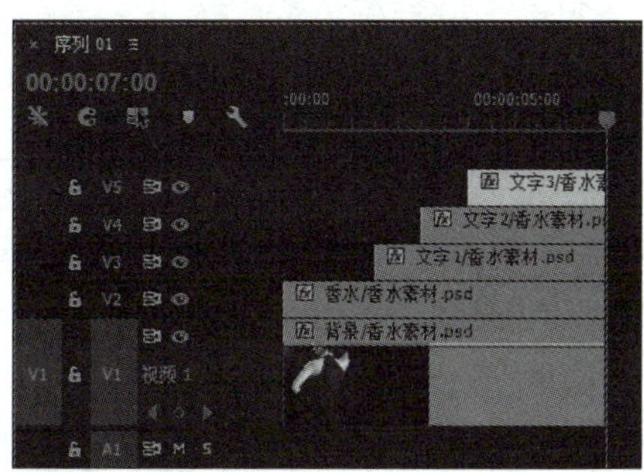

图 4-31 设置图像素材出点

4.2 应用视频特效

下面介绍 Premiere Pro CC 中常用的视频特效，以及应用这些视频特效制作各种影视效果的技巧。

4.2.1 视频特效简介

Premiere Pro CC 在“效果”调板中为用户提供了变换、图像控制、实用程序、扭曲、时间、杂色与颗粒、模糊与锐化、生成、视频、调整、过渡、透视、通道、键控、颜色校正和风格化共 16 类视频特效，其添加方法与视频过渡效果一样。下面简单介绍这 16 类视频特效的作用。

1. 变换类视频特效

变换类视频特效包括“垂直翻转”、“水平翻转”、“羽化边缘”和“裁剪”等特效，利用此类视频特效可以令素材画面的形状产生变化。例如，利用“裁剪”视频特效可以对素材画面进行裁剪，去除不想要的部分，如图 4-32 所示。

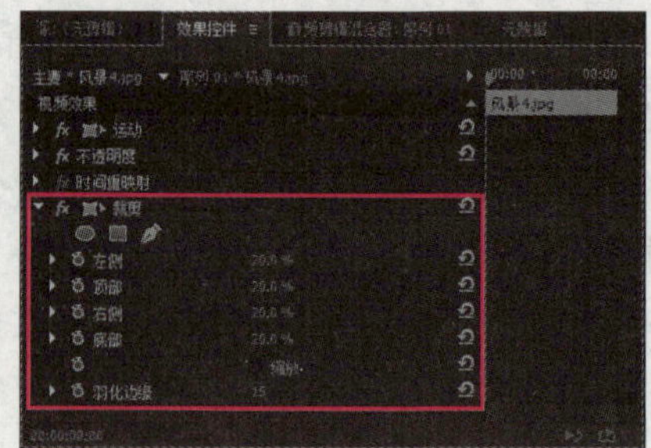

图 4-32 “裁剪”视频特效

2. 图像控制类视频特效

图像控制类视频特效包括“灰度系数校正”、“颜色平衡（RGB）”、“颜色替换”、“颜色过滤”和“黑白”等特效，主要作用是对素材画面的色调进行调整。例如，利用“灰度系数校正”视频特效可以在不改变素材画面高亮和低亮区域的情况下，使画面变亮或变暗，如图 4-33 所示。

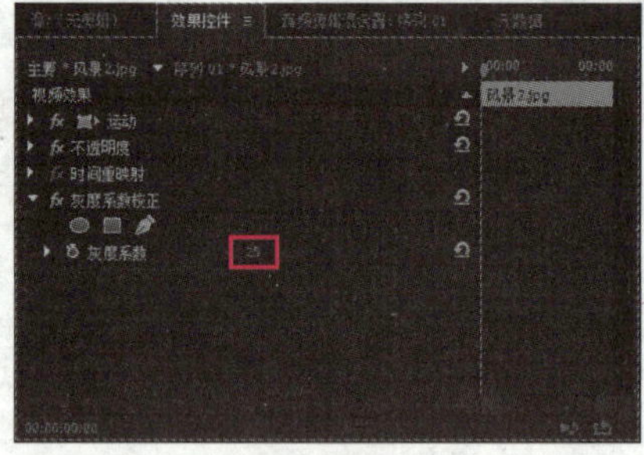

图 4-33 “灰度系数校正”视频特效

3. 实用程序类视频特效

实用程序类视频特效只包含一个“Cineon 转换器”特效，利用该特效可以改变素材画面的黑场、白场、灰度系数和高光滤除等参数，常用于制作老电影效果，如图 4-34 所示。

图 4-34 “Cineon 转换器”视频特效

4. 扭曲类视频特效

扭曲类视频特效包括“位移”、“变形稳定器”、“变换”、“放大”、“波形变形”等特效，可以使素材画面产生多种不同的变形效果。例如，利用“波形变形”视频特效可以根据用户设置的参数，在素材画面中一定范围内制作弯曲的波浪效果，如图 4-35 所示。

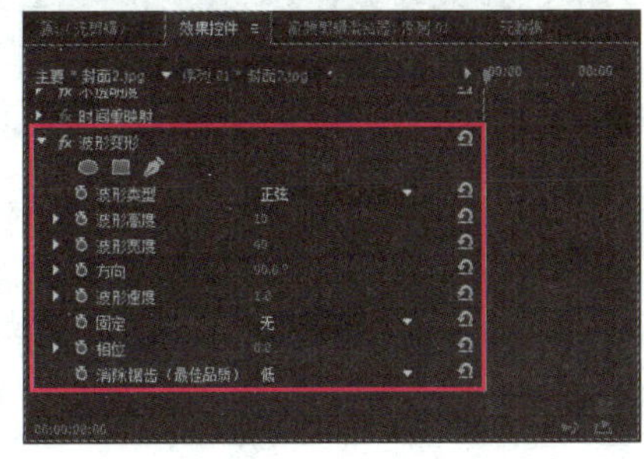

图 4-35 “波形变形”视频特效

5. 时间类视频特效

时间类视频特效包括“抽帧时间”和“残影”特效，主要是通过模仿时间差值得到一些特殊的时间效果。例如，利用“残影”视频特效可以模仿声波和回音作用到视频片段的效果，如图 4-36 所示。

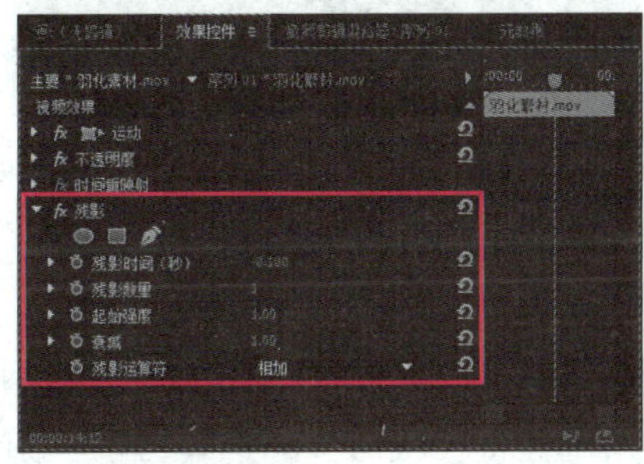

图 4-36 “残影”视频特效

6. 杂色与颗粒类视频特效

杂色与颗粒类视频特效包括“中间值”、“杂色”、“杂色 Alpha”、“杂色 HLS”和“蒙尘与刮痕”等特效，作用是在素材画面中添加细小的杂点，产生一些特殊效果。例如，利用“杂色”视频特效可以在素材画面内添加随机的像素杂点，其效果类似于采用较高 ISO 参数拍摄出的数码相片，如图 4-37 所示。

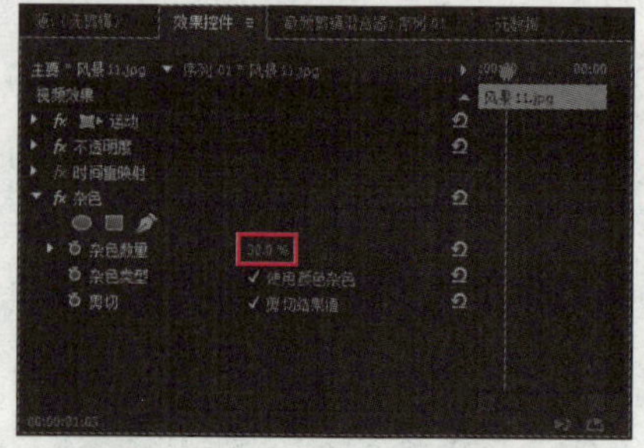

图 4-37　“杂色”视频特效

7. 模糊与锐化类视频特效

模糊与锐化类视频特效包括“复合模糊”、“快速模糊”、“方向模糊”、“相机模糊”、“通道模糊”、“高斯模糊”和“锐化”等特效，它针对素材画面的相邻像素进行计算，以使画面更加模糊或更加清晰。例如，利用“方向模糊”视频特效可以使素材画面在指定方向上进行模糊，从而产生动态效果，如图 4-38 所示。

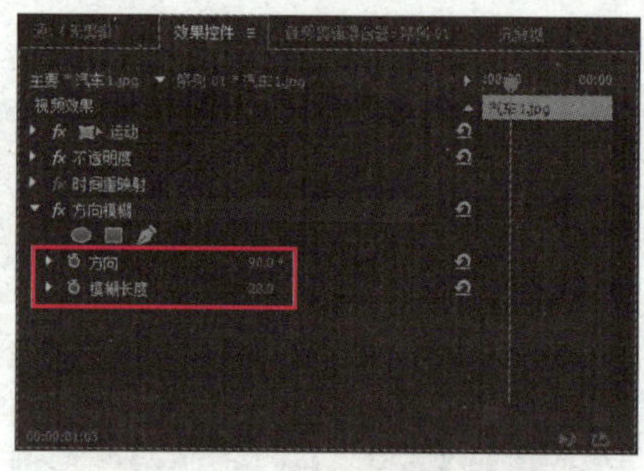

图 4-38　“方向模糊”视频特效

8. 生成类视频特效

生成类视频特效包括“书写”、“吸管填充”、“棋盘”、“镜头光晕”和“闪电”等特效，它主要通过对素材画面进行渲染计算，生成一些特殊效果。例如，利用“棋盘”视频特效可以在素材画面上生成一个棋盘图形，如图 4-39 所示。

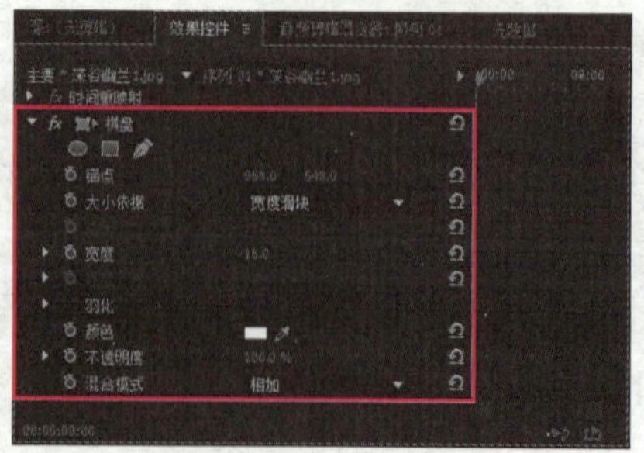

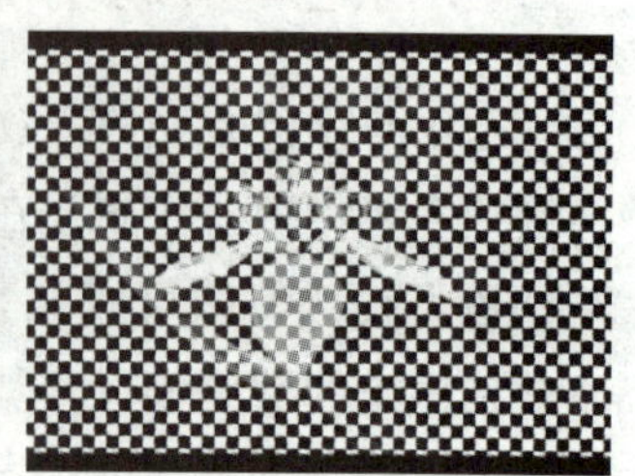

图 4-39　“棋盘”视频特效

9. 视频类视频特效

视频类视频特效包括“SDR 遵从情况”、“剪辑名称”和“时间码”等特效，用于改变视频素材画面的亮度和对比度等属性，或者在视频素材的画面中添加剪辑名称和时间码。例如，利用“时间码”视频特效可以在素材画面中显示时间码信息或关键帧上的编码信息，如图 4-40 所示。

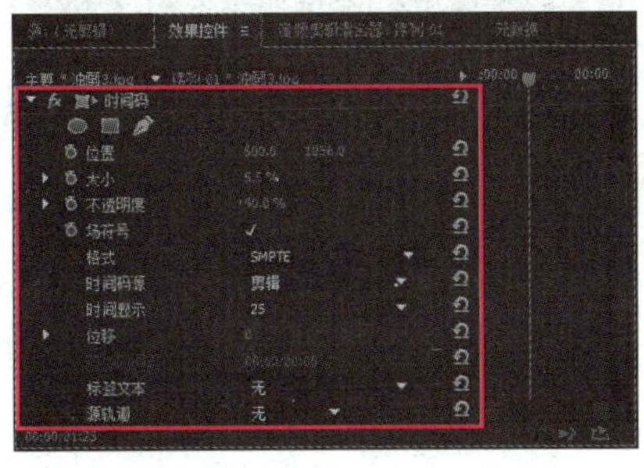

图 4-40 “时间码”视频特效

10. 调整类视频特效

调整类视频特效包括“光照效果”、“卷积内核”、“提取”和“自动颜色”等特效，主要用于对素材画面的颜色和亮度进行调整。例如，利用“卷积内核”视频特效，可通过对素材画面中每个像素的颜色进行运算来改变整个素材画面的亮度值，如图 4-41 所示。

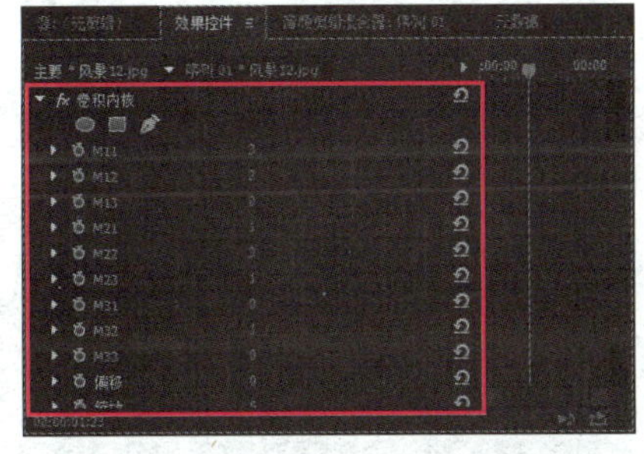

图 4-41 “卷积内核”视频特效

11. 过渡类视频特效

过渡类视频特效包括“块溶解”、“径向擦除”、“渐变擦除”、“百叶窗”和“线性擦除”等特效，主要用于两个素材画面之间的切换，其作用类似于视频切换效果。图 4-42 所示为使用“径向擦除”特效制作视频切换效果。

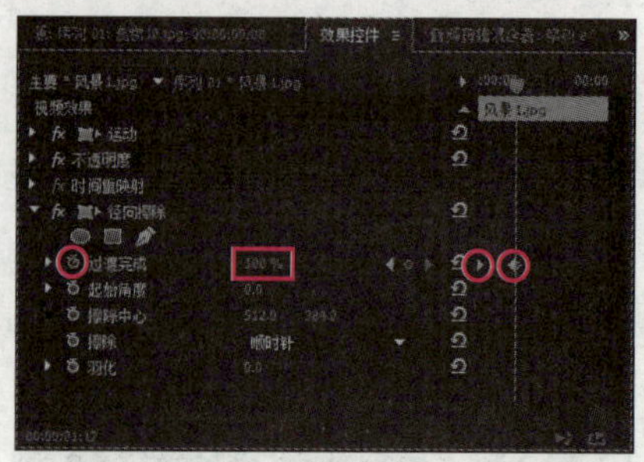

图 4-42 “径向擦除”视频特效

12．透视类视频特效

透视类视频特效包括“基本 3D”、“投影”和“斜角边”等特效，主要通过改变素材画面的形状或对画面进行投影产生三维立体效果。例如，利用“斜角边”视频特效可以在素材画面的边缘产生一个立体效果，以模拟三维外观，如图 4-43 所示。

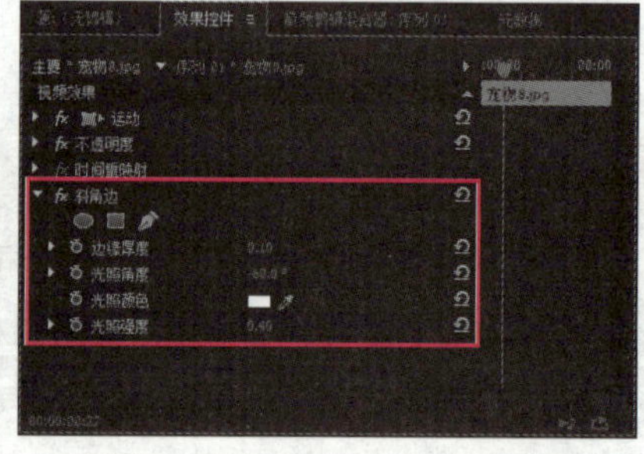

图 4-43 “斜角边”视频特效

13．通道类视频特效

通道类视频特效包括“反转”、“复合运算”、“混合”和“计算”等特效，它通过对素材画面通道中的颜色信息进行计算生成各种特殊效果。例如，利用“复合运算”视频特效可以按数学方式合成当前素材画面与指定轨道中的素材画面，如图 4-44 所示。

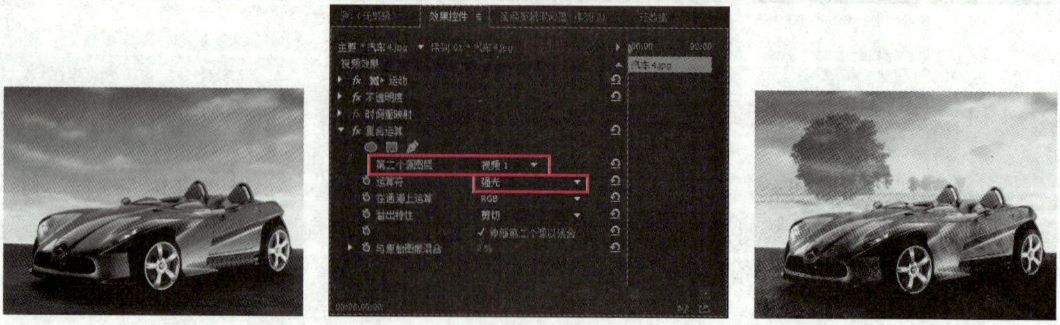

图 4-44 “复合运算”视频特效

14. 键控类视频特效

键控类视频特效包括“亮度键”、“图像遮罩键”、“差值遮罩”和“颜色键”等特效，主要利用素材中的色彩差或通过创建遮罩对素材进行抠像。例如，利用“亮度键”视频特效可以将素材画面中较暗的区域变为透明，如图 4-45 所示。

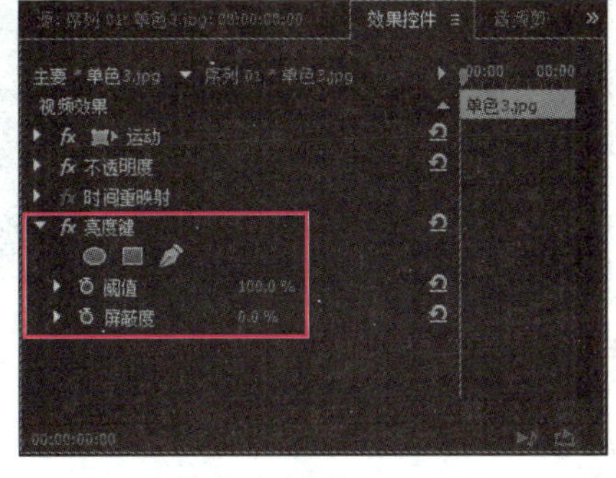

图 4-45 “亮度键”视频特效

又如，利用“图像遮罩键”视频特效可以使用一个遮罩图像的 Alpha 通道或亮度值来确定素材的透明区域，如图 4-46 所示。

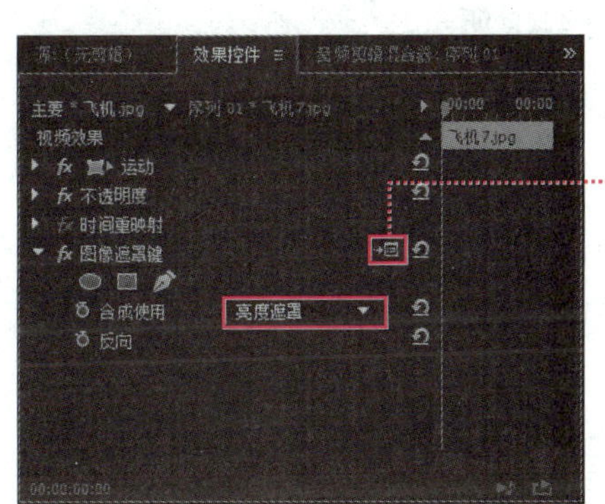

图 4-46 “图像遮罩键”视频特效

15. 颜色校正类视频特效

颜色校正类视频特效包括“RGB 曲线”、“RGB 颜色校正器”、“亮度与对比度”和“更改颜色”等特效，用于对素材片段画面的色彩和亮度等相关信息进行调整，使其更加符合用户的需要。

例如，利用“RGB 曲线”视频特效可通过调整主体、红色、绿色和蓝色通道的曲线，改变素材片段的画面色彩，如图 4-47 所示。

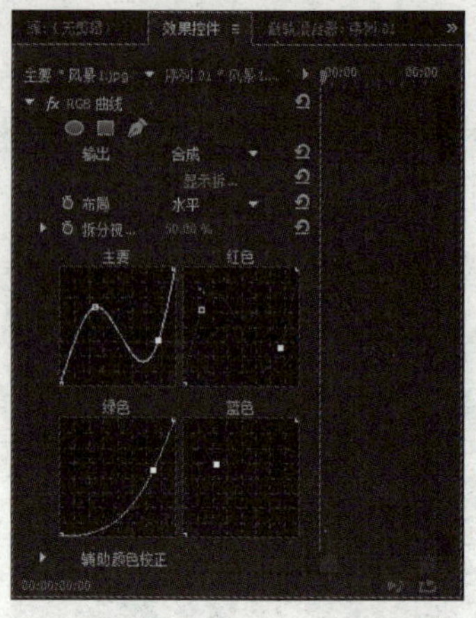

图 4-47 "RGB 曲线"视频特效

16．风格化类视频特效

风格化类视频特效包括"彩色浮雕"、"查找边缘"、"画笔描边"、"粗糙边缘"、"纹理化"、"闪光灯"和"马赛克"等特效，可以模仿一些美术风格来实现特殊的画面效果。

例如，利用"查找边缘"视频特效可通过强化素材画面中过渡像素产生的彩色线条来表现铅笔勾画的效果，如图 4-48 所示。

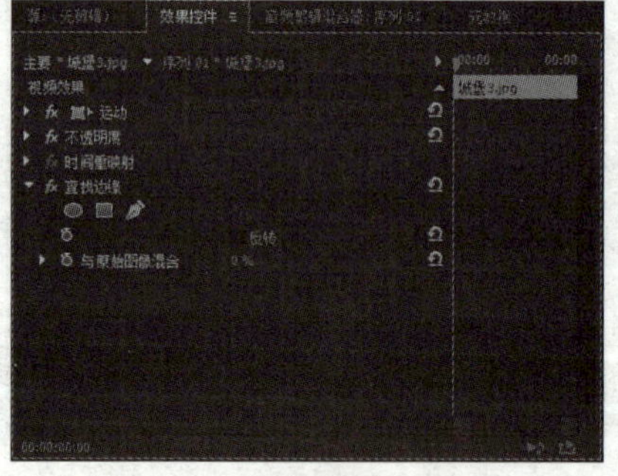

图 4-48 "查找边缘"视频特效

4.2.2 视频特效应用技巧

为素材片段添加视频特效后，可以通过关键帧控制视频特效的效果，还可对视频特效进行复制、删除和保存为预设等编辑操作。

1．使用关键帧控制视频特效

下面通过制作一个漩涡效果，介绍使用关键帧控制视频特效的方法。

步骤 1▶　新建一个名为“漩涡效果”的项目文件，再新建一个序列，在“新建序列”对话框的“序列预设”选项卡下选择“DV-PAL”文件夹中的“标准 48 kHz”选项。

步骤 2▶　双击“项目”调板的空白区域，导入本书配套素材“素材与实例”>“第 4 章”>“漩涡素材”文件夹中的“海面.jpg”图像文件。

步骤 3▶　将“项目”调板中的“海面.jpg”图像素材拖到“时间轴”调板的“视频 1”轨道中，再在图像素材上右击，在弹出的快捷菜单中选择“缩放为帧大小”菜单。

步骤 4▶　打开“效果”调板，将“视频效果”>“扭曲”文件夹中的“旋转”视频特效拖至“时间轴”调板中的“海面.jpg”图像素材上，如图 4-49 所示。

步骤 5▶　单击选中“时间轴”调板中的“海面.jpg”图像素材，然后将“效果控件”调板中的当前时间指针移至第 1 秒处，再单击“旋转”视频特效下“角度”选项左侧的“切换动画”按钮，添加第一个关键帧，如图 4-50 所示。

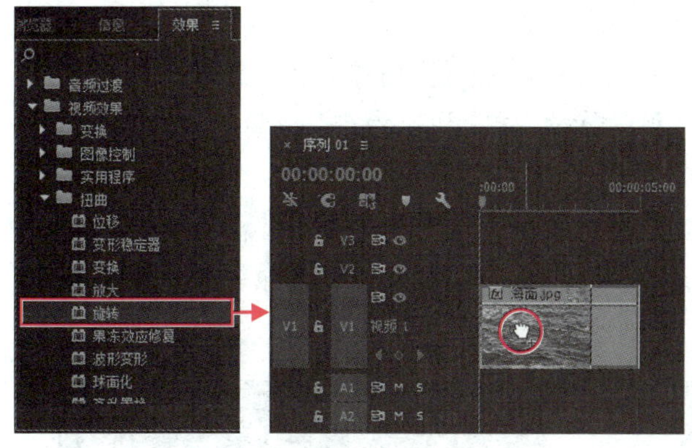

图 4-49　为图像素材添加“旋转”视频特效

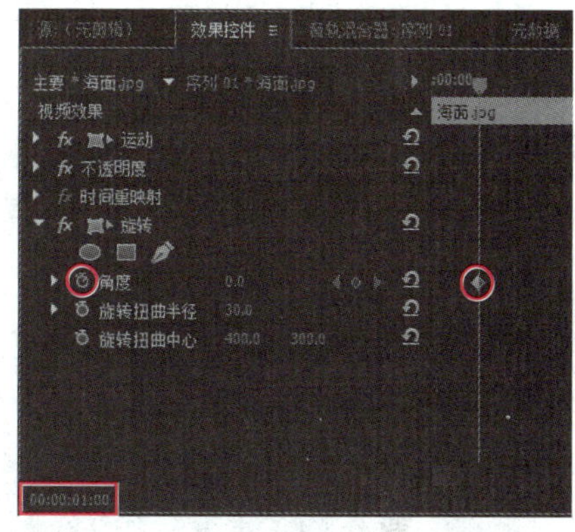

图 4-50　为“角度”选项创建关键帧

步骤 6▶　将“效果控件”调板中的当前时间指针移至第 4 秒处，然后在“角度”编辑框中输入“720”，如图 4-51 所示。

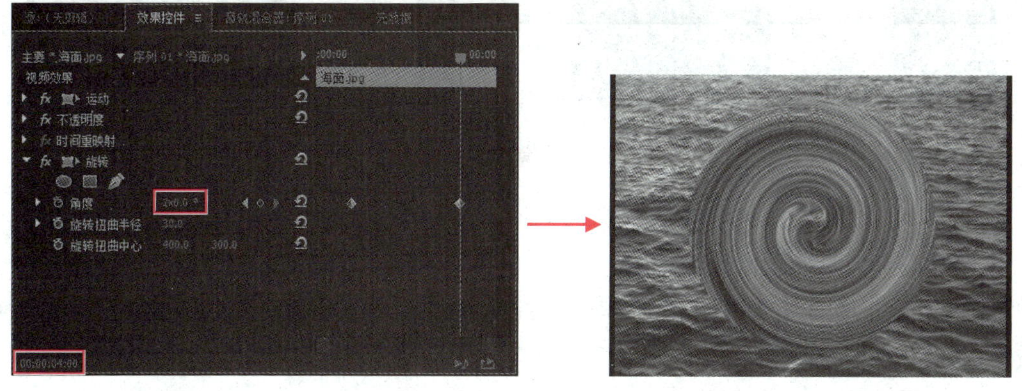

图 4-51　设置“旋转”视频特效第 4 秒的参数

步骤 7▶ 单击“节目”监视器中的“播放-停止切换”按钮▶预览播放效果，然后保存项目文件，并进行输出。本例最终效果可参考本书配套素材“素材与实例”>“第 4 章”文件夹中的“漩涡效果.mp4”。

2. 编辑视频特效

在为素材片段添加视频特效后，可以对视频特效进行复制和删除等操作，还可以将设置好参数的视频特效保存为预设效果，下面介绍编辑视频特效的方法。

1）复制视频特效

通过对设置好参数的视频特效进行复制操作，可以减少操作步骤，加快编辑影视作品的速度。下面通过一个简单实例介绍复制视频特效的方法。

步骤 1▶ 打开本书配套素材“素材与实例”>“第 4 章”文件夹中的“复制视频特效.prproj”项目文件。

步骤 2▶ 单击选中“时间轴”调板中的“动物 1.jpg”图像素材，可在“效果控件”调板中看到其上添加了一个“快速模糊”视频特效，在“快速模糊”视频特效上右击鼠标，在弹出的快捷菜单中选择“复制”菜单，如图 4-52（a）所示。

步骤 3▶ 单击选中“时间轴”调板中的“动物 2.jpg”图像素材，在“效果控件”调板中的空白区域右击鼠标，在弹出的快捷菜单中选择“粘贴”菜单，即可复制视频特效，如图 4-52（b）所示。

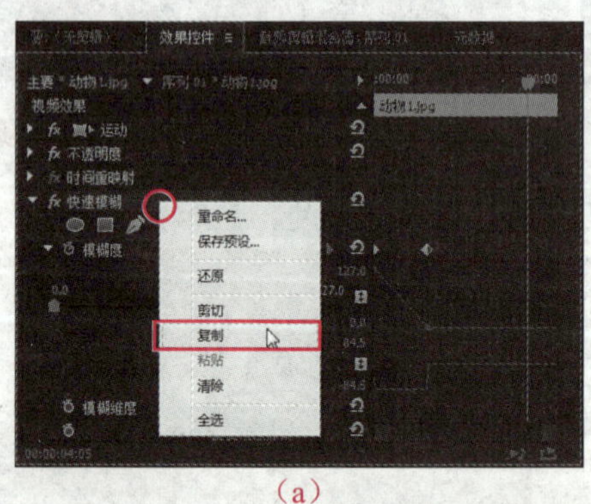

（a）

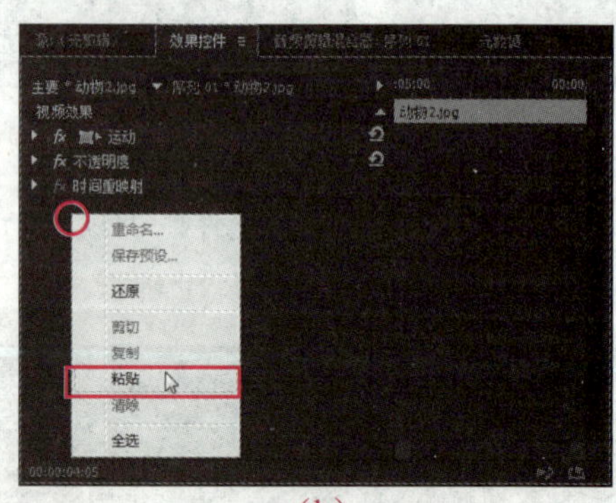

（b）

图 4-52 复制视频特效

2）删除视频特效

当不再需要某个已添加的视频特效时，可将其删除，方法是：首先在“时间轴”调板中单击选中包含视频特效的素材片段，然后在“效果控件”调板中要删除的视频特效上右击，在弹出的快捷菜单中选择“清除”菜单。

3）应用和保存预设效果

在“效果”调板的“预设”文件夹中有一些已经预设好参数的视频特效，利用这些视频特效可以快速制作出不同的影视效果，如图4-53所示。此外，还可将预设好参数的其他视频特效保存为预设效果，以便下次使用。下面通过一个简单实例进行介绍。

步骤 1▶ 新建一个名为“预设效果”的项目文件，再新建一个序列，在“新建序列”对话框的“序列预设”选项卡下选择“DV-PAL”文件夹中的“标准48 kHz”选项。

步骤 2▶ 导入本书配套素材“素材与实例”>“第4章”>“相关图像素材”文件夹中的“动物1.jpg”图像素材，然后将“项目”调板中的“动物1.jpg”图像素材添加到“时间轴”调板的“视频1”轨道中。

步骤 3▶ 将“效果”调板“预设”>“马赛克”文件夹中的“马赛克入点”预设效果拖至“时间轴”调板中的“动物1.jpg”图像素材上，如图4-53所示。

步骤 4▶ 单击“节目”监视器中的“播放-停止切换”按钮▶，可以预览为素材片段添加预设效果后的效果，如图4-54所示。

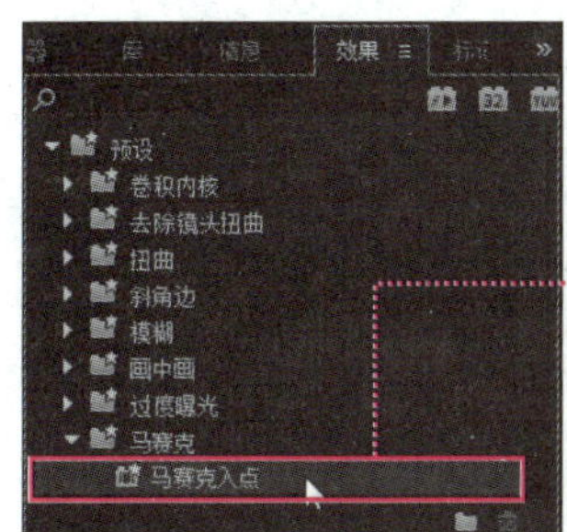

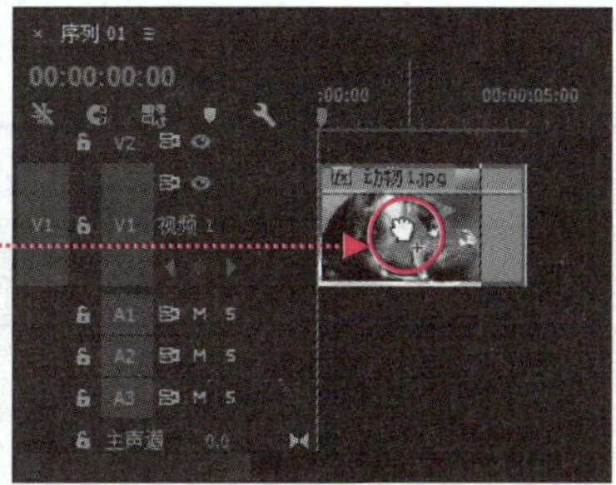

图4-53 为图像素材添加预设效果

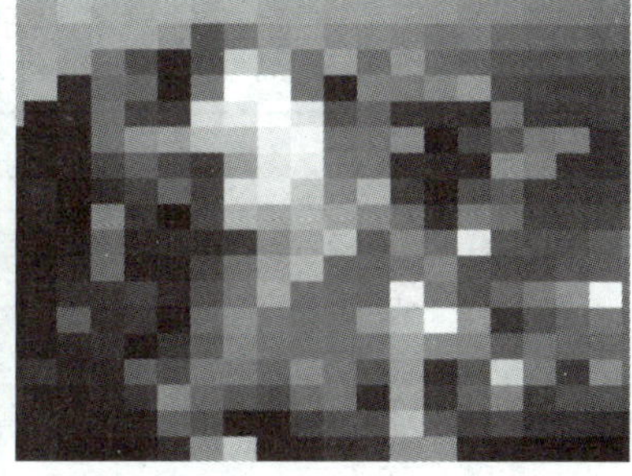

图4-54 应用预设效果后的效果

步骤 5▶ 在“效果控件”调板中右击“马赛克（马赛克入点）”视频特效，在弹出的快捷菜单中选择“保存预设”菜单，如图4-55（a）所示；在打开的“保存预设”对话框的“名称”编辑框中输入预设的名称，然后单击“确定”按钮，如图4-55（b）所示；之后便可在“效果”调板的“预设”文件夹中找到新保存的预设效果了，如图4-55（c）所示。

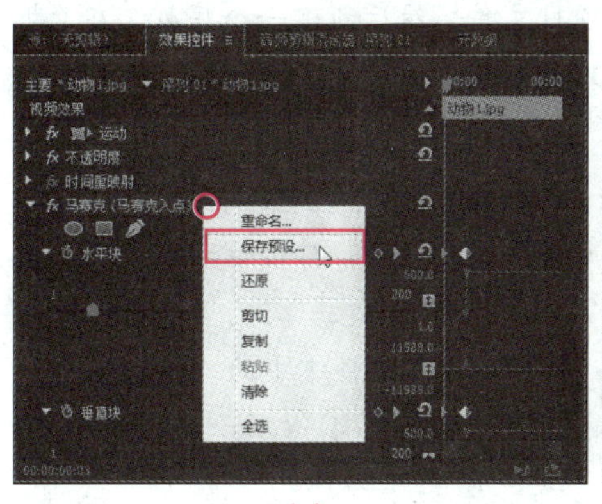

（a）

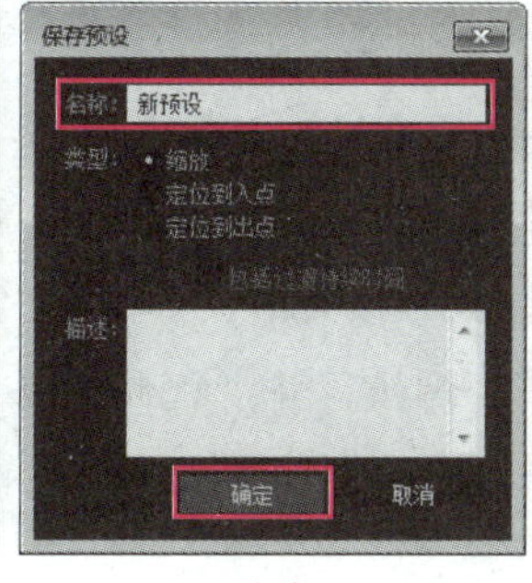

（b）

（c）

图4-55 保存预设效果

4.2.3 典型案例——制作镜头光晕动画

下面利用本节所学知识，通过使用“镜头光晕”视频特效制作图 4-56 所示的镜头光晕动画效果。

图 4-56 镜头光晕动画效果截图

素材文件	素材与实例\第 4 章\镜头光晕素材
效果展示和源文件	素材与实例\第 4 章\镜头光晕动画.prproj、镜头光晕动画.mp4

制作分析

创建项目文件和序列后，首先导入视频素材并添加至“时间轴”调板，然后为素材片段添加“镜头光晕”视频特效，接着在“效果控件”调板中设置“镜头光晕”视频特效第 0 秒和第 5 秒处的参数，最后保存项目文件并进行输出。

制作步骤

步骤 1▶ 新建一个名为“镜头光晕动画”的项目文件，然后新建一个序列，在“新建序列”对话框的“序列预设”选项卡下选择“DV-PAL”文件夹中的“宽屏 48 kHz”选项。

步骤 2▶ 导入“镜头光晕素材”文件夹中的“背景.mov”视频素材，并将其添加到“时间轴”调板的“视频 1”轨道中（在弹出的“剪辑不匹配警告”对话框中单击“保持现有设置”按钮），并将其缩放为帧大小，如图 4-57 所示。

步骤 3▶ 打开“效果”调板，将“视频效果”>“生成”文件夹中的“镜头光晕”视频特效拖至“时间轴”调板中的“背景.mov”素材片段上，如图 4-58 所示。

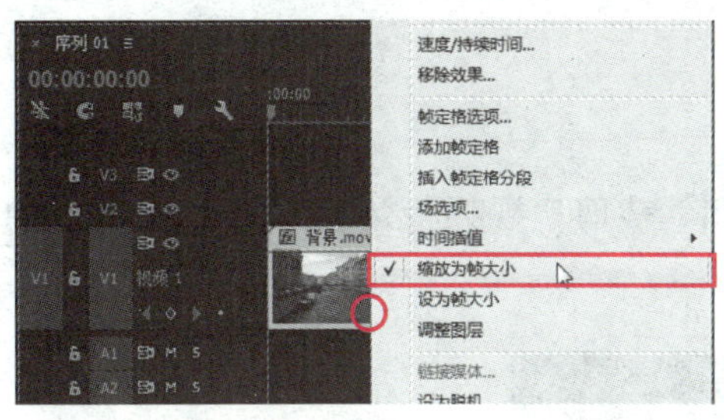

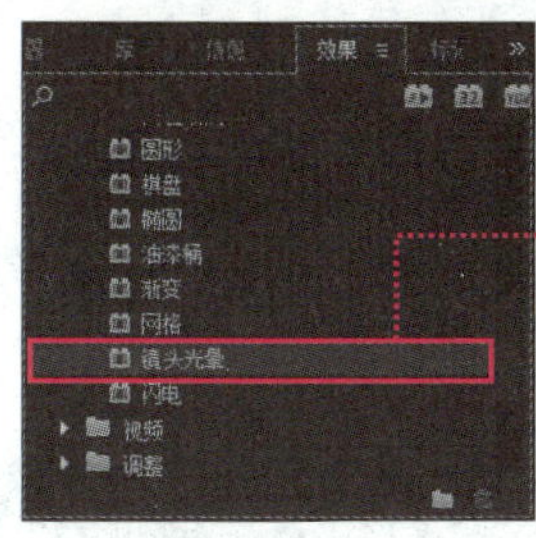

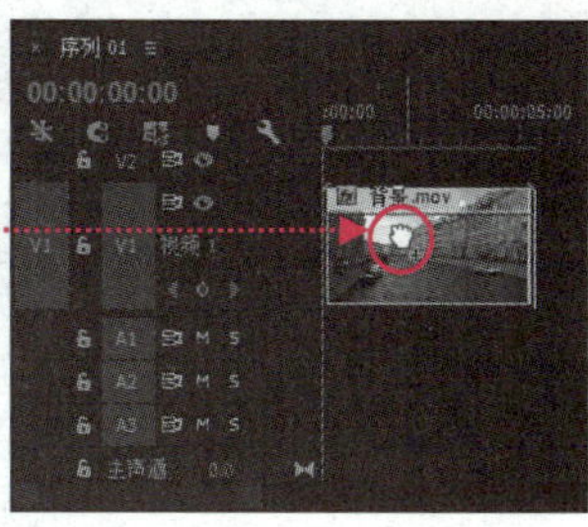

图 4-57 导入视频素材并将其添加到时间轴中　　图 4-58 为素材片段添加“镜头光晕”视频特效

步骤 4▶ 单击选中“时间轴”调板中的“背景.mov”素材片段，然后在“效果控件”调板中展开“镜头光晕”视频特效，单击“光晕中心”和“光晕亮度”左侧的“切换动画”按钮，添加第一个关键帧，再在“光晕中心”属性右侧的“x”编辑框中输入“500”，“y”编辑框中输入“300”，在“光晕亮度”编辑框中输入“80%”，如图 4-59 所示。

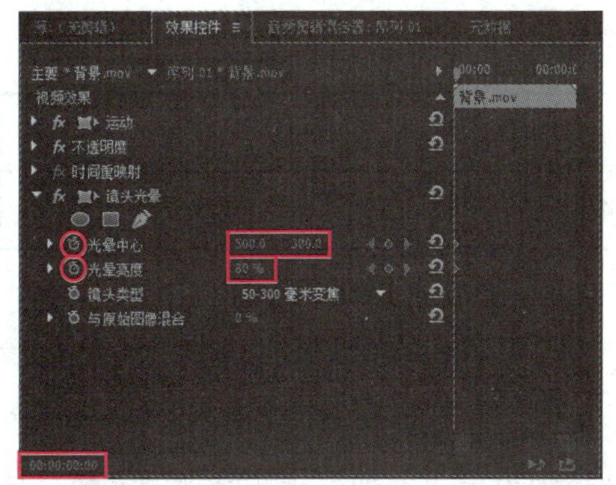

图 4-59 设置第一个关键帧处的镜头光晕参数

步骤 5▶ 将“效果控件”调板中的当前时间指针移至第 5 秒处，然后在“光晕中心”属性右侧的“x”编辑框中输入“2000”，“y”编辑框中输入“700”，再在“光晕亮度”编辑框中输入“120%”，如图 4-60 所示。最后保存项目文件并进行输出。

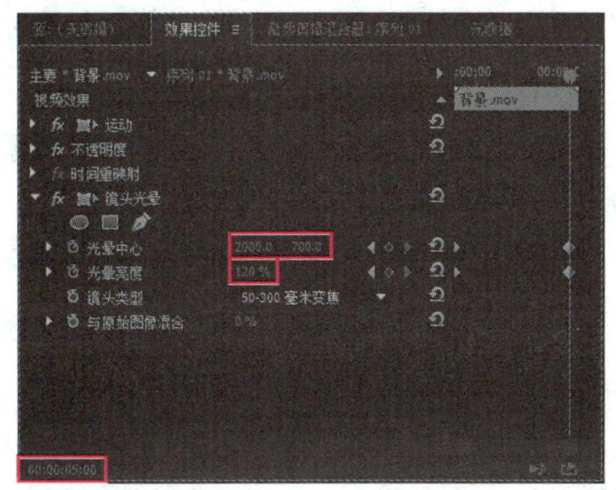

图 4-60 设置第 5 秒处的镜头光晕参数

4.2.4 典型案例——制作水中倒影

下面利用本节所学知识，通过使用“镜像”和“裁剪”视频特效制作图 4-61 所示的水中倒影效果。

图 4-61 水中倒影效果

素材文件	素材与实例\第 4 章\倒影素材
效果展示和源文件	素材与实例\第 4 章\水中倒影.prproj、水中倒影.mp4

制作分析

创建项目文件后，首先导入图像和视频素材，然后将图像素材添加至“时间轴”调板，为其添加“镜像”视频特效，并在“效果控件”调板中设置“镜像”视频特效的参数，接着将视频素材添加至“时间轴”调板，并为其添加“裁剪”视频特效，最后设置“裁剪”视频特效的裁剪范围，以及视频素材的透明度。

制作步骤

步骤 1▶ 新建一个名为“水中倒影”的项目文件，然后新建一个序列，在“新建序列”对话框中选择“DV-PAL”文件夹下的“标准 48 kHz”选项。

步骤 2▶ 导入“倒影素材”文件夹中的“小屋.jpg”图像素材和“水面.mp4”视频素材，将“项目”调板中的“小屋.jpg”图像素材添加到“时间轴”调板的“视频 1”轨道中，并将其缩放为帧大小，如图 4-62 所示。

步骤 3▶ 打开“效果”调板，将“视频效果”>“扭曲”文件夹下的“镜像”视频特效拖至“时间轴”调板中的“小屋.jpg”素材片段上，如图 4-63 所示。

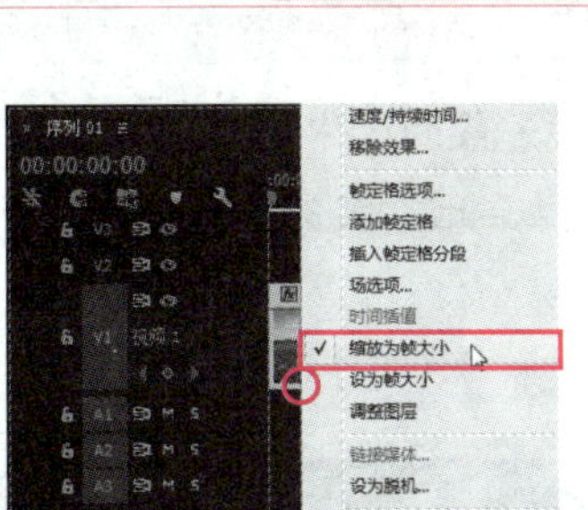

图 4-62 将“小屋.jpg”图像素材添加至时间轴

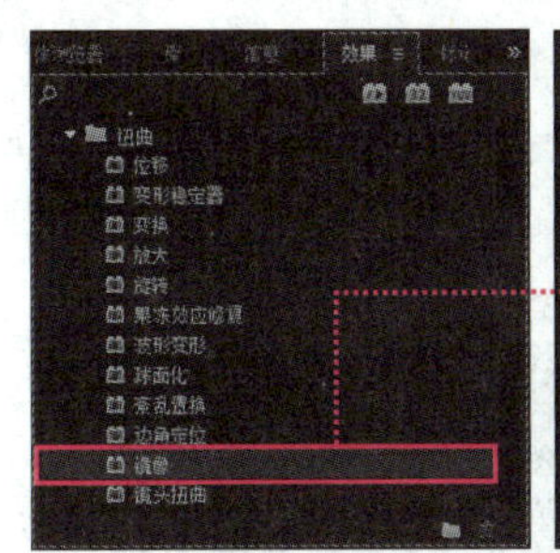

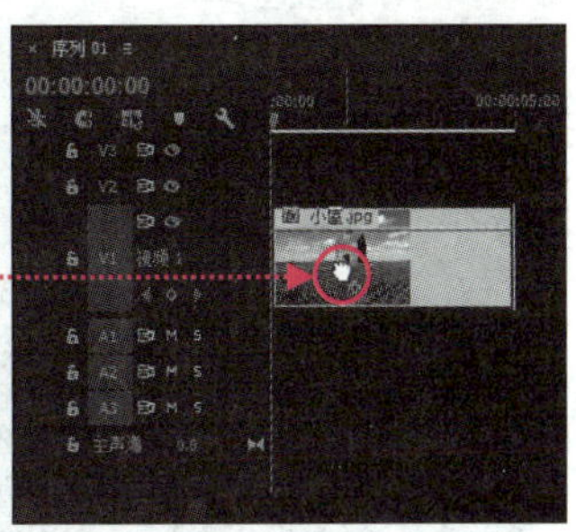

图 4-63 添加“镜像”视频特效

步骤 4▶ 单击选中“视频 1”轨道中的“小屋.jpg”素材片段，然后在“效果控件”调板中展开“镜像”视频特效，将“反射中心”设为“720，350”，将“反射角度”设为“90°”，如图 4-64 所示。

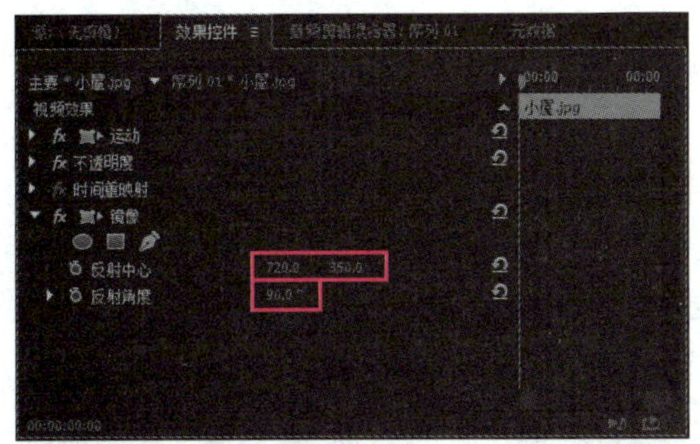

图 4-64 设置“镜像”视频特效参数

步骤 5▶ 将“项目”调板中的“水面.mp4”视频素材拖至“时间轴”调板的“视频 2”轨道中，并将其缩放为帧大小，如图 4-65 所示。

步骤 6▶ 将“效果”调板中“视频效果”>“变换”文件夹下的“裁剪”视频特效拖至“视频 2”轨道中的“水面.mp4”素材片段上，然后单击“效果控件”调板中的“裁剪”视频特效，再在“节目”监视器中调整裁剪范围，如图 4-66 所示。

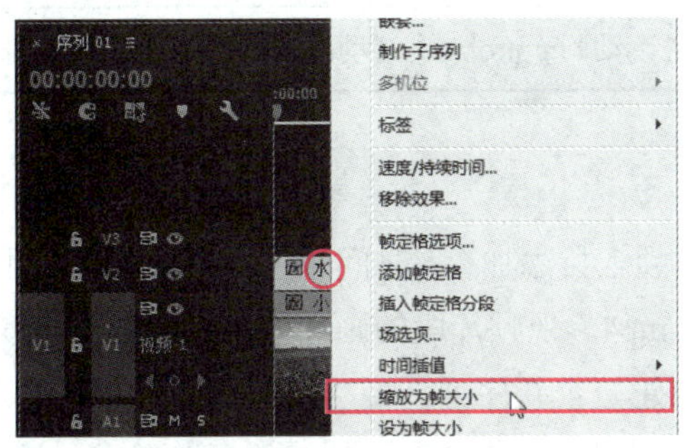

图 4-65 将“水面.mp4”添加至时间轴

图 4-66 设置“裁剪”视频特效的范围

步骤 7▶ 保持“时间轴”调板中“水面.mp4”素材片段的选中状态，在“效果控件”调板中将其“不透明度”设为“75%”，如图 4-67 所示。至此，实例就制作完成了，最后保存项目文件并进行输出。

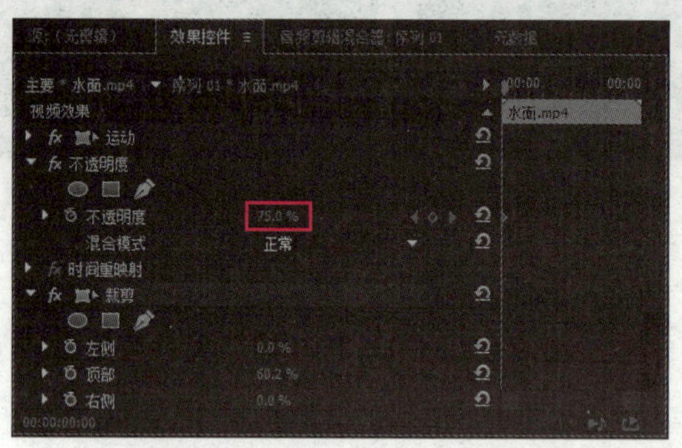

图 4-67 设置“水面.mp4”素材片段的透明度

4.2.5 典型案例——制作虎奔动画

下面利用本节所学知识，通过利用“亮度键”和“颜色键”视频特效制作图 4-68 所示的虎奔动画效果。

图 4-68 虎奔动画效果截图

素材文件	素材与实例\第 4 章\虎奔素材
效果展示和源文件	素材与实例\第 4 章\虎奔动画.prproj、虎奔动画.mp4

制作分析

创建项目文件和序列并导入素材后，将视频素材添加至“时间轴”调板；然后利用“黑白”和“亮度与对比度”视频特效调整“老虎.mp4”视频片段的画面效果；利用“亮度键”视频特效制作火焰和老虎结合的画面效果；创建一个新序列，将“序列 01”和“背景.jpg”图像素材添加至该序列的“时间轴”调板，并利用“颜色键”视频特效抠取老虎；最后为“背景.jpg”素材片段创建运动特效动画。

制作步骤

步骤 1▶ 新建一个名为“虎奔动画”的项目文件，再新建一个序列，在“新建序列”对话框的“序列预设”选项卡下选择“DV-PAL”文件夹中的“标准 48 kHz”选项。

步骤 2▶ 导入“虎奔素材”文件夹中的“老虎.mp4”和“火焰.avi”视频素材，以及“背景.jpg”图像素材，然后将“火焰.avi”视频素材添加至“时间轴”调板的“视频 1”轨道中（在弹出的“剪辑不匹配警告”对话框中单击“保持现有设置”按钮），将“老虎.mp4”视频素材添加至“视频 2”轨道中，如图 4-69 所示。

步骤 3▶ 选择“工具”调板中的“比率拉伸工具”，拖动“时间轴”调板中“火焰.avi”素材片段的出点，使其与“老虎.mp4”素材片段的出点对齐，如图 4-70 所示。

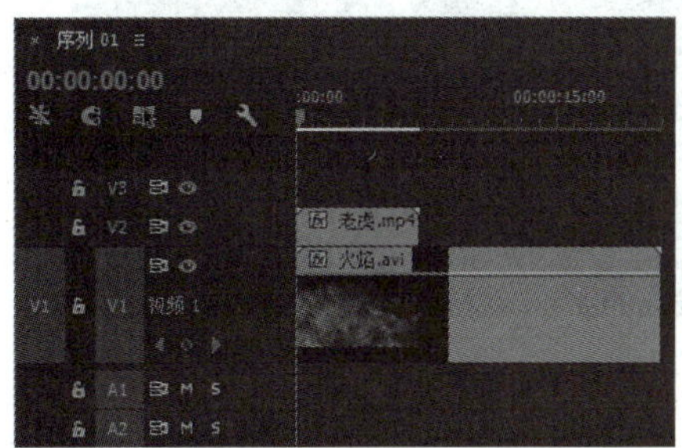

图 4-69 将视频素材添加到时间轴

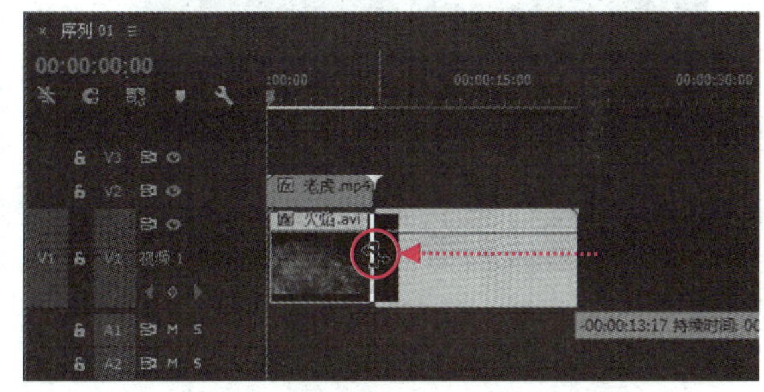

图 4-70 调整素材片段比率

步骤 4▶ 选中“时间轴”调板中的“火焰.avi”素材片段，在“效果控件”调板中展开“运动”特效，将“位置”属性参数设为“688，150”，将“缩放”属性参数设为“150”，如图 4-71 所示。

步骤 5▶ 打开“效果”调板，将“视频效果”>“图像控制”文件夹中的“黑白”视频特效拖到“时间轴”调板中的“老虎.mp4”素材片段上，如图 4-72 所示。

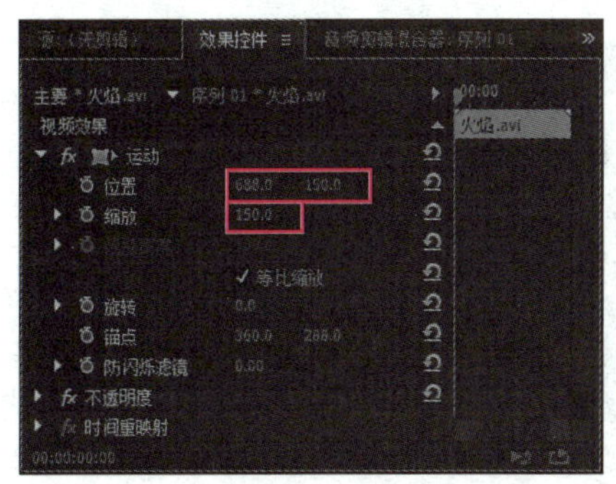

图 4-71 设置“火焰.avi”素材片段的参数

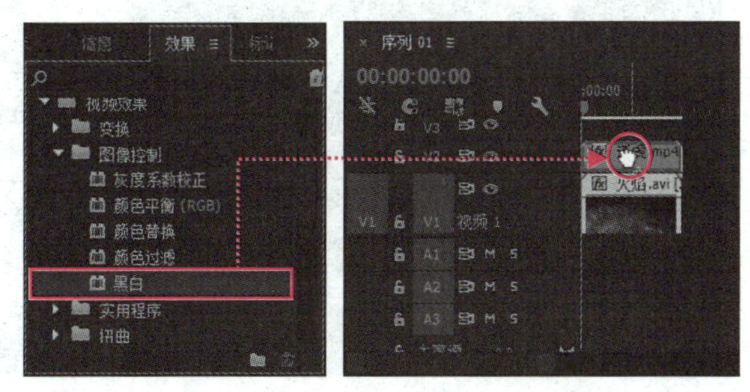

图 4-72 添加“黑白”视频特效

步骤 6▶ 将“效果”调板中“视频效果”>“颜色校正”文件夹下的“亮度与对比

度”视频特效添加到“时间轴”调板中的“老虎.mp4”素材片段上，然后单击选中“老虎.mp4”素材片段，在“效果控件”调板中展开“亮度与对比度”视频特效，将“亮度”和“对比度”参数都设为“100”，如图 4-73 所示。

步骤 7▶ 将“效果”调板中“视频效果”>“键控”文件夹下的“亮度键”视频特效拖至“时间轴”调板中的“老虎.mp4”素材片段上，然后单击选中“老虎.mp4”素材片段，在“效果控件”调板中展开“亮度键”视频特效，将“阈值”参数设为“0%”，将“屏蔽度”参数设为“100%”，如图 4-74 所示。

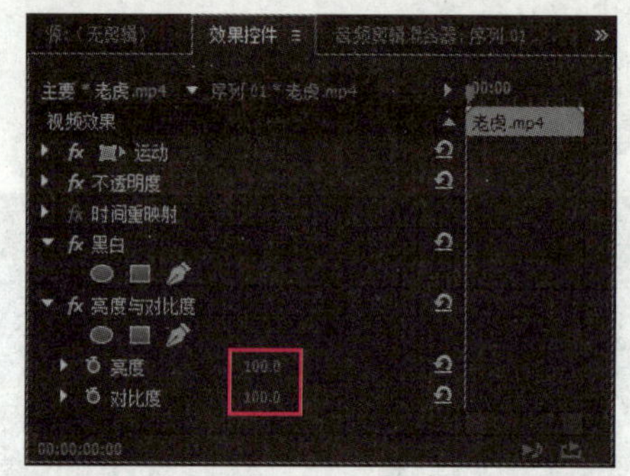

图 4-73 设置“亮度与对比度”特效的参数

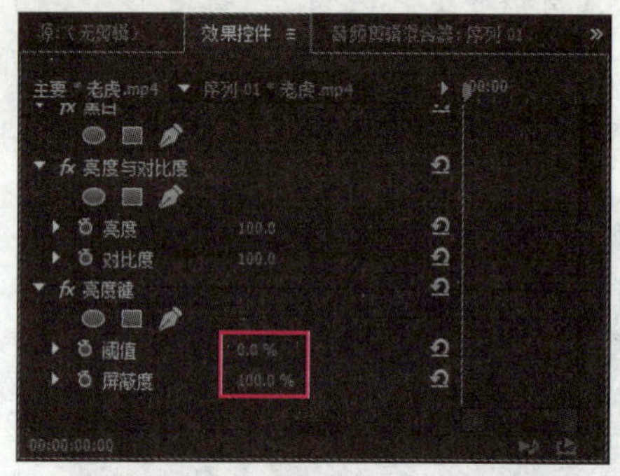

图 4-74 设置“亮度键”特效的参数

步骤 8▶ 选择“文件”>“新建”>“序列”菜单，在打开的“新建序列”对话框中保持默认参数不变，单击“确定”按钮，创建“序列 02”。

步骤 9▶ 将“项目”调板中的“背景.jpg”图像素材添加至序列 02 的“时间轴”调板的“视频 1”轨道中，将“序列 01”添加到“视频 2”轨道中，再拖动“背景.jpg”素材片段的出点，使其与“序列 01”素材片段的出点对齐，如图 4-75 所示。

步骤 10▶ 在“时间轴”调板中的“序列 01”素材片段上右击鼠标，在弹出的快捷菜单中选择“取消链接”菜单，再删除“音频 2”轨道中的音频，如图 4-76 所示。

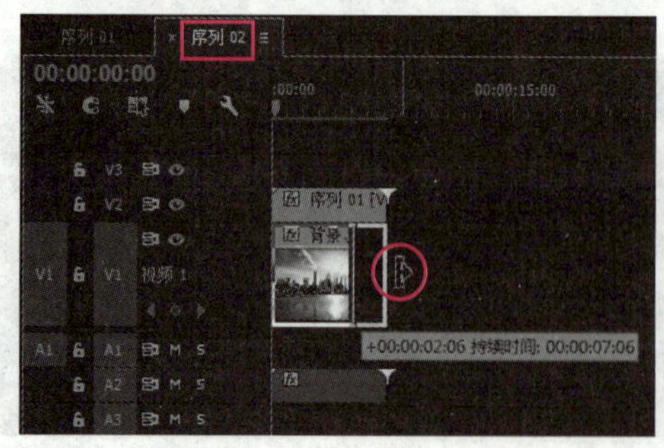

图 4-75 调整图像素材长度

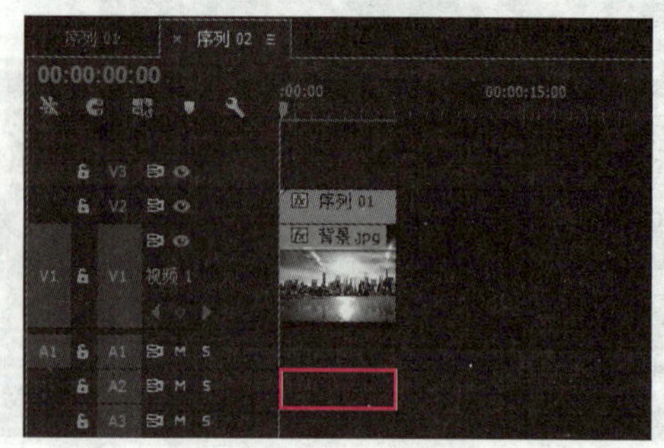

图 4-76 删除音频

步骤 11▶ 将“效果”调板中“视频效果”>“键控”文件夹下的“颜色键”视频特效

拖至“时间轴”调板中的“序列 01”素材片段上，然后单击选中“序列 01”素材片段，在“效果控件”调板中展开“颜色键”视频特效，单击“主要颜色”属性右侧的吸管图标，然后在“节目”监视器中的黑色背景上单击吸取颜色，并将“颜色容差”设为“2”，如图 4-77 所示。

步骤 12▶ 单击选中“时间轴”调板中的“背景.jpg”素材片段，然后在“效果控件”调板中展开“运动”特效，并单击“位置”属性左侧的“切换动画”按钮。

步骤 13▶ 将“时间轴”调板中的当前时间指针移至第 7 秒 05 帧处，然后在“效果控件”调板中将“位置”属性参数设为“460，288”，如图 4-78 所示。至此，实例就制作完成了，保存项目文件并输出“序列 2”。

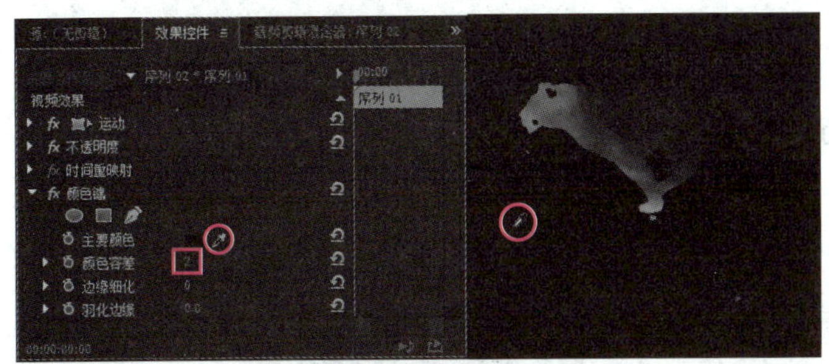

图 4-77　吸取背景颜色

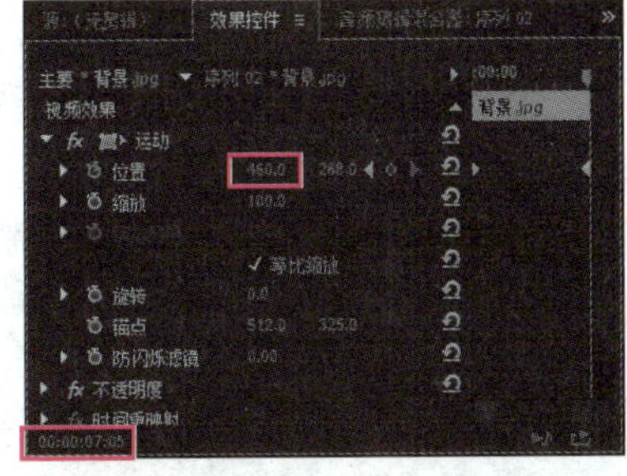

图 4-78　为图像素材创建运动特效动画

4.2.6　典型案例——合成演奏视频

下面利用本节所学知识，通过使用“图像遮罩键”视频特效合成图 4-79 所示的演奏视频效果。

图 4-79　演奏视频效果截图

素材文件	素材与实例\第 4 章\演奏素材
效果展示和源文件	素材与实例\第 4 章\合成演奏视频.prproj、合成演奏视频.mp4

制作分析

创建项目文件和序列后，首先导入视频素材并添加至“时间轴”调板，然后为“演奏.mp4”素材片段添加“图像遮罩键”视频特效，接着在“效果控件”调板中设置“图像遮罩键”视频特效的参数，最后保存项目文件并进行输出。

制作步骤

步骤 1▶ 新建一个名为“合成演奏视频”的项目文件，再新建一个序列，在“新建序列”对话框的“序列预设”选项卡下选择“DV-PAL”文件夹中的“宽屏 48 kHz”选项。

步骤 2▶ 导入“演奏素材”文件夹中的“演奏背景.mp4”和“演奏.mp4”视频文件，并将它们分别添加到“时间轴”调板的“视频 1”和“视频 2”轨道中（在弹出的“剪辑不匹配警告”对话框中单击“保持现有设置”按钮），再将“时间轴”调板中的素材片段缩放为帧大小，如图 4-80 所示。

步骤 3▶ 打开“效果”调板，将“视频效果”>“键控”文件夹中的“图像遮罩键”视频特效拖到“时间轴”调板中的“演奏.mp4”素材片段上，如图 4-81 所示。

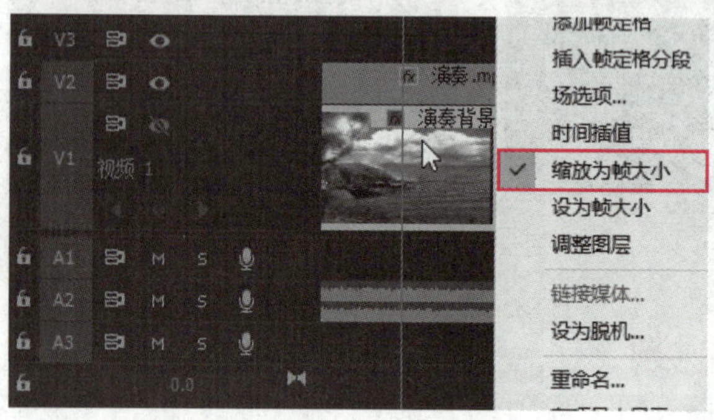

图 4-80　将视频素材添加至时间轴

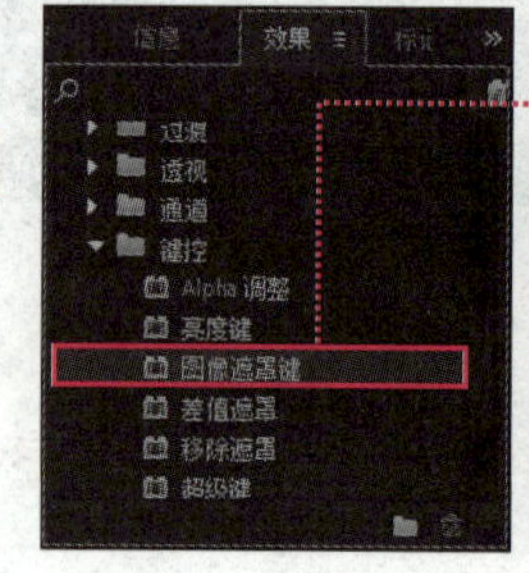

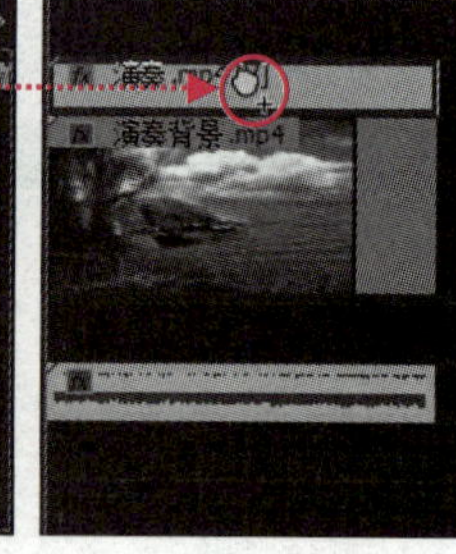

图 4-81　添加“图像遮罩键”视频特效

步骤 4▶ 单击选中“演奏.mp4”素材片段，在“效果控件”调板中展开“图像遮罩键”视频特效，单击“设置”按钮，在打开的“选择遮罩图像”对话框中选择“zz.jpg”图像素材，并单击“打开”按钮，如图 4-82 所示。

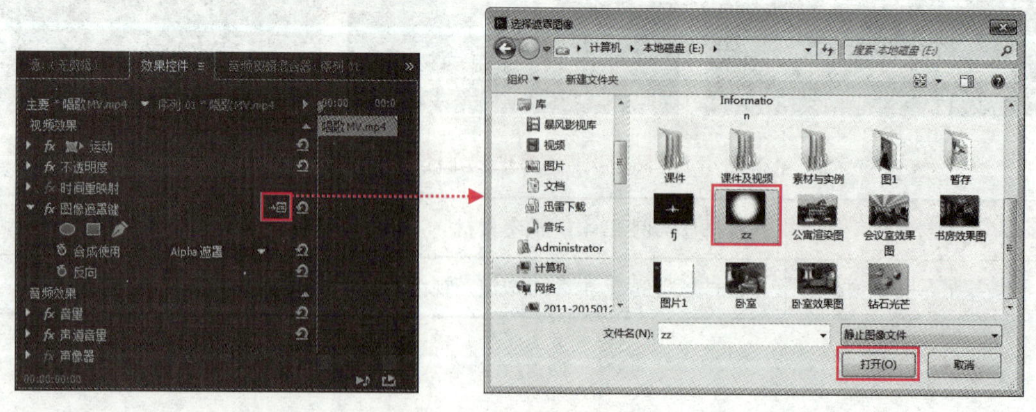

图 4-82　选择遮罩图像

提 示

制作本例时，请先将遮罩图像“zz.jpg”复制到某盘根目录下或全英文路径的文件夹中，否则无法正常使用。

步骤 5▶ 在“效果控件”调板中“图像遮罩键”视频特效的“合成使用”下拉列表中选择“亮度遮罩”，如图 4-83 所示。最后保存项目文件并输出序列即可。

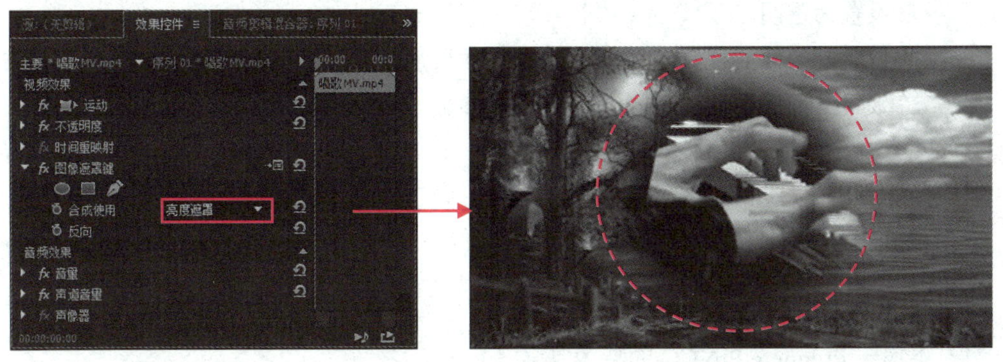

图 4-83 设置“合成使用”参数

本章总结

本章主要介绍了在 Premiere Pro CC 中制作运动特效和不透明度特效动画，以及为素材添加视频特效的方法。在学完本章内容后，读者应重点掌握以下知识。

- 运动特效和不透明度特效是系统默认添加的特效类型，选中“时间轴”调板中的任意素材片段，都可以在“效果控件”调板中查看和设置系统为其添加的运动特效和不透明度特效。
- Premiere Pro CC 是基于关键帧来制作运动特效动画的，利用运动特效各属性左侧的“切换动画”按钮可创建第一个关键帧，之后利用“添加/移除关键帧”按钮可创建更多的关键帧或删除已有的关键帧。
- 利用运动特效的“位置”属性可以创建对象移动的动画效果；利用“缩放”属性可以创建对象逐渐放大或逐渐缩小的动画效果；利用“旋转”属性可以创建对象旋转的动画效果；利用“不透明度”特效可以创建对象淡入、淡出的动画效果；利用“时间重映射”特效可以改变动画的播放速度。
- 将“效果”调板中的视频特效拖至“时间轴”调板中的素材片段上，即可为素材片段添加该视频特效。

- 为素材片段添加视频特效后单击选中该素材片段，可在“效果控件”调板中设置特效参数。
- 与运动特效一样，为素材片段添加视频特效后，可以通过关键帧来制作动画。
- 掌握使用键控视频特效进行抠像的方法。键控视频特效主要分为两大类：一类是色键，包括 Alpha 调整、亮度键、超级键、非红色键、颜色键等，利用它们可根据素材片段的色彩或亮度等信息定义其透明区域；另一类是遮罩键，包括图像遮罩键、差值遮罩、移除遮罩、轨道遮罩键等，利用它们可以将素材片段的特定区域设置为透明。
- 将设置好参数的视频特效保存为预设效果后，下次使用该视频特效时便可直接从“效果”调板中调用，不必重新设置参数。

思考与练习

一、选择题

1. 不属于 Premiere Pro CC 的特效是（　　）。

   A. 运动特效　　B. 动画特效　　C. 视频特效　　D. 音频特效

2. 在“效果控件”调板中设置运动特效参数时，（　　）选项用于控制素材的角度。

   A. 位置　　B. 缩放　　C. 锚点　　D. 旋转

3. 下列哪个视频特效不属于生成类特效？（　　）

   A. 四色渐变　　B. 浮雕　　C. 棋盘　　D. 网格

4. 用于对素材片段画面的色彩和亮度等相关信息进行调整的是（　　）。

   A. 变换类特效　　B. 图像控制类特效
   C. 扭曲类特效　　D. 颜色校正类特效

5. 能够利用素材中的色彩差或通过创建遮罩对素材进行抠像的是（　　）。

   A. 生成类特效　　B. 键控类特效
   C. 通道类特效　　D. 视频类特效

二、简答题

1. 在 Premiere Pro CC 中如何创建运动特效动画？
2. 如何利用“不透明度”特效制作淡入淡出效果？
3. Premiere Pro CC 中共有几类视频特效？不同类型的视频特效各有什么作用？
4. 如何使用键控类特效进行视频的抠像和合成？
5. 如何应用预设效果？如何将设置好参数的视频特效保存为预设效果？

本章实训

实训 1　热气球飞行

利用本章所学运动特效动画的相关知识，制作一个图 4-84 所示的热气球飞行动画。

图 4-84　热气球飞行截图效果

素材文件	素材与实例\第 4 章\热气球素材
效果展示和源文件	素材与实例\第 4 章\热气球飞行.prproj、热气球飞行.mp4

提示：

创建项目文件和序列并导入图像素材；然后将背景和热气球图像添加到“时间轴”调板的不同视频轨道中；再选中“时间轴”调板中的“热气球.jpg”素材片段，并在“效果控件”调板中创建运动特效动画；接着在“节目”监视器中调整运动特效动画的运动路径；最后保存项目文件并输出序列。

实训 2　节目标题动画

利用本章所学知识，制作一个图 4-85 所示的节目标题动画效果。

图 4-85　节目标题动画截图效果

素材文件	素材与实例\第 4 章\标题素材
效果展示和源文件	素材与实例\第 4 章\节目标题.prproj、节目标题.mp4

提示：

新建一个项目文件，然后导入“标题素材”文件夹中的“标题.prproj”项目文件和“背景.mov”视频素材；在“时间轴”调板中添加两个视频轨道，然后将“项目”调板中的“背景.mov”视频素材添加到“时间轴”调板的“视频 1”轨道中，并适配为当前画面大小；分别将各字幕素材拖到不同视频轨道的不同位置处，并利用关键帧制作运动特效动画；最后保存项目文件并输出序列。

实训 3　局部马赛克效果

利用本章所学的知识制作图 4-86 所示的局部马赛克效果。

图 4-86　局部马赛克效果

素材文件	素材与实例\第 4 章\马赛克素材
效果展示和源文件	素材与实例\第 4 章\局部马赛克效果.prproj、局部马赛克效果.mp4

提示：

新建一个项目文件和一个序列，导入“马赛克素材”文件夹中的视频素材，并同时添加到“视频 1”和“视频 2”轨道中；然后打开“效果”调板，将“视频效果” > “变换”文件夹中的“裁剪”视频特效拖到“视频 2”轨道中的素材片段上；再打开“效果控件”调板，单击选中其中的“裁剪”视频特效，在“节目”监视器中调整裁剪范围，使其只剩头部；接着将“视频效果” > “风格化”文件夹下的“马赛克”视频特效拖到“视频 2”轨道中的素材片段上，并在“效果控件”调板中将“马赛克”视频特效中的“水平块”和“垂直块”属性都设为“30”；在“效果控件”调板中展开“裁剪”视频特效，单击“左侧”、“顶部”、“右侧”和“底部”属性左侧的“切换动画”按钮，在“节目”监视器中预览视频并调整“裁剪”视频特效的裁剪范围，使马赛克效果一直覆盖在人物头部；最后保存项目文件并进行输出。

实训 4　更换影片背景

利用本章所学的知识，使用“颜色键”特效更换一段影片的背景，更换背景前后的对比效果如图 4-87 所示。

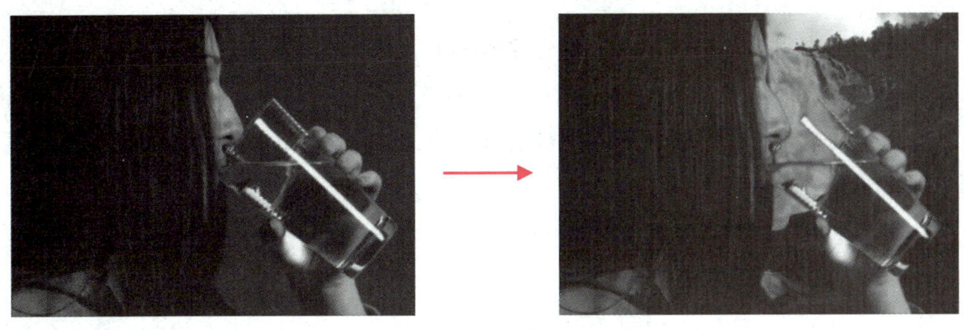

图 4-87　更换背景前后的对比效果

素材文件	素材与实例\第 4 章\更换影片背景素材
效果展示和源文件	素材与实例\第 4 章\更换影片背景.prproj、更换影片背景.mp4

提示：

新建一个项目文件和一个序列，导入“更换影片背景素材”文件夹中的“人物.avi”和“背景.mp4”视频素材；将“背景.mp4”视频素材添加至“视频 1”轨道中，将“人物.avi”添加至“视频 2”轨道中，并将“人物.avi”素材片段的出点位置与“背景.mp4”素材片段的出点对齐；再将“视频效果”>“键控”文件夹中的“颜色键”视频特效拖至“时间轴”调板中的“人物.avi”素材片段上；在“效果控件”调板中展开“颜色键”视频特效，单击“主要颜色”属性右侧的吸管图标，然后在“节目”监视器中的紫色背景上单击吸取颜色；接着在“效果控件”调板中将“颜色键”视频特效的“颜色容差”参数设为“40”，将“边缘细化”参数设为“2”，将“羽化边缘”参数设为“5”；最后保存项目文件并进行输出。

第 5 章 Premiere Pro 字幕应用

在制作影视作品的过程中，经常需要为作品添加文字说明、对白字幕、片头片尾的标题及演职员表等，这些都属于字幕的范畴。Premiere Pro CC 提供了强大的字幕设计功能，用户可以创建各种静态及动态文本字幕，还可以制作各种图形对象字幕，为字幕设置各种漂亮的外观等，本章便来学习这些知识。

学习目标

- 认识“字幕设计器”窗口
- 掌握创建和编辑文本字幕的方法
- 掌握创建和应用图形对象的方法
- 掌握创建动态字幕的方法

5.1 创建文本字幕

本节首先介绍“字幕设计器”窗口的组成，然后介绍创建路径文本字幕、编辑字幕属性和应用字幕样式的一般方法。

5.1.1 认识“字幕设计器”窗口

Premiere Pro CC 为用户提供了一个功能强大的字幕制作系统——“字幕设计器”窗口，如图 5-1 所示。利用它可以创建各种字幕和图形对象，并可对创建的字幕和图形对象进行各种编辑操作，从而制作出丰富多彩的字幕效果。

- **“字幕”调板**：由上方的工具按钮和下方的字幕编辑区组成。其中，字幕编辑区是用户创建和编辑字幕的区域，而上方的工具按钮用于设置字幕的字体、大小等参数，以及制作滚动/游动字幕和基于模板创建字幕等。字幕编辑区内侧的安全框为安全字幕边距，外侧的安全框为安全动作边距。
- **“字幕工具”调板**：包含了制作和编辑字幕所需的各种工具，利用这些工具不但可以创建文本字幕，还可以绘制各种常用的几何图形。

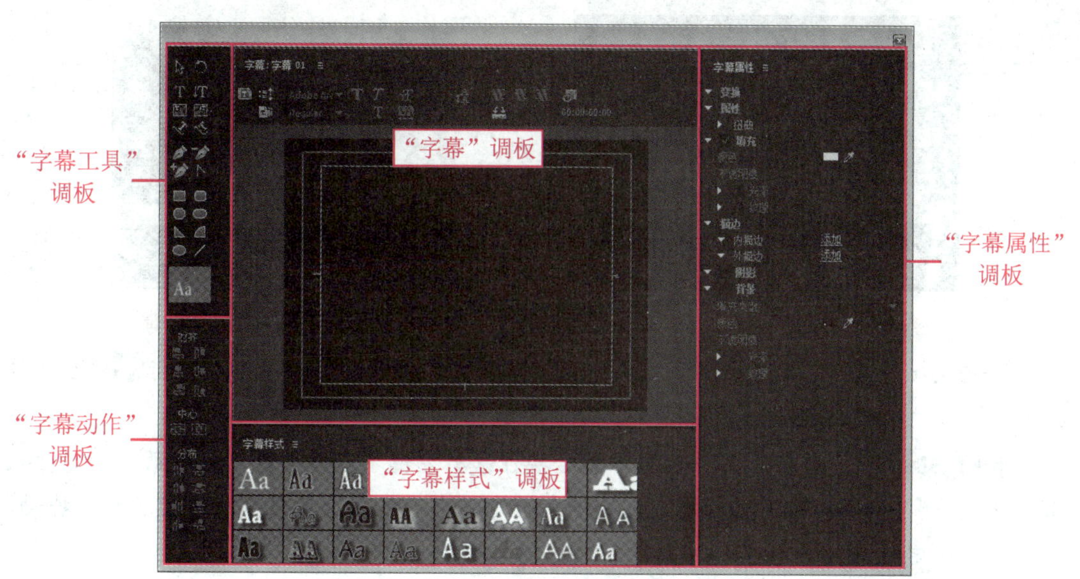

图 5-1　“字幕设计器”窗口

- **“字幕样式”调板**：存放着 Premiere Pro CC 的各种预设字幕样式，利用这些字幕样式可以快速改变字幕的外观，制作出精美的字幕效果。
- **“字幕动作”调板**：利用其中提供的各种工具可以快速排列和对齐字幕编辑区中的对象。“字幕动作”调板中的工具被分门别类地放置在“对齐”、“中心”和“分布”3 个选项组中。
- **“字幕属性”调板**：包括了所有与字幕属性相关的选项，利用这些选项可以对字幕的位置、不透明度、大小、角度和填充效果等进行设置，还可以添加描边、阴影和背景效果，从而制作出精美的字幕。

5.1.2　创建路径文本字幕

利用“字幕工具”调板中的“路径文字工具”和“垂直路径文字工具”可以创建路径文本，即沿着路径排列的文本。下面通过一个简单实例进行说明。

步骤 1▶ 新建一个名为“路径文本字幕”的项目文件，再新建一个序列，在“新建序列”对话框的“序列预设”选项卡下选择“DV-PAL”文件夹中的“标准 48 kHz”选项。

步骤 2▶ 导入本书配套素材“素材与实例”>“第 5 章”>“相关图像素材”文件夹中的“风景.jpg”图像素材，将其添加至“时间轴”调板的“视频 1”轨道中，如图 5-2 所示。

步骤 3▶ 选择“字幕”>“新建字幕”>“默认静态字幕”菜单，或按快捷键【Ctrl+T】，在打开的“新建字幕”对话框中设置字幕参数（本例保持默认参数不变），如图 5-3 所示，然后单击“确定”按钮，打开“字幕设计器”窗口。

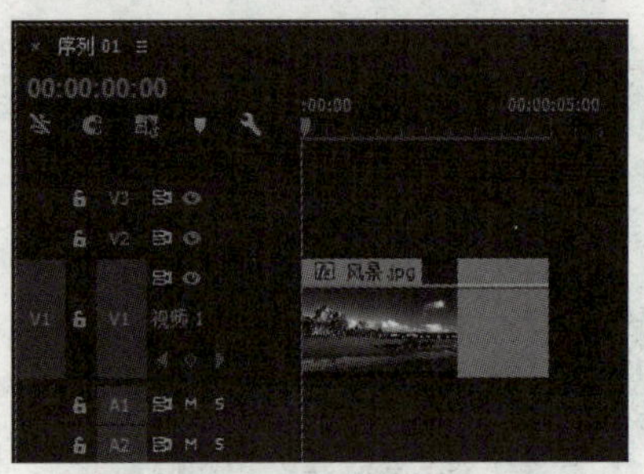

图 5-2　导入并添加图像素材

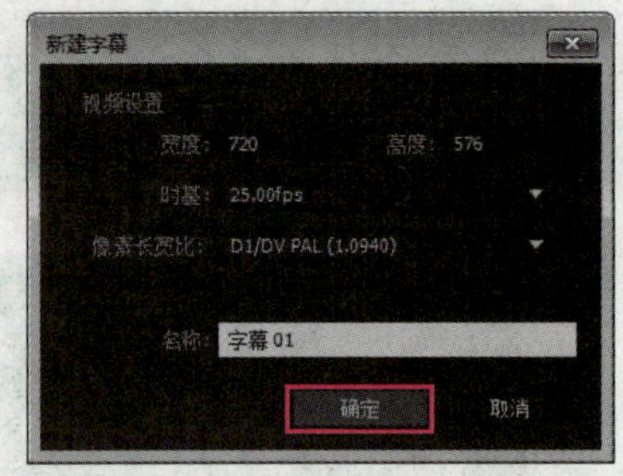

图 5-3　“新建字幕”对话框

步骤 4▶　选择“字幕工具”调板中的“路径文字工具”，然后将光标移至字幕编辑区并单击确定路径起点，如图 5-4（a）所示。

步骤 5▶　将光标移至另一位置，然后按住鼠标左键不放并拖动，创建第二个定位点并拖出控制柄，如图 5-4（b）所示；将光标移至下一位置，然后按住鼠标左键不放并拖动，创建第三个定位点，如图 5-4（c）所示。

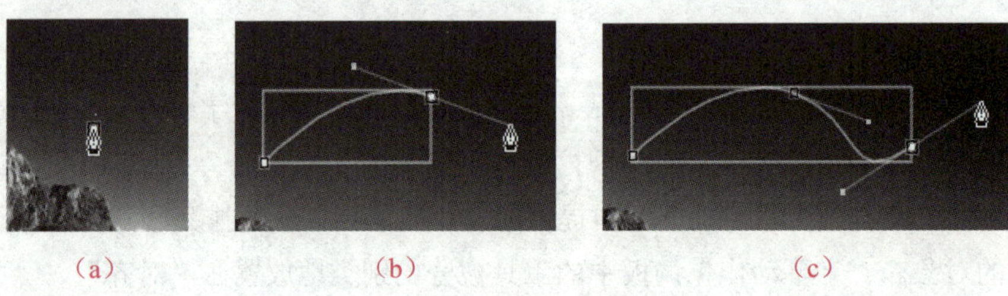

（a）　（b）　（c）

图 5-4　绘制文本路径

步骤 6▶　可继续创建其他定位点以绘制路径。绘制过程中或绘制完毕后，将鼠标指针放在某个定位点上，当其变为形状时单击可选中该定位点，此时按住鼠标左键不放并拖动可改变定位点的位置，若选中的定位点两侧有控制柄，拖动控制柄也可改变路径的形状，如图 5-5 所示。

步骤 7▶　单击“字幕工具”调板中的“选择工具”退出路径绘制状态，此时可选择路径并调整其在字幕编辑区中的位置。在“字幕”调板中设置字体和大小，然后再次选择“路径文字工具”，在绘制的路径起点处单击并输入文字，即可创建路径文本，如图 5-6 所示。最后将“字幕设计器”窗口关闭。

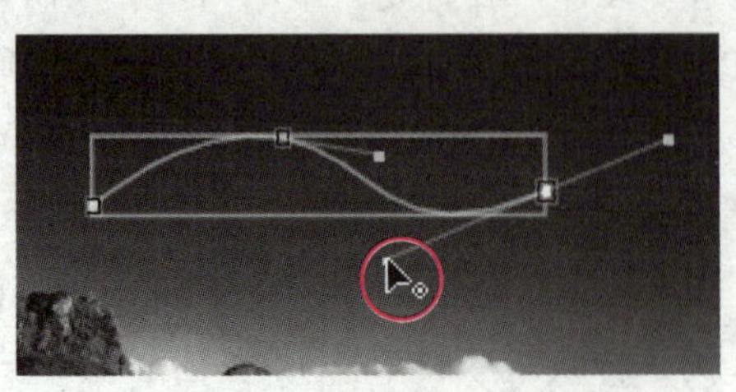

图 5-5　调整路径形状

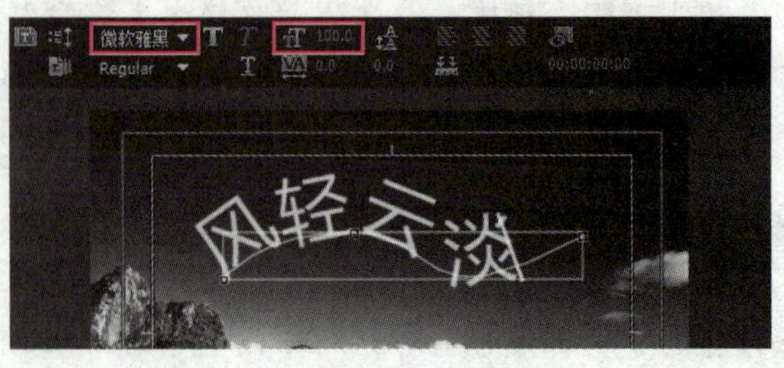

图 5-6　输入文字

提 示

使用“垂直路径文字工具”创建路径文本字幕的方法，与“路径文字工具”完全一样，只是最终输入的是垂直文本，如图 5-7 所示。

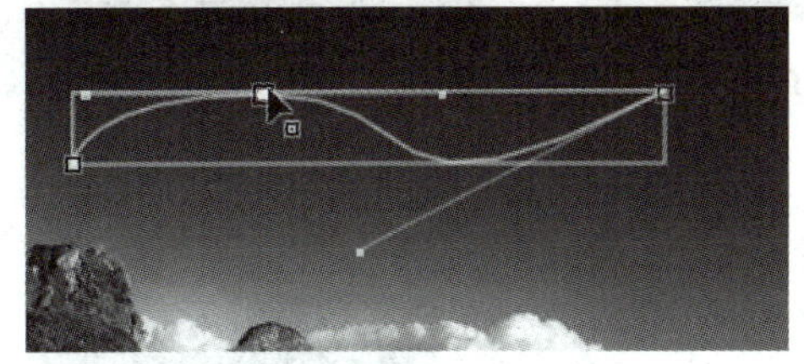

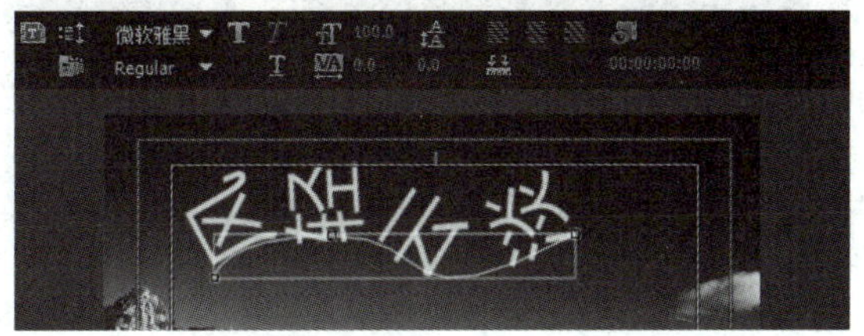

图 5-7 使用“垂直路径文字工具”创建路径文本字幕

5.1.3 编辑字幕属性

创建好字幕后，可利用“字幕属性”调板中的选项设置字幕的各项属性，从而改变字幕的外观，制作出精美的字幕效果。“字幕属性”调板主要包括“变换”、“属性”、“填充”、“描边”、“阴影”和“背景”6 个选项组。

提 示

创建好字幕后，若已关闭“字幕设计器”窗口，可在“项目”调板中双击要设置属性的字幕素材，重新打开其对应的“字幕设计器”窗口。

以下介绍的方法不仅适用于设置文本字幕的外观，其中大多数方法也适用于设置图形对象的外观，操作方式基本相同。

1. 选择字幕的方法

要设置某字幕的属性，首先需要选中该字幕，选择字幕的方法有以下两种。

- 使用“选择工具”：在“字幕工具”调板中选择该工具后，在字幕编辑区中单击文本或图形对象可将其选中，如图 5-8 所示。若按住【Shift】键依次单击多个对象，可同时选中这些对象。
- 使用文字工具：若要设置个别文字的属性，可先选择“文字工具”，然后在要选取的文字上按住鼠标左键不放并拖动，如图 5-9 所示。

2. “变换”选项组

“变换”选项组中的参数主要用于设置所选对象的不透明度、位置、宽度、高度和角度等属性，如图 5-10 所示。

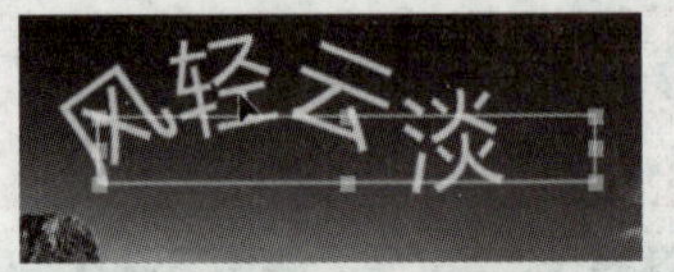

图 5-8　选择文本对象

图 5-9　选择单个文字

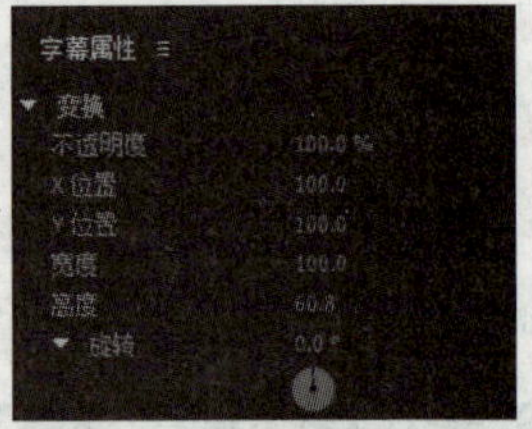

图 5-10　“变换”选项组

3. “属性”选项组

“属性”选项组中的参数主要用于设置所选对象的字体、文字大小、宽高比、行距、下划线和扭曲等属性，如图 5-11 所示。

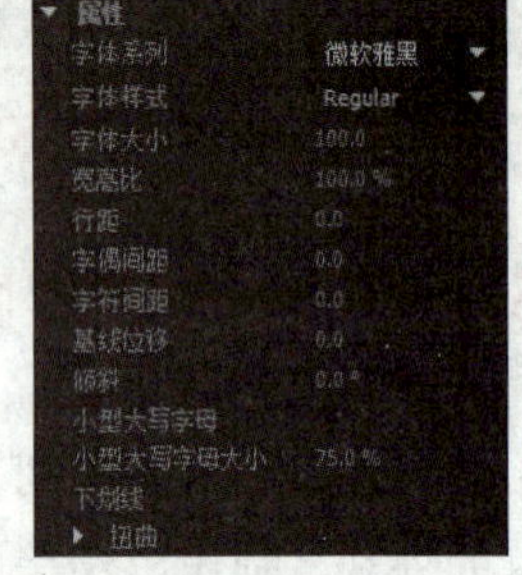

图 5-11　“属性”选项组

- **字体系列、字体样式和字体大小：**用于设置文本字幕的字体、文字样式和大小。
- **宽高比：**用于设置文本字幕在水平方向上的缩放比例。
- **行距：**用于设置多行文本字幕中行与行之间的距离。
- **字偶间距和字符间距：**均用于设置文本字幕中字与字之间的距离。前者是增加或减少特定字符对之间间距的过程，用于设置光标位置处前后字符之间的距离；后者是加宽或紧缩文本块的过程。
- **基线位移：**用于设置文本字幕偏移基线的距离。
- **倾斜：**用于设置文本字幕的倾斜角度，如图 5-12 所示。
- **小型大写字母：**勾选该复选框，文本字幕中的小写字母会自动变成大写字母。
- **小型大写字母大小：**用于设置文本字幕中小型大写字母的尺寸显示百分比。
- **下划线：**勾选该复选框，会在文本字幕下方添加下划线。
- **扭曲：**通过设置“X”和“Y”编辑框中的数值（即字符在 X、Y 方向上的大小），使文本字幕产生变形效果，如图 5-13 所示。

图 5-12　倾斜字幕

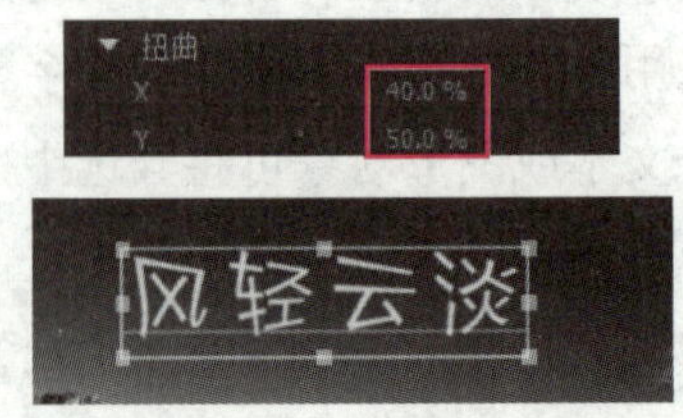

图 5-13　扭曲字幕

4. “填充”选项组

“填充”选项组中的参数主要用于设置字幕的填充类型、颜色、不透明度、光泽和纹理等属性，如图 5-14 所示。

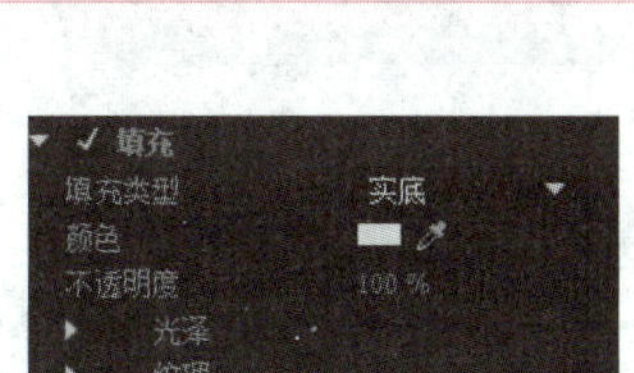

图 5-14　“填充”选项组

- **填充类型：**该下拉列表用于设置字幕的填充类型，如实底、线性渐变、径向渐变、四色渐变、斜面、消除、重影等，不同填充类型的字幕效果有很大区别，如图 5-15 所示。

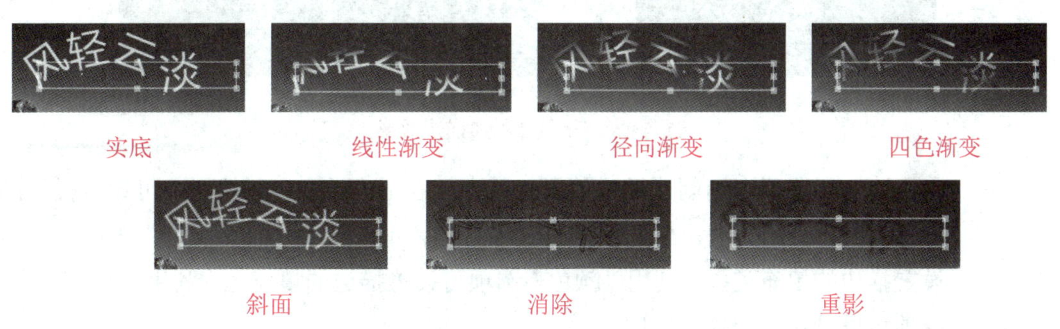

图 5-15　不同填充类型的字幕效果

知识库

选择“实底”选项，可用单色填充字幕；选择“线性渐变”和“径向渐变”选项，可通过设置色标颜色更改字幕的填充效果；选择“四色渐变”选项，可通过设置色标颜色更改字幕 4 个边角的颜色；选择“斜面”选项，可在字幕上添加一个类似于浮雕的斜面效果；选择“消除”选项，字幕上的填充色会消失，只显示描边效果；选择“重影”选项，会以阴影的颜色填充字幕。

- **光泽：**勾选该复选框后，可通过设置光泽的颜色、不透明度、大小和角度等参数，为字幕添加光泽效果，如图 5-16 所示。
- **材质：**勾选该复选框后，可将一幅图像作为纹理材质，添加到字幕表面，如图 5-17 所示。

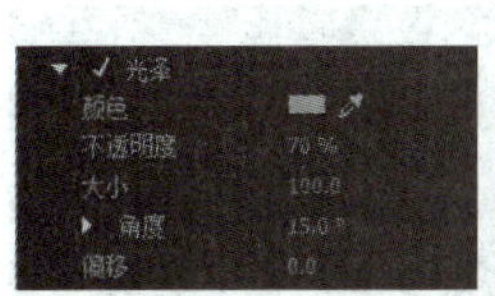

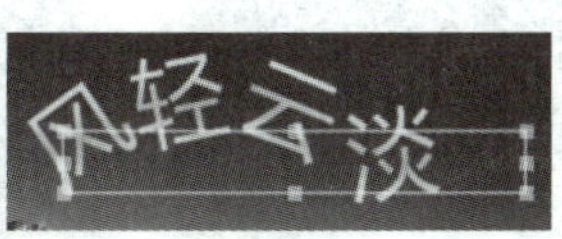

图 5-16　为字幕添加光泽

单击该图标可选择要作为纹理的图像

图 5-17　为字幕添加纹理材质

5. “描边”选项组

“描边”选项组中的参数主要用于为字幕的边缘添加轮廓线，单击“内描边”或“外描边”选项右侧的“添加”按钮后，可设置描边的具体参数，如图 5-18 所示。

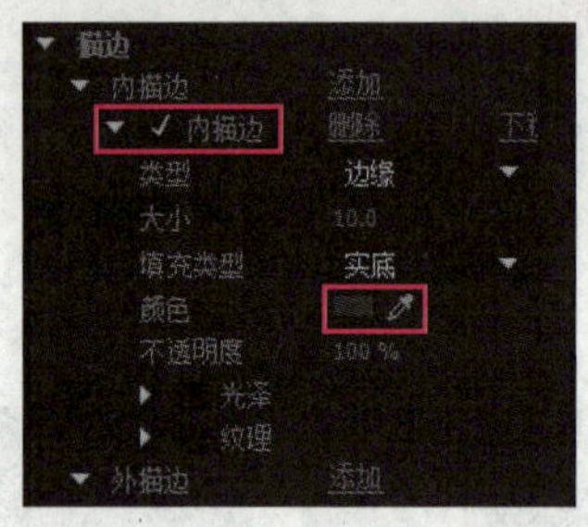

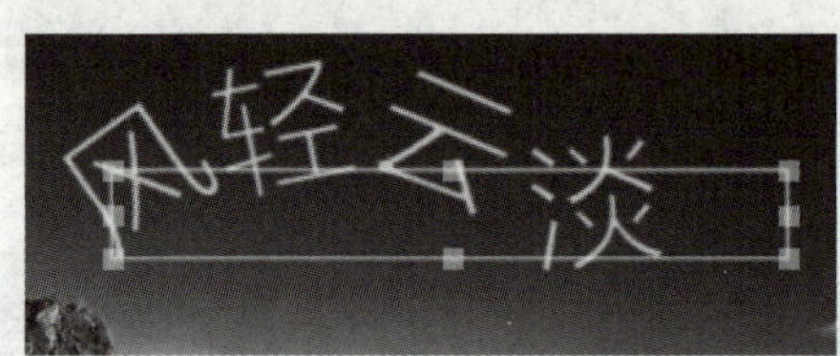

图 5-18 为字幕添加描边效果

- **内描边：**在字幕内侧创建描边效果。其中，利用“类型”下拉列表可设置描边的轮廓类型；利用“大小”选项可设置描边的粗细；利用“填充类型”下拉列表可设置描边的填充类型；利用“颜色”选项可设置描边的填充色；利用“不透明度”选项可以设置描边的透明度。
- **外描边：**在字幕外侧创建描边效果，其参数与“内描边”方式基本相同。

6. “阴影”选项组

“阴影”选项组主要用于为字幕添加阴影效果，以增强字幕与背景间的层次感。用户可以设置阴影的颜色、不透明度、角度、与文字间的距离、粗细、虚化程度（用“扩展”参数设置）等，如图 5-19 所示。

7. “背景”选项组

“背景”选项组用于为字幕添加背景颜色，利用其中的参数可以设置字幕背景的颜色类型（其“填充类型”下拉列表中的选项与“填充”选项组完全相同）、颜色、不透明度、光泽和纹理等属性，如图 5-20 所示。

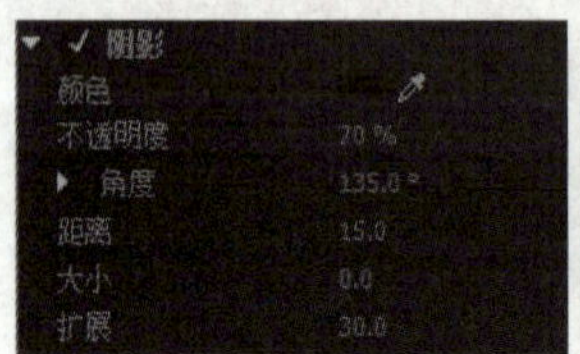

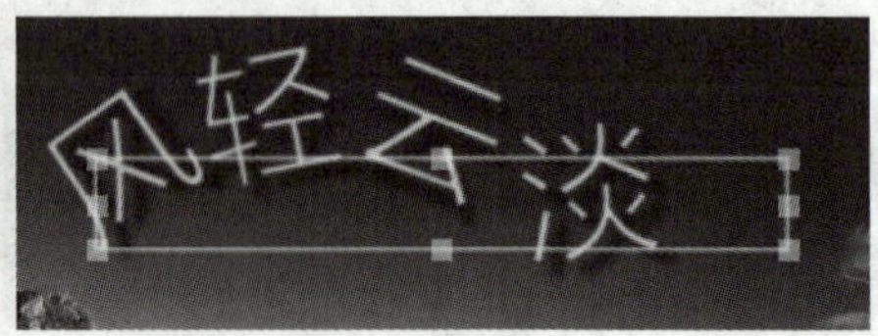

图 5-19 为字幕添加阴影效果

图 5-20 “背景”选项组

5.1.4 字幕样式应用技巧

利用“字幕样式”调板中的预设字幕样式，可以快速设置字幕的文字属性，得到精美的字幕效果。此外，用户还可以自己创建字幕样式，或者导入外部字幕样式。

1. 应用字幕样式

首先选中字幕编辑区中的字幕，然后单击“字幕样式”调板中的某种预设字幕样式，即可应用所选字幕样式，如图 5-21（a）所示。

如果希望能够有选择地应用预设字幕样式中的效果，可右击该字幕样式，从弹出的快捷菜单中选择相应的选项，例如“仅应用样式颜色”，如图 5-21（b）所示。

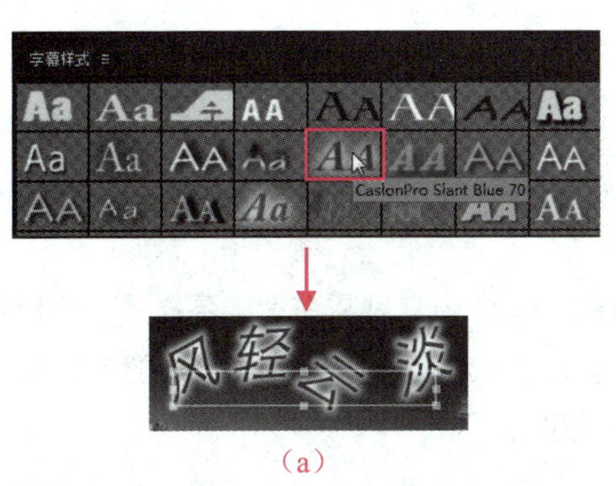

（a）

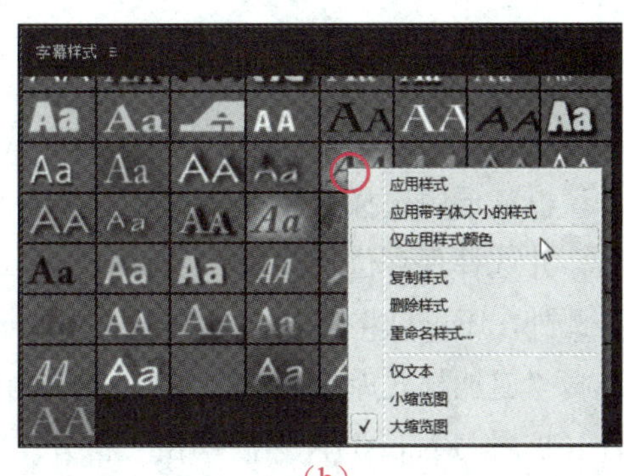

（b）

图 5-21　应用字幕样式

Premiere Pro CC 对于中文的支持不是十分完善，若在应用字幕样式后出现乱码，可在“字幕属性”调板中重新为字幕文本选择一种中文字体，使其正常显示。

2. 创建字幕样式

用户可以将自己制作好的字幕效果定义为字幕样式，这样在以后创建与该字幕效果相同或相近的其他字幕时，便可以快速调用，提高效率。

要创建字幕样式，可在利用“字幕属性”调板设置好字幕效果后，单击“字幕样式”调板名称右侧的“调板菜单”按钮☰，在展开的下拉菜单中选择“新建样式”菜单，再在打开的“新建样式”对话框中输入新样式的名称，单击“确定”按钮，如图 5-22 所示。

执行完上述操作后，便可在“字幕样式”调板底部找到新创建的字幕样式了，其使用方法与系统预设的字幕样式完全相同。

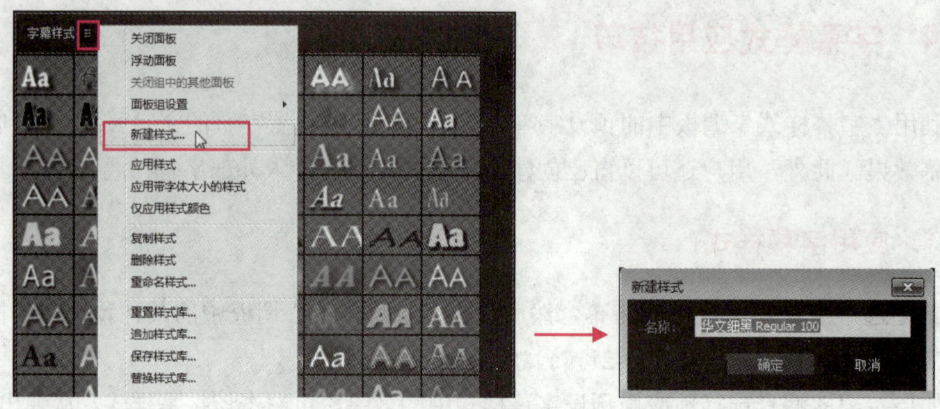

图 5-22　新建字幕样式

3. 保存和导入字幕样式库

Premiere Pro CC 允许用户将字幕样式库保存为文件，只需在图 5-22 所示的“字幕样式”调板菜单中选择“保存样式库”菜单，然后在弹出的“保存样式库”对话框中输入文件名，并选择保存位置即可。

此外，还可以将外部样式库导入到 Premiere Pro CC 中，只需在“字幕样式”调板菜单中选择“追加样式库”菜单，在打开的“打开样式库”对话框中选择要导入的字幕样式库文件（扩展名为.prsl），然后单击“打开”按钮即可。

需要注意的是，若在“字幕样式”调板菜单中选择“替换样式库”菜单，则导入的字幕样式库会替换系统中原有的字幕样式库。

5.1.5　典型案例——为 MTV 添加字幕

下面利用本节所学知识为已有 MTV 添加字幕，如图 5-23 所示。

图 5-23　为 MTV 添加字幕截图效果

素材文件	素材与实例\第 5 章\MTV 素材
效果展示和源文件	素材与实例\第 5 章\为 MTV 添加字幕.prproj、为 MTV 添加字幕.mp4

制作分析

创建项目文件和序列并导入视频素材后，将视频素材添加到“视频 1”轨道中；打开“字幕设计器”窗口，在字幕编辑区中输入标题文本并为其添加字幕样式；创建“歌词 1”字幕，并利用“基于当前字幕新建字幕”按钮，快速创建其他歌词字幕；根据 MTV 的歌词内容，将字幕素材添加到“时间轴”调板的“视频 2”轨道中，并为字幕添加“交叉溶解”过渡效果；最后保存项目文件并输出序列。

制作步骤

步骤 1▶ 新建一个名为“为 MTV 添加字幕”的项目文件，再新建一个序列，在“新建序列”对话框的“序列预设”选项卡下选择“DV-PAL”文件夹中的“标准 48 kHz”选项。

步骤 2▶ 双击“项目”调板空白处，导入“MTV 素材.mp4”视频素材，然后将其添加到“时间轴”调板的“视频 1”轨道中，并缩放为帧大小，如图 5-24 所示。

步骤 3▶ 按快捷键【Ctrl+T】新建字幕，在打开的“新建字幕”对话框的“名称”编辑框中输入“标题”，然后单击“确定”按钮，如图 5-25 所示。

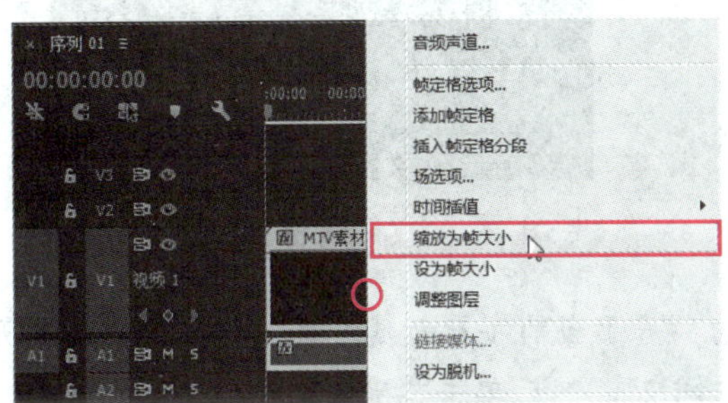

图 5-24 导入视频素材并将其添加至时间轴

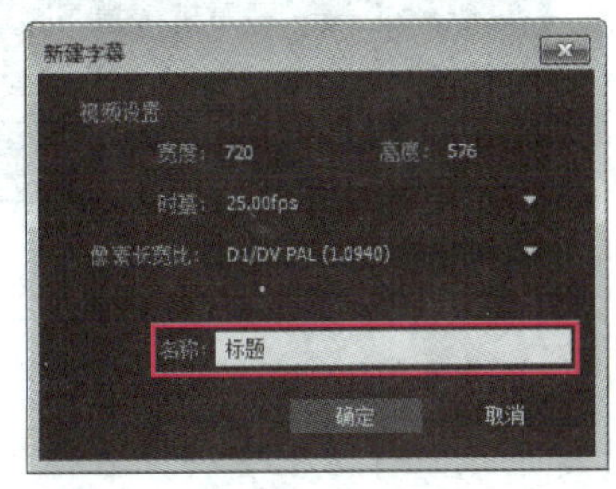

图 5-25 新建“标题”字幕

步骤 4▶ 在打开的“字幕设计器”窗口中选择“字幕工具”调板中的“文字工具”，在字幕编辑区的中间偏上位置输入“太阳出来了”文本，将“大小”设为“80”，并在“字幕样式”调板中为其应用“HoboStd Slant Gold 80”样式，如图 5-26 所示。

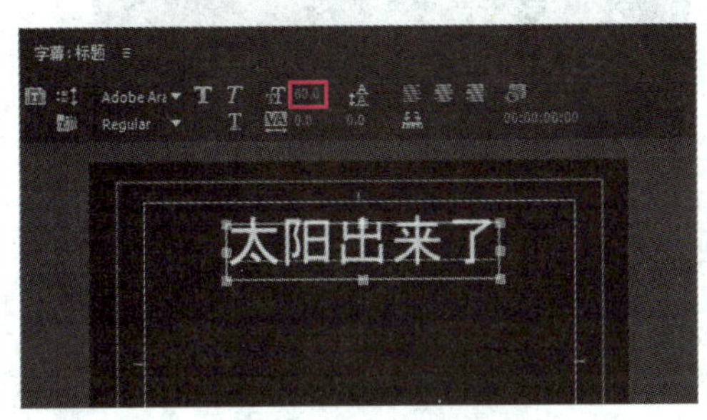

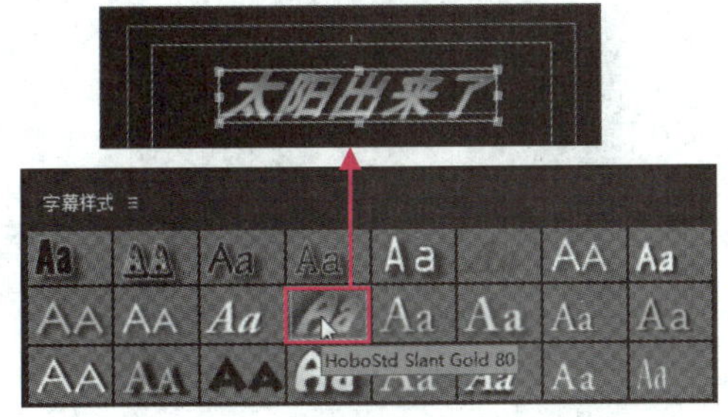

图 5-26 输入文本并设置其属性和样式

步骤 5▶ 在标题文本下方再输入图 5-27 所示的文本（可按【Enter】键换行），将“大小”设为“40”，然后在“字幕样式”调板中为其添加“Adobe Garamond White 90”样式，再将“字体”设为“微软雅黑”。

步骤 6▶ 关闭“字幕设计器”窗口，然后新建一个名为“歌词 1”的字幕，使用“文字工具”在字幕编辑区下方输入第一句歌词，将“大小”设为“50”，将对齐方式设为“居中”，然后在“字幕样式”调板中为其添加“Brush Script White 75”样式，再将“字体”设为“微软雅黑”，如图 5-28 所示。

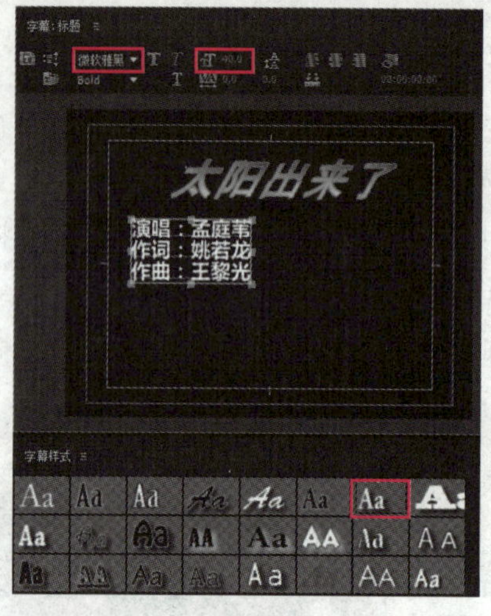

图 5-27　创建标题下方的文本

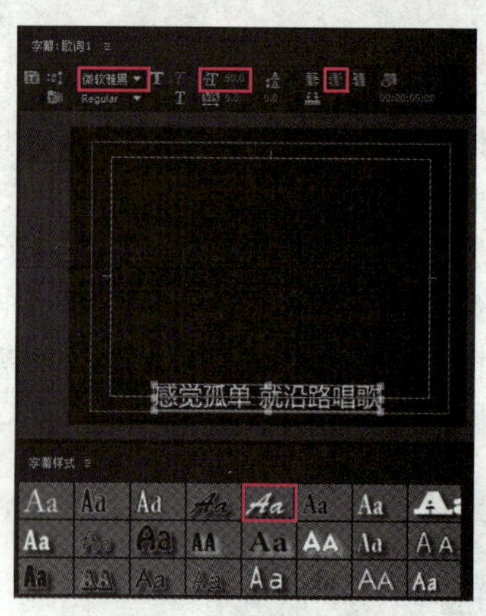

图 5-28　创建第一句歌词字幕

步骤 7▶ 单击“字幕”调板左上方的“基于当前字幕新建字幕”按钮，在打开的“新建字幕”对话框中将“名称”设为“歌词 2”，然后单击“确定”按钮，如图 5-29（a）所示。

步骤 8▶ 在“字幕设计器”窗口中选择“字幕工具”调板中的“文字工具”，然后将字幕编辑区中的文本改为第二句歌词，如图 5-29（b）所示。

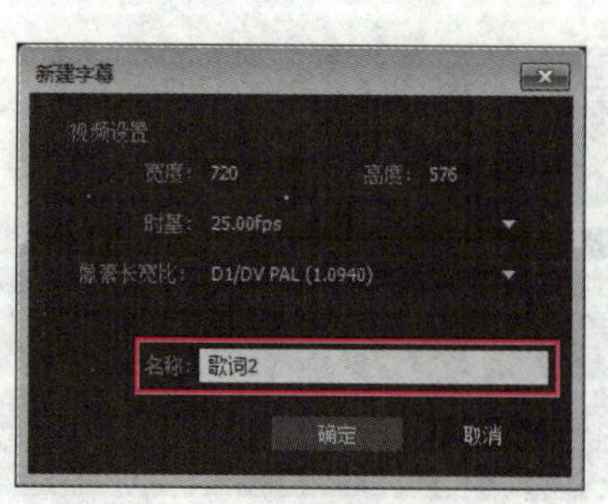

图 5-29　创建“歌词 2”字幕

步骤 9▶ 参照步骤 7～步骤 8，创建“歌词 3”和“歌词 4”字幕，如图 5-30 所示。

图 5-30　创建“歌词 3”和“歌词 4”字幕

步骤 10▶ 关闭“字幕设计器”窗口，将“项目”调板中的“标题”字幕添加至“时间轴”调板的“视频 2”轨道中，并使其入点位于第 0 秒处，出点位于第 10 秒处，如图 5-31 所示。

步骤 11▶ 单击“节目”监视器中的“播放-停止切换”按钮▶播放 MTV，当听到第一句歌词时，将“项目”调板中的“歌词 1”字幕拖至“视频 2”轨道中，并使其入点对齐至歌词出现的位置，本例为第 16 秒处，如图 5-32 所示。

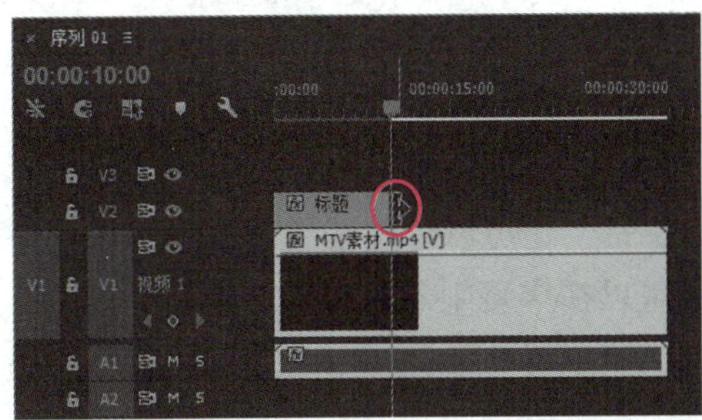

图 5-31　添加“标题”字幕

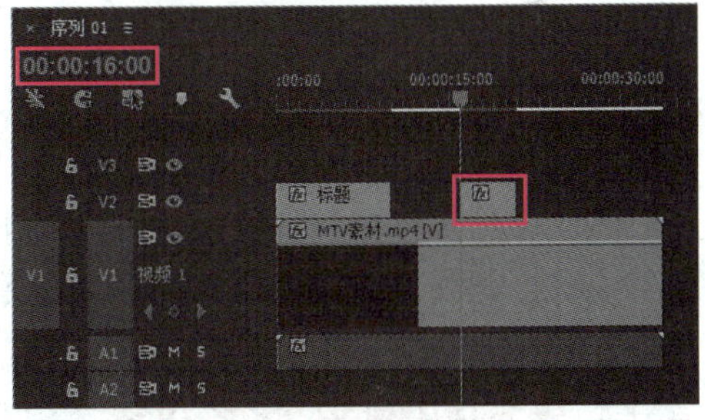

图 5-32　添加“歌词 1”字幕

步骤 12▶ 继续播放 MTV，当听到第二句歌词时，将“项目”调板中的“歌词 2”字幕拖至“视频 2”轨道中，并使其入点对齐至歌词出现的位置，本例为第 20 秒处，如图 5-33 所示。

步骤 13▶ 继续播放 MTV，分别将“项目”调板中的“歌词 3”和“歌词 4”字幕拖至“视频 2”轨道中，并使其入点对齐至歌词出现的位置，本例分别为第 24 秒和第 27 秒 12 帧处，如图 5-34 和图 5-35 所示。

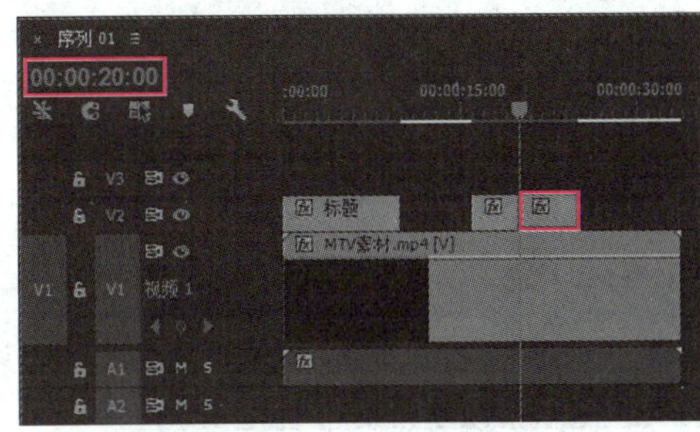

图 5-33　添加“歌词 2”字幕

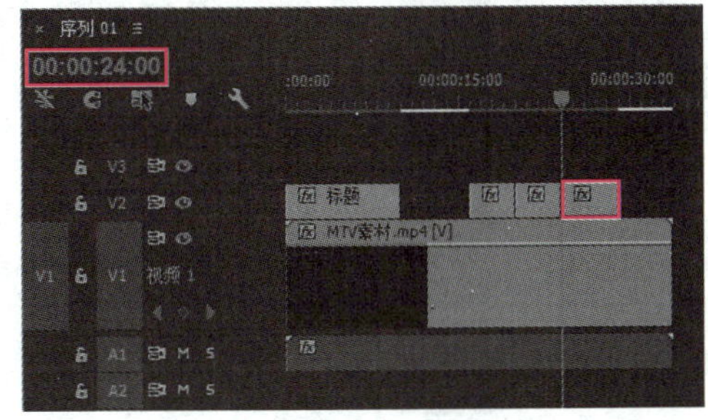

图 5-34　添加“歌词 3”字幕

步骤 14▶ 打开“效果”调板，分别为时间轴中“标题”字幕素材的入点和出点、“歌词 1”字幕素材的入点、“歌词 1”与“歌词 2”字幕素材的交点、“歌词 2”与“歌词 3”字幕素材的交点、“歌词 3”与“歌词 4”字幕素材的交点，以及“歌词 4”字幕素材的出点添加“视频过渡”>“溶解”文件夹中的“交叉溶解”效果，如图 5-36 所示。最后保存项目文件并输出序列。

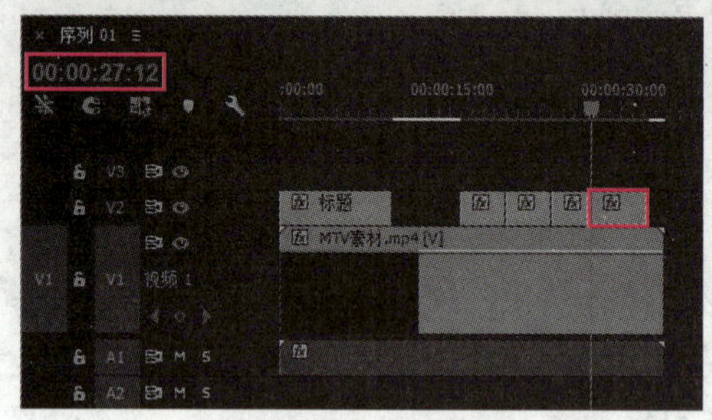

图 5-35 添加“歌词 4”字幕

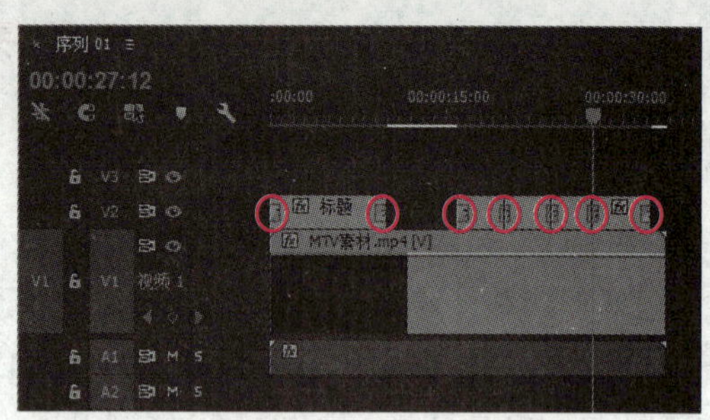

图 5-36 为字幕素材添加“交叉溶解”切换效果

5.2 应用图形对象

利用“字幕设计器”窗口不仅可以创建文本字幕，还可以绘制和编辑图形对象，作为字幕的点缀。此外，通过“插入图形”命令，还可以在字幕中导入外部图像。

5.2.1 绘制和编辑图形对象

利用“字幕设计器”窗口“字幕工具”调板中的图形绘制工具可以绘制各种图形对象，如图 5-37 所示。绘制好图形后还可利用“字幕属性”调板设置图形的各种属性，以美化图形。

其中，“矩形工具”■、“圆角矩形工具”■、“切角矩形工具”■、“圆矩形工具”■、“楔形工具”■、“弧形工具”■、“椭圆工具”■和“直线工具”■的用法很简单，选择某工具后，在字幕编辑区按住鼠标左键进行拖动，即可绘制出相应的图形，如图 5-38 所示。若在绘制相应图形时按住【Shift】键，则可绘制出正方形、圆形、等腰三角形等图形。

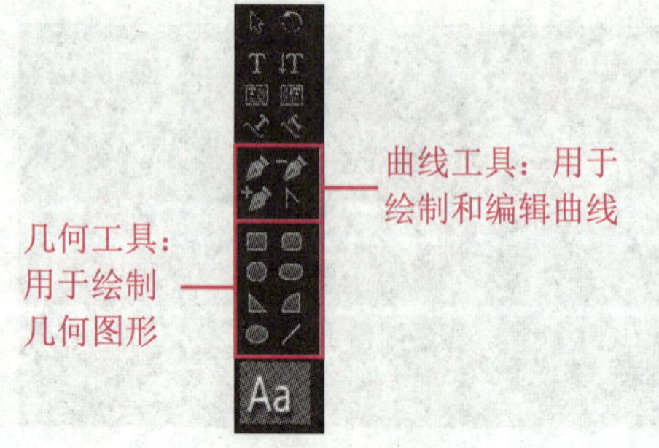

图 5-37 绘制图形的工具

图 5-38 绘制规则图形

利用“钢笔工具”可以创建任意曲线并调整（创建方法可参考创建路径文本的操作）；利用“删除锚点工具”、“添加锚点工具”和“转换锚点工具”，可以通过定位点调整已绘制曲线的形状。下面通过实例介绍使用这些工具创建和编辑图形对象的方法。

步骤 1▶ 新建一个名为“创建和编辑图形对象”的项目文件，再新建一个序列，在“新建序列”对话框的“序列预设”选项卡下选择“DV-PAL”文件夹中的“标准 48 kHz”选项，然后按快捷键【Ctrl+T】，打开“新建字幕”对话框，保持默认，单击“确定”按钮，打开“字幕设计器”窗口。

步骤 2▶ 在“字幕设计器”窗口中选择“字幕工具”调板中的“楔形工具”，然后按住【Shift】键的同时在字幕编辑区中按住鼠标左键进行拖动，创建一个等腰三角形，如图 5-39 所示。

步骤 3▶ 选择“字幕工具”调板中的“旋转工具”，然后将光标移至等腰三角形调节框的节点处，按住鼠标左键进行拖动，对等腰三角形进行旋转操作，如图 5-40 所示。

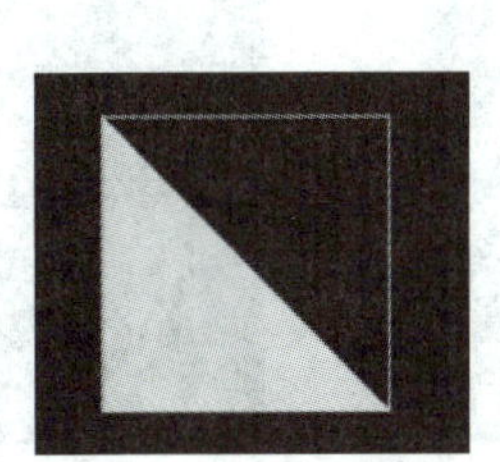

图 5-39 创建等腰三角形

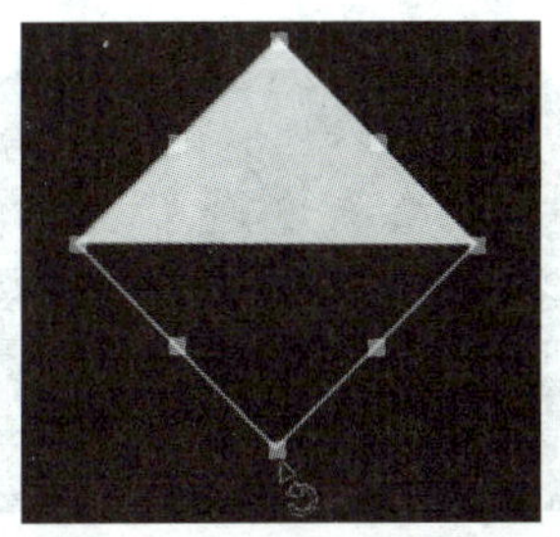

图 5-40 旋转等腰三角形

步骤 4▶ 保持等腰三角形的选中状态，在“字幕属性”调板“填充”选项组中的“填充类型”下拉列表中选择“径向渐变”选项，然后将“颜色”选项右侧渐变条中左侧的色标设为橙黄色，将右侧的色标设为红色，再以拖动方式调整两个色标的位置，如图 5-41 所示。

步骤 5▶ 在“字幕属性”调板“属性”选项组中的“图形类型”下拉列表中选择“填充贝塞尔曲线”选项，将等腰三角形转换为贝塞尔曲线并保留填充，如图 5-42 所示。

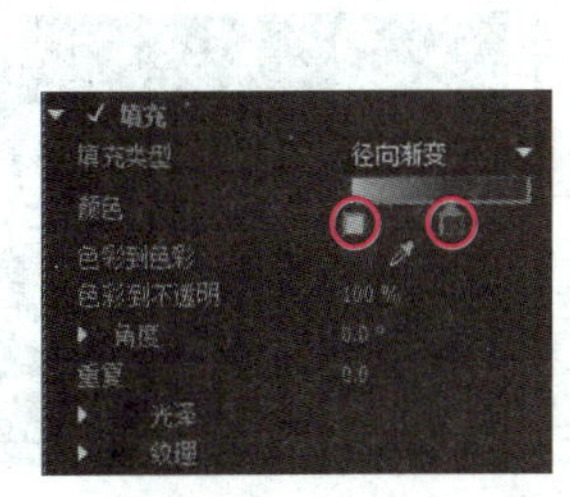

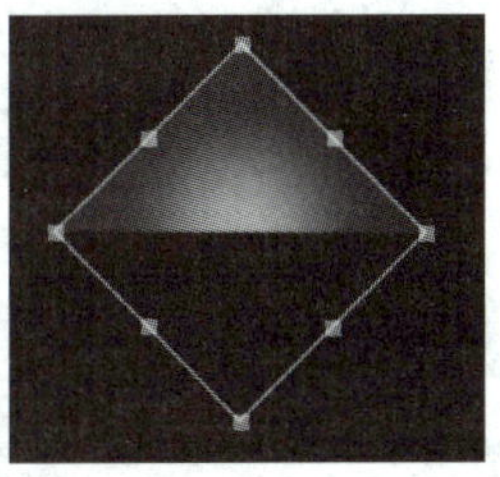

图 5-41 设置等腰三角形的填充色

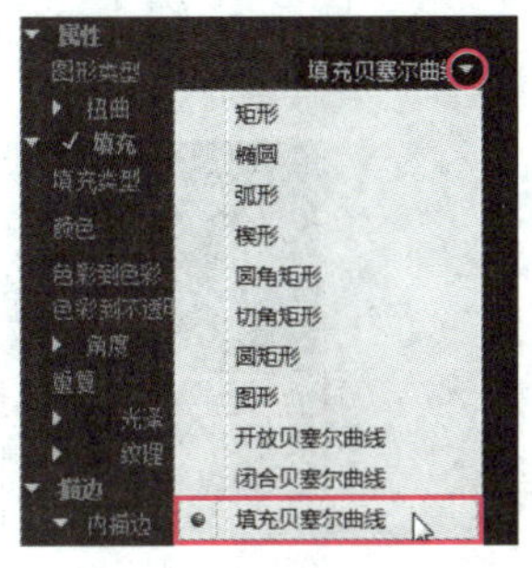

图 5-42 设置等腰三角形的图形类型

提　示

利用“图形类型”下拉列表中的选项可以转换图形类型，如将矩形转换为椭圆，或转换为贝赛尔曲线等。

步骤 6▶ 选择“字幕工具”调板中的“添加锚点工具”，然后在字幕编辑区中等腰三角形轮廓上依次单击，添加图 5-43 所示的锚点（默认为曲线定位点）。

步骤 7▶ 选择“字幕工具”调板中的“钢笔工具”，然后将光标移动到字幕编辑区中等腰三角形的各相应定位点上，当光标呈形状时按住鼠标左键并拖动，调整定位点的位置（可根据需要调整定位点两侧控制柄的位置），如图 5-44 所示。

步骤 8▶ 选择“字幕工具”调板中的“转换锚点工具”，将光标移动到相应定位点处并单击，将曲线定位点转换为直线定位点，如图 5-45 所示（若单击直线定位点，可将其转换为曲线定位点）。

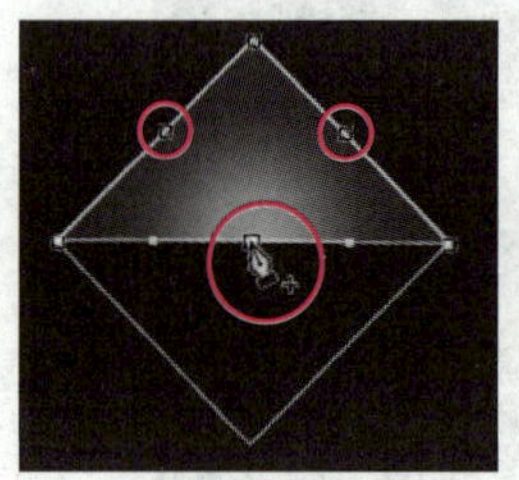
图 5-43　添加锚点

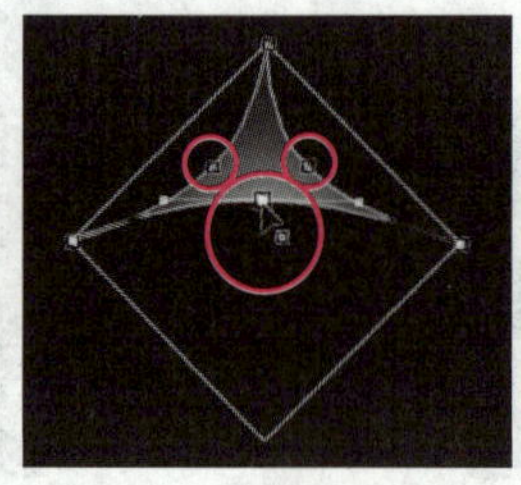
图 5-44　调整锚点位置

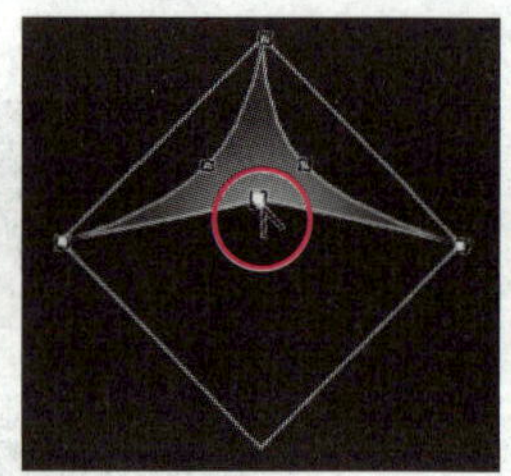
图 5-45　转换锚点类型

5.2.2　插入图形

利用“插入图形”命令可以将外部图形或图像添加到“字幕设计器”窗口中，作为字幕的组成元素。为此，只需在字幕编辑区中右击鼠标，在弹出的快捷菜单中选择“图形”>“插入图形”菜单，然后在打开的“导入图形”对话框中选择要导入的对象，单击“打开”按钮即可，如图 5-46 所示。

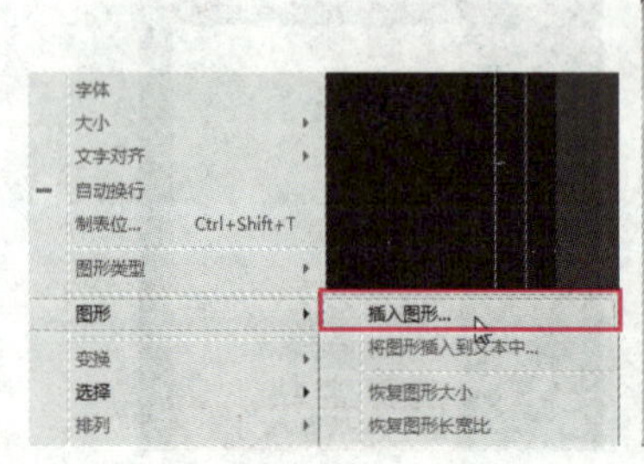

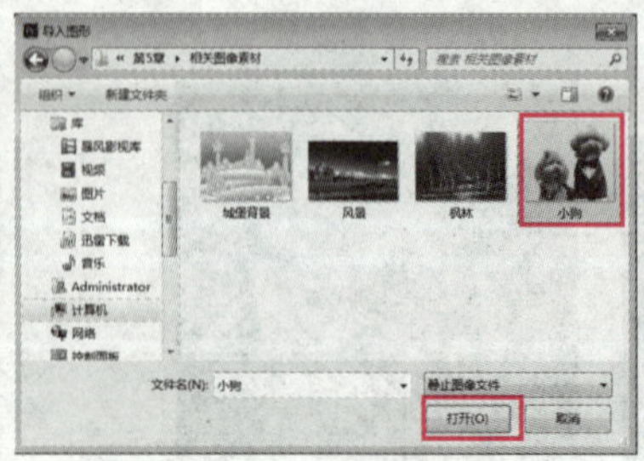

图 5-46　插入图形

5.2.3 典型案例——制作长毛狗字幕

下面利用本节所学知识，制作一个图 5-47 所示的长毛狗字幕。

图 5-47 长毛狗字幕效果

素材文件	素材与实例\第 5 章\长毛狗素材
效果展示和源文件	素材与实例\第 5 章\长毛狗字幕.prproj、长毛狗字幕.mp4

制作分析

新建一个项目文件，导入视频素材，并添加到“时间轴”调板中；然后新建一个字幕，输入“长毛狗”文本，并设置合适的属性；再将本书配套素材“爪印.png”图像文件导入到“字幕设计器”窗口中，并为其应用合适的字幕样式，以及调整位置；接着将创建好的字幕素材添加至“时间轴”调板中，并在字幕素材上添加视频过渡效果；最后保存项目文件并输出序列。

制作步骤

步骤 1▶ 新建一个名为“长毛狗字幕”的项目文件，再新建一个序列，在“新建序列”对话框的“序列预设”选项卡下选择“DV-PAL”文件夹中的“宽屏 48 kHz”选项。

步骤 2▶ 导入“长毛狗素材”文件夹中的“电影素材.mp4”视频素材，然后将“项目”调板中的“电影素材.mp4”视频素材拖到“时间轴”调板的“视频 1”轨道中，并将其缩放为帧大小，如图 5-48 所示。

步骤 3▶ 按快捷键【Ctrl+T】新建一个字幕（保持默认参数即可），然后在“字幕设计器”窗口的字幕编辑区中右击，在弹出的快捷菜单中选择“图形”>“插入图形”菜单，在打开的“导入图形”对话框中选择“长毛狗素材”文件夹中的“爪印.png”图像素材，并单击“打开”按钮，如图 5-49 所示。

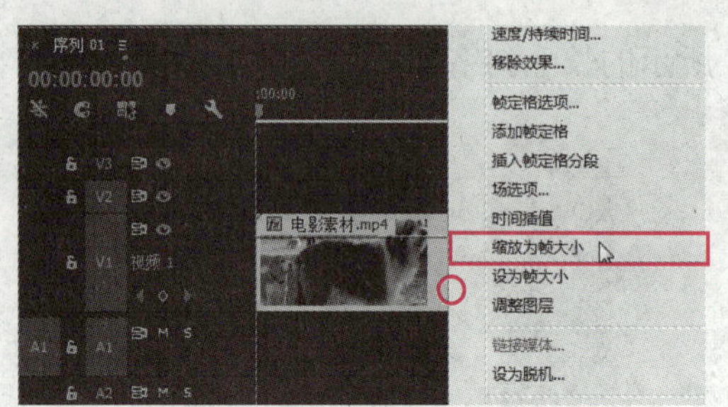

图 5-48　添加视频素材并进行缩放

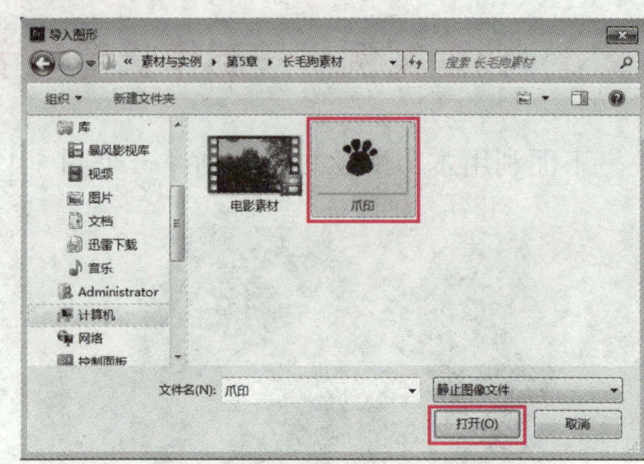

图 5-49　导入图形

步骤 4▶ 使用“字幕工具”调板中的“选择工具”调整导入图形的大小和位置，然后为其添加“字幕样式”调板中的“Charlemagne Grass 52”样式，如图 5-50 所示。

步骤 5▶ 使用“字幕工具”调板中的“文字工具”在字幕编辑区中输入字幕文本“长毛狗”，然后将其“大小”设为“100”，为其添加“Lithos Gold Strokes 52”样式，再将其“字体”设为“汉仪方叠体简”，如图 5-51 所示。

图 5-50　插入图像并进行调整

图 5-51　输入字幕文本并进行美化

步骤 6▶ 关闭“字幕设计器”窗口，将“项目”调板中的“字幕 01”添加到“时间轴”调板的“视频 2”轨道中，并使其入点位于第 6 秒处，出点与“视频 1”轨道中的素材片段对齐，如图 5-52 所示。

步骤 7▶ 将“效果”调板“视频过渡”>“溶解”文件夹中的“交叉溶解”过渡效果拖至“视频 2”轨道中“字幕 01”素材片段的入点，如图 5-53 所示。最后保存项目文件并输出序列。

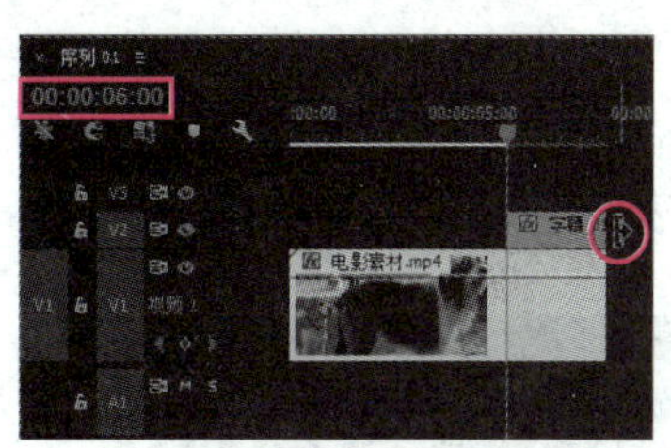

图 5-52 将字幕添加到时间轴

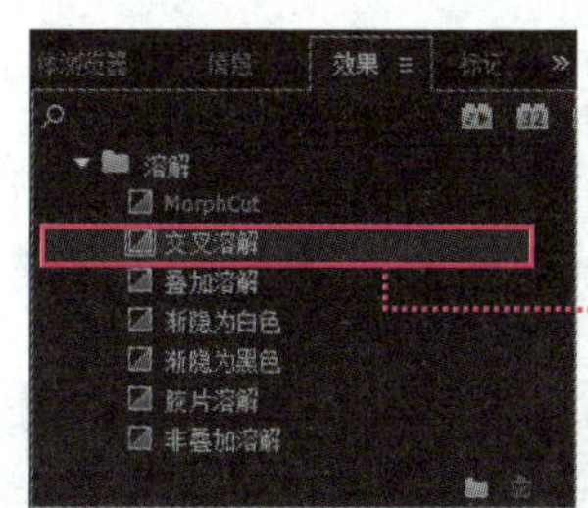

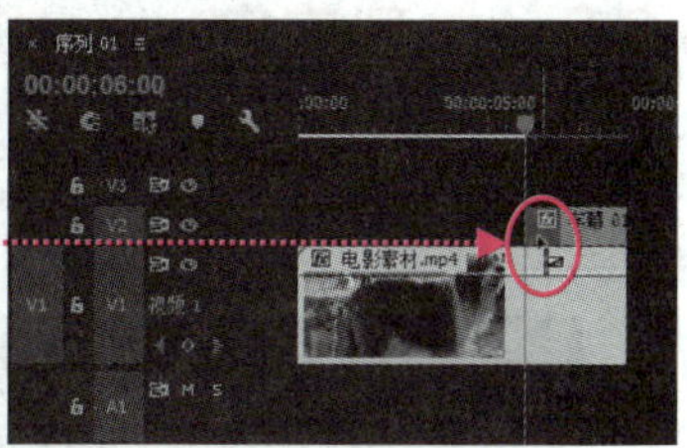

图 5-53 为字幕添加视频过渡效果

5.3 应用动态字幕

在 Premiere Pro CC 中，不但可以创建静态字幕，还可以创建动态字幕。动态字幕又分为滚动字幕和游动字幕两种类型。其中，滚动字幕是指字幕在屏幕中由下向上进行垂直移动，常用于制作影视节目中的片尾演员表；游动字幕是指字幕在屏幕中由左向右或由右向左进行水平移动。

5.3.1 创建动态字幕

选择“字幕”>“新建字幕”>“默认滚动字幕”或“默认游动字幕”菜单，在打开的“新建字幕”对话框中输入字幕名称，并单击“确定”按钮，打开“字幕设计器”窗口，在字幕编辑区输入字幕文本，然后选择“字幕”>“滚动/游动选项”菜单，或单击“字幕设计器”窗口“字幕”调板左上方的“滚动/游动选项”按钮，会打开“滚动/游动选项”对话框，在其中可设置字幕滚动或游动的参数，如图 5-54 所示。

- **字幕类型：**用于设置要创建的字幕类型。
- **开始于屏幕外：**勾选该复选框后，字幕滚动或游动的起始位置位于屏幕外。
- **结束于屏幕外：**勾选该复选框后，字幕滚动或游动的结束位置位于屏幕外。
- **预卷：**用于设置字幕在运动前保持静止的帧数，设置时直接输入数字即可。
- **缓入：**用于设置字幕在达到正常运动速度前逐渐加速的帧数。

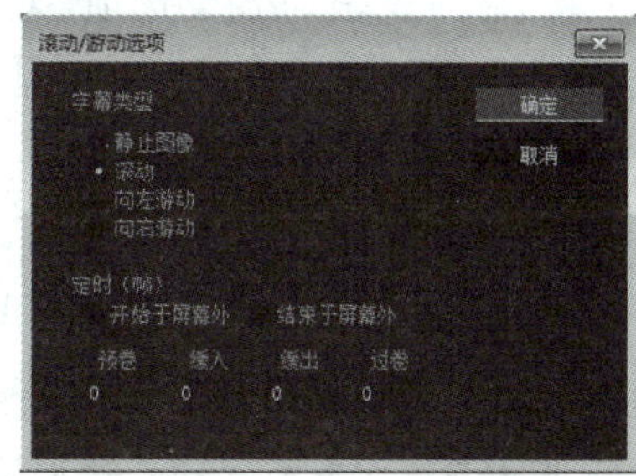

图 5-54 “滚动/游动选项”对话框

- **缓出：**用于设置字幕在运动即将结束前逐渐减速的帧数。
- **过卷：**用于设置字幕在运动之后保持静止的帧数。

设置好字幕滚动或游动的参数，单击“确定”按钮，即可创建动态字幕，然后可将其添加到“时间轴”调板的素材片段上使用。

5.3.2 典型案例——制作片尾演员表

下面利用本节所学知识，制作图 5-55 所示的片尾演员表。

图 5-55 片尾演员表效果

素材文件	素材与实例\第 5 章\演员表素材
效果展示和源文件	素材与实例\第 5 章\片尾演员表.prproj、片尾演员表.mp4

制作分析

新建一个项目文件，导入“背景.jpg”图像素材和“背景音乐.mp3”声音素材，并将导入的素材添加到“时间轴”调板中；然后新建一个滚动字幕素材，打开“字幕设计器”窗口，使用“区域文字工具”创建文本框并复制演员表文字，再为字幕文本应用字幕样式；接着打开“滚动/游动选项”对话框进行设置；将字幕添加到时间轴中，并为其添加“基本 3D”视频特效；最后保存项目文件并输出序列。

制作步骤

步骤 1▶ 新建一个名为“片尾演员表”的项目文件，再新建一个序列，在“新建序列”对话框的“序列预设”选项卡下选择“DV-PAL”文件夹中的“标准 48 kHz”选项。

步骤 2▶ 导入“演员表素材”文件夹中的“背景.jpg”图像素材和“背景音乐.mp3”声音素材，然后将图像素材和声音素材分别添加到“时间轴”调板的“视频 1”和“音频 1”轨道中，并将图像素材缩放为帧大小，再拖动其出点，使其与声音素材的出点对齐，如图 5-56 所示。

步骤 3▶ 选择“字幕”>“新建字幕”>“默认滚动字幕”菜单，打开“新建字幕”对话框，设置字幕名称，然后单击“确定”按钮，如图 5-57 所示。

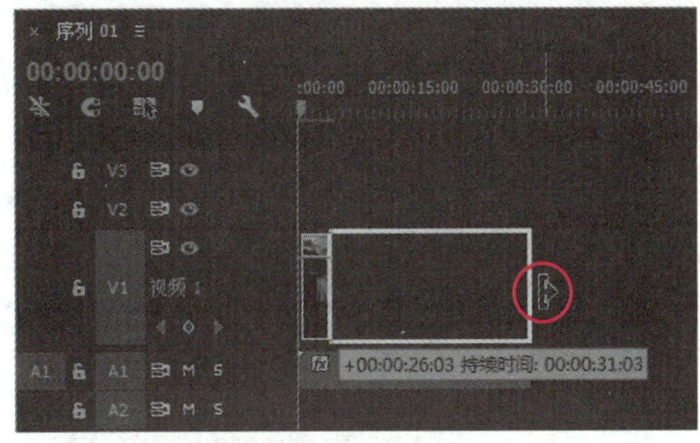

图 5-56　添加图像和声音素材

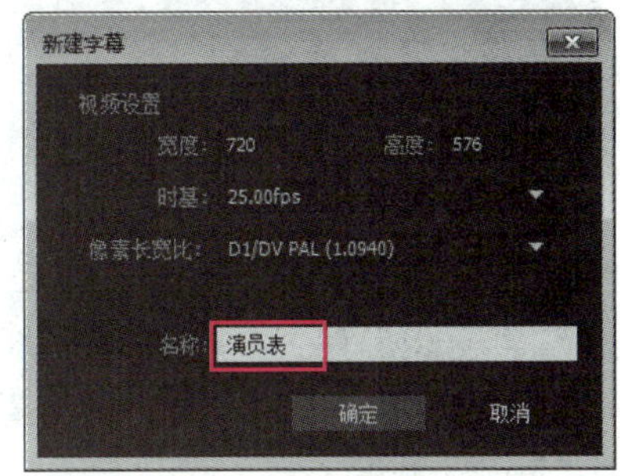

图 5-57　设置字幕名称

步骤 4▶ 打开“字幕设计器”窗口，选择“字幕工具”调板中的“区域文字工具”，在字幕编辑区按住鼠标左键进行拖动，创建一个文本框，然后打开“演员表素材”文件夹中的“文本.txt”，将其中的文本复制到文本框中，并将“字体”设为“微软雅黑”，将“大小”设为“30”，将“行距”设为“5”，如图 5-58 所示。

步骤 5▶ 保持文本的选中状态，右击“字幕样式”调板中的“HoboStd Slant Gold 80”样式，在弹出的快捷菜单中选择“仅应用样式颜色”菜单，如图 5-59 所示。

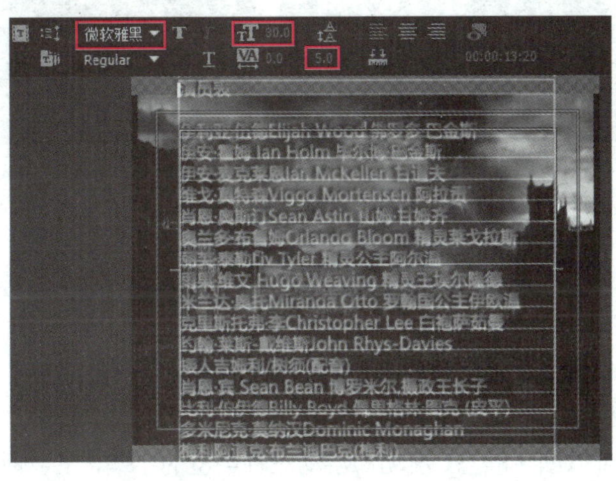

图 5-58　创建文本框并复制文本

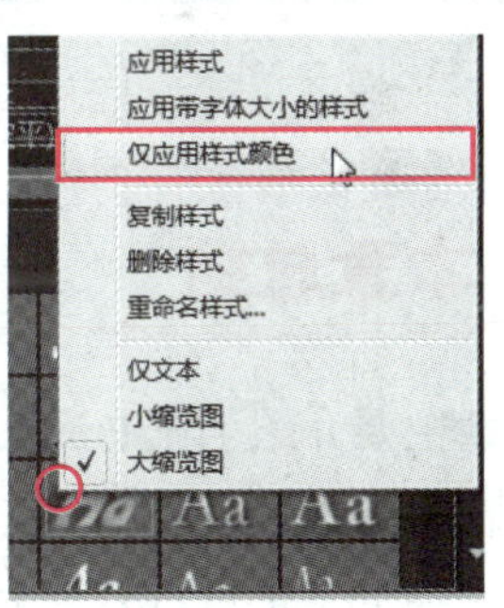

图 5-59　应用样式颜色

步骤 6▶ 单击“字幕设计器”窗口上方的“滚动/游动选项”按钮，在打开的“滚动/游动选项”对话框中勾选“开始于屏幕外”和“结束于屏幕外”复选框，并单击“确定”按钮，如图 5-60 所示。

步骤 7▶ 关闭“字幕设计器”窗口，将“项目”调板中的“演员表”字幕拖到“时间轴”调板的“视频 2”轨道中，然后拖动其出点，使其出点与图像素材的出点对齐，如图 5-61 所示。

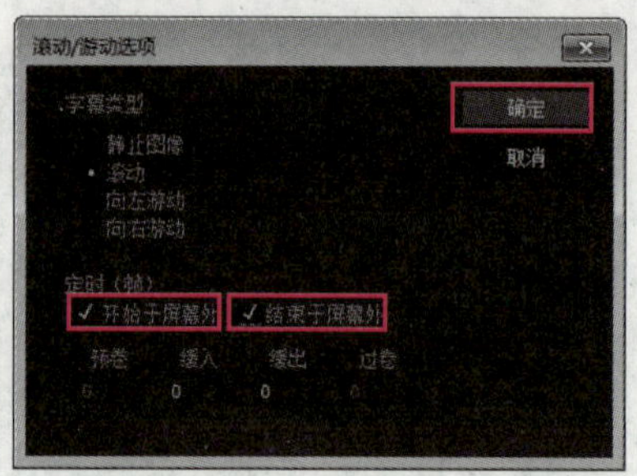

图 5-60　设置滚动字幕参数

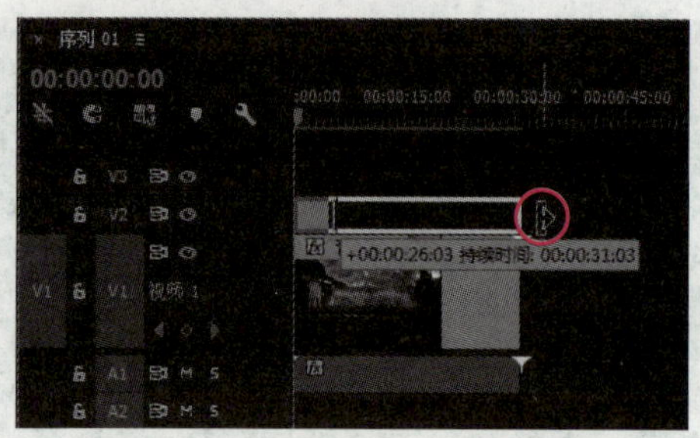

图 5-61　将字幕添加到时间轴

步骤 8▶　打开“效果”调板，将“视频效果”>“透视”文件夹中的“基本 3D”视频特效拖至时间轴中的“演员表”字幕上，然后在“效果控件”调板中将“基本 3D”特效的“倾斜”选项设为“-30°”，如图 5-62 所示。最后保存项目文件并输出序列。

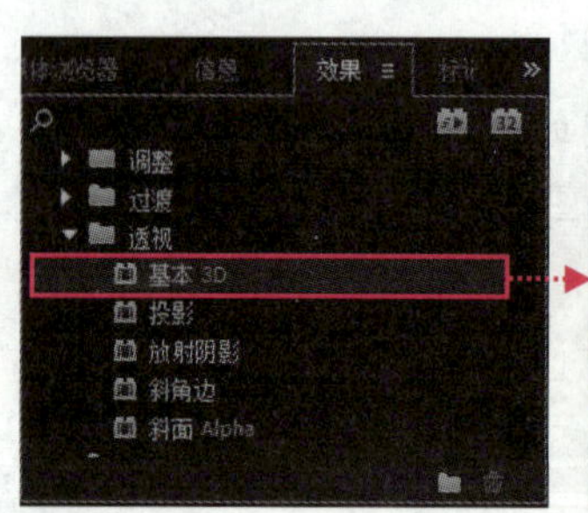

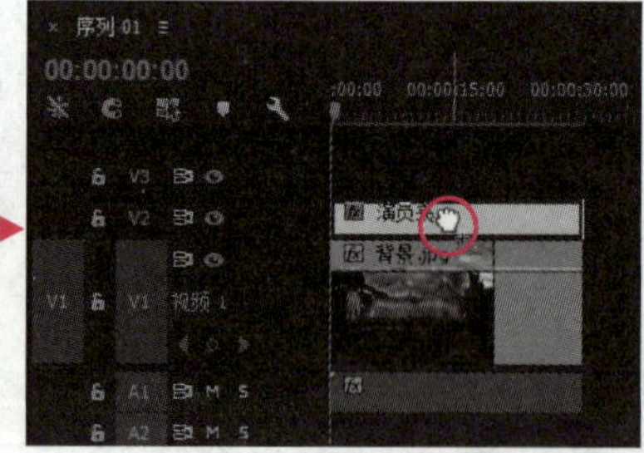

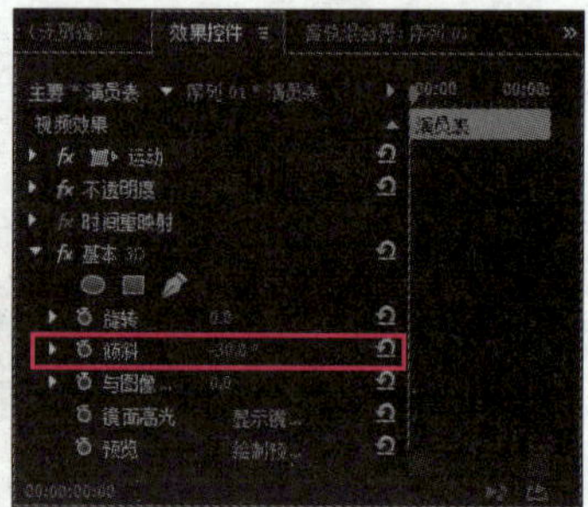

图 5-62　为字幕添加“基本 3D”视频特效

本章总结

本章主要介绍了在 Premiere Pro CC 中创建静态字幕和动态字幕，以及创建字幕动画的方法。在学完本章内容后，读者应重点掌握以下知识。

- 在 Premiere Pro CC 中可以创建静态、滚动和游动三种类型的字幕，在字幕中可以包含文本、图形和图像等对象。
- 利用“字幕设计器”窗口“字幕工具”调板中的工具可以创建文本和图形字幕，还可将外部图形和图像导入到“字幕设计器”窗口中。创建好字幕后，可利用“字幕属性”调板设置字幕的各种属性，还可利用“字幕样式”调板快速为字幕应用系统内置、用户自定义或从外部加载的样式，从而制作出精美的字幕效果。
- 创建好的字幕素材被保存在“项目”调板中，用户可在“时间轴”调板的“视频”轨道中组织字幕素材，制作出符合需要的影视作品。

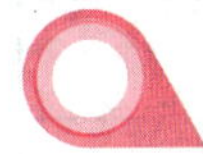

思考与练习

一、选择题

1. 下列不属于“字幕设计器”窗口组成部分的是（　　）。

A. “字幕工具”调板　　B. “字幕属性”调板

C. “字幕样式”调板　　D. “字幕格式”调板

2. “字幕属性”调板不包括下列哪个选项组？（　　）

A. 变换　　B. 属性　　C. 样式　　D. 填充

3. 若想在“字幕设计器”窗口中绘制任意形状的曲线，可以使用“字幕工具”调板中的（　　）。

A. 钢笔工具　　B. 圆弧工具　　C. 直线工具　　D. 切角矩形工具

4. 在 Premiere Pro CC 中无法创建的字幕类型是（　　）。

A. 静态字幕　　B. 3D 字幕　　C. 滚动字幕　　D. 游动字幕

二、简答题

1. “字幕设计器”窗口由哪些调板组成？各调板的作用分别是什么？
2. 如何创建路径文本字幕？
3. 如何应用字幕样式？
4. 如何在字幕中插入图形图像？
5. 如何创建动态字幕？

本章实训

实训 1　游动的字幕

利用本章所学的知识制作图 5-63 所示的游动的字幕。

图 5-63　游动的字幕效果

素材文件	素材与实例\第 5 章\游动字幕素材
效果展示和源文件	素材与实例\第 5 章\游动的字幕.prproj、游动的字幕.mp4

提示：

创建项目文件和序列后，首先导入图像素材，并将其添加至“时间轴”调板的“视频 1”轨道中；然后利用菜单命令创建游动字幕，在“字幕设计器”窗口中创建字幕文本，并设置其参数和样式；再在“滚动/游动选项”对话框中设置游动的方式；接着将创建好的动态字幕添加到“时间轴”调板的“视频 2”轨道中，并进行预览；最后保存项目文件并输出序列。

实训 2　幻想空间字幕

利用本章所学的知识制作图 5-64 所示的幻想空间字幕效果。

图 5-64　幻想空间字幕效果

素材文件	素材与实例\第 5 章\幻想空间素材
效果展示和源文件	素材与实例\第 5 章\幻想空间.prproj、幻想空间.mp4

提示：

新建项目文件和序列后，导入“背景图像.jpg”素材，将其添加到“视频 1”轨道中；创建“字幕 01”字幕，输入“梦想与现实的交点”文本，并为其设置填充颜色、大小和字体，将该字幕素材添加至“时间轴”调板的“视频 2”轨道中，使其入点对齐至第 1 秒；为时间轴中的“字幕 01”素材片段的入点添加“划出”过渡效果；将“时间轴”调板中的当前时间指针移至第 2 秒处，然后新建一个默认游动字幕“字幕 02”，输入“幻想空间”文本，并设置其填充颜色、大小和字体，再在“滚动/游动选项”对话框中设置参数；将本书配套素材“图标.png”图像素材导入到“字幕设计器”窗口中，调整其大小和位置并为其应用合适的字幕样式；将“字幕 02”素材添加至“时间轴”调板的“视频 3”轨道中，使其入点对齐至第 2 秒处；最后保存项目文件并输出序列。

第 6 章　Premiere Pro 音频编辑与混合

声音是一部影视作品不可或缺的组成部分。Premiere Pro CC 为用户提供了多种便捷的音频处理功能，让用户可以根据自身需要对音频进行编辑、合成，还可以为音频添加过渡效果和音频特效等。本章将介绍音频的基础知识，编辑和混合音频的方法，以及音频特效和音频过渡的应用。

学习目标

- 掌握音频的基本编辑方法
- 掌握音轨混合器的使用方法
- 熟悉常用的音频特效
- 掌握音频过渡的用法

6.1　音频的基本编辑

音频的基本编辑包括剪辑音频素材、创建音频轨道、将音频素材添加到“时间轴”调板的相应音频轨道、设置音频素材的声道、调节音频素材的增益和音量等操作。

6.1.1　Premiere Pro 音频处理基础

下面，首先简单介绍 Premiere Pro CC 的音频处理功能，然后介绍音频轨道的类型和创建方法，设置音频单位和查看音频素材的方法，以及添加和编辑音频素材的方法。

1．Premiere Pro CC 音频处理功能概述

Premiere Pro CC 的音频处理功能主要包括：音频基本编辑、应用音频特效和音频混合。

- **音频基本编辑：** 音频基本编辑包括利用“源”监视器预览和剪辑音频素材，将音频素材添加到“时间轴”调板的相应音频轨道，在音频轨道上对音频素材进行各种编辑等操作。

- **应用音频特效**：为音频添加音频特效与为视频、图像等素材添加视频特效相似，用户可以通过添加音频特效来设置声音效果，如设置左右声道的音量、声音延迟等。用户既可利用“效果”调板和“效果控件”调板为时间轴中指定的音频素材片段添加特效，还可利用“音轨混合器”调板为指定的音频轨道添加特效，此时添加的特效将应用于该音频轨道中的所有素材片段。

提　示

Premiere Pro CC 中“音轨混合器”调板的功能非常强大，如图 6-1 所示。使用它，除了可以为音频轨道添加特效外，还可以调整音频轨道的音量，以及设置轨道的混合效果等。

- **音频混合**：任何改变音频播放效果的操作都属于音频混合，Premiere Pro CC 的音频混合功能十分强大，用户可以将音频素材添加到不同的音频轨道上，并分别为不同的音频素材片段或轨道设置音量或其他效果，然后由主声道混合输出，如图 6-2 所示。

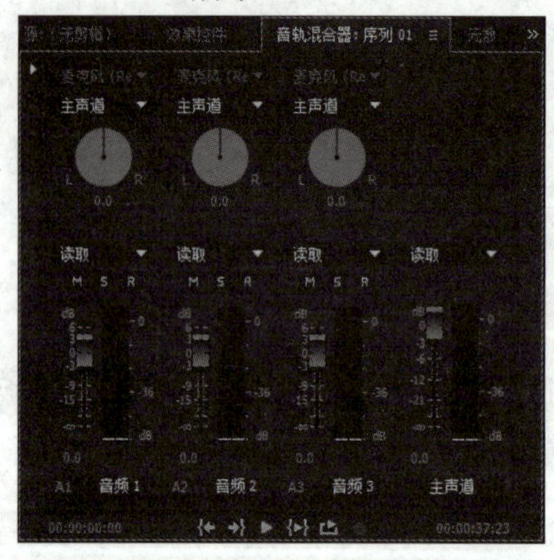

图 6-1　“音轨混合器”调板

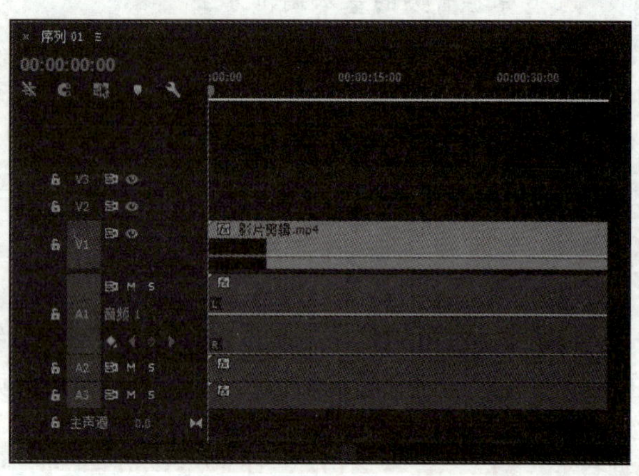

图 6-2　音频混合

2．音频轨道的类型和创建

Premiere Pro CC 中的音频轨道分为普通音频轨道、子混合音频轨道和主声道音频轨道 3 种类型。不同类型音频轨道的作用如下。

- **普通音频轨道**：用来组织不同的音频素材，它包含的是音频的实际信息。
- **子混合音频轨道**：用来分组设置多个普通音频轨道的效果。它不包含实际的音频信息，但需要将普通音频轨道中的信号发送或输出到该类轨道。
- **主声道音频轨道**：它混合了所有音频轨道的信号，并重新分配输出。每个序列中只包含一个主声道音频轨道。

要添加音频轨道，只需在“时间轴”调板中任一轨道名称旁右击，在弹出的快捷菜单中选择“添加轨道”菜单，然后在打开的“添加轨道”对话框中设置要添加的“音频轨道”或“音频子混合轨道”的数量、位置和类型（包括标准（立体声）、5.1 环绕立体声、自适应和单声道 4 种类型），单击“确定”按钮即可，如图 6-3 所示。

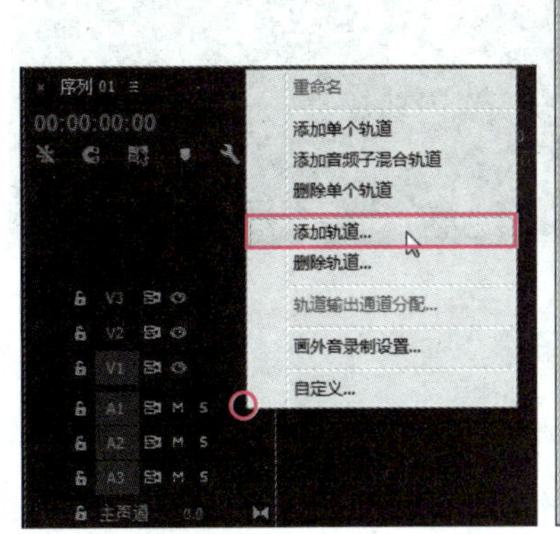

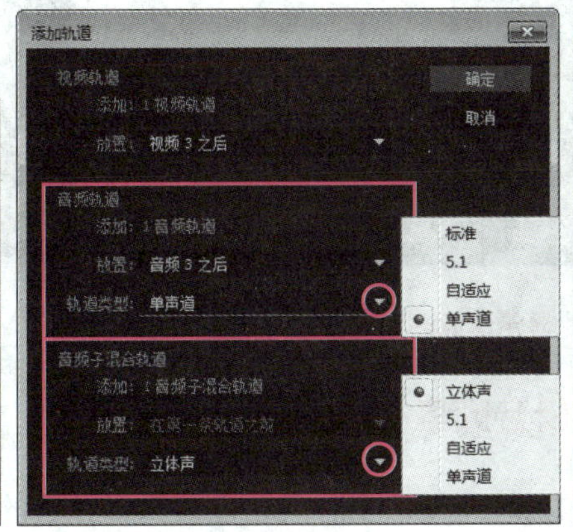

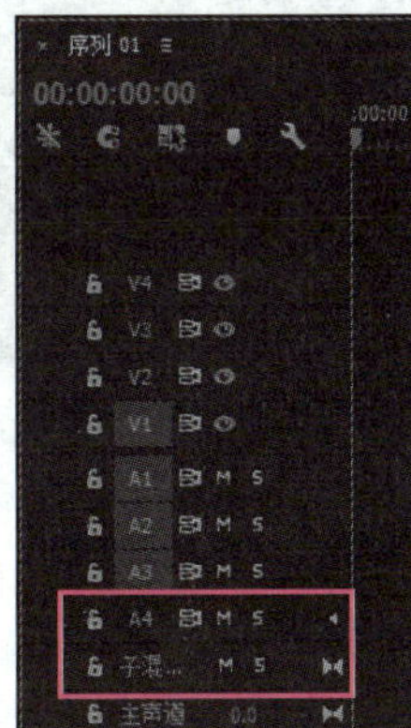

图 6-3　添加音频轨道

单声道的音频只有一个声道；

立体声包含左、右两个声道，大多数音频都属于此类型；

5.1 环绕立体声包含三个前置声道（左置、中置、右置）、两个后置声道（左环绕和右环绕）和一个重低音效果声道，它的播放效果要比立体声更加出色。

在“时间轴”调板中，轨道名称右侧显示了音频轨道的类型，◀图标代表单声道，⧓图标代表立体声，5.1图标代表 5.1 环绕立体声。

3．设置音频单位和查看音频素材

对于视频来说，帧是其最基本的测量单位，通过帧可以精确地设置视频的出点和入点，但对于音频来说，应使用毫秒或音频采样率来作为其显示单位。

要想在“时间轴”调板或“音轨混合器”调板等中显示音频单位，可以单击这些调板右上角的“调板菜单”按钮☰，在打开的菜单中选择“显示音频时间单位”选项，如图 6-4 所示。

要预览音频素材或查看音频素材的波形和声道数等，可将音频加载到“源”监视器中进行查看，如图 6-5 所示。

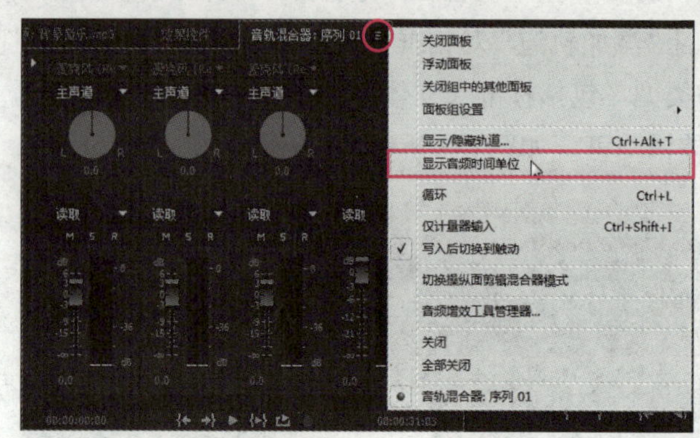

图 6-4　显示音频时间单位

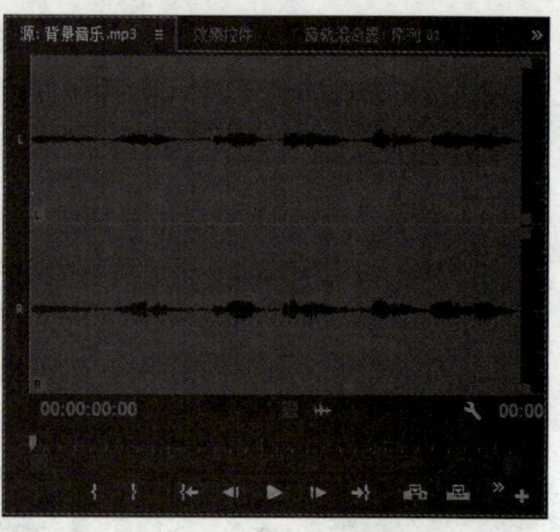

图 6-5　查看音频波形

4．添加和编辑音频素材

将音频素材添加到时间轴、在时间轴上编辑音频等的方法与编辑视频的方法相同，此处不再赘述。需要注意的是，只能将音频素材添加到普通音频轨道上，不能添加到子混合音频轨道上。

6.1.2　设置音频素材的声道

在将音频素材添加到“时间轴”调板的音频轨道中进行混合之前，可先对其进行必要的设置，如从同时包含音频和视频的素材中分离出音频，将多声道音频分离成单声道，将音频的声道映射到指定的轨道等。下面以操作步骤的形式讲解这些知识。

步骤 1▶　新建一个项目文件和序列，导入本书配套素材“第 6 章”>“相关素材”文件夹中的“MV 歌曲.mp4”文件。

步骤 2▶　提取音频。要将音视频素材中的音频提取为独立的素材，可在“项目”调板中选中要提取的音视频素材，然后选择“剪辑”>“音频选项”>“提取音频”菜单，稍微等待一下，即可提取出音频并添加到“项目”调板中，如图 6-6 所示。

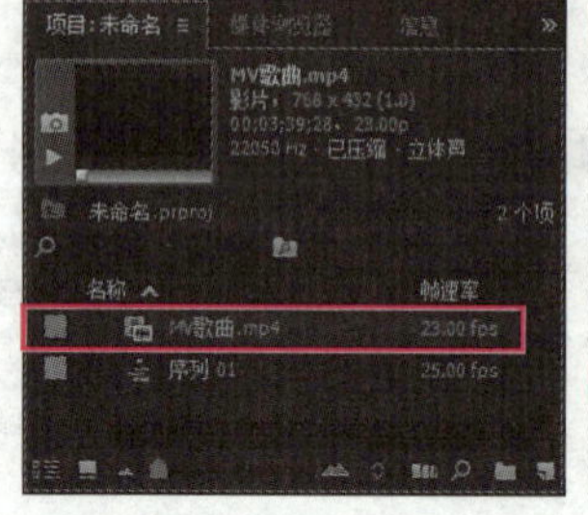

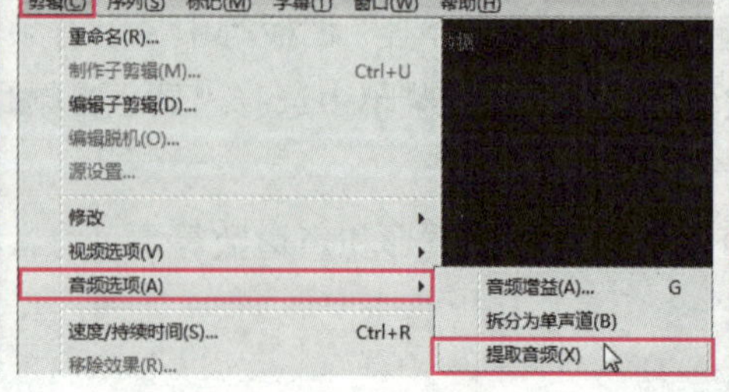

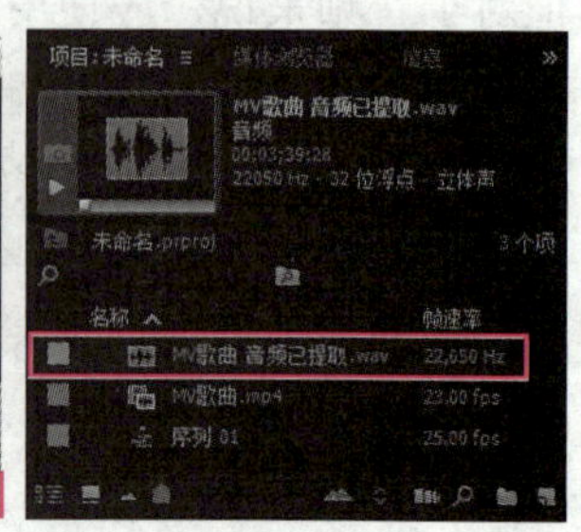

图 6-6　提取音频

步骤 3▶ **分解为单声道**。要将多声道的音频素材分解为单声道，可在“项目”调板中选中要分解的素材，然后选择“剪辑”>“音频选项”>“拆分为单声道”菜单，即可将其分解为单声道并添加到“项目”调板中，如图 6-7 所示。

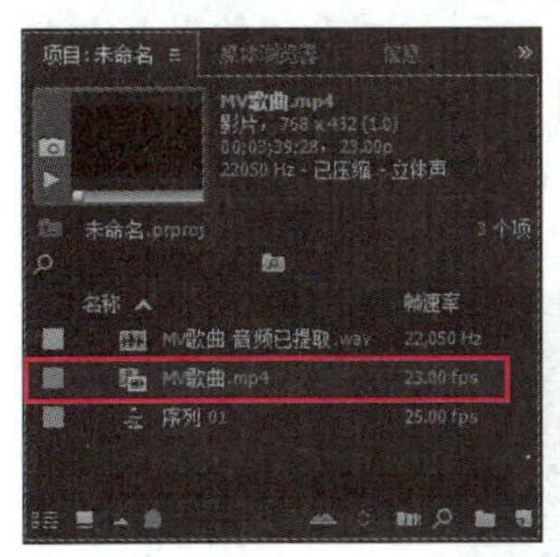
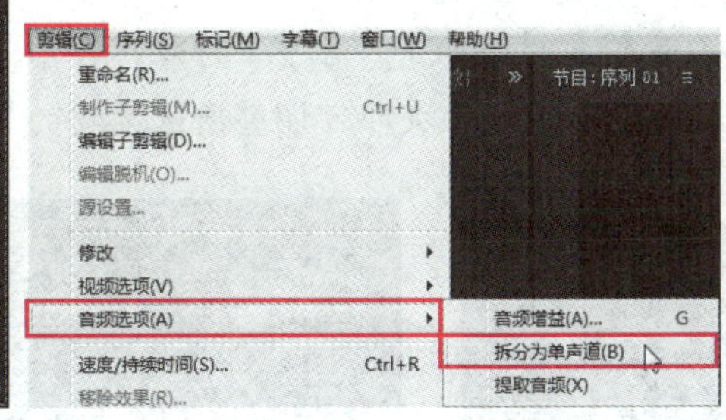

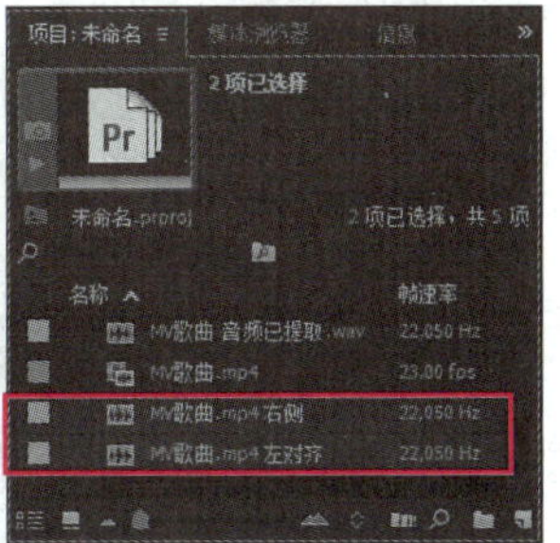

图 6-7　将音频素材分解为单声道

6.1.3　调节音频素材的增益和音量

调节音频素材的“增益”和“音量”是编辑音频素材时常用的操作，二者都可以调整音频素材的音量，不同的是“增益”调整的是音频素材的输入音量（即调整的是原始声音），而“音量”调整的是序列中素材片段的输出音量（即调整的是经过处理后输出的声音）。

1．调节音频素材的增益

在使用 Premiere Pro CC 制作影视作品的过程中，经常需要将多个音频素材进行合成，此时可以对各个音频素材的增益进行调整，以避免部分音频素材的声调过高或过低，影响作品的效果。

要调整音频增益，可在“项目”调板或“时间轴”调板中选中音频素材，然后选择“剪辑”>“音频选项”>“音频增益”菜单，在打开的“音频增益”对话框中设置相关参数（一般调整“将增益设置为”选项的值即可），然后单击“确定”按钮，如图 6-8 所示。

- **将增益设置为：**用于设置增益的绝对值，取值范围是-96～+96，输入正值时会增加音量，输入负值时会减少音量，0 时表示保持原始增益。
- **调整增益值：**设置音频的相对增益。
- **标准化最大峰值为：**设置音频最高波峰的绝对增益。
- **标准化所有峰值为：**设置音频所有波峰的绝对增益。

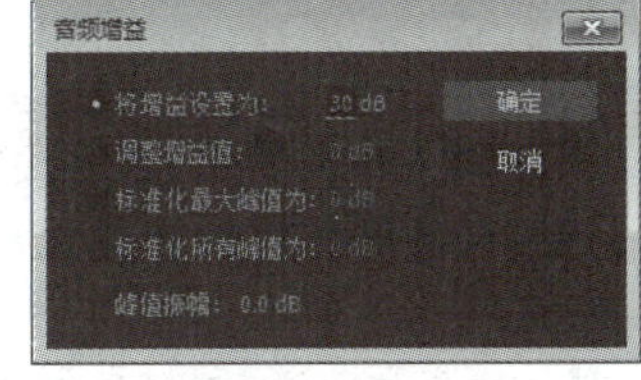

图 6-8　调整音频增益

2．调节音频素材的音量

在 Premiere Pro CC 中，用户可以利用“效果控件”调板或者直接在“时间轴”调板中调整音频轨道中音频素材的音量，使相邻音频素材片段的音量匹配。

步骤 1▶ 新建一个项目文件和序列，导入本书配套素材“第 6 章”>“相关素材”文件夹中的“急促音效.mp3”文件，并将其添加到“音频 1”轨道中。

步骤 2▶ 在“音频 1”轨道中选中“急促音效.mp3”素材片段，打开“效果控件”调板，可看到系统已自动为音频素材添加了“音量”特效。展开“音量”特效，在“级别”右侧的编辑框中输入数值，或拖动下方滑块即可调整所选素材的音量大小，如图 6-9 所示。

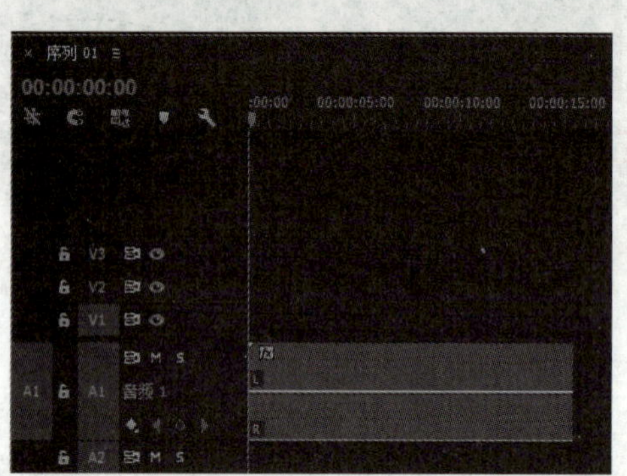

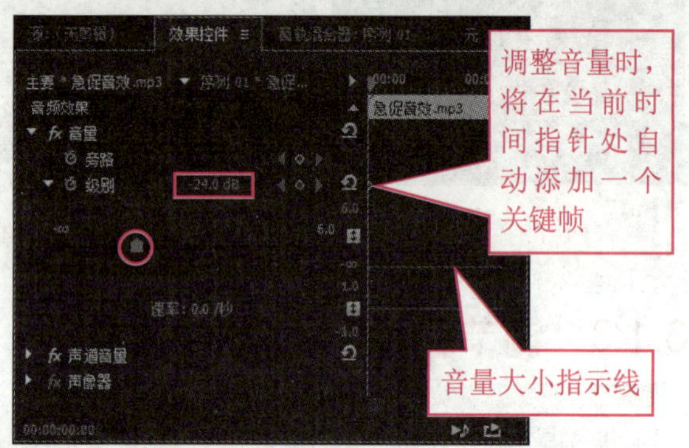

图 6-9　调整音频素材片段的音量

提　示

在图 6-9 中，选择“旁路”复选框后添加的相应音频特效会被禁止，该复选框主要用于比较素材片段添加特效前后的效果。

步骤 3▶ 若希望让音频素材片段在不同的位置有不同的音量，从而实现声音的忽高忽低效果，则需要添加关键帧。在“效果控件”调板中将当前时间指针移至要调整音量的位置，然后单击“添加/移除关键帧”按钮◆添加一个关键帧，并设置该关键帧处的音量，如图 6-10 所示。

提　示

添加关键帧后，在该处的音量指示线上将出现一个音量调节节点，上下拖动该节点也可调整此处的音量大小，如图 6-10 所示。此外，右击关键帧，从弹出的快捷菜单中选择“贝塞尔曲线”或其他曲线类型，此时该处的音量调节节点将变成曲线节点，拖动节点两侧的控制柄可调整音量指示线的曲率，从而使音量具有更多变化。

步骤 4▶ 要在时间轴上调整音频素材的音量大小，应先确保轨道的显示方式为“剪辑关键帧”，如图 6-11 所示。此时在该素材片段上将显示一条音量指示线，上下拖动音量指示线可调整音量大小。

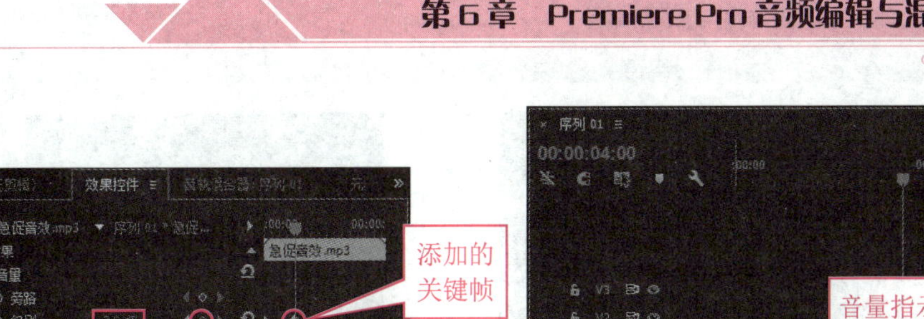

图 6-10 调整素材片段不同位置处的音量大小　　图 6-11 在时间轴上调整素材片段音量大小

步骤 5▶ 也可在时间轴的音量指示线上添加关键帧，并拖动相应位置的关键帧，使素材片段的不同位置有不同的音量，如图 6-12 所示。

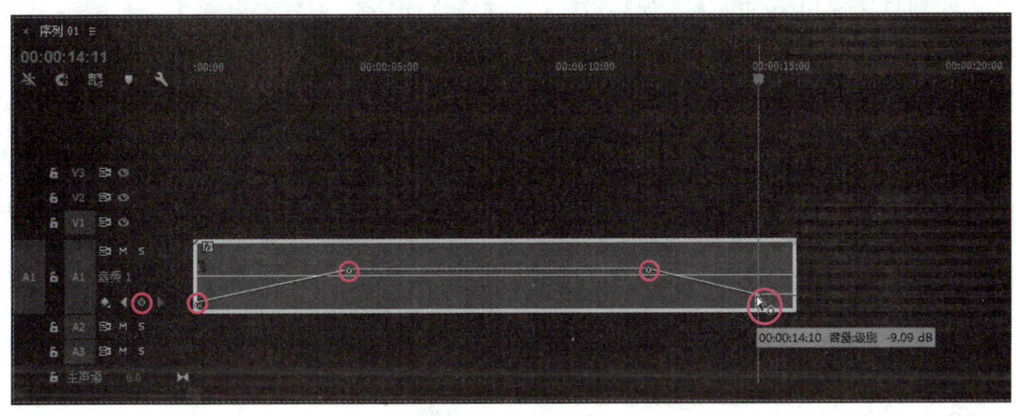

图 6-12 在时间轴上调整素材片段不同位置的音量

提 示

需要注意的是，在调整音量时，如果原始素材的音量非常低，将其音量放大很多后，有可能会使其中暗藏的噪音也被放大。

6.1.4 典型案例——制作声道转换效果

下面利用本节所学知识，为一段影片（见图 6-13）制作左右声道音量强弱交替的变化效果。

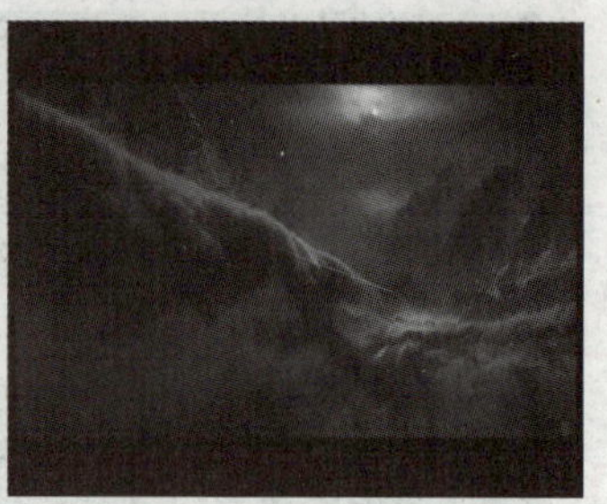

图 6-13　声道转换效果影片截图

素材文件	素材与实例\第 6 章\声道转换素材
效果展示和源文件	素材与实例\第 6 章\声道转换效果.prproj、声道转换效果.mp4

制作分析

创建项目文件和序列并导入视频素材后，将视频素材添加到“视频 1”轨道中；然后打开“效果控件”调板，通过设置“声道音量”选项，制作左右声道音量强弱交替的效果；最后保存项目文件并输出序列。

制作步骤

步骤 1▶ 新建一个名为“声道转换效果”的项目文件，再新建一个序列，在“新建序列”对话框的“序列预设”选项卡下选择“DV-PAL”文件夹中的“标准 48 kHz”选项。

步骤 2▶ 导入“影片剪辑.mp4”视频素材，并将其添加至“时间轴”调板中的“视频 1”轨道中，在弹出的“剪辑不匹配警告”对话框中单击“更改序列设置”按钮。

步骤 3▶ 选择“工具”调板中的“剃刀工具”，然后在时间轴中的“影片剪辑.mp4”素材片段的第 37 秒 23 帧处单击分割视频，再使用“选择工具”选中后半段视频和音频并将其删除，如图 6-14 所示。

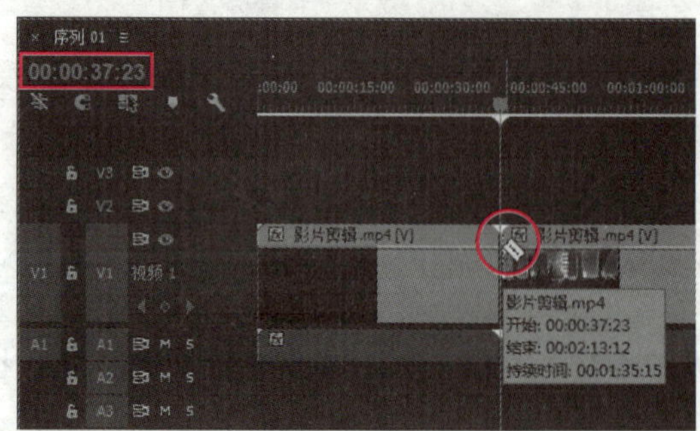

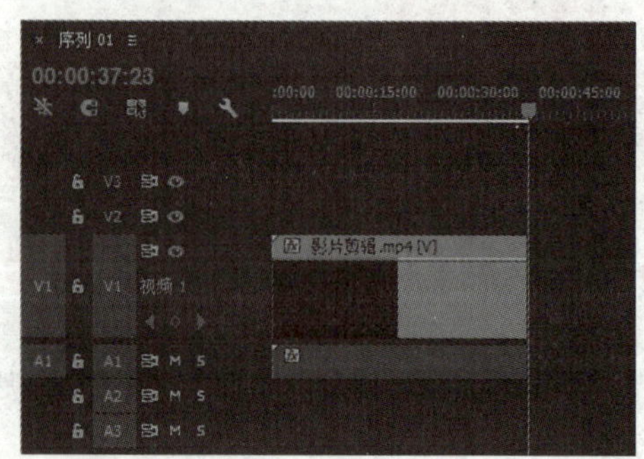

图 6-14　分割并删除素材片段

步骤 4▶ 将“时间轴”调板中的当前时间指针移至第 0 秒处，然后单击选中“视频 1”轨道中的“影片剪辑.mp4”视频素材，再在“效果控件”调板中展开“声道音量”特效，将“左”设为“6”，“右”设为“-20”（设置左右声道的音量），如图 6-15 所示。

步骤 5▶ 将“效果控件”调板中的当前时间指针移至第 15 秒处，然后将“左”设为“-20”，“右”设为“6”，如图 6-16 所示。

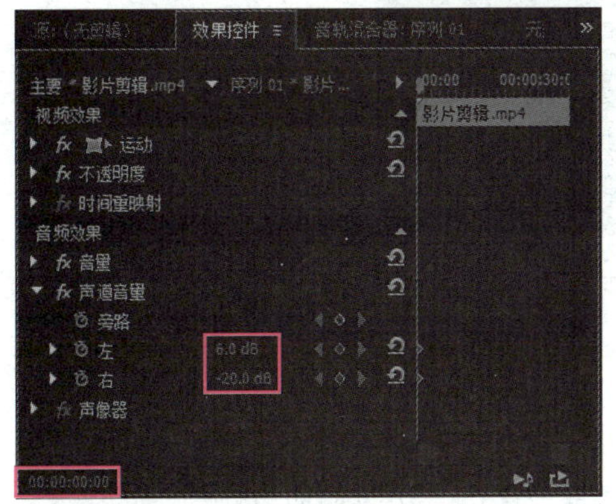

图 6-15 设置第 0 秒处的声道参数

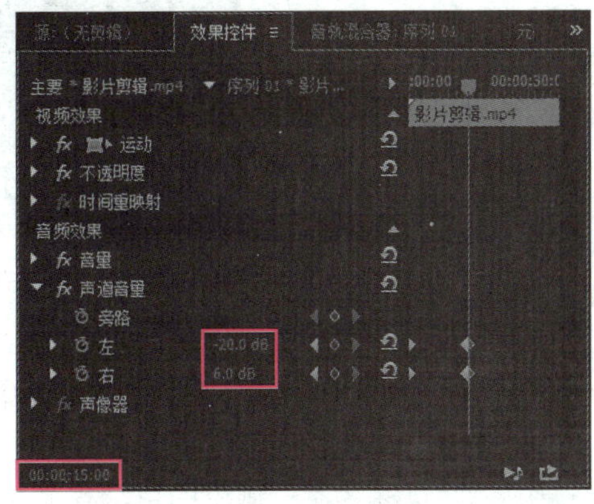

图 6-16 设置第 15 秒处的声道参数

步骤 6▶ 将“效果控件”调板中的当前时间指针移至第 30 秒处，然后将“左”和“右”选项都设为“0”，至此便为影片制作了一个左右声道音量强弱交替的效果。最后保存项目文件并输出序列。

6.2 使用音轨混合器混合音频

“音轨混合器”调板的初始界面如图 6-17 所示，它是一个多功能的音频处理和混合平台，具有录音（参考第 2 章内容）、调节音量、设置声像与平衡、添加音频特效，以及分组混音等功能。

需要注意的是，在“音轨混合器”调板中进行的大多数操作都是针对音频轨道的，设置的效果将作用于相应音频轨道中的所有音频素材片段。

“音轨混合器”调板的中间部分是轨道设置区，轨道设置区是音轨混合器的主操作区，其显示的轨道与“时间轴”调板中的音频轨道一一对应，用户可在此分别对各音频轨道进行操作，如调节音量、添加特效等。

当用户在“时间轴”调板中进行添加、删除或重命名音频轨道时，“音轨混合器”调板中的轨道也会做出相应调整。

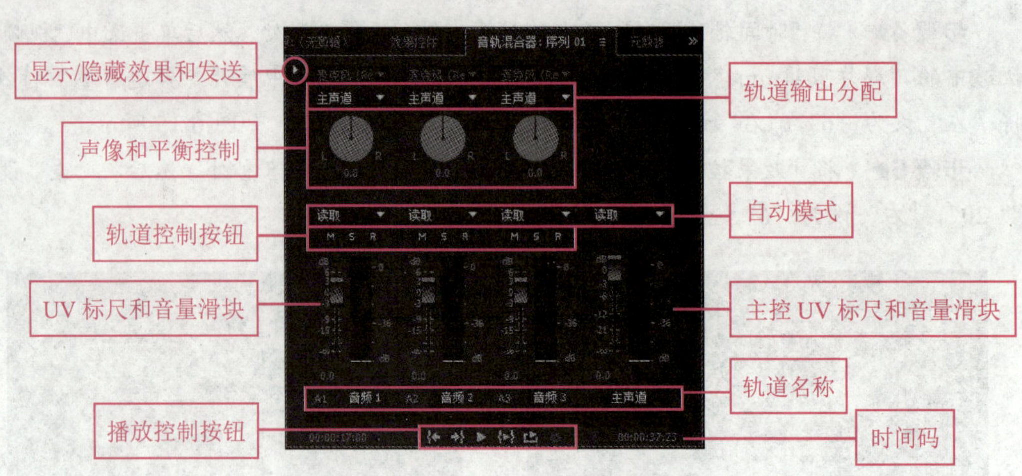

图 6-17 “音轨混合器”调板

6.2.1 自动模式和调节轨道音量

使用“音轨混合器”调板的自动模式可以边播放序列，边对相应音频轨道的音量、声像与平衡、静音或音频特效等进行操作，并设置是否将操作结果实时自动记录到相应的音频轨道中。“音轨混合器”调板的自动模式包括“关”、“读取”、“闭锁”、“触动”和“写入”等，下面以实例说明这些自动模式的作用，以及设置轨道音量、静音和独奏轨的方法。

步骤 1▶ 新建一个名为“使用音轨混合器”的项目文件，再新建一个序列，在“新建序列”对话框的“序列预设”选项卡下选择“DV-PAL”文件夹中的“标准 48 kHz”选项。

步骤 2▶ 导入本书配套素材“第 6 章”>“相关素材”文件夹中的“原声.mp3”和“背景音乐.mp3”文件，将它们分别添加到“音频 1”和“音频 2”轨道中。

步骤 3▶ 由于“音轨混合器”调板是针对音频轨道进行操作，因此先分别将“时间轴”调板中“音频 1”和“音频 2”轨道的显示模式设为“轨道关键帧”>“音量”，以便及时查看设置效果，如图 6-18 所示。

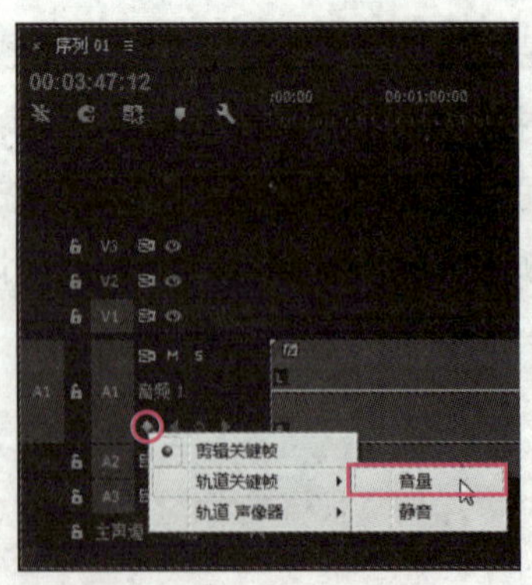

图 6-18 设置轨道显示模式

步骤4▶ **"闭锁"自动模式。**在该模式下播放序列时，Premiere Pro CC允许在"音轨混合器"调板中对相应的音频轨道的属性进行实时调节，并将调节结果以轨道关键帧的形式保存；停止播放后，在时间轴中将显示自动生成的轨道关键帧。图6-19所示是该模式的操作示例。

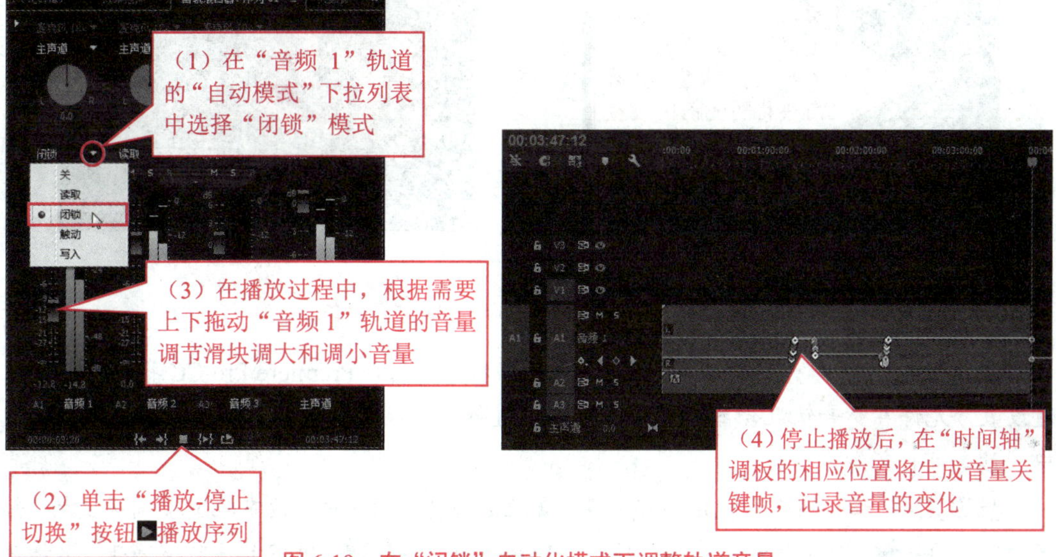

图6-19 在"闭锁"自动化模式下调整轨道音量

步骤5▶ **"触动"和"写入"自动模式。**这两个模式与"闭锁"模式相似，都可以对音频轨道进行实时调节并以关键帧的形式保存调整结果。不同的是，使用"闭锁"和"触动"模式开始调节一个属性（如音量）之前，此属性会沿用之前设置的数值，而"写入"模式使用的是系统默认值。此外，在"触动"模式下不进行调整时，相应属性的值将自动回归到之前设置的数值。读者可自行练习。

步骤6▶ **"读取"自动模式。**这是音轨混合器默认的自动模式，在该模式下播放序列时，将读取先前对轨道的设置，并使用这些设置控制轨道播放，如图6-20（a）所示。

步骤7▶ 如果之前没有对轨道的某个属性（如音量）进行过设置，则在"读取"模式下允许用户在音轨混合器中对该属性进行统一调节。例如，在该模式下增大"音频2"轨道的音量，如图6-20（b）所示，当停止播放后，会发现"时间轴"调板中"音频2"轨道的音量指示线也同时被调整。

为相应的音频轨道设置某属性（如音量或某个音频特效）时，若需要对该属性进行统一调整，可使用"读取"模式；若需要在轨道的不同位置设置该属性的不同值，可使用"闭锁"、"触动"或"写入"模式。

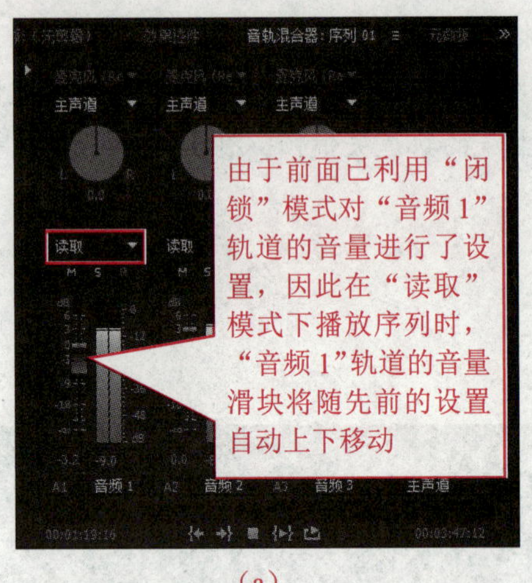

（a）

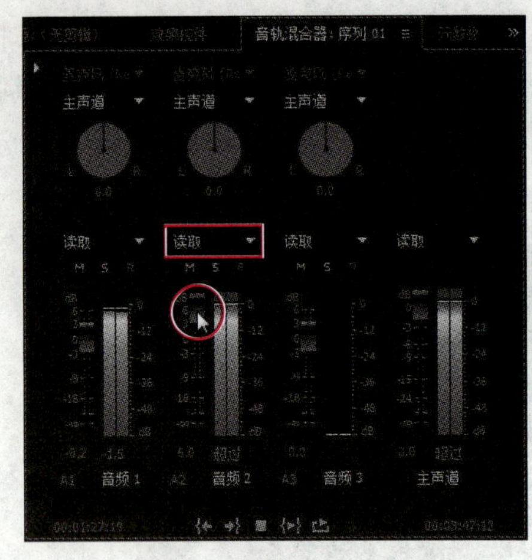

（b）

图 6-20　在“读取”模式下调整轨道音量

步骤 8▶　**“关”自动模式。**在该模式下播放序列时，Premiere Pro CC 将忽略任何轨道设置，允许在“音轨混合器”调板中对音频进行实时调节，但不将调节结果记录到轨道中。读者可自行练习。

步骤 9▶　**静音轨道和独奏轨道。**在“音轨混合器”调板中，按下轨道控制区域的“静音轨道”按钮M，可将该轨道静音；按下“独奏轨道”按钮S，可将其他轨道静音，只播放该轨道中的音频。

6.2.2　设置声像与平衡

默认情况下，所有普通音频轨道（这里将其称为源轨道）中的音频都输出到序列的主声道音频轨道（这里将其称为输出轨道），由于源轨道与输出轨道都包含一个或多个声道，因此从源轨道输出音频前可根据需要对声道间的信号进行重新分配。

声像是指音频在声道间的移动，使用声像可以在多声道音频轨道中对声道进行定位；平衡是指在多声道音频轨道之间重新分配声道中的音频信号。

当源轨道为单声道，输出轨道为立体声或 5.1 环绕立体声时，可进行声像处理；当源轨道为立体声，输出轨道为立体声或 5.1 环绕立体声时，可进行平衡处理；当源轨道和输出轨道均为单声道或 5.1 环绕立体声轨道时，声像和平衡均不可用，轨道中的声道直接进行匹配。

在创建序列时，可设置主声道音频轨道的声道类型，如图 6-21 所示。

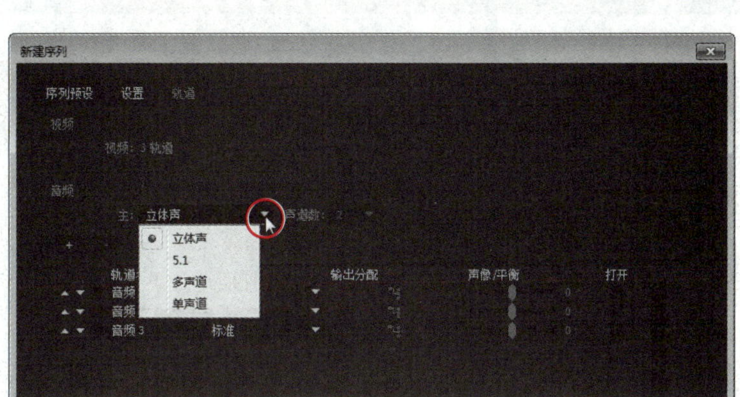

图 6-21　设置主声道音频轨道的声道类型

“音轨混合器”调板提供了声像和平衡控制。当将一个单声道或立体声轨道输出到立体声轨道时，会出现一个圆形按钮，按住鼠标左键并拖动以旋转按钮，即可在输出音频的左右声道之间进行声像或平衡控制，如图 6-22 所示。

当将一个单声道或立体声轨道输出到 5.1 环绕立体声轨道时，会出现一个方形控制盘，沿着其边缘分别放置了 5 个环绕声扬声器，拖拽中间的黑色控制点，可以在 5 个扬声器之间进行声像或平衡控制，如图 6-22 所示。

在圆形按钮上按住鼠标左键并拖动，即可调整声像或平衡，从而增大或减小左右声道的音频信号；也可直接在按钮下方的编辑框中输入数值

拖动该控制点可进行声像或平衡控制

拖动该滑块可调整重低音音量

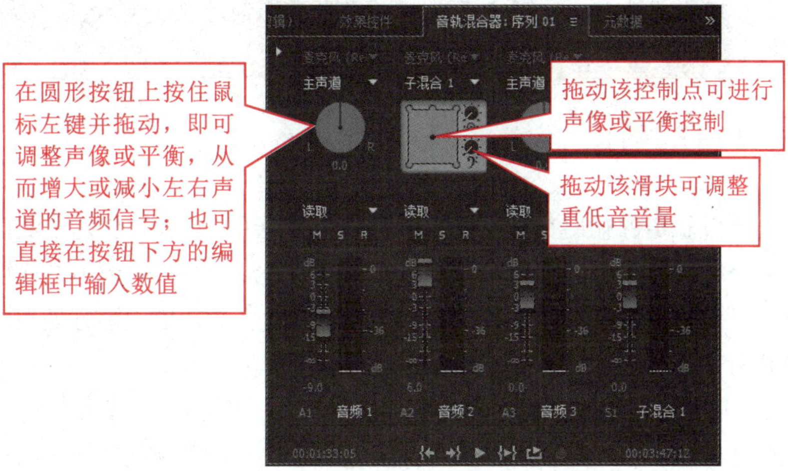

图 6-22　调整声像和平衡

6.2.3　添加音频特效

在 Premiere Pro CC 中，既可利用“效果”调板为音频轨道中的素材片段添加特效，也可利用“音轨混合器”调板为指定的音频轨道添加特效。图 6-23 所示是利用“音轨混合器”调板为“音频 1”轨道添加“延迟”特效的操作方法。

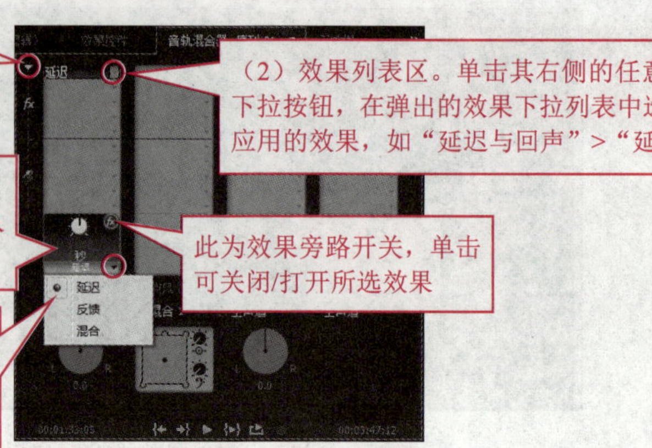

图 6-23　为音频轨道添加特效

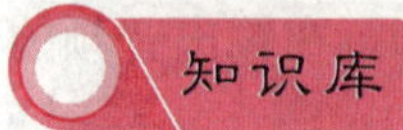
知识库

系统在每个音频轨道的效果列表区提供了多个下拉按钮，对应不同的音频特效。当为一个音频轨道添加了多个音频特效时，若要更改某个特效的属性参数，可在效果列表区单击选择该特效，然后在下方的效果属性设置区进行设置；若要删除某个特效，则在该效果的下拉列表中重新选择“无”即可。

此外，若希望在音频轨道的不同位置设置某特效属性的不同参数，可使用音轨混合器的“闭锁”或“写入”等自动模式（参考前面的说明）。

6.2.4　使用子混合音频轨道

默认情况下，普通音频轨道的输出目标是主声道音频轨道，用户也可以创建子混合音频轨道，并将一个或多个普通音频轨道中的音频发送或输出到子混合音频轨道中进行统一处理，还可将子混合音频轨道中的音频发送或输出到其他子混合音频轨道中进行处理，最终在主声道音频轨道进行汇总输出。下面以一个实例进行说明。

步骤 1▶　继续在“使用音轨混合器”项目文件中进行操作。参考 6.1.1 节介绍的方法创建一个子混合音频轨道，然后在“音轨混合器”调板“音频 1”和“音频 2”轨道的“轨道输出分配”下拉列表中均选择“子混合 1”轨道，如图 6-24（a）所示。

步骤 2▶　为“子混合 1”轨道添加“高音”音频特效，如图 6-24（a）所示，然后播放序列，可听到所设置的高音特效同时应用于“音频 1”和“音频 2”轨道。

用户还可以使用发送功能将某个音频轨道中的音频发送到子混合音频轨道中进行处理，只需在“音轨混合器”调板相应轨道的“发送”列表区单击右侧的三角按钮，在弹出的下拉列表中选择要发送到的目标轨道即可，如图 6-24（b）所示。每个轨道可以包含 5 个发送，用户可在发送设置区设置发送的音量大小和声道平衡，如图 6-24（c）所示。

（a）

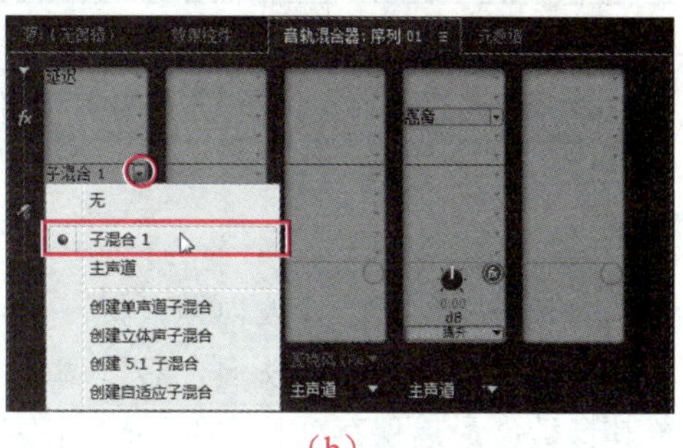

（b）

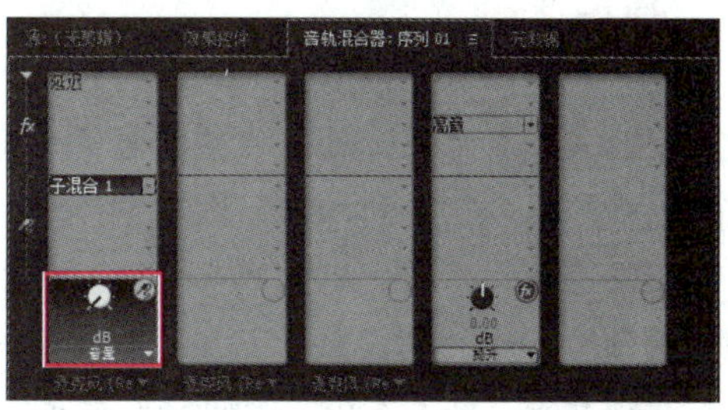

（c）

图 6-24　使用子混合音频轨道

提　示

使用发送时，若还没有创建子混合音频轨道，可在弹出的下拉列表中选择“创建XXX子混合”选项，创建一个子混合音频轨道。

需要注意的是，只能将位于“音轨混合器”调板左侧的轨道发送或输出到右侧的轨道，不能将右侧的轨道发送或输出到左侧的轨道。

6.2.5　典型案例——制作超重低音效果

下面利用本节所学知识，为图 6-25 所示的视频中的音频制作超重低音效果。

图 6-25　超重低音视频播放效果截图

素材文件	素材与实例\第 6 章\超重低音素材
效果展示和源文件	素材与实例\第 6 章\超重低音效果.prproj、超重低音效果.mp4

制作分析

创建项目文件后，导入视频素材，并将其添加至“时间轴”调板中；然后选中时间轴上的素材片段，打开“音轨混合器”调板，为“音频 1”轨道添加“低音”音频特效，并设置其参数；最后保存项目文件并输出序列。

制作步骤

步骤 1▶ 新建一个名为“超重低音效果”的项目文件，再新建一个序列，在“新建序列”对话框的“序列预设”选项卡下选择“DV-PAL”文件夹中的“标准 48 kHz”选项。

步骤 2▶ 导入“超重低音素材”文件夹中的“长城.mp4”视频文件，并将其添加至“时间轴”调板的“视频 1”轨道中，如图 6-26 所示。

步骤 3▶ 单击选中“时间轴”调板中的“长城.mp4”素材片段，打开“音轨混合器”调板，单击左侧的“显示/隐藏效果和发送”按钮，打开“效果和发送”设置区，再在“音频 1”轨道的“效果选择”下拉列表中选择“低音”选项，如图 6-27 所示。

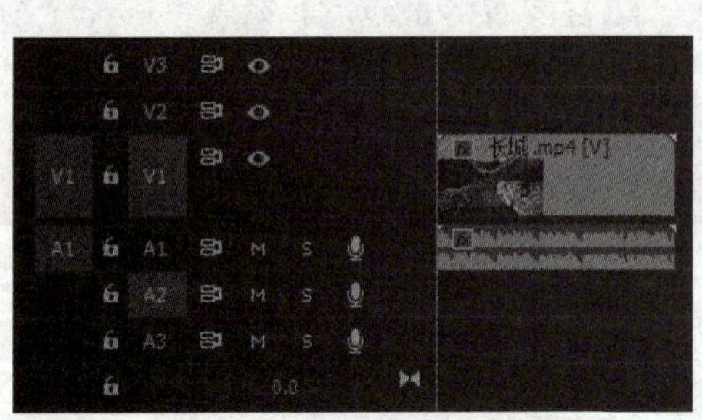

图 6-26 导入并添加素材

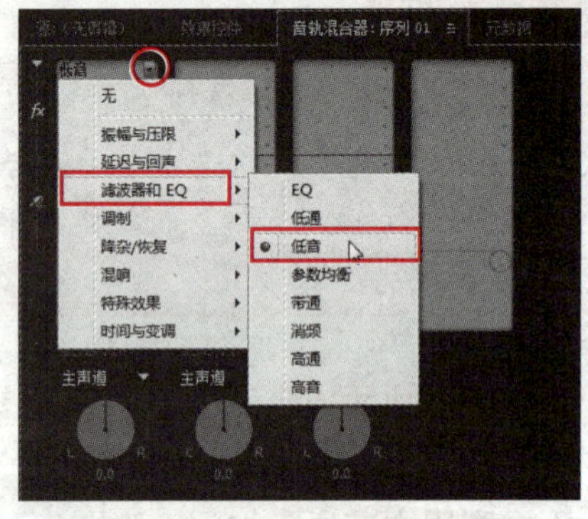

图 6-27 选择“低音”效果

步骤 4▶ 在“音轨混合器”面板“音频 1”轨道的参数列表中，将“放大”选项设为“15 dB”，如图 6-28 所示。最后保存项目文件并输出序列。

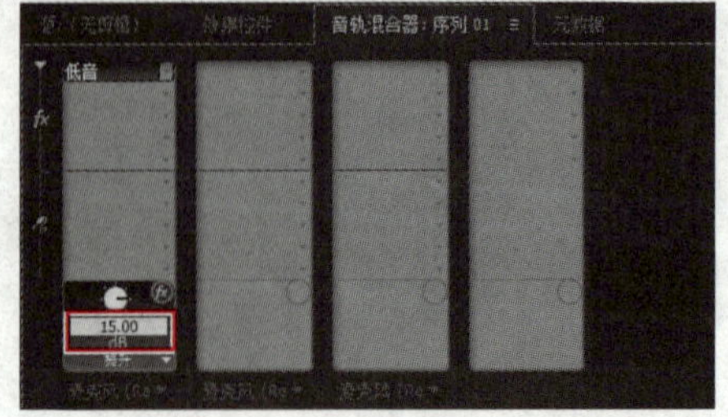

图 6-28 设置“低音”音频特效的参数

6.3　应用音频特效和音频过渡

利用 Premiere Pro CC 提供的音频特效，可以快捷地为音频素材或音频轨道添加延迟、低音和混响等特效；通过为音频素材添加音频过渡，可以实现音频的淡入（音量逐渐增大）、淡出（音量逐渐减小）等过渡效果。

6.3.1　常用音频特效

1．延迟和多功能延迟

利用“延迟”音频特效可以为音频素材添加回声效果，其在“效果控件”调板中包含“延迟”、“反馈”和“混合”等选项（属性）。

利用“多功能延迟”音频特效可以对音频素材播放时的延迟效果进行更详细的设置，在制作电子音乐内产生的同步和重复的回声效果时经常使用该音频特效，其在“效果控件”调板中的参数如图 6-29 所示。

- **延迟**：用于设置原始音频素材的延迟时间，最大值为 2 秒。
- **反馈**：用于设置有多少延时音频反馈到原始音频中。
- **级别**：用于设置每个回声的音量大小。
- **混合**：用于设置各回声间的融合状况。

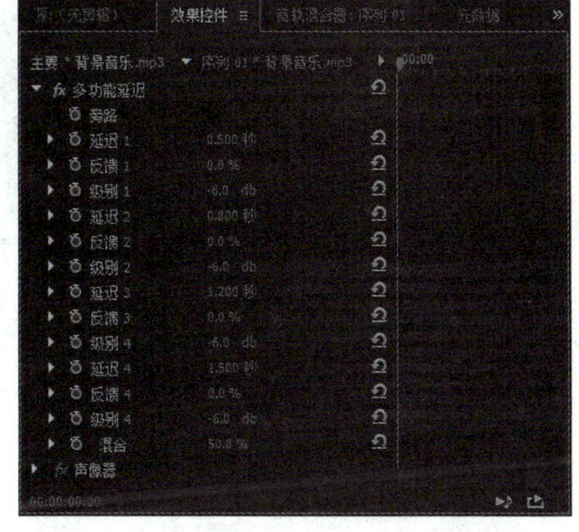

图 6-29　“多功能延迟”音频特效的参数

2．Chorus（和声）

利用“Chorus”音频特效可以创造和声效果，其原理是在复制原始音频素材后，对其进行降调或频率偏移处理，再将处理过的效果音与原始音频混合后进行播放。当仅包含单一乐器或语音的音频应用“Chorus”音频特效时，会获得较好效果。其在“效果控件”调板中的参数如图 6-30 所示。

- **LfoType**：该选项用于设置音频的低频类型。
- **Rate**：设置该选项的参数可以使音频素材产生不自然的音效。

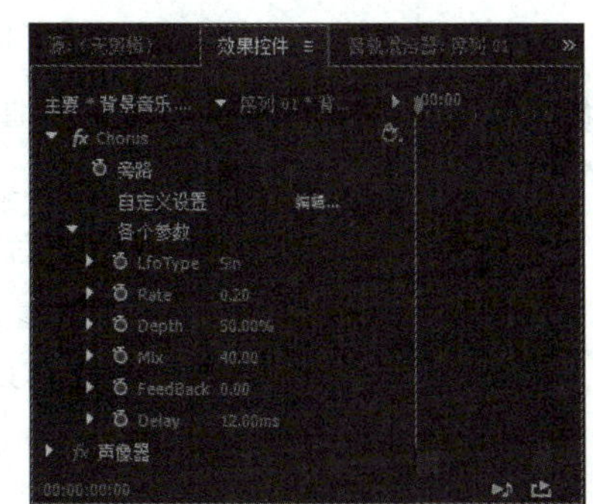

图 6-30　“Chorus”音频特效的参数

- **Depth：** 设置该选项的参数可以使和声效果更加自然。
- **Mix：** 该选项用于设置原始音频与效果音的混合程度，大多情况下设为“50%”。
- **FeedBack：** 该选项用于设置音频素材的回音效果。
- **Delay：** 设置该选项的参数可以调整效果音的延时程度，较高的数值可以产生较大的音调变化，并可加深和声效果。

3. 消除齿音和消除齿音（旧版）

利用“消除齿音”和“消除齿音（旧版）”音频特效可以去除音频素材中“嘶嘶”的杂音，以提高音频质量。其中，“消除齿音（旧版）”音频特效在“效果控件”调板中的参数如图 6-31 所示。

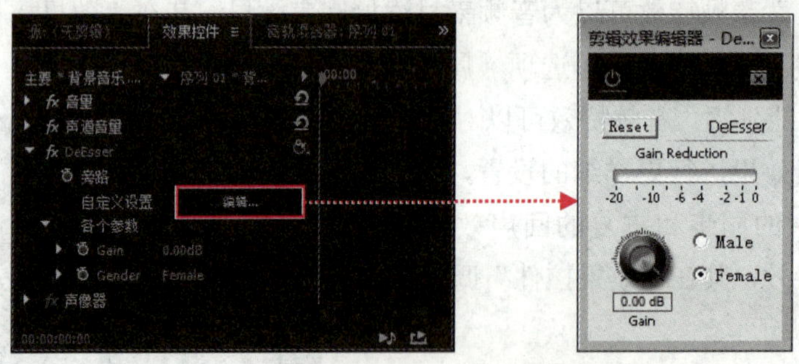

图 6-31 “消除齿音（旧版）”音频特效的参数

- **Male：** 选择该单旋钮后，“消除齿音（旧版）”音频特效的作用是减少高音数量。
- **Female：** 选择该单旋钮后，“消除齿音（旧版）”音频特效的作用是减少低音的数量。
- **Gain：** 该选项用于设置音频中减少的低音或高音的数量，取值范围为-20～0 dB。

4. DeNoiser（消除噪声）

利用“DeNoiser”音频特效可以自动发现并移除音频素材中的噪音，以提高音频质量。该音频特效常用来去除磁带或其他载体在实现音频数字化时所产生的杂音，其在“效果控件”调板中的参数如图 6-32 所示。

- **Freeze：** 勾选该复选框后，会在当前检测中停止对噪声水平的评估，常用于查找外部条件起落不稳定的素材噪声。
- **Noisefloor：** 该选项用于指定播放音频素材时噪声底限的级别，其单位是 dB。
- **Reduction：** 利用该选项可以在-20～0 dB 取值范围内去除指定的噪声。
- **Offset：** 该选项用于在自动监测噪声和评估噪声水平之间设定一个偏移值，当自动降噪不能很好地去除噪声时，利用“Offset”选项可以辅助去除。

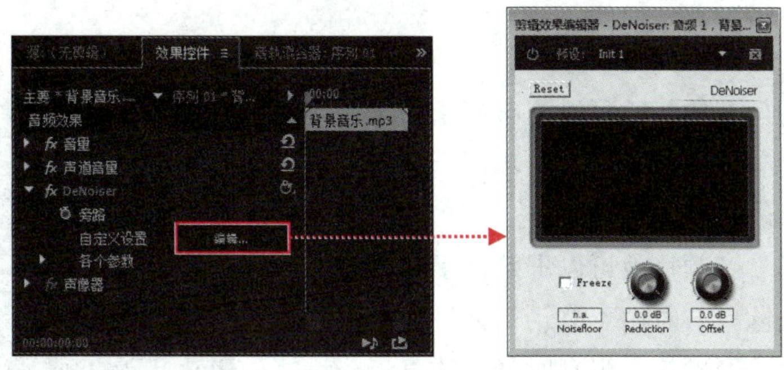

图 6-32 “DeNoiser”音频特效的参数

5. EQ（均衡器）

利用“EQ”音频特效可以控制音频素材中的声音频率、波段和多重波段均衡等内容。在“效果控件”调板中可通过使用图形控制器或直接更改各选项参数的方式对“EQ”音频特效的效果进行调整，如图 6-33 所示。

- **图形控制器：** 当使用图形控制器调整音频素材在各波段的频率时，应先勾选“Low”、“Mid”和“High”复选框，然后拖动图形控制器中相应的控制点，如图 6-34 所示。

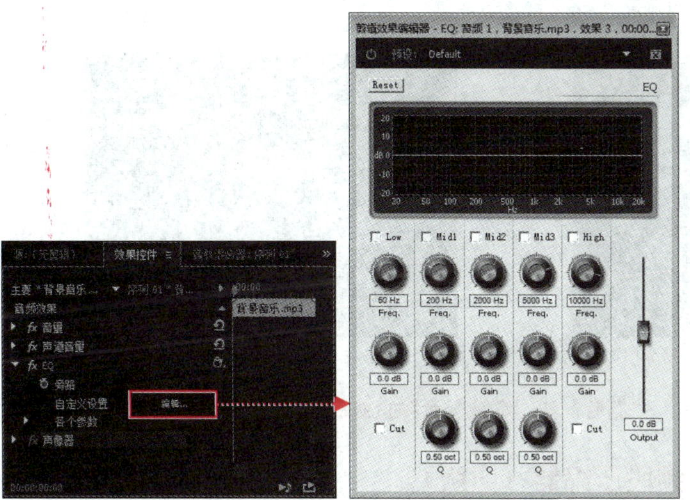

图 6-33 “EQ”音频特效的参数

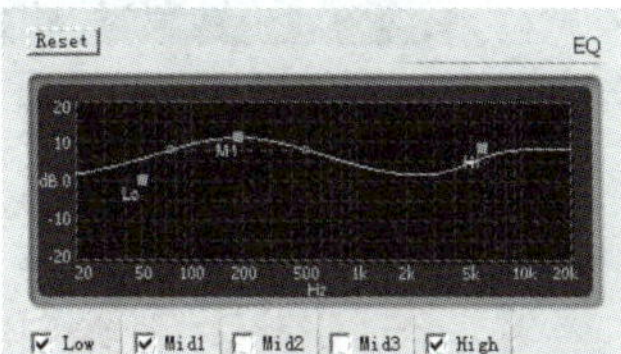

图 6-34 利用图形控制器调整波段参数

- **Freq：** 该选项用于设置波段增大和减小的次数。
- **Gain：** 该选项用于设置常量之上的频率值。
- **Cut：** 勾选该复选框后，可设置从滤波器中过滤掉的高低波段。
- **Q：** 该选项用于设置各滤波器波段的宽度。
- **Output：** 拖动该选项的滑块，可补偿过滤效果之后造成的频率波段的增加或减少。

6. 低通和高通

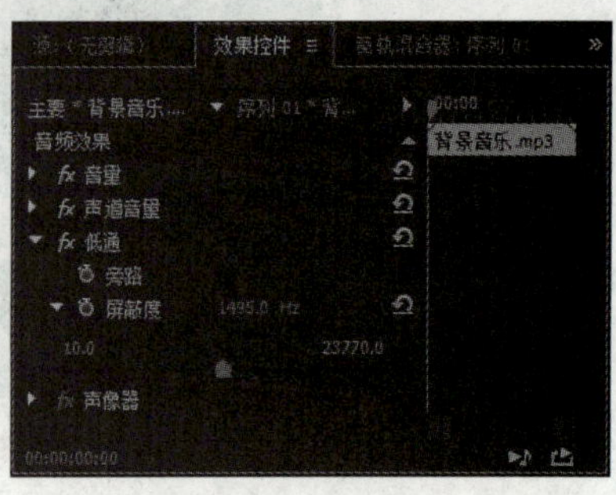

图 6-35 “低通”音频特效的参数

利用“低通”音频特效可以屏蔽高于指定频率的声波，该音频特效的“屏蔽度”选项用于指定可通过声音的最高频率，如图 6-35 所示。

利用“高通”音频特效可以屏蔽低于指定频率的声波，常用来去除录音时由于离话筒太近而产生的喘气声，还可以去除音频信号失真时产生的直流分量，防止烧毁低音音箱。

7. 低音和高音

利用“低音”音频特效可以调整音频素材中低于 200 Hz 的低音部分，该音频特效中的“提升”选项的取值范围为-24～24 dB。当“提升”选项为正值时，表示提升低音；为负值时，则表示降低低音，如图 6-36（a）所示。

利用“高音”音频特效可以调整音频素材中高于 4000 Hz 的高音部分，其“提升”选项的取值范围也是-24～24 dB。当“提升”选项为正值时，表示提升高音；为负值时，则表示降低高音，如图 6-36（b）所示。

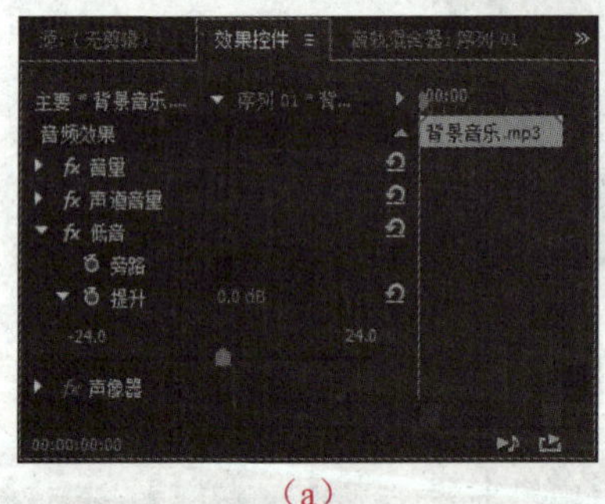

（a）

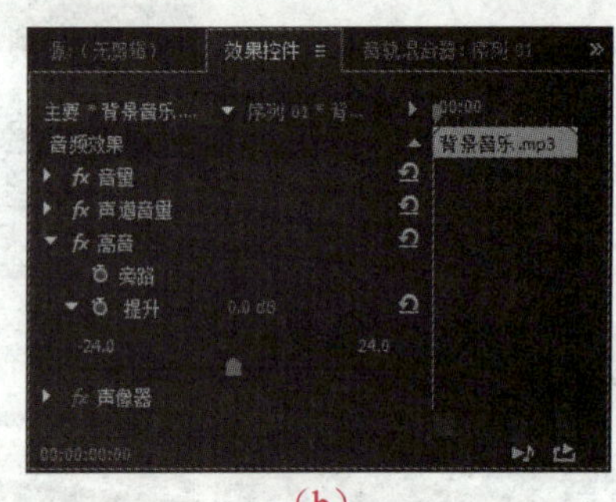

（b）

图 6-36 “低音”和“高音”音频特效的参数

8. 多频段压缩器和多频段压缩器（旧版）

利用“多频段压缩器”和“多频段压缩器（旧版）”音频特效可以控制音频素材中高、中、低 3 个波段的压缩。在“效果控件”调板中，“多频段压缩器（旧版）”音频特效拥有 3 个不同的图形控制器，这些图形控制器分别对应下方的“Low”、“Mid”和“High”波段，如图 6-37 所示。

- **Solo**：勾选该复选框后，仅播放当前所选的一个波段。
- **MakeUp**：该选项用于调整各波段的音量大小。

- **Threshold（极限值）**：该选项用于指定引入音频信号、激活压缩器所必须超过的数值，只有超过极限值时，Premiere Pro CC 才会开始压缩工作。
- **Ratio（比率）**：该选项用于设置压缩的比率值。
- **Attack（处理时间）**：该选项用于设置当信号超过极限值时，压缩器的响应时间。
- **Release（释放时间）**：该选项用于设置当信号低于极限值时，所设置的增益添加到原始音阶所需要的时间。

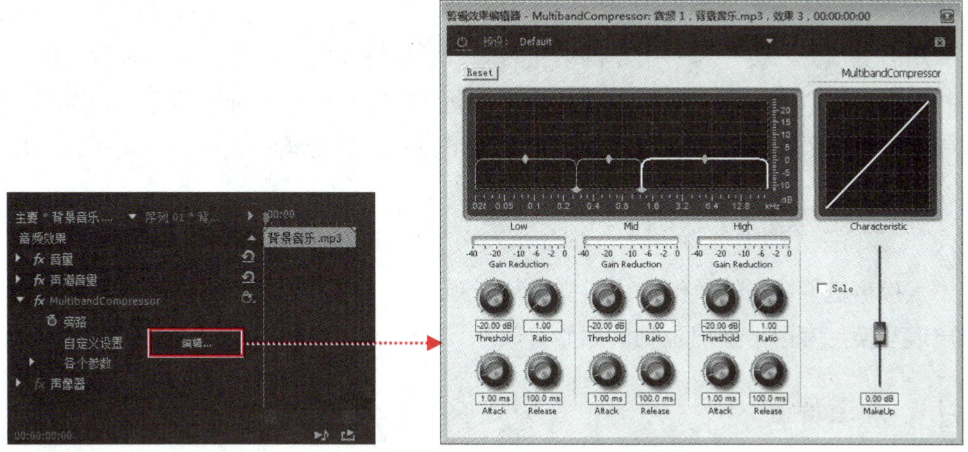

图 6-37 “多频段压缩器（旧版）”音频特效的参数

9. Reverb（混响）

利用“Reverb”音频特效可以模拟在室内播放音频的效果，从而为原始音频添加环境音效，常用来制作家庭环绕立体声效果。“Reverb”音频特效在“效果控件”调板中的参数如图 6-38 所示，用户可通过拖动图形控制器中的控制点或设置选项栏中的参数来调整房间大小、混音、衰减、漫射和音色等内容。

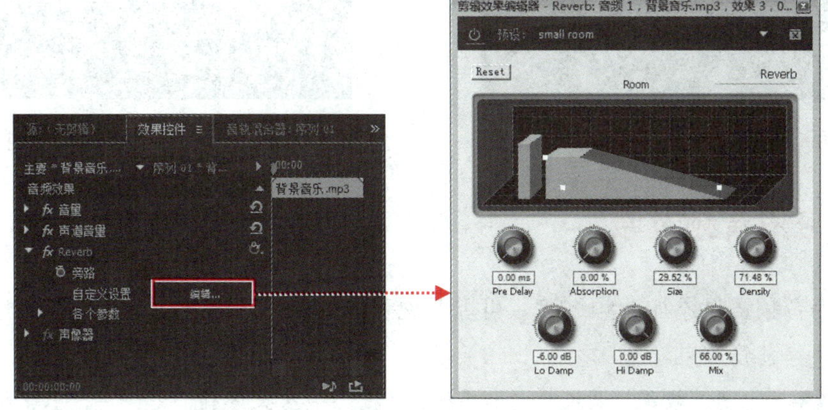

图 6-38 “Reverb”音频特效的参数

10．平衡

“平衡”音频特效是立体声音频轨道独有的音频特效，其作用是平衡音频素材的左右声道。该音频特效在“效果控件”调板中只有一个“平衡”选项，当“平衡”选项为正值时，增加左声道的音量比例；反之，增加右声道的音量比例，如图 6-39 所示。

11．用右侧填充左侧和用左侧填充右侧

“用右侧填充左侧”和“用左侧填充右侧”音频特效仅适用于立体声音频轨道，为音频素材添加“用右侧填充左侧”音频特效后，会复制右声道中的音频信号，并用其替换左声道中的音频信号；为音频素材添加“用左侧填充右侧”音频特效后，效果正好相反。

12．互换声道

“互换声道”音频特效仅适用于立体声音频轨道，利用它可以使立体声音频素材中的左右声道互换，常用于处理录制的原始音频。

13．声道音量

“声道音量”音频特效适用于 5.1 环绕声和立体声音频轨道，利用它可控制音频素材内不同声道的音量。例如，为立体声音频素材添加“声道音量”音频特效后，其在“效果控件”调板中的参数如图 6-40 所示。

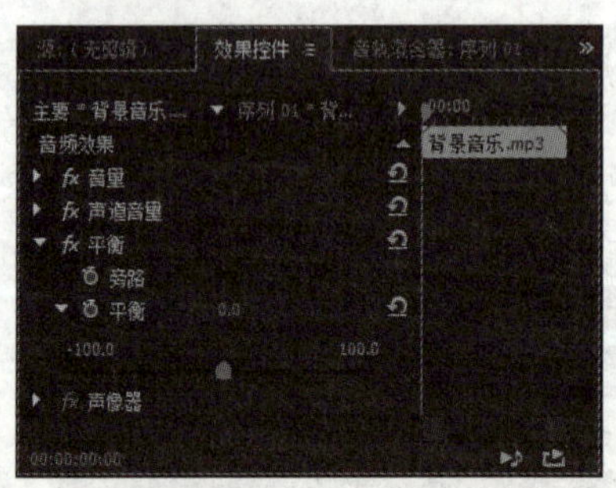

图 6-39　“平衡”音频特效的参数

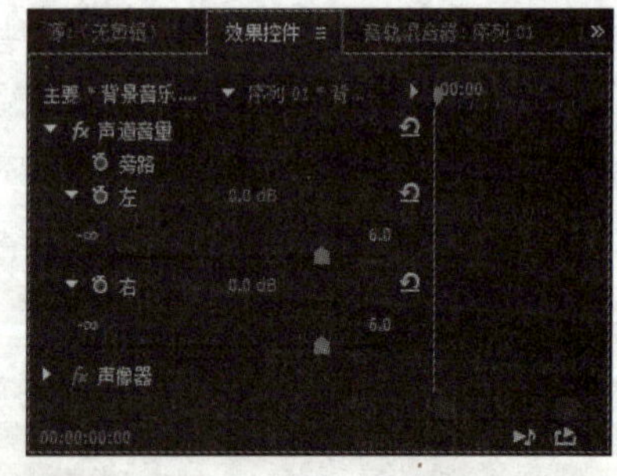

图 6-40　“声道音量”音频特效的参数

6.3.2　应用音频过渡

通过为音频素材添加音频过渡，可以实现音频的淡入（音量逐渐增大）、淡出（音量逐渐减小）等过渡效果。

步骤 1▶ 打开“效果”调板，展开“音频过渡”>“交叉淡化”文件夹，可看到 Premiere Pro CC 提供的 3 个音频过渡效果——恒定功率、恒定增益和指数淡化，如图 6-41 所示。

这 3 个音频过渡均可制作声音的淡入淡出效果，使用方法也相同。

步骤 2▶ 将需要添加的音频过渡效果拖至音频轨道中音频素材片段的入点处，即可实现音频的淡入效果，如图 6-41 所示。

步骤 3▶ 若将音频过渡效果拖至音频素材片段的出点处，可实现音频的淡出效果。此外，通过为不同音频轨道中的多个音频素材添加音频过渡效果，可实现多个音频素材的交叉淡入淡出效果，如图 6-42 所示。

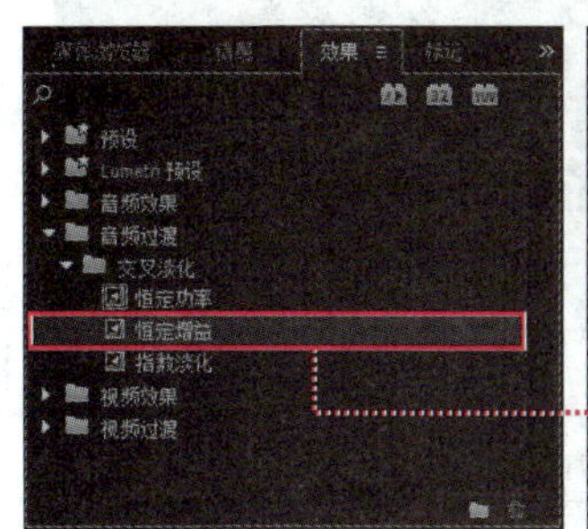

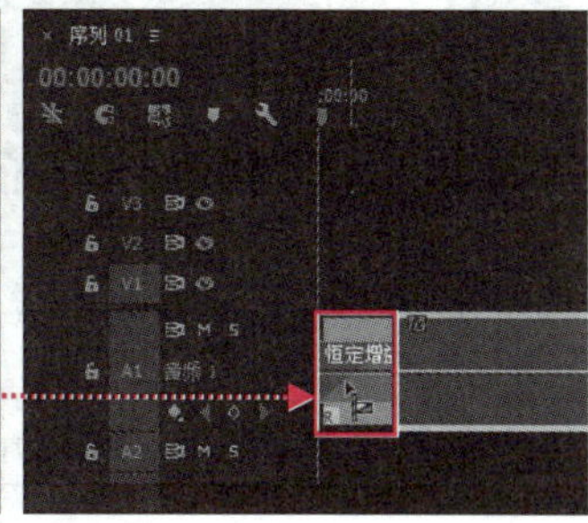

图 6-41 添加音频过渡效果

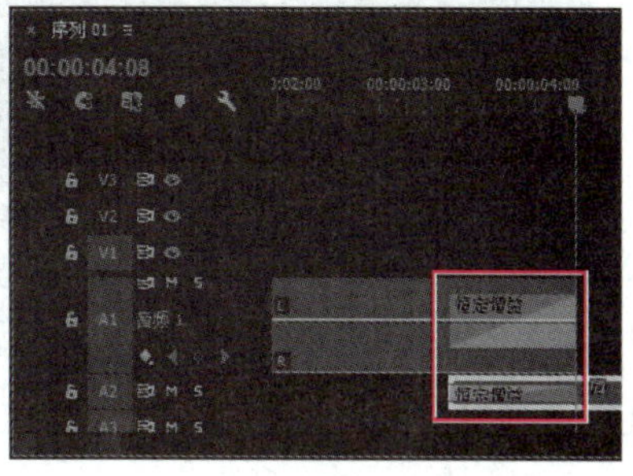

图 6-42 制作交叉过渡效果

步骤 4▶ 音频过渡效果的默认持续时间为 1 秒，若希望调整音频过渡的持续时间，可在“时间轴”调板中单击选中音频素材上的音频过渡效果，然后在“效果控件”调板中进行调整，如图 6-43 所示。

提 示

在“时间轴”调板中将当前时间指针移至音频素材片段的开始或结束位置，然后选择“序列”>“应用音频过渡”菜单，可为该音频素材片段添加默认音频过渡。

Premiere Pro CC 的默认音频过渡是“恒定功率”，若希望将其他音频过渡设为默认音频过渡，可在“效果”调板中右击该音频过渡，在弹出的快捷菜单中选择“将所选过渡设置为默认过渡”菜单，如图 6-44 所示。

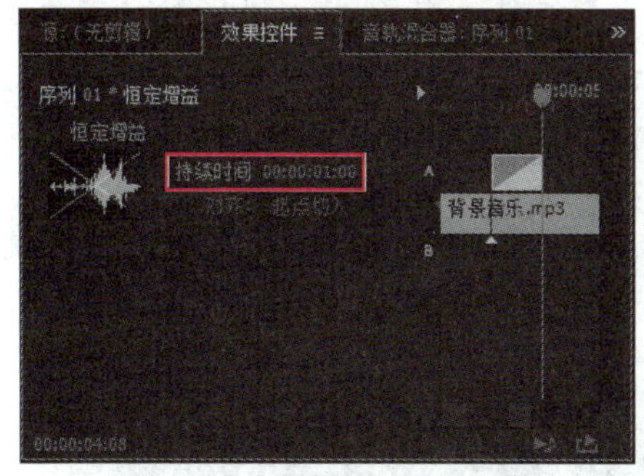

图 6-43 设置音频过渡的持续时间

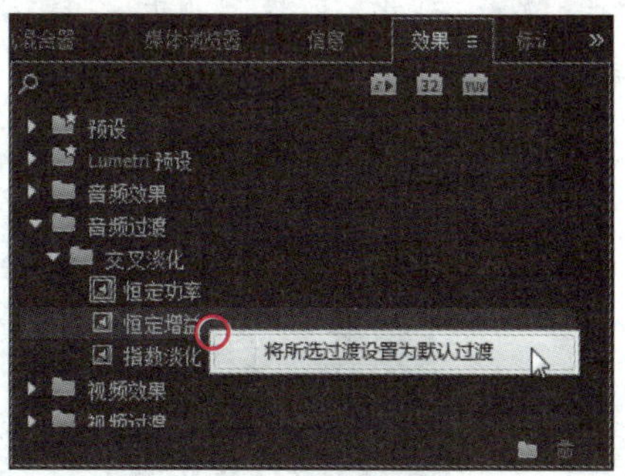

图 6-44 设置默认音频过渡

6.3.3 典型案例——制作声音的变调效果

下面利用本节所学知识，为一段影片片段（见图 6-45）制作声音的变调效果。

图 6-45 声音的变调效果播放效果截图

素材文件	素材与实例\第 6 章\变调素材
效果展示和源文件	素材与实例\第 6 章\声音变调效果.prproj、声音变调效果.mp4

制作分析

创建项目文件和序列后，导入视频素材，并将视频素材添加至“时间轴”调板中；然后为“音频 1”轨道中的素材片段添加“PitchShifter（音高变换）”音频特效，并在“效果控件”调板中设置“PitchShifter（音高变换）”音频特效在不同时间帧处的参数；最后保存项目文件并输出序列。

制作步骤

步骤 1▶ 新建一个名为“声音变调效果”的项目文件，再新建一个序列，在“新建序列”对话框的“序列预设”选项卡下选择“DV-PAL”文件夹中的“宽屏 48 kHz”选项。

步骤 2▶ 按快捷键【Ctrl+I】，导入“变调素材”文件夹中的“变调素材.mp4”素材文件，并将其添加至“时间轴”调板的“视频 1”轨道中。

步骤 3▶ 打开“效果”调板，将“音频效果”文件夹中的“PitchShifter（音高变换）”音频特效添加至“音频 1”轨道中的音频素材上，如图 6-46 所示。

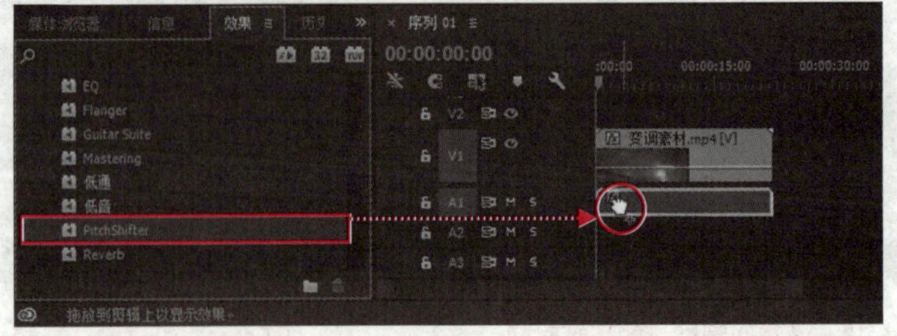

图 6-46 为素材片段添加“PitchShifter（音高变换）”音频特效

步骤 4▶ 单击选中“音频 1”轨道中的音频素材，然后打开“效果控件”调板，展开“PitchShifter”音频特效下的“各个参数”选项组，单击“Pitch（音高）”选项左侧的“切换动画”按钮，再拖动下方滑块将“Pitch（音高）”属性设为“-6semitone”，将“FormantPreserve（保留共振）”选项设为“Off”，如图 6-47 所示。

步骤 5▶ 在“Pitch（音高）”属性的第 16 秒 08 帧和第 16 秒 09 帧处插入关键帧，然后将第 16 秒 09 帧处的“Pitch（音高）”属性设为“6semitone”，如图 6-48 所示。

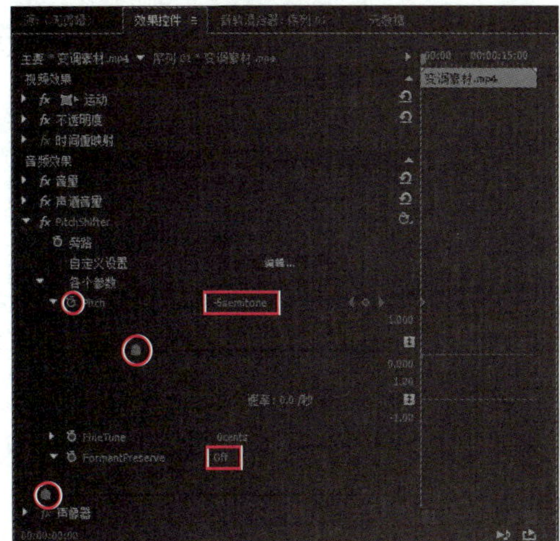

图 6-47 设置第 0 秒处的参数

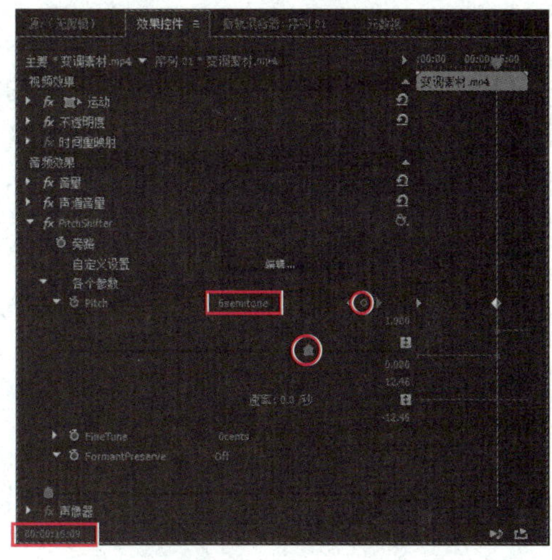

图 6-48 设置第 16 秒 09 帧处的参数

步骤 6▶ 在“时间轴”调板的任意位置单击，然后按快捷键【Ctrl+M】，在打开的“导出设置”对话框中进行设置，并单击“导出”按钮，如图 6-49 所示。

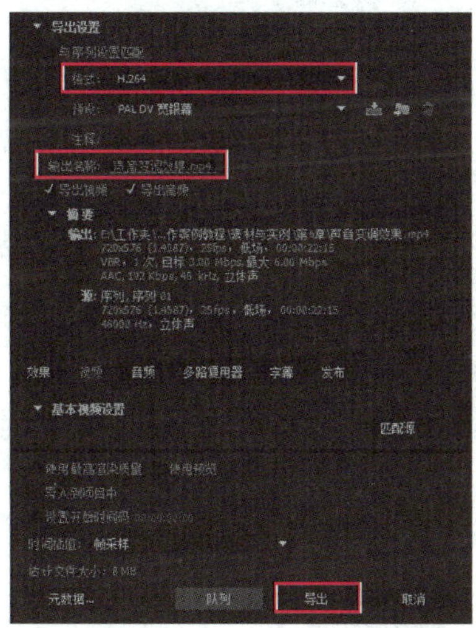

图 6-49 设置导出参数

本章总结

本章主要介绍了在 Premiere Pro CC 中编辑音频，以及应用音频过渡、音频特效和混合音频的方法。在学完本章内容后，读者应重点掌握以下知识。

- 了解音频轨道的类型。音频轨道按其用途不同可分为主声道、普通和子混合音频轨道 3 种类型。其中，主声道音频轨道只能有一条，而普通音频轨道和子混合音频轨道可以有多条。此外，这几类音频轨道又可分为单声道、立体声和 5.1 环绕立体声 3 种类型，分别对应不同的音频类型。
- 掌握设置音频素材声道、音量和增益的方法。可以使用“剪辑”>“音频选项”菜单中的子菜单项设置音频素材的声道和增益，以及使用“效果控件”调板或直接在“时间轴”调板中设置音频素材片段的音量。
- 掌握音轨混合器的使用方法。音轨混合器是一个多功能的音频处理平台，具有录音、调节音量、设置声像与平衡、添加音频特效，以及分组混音等功能。在“音轨混合器”调板中进行的大多数操作都是针对音频轨道的。
- 掌握为音频添加特效的两种方法，并了解常用音频特效的作用和参数。
- 掌握为音频素材添加音频过渡效果的方法，以实现音频的淡入淡出效果。

思考与练习

一、选择题

1．下列不属于 Premiere Pro CC 音频处理功能的是（　　）。

A．音频基本编辑　　B．改善音频音质

C．添加声音特效　　D．混合音频

2．在（　　）模式下播放序列时，Premiere Pro CC 允许在“音轨混合器”调板中对相应音频轨道的属性进行实时调节，并将调节结果以轨道关键帧的形式保存。

A．闭锁　　B．读取　　C．触动　　D．写入

3．利用“音轨混合器”调板为音频轨道添加音频特效时，最多可以添加（　　）个音频特效。

A．2　　B．3　　C．5　　D．9

4．利用（　　）音频特效可以调整音频素材中低于 200 Hz 的低音部分。

A．高音　　B．高通　　C．低音　　D．低通

5．下列不属于 Premiere Pro CC 音频过渡效果的是（　　）。

A．叠加溶解　　B．恒定功率　　C．恒定增益　　D．指数淡化

二、简答题

1. Premiere Pro CC 的音频处理功能主要包括哪些操作？
2. 如何设置音频素材的声道？
3. 调节音频素材的增益和音量有什么区别？
4. 如何利用“音轨混合器”调板设置声像与平衡？
5. 如何利用“音轨混合器”调板添加音频特效？
6. 利用哪种音频特效可以消除音频素材中的杂音？
7. 利用哪种音频特效可以制作回音效果？
8. 如何利用音频过渡实现多个音频素材的交叉淡入淡出效果？

本章实训

实训 1 调整 MTV 音量

利用本章所学知识为一段 MTV 调整音量，使其音量增加。MTV 的播放效果如图 6-50 所示。

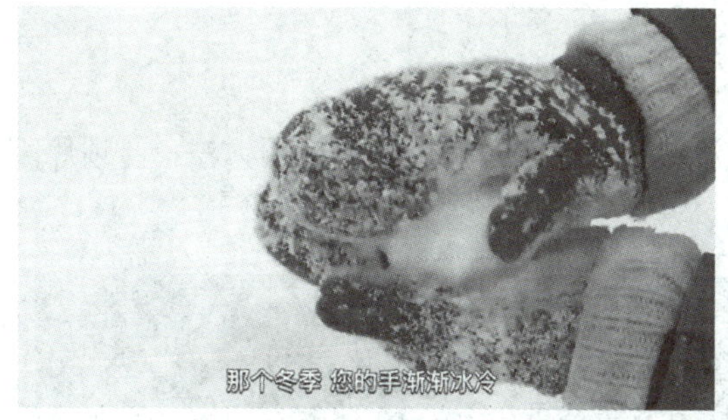

图 6-50 调整 MTV 音量播放效果

素材文件	素材与实例\第 6 章\调整音量素材
效果展示和源文件	素材与实例\第 6 章\调整 MTV 音量.prproj、调整 MTV 音量.mp4

提示：

新建一个项目文件，导入“调整音量素材”文件夹中的“歌曲.mp4”视频素材，将其添加至“时间轴”调板中的“视频 1”轨道中；选中“时间轴”调板中的素材片段，选择“剪辑”>“音频选项”>“音频增益”菜单，在打开的“音频增益”对话框中选择“将增

益设置为”单选钮，将其数值设为“30 dB”；最后保存项目文件并输出序列。

实训 2　制作回音效果

利用本章所学知识为一个音频素材制作回音效果。

素材文件	素材与实例\第 6 章\回音素材
效果展示和源文件	素材与实例\第 6 章\回音效果.prproj、回音效果.mp3

提示：

新建一个项目文件，导入“回音素材”文件夹中的“大喊.mp3”声音素材；在“时间轴”调板中创建一个单声道音频轨道，并将其命名为“喊声”，然后将“项目”调板中的“大喊.mp3”音频素材添加到“喊声”音频轨道中；打开“音轨混合器”调板，单击左侧的“显示/隐藏效果和发送”按钮▶，打开“效果和发送”设置区，再在“喊声”轨道的“效果选择”下拉列表中选择“延迟”选项，并在“喊声”轨道的参数下拉列表中选择“延迟”选项，并将其参数设为“0.5”；在“喊声”轨道的参数下拉列表中选择“反馈”选项，并将其参数设为“40%”；最后保存项目文件并输出序列。

实训 3　制作声音交叉过渡效果

下面通过为两段视频片段制作声音交叉过渡效果，练习音频过渡的应用方法，视频片段的播放效果如图 6-51 所示。

图 6-51　声音交叉过渡效果播放效果截图

素材文件	素材与实例\第 6 章\交叉过渡素材
效果展示和源文件	素材与实例\第 6 章\声音交叉过渡效果.prproj、声音交叉过渡效果.mp4

提示：

创建项目文件和序列后，导入“素材片段 1.mp4”和“素材片段 2.mp4”素材文件；

将“素材片段 1.mp4”素材添加到“时间轴”调板的“视频 1”轨道中，并将其出点拖至第 12 秒 07 帧处，将“素材片段 2.mp4”素材添加到“时间轴”调板的“视频 2”轨道中，并使其入点位于 9 秒 07 帧处；在“视频 2”轨道中“素材片段 2.mp4”素材片段的入点处添加“中心拆分”视频过渡效果，并在“效果控件”调板中将其“持续时间”设为“3 秒”；分别为“音频 1”轨道中素材片段的出点，以及“音频 2”轨道中素材片段的入点添加“指数淡化”过渡效果，并在“效果控件”调板中分别将效果的“持续时间”设为“3 秒”；最后保存项目文件并输出序列。

实训 4 制作 MV 音频特效

利用本章所学知识为图 6-52 所示的 MV 制作音频特效。

图 6-52 MV 音频特效播放效果截图

素材文件	素材与实例\第 6 章\MV 音频特效素材
效果展示和源文件	素材与实例\第 6 章\MV 音频特效.prproj、MV 音频特效.mp4

提示：

创建项目文件并导入素材文件，然后将素材片段添加至“源”监视器中，根据需要设置其入点和出点位置，再将其添加至“时间轴”调板中；解除视音频链接，然后在“效果控件”调板中设置音频素材的音量；为时间轴中的音频素材添加“指数淡化”过渡效果，并设置其持续时间；为时间轴中的音频素材添加“声道音量”音频特效，并在“效果控件”调板中设置左右声道的音量；为时间轴中的音频素材添加“延迟”音频特效，并在“效果控件”调板中设置其参数；最后保存项目文件并进行输出。

第 7 章　影音文件输出

影视作品制作完成后，需要将其输出。用户除了可以利用 Premiere Pro CC 的“导出设置”对话框直接输出序列外，还可以使用 Adobe Media Encoder CC 工具将制作好的序列批量输出为不同格式的音视频和图像文件。

学习目标

- 掌握使用“导出设置”对话框输出作品的方法
- 掌握利用 Adobe Media Encoder CC 批量输出作品的方法

7.1　使用“导出设置”对话框输出作品

在 Premiere Pro CC 中，利用“导出设置”对话框可以将影视作品输出为不同格式的视频文件、单帧图像和图像序列等。

7.1.1　常用导出命令

Premiere Pro CC 中与影片输出相关的命令都在“文件”>“导出”子菜单中，如图 7-1 所示。常用菜单项的意义如下：

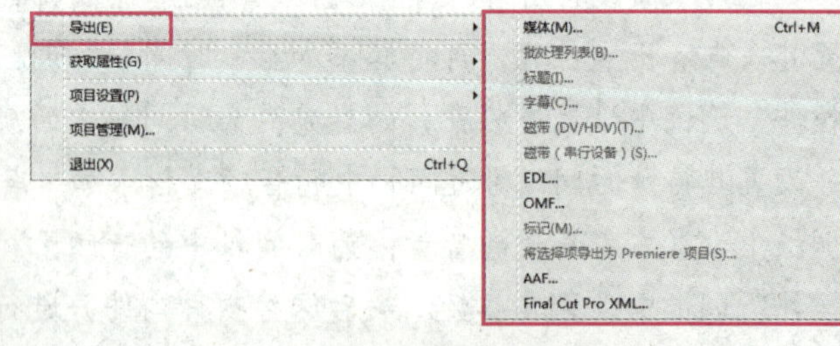

图 7-1　“导出”子菜单中的命令

- **媒体**：输出各种视频、音频、图像文件。
- **字幕**：输出单独的字幕文件。
- **磁带**：将影片录制到外部磁带中（需要连接录像机或数码摄像机到电脑）。
- **EDL**：将影片素材所在磁盘、文件的长度和所用效果等信息输出到脱机剪辑表 EDL 文件中，以便在编辑数据量较大的电视节目时使用。
- **OMF**：将所有活动音轨导出到开放媒体格式（OMF）文件。
- **AAF**：导出为 AAF 格式文件，方便进行跨平台编辑。

➢ **Final Cut Pro XML：**导出为 Final Cut Pro（苹果公司开发的一款专业非线性视频编辑软件）可读取的 XML 格式。

7.1.2　典型案例——输出 AVI 视频

下面通过将一个项目文件中的序列输出为 AVI 视频文件，介绍使用“导出设置”对话框输出作品的方法。扫光字动画的播放效果如图 7-2 所示。

图 7-2　扫光字动画播放效果截图

素材文件	素材与实例\第 7 章\输出扫光字动画.prproj
效果展示	素材与实例\第 7 章\扫光字动画.avi

制作步骤

步骤 1▶ 打开“输出扫光字动画.prproj”项目文件，单击“时间轴”调板激活要输出的序列，然后选择“文件”>“导出”>“媒体”菜单，或按快捷键【Ctrl+M】。

步骤 2▶ 在打开的“导出设置”对话框的“导出设置”选项组中，在“格式”下拉列表中选择要输出的文件类型，这里选择“AVI”，如图 7-3 所示。

在 Premiere Pro CC 中可以输出多种音视频和图像文件格式，下面简单说明。

➢ **输出音频：**如果只需要输出音频格式的文件，可选择 AAC 音频、AIFF、MP3 或波形音频等选项。

➢ **输出影片：**如果需要输出影片，可选择 AVI（微软开发的视频格式）、H.264（这是当今最灵活，使用最广泛的视频格式）、H.264 蓝光（可创建蓝光光盘文件）、MPEG 4（可创建低质量的 H.263 3GP 文件）、Windows Media（只能用于 Windows）或 QuickTime（苹果开发的视频格式）选项。

➢ **输出 GIF 动画和图像：**如果要输出 GIF 动画，可选择“动画 GIF”选项；如果要输出 GIF 静态图像，则选择“GIF”选项。这两种格式仅适用于 Windows。

➢ **输出图像：**如果要输出图像，可选择 BMP、DPX、JPEG、PNG、Targa 或 TIFF 选项。

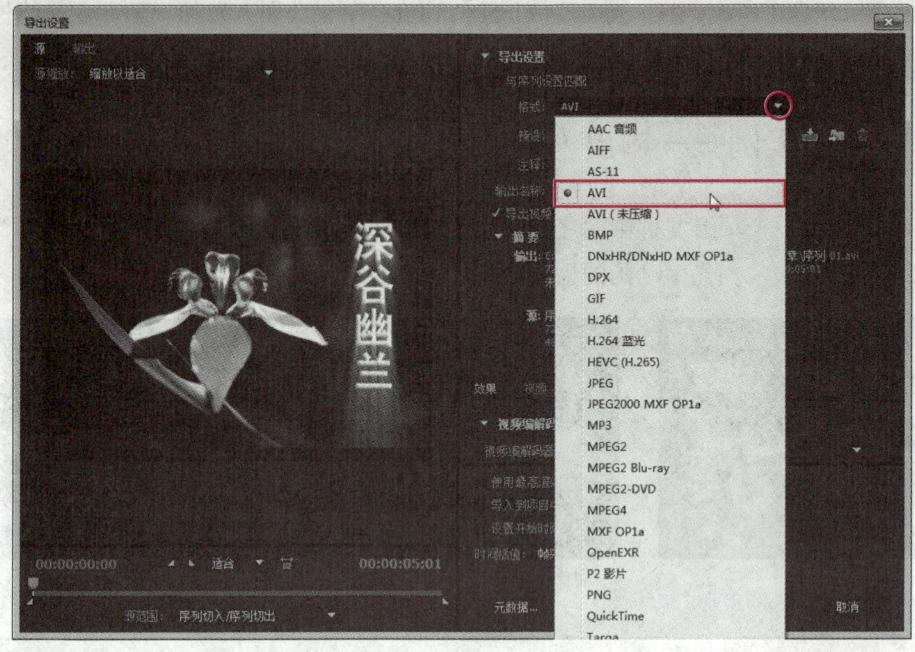

图 7-3　设置序列的输出格式

步骤 3▶　在“预设”下拉列表中选择预设的编码方式，本例选择“PAL DV”选项。在步骤 2 中选择的格式不同，“预设”下拉列表中的选项也不同。

步骤 4▶　若勾选“导出视频”复选框，可输出序列的视频部分，否则不能输出视频；若勾选“导出音频”复选框，可输出序列的音频部分，否则不能输出音频。本例同时勾选两个复选框。

步骤 5▶　单击“导出设置”选项组中“输出名称”选项右侧的路径文字，在打开的“另存为”对话框中设置输出影片的路径和名称，然后单击“保存”按钮。

步骤 6▶　如果预设的编码方式不符合需求，还可在下方的“视频”选项卡中自定义视频编码，以确定影片的品质和尺寸等，如图 7-4 所示。各选项的作用如下：

- **视频编解码器：**输出视频时编解码器决定了计算机重构或剔除数据的方式，以在尽量不影响视频播放质量的情况下减少视频文件占用的存储空间。用户可在此下拉列表中选择需要的视频编解码器，如图 7-5 所示。
- **质量：**设置影片的压缩质量，数值越高画面越清晰，但会占用更大的存储空间。
- **宽度/高度：**设置影片的尺寸。
- **帧速率：**该选项用于设置帧频（即每秒显示的帧数），一般保持默认即可。
- **场序：**在该下拉列表中可设置播放视频时的扫描方式，有“逐行”、“高场优先”和“低场优先”三个选项可选。
- **长宽比：**在该下拉列表中可选择视频画面的长宽比。

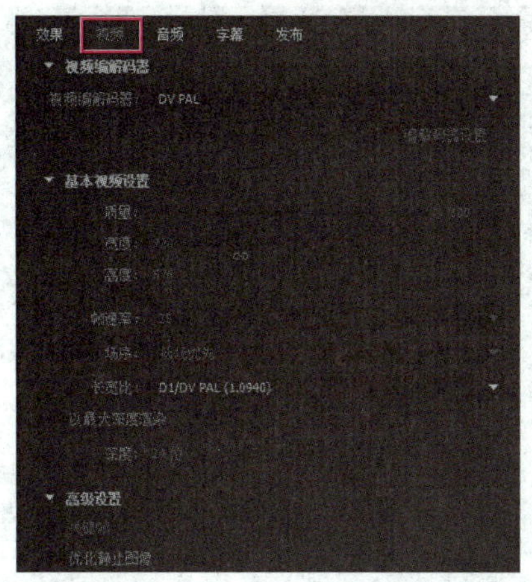

图 7-4　“视频”选项卡

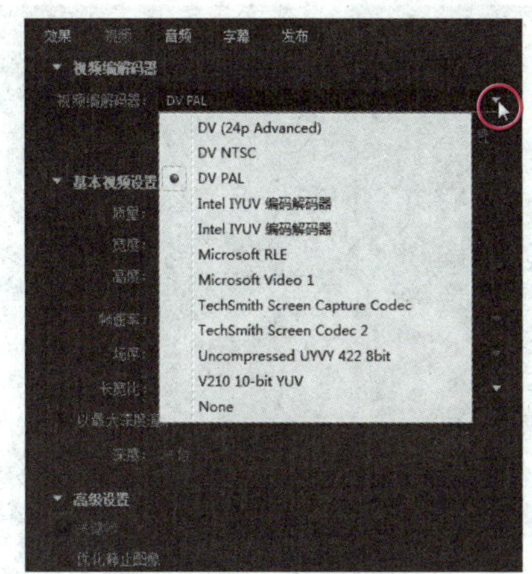

图 7-5　选择视频编解码器

步骤 7▶ 还可在“音频”选项卡中自定义音频编码，如图 7-6 所示。各选项的作用如下：

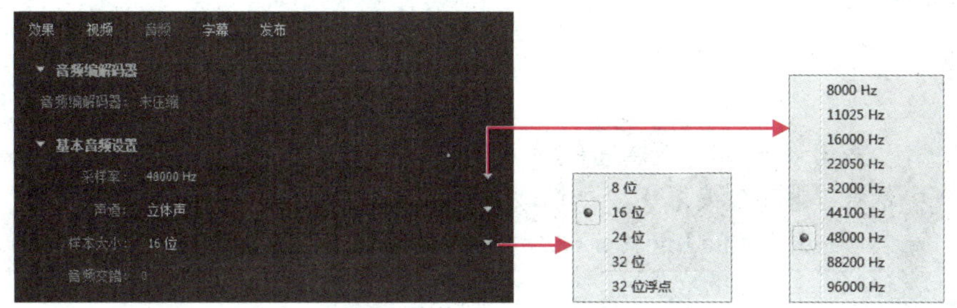

图 7-6　设置输出音频

- **音频编解码器：**为输出的音频选择合适的压缩方式，默认为未压缩。
- **采样率：**设置输出音频时所使用的采样率。采样率越高，声音播放质量越好，但文件占用的存储空间越大，处理时间也越长。
- **声道：**可选择使用立体声还是单声道等。
- **样本大小：**设置输出音频时所使用的声音量化倍数，最高为 32 位。一般情况下，样本大小越高，声音质量越好。

步骤 8▶ 若只需要输出视频的部分片段，可在“导出设置”对话框左侧的“输出”选项卡下方的时间标尺上设置入点和出点来剪辑视频，如图 7-7 所示。

步骤 9▶ 若需要裁剪视频，可在“源”选项卡中单击“裁剪输出视频”按钮，此时在画面上将显示一个裁剪框，将鼠标指针放在裁剪框的任意一边上，按住鼠标左键不放并拖动可调整裁剪框，裁剪框之外的视频画面将被裁剪掉，如图 7-8 所示。

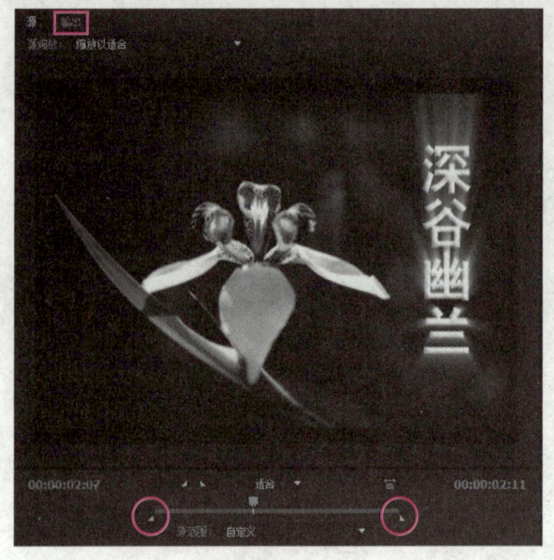

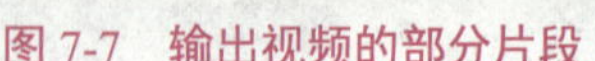
图 7-7 输出视频的部分片段

图 7-8 裁剪视频

步骤 10▶ 最后，单击“导出设置”对话框底部的“导出”按钮，即可将序列以设置好的参数进行输出。

提 示

若单击“导出设置”对话框底部的“队列”按钮，系统会自动启动 Adobe Media Encoder CC 软件（需额外安装），并将设置好输出参数的序列添加到该软件的“队列”调板中。关于 Adobe Media Encoder CC 的用法，将在第 7.2 节详细介绍。

7.1.3 典型案例——输出单帧图像

在视频编辑过程中，可将画面的某一帧输出，以便查看视频效果。下面，继续在前面打开的项目文件中进行操作，具体步骤如下。

制作步骤

步骤 1▶ 在“时间轴”调板中将当前时间指针移至需要导出的画面帧处，然后打开“导出设置”对话框，在“格式”下拉列表中选择“TIFF”选项，勾选“导出视频”复选框，在下方的“视频”选项卡中取消“导出为序列”复选框，如图 7-9 所示。

步骤 2▶ 设置好输出文件的名称和保存位置后，单击“导出”按钮，即可将当前时间指针所在的帧导出为单幅图像。

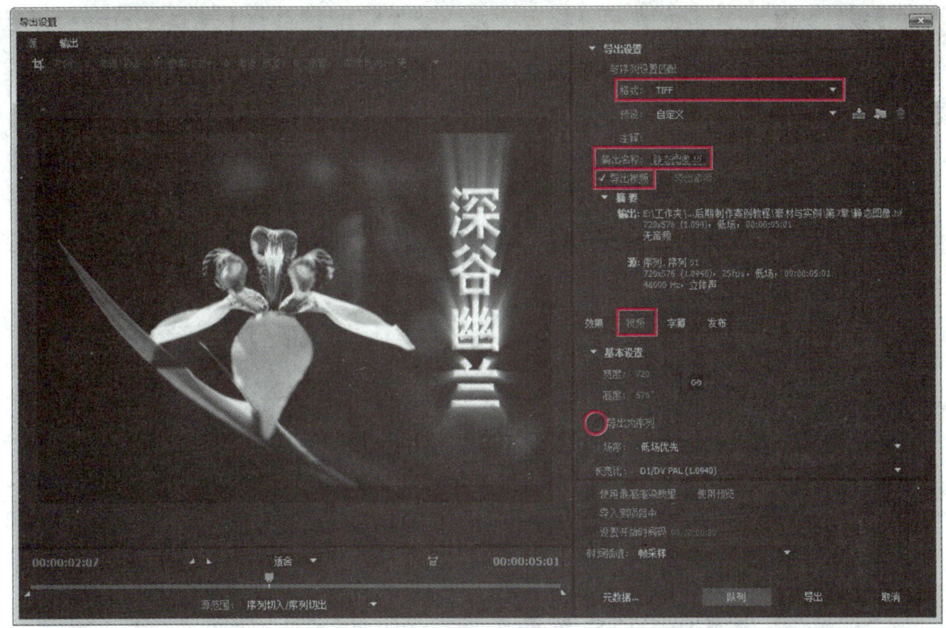

图 7-9　导出单帧图像

7.1.4　典型案例——输出图像序列

在 Premiere Pro CC 中，可以将视频输出为静态图片序列，即将视频画面的每帧都输出为一幅静态图像，这些图像都具有连续的自动编号。具体步骤如下。

制作步骤

步骤 1▶　在“节目”监视器中设定要输出的视频片段，如图 7-10 所示。也可在“导出设置”对话框的“输出”选项卡中设置要输出的视频片段。

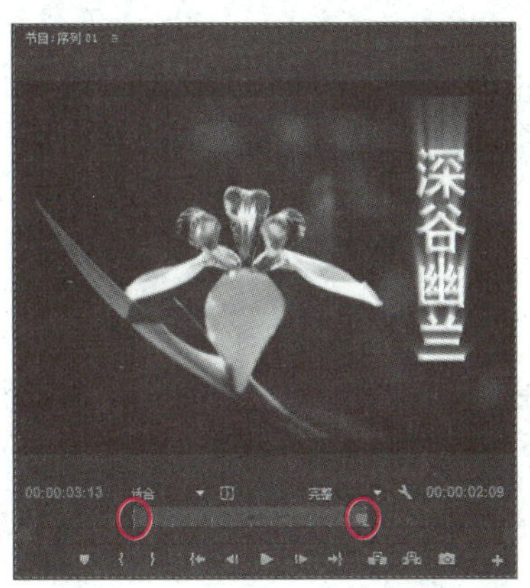

图 7-10　设置要导出的视频片段

步骤 2▶ 打开“导出设置”对话框，在“格式”下拉列表中选择“TIFF”或其他图像文件格式，在“预设”下拉列表中选择“PAL DV 序列”，勾选“导出视频”复选框，保持勾选“导出为序列”复选框，如图 7-11 所示。

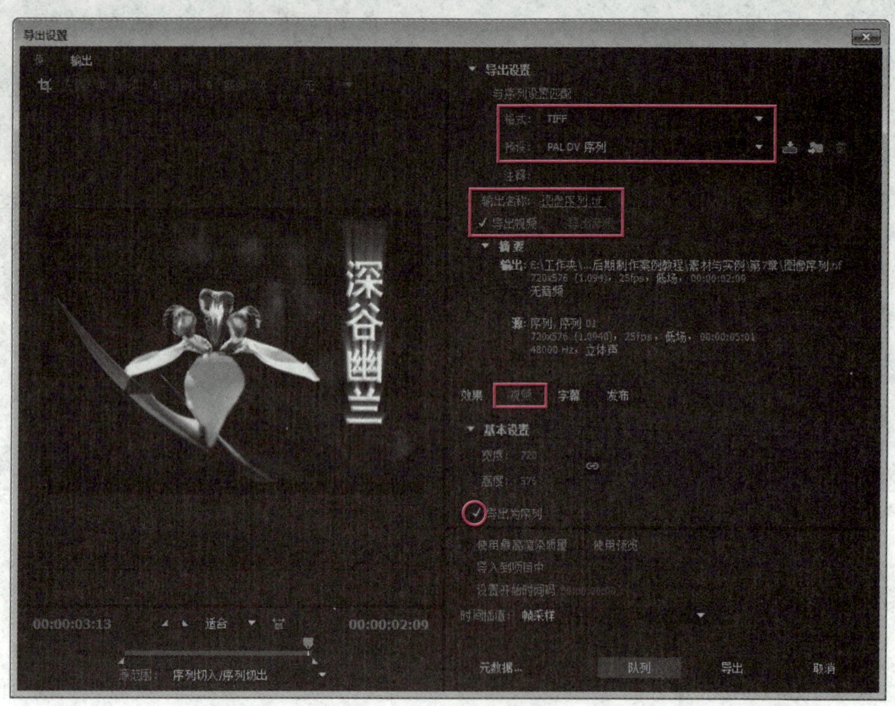

图 7-11　导出图像序列

步骤 3▶ 设置好输出文件的名称和保存位置后，单击“导出”按钮，即可将所选视频片段导出为图像序列。

7.2　使用 Adobe Media Encoder CC 输出作品

Adobe Media Encoder CC 是一款非常优秀的视频音频编码器软件，用于媒体文件的编码输出。我们在第 7.1 节使用“导出设置”对话框输出文件，实际上用的就是 Adobe Media Encoder CC 的内核。

提　示

本书基于 Adobe Media Encoder CC 2015.2（9.2.0.26）版进行介绍。

7.2.1　认识 Adobe Media Encoder CC 工作界面

下面对 Adobe Media Encoder CC 的工作界面进行简单介绍，如图 7-12 所示。

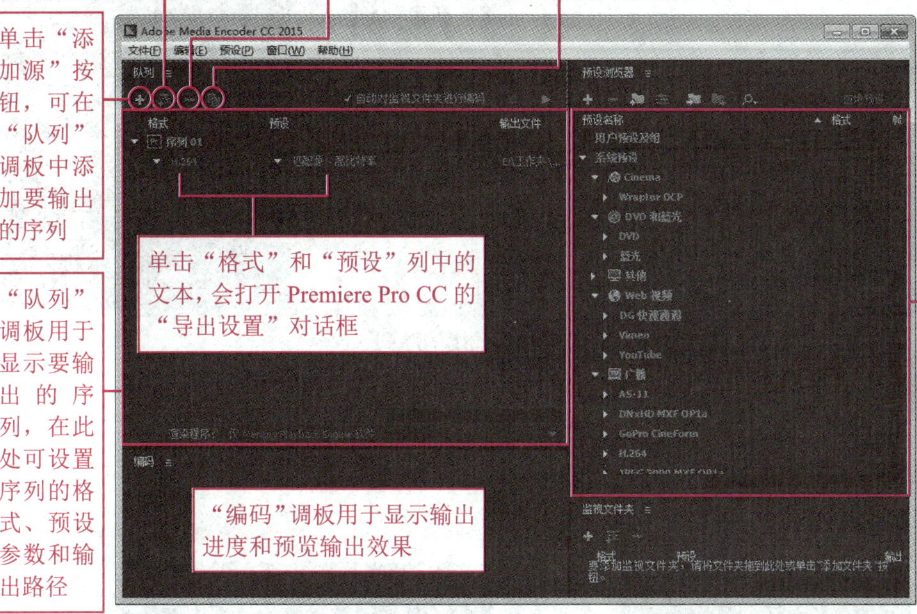

图 7-12 Adobe Media Encoder CC 的工作界面

7.2.2 典型案例——同时输出多个序列

下面通过使用 Adobe Media Encoder CC 同时输出多个序列，介绍它的使用方法。

素材文件	素材与实例\第 3 章\中国山水.prproj、数码产品展示.prproj
效果展示	素材与实例\第 7 章\中国山水.avi、数码产品展示.mp4

制作分析

启动 Adobe Media Encoder CC 后，通过单击“添加源”按钮导入要输出的序列；然后选择导出格式并设置导出参数；最后通过单击“启动队列”按钮同时输出多个序列。

制作步骤

步骤 1▶ 启动 Adobe Media Encoder CC，单击“队列”调板中的“添加源”按钮，在打开的“打开”对话框中选择本书配套素材“素材与实例”>“第 3 章”文件夹中的“中国山水.prproj”项目文件，并单击“打开”按钮，再在打开的“选择项”对话框中选择要输

出的序列，并单击“导入”按钮，如图 7-13 所示。

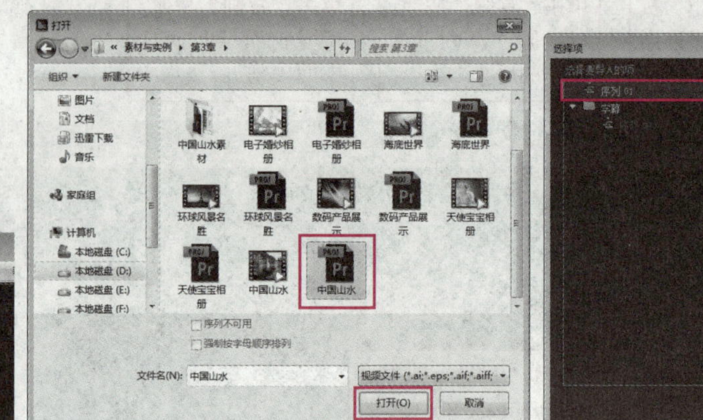

图 7-13　添加要输出的序列

步骤 2▶　将序列添加到“队列”调板后，单击“格式”列中的下拉按钮，在打开的列表中选择“AVI”选项，如图 7-14 所示。

步骤 3▶　单击“预设”列中的下拉按钮，在打开的下拉列表中可选择输出文件的制式，本例选择“PAL DV”选项，如图 7-15 所示。

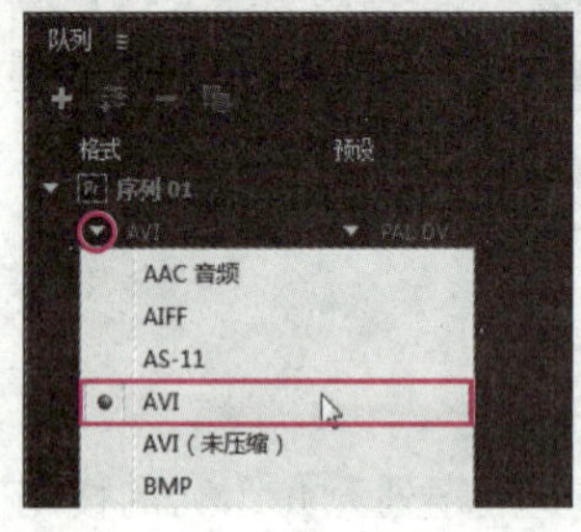

图 7-14　设置输出格式

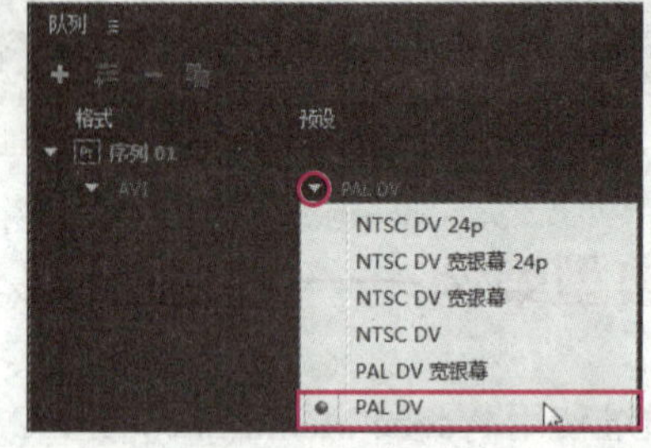

图 7-15　设置输出文件的制式

步骤 4▶　单击“输出文件”列中的路径文字，在打开的“另存为”对话框中设置输出文件的路径和名称，并单击“保存”按钮，如图 7-16 所示。

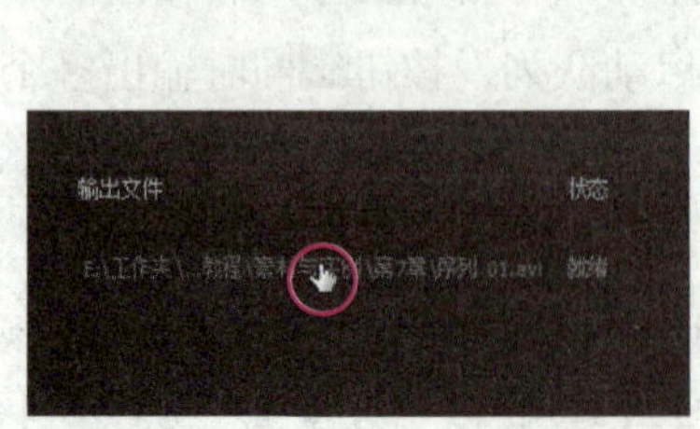

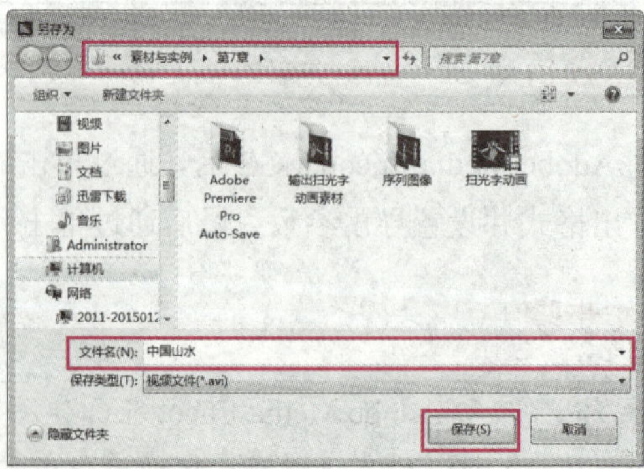

图 7-16　设置输出文件的路径和名称

步骤 5▶ 参照步骤 1 的操作，将“素材与实例”>“第 3 章”文件夹中“数码产品展示.prproj”项目文件的“序列 01”添加到“队列”调板中，如图 7-17 所示。

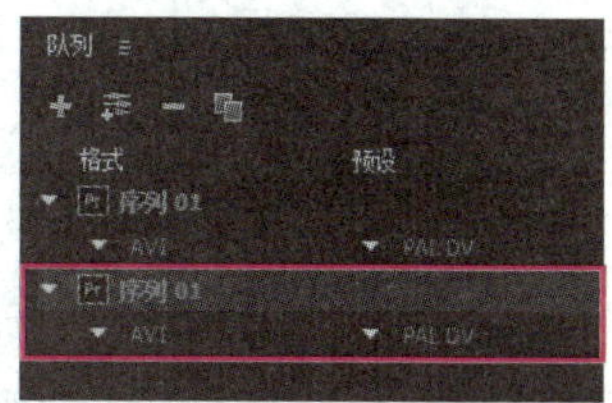

图 7-17　添加新的序列

步骤 6▶ 保持新添加序列的选中状态，双击“预设浏览器”调板中“广播”>“H.264”组中的“HD 1080i 25”预设选项，为所选序列添加一个新的输出任务，如图 7-18 所示。

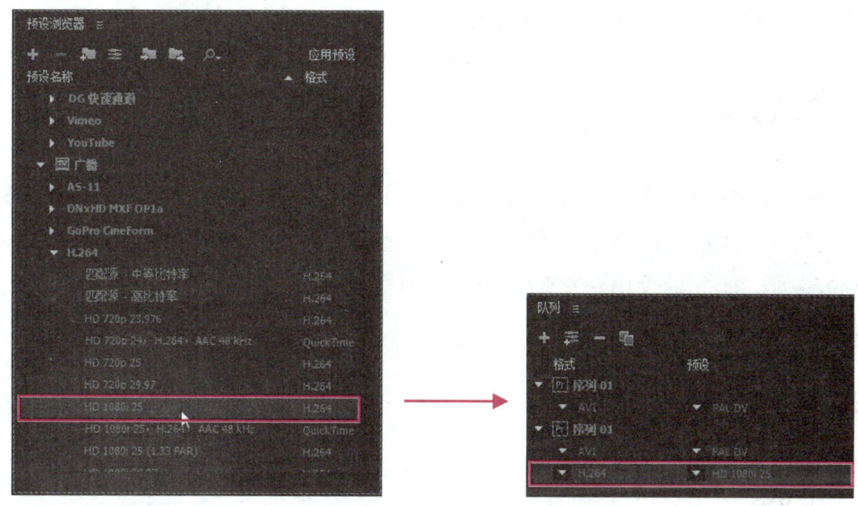

图 7-18　通过预设添加输出任务

步骤 7▶ 在“队列”调板中选中不想要的序列或输出任务，然后单击“移除”按钮▬或按【Delete】键，可将其删除，本例删除第二个序列下的 AVI 输出任务，如图 7-19 所示。

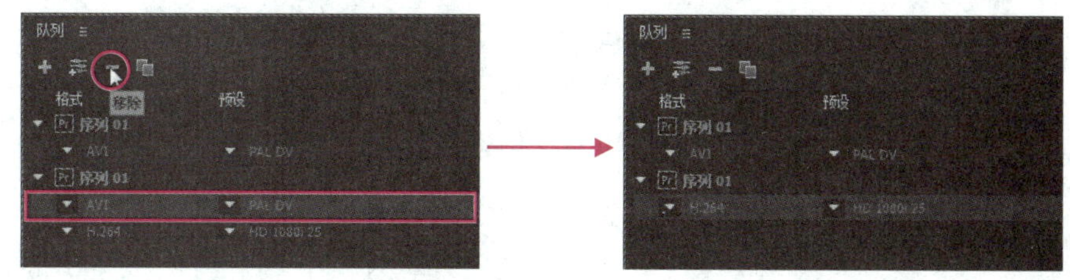

图 7-19　移除输出任务

步骤 8▶ 单击第二个序列“输出文件”列中的路径文字，设置输出路径和名称，如

图 7-20 所示；然后单击“队列”调板中的“启动队列”按钮▶，即可输出“队列”调板中的序列，在“编码”调板中会显示输出进度和预览，如图 7-21 所示。

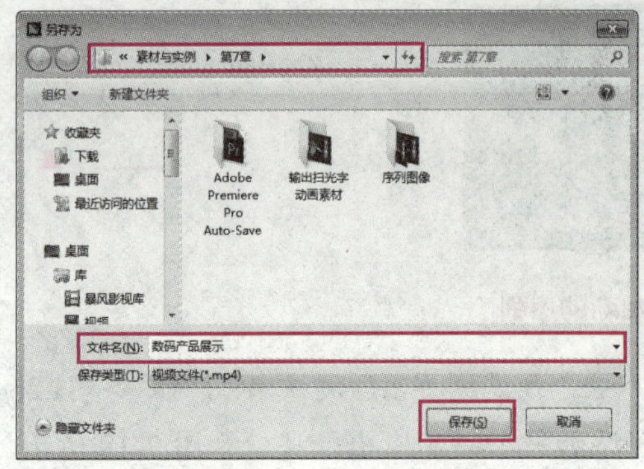

图 7-20 设置第二个输出文件的路径和名称

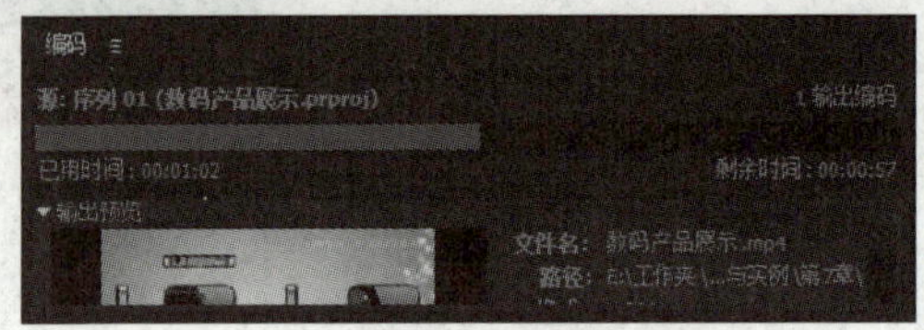

图 7-21 输出进度及预览

本章总结

使用 Premiere Pro CC 制作好影视作品后，既可以使用“导出设置”对话框直接将作品输出为多种格式的视频、音频或图像文件；也可以使用 Adobe Media Encoder CC 将多个项目文件中的序列进行批量输出。在输出作品时，用户应根据作品的用途等选择和设置合适的编码格式。

思考与练习

一、选择题

1．下列哪个选项不属于“导出”子菜单？（　　）

A．媒体　　B．磁带（串行设备）

C．广播　　D．EDL

2．下列不属于 Adobe Media Encoder CC 工作界面组成部分的是（　　）。

A．“队列”调板　　B．“项目”调板

C．“编码”调板　　D．预设浏览器

二、简答题

1．Premiere Pro CC 有哪些常用的导出命令？

2．如何将影视作品导出为不同格式的音视频文件？

3．如何将影视作品中的某一帧导出为静态图像？

4．如何将影视作品导出为图像序列？

5．如何使用 Adobe Media Encoder CC 同时导出多个序列？

本章实训

实训 1 输出 MOV 视频

利用本章所学的知识，将“电子婚纱相册.prproj”项目文件中的素材片段输出为 MOV 格式的视频文件。

素材文件	素材与实例\第 3 章\电子婚纱相册.prproj
效果展示	素材与实例\第 7 章\电子婚纱相册.mov

提示：

打开“电子婚纱相册.prproj”项目文件，单击选中“时间轴”调板中的“序列 01”，然后按快捷键【Ctrl+M】；在打开的“导出设置”对话框的“格式”下拉列表中选择“QuickTime”，并设置导出路径及名称，最后单击“导出”按钮输出序列。

实训 2 同时输出音视频文件

利用本章所学的知识，将“超重低音效果.prproj”项目文件中的视频与音频分别输出为两个单独的文件。

素材文件	素材与实例\第 6 章\超重低音效果.prproj
效果展示	素材与实例\第 7 章\超重低音效果.mp4、超重低音效果.mp3

提示：

启动 Adobe Media Encoder CC，将“超重低音效果.prproj”项目文件的“序列 01”添加到“队列”调板中；在“队列”调板中将“序列 01”的输出格式设为“H.264”，并设置输出路径和名称；在“队列”调板中单击“序列 01”下“格式”列下的文本，打开 Premiere Pro CC 的“导出设置”对话框，取消勾选“导出音频”复选框，单击“确定”按钮；双击“预设浏览器”调板中“仅音频”组中的“MP3 128 kbps”选项，为“序列 01”添加一个输出任务；最后单击“队列”调板中的“启动队列”按钮▶输出序列。

实训 3　批量输出序列

利用本章所学的知识，使用 Adobe Media Encoder CC 将“极速运动.prproj”、“影院宣传片.prproj”、“为 MTV 添加字幕.prproj”和“片尾演员表.prproj”项目文件中的序列同时输出为 AVI 格式的视频文件。

素材文件	素材与实例\第 2 章\极速运动.prproj、影院宣传片.prproj 素材与实例\第 5 章\为 MTV 添加字幕.prproj、片尾演员表.prproj
效果展示	素材与实例\第 7 章\极速运动.avi、影院宣传片.avi、为 MTV 添加字幕.avi、片尾演员表.avi

提示：

启动 Adobe Media Encoder CC，将上述项目文件的“序列 01”依次添加到“队列”调板中；然后在“队列”调板中分别设置这些序列的格式、输出路径和名称；最后单击“队列”调板中的“启动队列”按钮▶输出序列。

第 8 章　After Effects 基本操作

After Effects CC 是由 Adobe 公司推出的一款用于制作专业视频特效的影视后期合成软件，它借鉴了许多优秀软件的长处，将视频特效合成推向了一个新的高度，广泛应用于电影、电视、多媒体和网络视频的后期制作。本章将介绍 After Effects CC 的界面组成，创建项目和合成的方法，导入和管理素材的方法，以及图层的基础知识和创建关键帧动画的方法。

学习目标

- 熟悉 After Effects CC 的工作界面
- 掌握创建项目和合成的方法
- 掌握导入和管理素材的方法
- 了解图层的基础知识
- 掌握创建关键帧动画的方法

8.1　初识 After Effects CC

After Effects CC 的特效功能非常强大，利用它可以精确、高效地制作出各种绚丽夺目的视频效果。下面就来启动 After Effects CC 并熟悉它的工作界面。

提　示

自发布以来，After Effects CC 的软件版本一直在不断完善和更新之中，本书将基于 After Effects CC 2016.0（13.8.0.37）版进行讲解。

8.1.1　熟悉 After Effects CC 的工作界面

单击“开始”按钮，在弹出的菜单中选择“所有程序”>“Adobe”>“Adobe After Effects CC”菜单，即可启动 After Effects CC。启动 After Effects CC 后，会打开图 8-1 所示的欢迎界面，在该界面中可以新建项目或打开已有的项目。

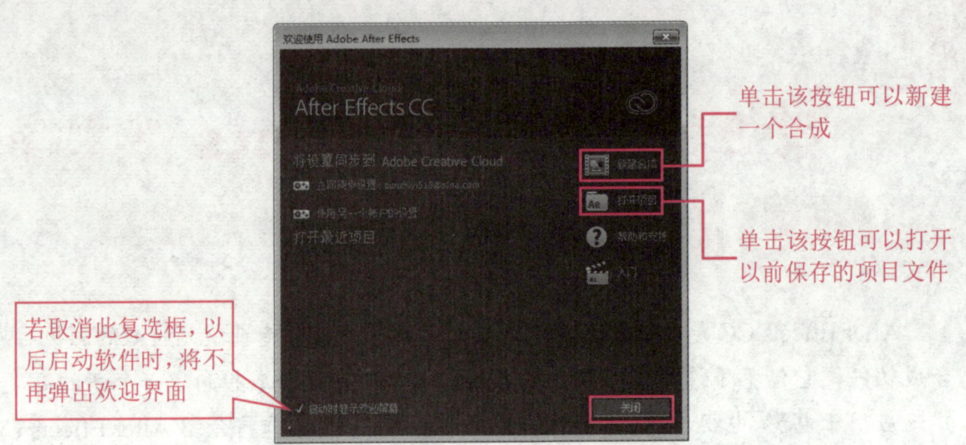

图 8-1　After Effects CC 的欢迎界面

在欢迎界面单击“关闭”按钮，即可进入 After Effects CC 的工作界面，如图 8-2 所示。After Effects CC 的工作界面主要由菜单栏、“工具”调板、“项目”调板、“合成”调板、“时间轴”调板和浮动调板组等组成。

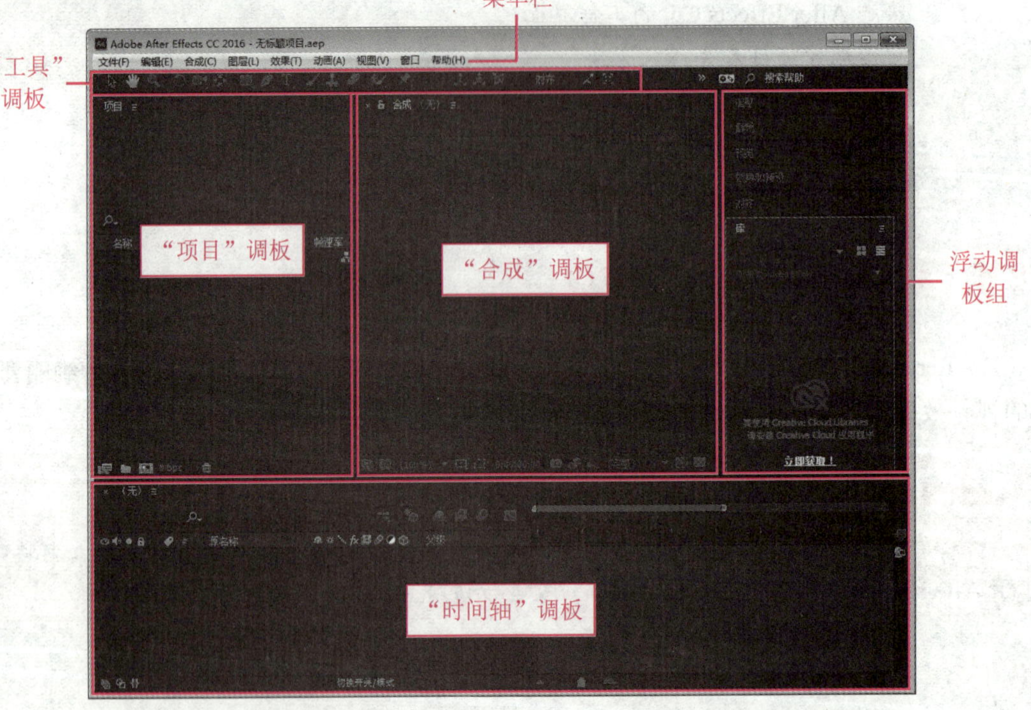

图 8-2　After Effects CC 的工作界面

➢ **菜单栏：**包含文件、编辑、合成、图层、效果、动画、视图、窗口和帮助 9 个菜单，几乎包括了 After Effects CC 的全部功能和命令。

➢ **"工具"调板：**该调板中包含了多种编辑工具，如图 8-3 所示。利用这些工具可对合成对象进行选择、移动、缩放和旋转等操作，还可创建矩形和任意形状的图形。

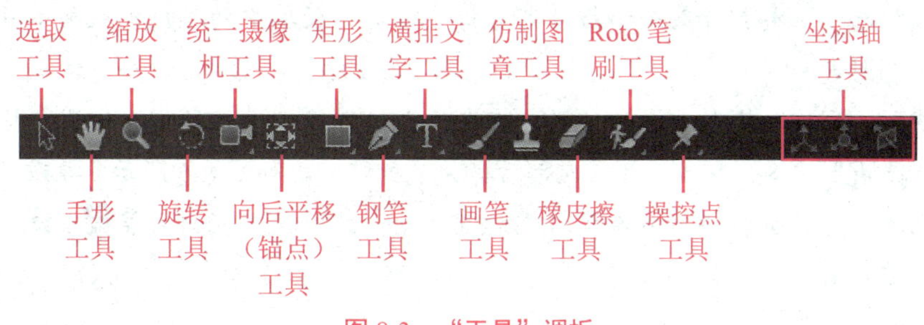

图 8-3　"工具"调板

➢ **"项目"调板：**该调板同 Premiere Pro CC 的"项目"调板类似，在 After Effects CC 中创建的合成及导入的素材等都存放在"项目"调板中。

➢ **"合成"调板：**该调板用于预览时间轴上的素材对象，还可调整素材对象的大小、位置、通道模式和像素长宽比等属性。

➢ **"时间轴"调板：**该调板主要用于组织素材对象、合成影视作品，它分为图层区和时间线区两个部分，如图 8-4 所示。将素材添加到该调板中后，素材会以图层形式存放，并以时间为基础进行操作，用户可以控制素材的时间位置、播放长度和叠加方式等，还可以为素材对象添加特效或利用素材对象创建动画效果。

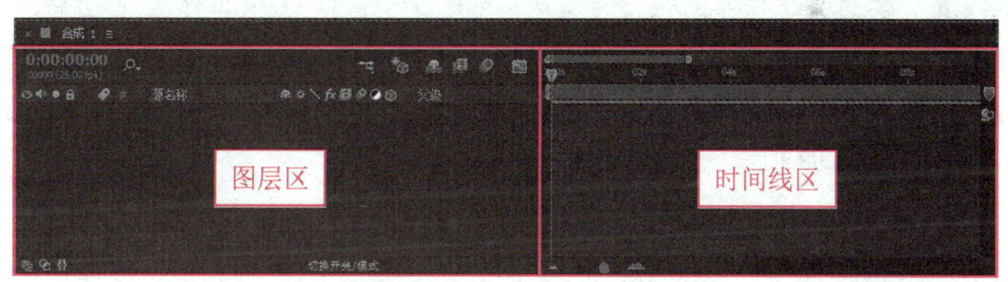

图 8-4　"时间轴"调板

➢ **浮动调板组：**浮动调板组中包含"信息"调板、"音频"调板、"预览"调板、"效果和预设"调板、"对齐"调板和"库"调板等多个调板。

8.1.2　自定义工作区

用户可根据需要或操作习惯自定义 After Effects CC 的工作区，具体操作方法与自定义 Premiere Pro CC 工作区类似。

步骤 1▶ After Effects CC 在其"窗口">"工作区"子菜单中为用户提供了 11 种预设的工作区布局方案，用户可根据需要进行选择，如图 8-5 所示。此外，单击工作界面右上方的快捷按钮（即 必要项 标准 ≡ 小屏幕 »），也可改变工作区布局。

步骤 2▶ 要关闭某个调板，可单击调板标签旁的≡按钮，在弹出的下拉列表中选择“关闭面板”选项；要打开某个调板，可选择“窗口”菜单中的相应调板菜单项，使其左侧显示✓（见图 8-5）。

步骤 3▶ 要移动某个调板的位置，可在该调板标签上按住鼠标左键进行拖动，将其拖到其他调板的上、下、左、右侧或内部后释放鼠标即可，如图 8-6 所示；要改变某个调板的宽度或高度，可将鼠标指针放在调板间的空隙处，此时鼠标指针会呈⇹或⇳形状，然后按住鼠标左键左右或上下拖动即可。

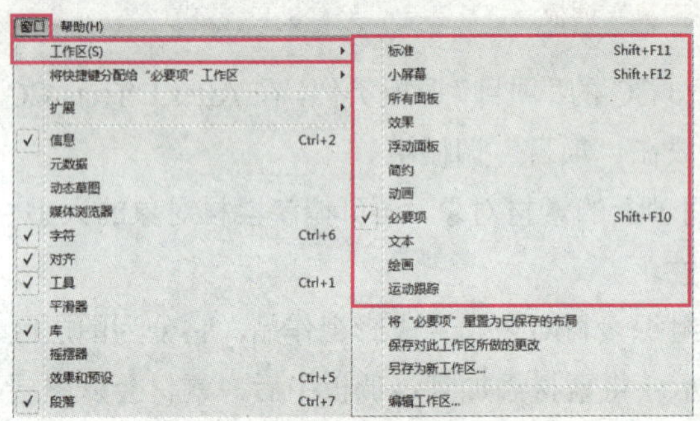

图 8-5 选择预设的工作区布局方案

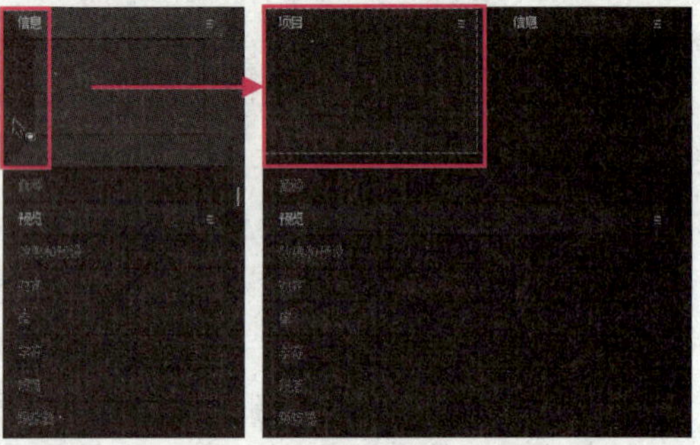

图 8-6 移动“项目”调板

步骤 4▶ 要想将工作界面恢复为默认，可选择“窗口”>“工作区”>“将‘×××’重置为已保存的布局”菜单；要想将自定义的工作界面保存起来，可选择“窗口”>“工作区”>“另存为新工作区”菜单，在打开的“新建工作区”对话框中输入工作区的名称并单击“确定”按钮即可。

8.2 创建项目和合成

After Effects CC 的项目文件与 Premiere Pro CC 的基本相同，而 After Effects CC 的合成则与 Premiere Pro CC 的序列类似，下面介绍创建和设置项目及合成的方法。

8.2.1 创建和设置项目

在启动 After Effects CC 时，系统会自动创建一个新的项目。若想新建项目，可在工作界面选择“文件”>“新建”>“新建项目”菜单。

在每次合成影视作品前，可根据需要对项目进行设置。选择“文件”>“项目设置”菜单，会打开图 8-7 所示的“项目设置”对话框。该对话框包括“时间显示样式”选项组、“颜色设置”选项组和“音频设置”选项组 3 个部分。

1. “时间显示样式”选项组

在“时间显示样式”选项组中，可对合成影视作品所用的时间基准进行设置。

- **“时间码”单选钮：**选择该单选钮，系统将以时间码作为时间基准。在“素材开始时间”下拉列表中可以选择素材对象开始播放的位置；在“默认基准”编辑框中可设置素材对象的帧速率（一般情况下，电影胶片设为 24 fps，PAL 制视频设为 25 fps，NTSC 制视频设为 30 fps）。
- **“帧”单选钮：**选择该单选钮，系统将以帧作为时间基准。勾选“使用英尺数+帧数”复选框后，会以 16 mm 或 35 mm 电影胶片的帧数为时间基准（16 mm 胶片为每英尺 16 帧，35 mm 胶片为每英尺 40 帧）；在“帧计数”下拉列表中可选择帧计数方案。

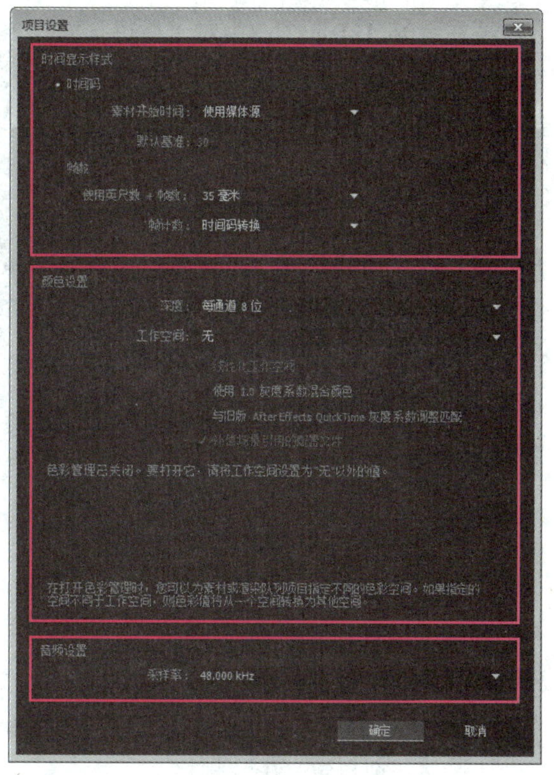

图 8-7 “项目设置”对话框

2. “颜色设置”选项组

“颜色设置”选项组用于设置当前项目所使用的颜色深度和颜色工作空间。

- **“深度”下拉列表：**该下拉列表用于设置项目中所使用的颜色深度，数值越高，图像效果越好（在高深度模式下导入低深度的图像，并对其进行一些特殊处理时，会损失一些细节）。
- **“工作空间”下拉列表：**该下拉列表用于设置 After Effects 工作过程中颜色模型的空间。每个颜色模型都有一个与其对应的工作空间配置文件，工作空间配置文件的作用是使用相对应的颜色模型设置项目的颜色范围。

3. “音频设置”选项组

“音频设置”选项组用于设置当前项目中所使用的音频素材的声音质量，采样率越高，声音质量越好，所占存储空间也越大。

8.2.2 创建和设置合成

要在 After Effects CC 中对素材进行操作，首先要创建一个合成。一个合成可以包含任意多个图层，每个图层都有其独立的时间线。

要创建合成，可在欢迎界面或“项目”调板中单击“新建合成”按钮，也可选择“合成”>“新建合成”菜单，打开图 8-8 所示的“合成设置”对话框，然后对合成的相关参数进行设置，并单击“确定”按钮即可。

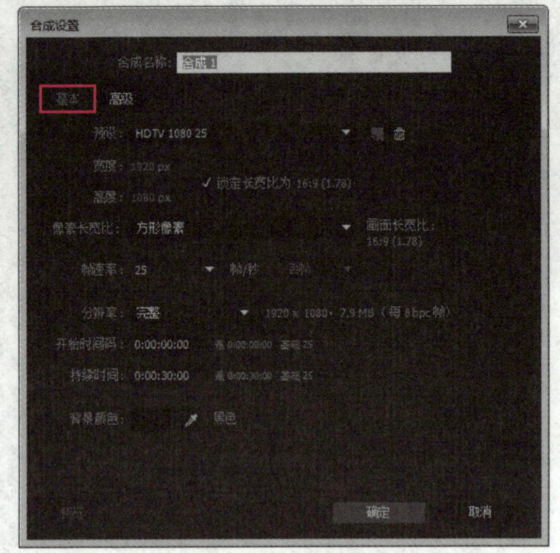

图 8-8 “合成设置”对话框

1. “基本”选项卡

“合成设置”对话框的“基本”选项卡主要用于设置合成的影片规格、尺寸、分辨率和帧速率等参数。

➢ **“预设”下拉列表：**在该下拉列表中，可选择 After Effects CC 提供的常用影片规格，或自定义影片规格。

➢ **“宽度”/“高度”编辑框：**用于设置合成的宽度和高度，若勾选了右侧的“锁定长宽比为 16∶9（1.78）”复选框，可按 16∶9 的比例锁定合成的宽高比。

➢ **“像素长宽比”下拉列表：**该下拉列表用于设置合成的像素宽高比。

➢ **“帧速率”下拉列表：**该下拉列表用于设置合成的帧速率。

➢ **“分辨率”下拉列表：**该下拉列表用于设置合成的分辨率。其中，“完整”选项画面质量最好，渲染时间最长；“二分之一”选项渲染合成中 1/4 的像素，渲染时间是“完整”选项的 1/4；“三分之一”选项渲染合成中 1/9 的像素，渲染时间是“完整”选项的 1/9；“四分之一”选项渲染合成中 1/16 的像素，渲染时间是“完整”选项的 1/16；选择“自定义”选项可以自定义渲染的分辨率。

➢ **“开始时间码”编辑框：**用于设置合成的起始时间，默认为 0 秒。

➢ **“持续时间”编辑框：**用于设置合成的持续时间长度。

➢ **“背景颜色”选项：**单击该选项右侧的色块，可在打开的“背景颜色”对话框中设置合成的背景颜色；也可单击右侧的吸管工具，直接从工作界面的任意位置获取一种背景颜色。

2. “高级”选项卡

“合成设置”对话框的“高级”选项卡主要用于设置合成的锚点、渲染器和快门角度等参数，如图 8-9 所示。

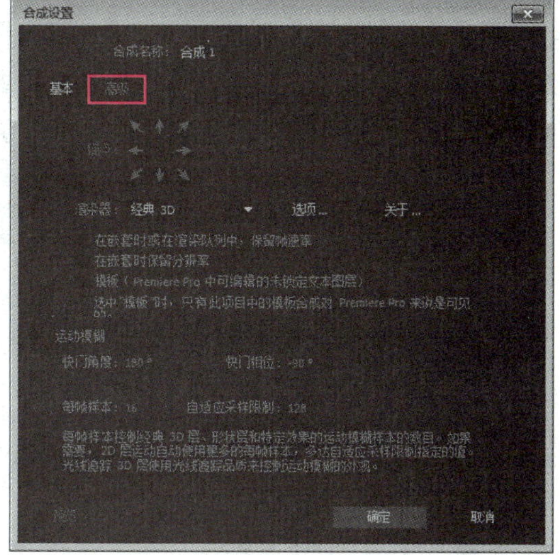

图 8-9　“高级”选项卡

- **“锚点”选项：**用于设置合成的轴心点，当修改合成尺寸时，轴心点的位置决定了如何显示合成中的素材对象。
- **“渲染器”下拉列表：**用于设置 After Effects CC 在进行三维渲染时所使用的渲染引擎。
- **“在嵌套时或在渲染队列中，保留帧速率”复选框：**勾选该复选框后，在当前合成嵌套到另一个合成中时，仍使用当前合成的帧速率；若没有勾选该复选框，则在嵌套时使用另一个合成的帧速率。
- **“在嵌套时保留分辨率”复选框：**勾选该复选框后，在当前合成嵌套到另一个合成中时，仍使用当前合成的分辨率，否则使用另一个合成的分辨率。
- **“快门角度”编辑框：**用于设置当应用运动模糊效果后，模糊质量的强度。输入 1° 时几乎不应用任何运动模糊，而输入 720° 则会应用大量模糊效果。
- **“快门相位”编辑框：**定义一个相对于帧开始位置的偏移量，用于确定快门何时打开，它决定了运动模糊的方向。
- **“每帧样本”编辑框：**用于设置最小采样数，主要用于 3D 图层和形状图层等。当不能根据图层运动确定某帧的自适应采样率时，使用此采用数。
- **“自适应采样限制”编辑框：**用于设置最大采样数。

提　示

创建合成后，若想对合成的参数进行修改，可选择“合成”>“合成设置”菜单，在打开的“合成设置”对话框中重新设置。

8.3　导入和管理素材

要在 After Effects CC 中合成影视作品，就需要导入相关的音视频素材，当素材较多时还应对素材进行有效管理，以提高工作效率，下面介绍导入和管理素材的方法。

8.3.1 在项目中导入素材

新建的项目中没有任何内容，用户可选择“文件”>“导入”>“文件”菜单，或按快捷键【Ctrl+I】，或双击“项目”调板素材列表的空白处，打开图 8-10 所示的“导入文件”对话框，然后选择要导入的素材，并单击“导入”按钮，将所选素材导入到“项目”调板。

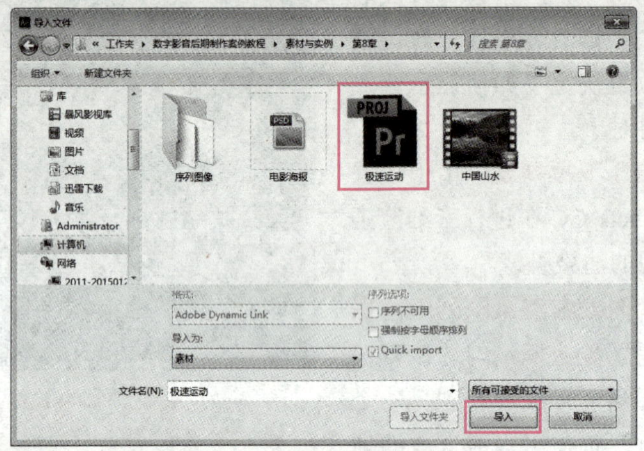

图 8-10 “导入文件”对话框

选择“文件”>“导入”>“多个文件”菜单，在打开的“导入多个文件”对话框中选择要导入的素材，并单击“导入”按钮导入素材后，“导入多个文件”对话框会再次弹出，直至导入所有素材后关闭“导入多个文件”对话框即可。

8.3.2 在项目中管理素材

在制作一些较复杂的影视作品时，经常需要导入大量素材，此时可在“项目”调板中利用创建文件夹的方式，对素材进行分类管理，具体方法有以下 3 种。

- **利用菜单**：单击激活“项目”调板，然后选择“文件”>“新建”>“新建文件夹”菜单，此时会在“项目”调板中创建一个新的文件夹，且文件夹的名称处于可编辑状态，为文件夹命名，然后将同类的素材拖到文件夹中即可。
- **单击按钮**：单击“项目”调板底部的“新建文件夹”按钮，也可在“项目”调板中新建一个文件夹，然后可将同类素材拖到该文件夹中。
- **拖拽素材**：在“项目”调板中选中一个或多个素材后，将所选素材拖到“项目”调板底部的“新建文件夹”按钮上方，然后释放鼠标，即可新建一个文件夹，并将所选素材放置在新建的文件夹中。

除了可以利用文件夹管理素材外，在“项目”调板中还可以进行查看素材信息、重命名素材、查找和替换素材等操作，具体方法与 Premiere Pro CC 基本相同，此处不再赘述。

8.3.3 典型案例——导入并解释视频

After Effects CC 可以导入 AVI、MOV、WMV、FLV 和 MPEG 等多种格式的视频素材，导入视频素材后，还可以通过解释素材改变其帧速率和像素长宽比等属性。

素材文件	素材与实例\第 8 章\中国山水.avi
效果展示和源文件	素材与实例\第 8 章\导入并解释视频.aep

制作步骤

步骤 1▶ 启动 After Effects CC 并关闭欢迎界面，按快捷键【Ctrl+I】或双击“项目”调板的空白处，打开“导入文件”对话框，选择“中国山水.avi”视频素材，并单击“导入”按钮，如图 8-11 所示。

步骤 2▶ 导入视频后，在“项目”调板中选中新导入的“中国山水.avi”视频素材，然后选择“文件”>“解释素材”>“主要”菜单，打开“解释素材：中国山水.avi”对话框，选中“匹配帧速率”单选钮，并在其右侧的编辑框中输入“29”，再将“像素长宽比”设为“D1/DV PAL 宽银幕（1.46）”，并单击“确定”按钮，如图 8-12 所示。

图 8-11 导入视频素材

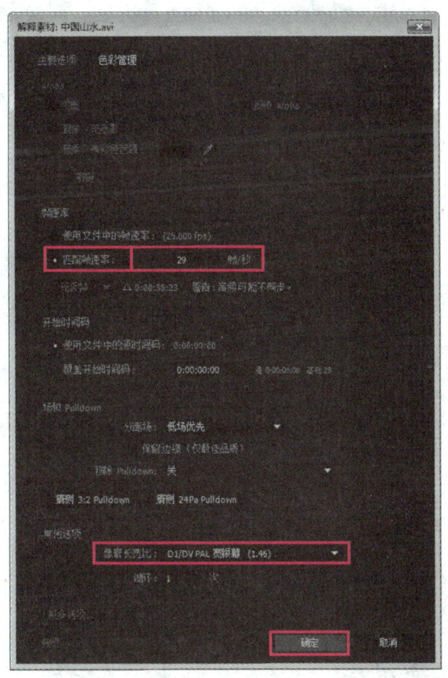

图 8-12 重新设置视频的帧速率和像素长宽比

8.3.4 典型案例——导入 PSD 图像

After Effects CC 支持 Photoshop 生成的 PSD 图像文件，用户可以将图层合并导入，也可以导入单独的图层，并保存其中的透明度信息等图层属性。下面以导入“电影海报.psd”图像素材为例，介绍导入 PSD 图像的具体操作。

素材文件	素材与实例\第 8 章\电影海报.psd
效果展示和源文件	素材与实例\第 8 章\导入 PSD 图像.aep

制作步骤

步骤 1▶ 按快捷键【Ctrl+I】或双击“项目”调板的空白处，打开“导入文件”对话框，选择“电影海报.psd”图像素材，并单击“导入”按钮，如图 8-13 所示。

步骤 2▶ 在打开的“电影海报.psd”对话框中选择“选择图层”单选钮，再在右侧的下拉列表中选择“人物”选项，并单击“确定”按钮，如图 8-14 所示，即可将“电影海报.psd”图像素材“人物”图层中的对象导入到“项目”调板（若选择“合并的图层”单选钮，则会将 PSD 图像作为一个整体导入到“项目”调板）。

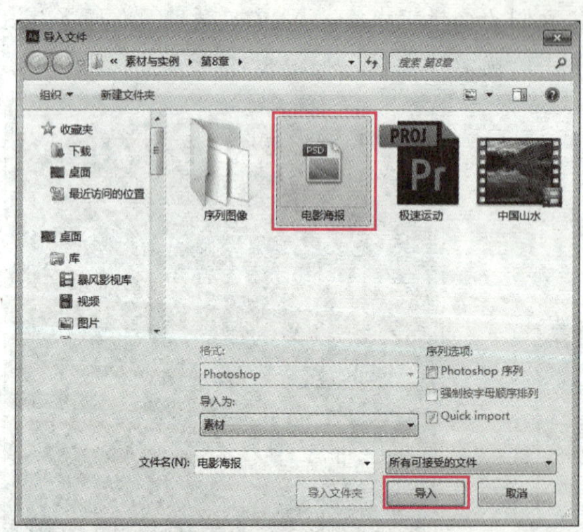

图 8-13 选择要导入的 PSD 图像素材

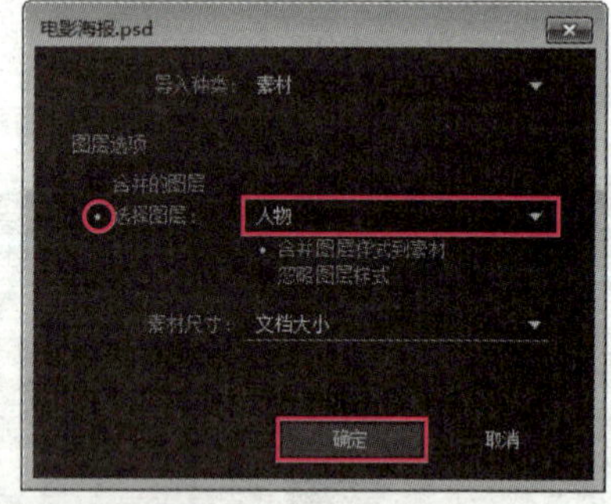

图 8-14 导入单个图层

步骤 3▶ 若在“导入种类”下拉列表中选择“合成”或“合成-保持图层大小”选项，再在“图层选项”选项组中选择“可编辑的图层样式”单选钮，并单击“确定”按钮，可将 PSD 图像作为合成导入到“项目”调板，且“项目”调板会创建一个以“PSD 图像名称+个图层”命名的文件夹，其中包含了 PSD 图像各个图层中的对象，如图 8-15 所示。

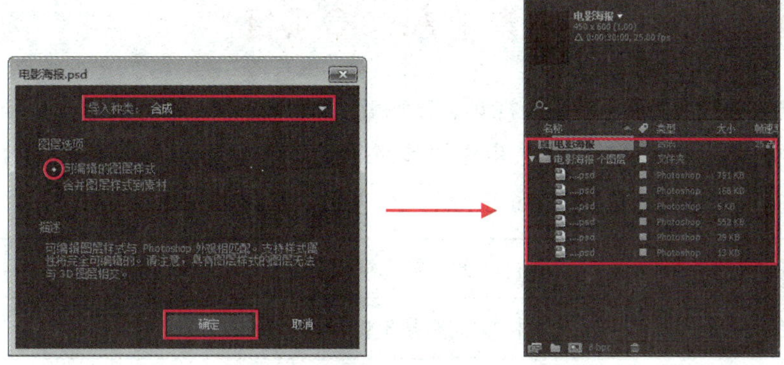

图 8-15　将 PSD 图像作为合成导入

8.3.5　典型案例——导入图像序列

After Effects CC 可将若干按顺序排列的图像序列导入为一个影片片段，每一副图像就是影片片段的一帧。下面以导入天鹅飞行图像序列为例，介绍导入图像序列的具体操作。

素材文件	素材与实例\第 8 章\图像序列\天鹅 0001.jpg
效果展示和源文件	素材与实例\第 8 章\导入图像序列.aep

制作步骤

步骤 1▶ 按快捷键【Ctrl+I】，打开“导入文件”对话框，选择“图像序列”文件夹中的“天鹅 0001.jpg”图像素材，然后勾选“JPEG 序列”复选框，如图 8-16（a）所示。

步骤 2▶ 单击“导入文件”对话框中的“导入”按钮，即可将图像序列导入到“项目”调板，如图 8-16（b）所示。

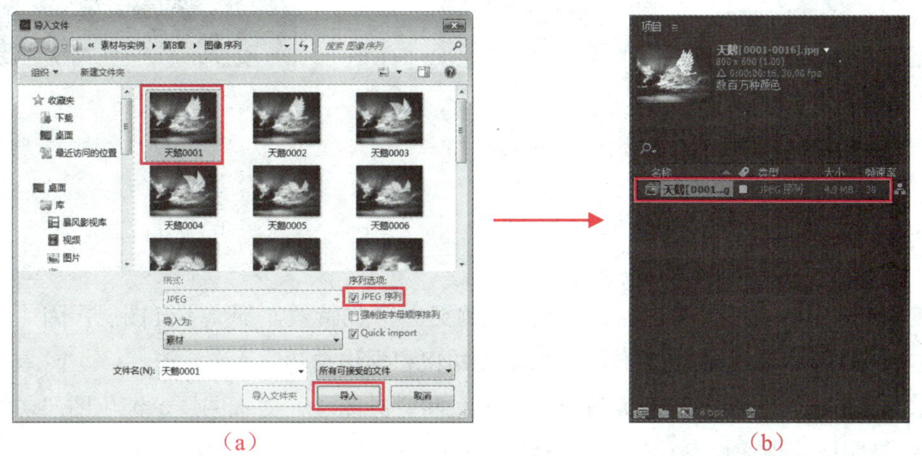

（a）　　（b）

图 8-16　导入图像序列

8.3.6 典型案例——导入其他 AE CC 项目

After Effects CC 除了可以导入视频、音频和图像等素材外，还可以导入 Premiere Pro CC 生成的项目文件和 After Effects CC 生成的其他项目文件。下面以导入“导入 PSD 图像.aep”项目文件为例，介绍导入其他 After Effects CC 项目的具体操作。

素材文件	素材与实例\第 8 章\导入 PSD 图像.aep
效果展示和源文件	素材与实例\第 8 章\导入项目文件.aep

制作步骤

步骤 1▶ 按快捷键【Ctrl+I】，打开“导入文件”对话框，选择“导入 PSD 图像.aep”项目文件，然后单击“导入”按钮，如图 8-17（a）所示。

步骤 2▶ 导入项目文件后，在“项目”调板中会生成一个与项目文件同名的文件夹，展开文件夹，会看到所导入项目文件包含的合成、文件夹和素材，如图 8-17（b）所示。

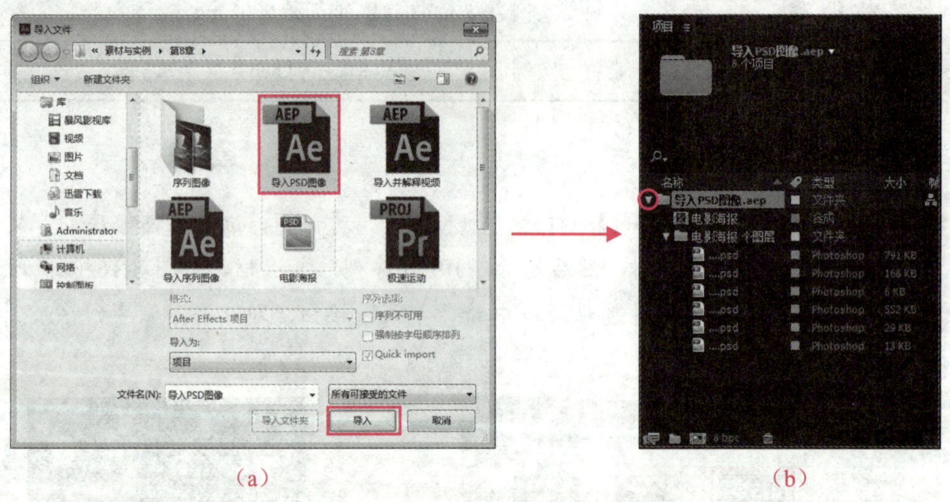

（a）　（b）

图 8-17　导入其他 After Effects CC 项目

8.4 图层知识

在 After Effects CC 中，无论是创建动画还是添加特效，都离不开图层，因此在学习 After Effects CC 时，应重点掌握图层的相关知识和操作技巧。

After Effects CC 中的图层大致可分为视频和音频图层、文本图层、纯色图层（即固态层）、灯光图层、摄像机图层、空对象图层、形状图层及调整图层等。

8.4.1 图层的基本操作

下面介绍新建和删除图层、调整图层顺序、复制和替换图层等操作。

1. 新建和删除图层

要新建图层，可在“时间轴”调板中右击鼠标，然后在弹出的快捷菜单中选择“新建”子菜单中的图层类别，即可创建相应图层，如图 8-18 所示。此外，直接将“项目”调板中的素材对象拖到“时间轴”调板中，系统也会自动为其创建一个图层，如图 8-19 所示。

要删除图层，只需选中要删除的图层，然后按【Delete】键，或选择“编辑”>“清除”菜单即可。

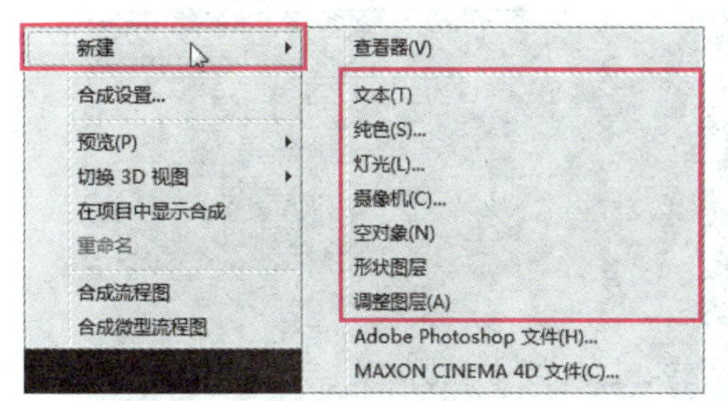

图 8-18 通过快捷菜单新建图层

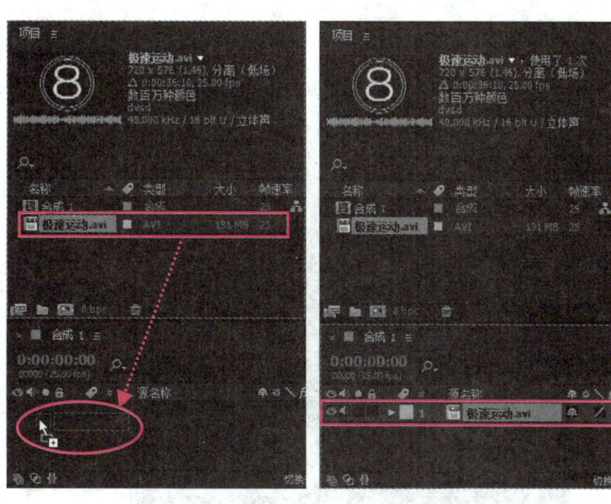

图 8-19 通过拖拽素材创建图层

2. 调整图层顺序

在 After Effects CC 中，图层就像堆叠在一起的多张幻灯片，上方图层中的对象会遮盖下方图层中的对象，且每个图层都有其独立的时间线。可见，图层的排列顺序决定了影视作品的最终效果。要调整图层的排列顺序，只需单击选中要移动的图层，然后将其拖到适当的位置并释放鼠标即可，如图 8-20 所示。

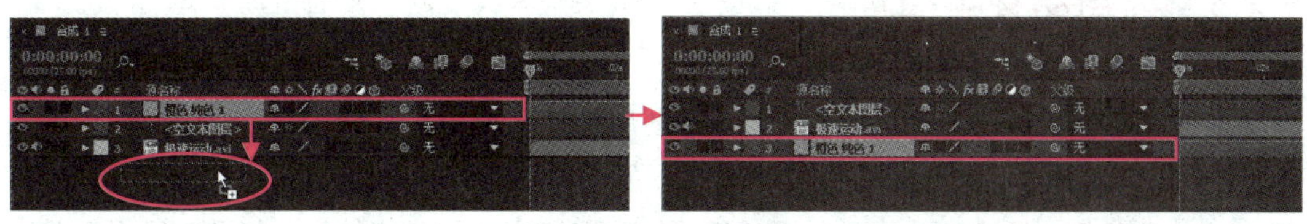

图 8-20 调整图层顺序

3．复制和替换图层

在合成影视作品时，为了节省时间，可通过复制或替换图层的方式将一个图层的动画和特效设置应用到另一个图层中。

要复制图层，只需选中要复制的图层，然后按快捷键【Ctrl+C】，再按快捷键【Ctrl+V】，即可在所选图层上方复制出一个新图层，如图 8-21 所示。

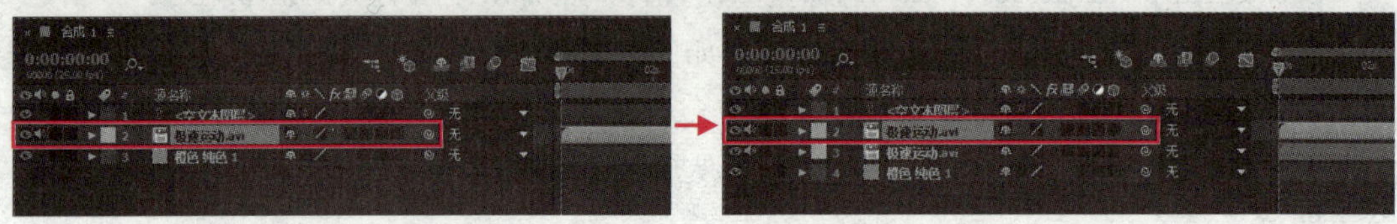

图 8-21　复制图层

要替换图层，只需选中要替换的图层，然后在按住【Alt】键的同时，将“项目”调板中用于替换的素材拖到所选图层上方，释放鼠标即可，如图 8-22 所示。替换图层后，被替换图层中原有的动画和特效都将被保留到新的替换图层中。

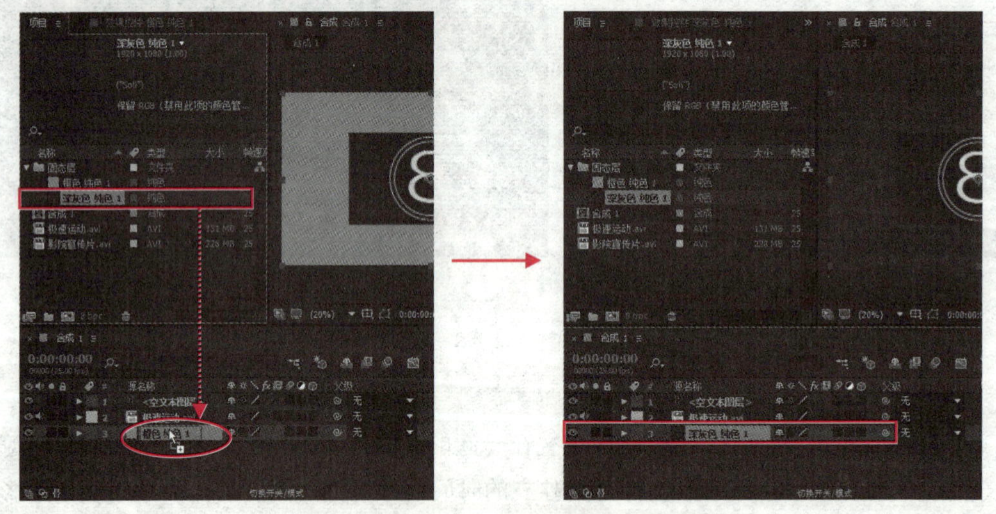

图 8-22　替换图层

8.4.2　图层的基本属性

在 After Effects CC 中，图层（纯音频图层除外）至少有“锚点”、“位置”、“缩放”、“旋转”和“不透明度”5 个基本变换属性，如图 8-23 所示。

- **“锚点”属性：**对图层中的对象进行移动、旋转或缩放操作，都是以锚点为基准进行的。特别是在进行旋转和缩放操作时，若锚点不同，产生的效果也会不同。

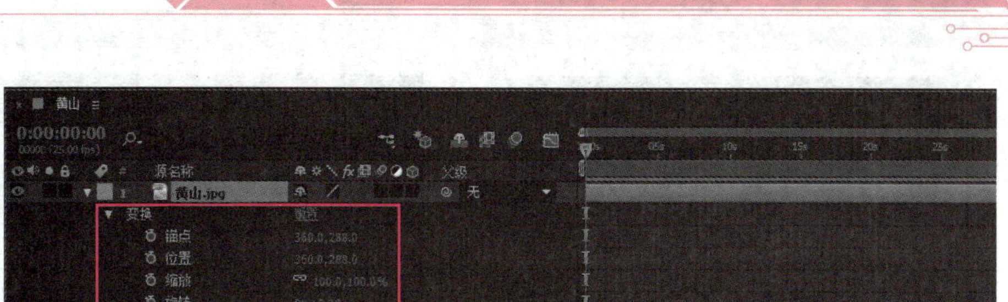

图 8-23　图层的变换属性

- ➢ **“位置”属性：**二维图层的“位置”属性由 X 轴和 Y 轴坐标组成，三维图层的“位置”属性由 X 轴、Y 轴和 Z 轴坐标组成，“位置”属性的参数决定了图层中的对象在画面中的位置。
- ➢ **“缩放”属性：**该属性将以锚点为中心，以百分比形式改变图层中对象的长度和宽度。当激活“约束比例”按钮时，图层中对象的长度和宽度按比例进行缩放；若未激活“约束比例”按钮，则图层中对象的长度和宽度可单独进行缩放。
- ➢ **“旋转”属性：**该属性将以锚点为中心改变图层中对象的旋转角度，它由圈数和度数两个参数组成，例如 2x+45°，表示图层中的对象旋转 720°+45°=765°。
- ➢ **“不透明度”属性：**该属性将以百分比形式改变图层中对象的不透明度。“0%”表示完全透明，“100%”表示完全不透明。

8.4.3　图层的混合模式

通过设置 After Effects CC 中图层的混合模式，可以使上下叠加图层中的对象产生不同的画面效果。要设置图层的混合模式，只需选中图层，并在所选图层上右击，然后在弹出的快捷菜单中选择“混合模式”子菜单中的相关选项，如图 8-24 所示。

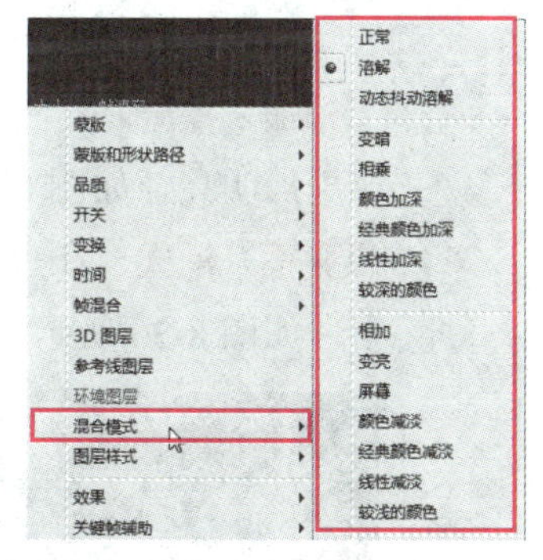

图 8-24　“混合模式”子菜单

在 After Effects CC 中，图层共有 38 种混合模式，下面仅介绍一些常用的混合模式（读者可打开本书配套素材“素材与实例”>“第 8 章”文件夹中的“图层混合模式.aep”文件进行操作）。

- ➢ **“正常”模式：**图层中的对象正常显示，上方图层中的对象会覆盖下方图层中的对象，上方图层中透明的区域会显示下方图层中的对象，如图 8-25 所示。
- ➢ **“溶解”模式：**当前图层中不透明度小于 100%的半透明部分，会显示为密集度不同的像素化颗粒，如图 8-26 所示。

图 8-25 “正常”模式

图 8-26 “溶解”模式

- **“动态抖动溶解”模式：**该模式与“溶解”模式类似，不同的是像素点以随机值来表现像素颗粒的位置，在播放素材时可以看到运动的像素化颗粒。
- **“变暗”模式：**在上下两个图层之间进行比较，保留较暗的像素，忽略较亮的像素，如图 8-27 所示。
- **“相乘”模式：**运算当前图层中图像的色彩信息，使其与下方图层以叠加的方式进行减色处理，如图 8-28 所示

图 8-27 “变暗”模式

图 8-28 “相乘”模式

- **“相加”模式：**对上下两个图层中图像的像素进行加法运算，使当前图层中的图像更加明亮，如图 8-29 所示。
- **“变亮”模式：**在上下两个图层之间进行比较，保留较亮的像素，忽略较暗的像素，如图 8-30 所示。

图 8-29 “相加”模式

图 8-30 “变亮”模式

➢ **“叠加”模式：**在上下两个图层的中性灰度部分混合两者的颜色，较深或较浅的颜色不受影响，如图 8-31 所示。

➢ **“柔光”模式：**当前图层中图像的颜色高于 50%灰度，则下方图层中的图像变亮，反之则下方图层中的图像变暗，如图 8-32 所示。

图 8-31 “叠加”模式

图 8-32 “柔光”模式

➢ **“强光”模式：**当前图层中图像的颜色高于 50%灰度，则当前图层中的图像变亮，反之则当前图层中的图像变暗，如图 8-33 所示。

➢ **“色相”模式：**下方图层中图像的明度、饱和度与上方图层中图像的色相决定混合图像的最终颜色，如图 8-34 所示。

图 8-33 “强光”模式

图 8-34 “色相”模式

➢ **“模板 Alpha”模式：**根据当前图层中图像的 Alpha 通道，显示下方图层中的图像内容，与遮罩效果类似，如图 8-35 所示。

➢ **“轮廓 Alpha”模式：**根据当前图层中图像的 Alpha 通道，反向显示下方图层中的图像内容，如图 8-36 所示。

图 8-35 “模板 Alpha”模式

图 8-36 “轮廓 Alpha”模式

8.5 关键帧动画

视频中的动画是由一幅幅静态画面组成的，每一幅静态画面在视频制作中就是一帧。在时间轴中放置对象并在不同帧中设置对象的属性（例如位置、形状、大小、颜色、不透明度等），这些用于设置对象属性的帧称为关键帧，After Effects CC 会根据不同关键帧中的内容自动生成中间的动画过程。每一段关键帧动画至少要有两个关键帧。

8.5.1 创建与编辑关键帧

要创建关键帧动画，首先要插入和添加关键帧，然后对关键帧中的内容进行设置。通过对关键帧进行复制、移动等编辑操作，可以实现不同的动画效果。

1．创建关键帧

下面通过一个小实例，具体介绍创建关键帧的方法。

步骤 1▶ 启动 After Effects CC 并新建一个合成，在“合成设置”对话框的“预设”下拉列表中选择“HDV/HDTV 720 25”选项，并单击“确定”按钮，如图 8-37 所示。

步骤 2▶ 按快捷键【Ctrl+I】或双击“项目”调板的空白区域，打开“导入文件”对话框，选择本书配套素材“素材与实例”>“第 8 章”>“相关素材”文件夹中的“飞机.png”图像素材，并单击“导入”按钮。

步骤 3▶ 将“项目”调板中的“飞机.png”图像素材拖到“时间轴”调板的图层区中，并在“合成”调板中调整飞机图形的位置，如图 8-38 所示。

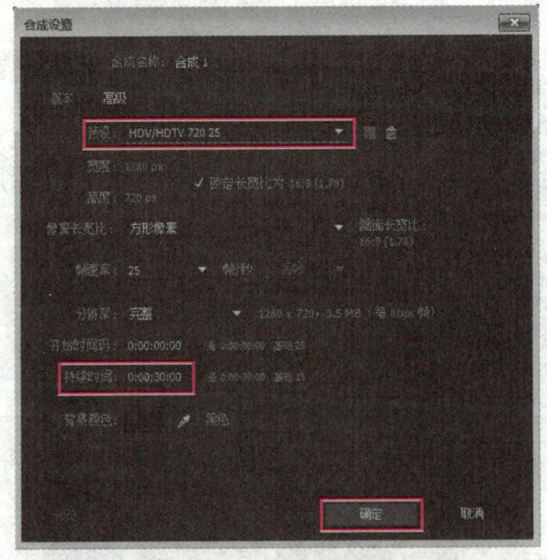

图 8-37　设置合成参数

图 8-38　调整飞机图像位置

步骤 4▶ 通过在“时间轴”调板的图层区中单击▶按钮，展开“飞机.png”图层下的“变换”选项，单击“位置”属性左侧的“时间变化秒表”按钮⏱，创建第一个关键帧，如图 8-39 所示。

图 8-39　创建第一个关键帧

步骤 5▶ 将“时间轴”调板中的当前时间指针移至第 8 秒处，然后设置“位置”属性的参数（也可通过在“合成”调板中拖动飞机图像改变其位置），此时 After Effects CC 会自动在“飞机.png”图层的时间线上的第 8 秒处创建一个关键帧，如图 8-40 所示。

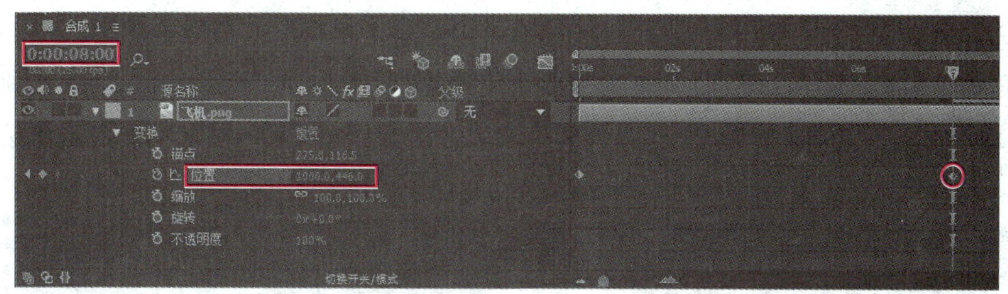

图 8-40　创建第二个关键帧

步骤 6▶ 将当前时间指针移至第 0 秒，然后按空格键（或单击“预览”调板中的“播放/停止”按钮），在“合成”调板中预览，会看到飞机从左向右移动的动画效果。

2．编辑关键帧

通过对关键帧进行选择、移动、复制和删除等编辑操作，可以改变动画的效果。下面，以刚刚制作的飞机动画为例进行说明。

步骤 1▶ 单击“时间轴”调板上方的☰按钮，在展开的下拉菜单中可选择关键帧的显示形式，如图 8-41 所示。选择“使用关键帧图标”选项，会以图标形式在时间线上显示关键帧；选择“使用关键帧索引”选项，会以数字形式在时间线上显示关键帧。

步骤 2▶ 单击“时间轴”调板中“飞机.png”图层时间线上第 8 秒处的关键帧，将其选中，如图 8-42 所示。

若要选择多个关键帧，可在按住【Shift】键的同时连续单击多个关键帧；也可框选时间线上要选择的关键帧。此外，在“时间轴”调板中单击图层的某一属性名称，可以选中所有与该属性相关的关键帧。

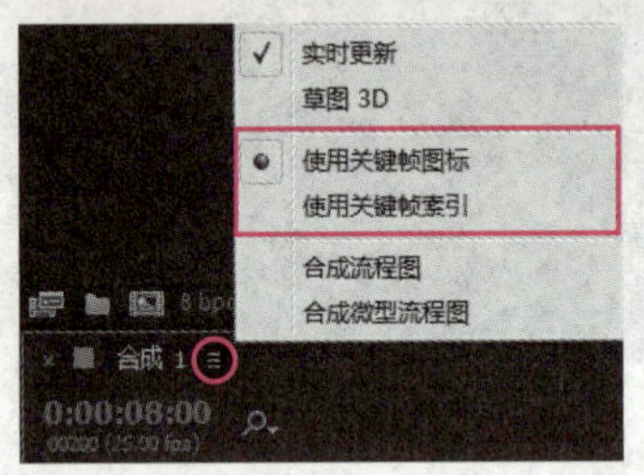

图 8-41　设置关键帧的显示形式

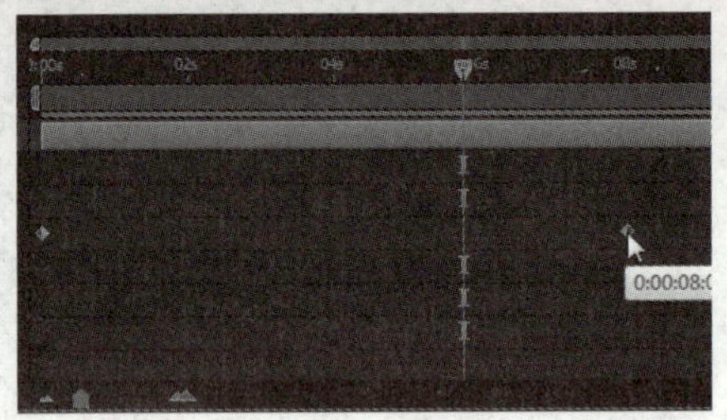

图 8-42　选择关键帧

步骤 3▶　将当前时间指针移至第 6 秒处，然后在所选关键帧上按住鼠标左键不放，并拖至第 6 秒处，关键帧会自动吸附到当前时间指针上，如图 8-43 所示。此时按空格键进行预览，会发现飞机运动的速度变快了。

步骤 4▶　单击选中“飞机.png”图层第 0 秒处的关键帧，然后按快捷键【Ctrl+C】，再将当前时间指针移至第 12 秒处，并按快捷键【Ctrl+V】，可将第 0 秒处的关键帧复制到第 12 秒处，如图 8-44 所示。此时按空格键进行预览，会发现飞机先从左向右运动，再从右向左运动。

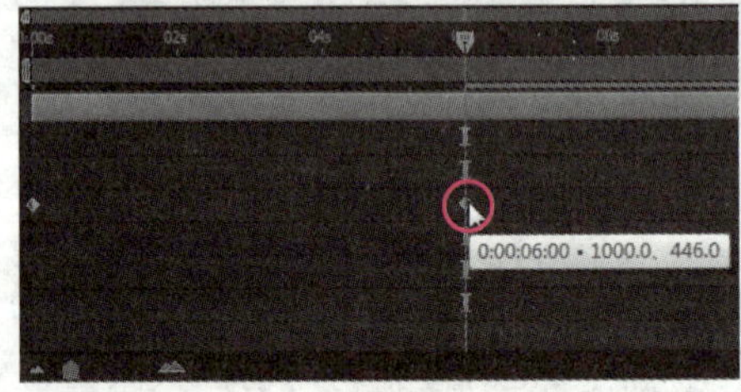

图 8-43　移动关键帧

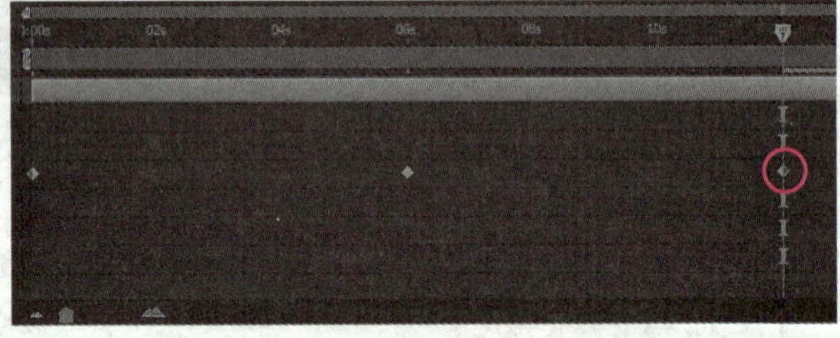

图 8-44　复制关键帧

步骤 5▶　选中“飞机.png”图层时间线上第 12 秒处的关键帧，然后按【Delete】键可删除所选关键帧。

先将当前时间指针移至不想要的关键帧所在的时间点，然后单击图层属性名称左侧的“在当前时间添加或移除关键帧”按钮，可删除当前时间指针所在位置该图层属性的关键帧。如果单击图层属性名称左侧的“时间变化秒表”按钮，可以删除该图层属性的所有关键帧。

8.5.2　关键帧插值

关键帧插值是指在两个关键帧之间通过数学运算添加更多的关键帧，使运动效果产生更丰富的变化。插值可分为空间插值和临时插值两种类型。

1．空间插值

空间插值主要用于改变关键帧的运动路径，下面通过设置第 8.5.1 节中制作的实例，介绍空间插值的使用方法。

步骤 1▶ 将当前时间指针移至第 3 秒处，然后将“合成”调板中的飞机图像向上拖动，如图 8-45 所示。此时“飞机.png”图层第 3 秒处会自动创建一个关键帧。

步骤 2▶ 选中“飞机.png”图层第 3 秒处的关键帧，选择“动画” > “关键帧插值”菜单，在打开的“关键帧插值”对话框的“空间插值”下拉列表中可设置空间插值的方式，如图 8-46 所示。本例保持默认不变，并单击“确定”按钮。

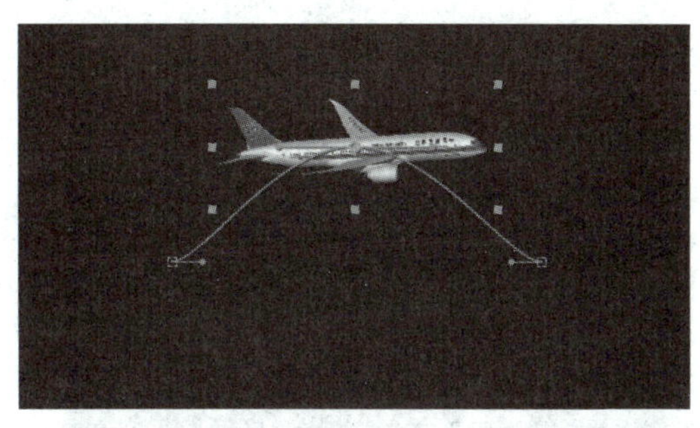

图 8-45　调整第 3 秒处的飞机位置

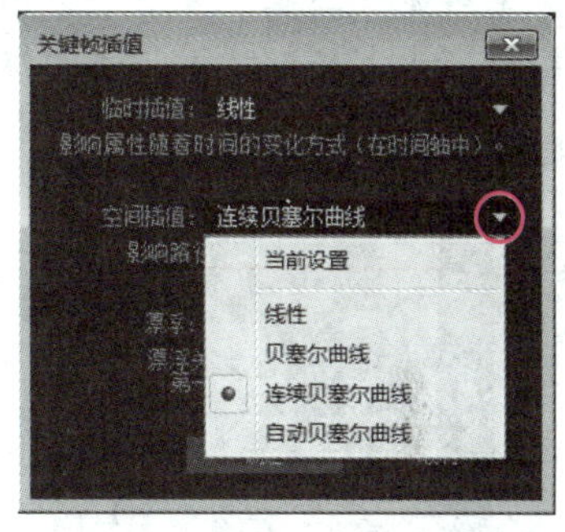

图 8-46　设置空间插值的方式

图 8-46 所示“空间插值”下拉列表中各选项的含义如下。

- **“线性”插值：**运动路径节点两侧呈直线。
- **“贝塞尔曲线”插值：**可以通过随意调节运动路径节点两侧的控制柄，改变曲线路径的形状。
- **“连续贝塞尔曲线”插值：**运动路径节点两侧控制柄之间的夹角始终保持 180°，可以通过调节控制柄的角度和长度，改变曲线路径的形状。
- **“自动贝塞尔曲线”插值：**系统自动创建一个平滑的曲线路径。

2．临时插值

临时插值主要用于控制对象的运动速度，下面介绍临时插值的使用方法。

步骤 1▶ 选中“飞机.png”图层第 3 秒处的关键帧，选择“动画” > “关键帧插值”

菜单，在打开的“关键帧插值”对话框的“临时插值”下拉列表中可设置临时插值的方式，本例选择“贝塞尔曲线”选项，并单击“确定”按钮，如图 8-47 所示。

步骤 2▶ 单击“时间轴”调板图层区上方的“图表编辑器”按钮，在打开的图表编辑器中显示了当前所有关键帧的参数曲线，如图 8-48 所示。

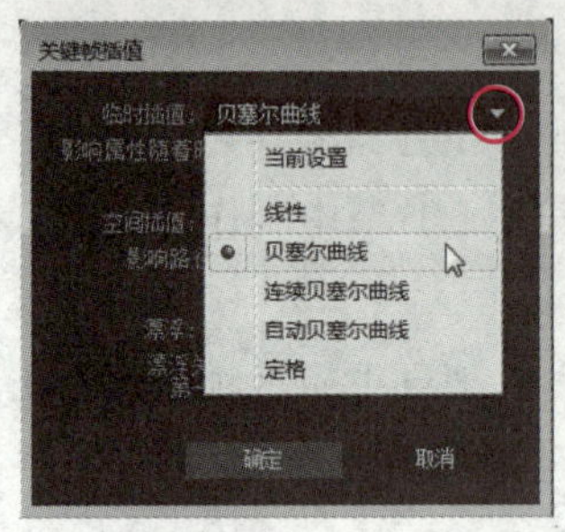

图 8-47 设置临时插值的方式

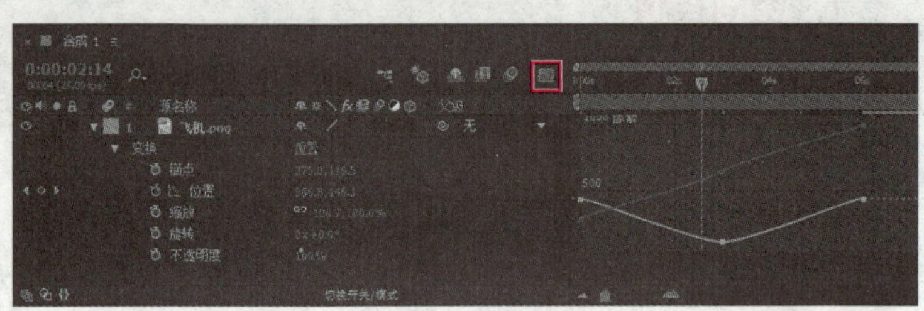

图 8-48 打开图表编辑器

步骤 3▶ 单击图表编辑器下方的“选择图表类型和选项”按钮，在展开的列表中选择“编辑速度图表”选项，如图 8-49（a）所示；此时图表编辑器中会显示速度曲线，拖动速度曲线上的调节点，将其调整为图 8-49（b）所示的形状。

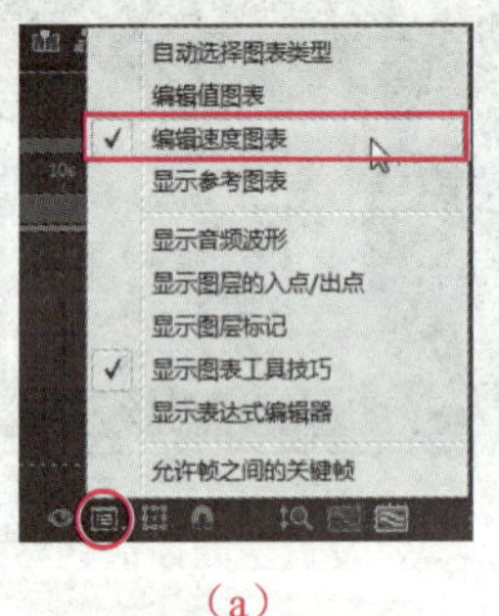

（a）

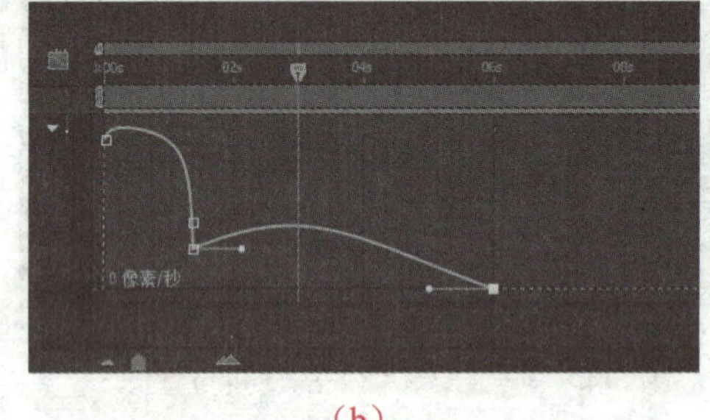

（b）

图 8-49 调整速度曲线

图 8-49（a）中各选项的含义如下。

- **编辑值图表：**在该图表编辑器中，可通过拖动曲线上的控制节点改变当前关键帧参数的数值。
- **编辑速度图表：**在该图表编辑器中，可通过调整曲线形状，改变关键帧中对象的运动速度。
- **显示参考图表：**勾选该选项后，会在编辑值图表中同时显示编辑速度图表中的曲线作为参考，但速度曲线不可编辑；或者在编辑速度图表中同时显示编辑值图表中的曲线作为参考，但数值曲线不可编辑。

步骤 4▶ 此时按空格键进行预览，会发现飞机的运动速度在上升时逐渐变快，下降时逐渐变慢。

8.5.3 控制动画速度

在 After Effects CC 中，可以通过改变图层的持续时间来控制动画的播放速度。首先选中要改变持续时间的图层，然后选择“图层”>“时间”>“时间伸缩”菜单，打开图 8-50 所示的“时间伸缩”对话框，再根据需要设置以下选项即可。

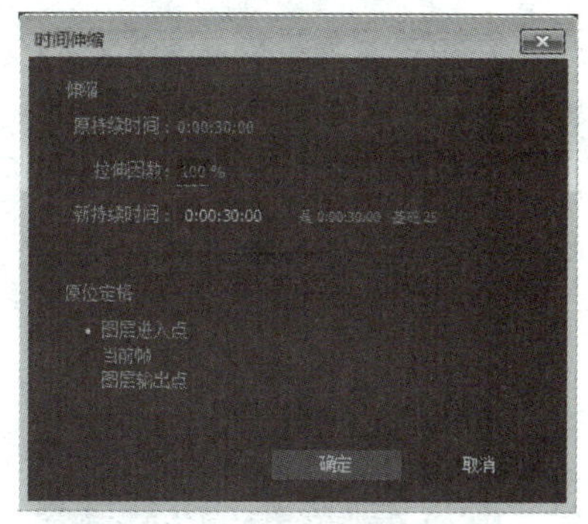

图 8-50 “时间伸缩”对话框

- **“拉伸因数”编辑框：** 用于设置当前图层的拉伸程度，百分比数值越高，图层持续时间越长。
- **“新持续时间”编辑框：** 用于对当前图层的持续时间进行精确设置。
- **“图层进入点”单选钮：** 选择该单选钮，表示固定入点，从后端增加或减少图层的长度。
- **“当前帧”单选钮：** 选择该单选钮，表示固定当前时间指针所在位置，增加或减少两侧图层的长度。
- **“图层输出点”单选钮：** 选择该单选钮，表示固定出点，从前端增加或减少图层的长度。

8.5.4 关键帧动画技巧

前面介绍了关键帧动画的基础知识，下面再介绍一下建立嵌套合成和父子关系的动画技巧。

1. 建立嵌套合成

在 After Effects CC 中，可以将一个合成添加到另一个合成中，从而使不同合成进行有效的协同工作，这种方式称为嵌套合成。建立嵌套合成的一般方法如下。

步骤 1▶ 打开本书配套素材“素材与实例”>“第 8 章”文件夹中的“嵌套合成素材.aep”项目文件。

步骤 2▶ 将“项目”调板中的“老鹰”合成拖到“天空”合成上（也可直接将“老鹰”合成拖到“天空”合成“时间轴”调板图层区“天空.jpg”图层上方），即可将“老鹰”合成嵌套到“天空”合成中，如图 8-51 所示。

步骤 3▶ 双击“项目”调板中的“天空”合成，在“时间轴”调板中展开“天空”合成的时间线，会看到“老鹰”合成像普通图层一样叠加在“天空”合成图层的最上方，如图 8-52 所示。

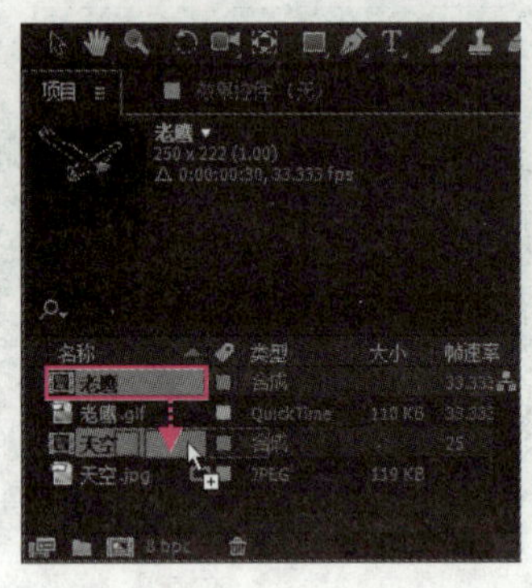

图 8-51　通过拖动建立嵌套合成

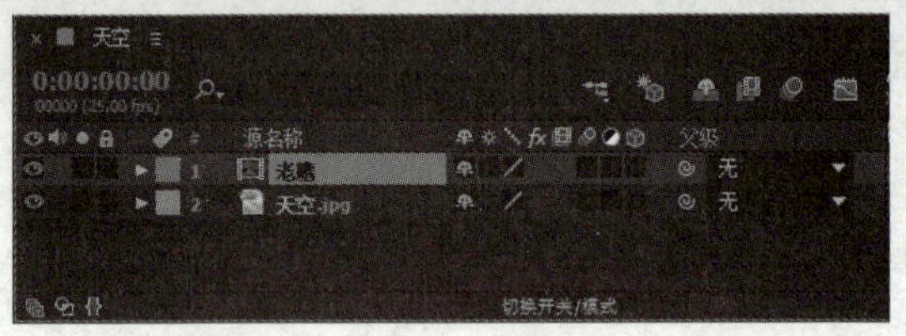

图 8-52　“天空”合成的图层分布

步骤 4▶　利用快捷键【Ctrl+C】和【Ctrl+V】，将“时间轴”调板中的“老鹰”（合成）图层复制 10 份，然后拖动时间线上的“老鹰”图层副本，使后一个图层副本的入点与前一个图层副本的出点对齐，如图 8-53 所示。

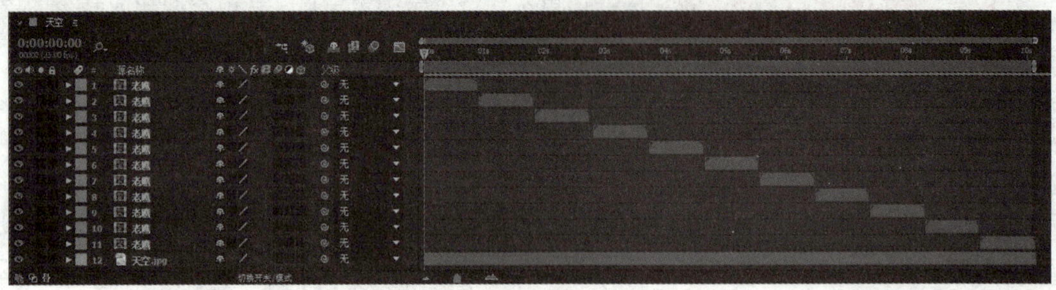

图 8-53　复制并调整“老鹰”图层

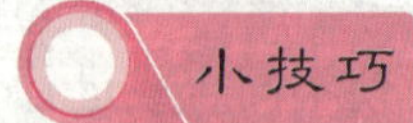

小技巧

在时间线上对齐两个图层的出点和入点时，可以借助于当前时间指针。

步骤 5▶　图层过多不利于进行编辑和管理，此时可以利用预合成功能进行图层合成。单击选中序号为 1 的图层，然后在按住【Shift】键的同时单击序号为 10 的图层，选中序号为 1～10 的所有图层。

步骤 6▶　选择“图层”>“预合成”菜单，在打开的“预合成”对话框中设置新合成名称，然后单击“确定”按钮，如图 8-54 所示。

步骤 7▶　此时可看到所选的 10 个图层被合成为一个名为“预合成 1”的图层，如图 8-55 所示。

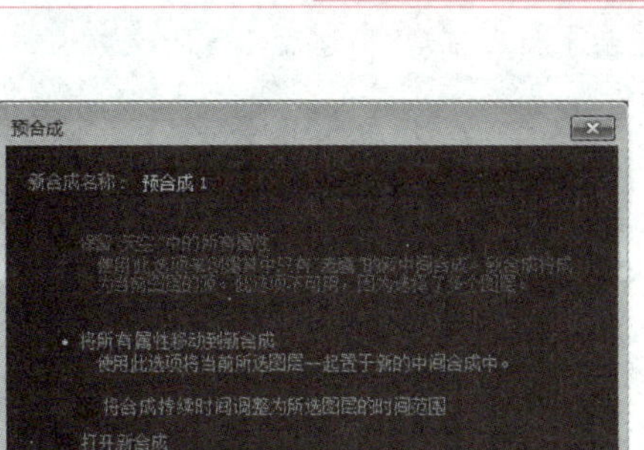

图 8-54　“预合成”对话框

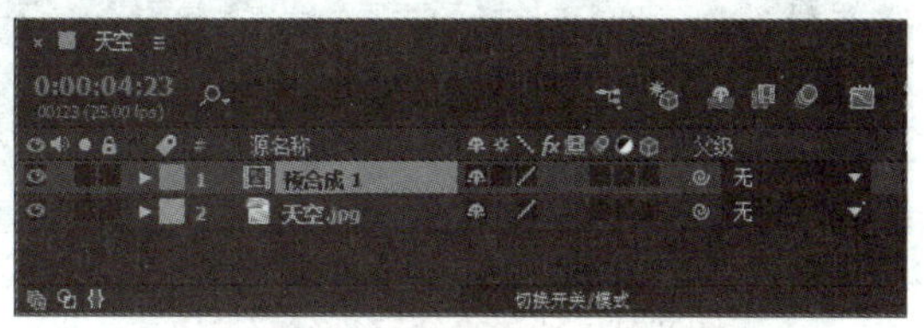

图 8-55　合成新的图层

2．建立父子关系

在制作关键帧动画时，经常会遇到需要一个对象跟随另一个对象同步运动的情况，此时可在两者之间建立父子关系。下面通过一个小实例，介绍建立父子关系的方法。

步骤 1▶ 打开本书配套素材“素材与实例”>“第 8 章”文件夹中的“父子关系素材.aep”项目文件，按空格键进行预览，会发现画面中的帆船由左向右移动，而老鹰却在原地飞行，如图 8-56 所示。

步骤 2▶ 在“时间轴”调板中选中“老鹰飞翔”图层，然后在其右侧的“父级”下拉列表中选择“2.帆船.png”选项，如图 8-57 所示。

图 8-56　预览动画效果

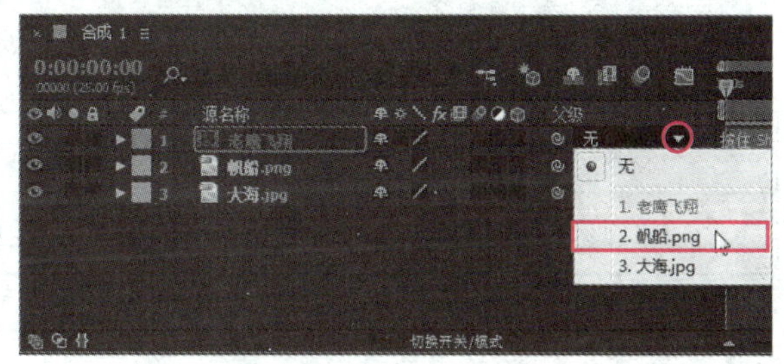

图 8-57　为“老鹰飞翔”图层定义父级关系

除了上述方法外，在“老鹰飞翔”图层右侧的“父级”按钮上按住鼠标左键，并将其拖到“帆船.png”图层的图层名称上，也可为“老鹰飞翔”图层定义父级关系，如图 8-58 所示，两种操作方式的最终结果是一样的。

步骤 3▶ 此时按空格键再次进行预览，会发现老鹰跟随帆船一起由左向右移动了，如图 8-59 所示。

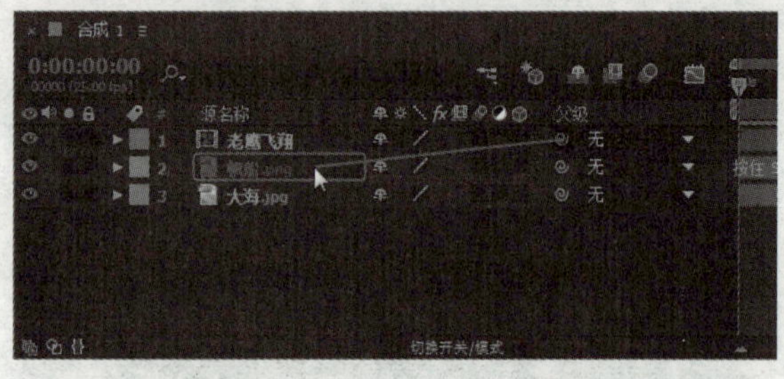

图 8-58　通过拖拽定义父级关系

图 8-59　再次预览动画效果

8.6　典型案例——制作“速度与激情”动画

下面利用本章所学知识，制作图 8-60 所示的速度与激情动画效果。

图 8-60　速度与激情动画效果截图

素材文件	素材与实例\第 8 章\汽车素材
效果展示和源文件	素材与实例\第 8 章\速度与激情.aep、速度与激情.mov

制作分析

创建项目文件并新建合成后，导入相关素材；然后将“道路.jpg”图像素材添加到“时间轴”调板中生成“道路.jpg”图层，并制作关键帧动画；再分别将“车身.png”、“阴影.png”、“前车轮.png”和“后车轮.png”图像素材添加到“时间轴”调板中，通过创建关键帧动画制作车轮旋转的动画效果，调整阴影的不透明度，并将“前车轮.png”、“后车轮.png”和“阴影.png”图层的父级关系设为“车身.png”图层；通过创建关键帧动画制作汽车由快到慢再到快的移动效果；接着将“汽车.png”图像素材添加到“时间轴”调板中，并通过创建关键帧动画制作另一辆汽车由快到慢再到快的移动效果；新建一个名为“树叶飘动”的合成，利用关键帧动画在其中制作树叶飘动的动画效果；最后将“树叶飘动”合成添加到“合成 1”合成中。

制作步骤

步骤 1▶ 启动 After Effects CC 并新建一个合成，在“合成设置”对话框的“预设”下拉列表中选择“HDTV 1080 25”选项，将“持续时间”设为 10 秒，然后单击“确定”按钮，如图 8-61 所示。

步骤 2▶ 按快捷键【Ctrl+I】，导入“汽车素材”文件夹中的所有素材，然后将“项目”调板中的“道路.jpg”图像素材拖到“时间轴”调板中。

步骤 3▶ 展开“时间轴”调板中“道路.jpg”图层下的“变换”选项，将“缩放”属性设为“50%”，将“位置”属性设为“940，920”，如图 8-62 所示。

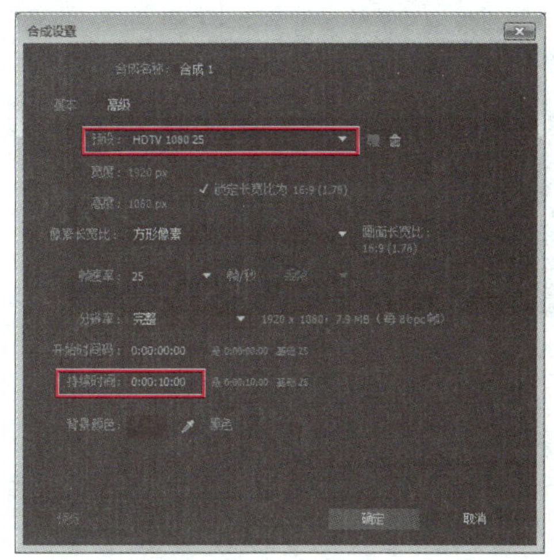

图 8-61 设置合成参数

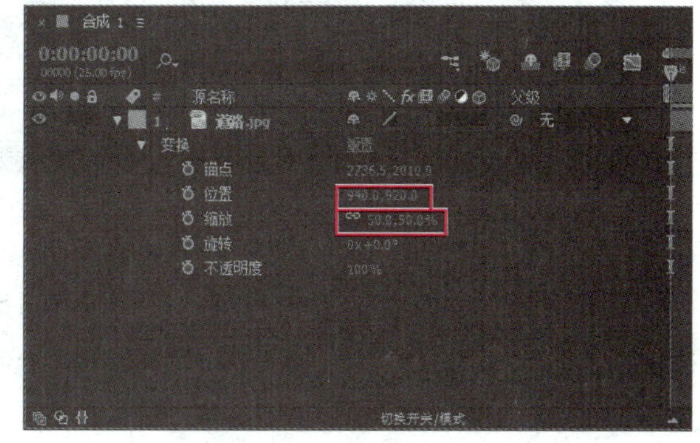

图 8-62 设置“道路.jpg”的图层属性

步骤 4▶ 单击“位置”属性左侧的“时间变化秒表”按钮，创建第一个关键帧，然后将当前时间指针移至第 2 秒 12 帧，并将“位置”属性设为“940，184”，如图 8-63 所示。

图 8-63 设置道路图像第 2 秒 12 帧的“位置”属性

步骤 5▶ 将当前时间指针移至第 18 帧，然后单击“在当前时间添加或移除关键帧”按钮，添加一个关键帧，再将添加的关键帧拖至 1 秒 12 帧处，如图 8-64 所示。

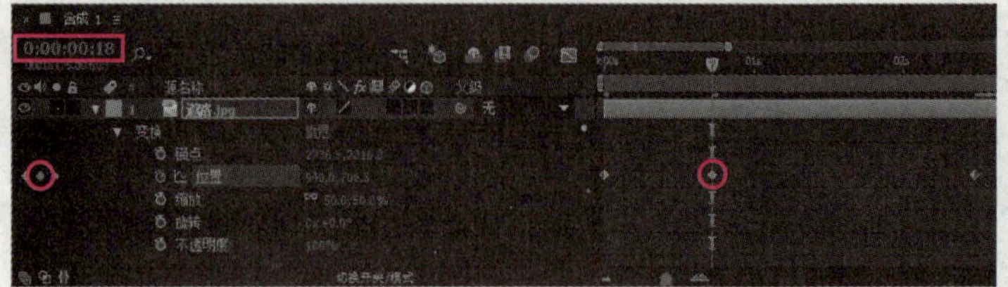

图 8-64 添加并移动关键帧

步骤 6▶ 将当前时间指针移至第 7 秒 12 帧，并单击“锚点”属性左侧的“时间变化秒表”按钮创建关键帧，然后将当前时间指针移至第 7 秒 14 帧，并将“锚点”属性设为“2799.8，2024”，如图 8-65 所示。

图 8-65 设置道路图像第 7 秒 12 帧的“锚点”属性

步骤 7▶ 参照步骤 6 的操作，将第 7 秒 15 帧的“锚点”属性设为“2831.5，2010”，将第 7 秒 16 帧的“锚点”属性设为“2784，1995”，将第 7 秒 17 帧的“锚点”属性设为“2736.5，2010”，将第 9 秒的“锚点”属性设为“2787.5，2010”（制作汽车经过后路面的震动效果）。

步骤 8▶ 单击“不透明度”属性左侧的“时间变化秒表”按钮创建关键帧，然后将当前时间指针移至第 9 秒 24 帧，将“不透明度”属性设为“0%”，如图 8-66 所示。

图 8-66 设置道路图像第 9 秒 24 帧的“不透明度”属性

步骤 9▶ 单击“道路.jpg”图层名称左侧的按钮，将其属性折叠起来，然后依次将“项目”调板中的“车身.png”、“阴影.png”、“前车轮.png”和“后车轮.png”图像素材添加到“时间轴”调板中生成相应图层，图层顺序见图 8-67，并分别将这几个图层的“缩放”属性设为“48%”。

步骤 10▶ 在“合成”调板中调整轮胎和阴影的位置，使其达到图 8-68 所示的效果。

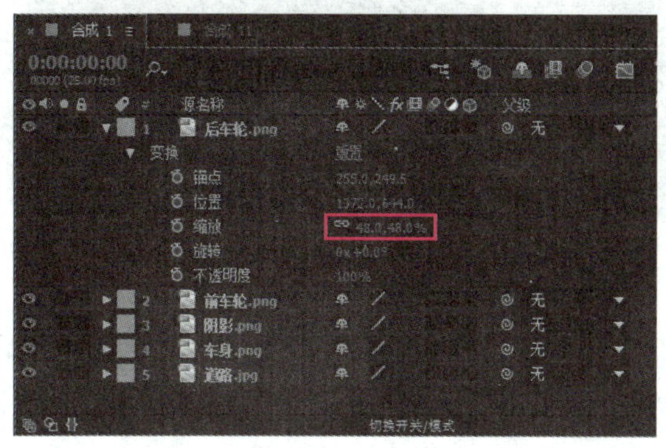

图 8-67 添加图像素材并设置缩放比例

图 8-68 调整轮胎和阴影的位置

步骤 11▶ 将当前时间指针▼移至第 0 秒处，展开“前车轮.png”图层的“变换”选项，然后单击“旋转”属性左侧的“时间变化秒表”按钮⏱创建关键帧，再将当前时间指针▼移至第 9 秒 24 帧处，将“旋转”属性设为“-10x+0.0°”，如图 8-69 所示。

步骤 12▶ 参照步骤 11 的操作，为“后车轮.png”图层创建旋转关键帧动画，再将“阴影.png”图层的“不透明度”属性设为“60%”，如图 8-70 所示。

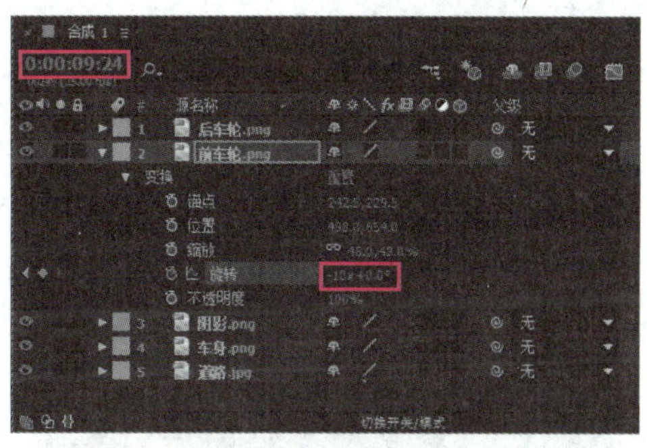

图 8-69 创建旋转关键帧动画

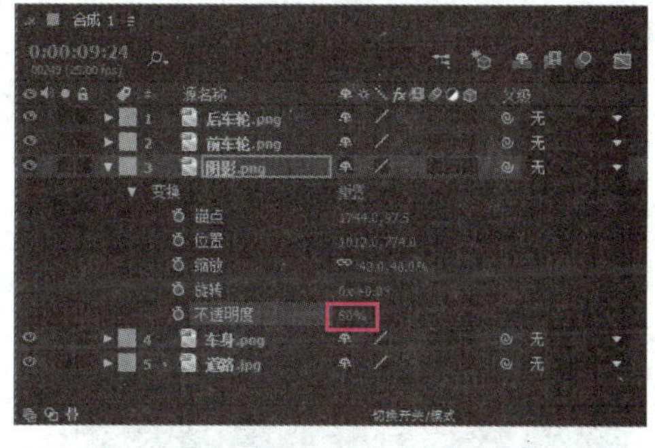

图 8-70 设置阴影的不透明度

步骤 13▶ 在“阴影.png”图层右侧的“父级”下拉列表中选择“4.车身.png”选项，创建父子关系，按照相同操作设置“前车轮.png”和“后车轮.png”图层的父子关系，如图 8-71 所示。

步骤 14▶ 将当前时间指针▼移至第 2 秒 04 帧处，然后在“合成”调板中将车身移至调板右侧外，并单击“车身.png”图层“位置”属性左侧的“时间变化秒表”按钮⏱创建关键帧。

步骤 15▶ 将当前时间指针▼移至第 8 秒处，然后在“合成”调板中将车身图像向左平移至调板左侧外，如图 8-72 所示。

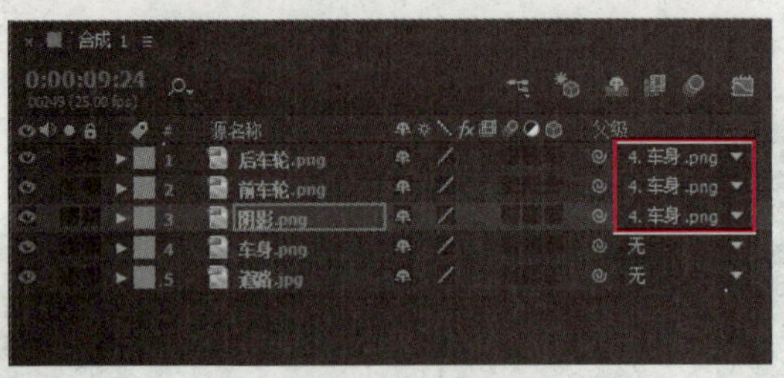

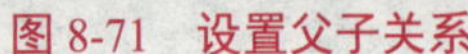
图 8-71　设置父子关系

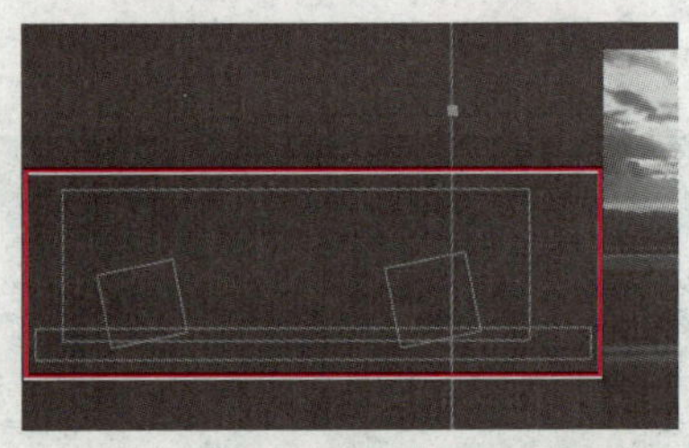

图 8-72　调整第 8 秒处车身位置

步骤 16▶　在“车身.png”图层“位置”属性的第 3 秒 18 帧添加一个关键帧，然后将添加的关键帧移至第 2 秒 15 帧；再在“车身.png”图层“位置”属性的第 6 秒 03 帧添加一个关键帧，然后将添加的关键帧移至第 7 秒 07 帧。

步骤 17▶　参照步骤 16 的操作，分别为“前车轮.png”和“后车轮.png”图层的“旋转”属性添加关键帧，并移动添加的关键帧。

步骤 18▶　将“项目”调板中的“汽车.png”图像素材添加到“时间轴”调板中，并使其成为最上方图层，然后在“合成”调板中将黄色汽车图像移至调板右下方，如图 8-73（a）所示。

步骤 19▶　将当前时间指针移至第 3 秒 12 帧处，展开“汽车.png”图层的“变换”选项，单击“位置”属性左侧的“时间变化秒表”按钮创建关键帧。

步骤 20▶　将当前时间指针移至第 8 秒处，然后将“合成”调板中的黄色汽车图像移至调板左下方，如图 8-73（b）所示。

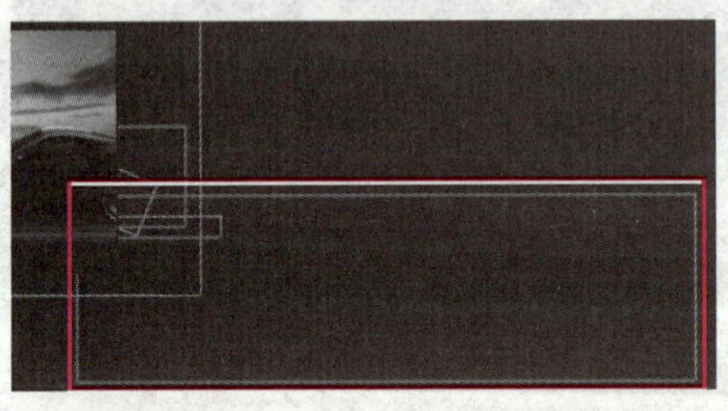

（a）

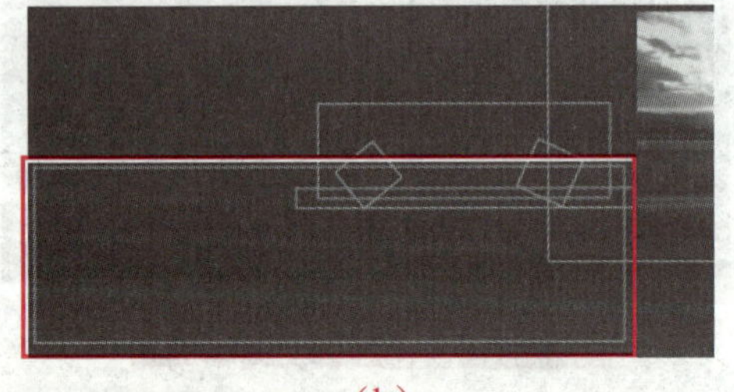

（b）

图 8-73　调整黄色汽车图像的位置

步骤 21▶　将当前时间指针移至第 5 秒处，然后为“汽车.png”图层的“位置”属性添加关键帧，并将添加的关键帧移至第 7 秒 07 帧处。

步骤 22▶　新建一个合成，在“合成设置”对话框中将“合成名称”设为“树叶飘动”，将“持续时间”设为 1 秒，然后单击“确定”按钮，如图 8-74 所示。

步骤 23▶　将“项目”调板中的“树叶.psd”图像素材添加到“树叶飘动”合成的“时间轴”调板中，然后在“合成”调板中适当调整树叶图像的大小，并将树叶图像移至调板右侧外。

步骤 24▶　展开“变换”选项，单击“位置”属性左侧的“时间变化秒表”按钮创建关键帧，将当前时间指针移至第 24 帧处，然后将树叶图像移至调板左侧外，并调整运动路径调节点上的控制柄，调整树叶的运动路径形状，如图 8-75 所示。

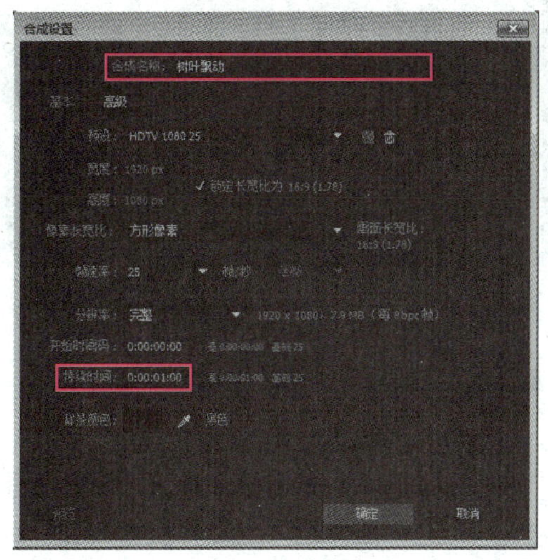

图 8-74　新建“树叶飘动”合成

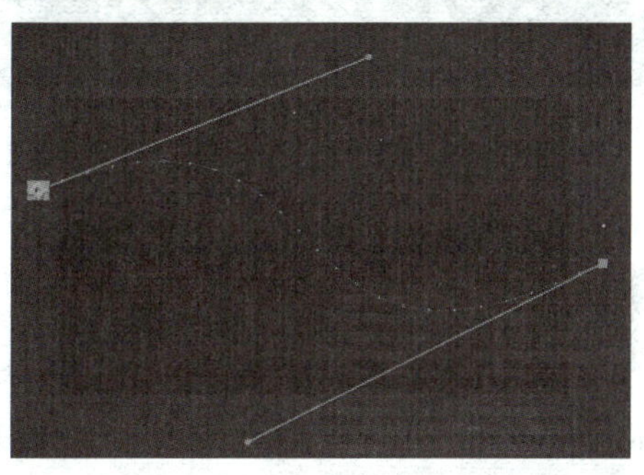

图 8-75　创建树叶运动动画

步骤 25▶　选择“动画”>“关键帧插值”菜单，在打开的“关键帧插值”对话框中将“临时差值”设为“贝赛尔曲线”，然后单击“确定”按钮，如图 8-76 所示

步骤 26▶　单击“时间轴”调板图层区上方的“图表编辑器”按钮，再单击图表编辑器下方的“选择图表类型和选项”按钮，在展开的下拉列表中选择“编辑速度图表”选项，然后拖动速度曲线上的调节点，将速度曲线调整为图 8-77 所示的样子。

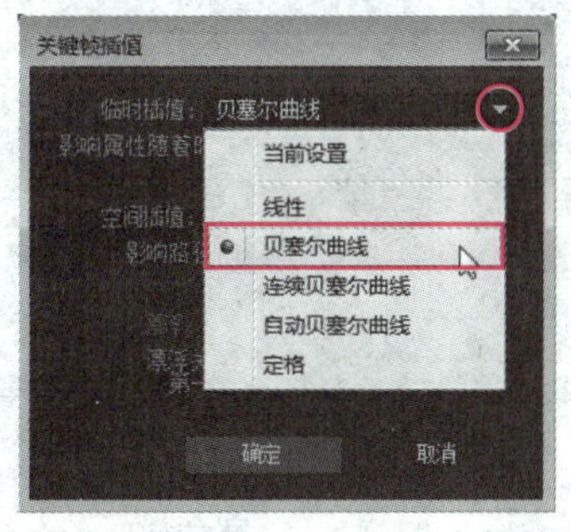

图 8-76　设置“临时差值”选项

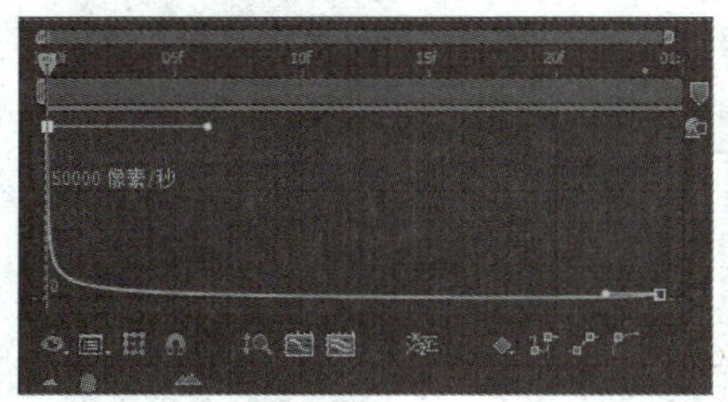

图 8-77　调整速度曲线

步骤 27▶　调整完速度曲线后，树叶的运动路径会发生变化，重新对运动路径进行调整，将其调整为图 8-75 所示的形状。

步骤 28▶　参照步骤 23～步骤 27 的操作，再在“时间轴”调板中添加两个“树叶.psd”图层，并创建关键帧动画，如图 8-78 所示。

步骤 29▶ 将“项目”调板中的“树叶飘动”合成拖到“时间轴”调板中“汽车.png”图层的上方，然后将“树叶飘动”图层的入点对齐到第 7 秒 13 帧，如图 8-79 所示。

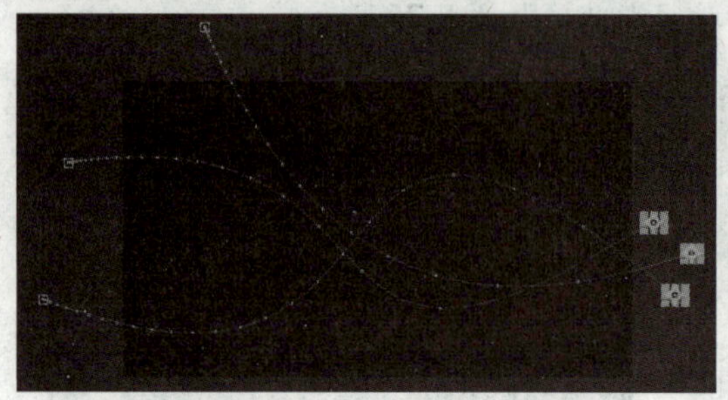

图 8-78　创建更多树叶飘动动画

图 8-79　调整“树叶飘动”图层的入点位置

步骤 30▶ 选择“文件”>“导出”>“添加到渲染队列”菜单，将“合成 1”添加到渲染队列中。

步骤 31▶ 单击“渲染队列”调板中“输出模块”选项右侧的下拉按钮，在展开的快捷菜单中选择“自定义”选项，如图 8-80（a）所示；在打开的“输出模块设置”对话框的“主要选项”选项卡中，将“格式”选项设为“QuickTime”，并单击“格式选项”按钮，如图 8-80（b）所示；在打开的“QuickTime 选项”对话框的“视频”选项卡中将“视频编码器”选项设为“H.264”，然后连续单击“确定”按钮，如图 8-80（c）所示。

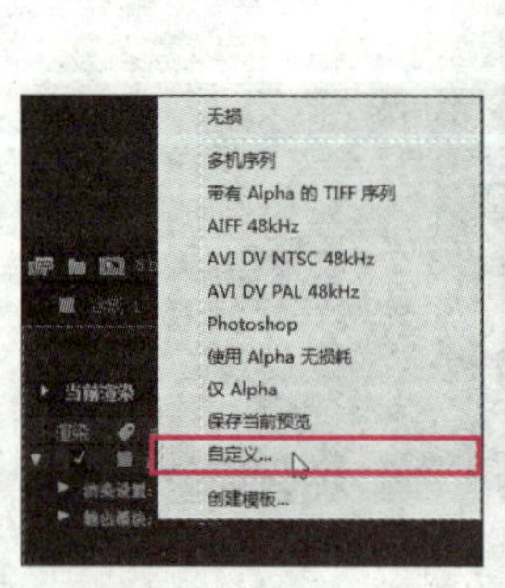

（a）

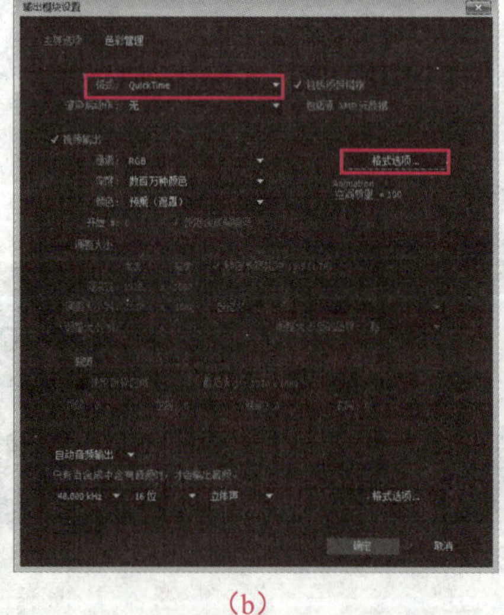

（b）

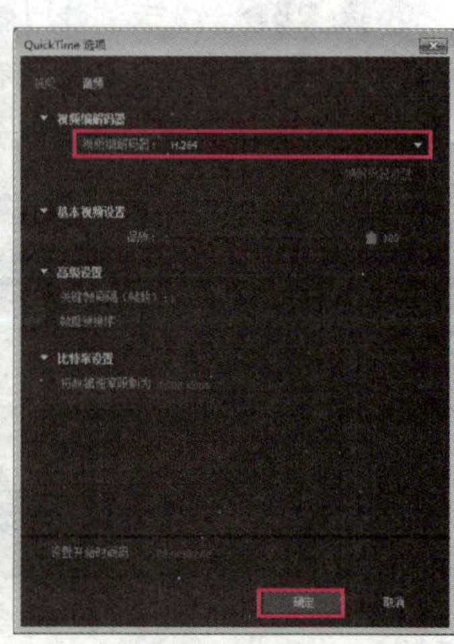

（c）

图 8-80　设置输出格式

步骤 32▶ 单击“渲染队列”调板中“输出到”选项右侧的下拉按钮，在展开的下拉列表中选择“合成名称”选项，然后在打开的“选择文件夹”对话框中选择用于保存导出视频文件的文件夹，并单击“保存”按钮，如图 8-81 所示。

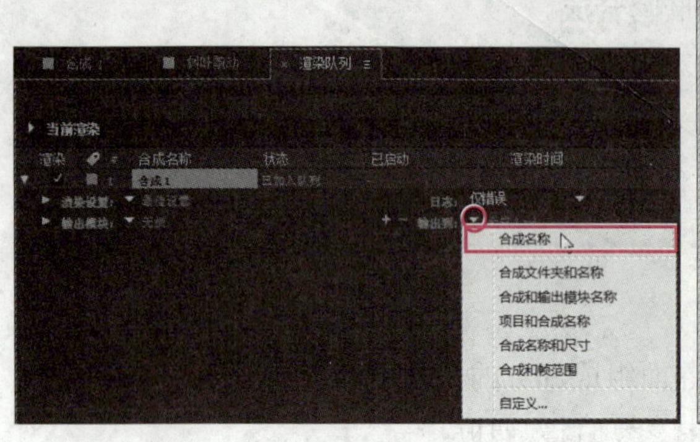

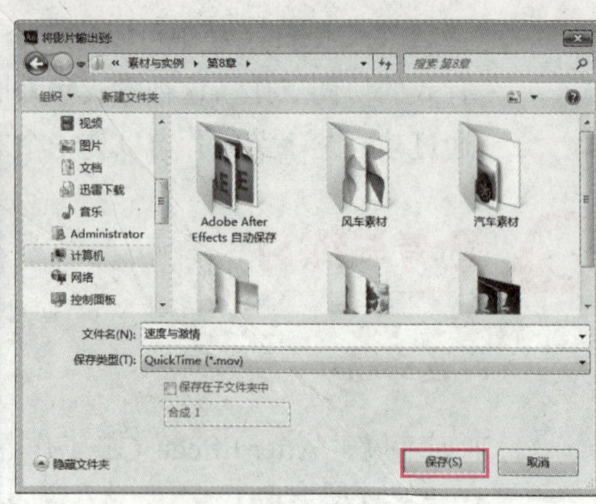

图 8-81 设置导出视频文件的保存路径

步骤 33▶ 单击“渲染队列”调板中的“渲染”按钮，等待一段时间后，即可将指定合成导出为与合成同名的 mov 视频文件。至此，案例就完成了。

本章总结

本章主要介绍了 After Effects CC 的工作界面，创建项目和合成、导入和管理素材的方法，以及图层和关键帧动画的相关知识。在学完本章内容后，读者应重点掌握以下知识。

- After Effects CC 的工作界面主要由菜单栏、“工具”调板、“项目”调板、“时间轴”调板、“合成”调板和浮动调板组等组成。
- After Effects CC 可以导入多种格式的视频、PSD 图像、图像序列和其他 AE 项目文件。导入视频后，还可通过解释素材，改变其帧速率和像素长宽比等属性。
- After Effects CC 中的图层大致可分为视频和音频图层、文本图层、纯色图层、灯光图层、摄像机图层、空对象图层、形状图层及调整图层 8 类。
- 在 After Effects CC 中，图层（纯音频图层除外）至少都有“锚点”、“位置”、“缩放”、“旋转”和“不透明度”5 个基本变换属性。
- 通过设置 After Effects CC 中图层的混合模式，可以使上下叠加图层中的对象产生不同的画面效果。
- 在时间轴中放置对象并在不同帧中设置对象的属性（例如位置、形状、大小、颜色、不透明度等），这些用于设置对象属性的帧称为关键帧，After Effects CC 会根据不同关键帧中的内容自动生成中间的动画过程。
- 关键帧插值是指在两个关键帧之间通过数学运算添加更多的关键帧，使运动效果产生更丰富的变化。插值可分为空间插值和临时插值两种类型。
- 在 After Effects CC 中可以通过改变图层的持续时间来控制动画的播放速度。

- 在 After Effects CC 中可以将一个合成添加到另一个合成中，从而使不同合成进行有效的协同工作，这种方式称为嵌套合成。
- 通过建立父子关系，可以使一个对象跟随另一个对象同步运动。

思考与练习

一、选择题

1．下列不属于 After Effects CC 工作界面组成部分的是（　　）。

A．“属性”调板　　B．“项目”调板

C．“合成”调板　　D．“工具”调板

2．利用“解释素材”功能无法改变素材的哪项参数？（　　）

A．匹配帧速率　　B．像素长宽比

C．分辨率　　D．循环播放次数

3．After Effects CC 在导入 PSD 图像时无法做到的是（　　）。

A．将图层合并导入　　B．指定颜色模式

C．导入单独的图层　　D．保存图像的透明度信息

4．下列哪个不是图层的基本属性？（　　）

A．锚点　　B．位置　　C．不透明度　　D．速率

5．关键帧插值可以分为几种类型？（　　）

A．2　　B．3　　C．4　　D．5

6．利用“时间伸缩”对话框中的（　　）选项，可对当前图层的持续时间进行精确设置。

A．“拉伸因数”编辑框　　B．“新持续时间”编辑框

C．“图层进入点”单选钮　　D．“图层输出点”单选钮

二、简答题

1．After Effects CC 的工作界面包括哪些组成部分？各部分的作用是什么？

2．如何在 After Effects CC 中创建项目和合成？

3．如何在 After Effects CC 中导入和管理素材？

4．After Effects CC 中的图层有哪些基本属性？各属性的作用是什么？

5．After Effects CC 中的图层有几种混合模式？图层混合模式的作用是什么？

6．如何创建关键帧动画？

7．关键帧插值的作用是什么？

8．如何建立嵌套合成和父子关系？父子关系的作用是什么？

本章实训

实训 1　西湖美景

利用本章所学的知识，制作一个图 8-82 所示的西湖美景动画效果。

图 8-82　西湖美景动画效果截图

素材文件	素材与实例\第 8 章\西湖素材
效果展示和源文件	素材与实例\第 8 章\西湖美景.aep、西湖美景.mov

提示：

创建项目文件并新建合成后，导入相关素材；然后将相关素材拖到“时间轴”调板中，通过创建关键帧动画，制作西湖背景的缩放动画、小船的平移动画和西湖 logo 的渐显动画效果，并通过调整图表编辑器中的速度曲线，控制西湖背景缩放动画的速度；再新建一个“花瓣”合成，在其中制作花瓣移动的关键帧动画，并通过调整运动路径制作花瓣飞舞的效果；最后将“花瓣”合成添加到“合成 1”合成的“时间轴”调板中。

实训 2　风车动画

利用本章所学的知识，制作一个图 8-83 所示的风车动画效果。

图 8-83　风车动画效果截图

素材文件	素材与实例\第 8 章\风车素材
效果展示和源文件	素材与实例\第 8 章\风车动画.aep、风车动画.mov

提示：

创建项目文件并新建合成后，导入相关素材；然后将背景素材（唯美天空.jpg、梦幻天空.png）拖到“时间轴”调板中，利用“强光”图层混合模式，制作背景效果，并制作渐显动画效果；将“小木棒.png”图像素材拖到“时间轴”调板中并重命名图层，再对小木棒图形进行缩放；将“风车 1.png”图像素材拖到“时间轴”调板中，调整其锚点和大小，创建旋转动画，并将其父级关系定义到“小木棒 1”图层；通过在“小木棒 1”图层中创建移动动画并调整动画路径，制作风车飘动的动画效果；接着通过在图表编辑器中调整速度曲线，控制风车飘动动画的播放速度；最后参照前面的操作制作另外 3 个风车飘动的动画效果。

第 9 章　After Effects 文本特效

在影视作品中，文本除了可以用于制作标题、字幕和说明信息外，还经常作为装饰图形使用。After Effects CC 的文本功能非常强大，与 Premiere Pro CC 相比，其特效更加丰富，动画控制也更为精准。本章将介绍在 After Effects CC 中创建和美化文本，创建文本动画和路径文本动画，以及应用文本动画预设的方法。

学习目标

- 掌握创建和美化文本的方法
- 掌握创建文本动画的方法
- 掌握创建路径文本动画的方法
- 掌握应用文本动画预设的方法

9.1　创建和美化文本

本节将依次介绍创建文本、格式化文本和为文本添加特效的方法。

9.1.1　创建文本

在 After Effects CC 中，创建文本主要有以下 3 种方式。

- 使用文本工具：选择“工具”调板中的“横排文字工具”或“直排文字工具”，然后在“合成”调板中单击并输入文本，输入文本后单击“选取工具”或按数字键盘上的【Enter】键完成输入，此时在“时间轴”调板中会自动新建一个文本图层，如图 9-1 所示。

图 9-1　使用文本工具输入文本

- **利用菜单命令：**选择“图层”>“新建”>“文本”菜单，新建一个文本图层，然后在“合成”调板中输入文本。
- **利用右键快捷菜单：**在“时间轴”调板的空白处右击，在弹出的快捷菜单中选择“新建”>“文本”菜单，新建一个文本图层，然后在“合成”调板中输入文本。

如果在“合成”调板中输入的文本显示不够清楚，可以在该调板底部的“分辨率”下拉列表 (完整) 中选择“完整”选项。

输入文本后，若要对文本内容进行修改，可以采用以下 3 种方式。

- 在“时间轴”调板中双击文本图层，进入文本编辑状态，然后进行修改。
- 选择文字工具，在“合成”调板中单击需要修改的文本，然后进行修改。
- 单击“选择工具”，在“合成”调板中双击需要修改的文本进入文本编辑状态，然后进行修改。

9.1.2 格式化文本

在 After Effects CC 中，利用“字符”和“段落”调板可对文本进行格式化设置。

1. 设置字符格式

选中输入的文本后，在“字符”调板中可对文本的字体、样式、大小、颜色、行距和间距等参数进行设置，如图 9-2 所示（也可先设置好字符格式，再输入文本）。

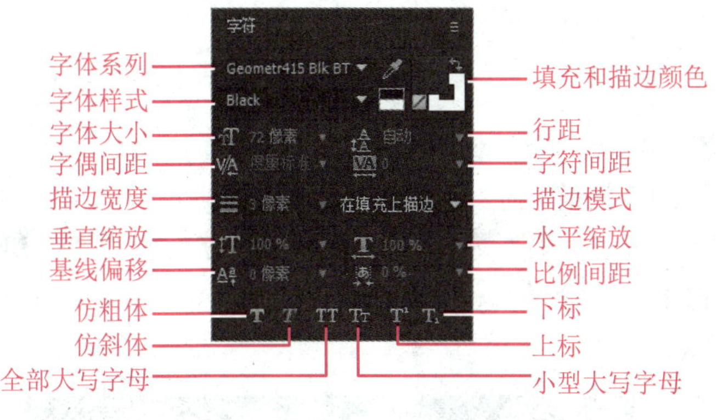

图 9-2 设置文本的字符格式

2. 设置段落格式

当输入较多文本时，可以利用“段落”调板设置文本的对齐方式、缩进和添加空格等

参数，如图 9-3 所示。

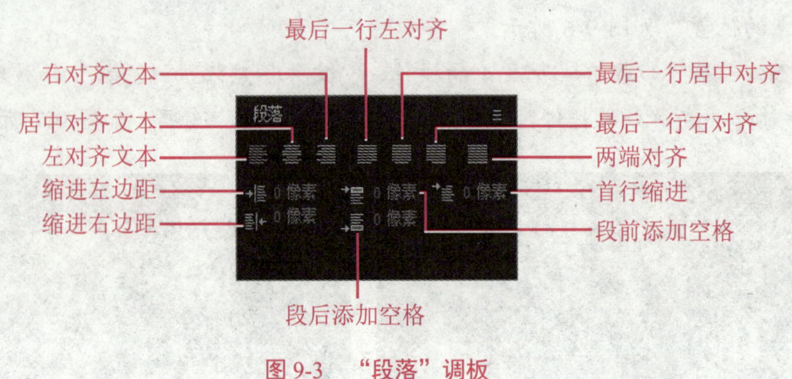

图 9-3　“段落”调板

9.1.3　为文本添加特效

通过利用“效果”菜单命令或“效果和预设”调板为文本添加各种特效（如“四色渐变”、“梯度渐变”、“投影”、“斜面 Alpha”和“纹理化”等），可以制作出精美的特效文本。下面通过一个小实例，介绍为文本添加特效的方法。

步骤 1▶ 启动 After Effects CC 并新建一个合成，选择“横排文字工具”，在“合成”调板中单击，然后输入“AE CC”文本。

步骤 2▶ 选择“选择工具”，单击选中输入的文本，然后在“字符”调板中设置文本的字体、大小，并单击“仿斜体”按钮，如图 9-4 所示。

步骤 3▶ 打开“效果和预设”调板，展开“生成”特效组，将其中的“梯度渐变”特效拖到“时间轴”调板中的文本图层上，如图 9-5 所示（也可先选中文本图层，再选择“效果”>“生成”>“梯度渐变”菜单）。

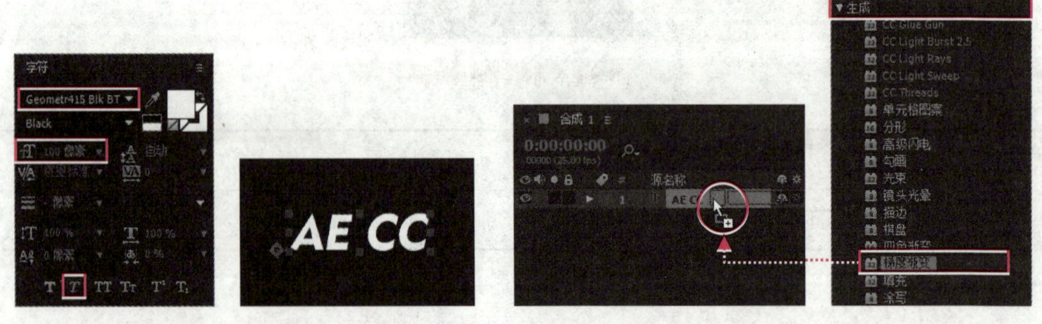

图 9-4　输入文本并设置其字符格式　　图 9-5　为文本图层添加“梯度渐变”特效

步骤 4▶ 在打开的“效果控件”调板中将“起始颜色”设为红色（#FF0000），将“结束颜色”设为青色（#00CCFF），然后分别单击“渐变起点”和“渐变终点”选项右侧的

按钮，并在“合成”调板中的适当位置（如文字正上方和正下方）分别单击，确定渐变起点和渐变终点的位置，如图 9-6 所示。

步骤 5▶ 参照步骤 3～步骤 4 的操作，为文本图层添加“透视”特效组中的“斜面 Alpha”特效，并在“效果控件”调板中设置“边缘厚度”选项，如图 9-7 所示。

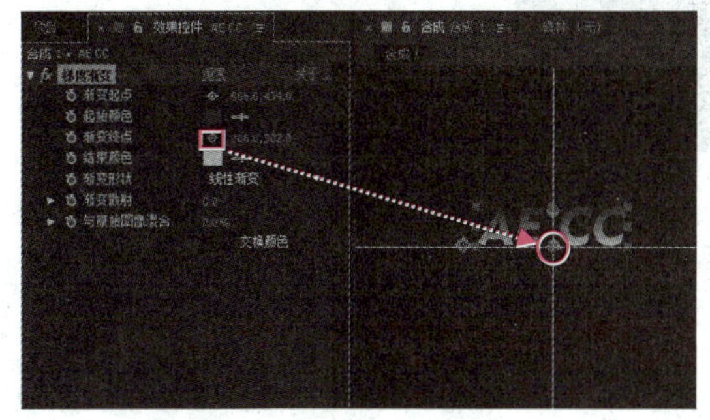

图 9-6 设置“梯度渐变”特效参数

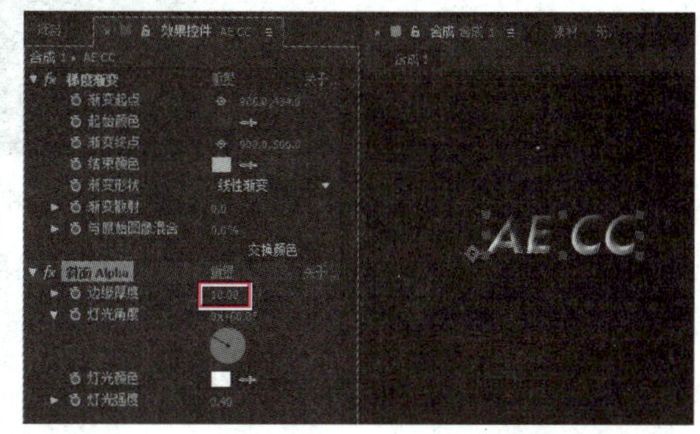

图 9-7 添加“斜面 Alpha”特效并设置其参数

9.1.4 典型案例——制作海报标题

下面利用本节所学知识，为一幅海报添加标题文本，效果如图 9-8 所示。

图 9-8 制作海报标题

素材文件	素材与实例\第 9 章\海报素材
效果展示和源文件	素材与实例\第 9 章\制作海报标题.aep

制作分析

创建项目文件后，导入背景素材；然后利用“横排文字工具” T 输入标题文本，并设置文本的字符格式；再通过为文本添加“画笔描边”、“梯度渐变”和“投影”特效，制作特效文本；最后通过复制文本图层，修改字体并添加“定向模糊”特效，制作光影效果。

制作步骤

步骤 1▶ 新建一个项目文件，导入“海报素材”文件夹中的“海报背景.jpg”图像素材，并将其拖到“时间轴”调板中，在“海报背景.jpg”图层上右击，在弹出的快捷菜单中选择“变换”>“适合复合宽度”选项。

步骤 2▶ 选择“横排文字工具”T，在“字符”调板中将“字体系列”设为“黑体”，“字体大小”设为“200”，“填充颜色”设为白色，单击“仿斜体”按钮T，然后在“合成”调板的正下方单击并输入标题文本，再使用“选择工具”调整其位置，如图 9-9 所示。

步骤 3▶ 选择“横排文字工具”T，在“合成”调板中“火”字左侧按住鼠标左键并向右拖动，将其单独选中，然后在“字符”调板中将其“字体大小”改为“240”，如图 9-10 所示。

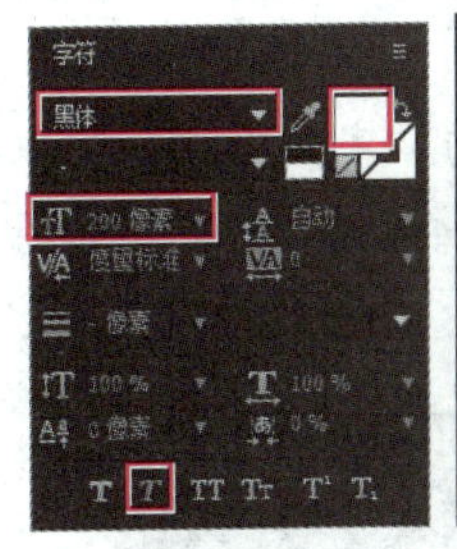

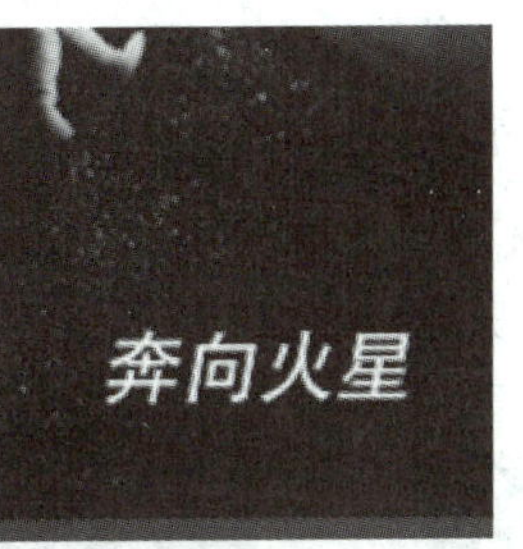

图 9-9　输入标题文本

图 9-10　单独修改“火”字大小

步骤 4▶ 打开“效果和预设”调板，将“风格化”特效组中的“画笔描边”特效拖到“奔向火星”图层上，效果如图 9-11 所示。

步骤 5▶ 将“生成”特效组中的“梯度渐变”特效拖到“奔向火星”图层上，并在“效果控件”调板中将“起始颜色”设为红色（#FF0000），“结束颜色”设为黄色（#FFF600），再利用按钮在“合成”调板中确定渐变起点和渐变终点的位置，如图 9-12 所示。

图 9-11　为文本添加“画笔描边”特效

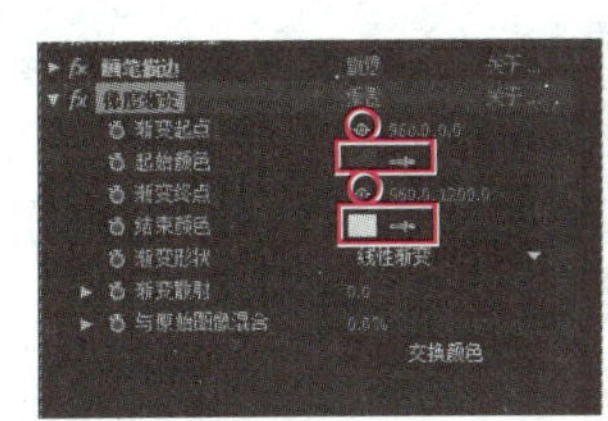

图 9-12　为文本添加“梯度渐变”特效

步骤 6▶ 将“透视”特效组中的“投影”特效拖到“奔向火星”图层上，并在“效果控件”调板中设置阴影颜色为深红色（#CF1313），“距离”选项为“15”，如图 9-13 所示。

步骤 7▶ 单击选中“时间轴”调板中的“奔向火星”文本图层，利用快捷键【Ctrl+C】和【Ctrl+V】将其复制一份，“时间轴”调板中会生成一个“奔向火星 2”文本图层（位于最上方），如图 9-14 所示。

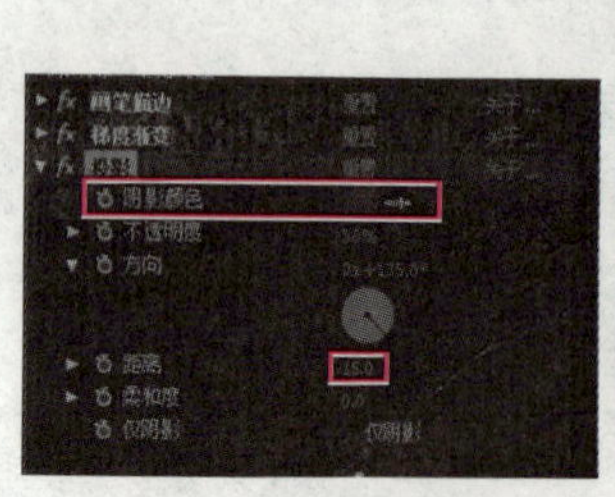

图 9-13 为文本添加“投影”特效

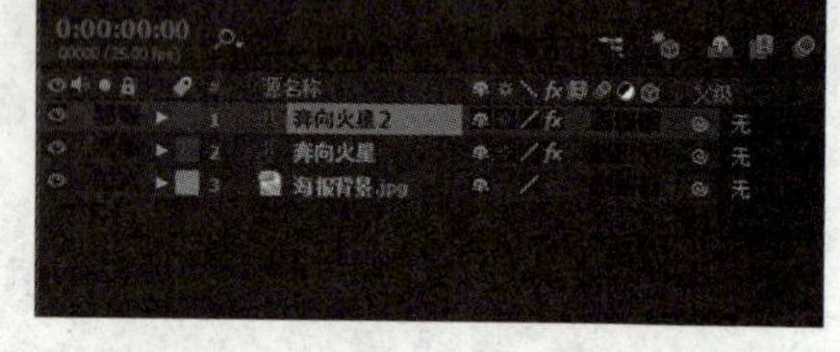

图 9-14 复制文本图层

步骤 8▶ 使用“选择工具”双击选中“奔向火星 2”文本图层中的文本，在“字符”调板中将其“字体”改为“楷体”。

步骤 9▶ 将“效果和预设”调板“模糊和锐化”特效组中的“定向模糊”特效拖到“奔向火星”图层上，并在“效果控件”调板中将“模糊长度”选项设为“150”，如图 9-15 所示。至此，案例就制作完成了，按空格键可预览效果。

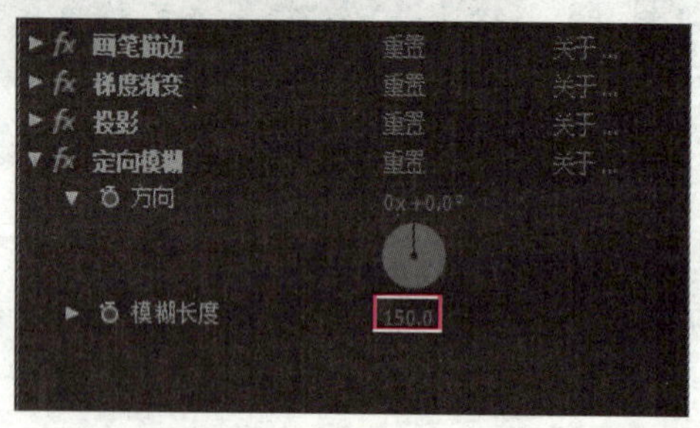

图 9-15 为文本添加“定向模糊”特效

9.2 创建文本动画

在 After Effects CC 中，可通过设置“源文本”、“路径选项”和文本图层属性创建文本动画，也可利用动画制作工具创建文本动画，下面分别进行介绍。

9.2.1 创建源文本动画

利用文本图层的“源文本”选项，可制作文本内容变化，或者文本字体、大小和颜色等属性变化的动画效果，这种动画没有渐变效果，经常用于切换影片字幕或说明文本。下面通过一个小实例，介绍源文本动画的制作方法。

步骤 1▶　新建一个合成，选择“横排文字工具”，在“字符”调板中将“字体系列”设为“隶书”，将“字体大小”设为“80”，将“填充颜色”设为白色，并单击“段落”调板中的“居中对齐文本”按钮，然后在“合成”调板中输入图 9-16 所示的文本，并使用“选择工具”调整其位置。

步骤 2▶　展开“时间轴”调板中文本图层下的“文本”选项，单击“源文本”选项左侧的“时间变化秒表”按钮，创建一个关键帧，如图 9-17 所示。

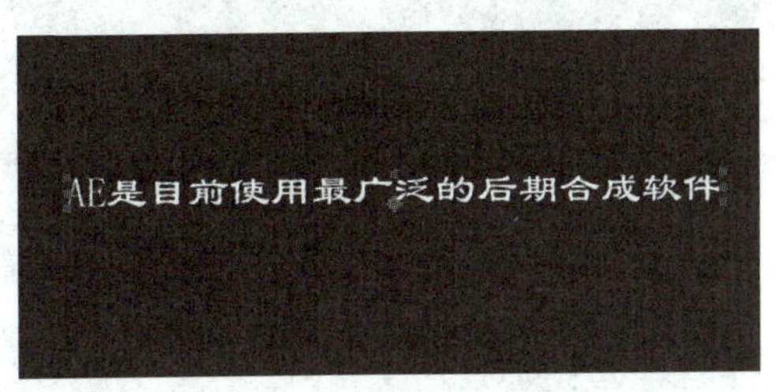

图 9-16　输入文本

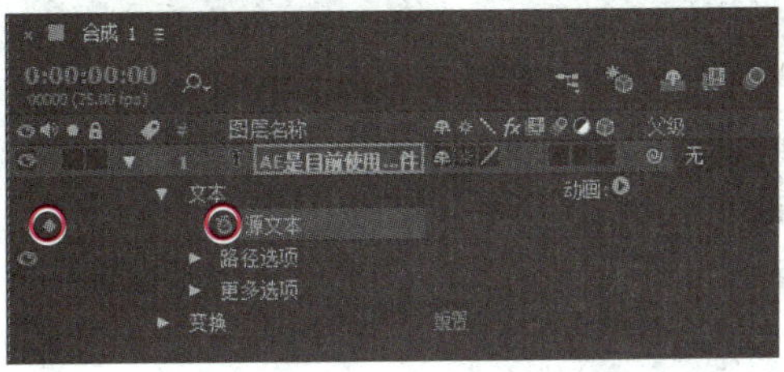

图 9-17　创建“源文本”选项的关键帧

步骤 3▶　将“时间轴”调板中的当前时间指针移至第 4 秒，然后使用“选择工具”双击“合成”调板中的文本，进入文本编辑状态，并对文本进行修改，如图 9-18 所示，“源文本”选项会自动在此处创建一个关键帧。

步骤 4▶　将“时间轴”调板中的当前时间指针移至第 8 秒，然后参照步骤 3 的操作修改“合成”调板中的文本，如图 9-19 所示。

步骤 5▶　按空格键进行预览，可以发现文本的内容每隔 4 秒发生一次变化。

图 9-18　修改第 4 帧的文本

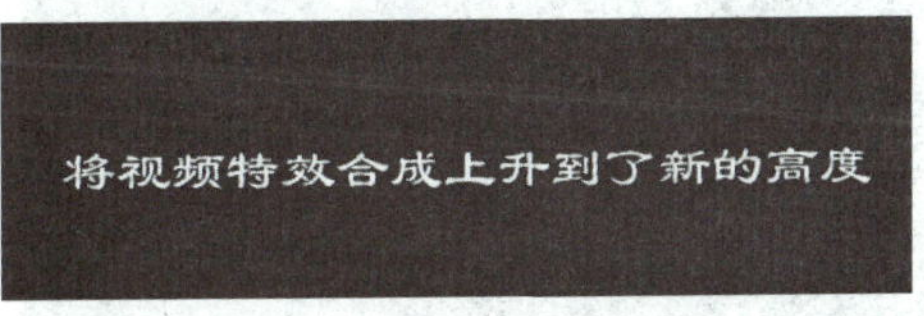

图 9-19　修改第 8 帧的文本

9.2.2　创建文本属性动画

创建文本属性动画有两种方式：利用文本图层属性和利用动画制作工具。其中，利用文本图层属性创建时，动画中的属性参数是针对整个图层的；利用动画制作工具创建时，动画中的属性参数是针对所选字符的。

1．利用图层属性创建文本动画

下面通过一个小实例介绍利用图层属性创建文本动画的方法。

步骤 1▶ 打开本书配套素材“素材与实例”>“第 9 章”>“相关素材”文件夹中的“文本背景.aep”项目文件，选择“横排文字工具”T，在“合成”调板中输入图 9-20 所示的文本（请自行设置字符格式）。

步骤 2▶ 展开文本图层下的“变换”选项，单击“缩放”和“旋转”属性左侧的“时间变化秒表”按钮创建关键帧，并将“缩放”属性设为“0，0%”，如图 9-21 所示。

图 9-20 输入文本

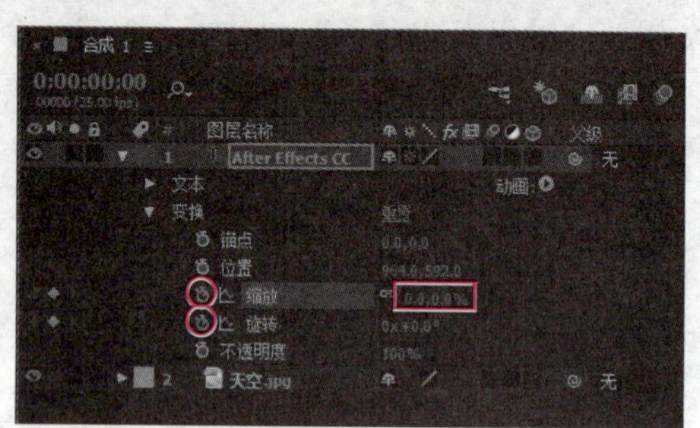

图 9-21 创建关键帧并设置缩放参数

步骤 3▶ 将“时间轴”调板中的当前时间指针移至第 3 秒，然后将“缩放”属性设为“100，100%”，“旋转”属性设为“2×0.0°”，如图 9-22 所示。

步骤 4▶ 按空格键进行预览，会发现动画效果是整个文本在放大的同时进行旋转，如图 9-23 所示。

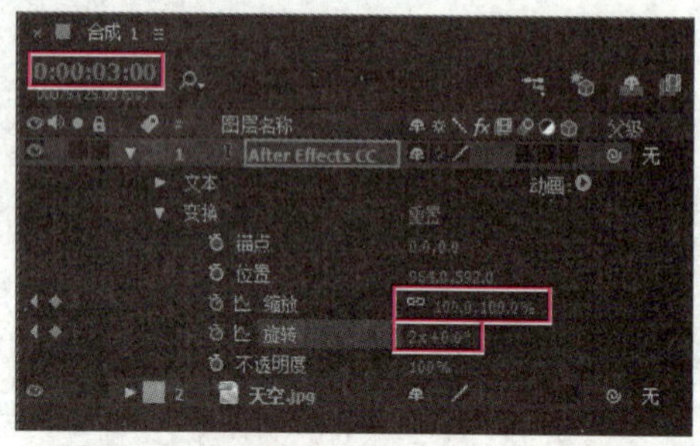

图 9-22 设置第 3 秒处文本图层的属性

图 9-23 文本动画播放效果

2. 利用动画制作工具创建文本动画

下面利用相同的素材，介绍利用动画制作工具创建文本动画的方法。

步骤 1▶ 打开本书配套素材“素材与实例”>“第 9 章”>“相关素材”文件夹中的“文本背景.aep”项目文件，选择“横排文字工具”T，在“合成”调板中输入图 9-20 所示的文本。

步骤 2▶ 单击“After Effects CC”文本图层下“文本”选项右侧“动画”选项的按钮，在展开的列表中选择“缩放”选项，如图 9-24 所示。

步骤 3▶ 此时文本图层的“文本”选项中会自动创建一个“动画制作工具 1”选项，其中包括“范围选择器 1”和“缩放”两个选项，展开“范围选择器 1”选项，会看到其中包含“起始”、“结束”、“偏移”和“高级”4 个选项，如图 9-25 所示。

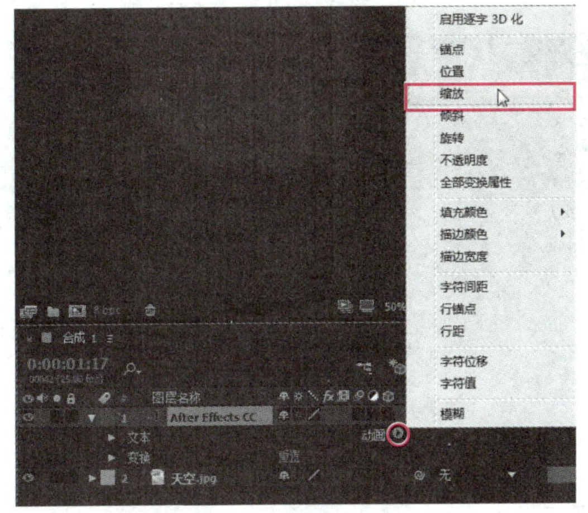

图 9-24　选择“缩放”选项

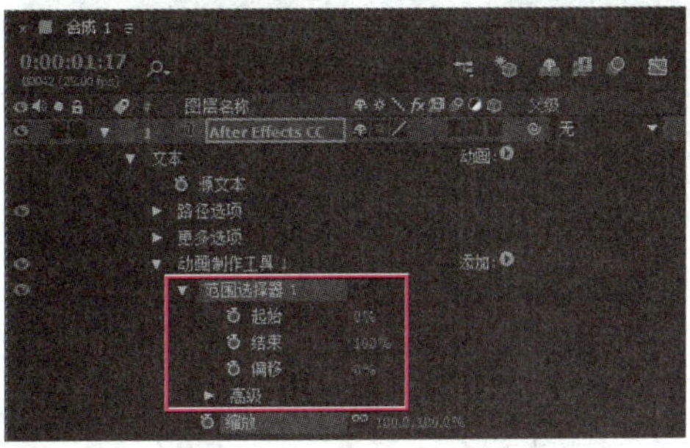

图 9-25　展开“范围选择器 1”选项

步骤 4▶ 单击“动画制作工具 1”选项右侧“添加”选项的按钮，在展开的列表中选择“属性”>“旋转”选项，如图 9-26 所示。

步骤 5▶ 将当前时间指针移至第 0 秒，然后单击“动画制作工具 1”选项下“缩放”和“旋转”属性左侧的“时间变化秒表”按钮创建关键帧，并将“缩放”选项设为“0，0%”，如图 9-27 所示。

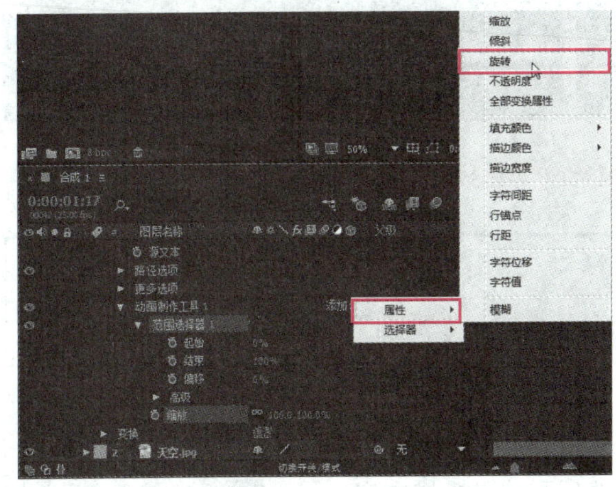

图 9-26　添加“旋转”属性

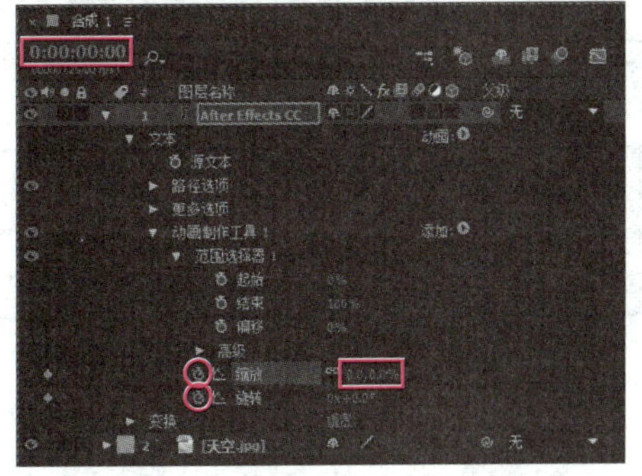

图 9-27　创建关键帧并设置缩放参数

步骤 6▶ 将“时间轴”调板中的当前时间指针移至第 3 秒，然后将“缩放”属性设为“100，100%”，“旋转”属性设为“2×0.0° ”，如图 9-28 所示。

步骤 7▶ 按空格键进行预览，会发现动画效果是每个字符在放大的同时进行旋转，如图 9-29 所示。

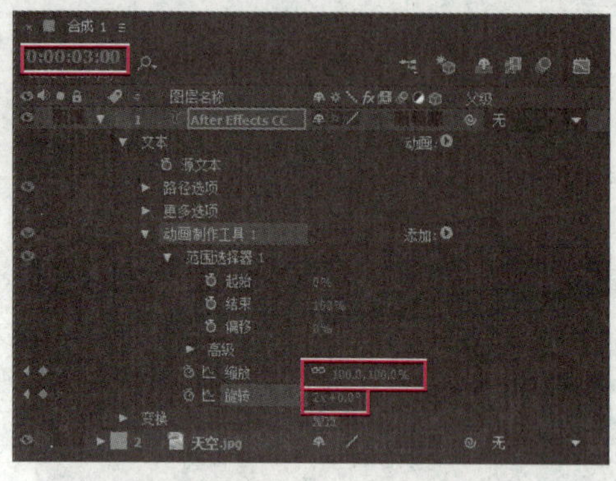

图 9-28 设置第 3 秒处文本的属性

图 9-29 文本动画播放效果

9.2.3 典型案例——制作飞舞的文字

下面利用前面所学知识，制作一个文字飞舞的动画效果，如图 9-30 所示。

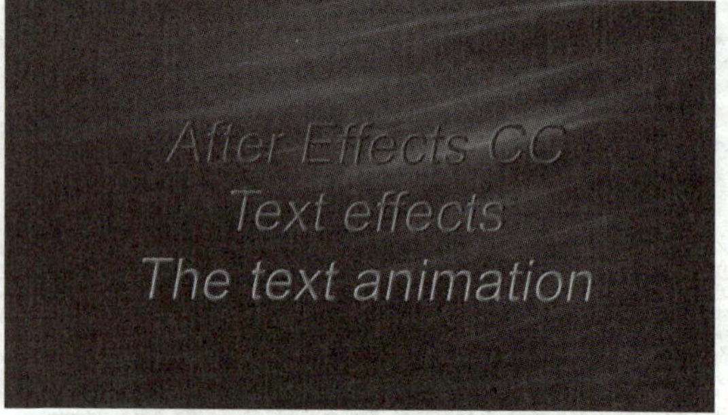

图 9-30 飞舞的文字动画效果截图

素材文件	素材与实例\第 9 章\飞舞文字素材
效果展示和源文件	素材与实例\第 9 章\飞舞的文字.aep、飞舞的文字.mov

制作分析

创建合成后，导入并添加背景素材；然后利用“横排文字工具”T输入文本，并添加“梯度渐变”和”斜面 Alpha”特效；利用动画制作工具添加摆动选择器和“位置”、“缩放”及“旋转”属性；最后通过设置摆动选择器中的“时间相位”和“空间相位”选项，以及各属性的关键帧创建动画效果。

制作步骤

步骤 1▶ 新建一个合成，合成设置如图 9-31 所示。然后导入“飞舞文字素材”文件夹中的“背景.jpg”图像素材，并将其拖到“时间轴”调板中，使其适合复合宽度。

步骤 2▶ 选择“横排文字工具”，在“字符”调板中将“字体系列”设为“Arial”，“字体大小”设为“100”，“填充颜色”设为白色，单击“仿斜体”按钮，并单击“段落”调板中的“居中对齐文本”按钮，然后在“合成”调板中输入图 9-32 所示的文本。

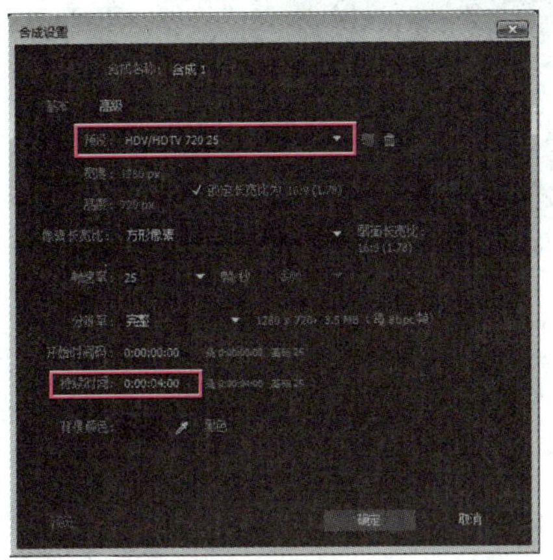

图 9-31　新建合成

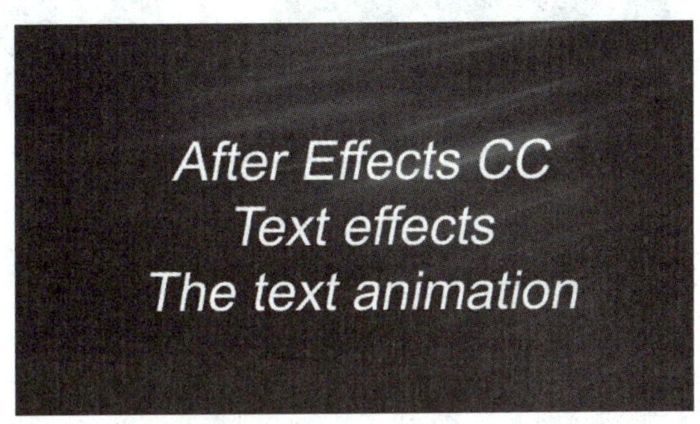

图 9-32　输入文本

步骤 3▶ 打开“效果和预设”调板，将“生成”特效组中的“梯度渐变”特效拖到文本图层上，然后在“效果控件”调板中将“起始颜色”设为蓝色（#0012FF），“结束颜色”设为黄色（#BEB700），并在“合成”调板中设置渐变起点和渐变终点的位置，如图 9-33 所示。

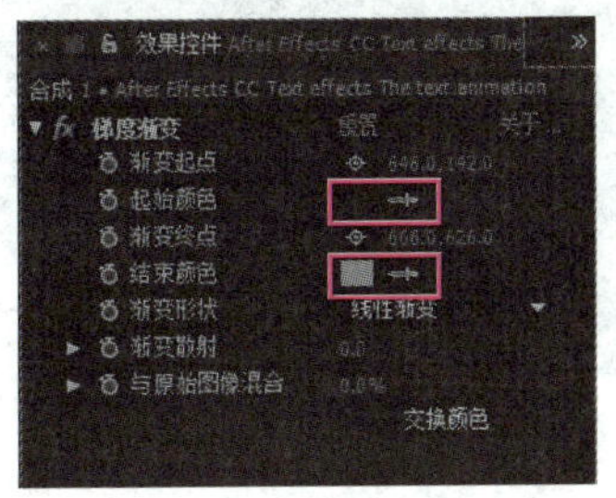

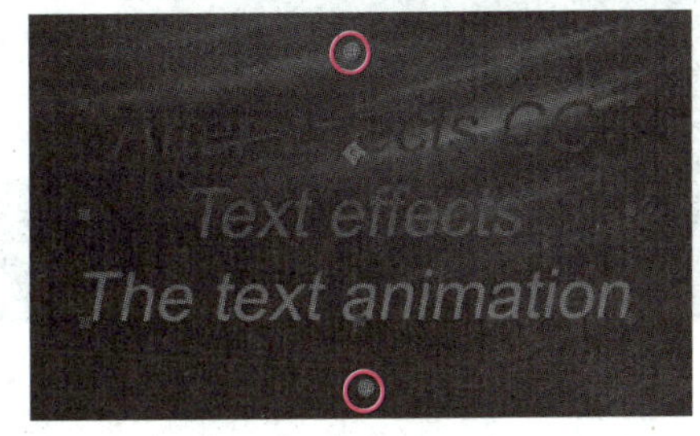

图 9-33　为文本添加“梯度渐变”特效

步骤 4▶ 将“透视”特效组中的“斜面 Alpha”特效拖到文本图层上，然后在“效果控件”调板中将“边缘厚度”设为“4”，如图 9-34 所示。

步骤 5▶ 展开文本图层，单击“动画”选项右侧的按钮，在展开的列表中选择“位置”选项，如图 9-35 所示。

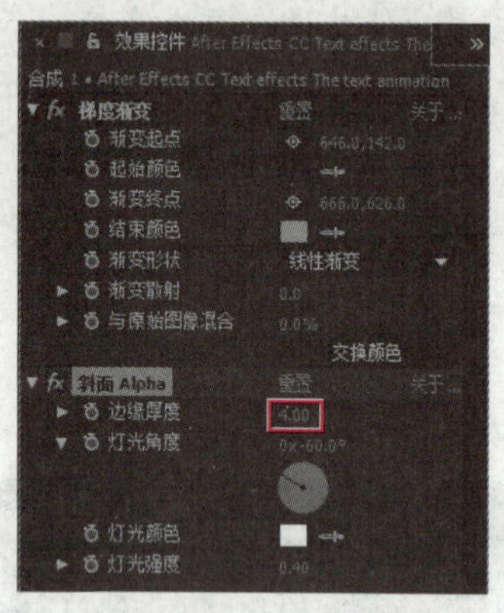

图 9-34　为文本添加”斜面 Alpha”特效

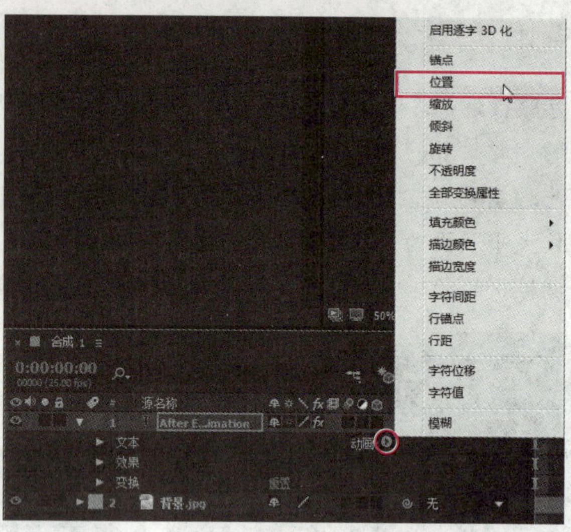

图 9-35　添加动画制作工具

步骤 6▶　单击“动画制作工具 1”选项右侧“添加”选项的按钮，在展开的列表中依次选择“属性”>“缩放”和“旋转”选项，如图 9-36 所示。

步骤 7▶　单击“添加”选项的按钮，在展开的列表中选择“选择器”>“摆动”选项，如图 9-37 所示。

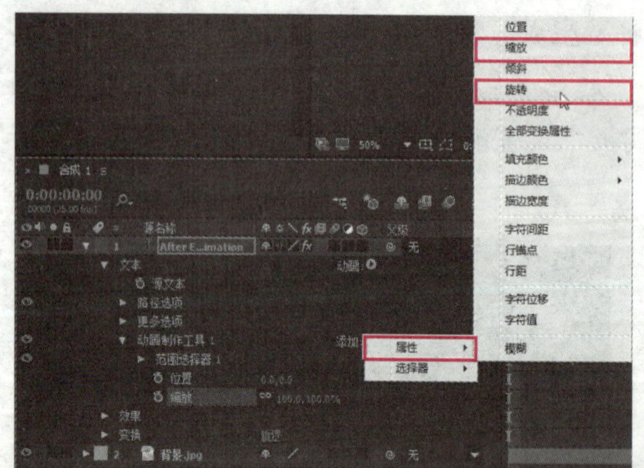

图 9-36　添加“缩放”和“旋转”属性

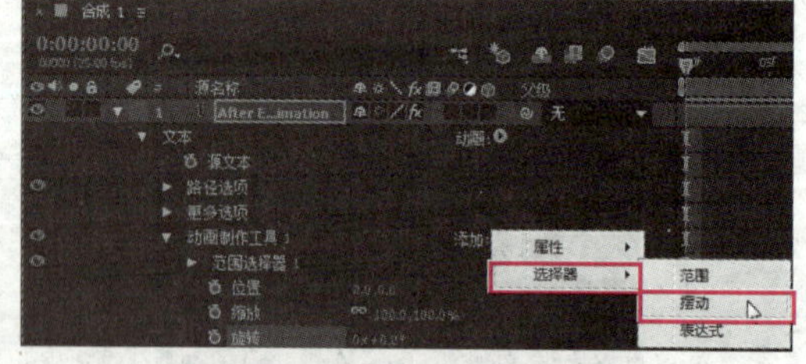

图 9-37　添加“摆动”选择器

步骤 8▶　将“时间轴”调板中的当前时间指针移至第 1 秒处，展开“摆动选择器 1”，单击“时间相位”和“空间相位”选项左侧的“时间变化秒表”按钮创建关键帧，并将“时间相位”设为“4x+160°”，将“空间相位”设为“4x+125°”，再将“位置”选项设为“600，600”，将“缩放”选项设为“800，800%”，将“旋转”选项设为“1x+115°”如图 9-38 所示。

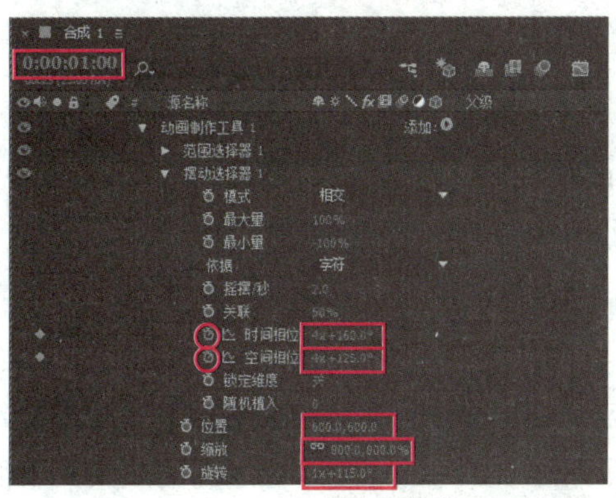

图 9-38 设置第 1 秒处的关键帧参数

步骤 9▶ 将“时间轴”调板中的当前时间指针移至第 2 秒处，将“时间相位”设为“2x+160°”，将“空间相位”设为“2x+125°”，并单击“位置”、“缩放”和“旋转”属性左侧的“时间变化秒表”按钮创建关键帧，如图 9-39 所示。

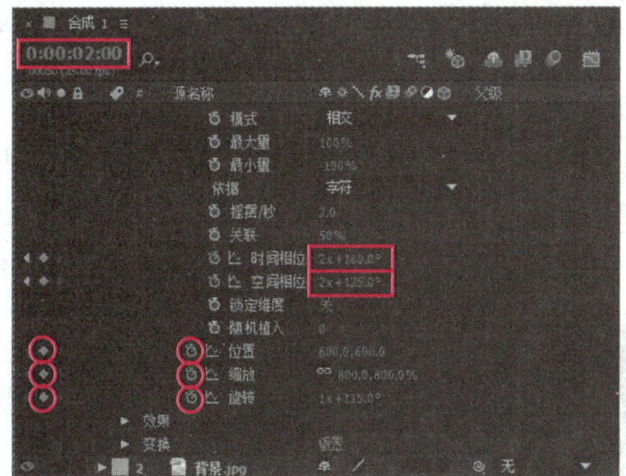

图 9-39 设置第 2 秒处的关键帧参数

步骤 10▶ 将“时间轴”调板中的当前时间指针移至第 3 秒处，将“时间相位”设为“8x+160°”，将“空间相位”设为“8x+125°”，将“位置”设为“1，1”，将“缩放”设为“100，100%”，将“旋转”设为“0°”，如图 9-40 所示。至此案例就完成了。

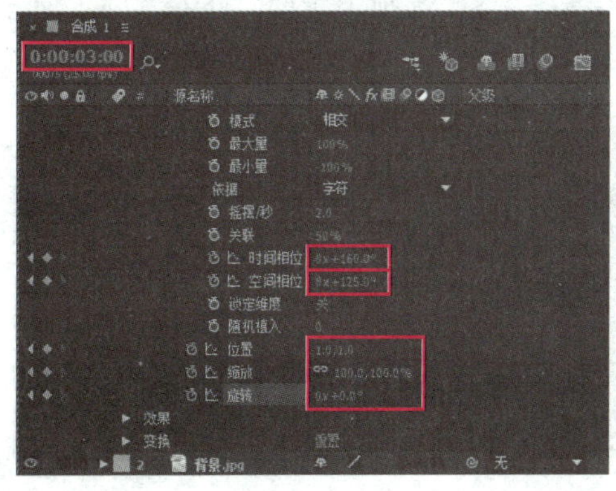
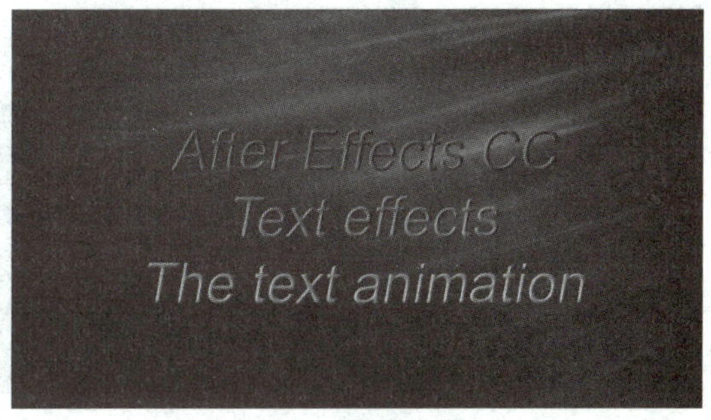

图 9-40 设置第 3 秒处的关键帧参数

9.2.4 创建路径文本动画

通过创建路径文本动画，可以使文本按照所绘路径进行运动。在 After Effects CC 中，有两种创建路径文本动画的方法，下面分别进行介绍。

1. 利用链接路径

要利用链接路径创建路径文本动画，首先应在文本图层上绘制一条路径，然后将文本链接到路径上，再通过设置文字属性创建关键帧动画，实现文本随路径运动的效果。下面通过一个小实例进行说明。

步骤 1▶ 新建一个项目文件，导入本书配套素材“素材与实例”>“第 9 章”>“相关素材”文件夹中的“风光背景 1.jpg”图像素材，并将其拖到“时间轴”调板中。

步骤 2▶ 选择“横排文字工具”，在“字符”调板中将“字体系列”设为“华文新魏”，将“字体大小”设为“100”，将“填充颜色”设为黑色，然后在“合成”调板中输入图 9-41 所示的文本。

步骤 3▶ 选中文本图层，选择“钢笔工具”，在“合成”调板中绘制一条图 9-42 所示的路径（先单击确定起点，再将光标移至下一位置，按住鼠标左键并拖动，即可创建第二个定位点及其控制柄，以此类推）。

图 9-41 输入文本

图 9-42 绘制路径

步骤 4▶ 展开文本图层下的“文本”选项，在“路径选项”下的“路径”下拉列表中选择“蒙版 1”选项，如图 9-43 所示。

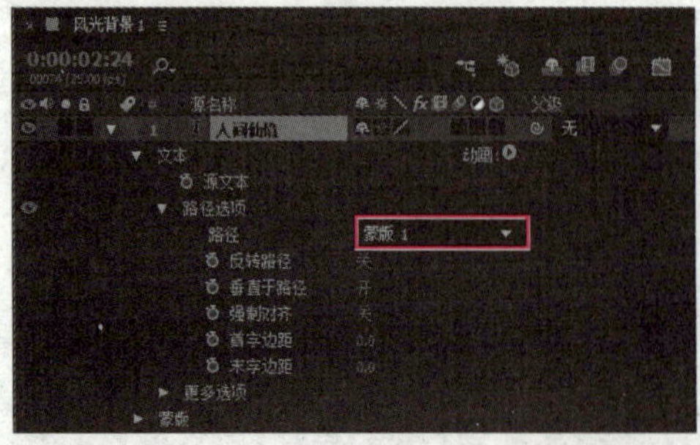

图 9-43 设置“路径”下拉列表

若将“反转路径”设为“开”，则路径上的文本会水平和垂直翻转，如图 9-44（a）所示；若将“垂直于路径”设为“关”，则文本不再与路径垂直，而是垂直于屏幕，如图 9-44（b）所示；若将“强制对齐”设为开，则文本的宽度将与路径等宽，如图 9-44（c）所示。

（a）

（b）

（c）

图 9-44　路径的参数效果

步骤 5▶　单击“首字边距”选项左侧的“时间变化秒表”按钮创建关键帧，并将“首字边距”设为“-780”，如图 9-45（a）所示。

步骤 6▶　将“时间轴”调板中的当前时间指针移至第 2 秒处，然后将“首字边距”设为“-75”，如图 9-45（b）所示。至此案例就完成了，按空格键预览动画效果即可。

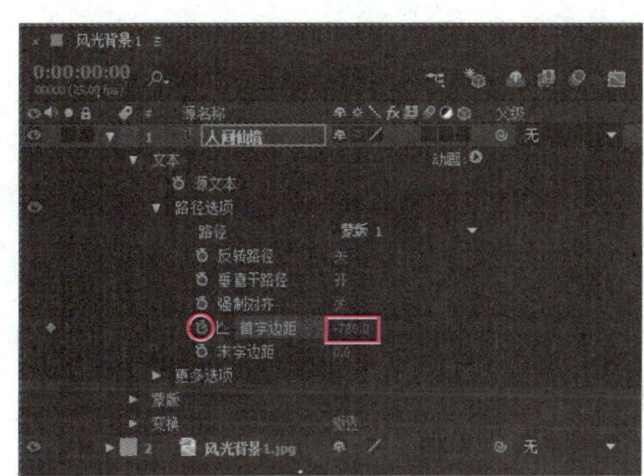

（a）

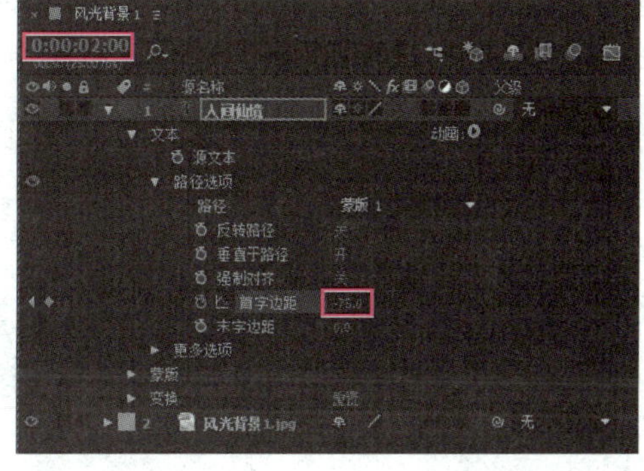

（b）

图 9-45　利用“首字边距”选项创建路径文本动画

2. 利用固态层（纯色图层）

利用固态层（纯色图层）和“路径文字”特效配合，也可创建路径文本动画。下面以一个小实例进行说明。

步骤 1▶　新建一个项目文件，导入本书配套素材“素材与实例”>“第 9 章”>“相关素材”文件夹中的“底图 1.jpg”图像素材，并将其拖到“时间轴”调板中。

步骤 2▶　单击选中“时间轴”调板，选择“图层”>“新建”>“纯色”菜单，创建一个任意颜色的固态层（固态层的颜色不会影响最终效果），如图 9-46 所示。

步骤 3▶ 选中创建的固态层，选择“效果”＞“过时”＞“路径文本”菜单，在打开的“路径文字”对话框中设置“字体”和“样式”选项，并输入路径文本，然后单击“确定”按钮，如图 9-47 所示。

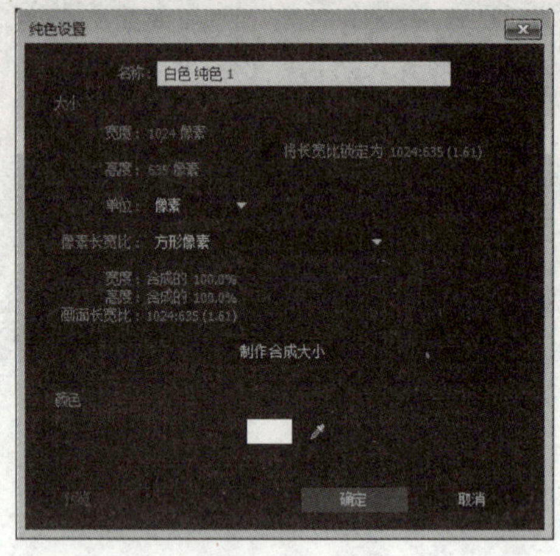

图 9-46 创建固态层

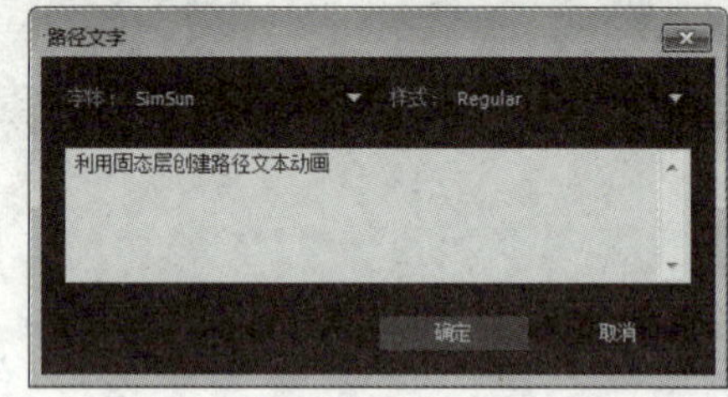

图 9-47 创建路径文本

步骤 4▶ 此时“合成”调板中会显示路径文本，如图 9-48 所示。由于路径文本是创建在固态层中的，所以“时间轴”调板中不会生成文本图层。

步骤 5▶ 在“效果控件”调板中将“填充颜色”设为黑色，将“大小”设为“60”，然后在“形状类型”下拉列表中选择“循环”选项，如图 9-49 所示。

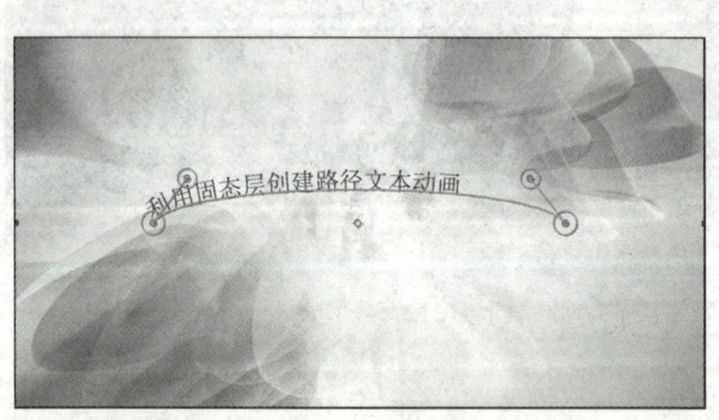

图 9-48 “合成”调板中的路径文本

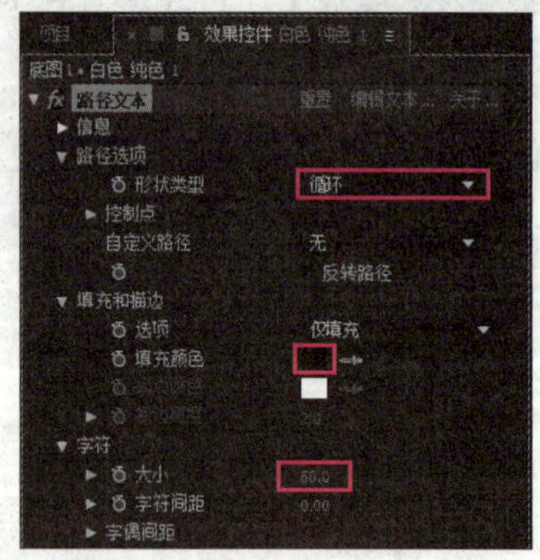

图 9-49 设置路径文本的参数

步骤 6▶ 此时在“合成”调板中的路径文本会呈圆环状，拖动圆心处的定位点，可改变路径文本的位置，此处将其拖到屏幕中心位置；拖动圆周上的定位点，可改变圆环的大小和方向，此处使所有文本正常显示在圆环上，如图 9-50 所示。

步骤 7▶ 在“效果控件”调板中单击“路径文本”特效下“段落”选项组中“左边距”选项左侧的“时间变化秒表”按钮创建关键帧，并将“左边距”选项设为“1400”，如图 9-51 所示。

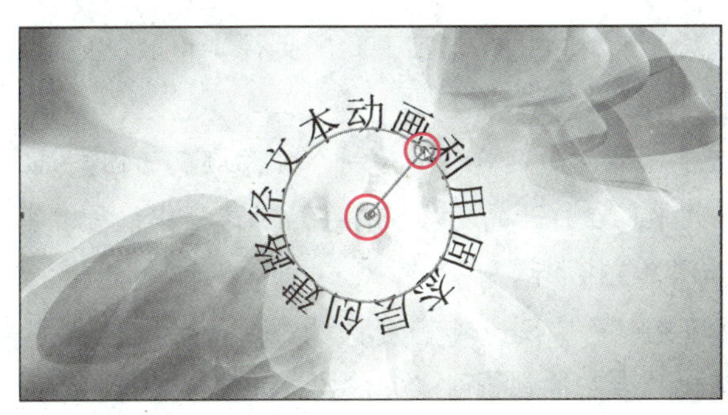

图 9-50　调整圆环路径的定位点

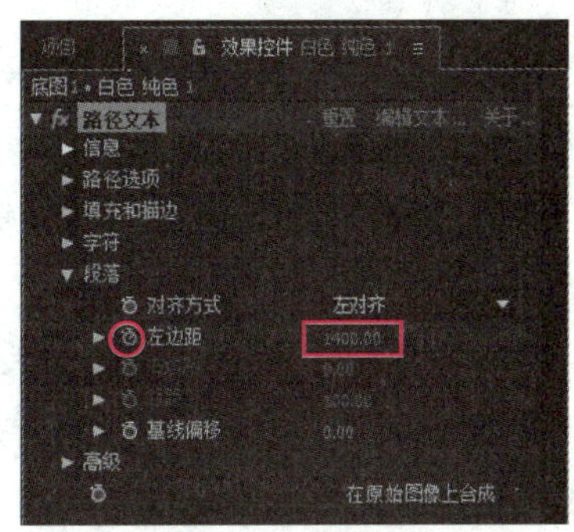

图 9-51　设置 0 秒处“左边距”选项的参数

步骤 8▶　将当前时间指针移至第 2 秒处，然后在“效果控件”调板中将“左边距”选项设为“0”，至此实例就完成了，按空格键进行预览。

9.2.5　典型案例——制作 LOGO 动画

下面利用前面所学知识，制作一个图 9-52 所示的 LOGO 动画。

图 9-52　LOGO 动画效果截图

素材文件	素材与实例\第 9 章\LOGO 动画素材
效果展示和源文件	素材与实例\第 9 章\LOGO 动画.aep、LOGO 动画.mov

制作分析

创建合成后，导入并添加背景素材；然后利用创建固态层的方法创建网址文字飞入并环绕地球的动画效果；再使用“横排文字工具”输入文本，并添加“梯度渐变”、“斜面”和“投影”特效；最后在“北京金企鹅”文本图层上绘制路径，创建路径文本动画。

制作步骤

步骤 1▶ 新建一个项目文件，然后导入“LOGO 动画素材”文件夹中的“地球.jpg”图像素材，并将其拖到“时间轴”调板中。

步骤 2▶ 选择“图层”>“新建”>“纯色”菜单，创建一个任意颜色的固态层。再选择“效果”>“过时”>“路径文本”菜单，在打开的“路径文字”对话框中设置“字体”和“样式”选项，并输入网址文本，如图 9-53 所示。

步骤 3▶ 在“效果控件”中将“填充颜色”设为浅蓝色，“大小”设为“100”，单击“形状类型”下拉列表左侧的“时间变化秒表”按钮创建关键帧，并选择“循环”选项，再在“合成”调板中调整圆环圆心和圆周上的定位点，如图 9-54 所示。

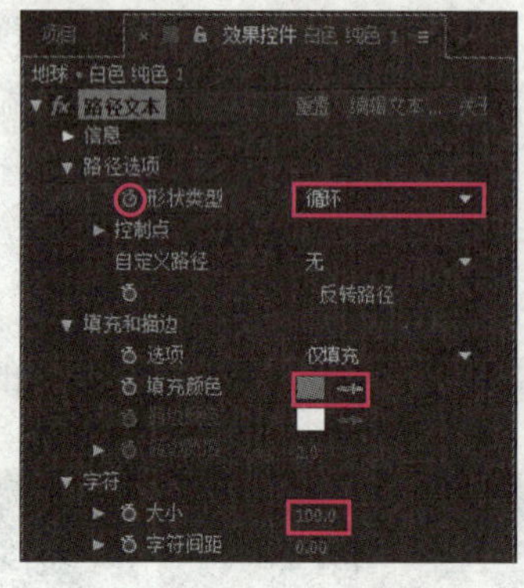

图 9-53　创建路径文本　　　　图 9-54　设置路径文本的参数和定位点

步骤 4▶ 先选择“效果”>“风格化”>“发光”菜单，再选择“效果”>“透视”>“投影”菜单，为路径文本添加特效，参数保持默认即可。

步骤 5▶ 在“效果控件”调板中单击“段落”选项组下“左边距”选项左侧的“时间变化秒表”按钮创建关键帧，并将“左边距”选项设为“2800”，如图 9-55 所示。

步骤 6▶ 将“时间轴”调板中的当前时间指针移至第 1 秒处，然后在“效果控件”调板中将“左边距”选项设为“1200”，并在“形状类型”下拉列表中选择“圆形”选项，如图 9-56 所示。

步骤 7▶ 将“时间轴”调板中的当前时间指针移至第 3 秒处，然后在“效果控件”调板中将“左边距”选项设为“-500”。

步骤 8▶ 选择“横排文字工具”，在“字符”调板中将“字体系列”设为“华文隶书”，“字体大小”设为“200”，然后在“合成”调板中输入图 9-57 所示的文本。

步骤 9▶ 选择“效果”>“生成”>“梯度渐变”菜单，为文本添加“梯度渐变”特效，然后在“效果控件”调板中将“起始颜色”设为黄色（#FFF000），将“结束颜色”设为橙黄色（#FFA200），并在“合成”调板中设置渐变起点和渐变终点的位置，如图 9-58

所示。

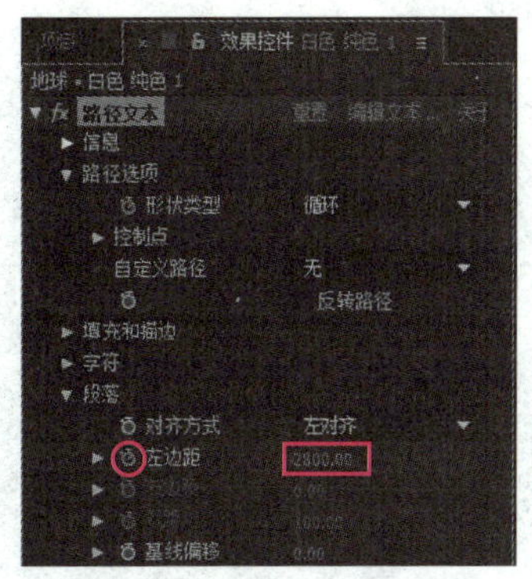

图 9-55 设置第 0 秒处路径文本参数

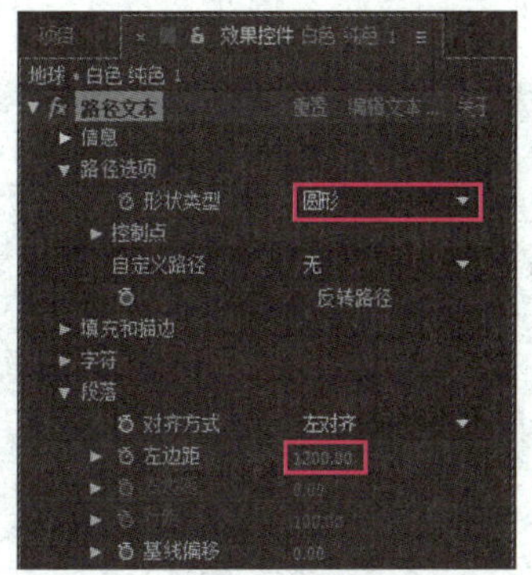

图 9-56 设置第 1 秒处路径文本参数

图 9-57 输入文本

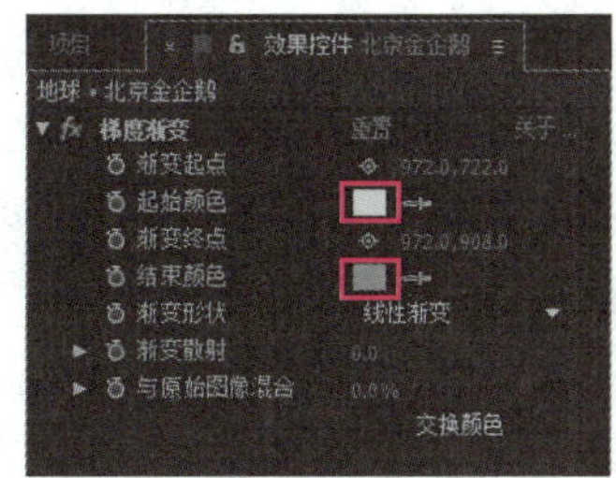

图 9-58 添加并设置“梯度渐变”特效

步骤 10▶ 为文本添加“斜面 Alpha”特效，并将其“边缘厚度”选项设为“8”，再为文本添加“投影”特效，参数保持默认不变。

步骤 11▶ 选中“北京金企鹅”文本图层，使用“钢笔工具”，在“合成”调板中绘制图 9-59 所示的路径。

图 9-59 绘制路径

步骤 12▶ 在“时间轴”调板中展开“北京金企鹅”文本图层下的“文本”选项，在“路径”下拉列表中选择“蒙版 1”选项，然后单击“首字边距”选项左侧的“时间变化秒表”按钮，并将“首字边距”选项设为“-680”，如图 9-60 所示。

步骤 13▶ 将当前时间指针移至第 6 秒处，然后将“首字边距”选项设为“4210”，如图 9-61 所示。至此案例就完成了，按空格键进行预览。

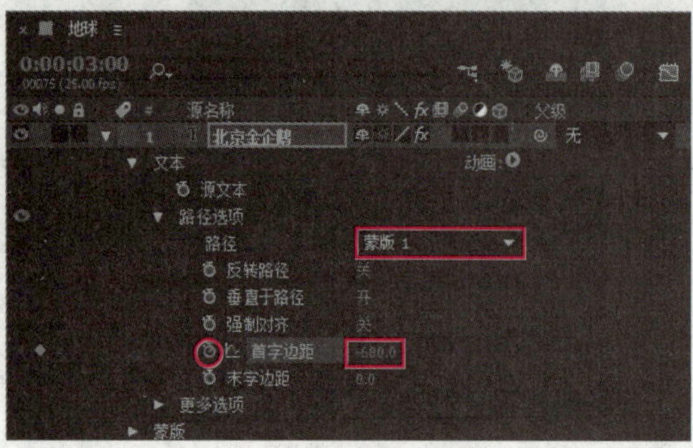

图 9-60 设置路径文本第 3 秒的参数

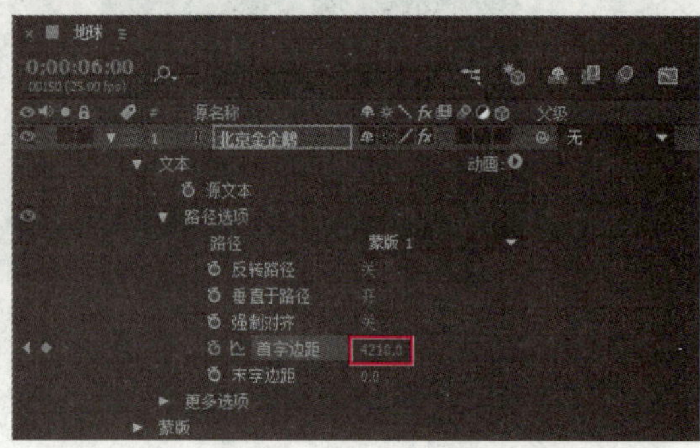

图 9-61 设置路径文本第 6 秒的参数

9.2.6 应用文本动画预设

After Effects CC 为用户准备了很多动画预设，通过为文本应用这些动画预设，可快速制作出各种文本动画效果。下面通过一个小实例介绍为文本应用动画预设的方法。

步骤 1▶ 新建一个合成，导入本书配套素材“素材与实例”>“第 9 章”>“相关素材”文件夹中的“底图 3.jpg”图像素材（不要导入序列），并将其拖到“时间轴”调板中。

步骤 2▶ 选择“横排文字工具”，在“字符”调板中将“字体系列”设为“Impact”，将“字体大小”设为“200”，将“填充颜色”设为白色，然后在“合成”调板中输入图 9-62 所示的文本。

步骤 3▶ 选中输入的文本，选择“动画”>“将动画预设应用于”菜单，在打开的“打开”对话框中选择 After Effects CC 安装目录下“Presets”>“Text”文件夹中的动画预设，本例选择“3D Text”文件夹中的“3D 基本位置 Z 层叠”预设文件，并单击“打开”按钮，如图 9-63 所示（也可在“效果和预设”调板中进行选取）。

图 9-62 输入文本

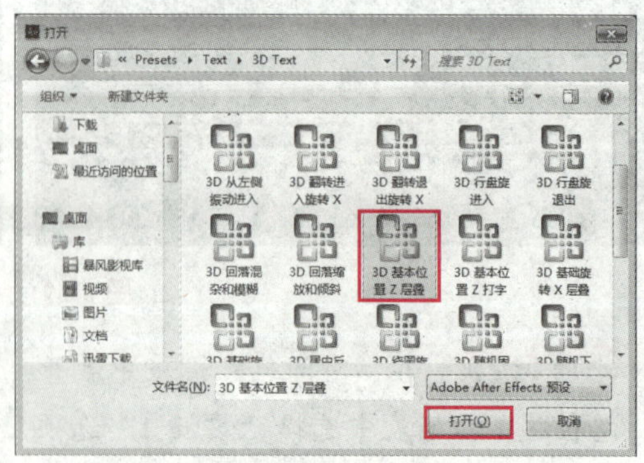

图 9-63 应用动画预设

步骤 4▶ 按空格键进行预览，此时文本动画的效果如图 9-64 所示。为文字应用动画预设后，可根据实际需要对预设的参数进行修改，下面以为“3D 基本位置 Z 层叠”动画预设添加缩放效果为例进行说明。

图 9-64　预览文本动画播放效果

步骤 5▶ 在“时间轴”调板中展开文本图层，单击“文本”选项组下“Animator 1”选项右侧“添加”选项的◐按钮，在展开的下拉列表中选择“属性”>“缩放”选项，如图 9-65 所示。

步骤 6▶ 将“Animator 1”选项下的“缩放”属性设为“500，500，500%”，如图 9-66 所示。

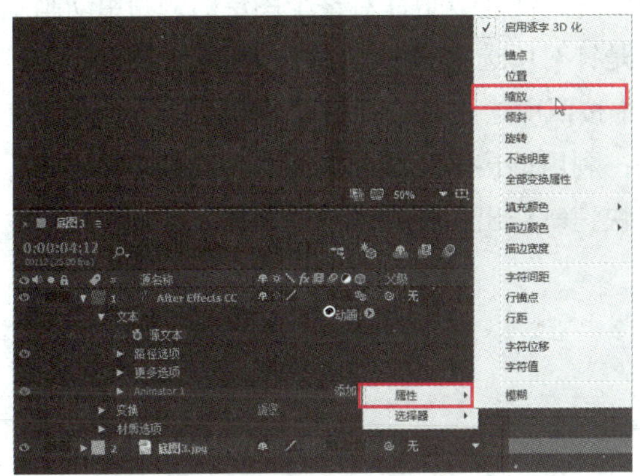

图 9-65　添加“缩放”属性

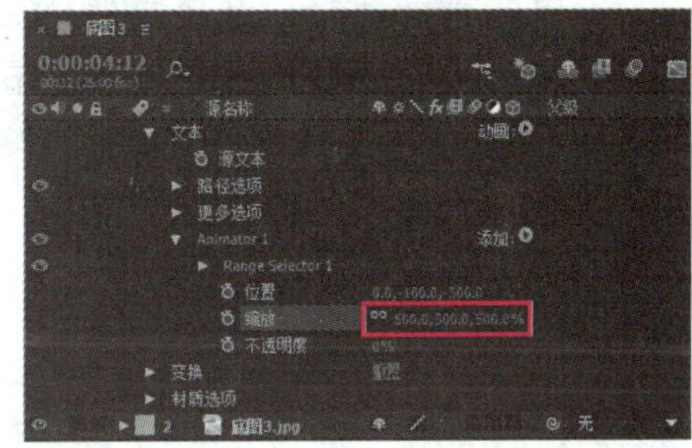

图 9-66　设置“缩放”属性参数

步骤 7▶ 此时按空格键预览动画，会看到文本动画在原有基础上添加了缩放效果，如图 9-67 所示。

图 9-67　预览文本动画播放效果

本章总结

本章主要介绍了在 After Effects CC 中创建和美化文本，创建文本动画和路径文本，以及应用文本动画预设的方法。在学完本章内容后，读者应重点掌握以下知识。

- 在 After Effects CC 中有 3 种创建文本的方法：使用文本工具、利用菜单命令和利用右键快捷菜单。
- 在“字符”调板中可对文本的字体、样式、大小、颜色、行距和间距等参数进行设置；在“段落”调板中可设置文本的对齐方式、缩进和添加空格等参数。
- 利用“效果”菜单命令或“效果和预设”调板为文本添加特效，可以制作出各种精美的特效文本。
- 利用文本图层的“源文本”选项，可制作文本内容变化，或者文本字体、大小和颜色等属性变化的动画效果，这种动画没有渐变效果，经常用于切换影片字幕或说明文本。
- 创建文本属性动画有两种方式：利用文本图层属性和利用动画制作工具。其中，利用文本图层属性创建时，动画中的属性参数是针对整个图层的；利用动画制作工具创建时，动画中的属性参数是针对所选字符的。
- 通过创建路径文本动画，可使文本按照所绘路径进行运动。在 After Effects CC 中有两种创建路径文本动画的方法：利用链接路径和利用固态层（纯色图层）。
- 通过为文本应用动画预设，可以快速制作出各种文本动画效果。

思考与练习

一、选择题

1．利用下列哪种方法无法在 After Effects CC 中创建文本？（　　）

A．使用文本工具　　B．导入 txt 文件

C．利用菜单命令　　D．利用右键快捷菜单

2．在哪个调板中可以设置文本的字体？（　　）

A．“字符”调板　　B．“段落”调板

C．“信息”调板　　D．“预览”调板

3．若想为文本制作立体效果，可为其添加（　　）。

A．“梯度渐变”特效　　B．“四色渐变”特效

C．“斜面 Alpha”特效　　D．“定向模糊”特效

4．下列不属于 After Effects CC 文本动画类型的是（　　）。

A．源文本动画　　B．文本属性动画

C．路径文本动画　　D．运动文本动画

5．在 After Effects CC 中创建路径文本动画的两种方法是（　　）。

A．利用链接路径和形状图层　　B．利用链接路径和固态层

C．利用蒙版和固态层　　D．利用链接路径和文本图层

6．动画预设文件保存在 After Effects CC 安装目录下的（　　）文件夹中。

A．Libraries　　B．PTX　　C．Presets　　D．Scripts

二、简答题

1．如何在 After Effects CC 中创建文本？如何设置文本的字符格式和段落格式？

2．如何为文本添加特效？

3．如何在 After Effects CC 中创建源文本动画？

4．如何在 After Effects CC 中创建文本属性动画？

5．如何在 After Effects CC 中创建路径文本动画？

6．如何利用动画预设快速创建文本动画？

本章实训

实训 1　清新文字动画

利用本章所学的知识，制作一个图 9-68 所示的清新文字动画效果。

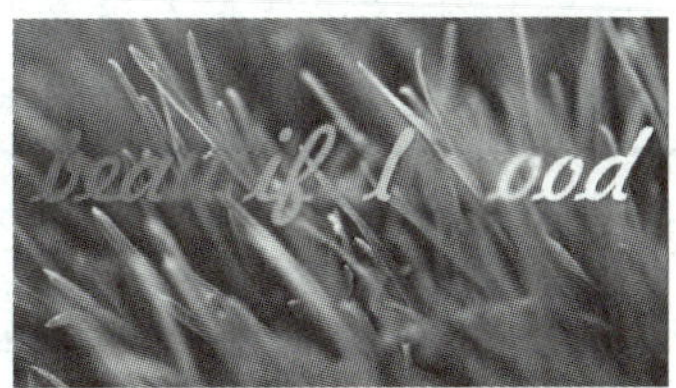

图 9-68　清新文字动画效果截图

素材文件	素材与实例\第 9 章\清新文字素材
效果展示和源文件	素材与实例\第 9 章\清新文字.aep、清新文字.mov

提示：

首先创建项目文件，导入“背景.jpg”图像素材，并将其添加到“时间轴”调板中；然后使用“横排文字工具”输入文本，并添加“梯度渐变”和“投影”特效；再展开文本图层，单击“动画”选项右侧的按钮，选择“缩放”选项，并将“缩放”选项设为“300，300%”；单击“动画制作工具 1”选项右侧“添加”选项的按钮，分别选择“不透明度”和“模糊”选项，并将“不透明度”选项设为“0%”，将“模糊”选项设为“200，200”；展开“动画制作工具 1”下“范围选择器 1”的“高级”选项，将“单位”选项设为“索引”，将“形状”选项设为“上斜坡”，将“缓和低”选项设为“100%”，将“随机排序”选项设为“开”；接着单击“范围选择器 1”选项下“偏移”选项左侧的“时间变化秒表”按钮创建关键帧，并将“结束”选项设为“10”，将“偏移”选项设为“-10”；最后将当前时间指针移至第 2 秒处，将“偏移”选项设为“23”。

实训 2　创意文字动画

利用本章所学的知识，制作一个图 9-69 所示的创意文字动画效果。

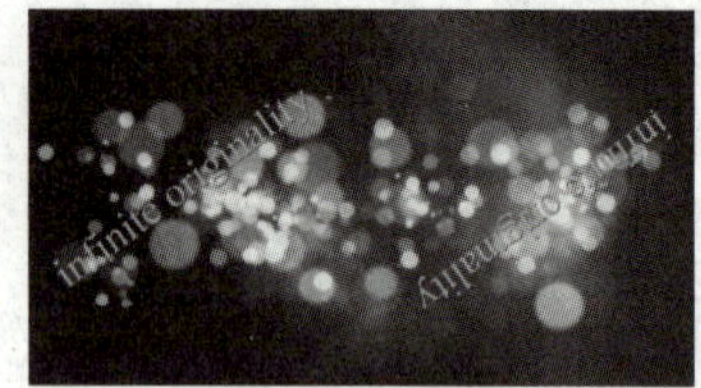

图 9-69　创意文字动画效果截图

素材文件	素材与实例\第 9 章\创意素材
效果展示和源文件	素材与实例\第 9 章\创意文字动画.aep、创意文字动画.mov

提示：

创建项目文件，导入“背景.jpg”图像素材，并将其拖到“时间轴”调板中；创建一个“纯色”固态层，选择“效果”>“过时”>“路径文本”菜单，创建一个路径文本，然后在“效果控件”调板中设置路径文本的填充颜色；为固态层添加“投影”特效，并将固态层复制一份，通过在“效果控件”调板中设置两个固态层中路径文本的“形状类型”和“左边距”选项，创建两段文本进入屏幕并环绕的文本路径动画；使用“横排文字工具”输入文本，并添加“梯度渐变”、“投影”、“斜面 Alpha”和“发光”特效；然后参照第 9.2.6 节的操作，制作文本动画。

第 10 章　在 After Effects 中抠像

抠像在影视合成中具有非常重要的作用，是学习影视后期制作必须掌握的基本技能之一。After Effects CC 中的抠像可分为键控特效抠像和遮罩（Mask）抠像两种类型，这两种抠像方法的特点和作用各不相同。本章将介绍使用键控特效抠像和使用遮罩（Mask）抠像的方法。

学习目标

- 掌握抠像的概念
- 掌握使用键控特效抠像的方法
- 掌握使用遮罩（Mask）抠像的方法

10.1　键控特效抠像

After Effects CC 中包含多种键控特效，利用键控特效可以将素材中的指定颜色变为透明色，从而达到素材间的合成效果。当素材画面中的背景色较单一或相近时，可利用键控特效抠像。

10.1.1　抠像的概念

所谓抠像，就是将素材中的指定颜色或特定区域变为透明，从而显示出下层素材的画面，实现两层画面叠加合成的一种技术手段。

在利用键控特效进行抠像时，应先选中要应用键控特效的对象层（对象层一般在背景层上方，若没有背景层，则应用键控特效后会显示黑色背景），然后利用菜单命令或“效果和预设”调板为对象层添加键控特效，并在“效果控件”调板中对键控特效的相关参数进行设置。

10.1.2 常用抠像键控特效

下面介绍 After Effects CC 中常用的抠像键控特效。

1．颜色键

After Effects CC 中的“颜色键”特效与 Premiere 中的相同，利用“颜色键”特效可以抠取素材画面中与指定颜色相近的所有图像像素，抠取颜色后的部分将变为透明。选中要添加键控特效的图层后，选择“效果”>“过时”>“颜色键”菜单，然后在“效果控件”调板中设置相关参数，如图 10-1 所示。

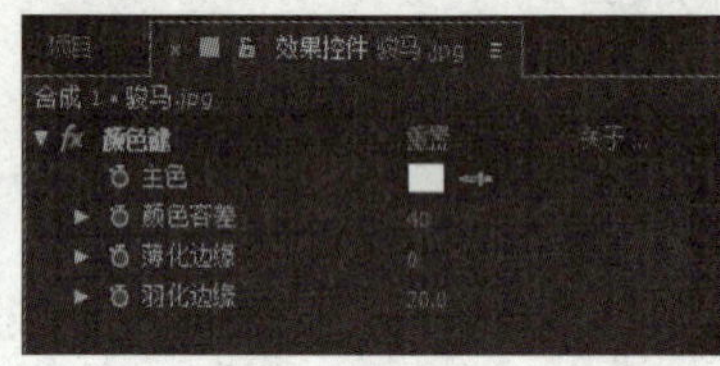

图 10-1 使用“颜色键”特效抠像

- **主色**：单击右侧的按钮后，可在素材画面中吸取要变为透明色的颜色，也可单击色块，在打开的“主色”对话框中设置要变为透明色的颜色。
- **颜色容差**：该选项用于设置所选颜色的颜色范围，数值越大颜色范围越大。
- **薄化边缘**：该选项用于设置抠像区域边界的宽度，数值越大抠像区域越大，反之抠像区域越小。
- **羽化边缘**：该选项用于设置抠像区域边缘的柔和度。

2．亮度键

After Effects CC 中的“亮度键”特效与 Premiere 中的类似，利用“亮度键”特效可以抠取素材画面中具有指定亮度的所有区域。选中要添加键控特效的图层后，选择“效果”>“过时”>“亮度键”菜单，然后在“效果控件”调板中设置相关参数，如图 10-2 所示。

图 10-2 使用“亮度键”特效抠像

- **键控类型：**该下拉列表用于设置抠像区域是画面中较亮的部分还是较暗的部分。
- **阈值：**该选项用于设置抠像区域基于的亮度值。
- **容差：**该选项用于设置抠像区域的阈值范围大小，数值越大阈值范围越大，反之阈值范围越小。

3．内部/外部键

利用“内部/外部键”特效，可以将素材画面中需要保留的部分作为前景（内部）隔离开来，仅对作为背景（外部）的部分进行抠取，前景（内部）与背景（外部）间会逐渐过渡。选中要添加键控特效的图层后，绘制两个封闭路径作为内部和外部蒙版（不用太精确），然后选择“效果”>“键控”>“内部/外部键”菜单，并在“效果控件”调板中设置相关参数，如图10-3所示。

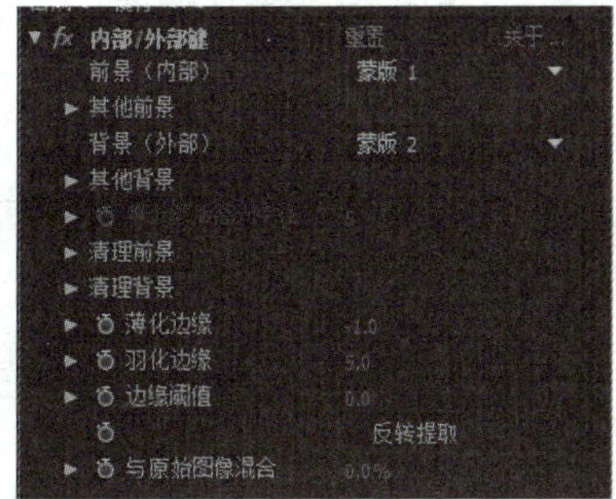

图10-3　使用“内部/外部键”特效抠像

- **前景（内部）/背景（外部）：**这两个下拉列表用于选择前景（内部）蒙版和背景（外部）蒙版。
- **其他前景/其他背景：**若要在素材画面中抠取多个对象或创建缺口，可绘制其他蒙版并在“其他前景”或“其他背景”选项组中进行设置。
- **清理前景/清理背景：**创建闭合或断开的蒙版后，在这两个选项组中进行选择，可清理素材画面中不需要的部分。
- **边缘阈值：**该选项用于清除素材画面中低不透明度的杂色。
- **反转提取：**勾选该复选框后，会反转前景和背景区域。
- **与原始图像混合：**该选项用于设置生成的抠像与原始图像的混合程度，数值越高混合度越高。

4．提取键

利用“提取”特效可以根据指定通道的直方图，抠取指定的亮度、颜色或透明度范围。

选中要添加键控特效的图层后，选择“效果”>“键控”>“提取”菜单，然后在“效果控件”调板中设置相关参数，如图 10-4 所示。

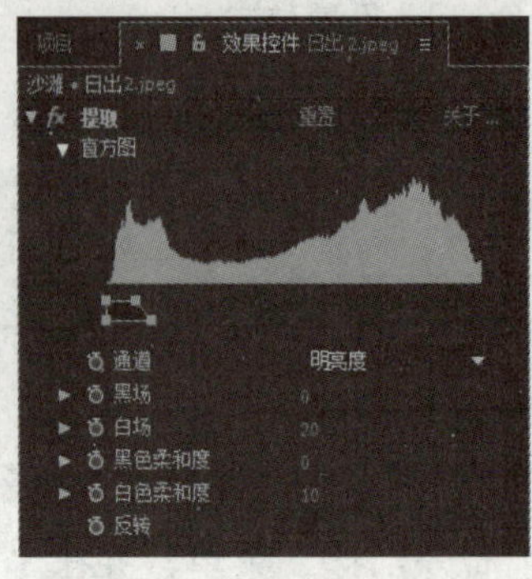

图 10-4　使用“提取”特效抠像

- ➢ **通道**：该下拉列表用于设置基于哪个通道进行抠像。
- ➢ **黑场/白场**：这两个选项用于调整黑场和白场的数值，素材画面中高于白场值并低于黑场值的区域会变透明。
- ➢ **黑色柔和度/白色柔和度**：这两个选项用于调整素材画面抠像区域的柔和度，数值越高抠取区域的透明度越高。

5. 线性颜色键

“线性颜色键”特效可以将素材画面中的每个像素与指定的主色进行比较，与主色越相近的像素就变得越透明，使素材画面的抠取达到线性过渡。选中要添加键控特效的图层后，选择“效果”>“键控”>“线性颜色键”菜单，然后在“效果控件”调板中设置相关参数，如图 10-5 所示。

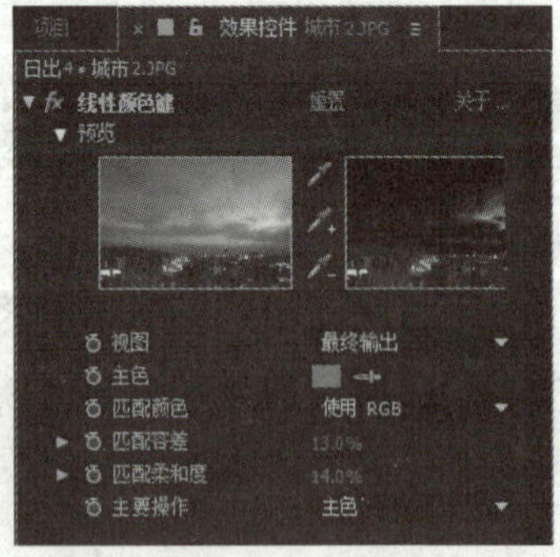

图 10-5　使用“线性颜色键”特效抠像

- ➢ **预览**：用于显示原图和输出效果，利用中间的 3 个吸管图标，可以吸取、添加或减少主色范围。

- **视图：**该下拉列表用于设置右预览图显示的是最终输出效果、源图像还是 Alpha 通道遮罩。
- **主色：**用于设置作为主色的颜色。
- **匹配颜色：**该下拉列表用于设置基于哪种颜色模式进行抠像。若一种颜色模式的抠像效果不理想，可更换另一种颜色模式。
- **匹配容差：**该选项用于设置主色范围，数值越高主色范围越大。
- **匹配柔和度：**该选项用于设置主色范围边缘的柔和度。通常使用“匹配容差”和“匹配柔和度”两个选项相互制衡，可到达最佳抠像效果。

6．颜色差值键

“颜色差值键”特效通过将图像分为“遮罩部分 A”和“遮罩部分 B”两个遮罩，“遮罩部分 B”基于指定主色使图像部分区域变为透明，“遮罩部分 A”使与指定主色不同的部分区域变为透明，最终的抠像效果是这两个遮罩共同作用的结果。“颜色差值键”特效可生成高质量的抠像效果，特别适合抠取烟雾、阴影和玻璃等透明或半透明的画面。选中要添加键控特效的图层后，选择“效果”>“键控”>“颜色差值键”菜单，然后在“效果控件”调板中设置相关参数，如图 10-6 所示。

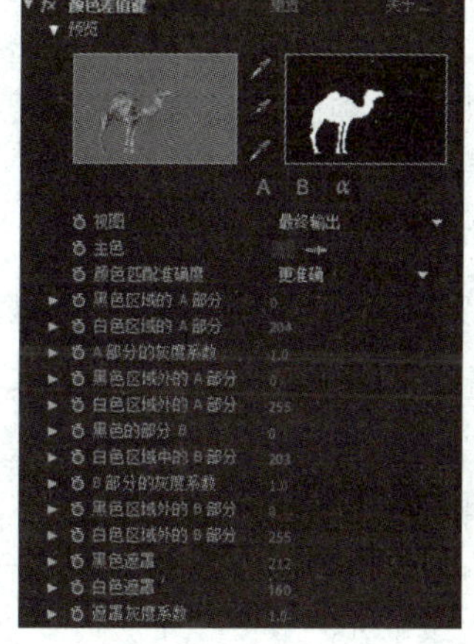

图 10-6　使用“颜色差值键”特效抠像

7．颜色范围键

“颜色范围”特效利用素材画面中的色彩范围进行抠像，这种抠像方式没有利用“颜色差值键”特效进行抠像精确。选中要添加键控特效的图层后，选择“效果”>“键控”>“颜色范围”菜单，然后在“效果控件”调板中设置相关参数，如图 10-7 所示。

图 10-7　使用“颜色范围”特效抠像

- **预览：**用于显示画面的蒙版效果，黑色表示透明，白色表示不透明，灰色表示半透明。利用右侧的 3 个吸管图标，可以吸取、添加或减少要变为透明的颜色范围。
- **模糊：**该选项用于设置画面中透明与不透明区域之间的柔和度。
- **色彩空间：**该下拉列表用于设置基于哪种颜色模式进行抠像。若一种颜色模式的抠像效果不理想，可更换另一种颜色模式。
- **最小值/最大值：**用于设置第一、第二和第三个分量下颜色范围的起始颜色（最小值）与结束颜色（最大值）。

8．遮罩特效

大多数素材的画面背景是由多种颜色组成的，单纯使用键控特效很难达到满意效果，此时可利用“效果”>“遮罩”子菜单中的几种遮罩特效进行调整，以使抠像效果达到影视合成的要求。下面分别介绍几种常用遮罩特效的作用。

- **调整柔和遮罩：**利用“调整柔和遮罩”特效可以消除使用键控特效抠像后边缘残留的颜色。
- **简单阻塞工具：**利用“简单阻塞工具”特效可微量调整遮罩的边缘，负值用于增加遮罩边缘，正值用于减少遮罩边缘。
- **遮罩阻塞工具：**利用“遮罩阻塞工具”特效可通过一连串阻塞和扩展遮罩操作使遮罩中的缺口闭合。

10.1.3　典型案例——更换登山视频背景

下面利用本节所学知识，为一段登山运动的视频更换背景，更换背景后的效果如图 10-8 所示。

图10-8　更换登山视频背景

素材文件	素材与实例\第10章\更换登山背景素材
效果展示和源文件	素材与实例\第10章\更换登山背景.aep、更换登山背景.mov

制作分析

创建项目文件后，导入视频和背景素材，并将素材添加到“时间轴”调板中；然后为视频添加“颜色差值键”特效，并在“效果控件”调板中设置相关参数；预览视频播放效果，为视频添加“遮罩阻塞工具”特效，并在“效果控件”调板中设置相关参数，对视频播放效果进行调整。

制作步骤

步骤 1▶ 新建一个项目文件，导入“更换登山背景素材”文件夹中的视频和图像素材，先将“项目”调板中的“登山运动.avi”视频素材添加到“时间轴”调板中，再将“天空.jpg”图像素材拖到“登山运动.avi”图层下方，如图10-9所示。

步骤 2▶ 选中“登山运动.avi”图层，选择“效果”>“键控”>“颜色差值键”菜单，为“登山运动.avi”图层添加“颜色差值键”特效。

步骤 3▶ 在“效果控件”调板中单击“颜色差值键”特效“预览”区中间或“主色”选项右侧的吸管图标，然后单击“预览”区左侧缩览图的蓝色背景，将其设为主色，并将“颜色匹配准确度”设为“更准确”，将“白色区域的A部分”选项设为“88”，其他参数保持默认不变，如图10-10所示。

步骤 4▶ 按空格键进行预览，会发现视频播放到后面，画面会有部分漏色，如图10-11所示。下面通过为视频添加“遮罩阻塞工具”特效解决这个问题。

步骤 5▶ 保持选中“登山运动.avi”图层，选择“效果”>“遮罩”>“遮罩阻塞工具”菜单，为“登山运动.avi”图层添加“遮罩阻塞工具”特效。

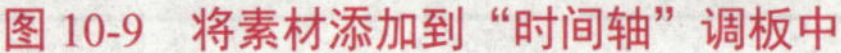

图 10-9 将素材添加到“时间轴”调板中

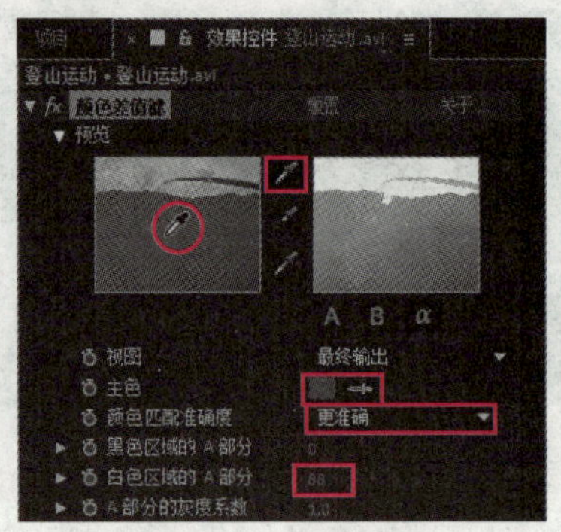

图 10-10 设置主色

步骤 6▶ 在“效果控件”调板中将“遮罩阻塞工具”特效的“几何柔和度”选项设为“10”，“阻塞 1”选项设为“15”，“灰色阶柔和度”选项设为“30%”，其他参数保持默认不变，此时再次预览视频，会发现问题已经解决了，如图 10-12 所示。

图 10-11 画面中的漏色区域

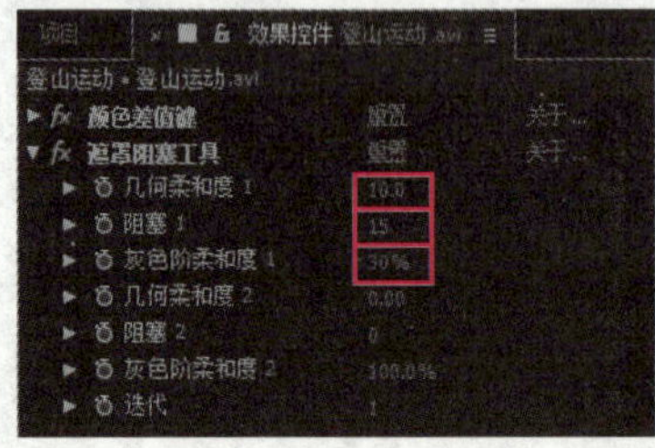

图 10-12 添加并设置“遮罩阻塞工具”特效

10.2 遮罩（Mask）抠像

虽然使用键控特效进行抠像十分便捷，但当需要抠像的素材具有较复杂的背景时，使用键控特效进行抠像便很难达到理想效果。此时可利用遮罩（Mask）来进行抠像，遮罩抠像不受对象颜色的影响，抠像效果取决于蒙版的形状。由于遮罩（Mask）抠像无法随视频的播放自动改变，因此在实际应用中经常将键控抠像和遮罩抠像结合使用。

10.2.1 遮罩（Mask）的概念和基本应用

下面介绍遮罩（Mask）的概念，以及创建、编辑和调整遮罩的方法。

1. 遮罩（Mask）的概念

遮罩（Mask）就是在目标图层上由闭合路径生成的蒙版，它可以使目标图层闭合路径内或外的区域变为透明，从而控制目标图层在画面中的显示范围。图 10-13 所示为利用遮罩（Mask）抠取素材图像中的汽车。

图 10-13　用遮罩（Mask）抠取汽车图像

2．创建遮罩（Mask）

在 After Effects CC 的“工具”调板中有多种用于创建路径的工具。利用“矩形工具”、“椭圆工具”、“多边形工具”和“星形工具”等，可创建常见几何图形的闭合路径，利用“钢笔工具”组中的工具，可创建不规则的闭合或开放路径。下面通过一个小实例介绍创建遮罩（Mask）的方法。

步骤 1▶　打开本书配套素材“素材与实例”>“第 10 章”文件夹中的“创建遮罩.aep”项目文件，会看到“合成”调板中有一幅相框图像，相框图像上方有一幅风景图像，如图 10-14 所示。

步骤 2▶　展开“风景 5.jpg”图层的“变换”选项，将“不透明度”属性设为“50%”（为了便于确定遮罩的位置），如图 10-15 所示。

图 10-14　打开素材

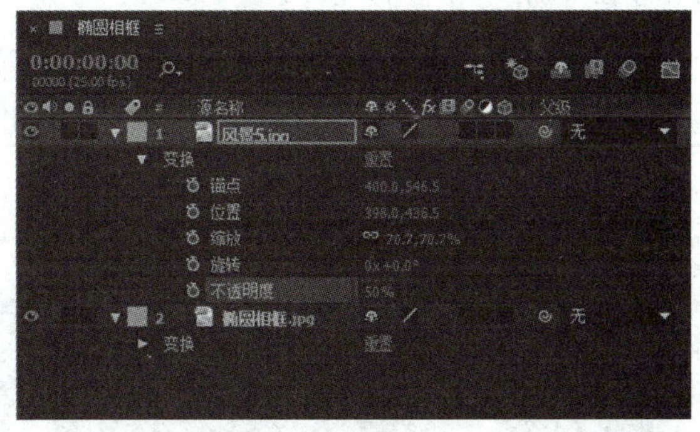

图 10-15　设置图层的不透明度

步骤 3▶　选中“风景 5.jpg”图层，选择“工具”调板中的“椭圆工具”，在“合成”调板中按住鼠标左键并拖动，沿相框边缘绘制一个椭圆形，如图 10-16 所示。

步骤 4▶　最后将“风景 5.jpg”图层的“不透明度”属性设为“100%”，实例就完成了，效果如图 10-17 所示。

图 10-16 绘制椭圆路径

图 10-17 最终效果

知识库

利用“钢笔工具”可创建任意形状的开放或闭合路径。使用“钢笔工具”在“合成”调板中单击可创建直线调节点，按住鼠标左键不放并拖动可创建曲线调节点，将光标移至起始调节点处并单击，可创建封闭路径。

3. 编辑和调整遮罩（Mask）

在实际应用中很难一次性创建好遮罩路径，此时可利用“工具”调板中的“选择工具”、“钢笔工具”、“添加‘顶点’工具”、“删除‘顶点’工具”、“转换‘顶点’工具”及“蒙版羽化工具”对遮罩路径进行编辑和调整。

步骤 1▶ 使用“选择工具”可在“合成”调板中选择和移动遮罩路径或遮罩路径的调节点，如图 10-18 所示。

步骤 2▶ 使用“选择工具”单击选中遮罩路径两个调节点间的线后，可通过拖动或按键盘的方向键移动所选的路径线，如图 10-19 所示。

步骤 3▶ 使用“选择工具”单击遮罩路径的曲线调节点，会显示该调节点的曲线调节杆，拖动曲线调节杆可改变遮罩路径的形状，如图 10-20 所示。

图 10-18 移动遮罩路径调节点

图 10-19 移动遮罩路径线

图 10-20 调整遮罩路径的形状

步骤 4▶ 使用“选择工具”双击遮罩路径，在遮罩路径外会出现一个调节框，通过拖动调节框 4 条边线上的调节点可调遮罩路径的高度和宽度，通过拖动调节框 4 个角上的调节点，可旋转遮罩路径，如图 10-21 所示。

步骤 5▶ 选择“钢笔工具”或“添加‘顶点’工具”后，将光标移至已有遮罩路径上并单击，可添加路径调节点，如图 10-22 所示。

步骤 6▶ 选择“删除‘顶点’工具”后，将光标移至遮罩路径的调节点上并单击，可删除路径调节点，如图 10-23 所示。

图 10-21 整体调整遮罩路径

图 10-22 添加路径调节点

图 10-23 删除路径调节点

步骤 7▶ 选择“转换‘顶点’工具”后，在遮罩路径的曲线调节点上单击，可将曲线调节点转换为直线调节点，如图 10-24 所示；在遮罩路径的直线调节点上按住鼠标左键并拖动，可将直线调节点转换为曲线调节点。

步骤 8▶ 选择“蒙版羽化工具”后，在遮罩路径的调节点或路径线上按住鼠标左键并拖动，可羽化遮罩效果，如图 10-25 所示。

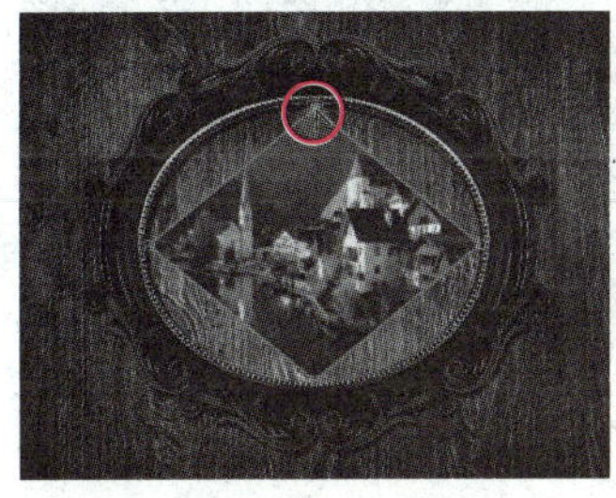

图 10-24 转换调节点类型

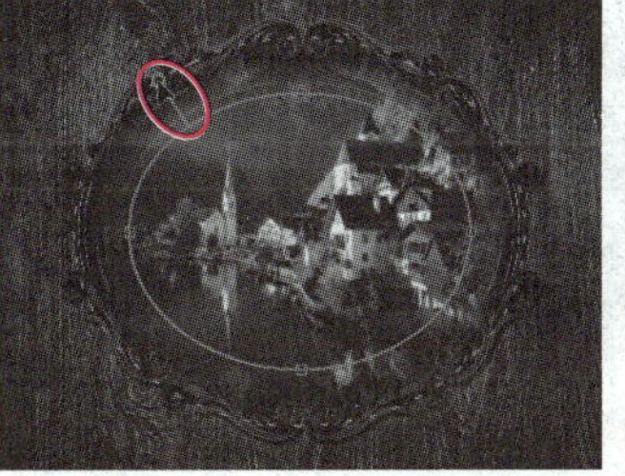

图 10-25 羽化遮罩效果

10.2.2 遮罩（Mask）的混合模式

在“时间轴”调板中可设置图层中遮罩的混合模式（默认为“相加”模式），如图 10-26 所示。其中“无”、“相加”和“相减”3 种模式，无论图层中有一个还是多个遮罩路径都会起作用；“交集”、“变亮”、“变暗”和“差值”4 种模式，只有当图层中有多个遮罩路径时才会起作用。

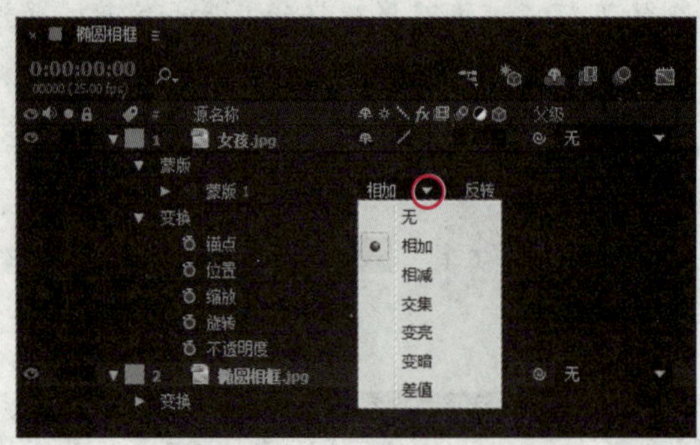

图 10-26　设置图层遮罩的混合模式

步骤 1▶ 打开本书配套素材“素材与实例”>“第 10 章”文件夹中的“遮罩混合模式.aep”项目文件，会看到“合成”调板中有一幅水果图像。

步骤 2▶ 选中“水果.jpg”图层，使用“椭圆工具”和“矩形工具”在“合成”调板中绘制两个遮罩路径，并在“时间轴”调板中将椭圆遮罩路径的“不透明度”设为“60%”，矩形遮罩路径的“不透明度”设为“40%”，如图 10-27 所示。

步骤 3▶ 将两个遮罩路径的混合模式都设为“无”，会发现“合成”调板中的路径不起遮罩作用，只作为单纯的路径存在，如图 10-28 所示。

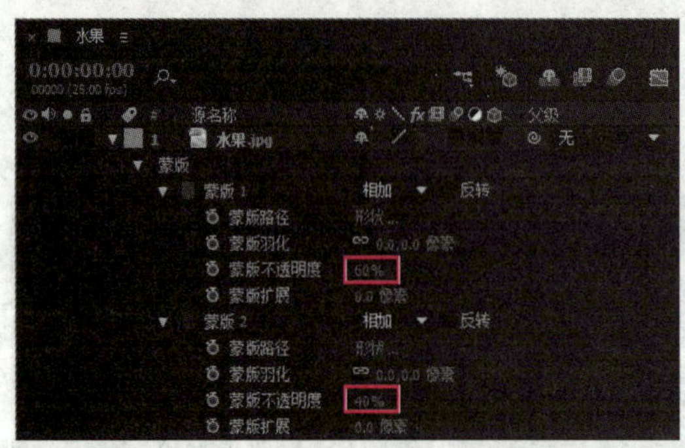

图 10-27　设置遮罩路径的不透明度

图 10-28　“无”混合模式

步骤 4▶ 将两个遮罩路径的混合模式都设为“相加”，会发现系统对“合成”调板中两个遮罩路径相交区域的不透明度作加法处理，如图 10-29 所示。

步骤 5▶ 将矩形遮罩路径的混合模式设为“相减”，会发现矩形遮罩不显示，两个遮罩路径相交区域的不透明度作减法处理，如图 10-30 所示。

步骤 6▶ 将矩形遮罩路径的混合模式设为“交集”，会发现“合成”调板中只显示两个遮罩路径相交的区域，其不透明度与“相减”模式相同，如图 10-31 所示。

图 10-29 “相加”混合模式

图 10-30 “相减”混合模式

图 10-31 “交集”混合模式

步骤 7▶ 将矩形遮罩路径的混合模式设为“变亮”，“合成”调板中会同时显示椭圆和矩形遮罩，两个遮罩路径相交区域将采用较高的不透明度，如图 10-32 所示。

步骤 8▶ 将矩形遮罩路径的混合模式设为“变暗”，“合成”调板中“合成”调板中只显示两个遮罩路径相交的区域，两个遮罩路径相交区域将采用较低的不透明度，如图 10-33 所示。

步骤 9▶ 将矩形遮罩路径的混合模式设为“差值”，“合成”调板中会同时显示椭圆和矩形遮罩，系统会先将两个遮罩路径进行相加运算，然后将两个遮罩路径的相交区域进行交集运算，再用相加运算与交集运算的结果相减，采用两者之间的差值，效果如图 10-34 所示。

图 10-32 “变亮”混合模式

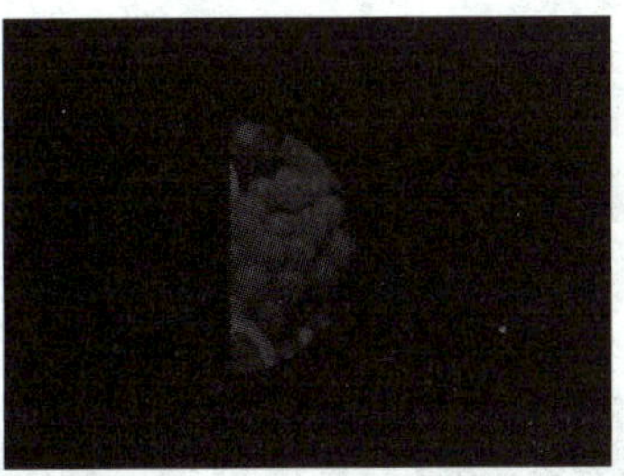
图 10-33 “变暗”混合模式

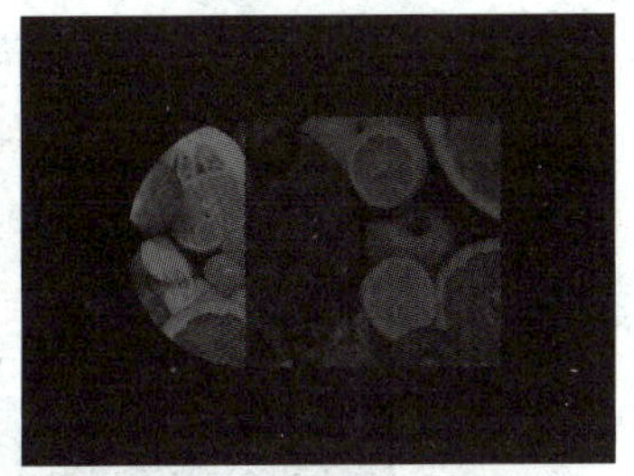
图 10-34 “差值”混合模式

10.2.3 应用轨道遮罩（Track Matte）

通过使用 After Effects CC 中的轨道遮罩（Track Matte）功能，可利用素材图像中的 Alpha 通道或亮度来创建遮罩，实现抠像效果。要在指定图层应用轨道遮罩（Track Matte），在该图层上方必须有一个作为遮罩的图层。下面通过一个简单实例，介绍利用轨道遮罩（Track Matte）功能进行抠像的方法。

步骤 1▶ 打开本书配套素材“素材与实例”>“第 10 章”文件夹中的“创建轨道遮罩.aep”项目文件，然后依次将“项目”调板中的“天空.jpg”和“老鹰.png”图像素材拖到“时间轴”调板中。

步骤 2▶ 在“天空.jpg”图层的轨道遮罩（Track Matte）下拉列表中选择“亮度反转

遮罩‘老鹰.png’”选项，如图 10-35 所示（若“时间轴”调板中没有显示轨道遮罩（Track Matte）下拉列表，可在“时间轴”调板的状态栏上右击，在弹出的快捷菜单中选择“列数”>“模式”菜单），最终效果如图 10-36（d）所示。

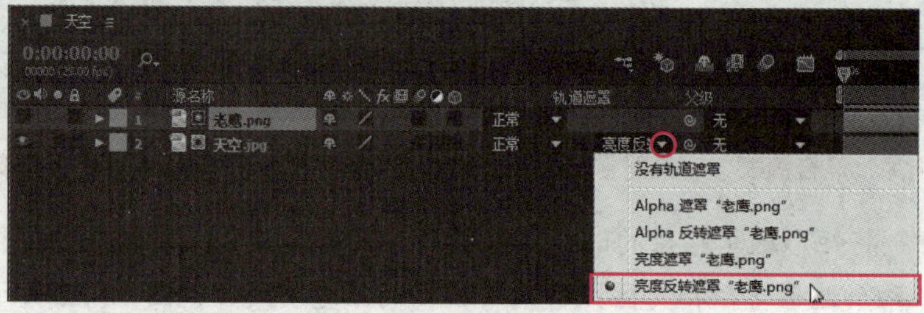

图 10-35　设置“天空.jpg”图层的轨道遮罩（Track Matte）

遮罩（Track Matte）下拉列表中各参数意义如下。

- **没有轨道遮罩：**选择该选项，应用轨道遮罩（Track Matte）的图层正常显示，上方图层不显示。
- **Alpha 遮罩“图层名称”：**选择该选项，利用上方图层的 Alpha 通道创建轨道遮罩，上例中若选择该选项，则效果如图 10-36（a）所示。
- **Alpha 反转遮罩“图层名称”：**选择该选项，会反转上方图层的 Alpha 通道创建轨道遮罩，上利中若选择该选项，则效果如图 10-36（b）所示。
- **亮度遮罩“图层名称”：**选择该选项，利用上方图层的亮度创建轨道遮罩，上例中若选择该选项，则效果如图 10-36（c）所示。
- **亮度反转遮罩“图层名称”：**选择该选项，反转上方图层的亮度创建轨道遮罩。

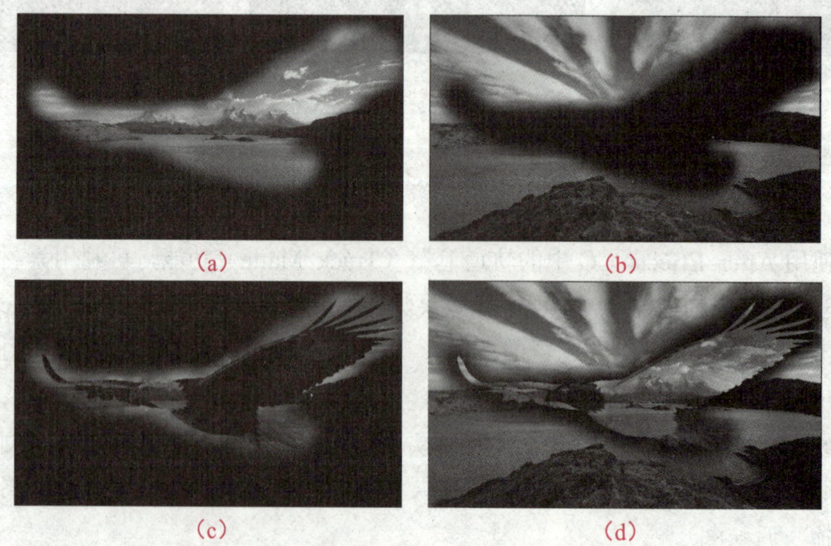

（a）　（b）

（c）　（d）

图 10-36　应用轨道遮罩（Track Matte）的效果

10.2.4　典型案例——制作蝶舞扇子短片

下面利用前面所学知识，制作一个蝶舞扇子短片，效果如图 10-37 所示。

图 10-37　蝶舞扇子短片播放效果截图

素材文件	素材与实例\第 10 章\蝴蝶扇子素材
效果展示和源文件	素材与实例\第 10 章\蝶舞扇子短片.aep、蝶舞扇子短片.mov

制作分析

新建“组织场景”合成后导入视频和背景素材，将背景素材添加到“时间轴”调板中，并创建背景平移和淡入的关键帧动画；然后再新建一个名为“扇子动画”合成，将扇子和蝴蝶视频素材拖到“时间轴”调板中，并利用键控抠像和遮罩抠像制作蝴蝶在扇子中的效果；最后返回“组织场景”合成，将“扇子动画”合成和蝴蝶视频添加到“时间轴”调板中，并创建淡入关键帧动画。

制作步骤

步骤 1▶　新建一个合成，在“合成设置”对话框中将“合成名称”设为“组织场景”，将“预设”设为“HDTV 1080 25”，将“持续时间”设为 15 秒，如图 10-38 所示。

步骤 2▶　导入“蝴蝶扇子素材”文件夹中的所有素材，然后将“项目”调板中的“背景.jpg”图像素材拖到“时间轴”调板中，并使其适合复合高度，再将其左侧边缘与“合成”调板的左侧边缘对齐，如图 10-39 所示。

步骤 3▶　在“时间轴”调板中展开“背景.jpg”图层的“变换”选项，单击“位置”和“不透明度”属性左侧的“时间变化秒表”按钮创建关键帧，并将“不透明度”设为“0%”，如图 10-40 所示。

步骤 4▶　将“时间轴”调板中的当前时间指针移至第 1 秒处，然后将“不透明度”属性设为“100%”。

步骤 5▶　将“时间轴”调板中的当前时间指针移至第 5 秒 12 帧处，然后将“合成”调板中的背景向左平移，使其右侧边缘与“合成”调板右侧边缘对齐，如图 10-41 所示。

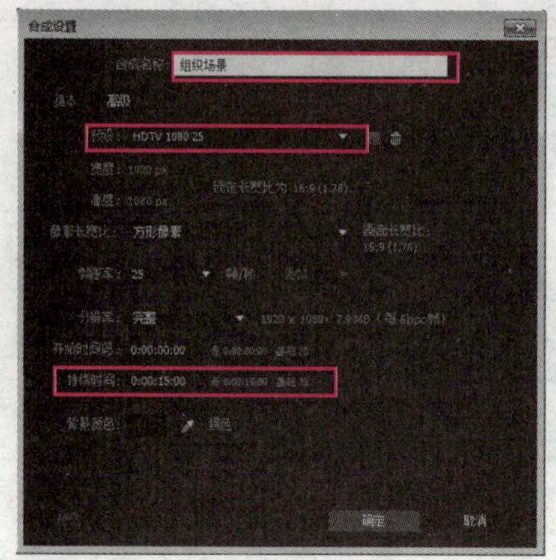

图 10-38　创建“组织场景”合成

图 10-39　调整背景的大小和位置

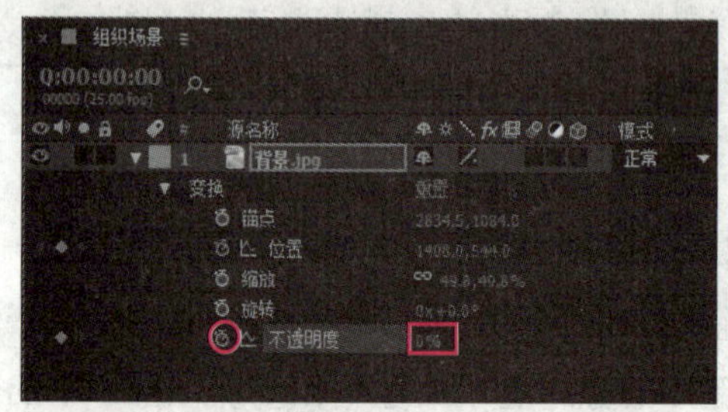

图 10-40　创建关键帧并设置背景的不透明度

图 10-41　移动背景

步骤 6▶　将“时间轴”调板中的当前时间指针移至第 11 秒处，然后在“时间轴”调板中单击“不透明度”属性左侧的“添加或移除关键帧”按钮，添加一个关键帧，然后将当前时间指针移至第 11 秒 01 帧处，将“不透明度”属性设为“0%”，如图 10-42 所示。

步骤 7▶　新建一个名为“扇子动画”的合成，依次将“项目”调板中的“扇子素材.mp4”和“牡丹蝴蝶.mp4”视频素材添加到“时间轴”调板中，并将“扇子素材.mp4”图层的“缩放”属性设为“120，120%”，将“牡丹蝴蝶.mp4”图层的“缩放”属性设为“100，65%”如图 10-43 所示。

步骤 8▶　将“时间轴”调板中的当前时间指针移至第 5 秒处，然后将“牡丹蝴蝶.mp4”图层的“不透明度”属性设为“50%”，然后选中“牡丹蝴蝶.mp4”图层，使用“钢笔工具”沿扇面绘制一个扇形的封闭路径，如图 10-44 所示。

步骤 9▶　将“牡丹蝴蝶.mp4”图层的“不透明度”属性设为“100%”，然后将“扇子素材.mp4”图层复制一份，并放置在“牡丹蝴蝶.mp4”图层上方，再在“牡丹蝴蝶.mp4”的“轨道遮罩（Track Matte）”下拉列表中选择“亮度遮罩‘扇子素材.mp4’”选项，如图 10-45 所示。

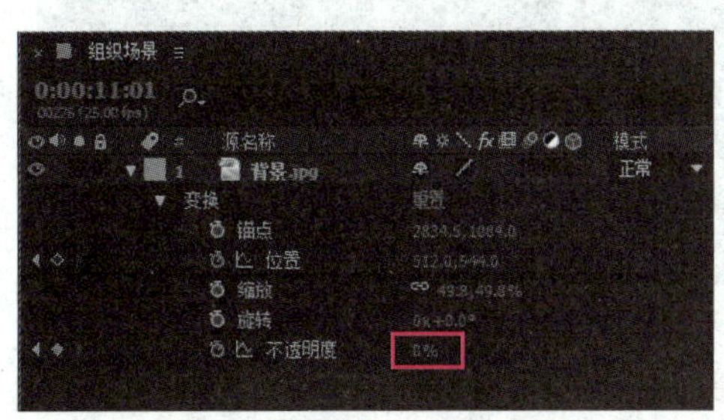

图 10-42 设置背景不透明度

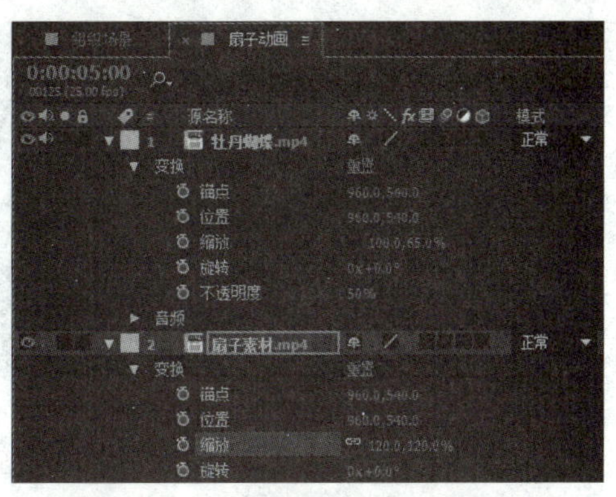

图 10-43 设置图层的“缩放”属性

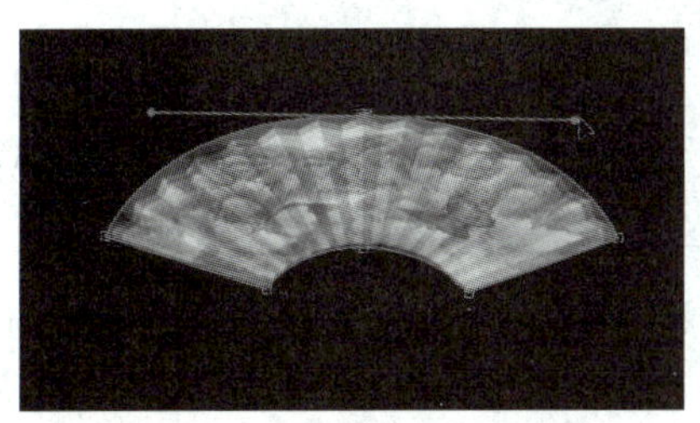

图 10-44 利用遮罩（Mask）抠像

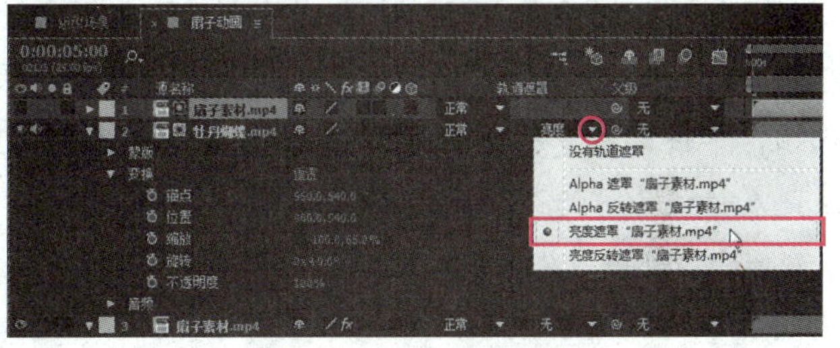

图 10-45 利用轨道遮罩（Track Matte）抠像

步骤 10▶ 切换到“组织场景”合成，将“项目”调板中的“扇子动画”合成添加到“时间轴”调板中“背景.jpg”图层上方，并使其入点位于第 1 秒处，如图 10-46 所示。

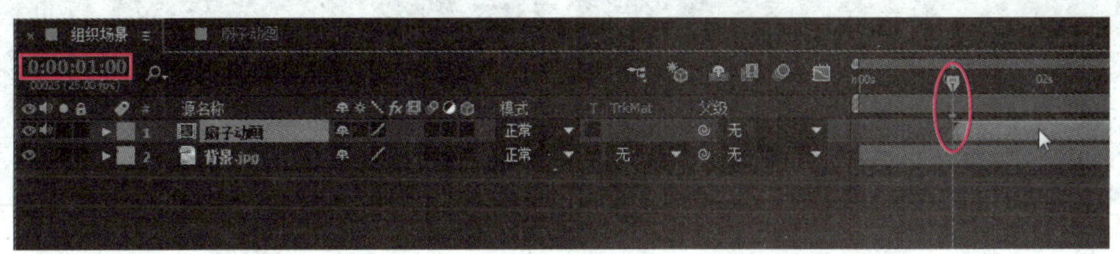

图 10-46 将“扇子动画”合成添加到时间轴并调整其入点

步骤 11▶ 将当前时间指针移至第 1 秒处，展开“扇子动画”图层的“变换”选项，单击“不透明度”属性左侧的“时间变化秒表”按钮创建关键帧，并将“不透明度”属性设为“0%”，如图 10-47（a）所示。

步骤 12▶ 将当前时间指针移至第 1 秒 12 帧处，然后将“扇子动画”图层的“不透明度”属性设为“100%”，如图 10-47（b）所示。

步骤 13▶ 将当前时间指针移至第 11 秒处，然后单击“扇子动画”图层“不透明度”属性左侧的“添加或移除关键帧”按钮，添加一个关键帧，然后将当前时间指针移至第 11 秒 01 帧处，将“不透明度”属性设为“0%”。

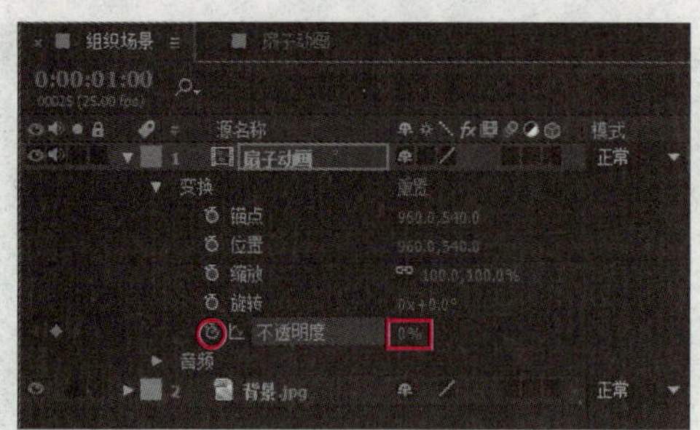

(a)

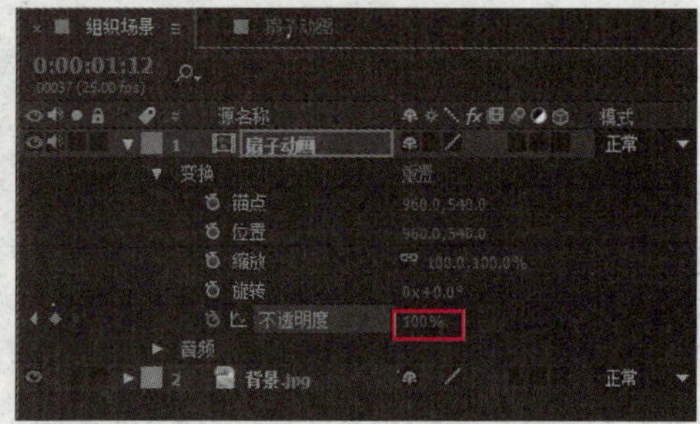

(b)

图 10-47　设置“扇子动画”图层的“不透明度”属性

步骤 14▶　将“项目”调板中的“牡丹蝴蝶.jpg”视频素材添加到“时间轴”调板中“扇子动画”图层上方，并使其入点位于第 1 秒处。

步骤 15▶　将当前时间指针移至第 8 秒处，展开“牡丹蝴蝶.jpg”图层的“变换”选项，单击“不透明度”属性左侧的“时间变化秒表”按钮创建关键帧，并将“不透明度”属性设为“0%”，如图 10-48（a）所示。

步骤 16▶　将当前时间指针移至第 11 秒处，然后将“牡丹蝴蝶.jpg”图层的“不透明度”属性设为“100%”，如图 10-48（b）所示。

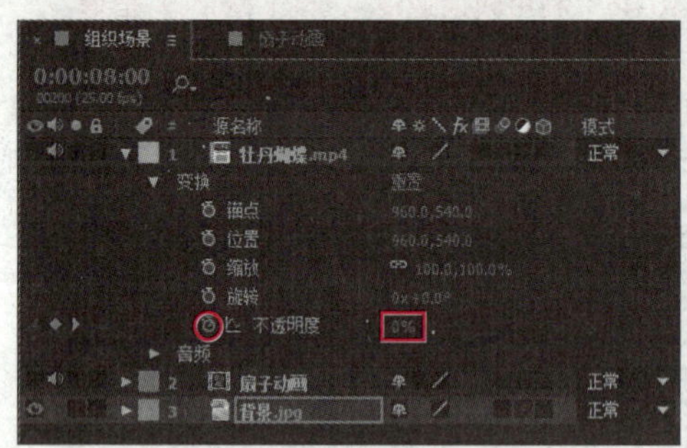

(a)

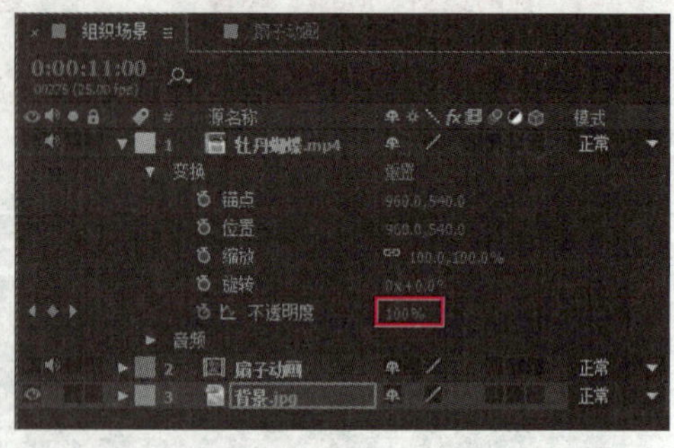

(b)

图 10-48　设置“牡丹蝴蝶.jpg”图层的“不透明度”属性

步骤 17▶　将当前时间指针移至第 14 秒处，然后单击“牡丹蝴蝶.jpg”图层“不透明度”属性左侧的“添加或移除关键帧”按钮，添加一个关键帧，然后将当前时间指针移至第 15 秒处，将“不透明度”属性设为“0%”。至此本案例就完成了，按空格键进行预览。

本章总结

本章主要介绍了在 After Effects CC 中利用键控特效和遮罩进行抠像的方法。在学完本章内容后，读者应重点掌握以下知识。

- 所谓抠像就是将素材中的指定颜色或特定区域变为透明，从而显示出下层素材的画面，实现两层画面叠加合成的一种技术手段。
- 在 After Effects CC 中利用键控特效可以将素材中的指定颜色变为透明色，从而达到素材间的合成效果。
- 遮罩（Mask）就是在目标图层上由闭合路径生成的蒙版，它可以使目标图层闭合路径内或外的区域变为透明，从而控制目标图层在画面中的显示范围。
- 在“时间轴”调板中可设置图层中遮罩的混合模式。
- 通过使用 After Effects CC 中的轨道遮罩（Track Matte）功能，可利用素材图像中的 Alpha 通道或亮度来创建遮罩，实现抠像效果。
- 在实际应用中经常将键控抠像和遮罩抠像结合使用。

思考与练习

一、选择题

1．要抠取素材画面中与指定颜色相近的所有图像像素，应使用（　　）。

A．“颜色键”特效　　B．“亮度键”特效

C．“提取”特效　　D．“内部/外部键”特效

2．要创建不规则的路径，应使用（　　）。

A．椭圆工具　　B．多边形工具

C．钢笔工具　　D．星形工具

3．要将路径中的曲线调节点变为直线调节点，应使用（　　）。

A．添加“顶点”工具　　B．删除“顶点”工具

C．转换“顶点”工具　　D．蒙版羽化工具

4．当图层中只有一个遮罩路径时，遮罩的哪种混合模式不起作用？（　　）

A．无　　B．差值　　C．相加　　D．相减

5．在为图层应用轨道遮罩时，想利用上方图层的亮度创建轨道遮罩，应在“轨道遮罩”下拉列表中选择（　　）。

A．Alpha 遮罩“图层名称”　　B．Alpha 反转遮罩“图层名称”

C．亮度遮罩“图层名称”　　D．亮度反转遮罩“图层名称”

二、简答题

1．抠像的概念是什么？

2．如何利用键控特效进行抠像？

3．什么是遮罩（Mask）？如何利用遮罩（Mask）进行抠像？

4．如何创建和编辑遮罩（Mask）？

5．遮罩（Mask）有几种混合模式？各混合模式的效果是怎样的？

6．如何利用轨道遮罩（Track Matte）进行抠像？

本章实训

实训 1　雄鹰展翅短片

利用本章所学的知识，制作一个图 10-49 所示的雄鹰展翅短片。

图 10-49　雄鹰展翅短片截图

素材文件	素材与实例\第 10 章\雄鹰展翅素材
效果展示和源文件	素材与实例\第 10 章\雄鹰展翅短片.aep、雄鹰展翅短片.mov

提示：

首先创建项目文件，导入视频和图像素材，并依次将“雄鹰视频.mov”视频素材和“背景.jpg”图像素材添加到“时间轴”调板中；然后为“雄鹰视频.mov”图层添加“颜色差值键”特效，并在“效果控件”调板中进行设置；最后配合老鹰飞行的方向，为“背景.jpg”图层制作平移的关键帧动画。

实训 2　火焰字效果

利用本章所学的知识，制作一个图 10-50 所示的火焰字效果。

素材文件	素材与实例\第 10 章\火焰字素材
效果展示和源文件	素材与实例\第 10 章\火焰字.aep、火焰字.mov

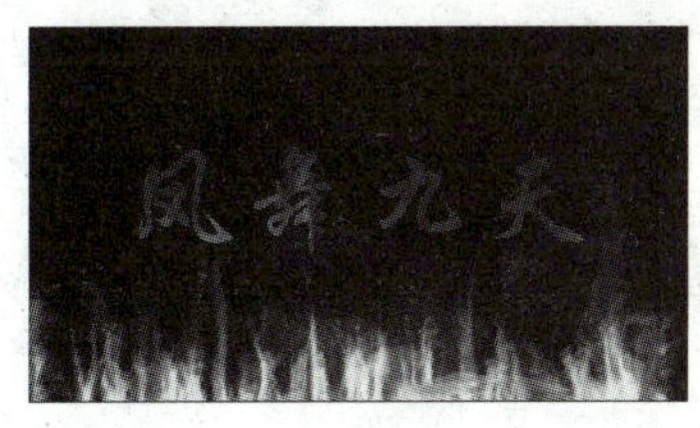

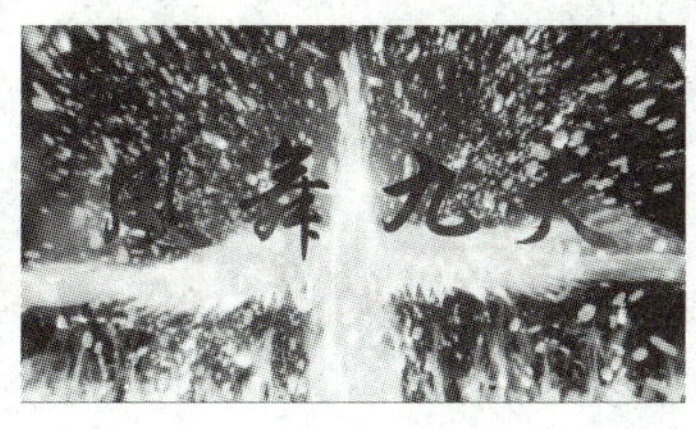

图 10-50　火焰字效果截图

提示：

创建项目文件，导入“火焰素材 1.mov”和“火焰素材 2.mov”视频素材，并依次将其拖到“时间轴”调板中；然后使用“横排文字工具” T 在“合成”调板中输入文本，并在“字符”调板中设置其参数；再在“火焰素材 1.mov”图层的“轨道遮罩（Track Matte）”下拉列表中选择“Alpha 遮罩‘风舞九天’”选项；最后将“风舞九天”图层的入点移至第 1 秒处，并制作渐显的关键帧动画。

第 11 章　After Effects 视频特效

After Effects CC 为用户内置了丰富的视频特效，利用这些特效可以制作出各种神奇的视觉效果，通过为特效参数创建关键帧还可以制作特效动画。After Effects CC 中内置的特效共有 21 个种类，本章将为读者介绍其中一些常用视频特效的使用方法。

学习目标

- 掌握常用风格化特效的使用方法
- 掌握常用过渡特效的使用方法
- 掌握常用模糊和锐化特效的使用方法
- 掌握常用模拟特效的使用方法
- 掌握常用生成特效的使用方法
- 掌握常用颜色校正特效的使用方法
- 掌握常用杂色与颗粒特效的使用方法

11.1　风格化特效

风格化特效可使素材画面产生浮雕、发光、马赛克和描边等效果。

11.1.1　常用风格化特效介绍

下面介绍一些较常用的风格化特效，如浮雕、查找边缘、发光、卡通等。

1. 彩色浮雕和浮雕

利用“彩色浮雕”特效，可使素材的画面产生带有色彩的浮雕效果，如图 11-1 所示。利用“浮雕”特效，可使素材的画面产生没有色彩的浮雕效果。这两个特效的参数完全一样，下面以“彩色浮雕”特效为例进行介绍。

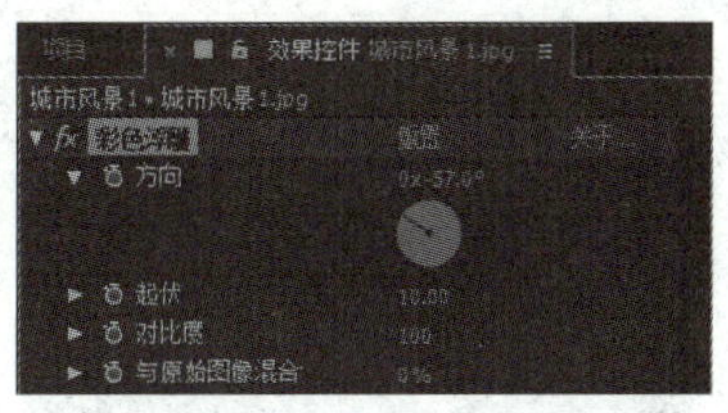

图 11-1　应用“彩色浮雕”特效

“彩色浮雕”特效各参数意义如下。

- **方向**：该选项用于设置浮雕凸起的方向。
- **起伏**：该选项用于设置浮雕凸起的高度。
- **对比度**：该选项用于设置浮雕效果的光照强度。
- **与原始图像混合**：该选项用于设置浮雕效果与原始图像的透明度混合。

2．查找边缘

利用“查找边缘”特效，可通过计算使素材画面产生对比度较强的边缘，模拟手绘效果，如图 11-2 所示。

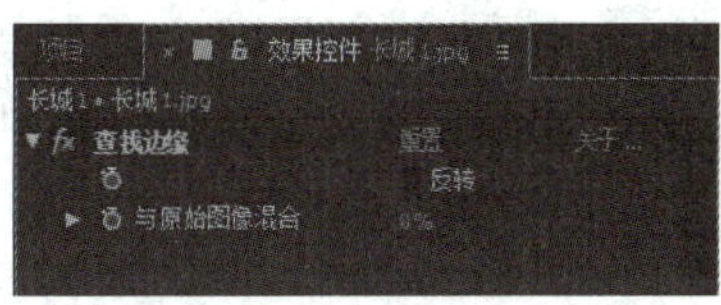

图 11-2　应用“查找边缘”特效

“查找边缘”特效各参数意义如下。

- **反转**：勾选该复选框后，会对计算得到的画面进行反色处理。
- **与原始图像混合**：该选项用于设置描边效果与原始图像的透明度混合。

3．发光

利用“发光”特效，可使素材画面中的亮部产生发光效果，如图 11-3 所示。

“发光”特效各参数意义如下。

- **发光基于**：该选项用于设置画面中的发光效果是基于颜色通道还是 Alpha 通道。
- **发光阈值**：该选项用于设置画面中高于某个亮度的像素产生发光效果。
- **发光半径**：该选项用于设置画面中发光效果的半径。
- **发光强度**：该选项用于设置画面中发光效果的强度。
- **合成原始项目**：该下拉列表用于设置发光效果与原始图像的进行混合的方式。

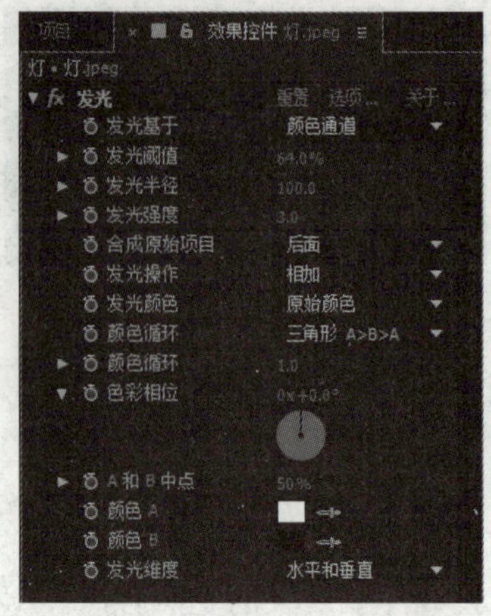

图 11-3　应用“发光”特效

- **发光操作**：该下拉列表用于设置发光效果与原始图像的混合模式。
- **发光颜色**：该下拉列表用于设置画面中发光效果的颜色。
- **颜色循环**：该下拉列表用于设置发光效果按哪种方式进行循环。例如将循环方式设为“锯齿 A>B”，则表示物体的光源色为 A，远离发光物体的光源色为 B。
- **色彩相位**：该选项用于设置发光效果的循环光相位变化。
- **A 和 B 中点**：该选项用于设置发光效果中 A 和 B 色光的混合程度。
- **颜色 A 和颜色 B**：这两个选项用于设置发光效果中 A 和 B 色光的颜色。
- **发光维度**：该下拉列表用于设置产生发光效果的方向。

4. 卡通

利用“卡通”特效，可使素材画面变为实色填充或描边的手绘效果，如图 11-4 所示。

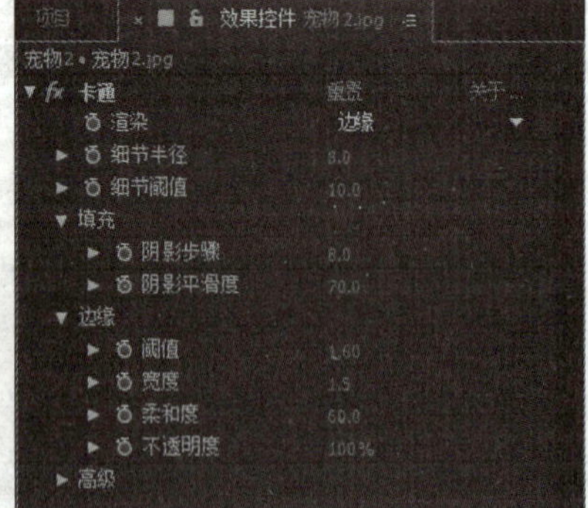

图 11-4　应用“卡通”特效

“卡通”特效各参数意义如下。

- **渲染：** 该下拉列表用于选择渲染对象为填充、边缘还是填充及边缘。
- **细节半径：** 该选项用于设置处理画面时的细节，数值越大细节越少。
- **细节阈值：** 该选项用于设置画面中亮度范围像素的平滑度。
- **填充：** 该选项组用于设置画面中色块的填充效果。其中“阴影步骤”选项用于设置色块填充的细节，数值越高细节越多；“阴影平滑”选项用于设置色块间的平滑度，数值越高色块过渡越平滑。
- **边缘：** 该选项组用于设置画面中的描线效果。其中“阈值”选项用于设置画面中像素差异多大才会产生描边效果；“宽度”选项用于设置描边的宽度；“柔和度”选项用于设置描边的柔和度；“不透明度”选项用于设置描边的透明度。
- **高级：** 该选项组用于设置卡通效果的一些高级选项。

5．散布

利用“散布”特效，可使素材画面中的像素散开，从而生成画面的消散效果，如图 11-5 所示。

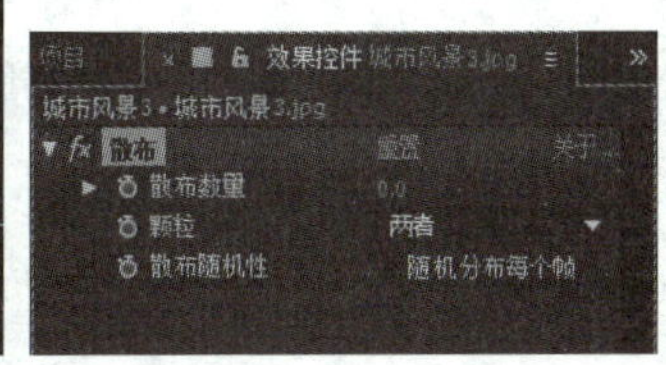

图 11-5　应用“散布”特效

“散布”特效各参数意义如下。

- **散布数量：** 该选项用于设置画面中像素的散开程度。
- **颗粒：** 该选项用于设置画面中像素散开的方向。
- **散布随机性：** 勾选该复选框后，画面中像素的散开方式每一帧都会重新计算。

11.1.2　典型案例——制作水粉画效果

下面利用本节所学知识，为图 11-6（a）所示的小猫图像制作图 11-6（b）所示的水粉画效果。

素材文件	素材与实例\第 11 章\水粉画素材
效果展示和源文件	素材与实例\第 11 章\水粉画效果.aep

（a）

（b）

图 11-6　水粉画效果

制作分析

新建合成后，导入图像素材，并将其添加到“时间轴”调板中；然后为图像素材添加“卡通”特效，并在“效果控件”调板中对其参数进行设置；最后为图像素材添加“画笔描边”特效，并在“效果控件”调板中对其参数进行设置。

制作步骤

步骤 1▶ 新建一个项目文件，导入“水粉画素材”文件夹中的“猫咪.jpg”图像素材，并将其添加到“时间轴”调板中。

步骤 2▶ 选中“猫咪.jpg”图层，选择“效果”>“风格化”>“卡通”菜单，为其添加“卡通”特效。

步骤 3▶ 在“效果控件”调板中将“卡通”特效的“渲染”选项设为“填充”，“细节半径”设为“10”，“细节阈值”设为“30”，如图 11-7（a）所示，此时画面效果如图 11-7（b）所示。

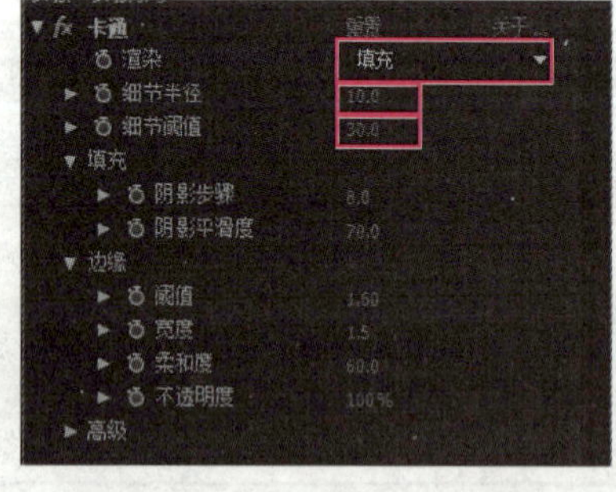

（a）

（b）

图 11-7　为图像添加“卡通”特效

步骤 4▶ 保持选中“猫咪.jpg”图层，选择“效果”>“风格化”>“画笔描边”菜单，为其添加“画笔描边”特效。

步骤 5▶ 在“效果控件”调板中将“画笔描边”特效的“画笔大小”设为“2”，“描边长度”设为“1”，“与原始图像混合”设为“30%”，如图 11-8（a）所示，此时画面效果如图 11-8（b）所示，至此案例就完成了。

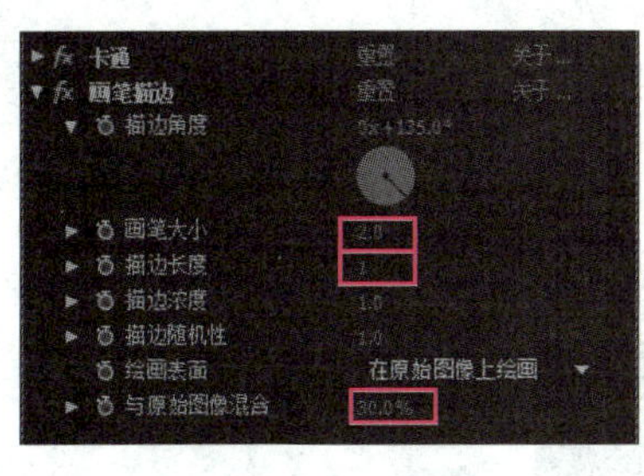

（a）

（b）

图 11-8　为图像添加“画笔描边”特效

11.2　过渡特效

利用过渡特效可使素材画面产生过渡效果。After Effects CC 中的过渡效果与 Premiere 中的有所不同，它不是作用在两个素材之间，而是作用在图层上的。

11.2.1　常用过渡特效介绍

下面介绍一些较常用的过渡特效，如百叶窗、渐变擦除、块溶解、线性擦除等。

1. 百叶窗

利用“百叶窗”特效，可以模拟百叶窗的开合，使素材的画面逐渐替换为下层素材或消失，如图 11-9 所示。

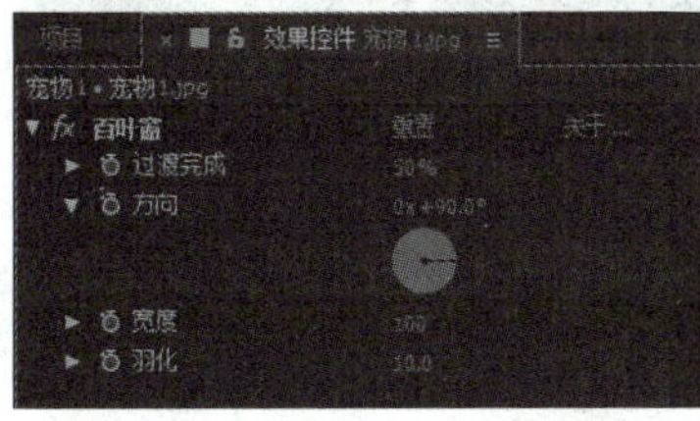

图 11-9　应用“百叶窗”特效

“百叶窗”特效各参数意义如下。

- **过渡完成：** 该选项用于设置模拟百叶窗开合的程度，100%为完全打开。
- **方向：** 该选项用于设置模拟百叶窗开合的方向。

➢ **宽度**：该选项用于设置百叶窗叶片的宽度。

➢ **羽化**：该选项用于设置百叶窗每片叶片间的羽化程度。

2．渐变擦除

利用“渐变擦除”特效，可通过计算两个图层的亮度值实现逐渐擦除的过渡效果，如图 11-10 所示。

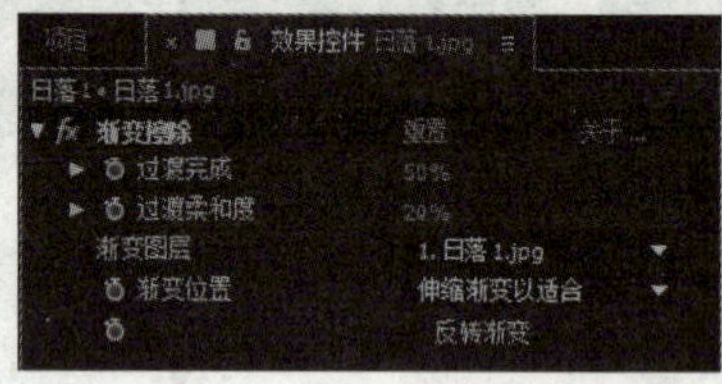

图 11-10　应用“线性渐变”特效

“渐变擦除”特效各参数意义如下。

➢ **过渡完成**：该选项用于设置渐变擦除的程度，100%为完全擦除。

➢ **过渡柔和度**：该选项用于设置渐变擦除的柔和度。

➢ **渐变图层**：该下拉列表用于设置渐变擦除的参考图层。

➢ **渐变位置**：该下拉列表用于设置渐变图层的布局形式。

➢ **反转渐变**：勾选该复选框后，反向计算两个图层的亮度值。

3．径向擦除

利用“径向擦除”特效，可通过径向旋转实现过渡效果，如图 11-11 所示。

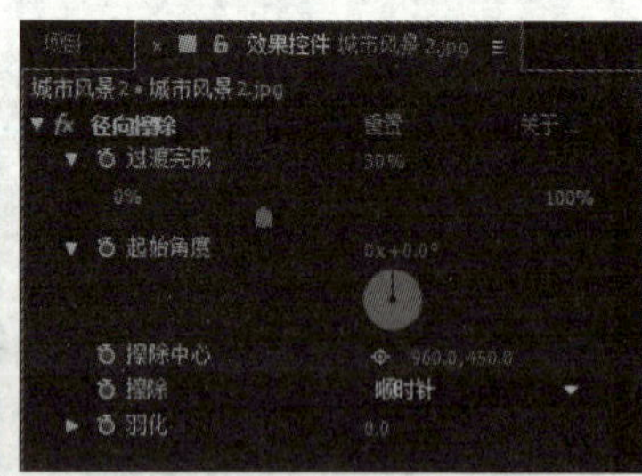

图 11-11　应用“径向渐变”特效

“径向擦除”特效各参数意义如下。

➢ **过渡完成**：该选项用于设置径向擦除的程度，100%为完全擦除。

➢ **起始角度**：该选项用于设置径向擦除的起始角度。

- **擦除中心**：该选项用于设置径向擦除的圆心位置。
- **擦除**：该下拉列表用于设置径向擦除的方向。
- **羽化**：该选项用于设置径向擦除的羽化值。

4．块溶解

利用“块溶解”特效，可通过模拟图像溶解实现过渡效果，如图 11-12 所示。

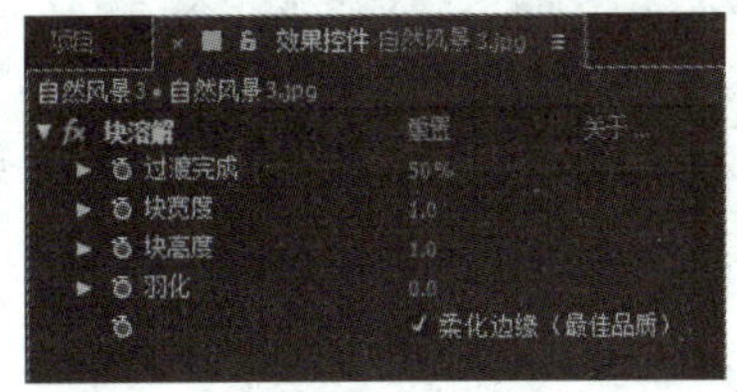

图 11-12　应用“块溶解”特效

“块溶解”特效各参数意义如下。

- **过渡完成**：该选项用于设置图像溶解的程度，100%为完全溶解。
- **块宽度/块高度**：这两个选项用于设置块溶解中块的宽度和高度。
- **羽化**：该选项用于设置块溶解边缘的羽化程度。
- **柔化边缘（最佳品质）**：勾选该复选框后块溶解的边缘会更加柔和。

5．线性擦除

利用“线性擦除”特效，可实现素材图像从一个指定方向进行擦除的过渡效果，如图 11-13 所示。

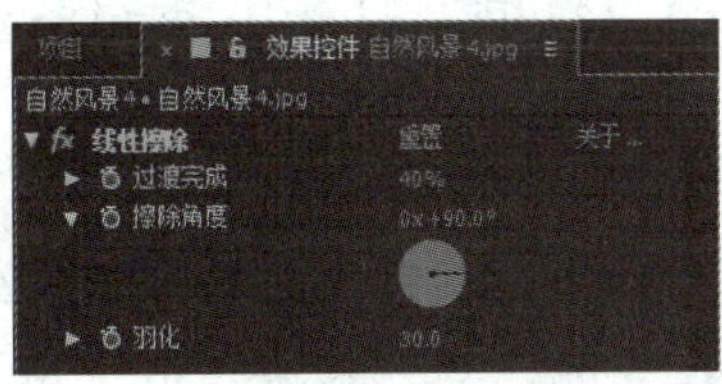

图 11-13　应用“线性擦除”特效

“线性擦除”特效各参数意义如下。

- **过渡完成**：该选项用于设置线性擦除的程度，100%为完全溶解。
- **擦除角度**：该选项用于设置线性擦除的方向。
- **羽化**：该选项用于设置线性擦除边缘的羽化程度。

11.2.2 典型案例——制作百叶窗过渡效果

下面利用本节所学知识，制作图 11-14 所示的百叶窗过渡效果。

图 11-14 百叶窗过渡效果

素材文件	素材与实例\第 11 章\百叶窗素材
效果展示和源文件	素材与实例\第 11 章\百叶窗过渡效果.aep

制作分析

新建合成后，导入图像素材，并将其添加到“时间轴”调板中；然后为“小猫.jpg”图层添加“百叶窗”特效，并在“特效控件”调板中设置其参数；最后通过为“百叶窗”特效的“过渡完成”选项创建关键帧动画，制作图像素材间的百叶窗过渡效果。

制作步骤

步骤 1▶ 新建一个项目文件，导入“百叶窗素材”文件夹中的“小猫.jpg”和“小狗.jpg”图像素材，并按照“小狗.jpg”、“小猫.jpg”的顺序，将图像素材添加到“时间轴”调板中。

步骤 2▶ 选中上方的“小猫.jpg”图层，选择“效果”>“过渡”>“百叶窗”菜单，为“小猫.jpg”图层添加“百叶窗”特效。

步骤 3▶ 在“效果控件”调板中将“百叶窗”特效的“方向”选项设为“0x+90.0° ”，将“宽度”选项设为“80”，将“羽化”选项设为“30”，如图 11-15 所示。

步骤 4▶ 将“时间轴”调板中的当前时间指针移至第 2 秒处，然后在“效果控件”调板中单击“百叶窗”特效“过渡完成”选项左侧的“时间变化秒表”按钮创建关键帧，如图 11-16 所示。

步骤 5▶ 将“时间轴”调板中的当前时间指针移至第 5 秒处，然后在“效果控件”调板中将“过渡完成”选项设为“100%”，如图 11-17 所示。至此案例就完成了，按空格键进行预览。

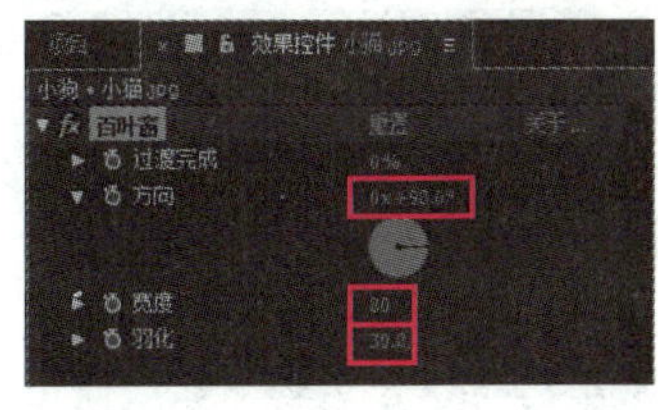

图 11-15　设置“百叶窗”特效参数

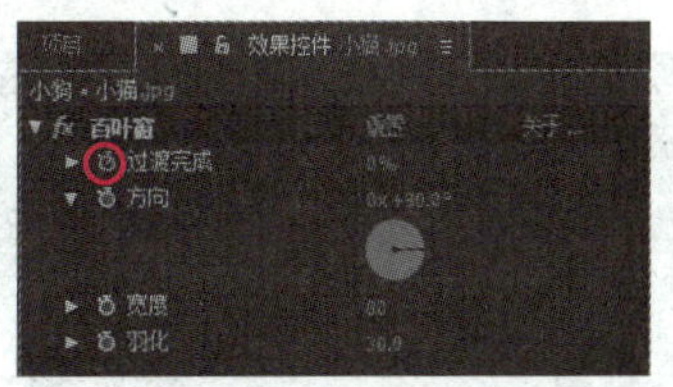

图 11-16　创建关键帧

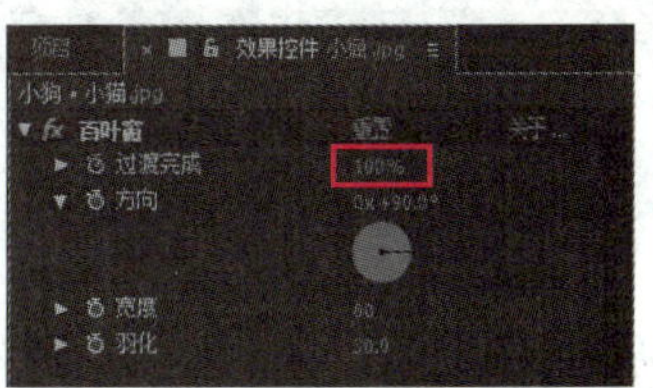

图 11-17　设置“过渡完成”选项

11.3　模糊和锐化特效

利用模糊和锐化特效可使素材画面产生各种模糊或锐化效果。

11.3.1　常用模糊和锐化特效介绍

下面介绍一些较常用的模糊和锐化特效，如定向模糊、高斯模糊、锐化等。

1．定向模糊

利用“定向模糊”特效，可以按照指定方向进行模糊处理，使素材的画面产生运动感和速度感，如图 11-18 所示。

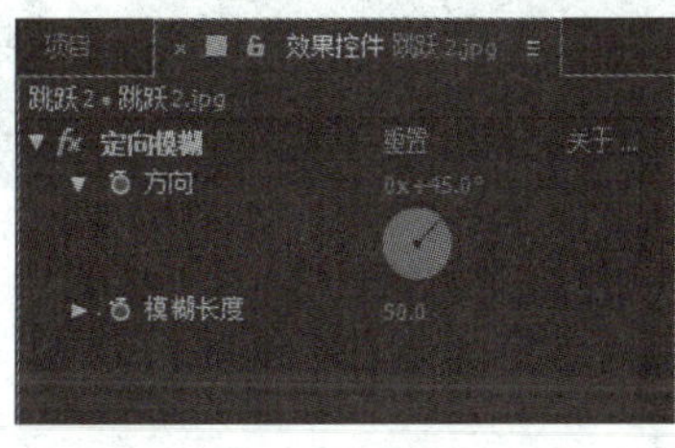

图 11-18　应用“定向模糊”特效

“定向模糊”特效各参数意义如下。

- **方向：**该选项用于设置进行模糊的方向。
- **模糊长度：**该选项用于设置模糊的强度。

2．方框模糊

利用“方框模糊”特效，可在画面质量与渲染速度之间制定一个平衡点，对画面进行模糊处理，如图 11-19 所示。

“方框模糊”特效各参数意义如下。

- **模糊半径：**该选项用于设置进行模糊处理的半径，数值越大画面越模糊。

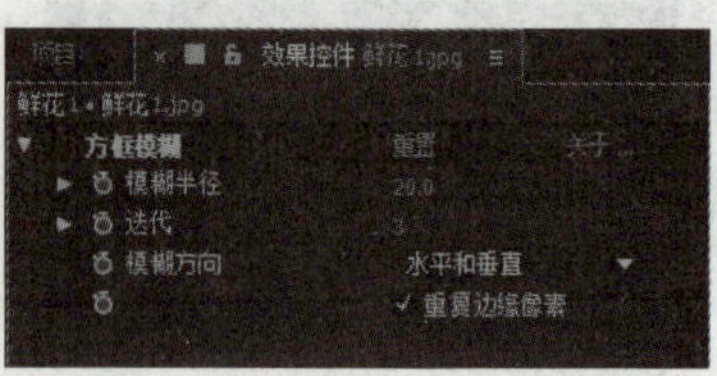

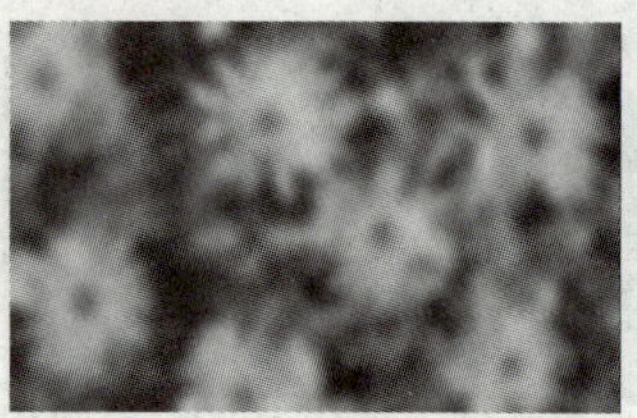

图 11-19　应用“方框模糊”特效

- ➢ **迭代：**该选项用于设置进行模糊处理的精度。
- ➢ **模糊方向：**该下拉列表用于设置进行模糊处理的方向。
- ➢ **重复边缘像素：**勾选该复选框后，画面的边缘会变得清晰。

3．复合模糊

利用“复合模糊”特效，可利用指定图层（可以是当前图层本身，指定图层被称为映射层）的亮度对当前图层的画面进行模糊处理，通常用来模拟烟雾和火光等效果，如图11-20所示。

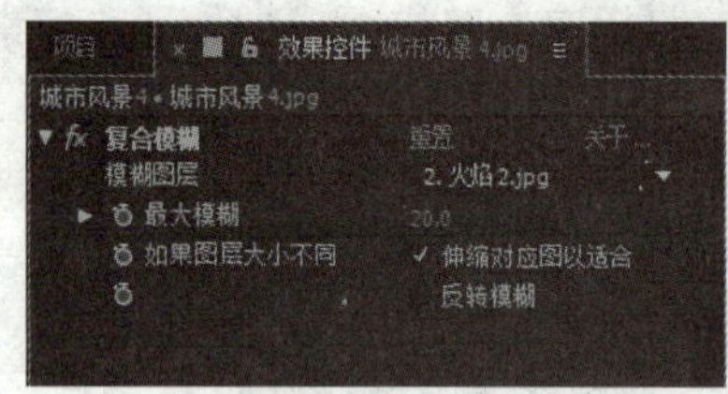

图 11-20　应用“复合模糊”特效

“复合模糊”特效各参数意义如下。

- ➢ **模糊图层：**该下拉列表用于设置用哪一图层作为映射层进行模糊处理。
- ➢ **最大模糊：**该选项用于设置像素的最大模糊度。
- ➢ **如果图层大小不同：**若勾选“伸缩图层以适应”复选框，则会在进行模糊处理时自动缩放映射层，使其与当前图层大小相同。
- ➢ **反转模糊：**若勾选该复选框，会对当前图层的画面进行反向模糊。

4．高斯模糊/快速模糊

利用“高斯模糊”和“快速模糊”特效，可对素材画面进行高度模糊处理，图11-21所示为应用“高斯模糊”特效的效果。在对大面积画面进行模糊处理时“快速模糊”特效要比“高斯模糊”特效处理速度更快。

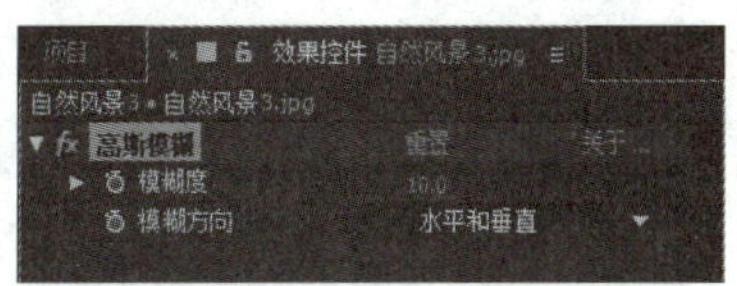

图 11-21　应用“高斯模糊”特效

5．径向模糊

利用“径向模糊”特效，可在素材画面中指定一个中心点，然后以中心点为圆心进行旋转或缩放模糊，经常用于模拟快速旋转或前进的效果，如图 11-22 所示。

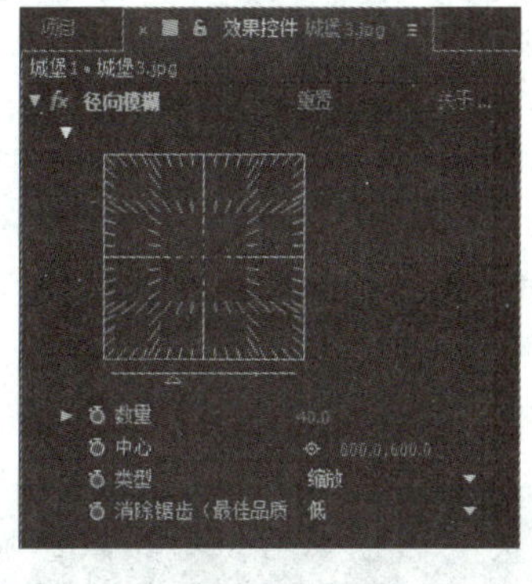

图 11-22　应用“径向模糊”特效

“径向模糊”特效各参数意义如下。

- **数量：**该选项用于设置径向模糊的强度。
- **中心：**该选项用于指定径向模糊的中心点。
- **类型：**该下拉列表用于设置径向模糊的类型是旋转还是缩放。
- **消除锯齿（最佳品质）：**该下拉列表用于设置径向模糊的抗锯齿等级。

6．通道模糊

利用“通道模糊”特效，可为素材画面中的 R、G、B 或 Alpha 通道进行模糊处理，经常用于制作朦胧的灯光效果，如图 11-23 所示。

“通道模糊”特效各参数意义如下。

- **红色模糊度：**该选项用于设置红色通道的模糊强度。
- **绿色模糊度：**该选项用于设置绿色通道的模糊强度。
- **蓝色模糊度：**该选项用于设置蓝色通道的模糊强度。

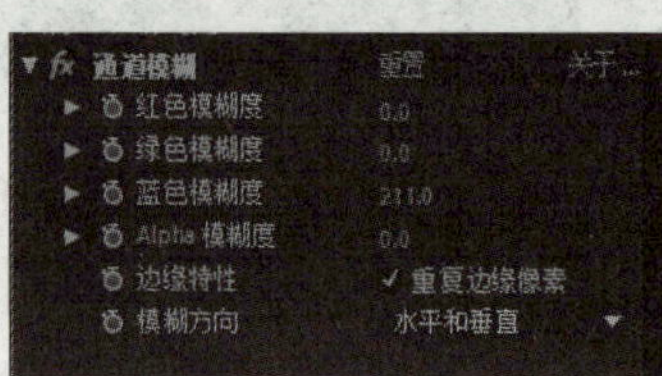

图 11-23　应用“通道模糊”特效

- **Alpha 模糊度：**该选项用于设置 Alpha 通道的模糊强度。
- **边缘特性：**勾选“重复边缘像素”复选框后，画面的边缘会变得清晰。
- **模糊方向：**该下拉列表用于设置通道模糊的方向。

7．锐化

利用“锐化”特效，可以增加素材画面中色彩的对比度，使画面色彩变得锐利，如图 11-24 所示。

图 11-24　应用“锐化”特效

8．钝化蒙版

利用“钝化蒙版”特效，可在素材画面中不同颜色的边缘增加对比度，使画面中对象的边缘更加锐利，如图 11-25 所示。

图 11-25　应用“钝化蒙版”特效

“通道模糊”特效各参数意义如下。

- **数量**：该选项用于设置色彩边缘的锐化强度。
- **半径**：该选项用于设置色彩边缘锐化的半径。
- **阈值**：该选项用于设置色彩边缘锐化的条件，对比度高于阈值的区域才会锐化。

11.3.2 典型案例——制作高速行驶效果

下面利用本节所学知识，制作图 11-26 所示的高速行驶效果。

素材文件	素材与实例\第 11 章\高速行驶素材
效果展示和源文件	素材与实例\第 11 章\高速行驶效果.aep

制作分析

新建合成后，导入图像素材，并将其添加到“时间轴”调板中；然后为“公路.jpg”图层添加“径向模糊”特效，并在“特效控件”调板中设置其参数；最后为“跑车.png”图层添加“定向模糊”特效，并在“特效控件”调板中设置其参数。

制作步骤

步骤 1▶ 新建一个项目文件，导入“高速行驶素材”文件夹中的“公路.jpg”和“跑车.png”图像素材，并按照“公路.jpg”、“跑车.png”的顺序，将图像素材添加到“时间轴”调板中，并在“合成”调板中调整跑车图像的大小和位置，如图 11-27 所示。

图 11-26　高速行驶效果

图 11-27　调整跑车图像的大小和位置

步骤 2▶ 选中“公路.jpg”图层，选择“效果”>“模糊和锐化”>“径向模糊”菜单，为“公路.jpg”图层添加“径向模糊”特效。

步骤 3▶ 在“效果控件”调板中将“径向模糊”特效的“数量”选项设为“100”，在“类型”下拉列表中选择“缩放”选项，如图 11-28（a）所示，此时画面效果如图 11-28（b）所示。

步骤 4▶ 选中“跑车.png”图层，选择“效果”>“模糊和锐化”>“定向模糊”菜单，为“跑车.png”图层添加“定向模糊”特效。

步骤 5▶ 在“效果控件”调板中将“定向模糊”特效的“模糊长度”选项设为“40”，如图 11-29 所示，至此案例就完成了。

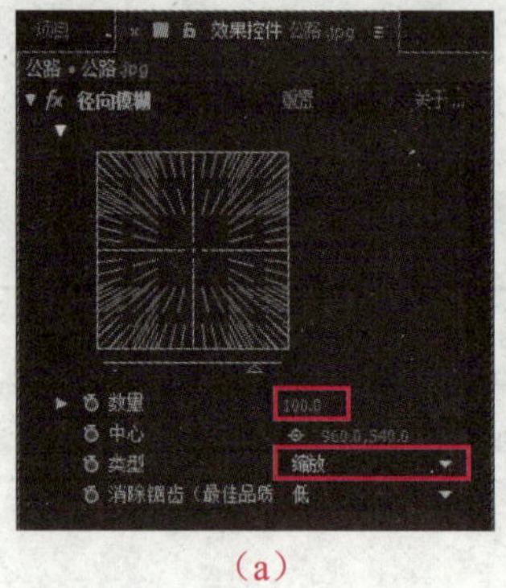

（a）

（b）

图 11-28　设置“径向模糊”特效参数

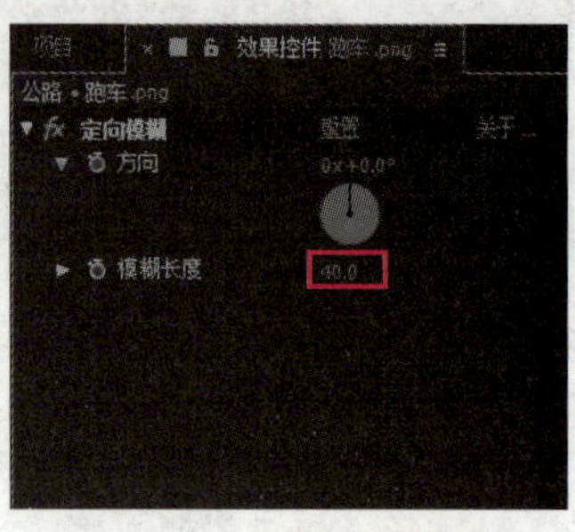

图 11-29　设置“定向模糊”特效参数

11.4　模拟特效

利用模拟特效可以在素材画面中模拟水波、气泡和爆炸等效果。

11.4.1　常用模拟特效介绍

下面介绍一些较常用的模拟特效，如波形环境、卡片动画、泡沫、碎片等。

1. 波形环境

利用“波形环境”特效，可以模拟动态的水面波纹效果，也可以通过将其他图层作为置换贴图来模拟水下波纹效果，制作波纹效果后，可通过设置图层的混合模式使波纹效果与下方的图层混合，如图 11-30 所示。

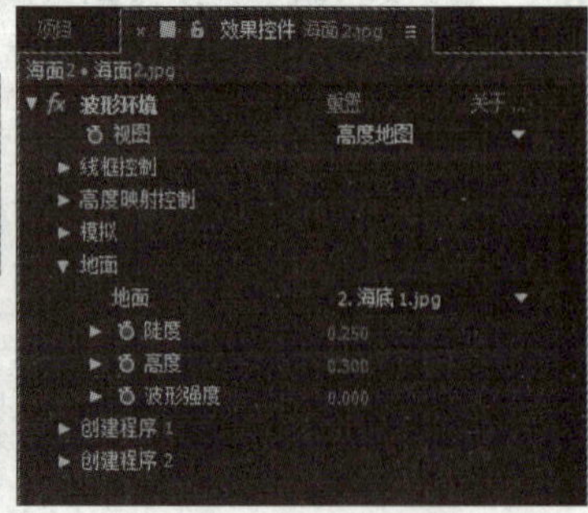

图 11-30　应用“波形环境”特效

“波形环境”特效各参数意义如下。

- **视图**：该下拉列表用于设置波纹的显示形式。
- **线框控制**：该选项组用于设置波纹的线框参数。
- **高度映射控制**：该选项组用于设置波纹高度地图的相关参数。
- **模拟**：该选项组用于设置波纹的细节效果。
- **地面**：该选项组用于设置作为置换贴图的图层，及其相关参数。
- **创建程序 1/创建程序 2**：这两个选项组用于设置水波发射器的相关参数。

2. 焦散

利用“焦散”特效，可以在素材画面中模拟水波或气浪的折射效果，如图 11-31 所示。

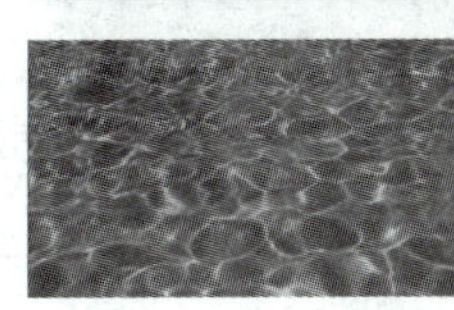

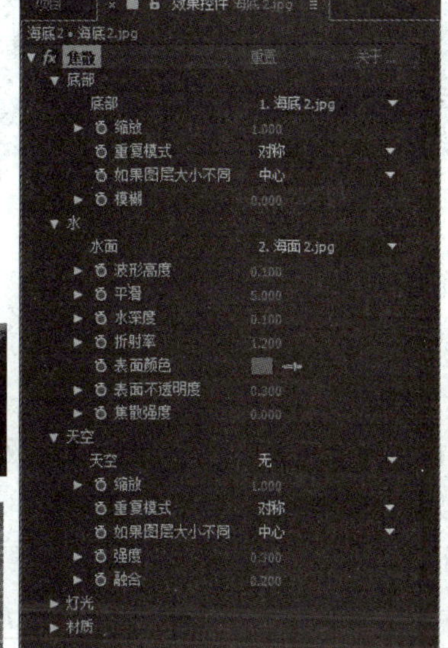

图 11-31 应用“焦散”特效

“焦散”特效各参数意义如下。

- **底部**：该选项组用于设置水波底部对象的相关参数。
- **水面**：该选项组用于设置水波折射效果的相关参数。
- **天空**：该选项组用于设置天空映射水面的相关参数。
- **灯光**：该选项组用于设置场景灯光的相关参数。
- **材质**：该选项组用于设置水波反射的相关参数。

3. 卡片动画

利用“卡片动画”特效，可以将素材画面分割为规则的卡片，然后使卡片进行飞散或

汇集等动画效果，如图 11-32 所示。

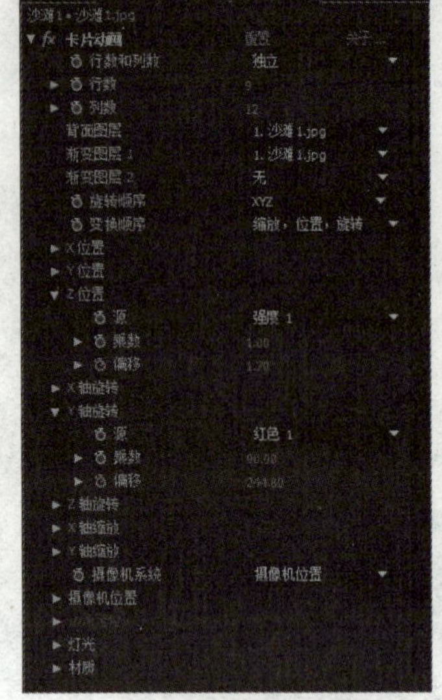

图 11-32　应用“卡片动画”特效

“卡片动画”特效各参数意义如下。

- **行数和列数**：该下拉列表用于设置将素材画面分割的行数与列数是否可以单独进行设置。
- **行数/列数**：这两个选项用于设置将素材画面分割的行数与列数，最大值为 1000。
- **背面图层**：该下拉列表用于设置素材画面背面显示的图层。
- **渐变图层 1**：该下拉列表用于设置第一个控制卡片运动的层，卡片可根据该层指定通道的亮度产生不同运动。该通道亮部与暗部卡片会反方向运动，50%亮度位置的卡片不运动。
- **渐变图层 2**：该下拉列表用于设置第二个控制卡片运动的层。
- **旋转顺序**：该下拉列表用于设置卡片旋转的顺序。
- **变换顺序**：该下拉列表用于设置卡片不同属性的变换顺序，顺序不同所得到的运动效果也不同。
- **位置（X、Y、Z）/轴旋转（X、Y、Z）/轴缩放（X、Y、Z）**：这些选项组用于设置卡片各属性的变换效果。
- **摄像机位置**：该选项组用于设置摄像机的位置和焦距。

4．粒子运动场

利用“粒子运动场”特效，可以使用户控制大量的运动元素，制作如喷泉、暴风雪和烟花等丰富的粒子运动效果，如图 11-33 所示。

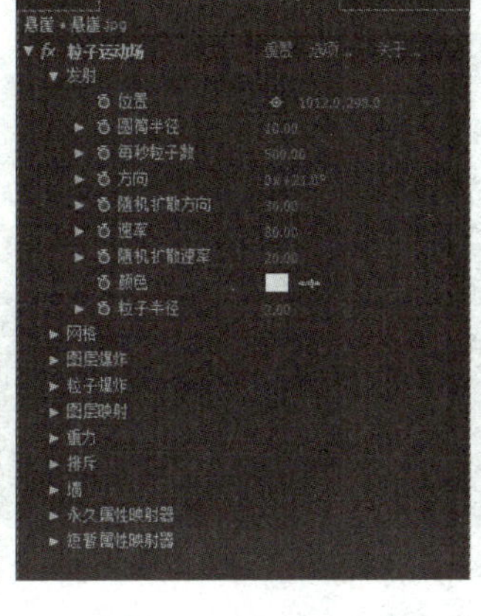

图 11-33　应用“粒子运动场”特效

“粒子运动场”特效各参数意义如下。

- **发射：**该选项组可以设置粒子运动由一个点或一个圆面积中产生，并控制粒子的数量、大小、颜色，以及发射的速度和方向。
- **网格：**该选项组可以设置粒子运动由网格的交叉点产生。
- **图层爆炸：**该选项组可以设置由指定图层产生粒子运动，粒子的色彩由指定图层的像素颜色决定，粒子产生的区域由指定图层的 Alpha 通道决定。
- **粒子爆炸：**该选项组可以设置产生的粒子再次生成新粒子，以模拟爆炸效果。
- **图层映射：**该选项组可以将其他图层中的图像作为粒子的贴图。
- **重力：**该选项组用于设置影响粒子运动的重力。
- **排斥：**该选项组用于设置粒子间的排斥力。
- **墙：**该选项组用于设置粒子的反弹，可指定应用“粒子运动场”特效的图层中的某个蒙版作为反弹边缘。

5．泡沫

利用“泡沫”特效，可以在素材画面中创建气泡效果，还可用指定贴图控制气泡的运动方向，如图 11-34 所示。

“泡沫”特效各参数意义如下。

- **视图：**该下拉列表用于设置“合成”窗口中显示的是草图、草图+流动影响，还是已渲染的画面。
- **制作者：**该选项组用于设置气泡产生的位置与速度等参数。
- **气泡：**该选项组用于设置气泡的大小、存在时间、缩放速度和数量等参数。

➢ **物理学**：该选项组用于设置与气泡运动轨迹相关的参数。

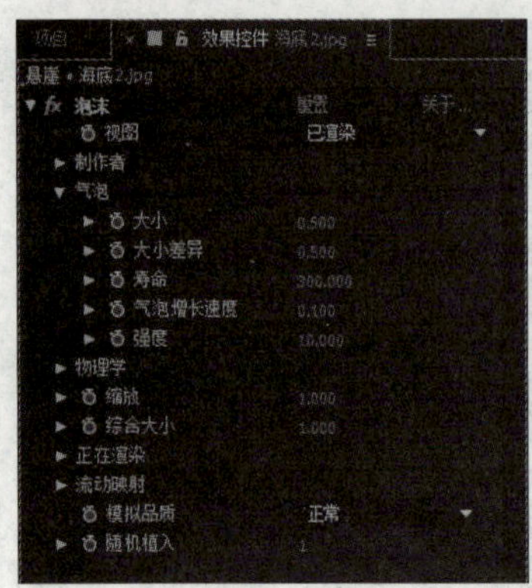

图 11-34 应用“泡沫”特效

➢ **缩放**：该选项用于设置气泡的缩放程度。

➢ **综合大小**：该选项用于设置气泡的运动范围。

➢ **正在渲染**：该选项组用于设置气泡的混合模式和样式等参数。

➢ **流动映射**：该选项组用于设置气泡的运动方向与速度。

➢ **模拟品质**：该下拉列表用于设置气泡的渲染效果，该数值越大渲染效果越逼真，渲染时间越长。

➢ **随机植入**：该选项用于设置气泡随机出现的数量。

6．碎片

利用“碎片”特效，可以在素材画面中默默爆炸效果，并可以控制爆炸的形状、受力和渲染等参数，如图 11-35 所示。

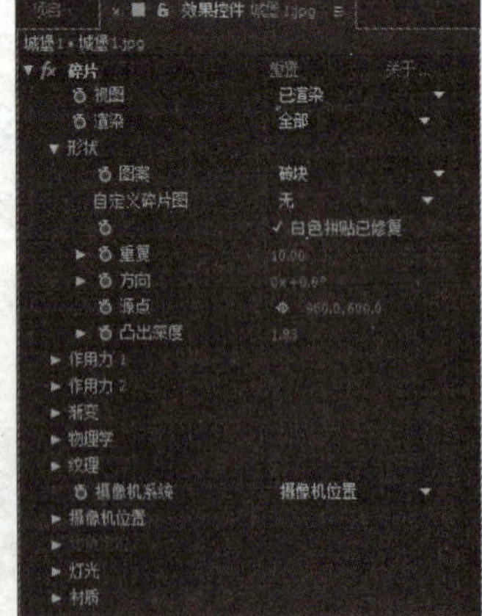

图 11-35 应用“碎片”特效

"碎片"特效各参数意义如下。

- **视图**：该下拉列表用于设置"合成"窗口中的显示方式。
- **渲染**：该下拉列表用于设置最终渲染结果的显示方式。
- **形状**：该选项组用于设置碎片的形状。
- **作用力 1/作用力 2**：这两个选项组用于设置爆破力与爆破区域。
- **渐变**：该选项组用于通过渐变贴图控制爆破区域。
- **物理学**：该选项组用于设置碎片在空间中运动时的受力情况。
- **纹理**：该选项组用于设置碎片的贴图纹理。
- **摄像机系统**：该下拉列表用于设置摄像机定位系统。
- **摄像机位置/边角定位**：这两个选项组用于设置摄像机的位置。
- **灯光**：该选项组用于设置场景中的灯光。
- **材质**：该选项组用于设置碎片的反射属性。

11.4.2　典型案例——制作海底世界效果

下面利用本节所学知识，制作图 11-36 所示的海底世界效果。

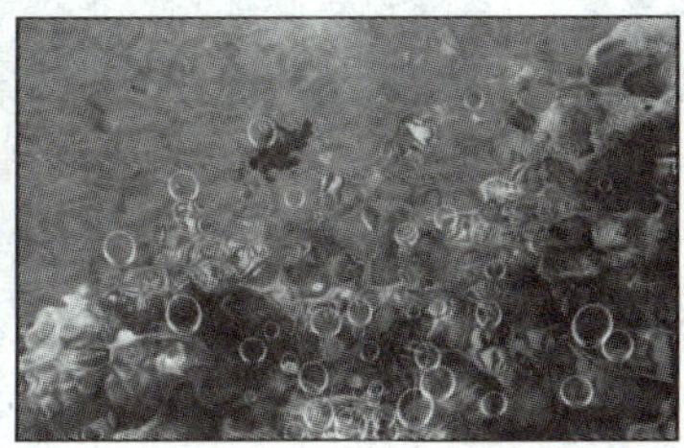
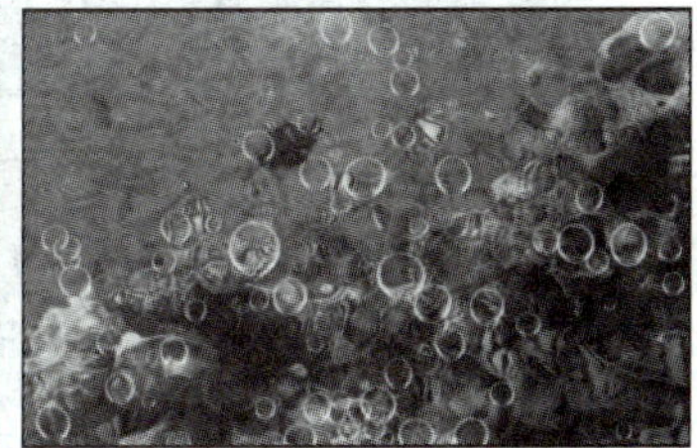

图 11-36　海底世界播放效果截图

素材文件	素材与实例\第 11 章\海洋素材
效果展示和源文件	素材与实例\第 11 章\海底世界.aep

制作分析

新建合成后，导入图像素材，并将其添加到"时间轴"调板中；然后为"海面.jpg"图层添加"波形环境"特效，在"特效控件"调板中设置其参数，并设置其图层混合模式；再为"海底.jpg"图层添加"焦距"特效，并在"特效控件"调板中设置其参数；最后为"海底.jpg"图层添加"泡沫"特效，并在"特效控件"调板中设置其参数。

制作步骤

步骤 1▶ 新建一个项目文件，导入“海洋素材”文件夹中的“海面.jpg”和“海底.jpg”图像素材，并按照“海底.jpg”、“海底.jpg”、“海面.jpg”的顺序，将图像素材添加到“时间轴”调板中。

步骤 2▶ 选中“海面.jpg”图层，选择“效果”>“模拟”>“波形环境”菜单，为“海面.jpg”图层添加“波形环境”特效，并在“特效控件”调板中将其“视图”选项设为“高度视图”，将“地面”选项设为“2.海底.jpg”，其他参数保持默认不变，如图 11-37 所示。

步骤 3▶ 在“时间轴”调板中，将“海面.jpg”图层的混合模式设为“叠加”，如图 11-38 所示。

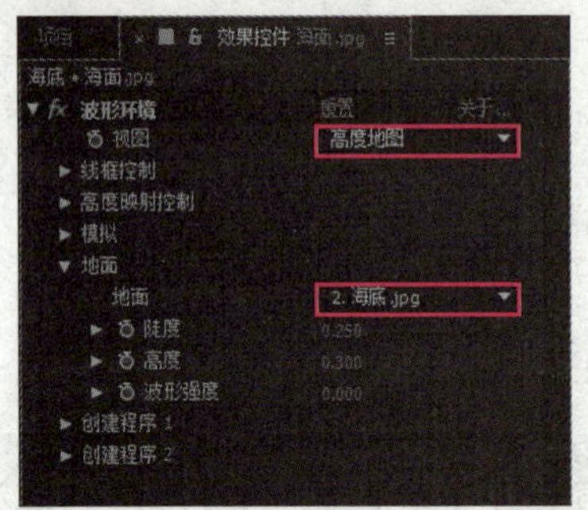

图 11-37　设置“波形环境”特效参数

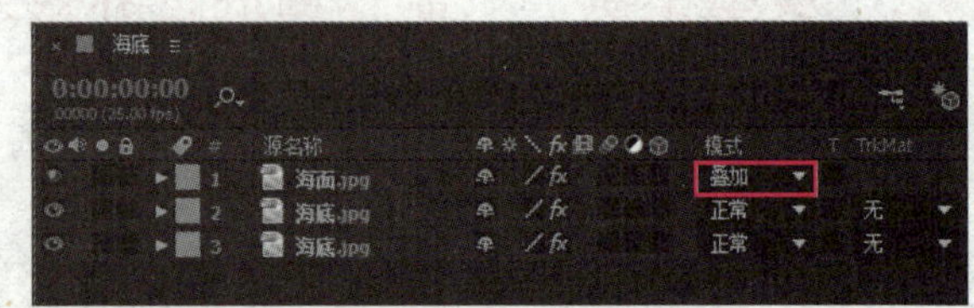

图 11-38　设置“海面.jpg”图层混合模式

步骤 4▶ 选中最下方的“海底.jpg”图层，选择“效果”>“模拟”>“焦散”菜单，为“海面.jpg”图层添加“焦散”特效，并在“特效控件”调板中将其“水面”选项设为“1.海面.jpg”，将“平滑”选项设为“25”，并单击“水深度”选项左侧的“时间变化秒表”按钮创建关键帧，如图 11-39 所示。

步骤 5▶ 将“时间轴”调板中的当前时间指针移至第 1 秒处，然后将“水深度”选项设为“0.5”，如图 11-40 所示。

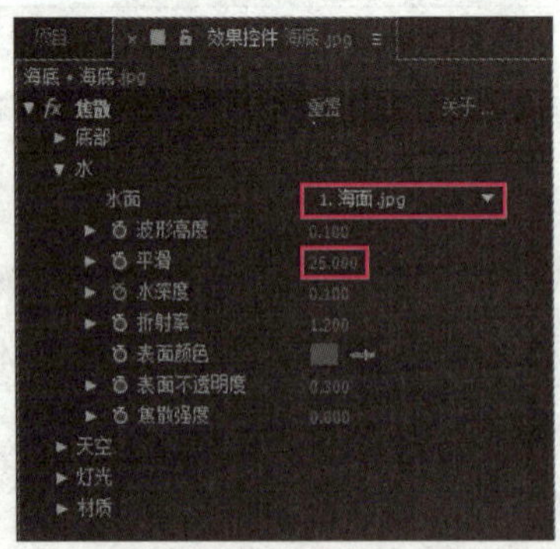

图 11-39　设置“焦散”特效参数

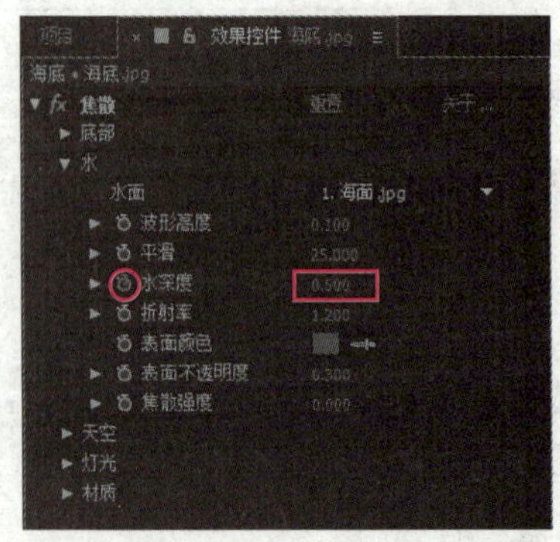

图 11-40　设置“水深度”选项参数

步骤 6▶ 参照步骤 5 的操作，将“焦散”特效第 3、5、7、9、11、13、15 秒处的“水深度”选项设为“0.5”，第 2、4、6、8、10、12、14 秒处的“水深度”选项设为“0.1”。

步骤 7▶ 选中“海面.jpg”图层下方的“海底.jpg”图层，选择“效果”>“模拟”>“泡沫”菜单，为“海面.jpg”图层添加“泡沫”特效，并在“特效控件”调板中将“视图”设为“已渲染”，将“气泡纹理”选项设为“小雨”，如图 11-41（a）所示。

步骤 8▶ 单击“产生点”选项右侧的⊕按钮，并在“合成”调板的下方单击，设置气泡的产生点，如图 11-41（b）所示，至此案例就完成了。

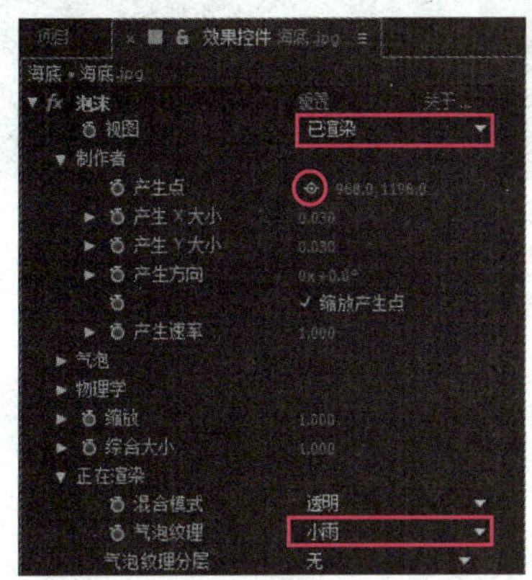

（a）

（b）

图 11-41 设置“泡沫”特效的参数

11.5 生成特效

利用生成特效可以在素材画面中生成闪电、光束和镜头光晕等效果，还可改变素材画面的色彩。

11.5.1 常用生成特效介绍

下面介绍一些较常用的生成特效，如高级闪电、光束、棋盘、网格等。

1. 高级闪电

利用“高级闪电”特效，可以制作自然界中真实的闪电效果，如图 11-42 所示。

“高级闪电”特效各参数意义如下。

- **闪电类型：**该下拉列表用于设置闪电的类型。
- **源点：**该选项用于设置闪电的出发点。
- **方向：**该选项用于设置闪电的方向。

- **传导率状态：** 该选项用于设置闪电的形态。
- **核心设置：** 该选项组用于设置闪电主体的参数。

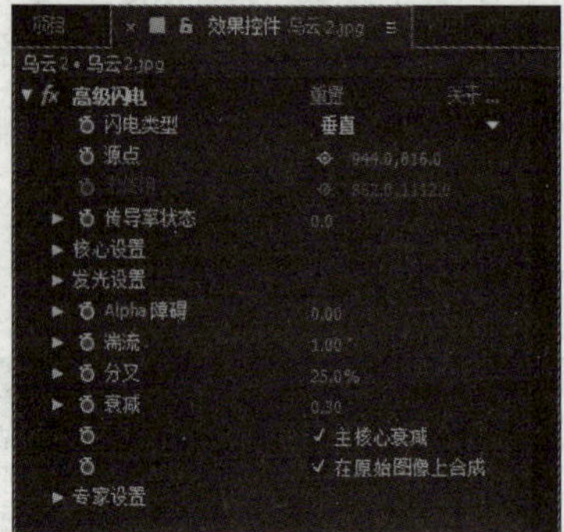

图 11-42　应用“高级闪电”特效

- **发光设置：** 该选项组用于设置闪电的发光参数。
- **Alpha 障碍：** 该选项用于设置源图像中的 Alpha 通道对闪电的影响。
- **湍流：** 该选项用于设置闪电的紊乱程度。
- **分叉：** 该选项用于设置闪电的分叉数量。
- **衰减：** 该选项用于设置闪电亮度和半径的衰减效果。
- **主核心衰减：** 勾选该复选框后衰减效果会影响闪电的主体。
- **在原始图像上合成：** 勾选该复选框后闪电效果与原始图像以相加的形式混合。
- **专家设置：** 该选项组包含闪电的更多设置选项。

2．光束

利用“光束”特效，可以在素材画面中模拟激光效果，如图 11-43 所示。

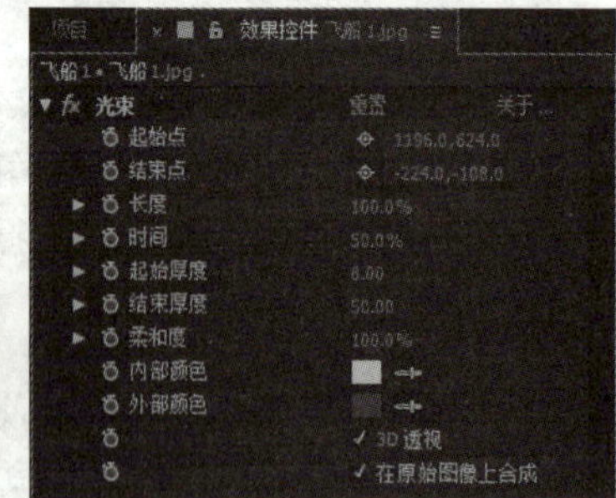

图 11-43　应用“光束”特效

“光束”特效各参数意义如下。

- **起始点**：该选项用于设置光束的起点。
- **结束点**：该选项用于设置光束的终点。
- **长度**：该选项用于设置光束的长度。
- **时间**：该选项用于设置光束发射的时间点。
- **起始厚度/结束厚度**：这两个选项用于设置光束开始和结束时的粗细。
- **柔和度**：该选项用于设置光束边缘的柔和度。
- **内部颜色/外部颜色**：这两个选项用于设置光束内部和外部的颜色。
- **3D 透视**：勾选该复选框后光束会具有 3D 透视效果。
- **在原始图像上合成**：勾选该复选框后光束会与原始图像进行合成。

3. 镜头光晕

利用“镜头光晕”特效，可以在素材画面中生成镜头拍摄时产生的光晕效果，如图 11-44 所示。

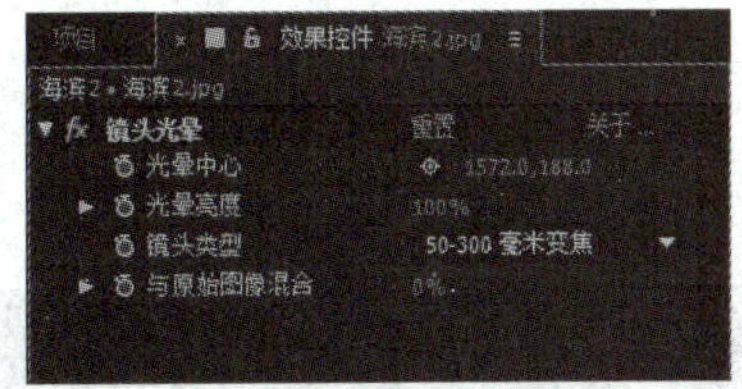

图 11-44　应用“镜头光晕”特效

“镜头光晕”特效各参数意义如下。

- **光晕中心**：该选项用于设置镜头光晕的中心位置。
- **光晕亮度**：该选项用于设置镜头光晕的亮度。
- **镜头类型**：该下拉列表用于设置产生镜头光晕的镜头类型。
- **与原始图像混合**：该选项用于设置镜头光晕与原始图像的混合程度，数值越高镜头光晕越不明显。

4. 描边

利用“描边”特效，可以在素材画面中沿蒙版路径创建描边效果，如图 11-45 所示。

“描边”特效各参数意义如下。

- **路径**：该下拉列表用于设置进行描边的蒙版。
- **所有蒙版**：勾选该复选框后会沿素材画面中的所有蒙版进行描边。
- **颜色**：该选项用于设置描边的颜色。
- **画笔大小**：该选项用于设置描边的宽度。

- **画笔硬度：** 该选项用于设置描边的硬度，较小的硬度可以得到羽化效果。

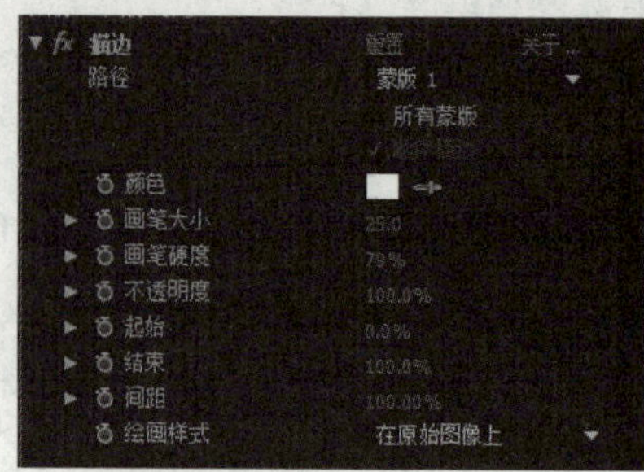

图 11-45　应用“描边”特效

- **不透明度：** 该选项用于设置描边的透明度。
- **起始/结束：** 这两个选项用于设置描边在蒙版路径上的起始和结束位置。
- **间距：** 该选项用于设置描边的间距，较大的间距可生成点状描边效果。
- **绘画样式：** 该下拉列表用于设置描边的样式。

5. 棋盘

利用“棋盘”特效，可以在素材画面中生成棋盘格效果，如图 11-46 所示。

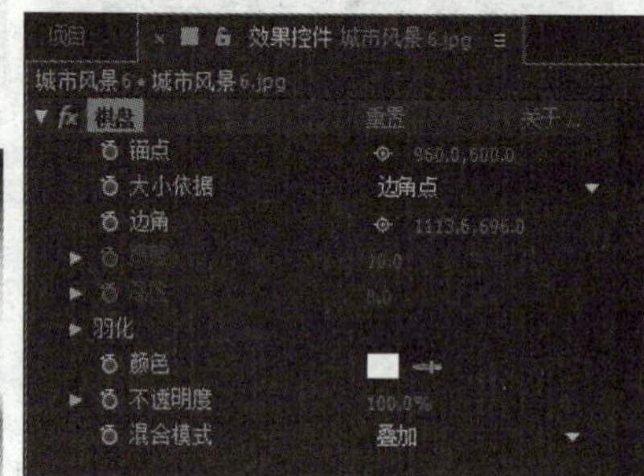

图 11-46　应用“棋盘”特效

“棋盘”特效各参数意义如下。

- **锚点：** 该选项用于设置棋盘的位置。
- **大小依据：** 该下拉列表用于设置棋盘格大小的定义方式。
- **边角/宽度/高度：** 这几个选项用于设置棋盘格的大小。
- **羽化：** 该选项用于设置棋盘格的羽化程度。
- **不透明度：** 该选项用于设置棋盘的透明度。
- **混合模式：** 该下拉列表用于设置棋盘与原始图像的混合模式。

6. 四色渐变

利用“四色渐变”特效，可以在素材画面中生成用四种渐变色进行填充的效果，如图 11-47 所示。

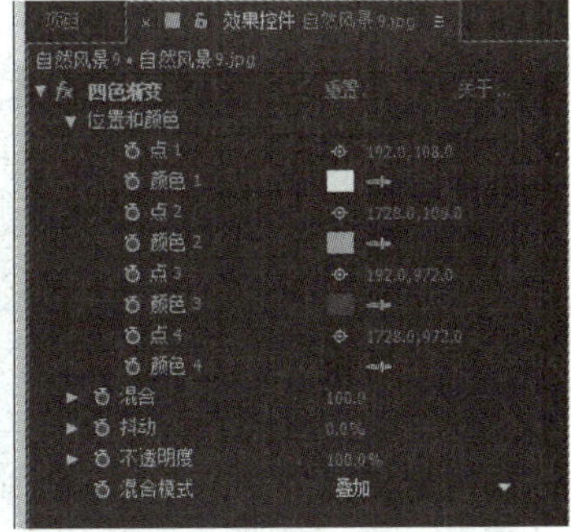

图 11-47 应用“四色渐变”特效

“四色渐变”特效各参数意义如下。

- **点 1/点 2/点 3/点 4：**这 4 个选项分别用于设置 4 种颜色在素材画面中的位置。
- **颜色 1/颜色 2/颜色 3/颜色 4：**这 4 个选项分别用于设置“四色渐变”特效的 4 种颜色。
- **混合：**该选项用于设置四色渐变的混合程度。
- **抖动：**该选项用于设置添加杂色的数量。
- **不透明度：**该选项用于设置四色渐变的透明度。
- **混合模式：**该下拉列表用于设置四色渐变与原始图像的混合模式。

7. 梯度渐变

利用“梯度渐变”特效，可以在素材画面中生成使用两种颜色进行线性渐变或径向渐变填充的效果，如图 11-48 所示。

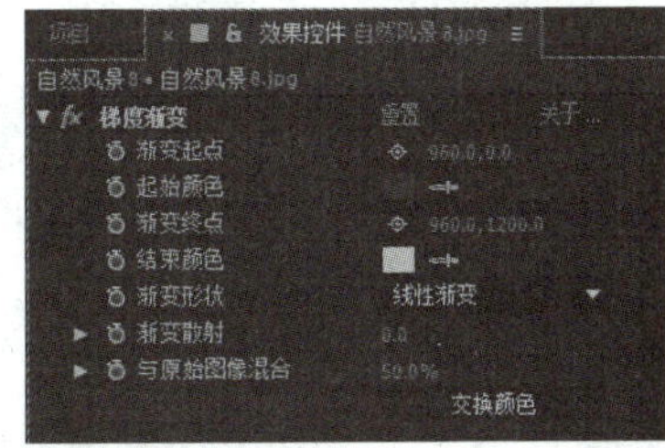

图 11-48 应用“梯度渐变”特效

“梯度渐变”特效各参数意义如下。

➢ **渐变起点/渐变终点**：这两个选项分别用于设置渐变色在素材画面中的起点和终点位置。
➢ **起点颜色/终点颜色**：这两个选项分别用于设置渐变色的起始颜色和结束颜色。
➢ **渐变形状**：该下拉列表用于设置渐变的类型。
➢ **渐变散射**：该选项用于设置渐变过渡产生的杂色。
➢ **与原始图像混合**：该选项用于设置渐变色与原始图像的混合程度。
➢ **交换颜色**：单击该按钮可使渐变的起始颜色和结束颜色互换。

8．椭圆

利用“椭圆”特效，可以在素材画面中生成一个圆环，如图 11-49 所示。通过为“椭圆”特效的“宽度”和“高度”选项创建关键帧，可实现圆环缩放的动态效果。

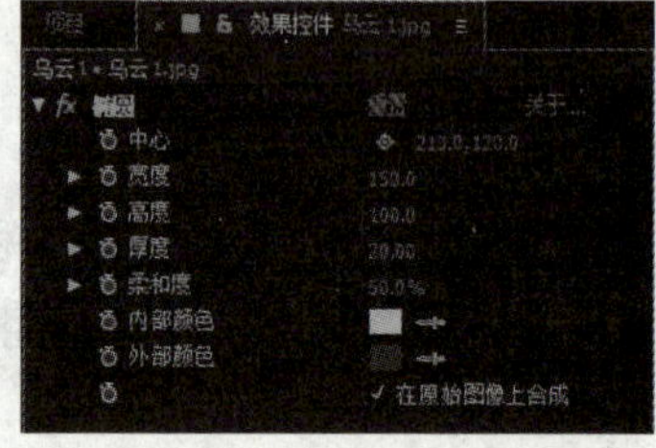

图 11-49　应用“椭圆”特效

“椭圆”特效各参数意义如下。

➢ **中心**：该选项用于设置圆环的圆心。
➢ **宽度/高度**：这两个选项用于设置圆环的高度和宽度。
➢ **厚度**：该选项用于设置圆环的宽度。
➢ **柔和度**：该选项用于设置圆环边缘的柔和度。
➢ **内部颜色/外部颜色**：这两个选项用于设置圆环内部和边缘的颜色。
➢ **在原始图像上混合**：勾选该复选框后圆环会与原始图像进行合成。

9．网格

利用“网格”特效，可以在素材画面中生成网格，如图 11-50 所示。该网格可以作为设计元素，也可以作为原始图层或其他图层的蒙版。

“网格”特效各参数意义如下。

➢ **锚点**：该选项用于设置网格的中心点。
➢ **大小依据**：该下拉列表用于设置以何种方式定义网格大小。
➢ **边角/宽度/高度**：这几个选项用于设置网格的大小。

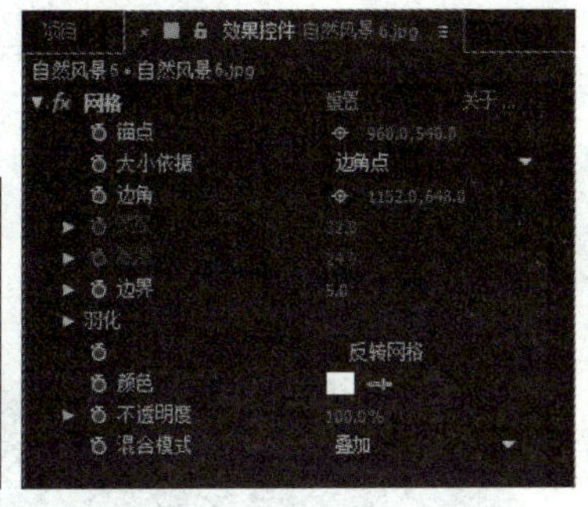

图 11-50 应用“网格”特效

- 边界：该选项用于设置网格线的粗细。
- 羽化：该选项用于设置网格线的羽化值。
- 反转网格：勾选该复选框后，反转产生网格的不透明度。
- 颜色：该选项用于设置网格线的颜色。
- 不透明度：该选项用于设置网格的透明度。
- 混合模式：该下拉列表用于设置网格与原始图像的混合模式。

10. 写入

利用“写入”特效，可以生成类似于手写的描线效果，其参数如图 11-51 所示。由于“写入”特效只能完成单一笔画的描线效果，若要利用“写入”特效模拟输入文字的效果，必须根据笔画数量创建多个图层。

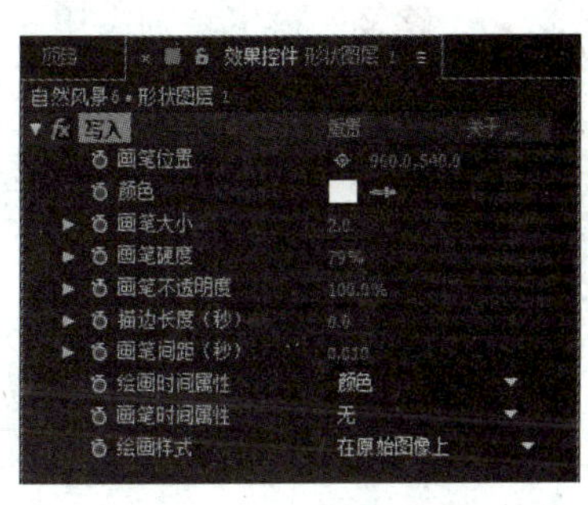

图 11-51 “写入”特效参数

“写入”特效各参数意义如下。

- 画笔位置：该选项用于设置画笔的位置，通过为该选项创建关键帧，可制作描线动画。
- 颜色：该选项用于设置画笔的颜色。
- 画笔大小：该选项用于设置画笔的大小。
- 画笔硬度：该选项用于设置画笔的硬度，较小的硬度值描线会有羽化效果。
- 画笔不透明度：该选项用于设置画笔的透明度。
- 画笔间距：该选项用于设置画笔的间距，较大的间距值可使描线变为虚线。
- 绘画样式：该下拉列表用于设置描线的显示方式。

11. 音频频谱

利用“音频频谱”特效，可以在当前图层中根据某一音频层的振幅变化生成频谱，如

图 11-52 所示。

图 11-52　应用“音频频谱”特效

“音频频谱”特效各参数意义如下。

- **音频层**：该下拉列表用于设置用于生成频谱的音频层。
- **起始点/结束点**：这两个选项用于设置频谱的起始位置和结束位置。
- **路径**：该下拉列表用于选择一个蒙版路径代替“起始点”与“结束点”选项设置的频谱路径。
- **使用极坐标路径**：勾选该复选框后，则频谱有一个点产生，向四周扩散。
- **起始频率/结束频率**：这两个选项用于设置频谱的起始频率和结束频率，这两个频率范围外的频率将被忽略。
- **频段**：该选项用于设置频谱的分段数，分段数越多产生的频谱条越多。
- **最大高度**：该选项用于设置最大音量可产生的频谱高度。
- **音频持续时间（毫秒）**：该选项用于设置音频长度，以计算产生的频谱。
- **音频偏移（毫秒）**：该选项用于设置频谱与原始声音之间的偏移。
- **厚度**：该选项用于设置频谱的粗细。
- **柔和度**：该选项用于设置频谱的边缘柔和度。
- **内部颜色/外部颜色**：这两个选项用于设置频谱内部和边缘的颜色。
- **混合叠加颜色**：勾选该复选框后，内部和边缘的颜色会进行混色。
- **色相插值**：若该选项的数值大于 0，则不同频率会产生不同颜色的音频频谱。
- **动态色相**：若“色相插值”选项的参数大于 0，勾选该复选框后开始色偏向于最大频率色。

- **颜色对称：** 若“色相插值”选项的参数大于 0，勾选该复选框后开始色与结束色相同。
- **显示选项：** 该下拉列表用于定义频谱的显示方式。
- **面选项：** 该下拉列表用于设置频谱产生路径上的面。
- **持续时间平均化：** 勾选该复选框后，频谱将产生平滑过渡效果。
- **在原始图像上合成：** 勾选该复选框后频谱会与原始图像进行合成。

11.5.2 典型案例——制作战争场景

下面利用本节所学知识，制作图 11-53 所示的战争场景。

图 11-53 战争场面截图

素材文件	素材与实例\第 11 章\战争素材
效果展示和源文件	素材与实例\第 11 章\战争场景.aep

制作分析

新建合成后，导入图像素材，并将其添加到“时间轴”调板中；然后通过创建关键帧制作背景和飞船图像平移的动画效果；再创建一个形状图层，为其添加“高级闪电”特效，并在“特效控件”调板中设置其参数，制作闪电效果；最后创建一个纯色图层，为其添加“光束”特效，并在“特效控件”调板中设置其参数，制作发射激光炮的效果。

制作步骤

步骤 1▶ 新建一个合成，在“合成设置”对话框中将“预设”选项设为“HDV/HDTN 720 25”，将“持续时间”设为 15 秒，如图 11-54 所示。

步骤 2▶ 导入“战争素材”文件夹中的“背景.jpg”和“飞船.png”图像素材，然后将“背景.jpg”图像素材拖到“时间轴”调板中，并将背景图像的右侧边缘靠近“合成”调板的右侧边缘，如图 11-55 所示。

步骤 3▶ 将“时间轴”调板的当前时间指针移至第 1 秒处，然后展开“背景.jpg”

图层的“变换”选项，单击“位置”属性左侧的“时间变化秒表”按钮创建关键帧。

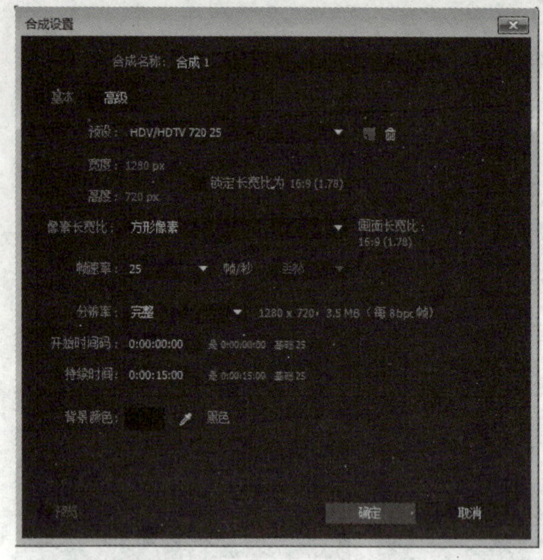

图 11-54　设置合成参数

图 11-55　调整背景位置

步骤 4▶　将“时间轴”调板的当前时间指针移至第 3 秒 12 帧处，然后将“合成”调板中的背景图像向右平移，制作动画效果，如图 11-56 所示。

步骤 5▶　选择“图层”>“新建”>“形状图层”菜单，新建一个形状图层，并将其入点对齐至第 3 秒 12 帧，如图 11-57 所示。

图 11-56　制作背景平移动化

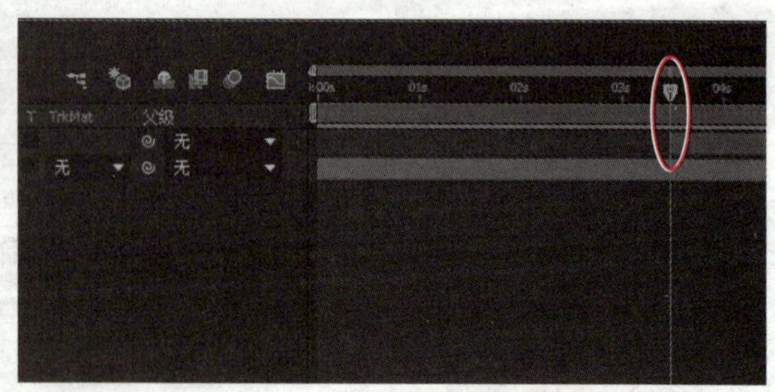

图 11-57　创建形状图层并调整其入点

步骤 6▶　选中创建的形状图层，选择“效果”>“生成”>“高级闪电”菜单，为其添加“高级闪电”特效，然后在“合成”调板中调整“高级闪电”特效的源点和方向点，如图 11-58（a）所示。

步骤 7▶　在“效果控件”调板中将“高级闪电”特效的“衰减”选项设为“2”，然后单击“传导率状态”和“衰减”选项左侧的“时间变化秒表”按钮创建关键帧，如图 11-58（b）所示。

（a）

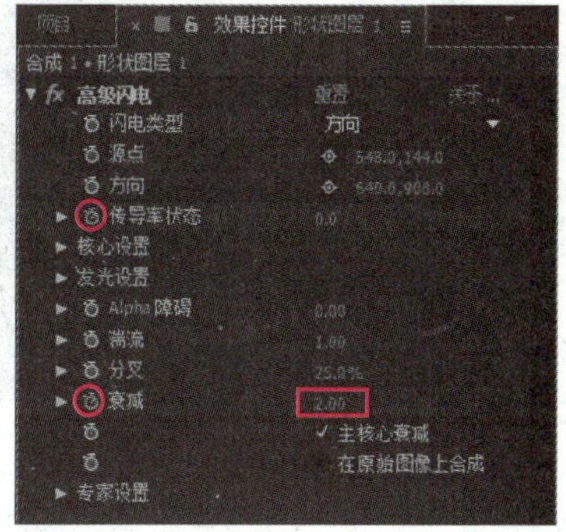

（b）

图 11-58　设置“高级闪电”特效 3 秒 12 帧的参数

步骤 8▶　将“时间轴”调板的当前时间指针移至第 4 秒处，然后将“传导率状态”选项设为“0.5”，将“衰减”选项设为“0.14”。

步骤 9▶　将“时间轴”调板的当前时间指针移至第 5 秒处，然后将“传导率状态”选项设为“0”，并单击“源点”选项左侧的“时间变化秒表”按钮创建关键帧。

步骤 10▶　将“时间轴”调板的当前时间指针移至第 5 秒 06 帧处，然后在“合成”调板中将“高级闪电”特效的源点向下拖动，如图 11-59 所示。

步骤 11▶　将“项目”调板中的“飞船.png”图像素材拖到“时间轴”调板中，并在“合成”调板中将飞船图像移至“合成”调板右侧，如图 11-60 所示。

图 11-59　调整源点位置

图 11-60　调整飞船图像位置

步骤 12▶　将“时间轴”调板的当前时间指针移至第 6 秒处，然后展开“飞船.png”图层的“变换”选项，并单击“位置”属性左侧的“时间变化秒表”按钮创建关键帧。

步骤 13▶　将“时间轴”调板的当前时间指针移至第 10 秒处，然后将“合成”调板中的飞船图像向左平移，如图 11-61 所示。

步骤 14▶　选择“图层”>“新建”>“纯色”菜单，新建一个纯色图层，并将纯色图层的入点拖到第 10 秒 12 帧处，如图 11-62 所示。

步骤 15▶　选中纯色图层，选择“效果”>“生成”>“光束”菜单，为纯色图层添加“光束”特效。

图 11-61　创建飞船移动动画

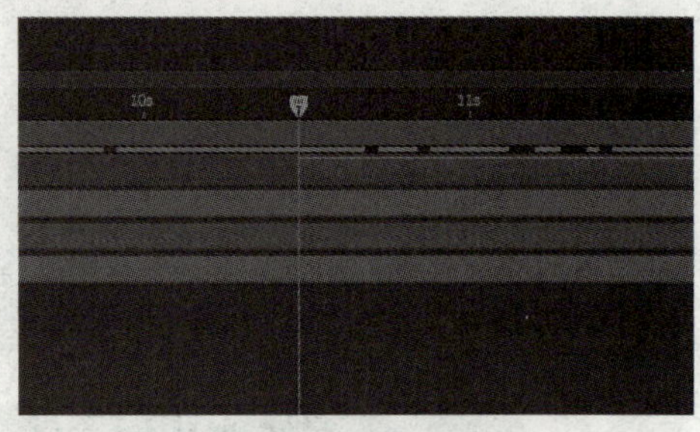

图 11-62　创建纯色图层并调整其入点

步骤 16▶　在“特效控件”调板中将“光束”特效的“长度”选项设为“100%”，“起始厚度”和“结束厚度”选项设为“15”，然后单击“时间”选项左侧的“时间变化秒表”按钮创建关键帧，并将“时间”选项设为“0%”，如图 11-63（a）所示；再在“合成”调板中调整光束起始点和结束点的位置，如图 11-63（b）所示。

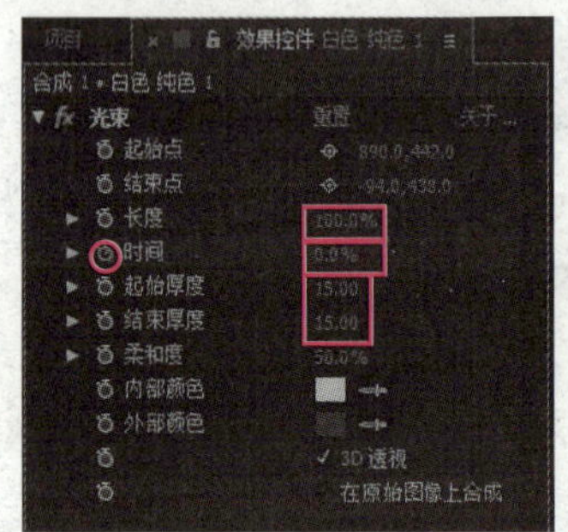

图 11-63　设置“光束”特效第 10 秒处的参数

步骤 17▶　将“时间轴”调板的当前时间指针移至第 11 秒 12 帧处，将“光束”特效的时间”选项设为“100%”，至此案例就完成了，按空格键进行预览。

11.6　颜色校正特效

利用颜色校正特效可以调整图像和视频的色调，对其色彩进行校正。

11.6.1　常用颜色校正特效介绍

下面介绍一些较常用的颜色校正特效，如更改颜色、曲线、色阶等。

1．更改颜色

利用“更改颜色”特效，可以改变素材画面中指定颜色区域的色调、饱和度和亮度，如图 11-64 所示。

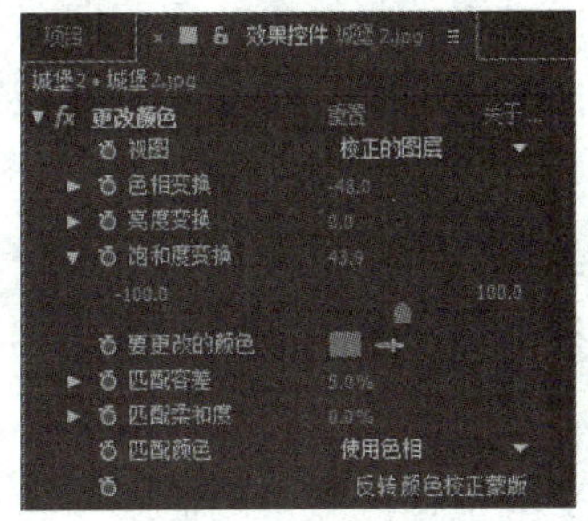

图 11-64　应用“更改颜色”特效

“更改颜色”特效各参数意义如下。

- **视图：**该下拉列表用于设置“合成”调板中的显示效果。
- **色相变换：**该选项用于调整指定颜色区域的色相。
- **亮度变换：**该选项用于调整指定颜色区域的亮度。
- **饱和度变换：**该选项用于调整指定颜色区域的饱和度。
- **要更改的颜色：**该选项用于设置素材画面中要更改的颜色区域。
- **匹配容差：**该选项用于设置指定颜色区域的颜色容差。
- **匹配柔和度：**该选项用于设置指定颜色区域的柔和度。
- **匹配颜色：**该下拉列表用于设置指定颜色区域的颜色模式。
- **反转颜色校正蒙版：**勾选该复选框后，会反转颜色校正遮罩。

2. 曲线

利用“曲线”特效，可以通过调整色调曲线改变素材画面的色调，如图 11-65 所示。

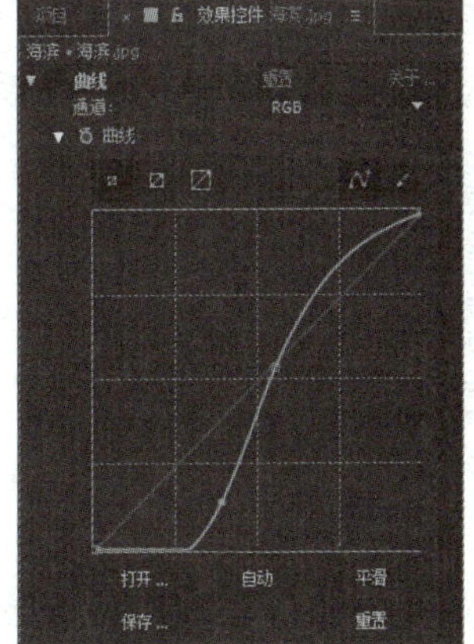

图 11-65　应用“曲线”特效

“曲线”特效各参数意义如下。

- **通道：**该下拉列表用于设置调整哪个通道的曲线。
- **曲线工具**：用于在曲线上添加、移动和删除控制点。
- **铅笔工具**：用于在坐标区域绘制曲线。
- **直线工具**：可以将坐标区域中的曲线变为直线。
- **打开：**单击该按钮可打开储存好的曲线文件。
- **保存：**单击该按钮可将当前曲线保存为曲线文件。
- **平滑：**单击该按钮可平滑坐标区域中的曲线。
- **自动：**单击该按钮可自动调整坐标区域中的曲线。
- **重置：**单击该按钮可重置坐标区域中的曲线。

3．色调均化

利用“色调均化”特效，可以使素材画面的阶调均衡化，自动以白色取代画面中最亮的像素，以黑色取代画面中最暗的像素，介于最亮与最暗之间的像素，则分配白色与黑色之间的阶调，如图 11-66 所示。

图 11-66　应用“色调均化”特效

“色调均化”特效各参数意义如下。

- **色调均化：**该下拉列表用于设置进行色调均化的方式。
- **色调均化量：**该选项用于设置重新分布阶调的百分比。

4．色阶

利用“色阶”特效，可以调整素材画面的高亮区域、暗部以及中间色调，使画面的色彩层次更加清晰，如图 11-67 所示。

“色阶”特效各参数意义如下。

- **通道：**该下拉列表用于设置调整哪个通道的色阶。
- **直方图：**用于显示和调整像素值在图像中的分布，水平方向表示亮度，垂直方向表示该亮度的像素数。
- **输入黑色：**用于设置限定图像黑色值的阈值。

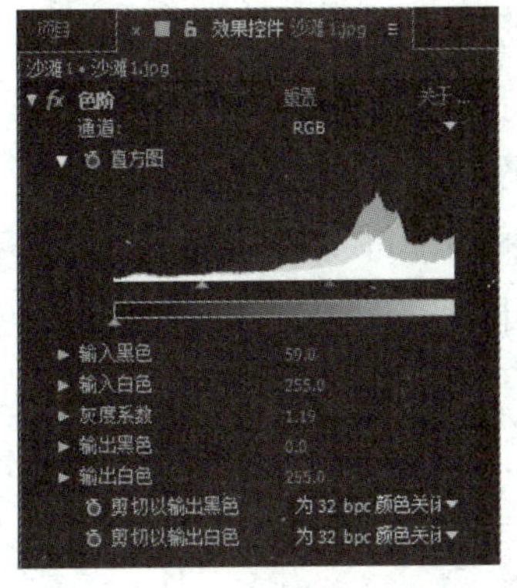

图 11-67 应用“色调均化”特效

- **输入白色：**用于设置限定图像白色值的阈值。
- **灰色系数：**用于调整输入输出的对比度。
- **输出黑色：**用于设置限定输出图像黑色值的阈值。
- **输出白色：**用于设置限定输出图像白色值的阈值。

5．色相/饱和度

利用“色相/饱和度”特效，可以调整素材整个画面或单一通道的色相、饱和度和亮度，如图 11-68 所示。

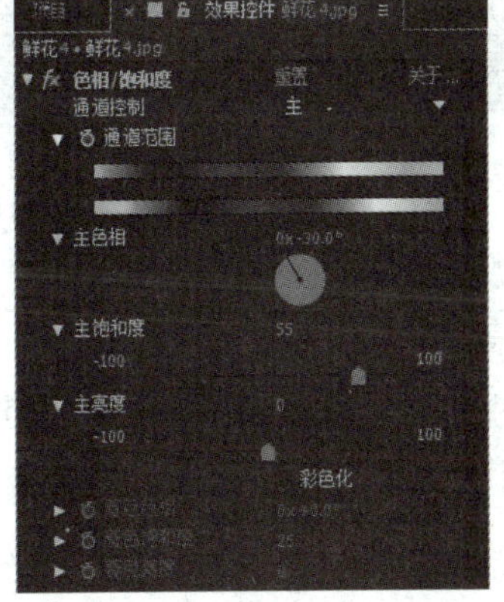

图 11-68 应用“色相/饱和度”特效

“色相/饱和度”特效各参数意义如下。

- **通道控制：**该下拉列表用于设置调整哪个通道。
- **通道范围：**通过色条控制通道范围，上方的色条表示调节前的颜色，下方的色条表示调节后的颜色，当在“通道控制”下拉列表中选择除了“主”以外的其他选项时，下方色条会出现调整滑块，拖动白色竖条可调整颜色范围，拖动白色三角可调整颜色羽化值。

- **主色相：**该选项用于设置素材画面的主色调。
- **主饱和度：**该选项用于设置素材画面的主饱和度。
- **主亮度：**该选项用于设置素材画面的主亮度。
- **彩色化：**勾选该复选框后，可将素材画面变为双色调。
- **着色色相：**该选项用于设置素材画面彩色化后的色调。
- **着色饱和度：**该选项用于设置素材画面彩色化后的饱和度。
- **着色亮度：**该选项用于设置素材画面彩色化后的亮度。

6. 通道混合器

利用“通道混合器”特效，可以调整素材画面颜色通道的数值，从而调整调整素材画面的颜色，如图 11-69 所示。由于“通道混合器”特效的可控性较高，因此在调整素材画面的色调时，该特效使用得最多。

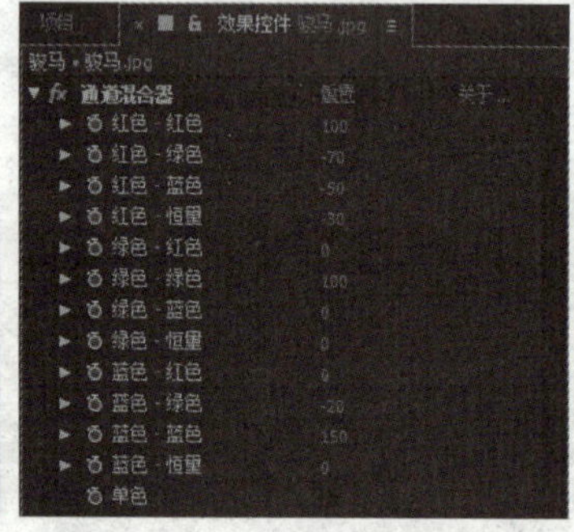

图 11-69 应用“通道混合器”特效

“通道混合器”特效各参数意义如下。

- **红色-红色/红色-绿色/红色-蓝色：**这 3 个选项用于调整红色通道的颜色。
- **绿色-红色/绿色-绿色/绿色-蓝色：**这 3 个选项用于调整绿色通道的颜色。
- **蓝色-红色/蓝色-绿色/蓝色-蓝色：**这 3 个选项用于调整蓝色通道的颜色。
- **红色-恒量/绿色-恒量/蓝色-恒量：**这 3 个选项分别用于调整红色、绿色和蓝色通道的对比度。
- **单色：**勾选该复选框，可将素材画面转变为灰阶图。

7. 保留颜色

利用“保留颜色”特效，可以将素材画面中除指定颜色外的其他颜色变为灰阶图，如图 11-70 所示。

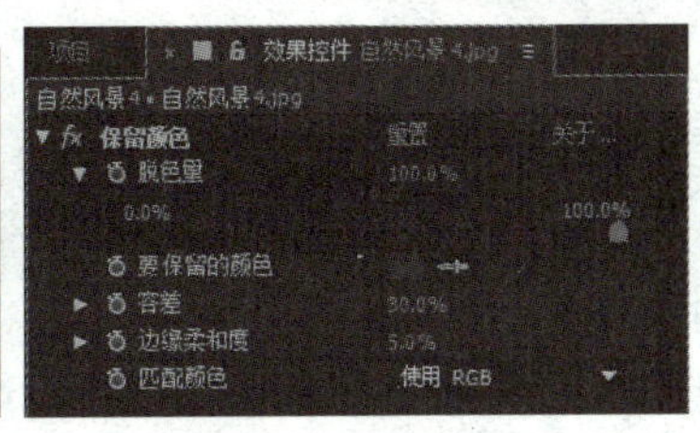

图 11-70　应用“保留颜色”特效

“保留颜色”特效各参数意义如下。

- **脱色量：**该选项用于设置除指定颜色外其他颜色的脱色程度。
- **要保留的颜色：**该选项用于指定素材画面中要保留的颜色。
- **容差：**该选项用于设置保留颜色的容差值。
- **边缘柔和度：**该选项用于设置保留颜色边缘的柔和度。
- **匹配颜色：**该下拉列表用于设置保留颜色所对应的颜色模式。

11.6.2　典型案例——制作季节变化效果

下面利用本节所学知识，将一副春季的图像变为冬季，如图 11-71 所示。

图 11-71　季节变化

素材文件	素材与实例\第 11 章\季节变化素材
效果展示和源文件	素材与实例\第 11 章\季节变化.aep

制作分析

新建项目文件后，导入图像素材，并将其添加到“时间轴”调板中；然后分别为图像素材添加两次“更改颜色”特效和一次“通道混合器”特效，并通过在“特效控件”调板中进行设置，制作春季画面变为冬季的动画效果。

制作步骤

步骤 1▶ 新建一个项目文件，导入“季节变化素材”文件夹中的“春季风景.jpg”图像素材，并将其添加到“时间轴”调板中。

步骤 2▶ 选中“时间轴”调板中的“春季风景.jpg”图层，选择两次“效果”>“颜色校正”>“更改颜色”菜单，和一次“效果”>“颜色校正”>“通道混合器”菜单，为图层添加特效。

步骤 3▶ 将“时间轴”调板的当前时间指针移至第 3 秒处，然后在“特效控件”调板中单击“更改颜色”和“更改颜色 2”特效下单击“色相变换”选项左侧的“时间变化秒表”按钮创建关键帧，如图 11-72（a）所示。

步骤 4▶ 单击“通道混合器”特效下“红色-红色”、“红色-绿色”、“红色-蓝色”、“绿色-蓝色”、“蓝色-红色”和“蓝色-蓝色”选项左侧的“时间变化秒表”按钮创建关键帧，如图 11-72（b）所示。

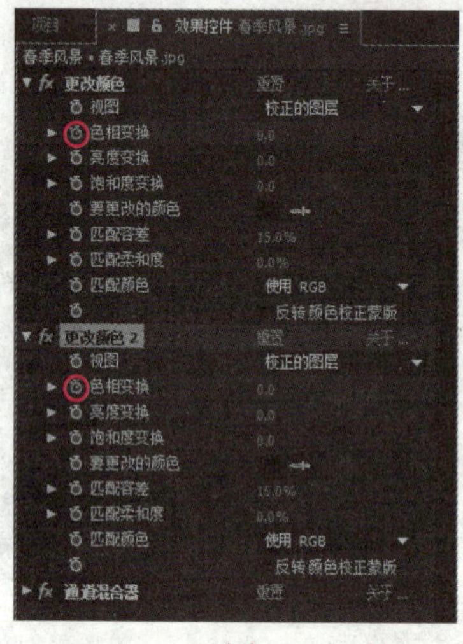

（a）

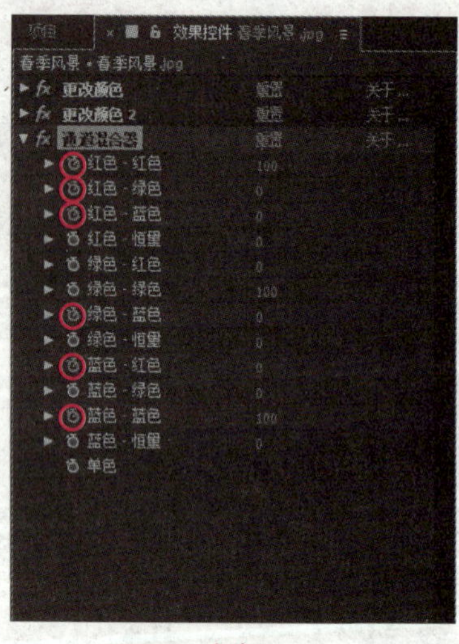

（b）

图 11-72 在第 3 秒为特效参数创建关键帧

步骤 5▶ 将“时间轴”调板的当前时间指针移至第 8 秒处，然后在“特效控件”调板中单击“更改颜色”特效下“要更改的颜色”选项右侧的按钮，并在“合成”调板中单击粉色的花瓣，然后将“匹配容差”选项设为“40%”，将“色相变换”选项设为“-130”，如图 11-73（a）所示；此时“合成”调板中的画面如图 11-73（b）所示。

步骤 6▶ 单击“更改颜色 2”特效下“要更改的颜色”选项右侧的按钮，并在“合成”调板中单击绿色区域，然后将“匹配容差”选项设为“40%”，将“色相变换”选项设为“-30”，如图 11-74（a）所示；此时“合成”调板中的画面如图 11-74（b）所示。

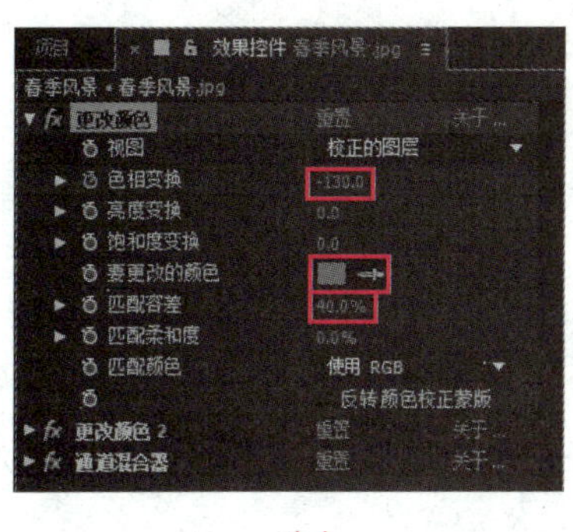

（a）　　　　　　　　　　　　　　　（b）

图 11-73　设置第 8 秒“更改颜色”特效的参数

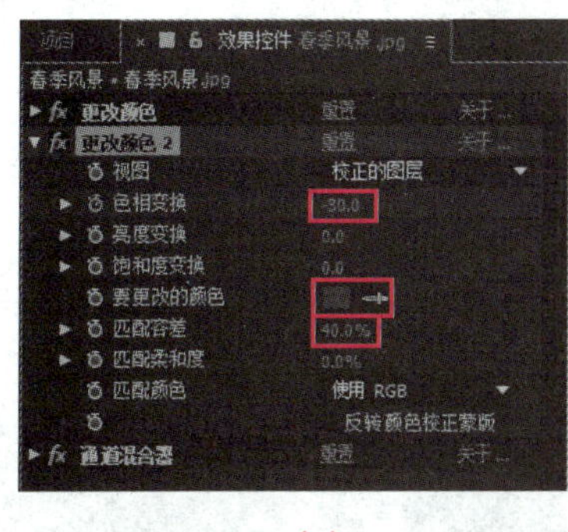

（a）　　　　　　　　　　　　　　　（b）

图 11-74　设置第 8 秒“更改颜色 2”特效的参数

步骤 7▶　将“通道混合器”特效下的“红色-红色”选项设为“50”，“红色-绿色”选项设为“-25”，“红色-蓝色”选项设为“88”，“绿色-蓝色”选项设为“30”，“蓝色-红色”选项设为“-30”，“蓝色-蓝色”选项设为“150”，如图 11-75（a）所示；此时“合成”调板中的画面如图 11-75（b）所示。至此案例就完成了，按空格键进行预览。

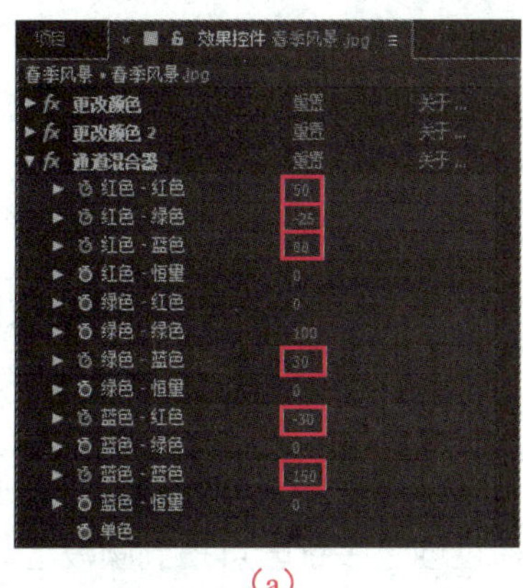

（a）　　　　　　　　　　　　　　　（b）

图 11-75　设置第 8 秒“通道混合器”特效的参数

11.7 杂色和颗粒特效

利用杂色和颗粒特效可以在素材画面中去除蒙尘、划痕和杂色或创建噪波及颗粒。

11.7.1 常用杂色和颗粒特效介绍

下面介绍一些较常用的杂色和颗粒特效，如分形杂色、蒙尘与划痕、移除颗粒等。

1. 分形杂色

利用“分形杂色”特效，可以创建多种灰度噪波纹理，模拟云雾、水、火及熔岩等多种效果，可用于制作纹理背景或作为贴图使用，如图 11-76 所示。

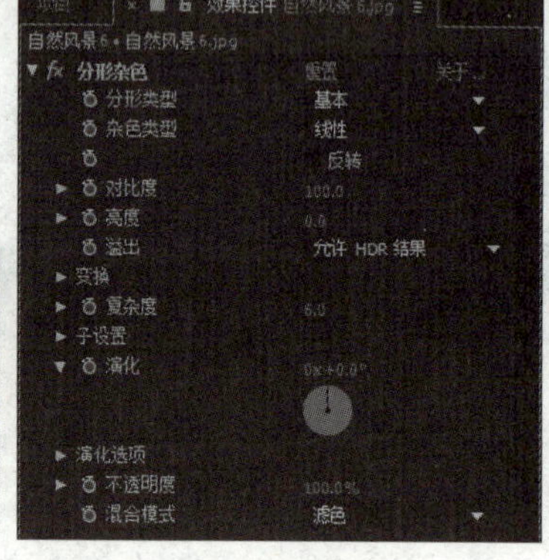

图 11-76 应用“分形杂色”特效

“分形杂色”特效各参数意义如下。

- **分形类型**：该下拉列表用于设置噪波的形态。
- **杂色类型**：该下拉列表用于设置噪波的类型。
- **反转**：勾选该复选框后，会反转噪波的亮度。
- **对比度**：该选项用于设置噪波的对比度。
- **亮度**：该选项用于设置噪波的亮度。
- **溢出**：该下拉列表用于设置当噪波的亮度不在 0～1.0 的范围内时如何渲染。
- **变换**：该选项组用于设置噪波的位置、旋转和缩放等变换属性。
- **复杂度**：该选项用于设置噪波的细节。
- **子设置**：当分形噪波由多层噪波组成时，利用该选项组可指定噪波的控制方式。
- **演变**：该选项用于设置噪波的随机变化，通过创建关键帧可得到噪波运动的动画效果。

➢ **演化选项：** 该选项组用于设置噪波演化的具体参数。

➢ **不透明度：** 该选项用于设置噪波的透明度。

➢ **混合模式：** 该选项用于设置噪波与原始图像的混合模式。

2. 蒙尘与划痕

利用“蒙尘与划痕”特效，可以通过对素材画面中相似区域的像素进行扩展，对色彩差异较大像素间进行锐化，去除素材画面中的蒙尘与划痕杂质，改善画面效果，但会损失一部分画面细节，如图 11-77 所示。

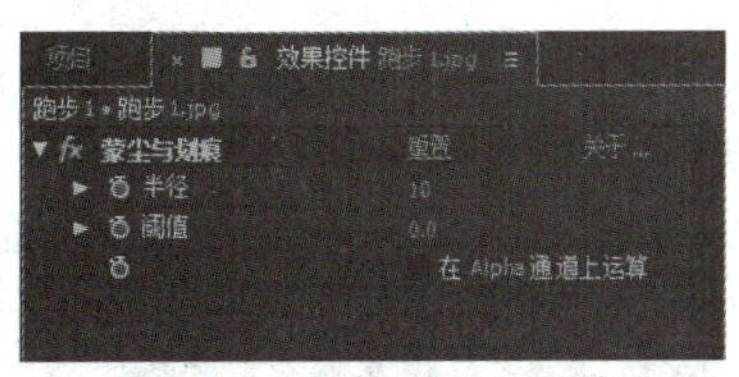

图 11-77 应用“蒙尘与划痕”特效

“蒙尘与划痕”特效各参数意义如下。

➢ **半径：** 该选项用于设置素材画面中像素扩展的半径，数值越大图像越模糊，去除杂质的效果越好。

➢ **阈值：** 该选项用于设置素材画面中相邻像素色彩相差多少不会进行处理。

3. 移除颗粒

利用“移除颗粒”特效，可以清除素材画面中的噪波，常用于去除皮肤上的毛孔与瑕疵，如图 11-78 所示。

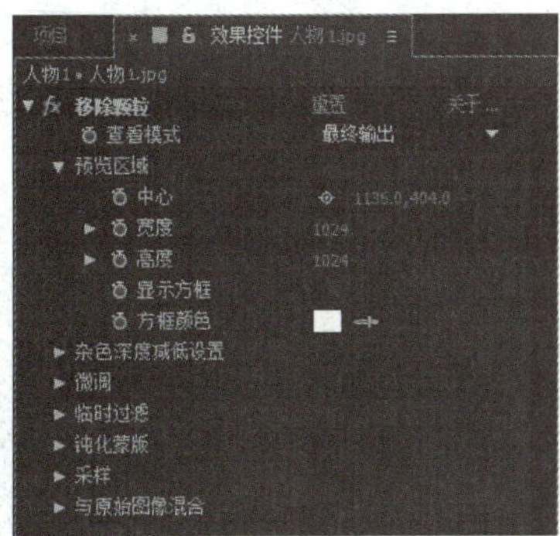

图 11-78 应用“移除颗粒”特效

“移除颗粒”特效各参数意义如下。

➢ **查看模式：** 该下拉列表用于设置“移除颗粒”特效在“合成”调板中的显示模式。

- **预览区域：**该选项组用于设置“移除颗粒”特效在“合成”调板中的预览框。
- **杂色深度减低设置：**该选项组用于设置噪波去除的程度。
- **微调：**该选项组用于对去除噪波进行精细设置。
- **临时过滤：**该选项组用于对动态画面进行优化处理。
- **钝化蒙版：**该选项组用于增强画面像素边缘的对比度，使画面更加清晰。
- **采样：**该选项组用于设置去除噪波的采样点。
- **与原始图像混合：**该选项组用于设置去噪效果与原始图像的混合方式。

4．杂色

利用“杂色”特效，可以在素材画面中随机生成动态噪波，如图 11-79 所示。

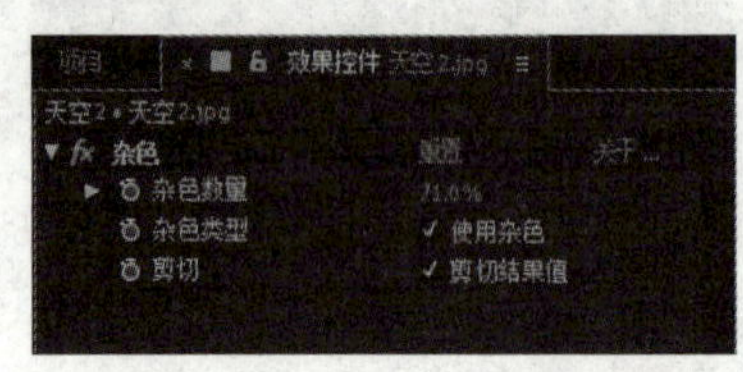

图 11-79　应用“杂色”特效

“杂色”特效各参数意义如下。

- **杂色数量：**该选项用于设置产生噪波的数量。
- **杂色类型：**该选项用于设置产生的噪波是否带有颜色。
- **剪切：**该选项用于设置是否裁剪色彩通道值，若不勾选“剪切结果值”复选框，原画面可能会被覆盖。

5．杂色 HLS 与杂色 HLS 自动

利用“杂色 HLS”和“杂色 HLS 自动”特效，可分别使素材画面的色相、亮度和饱和度产生噪波，如图 11-80 所示。这两个特效的区别是使用“杂色 HLS 自动”特效可自动创建噪波动画，而使用“杂色 HLS”特效需要为“杂色相位”选项创建关键帧，才能创建噪波动画。

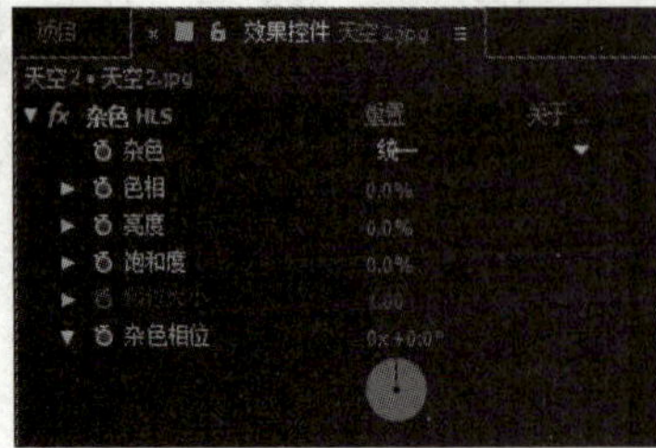

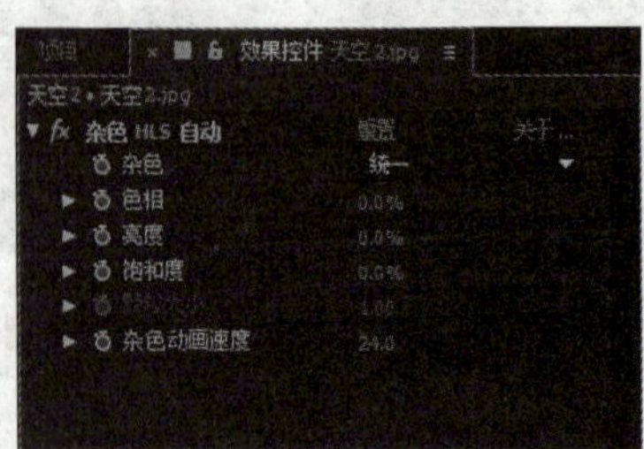

图 11-80　杂色 HLS 与杂色 HLS 自动参数

“杂色 HLS”与“杂色 HLS 自动”特效各参数意义如下。

- **杂色**：该下拉列表用于设置产生噪波的方式。
- **色相**：该选项用于设置素材画面色相上产生的噪波数量。
- **亮度**：该选项用于设置素材画面亮度上产生的噪波数量。
- **饱和度**：该选项用于设置素材画面饱和度上产生的噪波数量。
- **颗粒大小**：该选项用于设置噪波的大小。
- **杂色相位**：通过为该选项创建关键帧并设置参数，可创建噪波动画。
- **杂色动画速度**：该选项用于设置噪波动画的速度。

6. 中间值

利用“中间值”特效，可以将素材画面中指定半径内的像素替换为平均色彩与亮度的像素，从而去除画面中的噪波，若将“半径”选项的值设的较大，会产生类似手绘的效果，如图 11-81 所示。

图 11-81　应用“中间值”特效

“中间值”特效各参数意义如下。

- **半径**：该选项用于设置采样半径。
- **在 Alpha 通道上运算**：勾选该复选框后，会对 Alpha 通道进行均化。

11.7.2　典型案例——制作山谷迷雾效果

下面利用本节所学知识，制作图 11-82 所示的山谷迷雾效果。

图 11-82　山谷迷雾播放效果截图

素材文件	素材与实例\第 11 章\山谷素材
效果展示和源文件	素材与实例\第 11 章\山谷迷雾.aep

制作分析

新建项目文件后，导入图像素材，并将其添加到“时间轴”调板中；然后为“山谷.jpg”图层添加“分形杂色”特效，并在“特效控件”调板中设置其参数；最后通过为“分形杂色”特效的“演化”和“不透明度”选项创建关键帧，并设置各帧参数，制作动态迷雾效果。

制作步骤

步骤 1▶ 新建一个项目文件，导入“山谷素材”文件夹中的“山谷.jpg”图像素材，并将其添加到“时间轴”调板中。

步骤 2▶ 选中“山谷.jpg”图层，选择“效果”>“杂色和颗粒”>“分形杂色”菜单，为图层添加“分形杂色”特效。

步骤 3▶ 在“特效控件”调板中将“分形杂色”特效的“分形类型”选项设为“动态渐进”，将“杂色类型”选项设为“样条”，将“复杂度”选项设为“10”，将“混合模式”选项设为“滤色”，勾选“反转”复选框，然后单击“演化”和“不透明度”选项左侧的“时间变化秒表”按钮创建关键帧，并将“不透明度”选项设为“50%”，如图 11-83（a）所示，此时“合成”调板中的画面如图 11-83（b）所示。

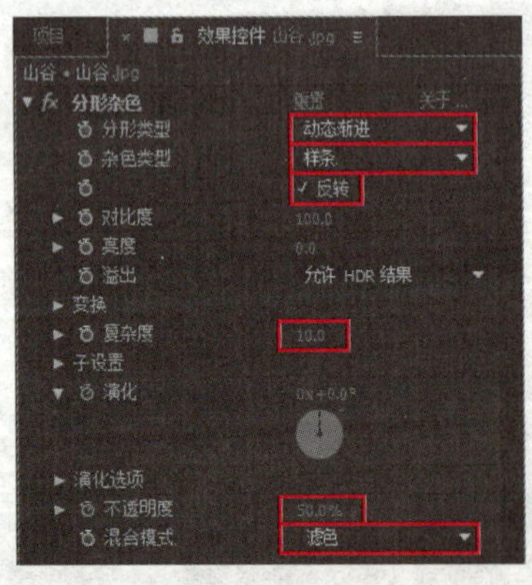

（a）

（b）

图 11-83 设置“分形杂色”特效第 0 秒处的参数

步骤 4▶ 将“时间轴”调板的当前时间指针移至第 10 秒处，然后在“特效控件”调板中将“分形杂色”特效的“不透明度”选项设为“100%”，如图 11-84（a）所示。

步骤 5▶ 将“时间轴”调板的当前时间指针移至第 15 秒处，然后在“特效控件”调板中将“分形杂色”特效的“演化”选项设为“4x+0.0° ”，如图 11-84（b）所示。至此案例就完成了，按空格键进行预览。

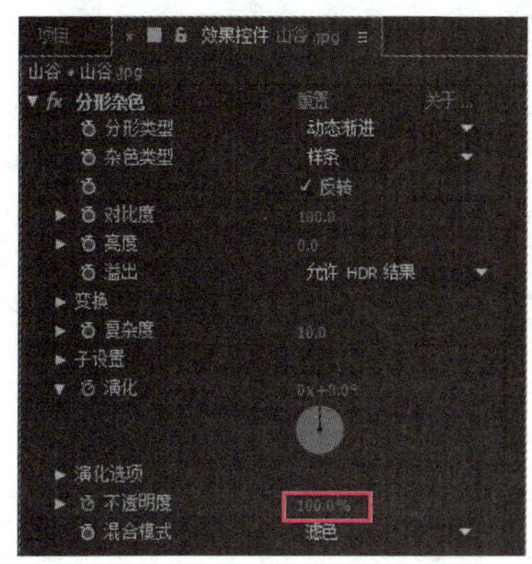

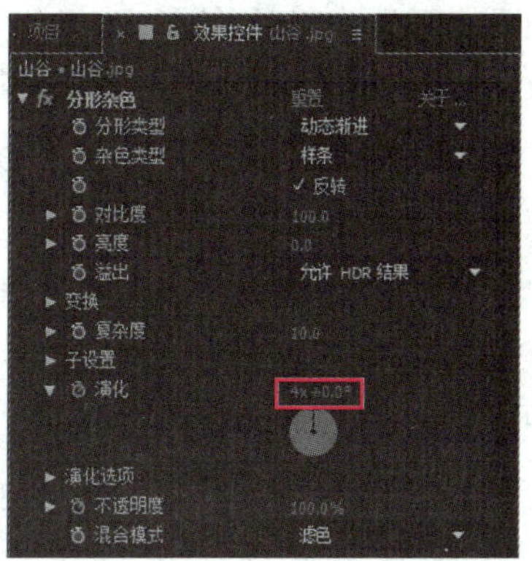

图 11-84　设置“分形杂色”特效第 10 秒和第 15 秒处的参数

本章总结

本章主要介绍了在 After Effects CC 中利用特效制作视觉特效的方法。在学完本章内容后，读者应重点掌握以下知识。

- 利用 After Effects CC 内置的特效可制作出各种神奇的视觉效果。
- 风格化特效可使素材画面产生浮雕、发光、马赛克和描边等效果。
- 利用过渡特效可使素材画面产生过渡效果。
- 利用模糊和锐化特效可使素材画面产生各种模糊或锐化效果。
- 利用模拟特效可以在素材画面中模拟水波、气泡和爆炸等效果。
- 利用生成特效可以在素材画面中生成闪电、光束和镜头光晕等效果，还可改变素材画面的色彩。
- 利用颜色校正特效可以调整图像和视频的色调，对其色彩进行校正。
- 利用杂色和颗粒特效可以在素材画面中去除或添加杂色和颗粒。

思考与练习

一、选择题

1．下列不属于风格化特效的是（　　）。

A．“彩色浮雕”特效　　B．“发光”特效

C．“卡片动画”特效　　D．“卡通”特效

2. 若想使素材画面变为手绘效果应使用（　　）。

A. “浮雕”特效　　B. “卡通”特效

C. “发光”特效　　D. “描边”特效

3. 下列不属于生成特效的是（　　）。

A. “高级闪电”特效　　B. “光束”特效

C. “镜头光晕”特效　　D. “泡沫”特效

4. 若想使素材画面通过径向旋转实现过渡效果，应使用（　　）。

A. “百叶窗”特效　　B. “径向擦除”特效

C. “渐变擦除”特效　　D. “线性擦除”特效

5. 若想使素材画面产生运动感和速度感，应使用（　　）。

A. “定向模糊”特效　　B. “径向模糊”特效

C. “高斯模糊”特效　　D. “复合模糊”特效

6. 利用（　　）可在素材画面中模拟水波或气浪的折射效果。

A. “波形环境”特效　　B. “焦散”特效

C. “粒子运动场”特效　　D. “碎片”特效

7. 利用（　　）可改变素材画面中指定颜色区域的色调、饱和度和亮度。

A. “保留颜色”特效　　B. “曲线”特效

C. “更改颜色”特效　　D. “通道混合器”特效

8. 利用（　　）可清除素材画面中的噪波，常用于去除皮肤上的毛孔与瑕疵。

A. “蒙尘与划痕”特效　　B. “移除颗粒”特效

C. “中间值”特效　　D. “分形杂色”特效

二、简答题

1. 常用风格化特效有哪些？使用风格化特效可以实现哪些视觉特效？
2. 过渡特效的作用是什么？常用过渡特效有哪些？
3. 常用模糊和锐化特效有哪些？其中哪些特效是用于锐化图像的？
4. 常用模拟特效有哪些？使用模拟特效可以模拟哪些自然现象？
5. 常用生成特效有哪些？使用生成特效可以实现哪些视觉特效？
6. 常用颜色校正特效有哪些？如何使用颜色校正特效更改图像的色彩？
7. 杂色和颗粒特效的作用是什么？常用杂色和颗粒特效有哪些？

本章实训

实训 1 手绘动画效果

利用本章所学的知识，将一段视频变为手绘动画效果，如图 11-85 所示。

图 11-85 手绘动画效果

素材文件	素材与实例\第 11 章\手绘动画素材
效果展示和源文件	素材与实例\第 11 章\手绘动画效果.aep、手绘动画效果.mov

提示：

首先创建项目文件，然后导入视频素材，并将视频素材添加到“时间轴”调板中，生成两个图层；然后为上方的图层添加“卡通”特效，并在“特效控件”调板中设置其参数；再为下方的图层添加“查找边缘”特效，并在“特效控件”调板中设置其参数；最后将上方图层的混合模式设为“颜色加深”。

实训 2 名车鉴赏

利用本章所学的知识，制作一个图 11-86 所示的名车鉴赏图集。

素材文件	素材与实例\第 11 章\名车素材
效果展示和源文件	素材与实例\第 11 章\名车鉴赏.aep、名车鉴赏.mov

图 11-86 制作名车鉴赏图集

提示：

创建项目文件，导入“名车 1.jpg”～“名车 5.jpg”图像素材，并依次将其拖到“时间轴”调板中；然后分别为“名车 1.jpg”、“名车 2.jpg”、“名车 3.jpg”和“名车 4.jpg”图层添加“百叶窗”、“渐变擦除”、“径向擦除”和“块溶解”特效；最后在“特效控件”调板中为各特效的“过渡完成”选项创建关键帧，并设置参数，制作过渡动画。

实训 3　美化皮肤

利用本章所学的知识，对一幅人物头像的皮肤进行美化，如图 11-87 所示。

素材文件	素材与实例\第 11 章\皮肤素材
效果展示和源文件	素材与实例\第 11 章\美化皮肤.aep

图 11-87　美化皮肤效果

提示：

创建项目文件，导入“头像.jpg”图像素材，并将其添加到“时间轴”调板中；然后为“头像.jpg”图层添加“移除颗粒”特效，并在“特效控件”调板中设置其参数；再为“头像.jpg”图层添加“钝化蒙版”特效，并在“特效控件”调板中设置其参数；最后为“头像.jpg”图层添加“色阶”特效，并在“特效控件”调板中调整其参数。

第 12 章　After Effects 三维效果应用

利用 After Effects CC 的三维功能，可以为二维图像或视频创建三维立体效果，以满足影视合成的需求。本章将为读者介绍三维空间的概念，以及三维图层、摄像机和灯光的应用方法。

学习目标

- 认识三维空间
- 掌握设置三维空间属性的方法
- 掌握摄像机的应用方法
- 掌握灯光的应用方法

12.1　认识三维空间

在学习应用三维效果的方法前，必须先对三维空间有一个清楚的了解。下面将对三维空间的一些基本概念进行介绍。

12.1.1　三维图层简介

After Effects CC 是通过三维图层来实现三维空间的。三维图层与普通图层的区别是增加了纵深方向的 Z 轴，三维图层中的对象不仅可以在 X 轴和 Y 轴组成的平面上运动，还可以在 Z 轴上进行纵深运动，如图 12-1 所示。

图 12-1　三维空间的坐标轴

After Effects CC 的三维合成与专业的三维制作软件不同，After Effects CC 是通过设置三维图层的各种属性，并提供摄像机和灯光等三维辅助工具实现三维效果，并不具备建模等三维功能。不过对于处理影视素材来说，After Effects CC 的三维合成功能已经足够强大了。

12.1.2 转换三维图层

要在 After Effects CC 中进行三维合成，首先要将图层转换为三维图层，为此，只需在“时间轴”调板中单击要转换图层的三 D 图层开关即可（见图 12-2），再次单击可将三维图层转换回二维图层。在 After Effects CC 中，除了声音层外的其他图层都可转换为三维图层。三维图层比二维图层增加了一些属性，如图 12-2 所示。

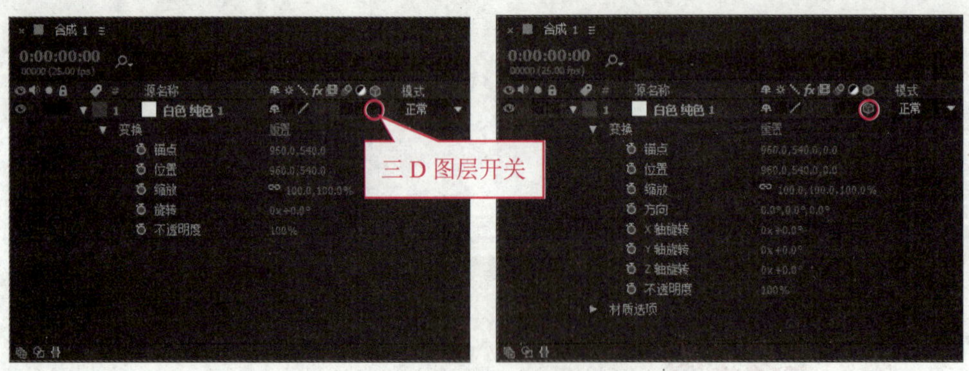

图 12-2 二维图层与三维图层的属性

由图 12-2 可以看到，二维图层转换为三维图层后，“锚点”、“位置”和“缩放”属性都增加了 Z 轴参数，在二维图层中对象只能在一个轴向旋转，转换为三维图层后，对象可以在三个轴向旋转。此外三维图层还增加了“方向”属性，“方向”属性与“旋转”属性的区别是，“方向”属性的参数值只能小于“360°”，而“旋转”属性没有这个限制。

12.1.3 三维视图

在 After Effects CC 中可利用多种视图观察三维对象，以确定三维对象不同角度的效果。选择“视图”>“切换 3D 视图”下的子菜单，或在“合成”调板下方的“3D 视图弹出式菜单”下拉列表中选择相应视图，可在各个视图间切换，如图 12-3 所示。

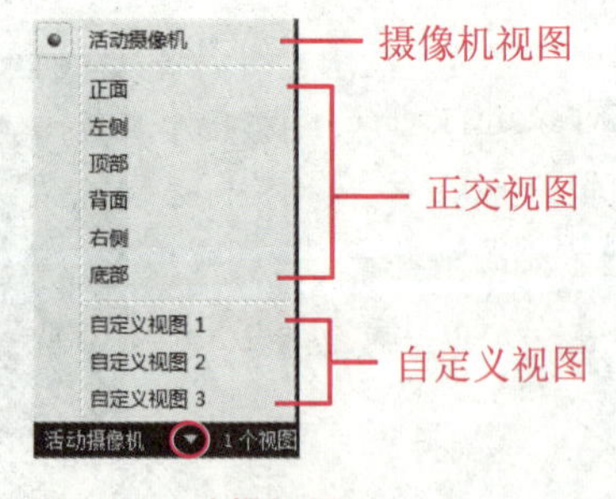

图 12-3 选择视图

1．摄像机视图

摄像机视图是从添加的摄像机的角度，通过镜头去观察三维空间。通过摄像机视图显示的三维空间是带有透视效果的，能够真实地表现对象的远近关系。通过设置摄像机的属性，还可对三维空间的显示进行特殊处理。

2．正交视图

正交视图是从对象的前、后、左、右、上、下6个方向观察而得到的视图，包括“前面”、“左侧”、“顶部”、“返回”、“右侧”和“底部”视图。在正交视图中，对象的长宽尺寸始终保持原始数据，忽略远近关系所导致的变化，因此在正交视图中观察对象不会有透视感。

3．自定义视图

自定义视图是从3个默认的视角观察三维空间，自定义视图中的对象同摄像机视图一样拥有透视感，并可使用“工具”调板中的“统一摄像机工具”调整视图的角度，如图12-4所示。自定义视图与摄像机视图的区别是，自定义视图并不要求合成中必须有摄像机，但也没有摄像机视图中的景深、广角和长焦之类的效果。

图12-4　自定义视图

12.1.4　使用多视图观察三维空间

使用多视图观察三维空间，可以同时从多个角度观看三维对象，以从多个角度对三维对象进行对比，便于编辑和调整三维对象。在“合成”调板下方的“选择视图布局”下拉列表中可选择视图的布局方式，如图12-5所示。

12.1.5　坐标体系

坐标体系的作用是对三维对象进行轴向定位。After Effects CC中提供了3种坐标模式，分别是本地轴模式、世界轴模式和视图轴模式，可通过单击“工具”调板中的“本地轴模式”按钮、“世界轴模式”按钮和“视图轴模式”按钮进行切换，如图 12-6 所示。

图 12-5　使用多视图观察三维空间

图 12-6　坐标模式按钮

1. 本地轴模式

本地轴模式使用三维对象本身的坐标轴作为变换的依据，使三维对象的位置、角度等属性独立于三维空间，不受三维空间坐标轴的影响。

2. 世界轴模式

世界轴模式使用三维空间的坐标轴作为三维对象的变换依据，坐标轴不会随三维对象的旋转而改变，无论三维对象如何运动，在所有视图中 X 轴始终向水平方向延伸，Y 轴始终向垂直方向延伸，Z 轴始终向纵深方向延伸。

3. 视图轴模式

视图轴模式与“合成”调板中当前所使用的视图有关，当使用正交视图或自定义视图时，X 轴和 Y 轴始终平行于视图，Z 轴始终垂直于视图；当使用摄像机视图时，X 轴和 Y 轴始终平行于视图，但 Z 轴会随三维对象的旋转发生变化。

12.2　三维图层的属性设置

三维对象的移动、旋转等运动是通过设置三维图层的相关属性实现的，下面对三维图层的属性进行分类讲解。

12.2.1　设置位置属性

在三维图层中“位置”属性的控制参数由二维的 X、Y 两个参数变为三维的 X、Y、Z 三个参数，如图 12-7 所示。

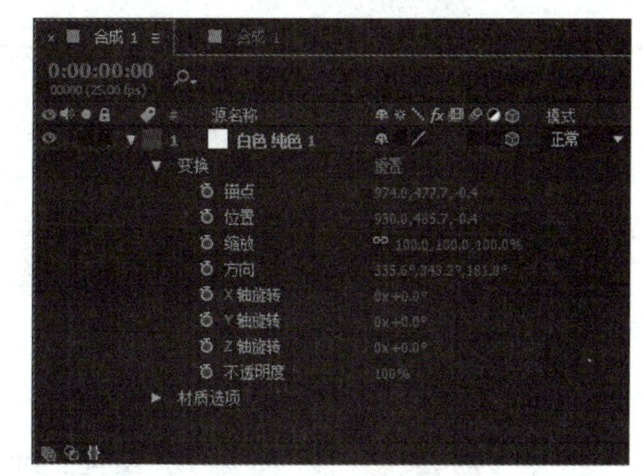

图 12-7　选择视图

在“时间轴”调板中选中三维图层、摄像机层或灯光层后，可在“合成”调板中看到该层的坐标轴，其中红色坐标轴表示 X 轴，绿色坐标表示 Y 轴，蓝色坐标表示 Z 轴，此时通过使用“选择工具”拖动，可改变坐标参数。将光标移至坐标轴上，当光标呈 形状时表示移动锁定在 X 轴向上；当光标呈 形状时表示移动锁定在 Y 轴向上；当光标呈 形状时表示移动锁定在 Z 轴向上。

也可在“时间轴”调板中展开“变换”选项，精确设置“位置”属性的参数（含 X、Y、Z 三个方向的参数）。

12.2.2　设置方向和旋转属性

在三维图层中“旋转”属性变成了“X 轴旋转”、“Y 轴旋转”和“Z 轴旋转”3 个独立的参数，这 3 个参数均可设置圈数和角度。新增的“方向”属性包含 X、Y、Z 三个轴向参数。在对三维对象进行旋转操作时，既可使用“旋转”属性实现，也可使用“方向”属性实现，但最好不要同时使用，避免在添加特效时造成内部冲突。

“旋转”属性与“方向”属性各有利弊，“旋转”属性的优点是可以使三维对象旋转多圈，并可指定旋转的圈数；“方向”属性的优点是运算更加快捷，在制作旋转动画时效果更加平滑。

12.2.3　设置材质属性

将二维图层转换为三维图层后，会新增一个“材质选项”属性，如图 12-8 所示。通过设置“材质选项”属性可调整三维图层对灯光光照系统的反馈效果。

下面对“材质选项”属性的参数进行介绍。

➢　**投影：**该选项用于设置三维图层是否应用阴影选项。

- **透光率：**该选项用于设置三维图层的透光程度，用于体现半透明效果。
- **接受阴影：**该选项用于设置三维图层是否接受阴影。
- **接受灯光：**该选项用于设置三维图层是否接受灯光。
- **环境：**该选项用于设置三维图层受环境类灯光影响的程度。
- **漫射：**该选项用于设置三维图层漫反射的程度，数值越高漫反射越多。
- **镜面强度：**该选项用于设置三维图层镜面反射的强度。

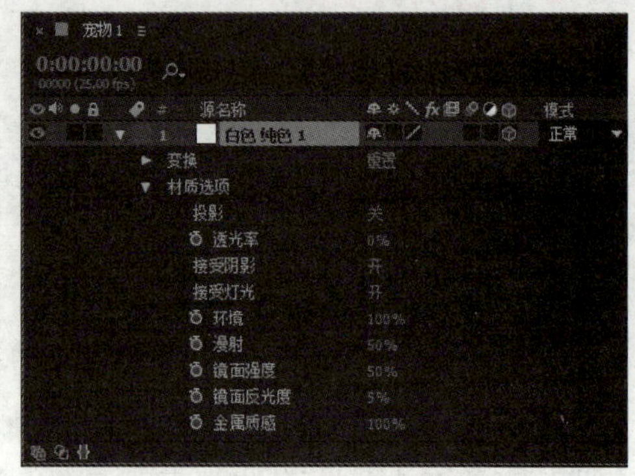

图 12-8 “材质选项”属性的参数

- **镜面反光度：**该选项用于设置三维图层镜面反射的区域。
- **金属质感：**该选项用于设置三维图层镜面反射光的颜色，数值越靠近 100%就越接近于图层的颜色，越靠近 0%就越接近于灯光的颜色。

12.2.4 自动定向功能

在为二维图层创建动画时激活“自动定向”功能，可使二维图层在运动时始终保持运动朝向。为三维图层创建动画时激活“自动定向”功能，不仅可以保持三维图层运动时的朝向，还可使三维图层在运动过程中始终朝向摄像机。

要为三维图层应用“自动定向”功能，可选中三维图层，然后选择“图层”>“变换”>“自动定向”菜单，在打开的“自动定向”对话框中进行设置，并单击“确定”按钮，如图 12-9 所示。

- **关：**选择该单选钮，不启用“自动定向”功能。
- **沿路径定向：**选择该单选钮，根据层的运动路径自动调整旋转属性，以调整运动朝向。
- **定位于摄像机：**自动调整旋转属性，使层始终朝向摄像机。

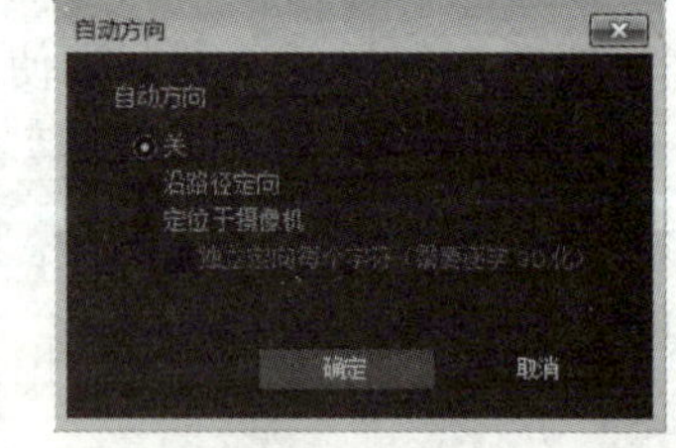

图 12-9 “自动定向”对话框

提　示

若应用“自动定向”功能的是摄像机层或灯光层，则“自动定向”对话框中的“定位于摄像机”单选钮会变为“定向到目标点”单选钮。选择“定向到目标点”单选钮后，摄像机或灯光在运动过程中，始终朝向目标点。

12.3 应用摄像机

在 After Effects CC 中，可通过设置一个或多个摄像机来拍摄三维空间中的对象。After Effects CC 中的摄像机不但可以安放在任何位置，还可以模拟真实摄像机的各种光学特性。

12.3.1 创建和设置摄像机

要创建摄像机可选择“图层”>“新建”>“摄像机”菜单，打开图 12-10 所示的“摄像机设置”对话框，对摄像机的参数进行设置，并单击“确定”按钮。

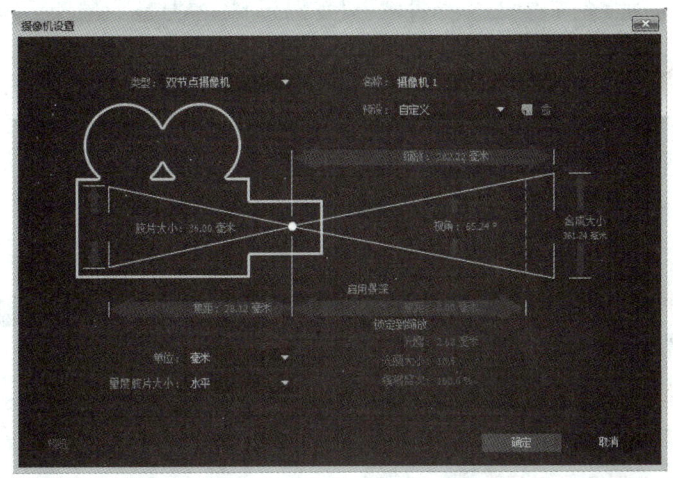

图 12-10 “摄像机设置”对话框

“摄像机设置”对话框中各参数意义如下。

- **类型**：该下拉列表用于选择摄像机的种类。其中，双节点摄像机可控制摄像机位置和被拍摄目标点的位置；单节点摄像机只能控制摄像机的位置。
- **名称**：该编辑框用于设置摄像机的名称。
- **预置**：该下拉列表用于选择 After Effects CC 预置的常用摄像机镜头。其中 35 毫米镜头类似于人眼的视角；15 毫米镜头的视野极大，但透视变形也非常明显；200 毫米镜头可将很远的景物拉近，但视野会变得很小。
- **单位**：该下拉列表用于设置“摄像机设置”对话框中各参数所使用的单位。
- **度量胶片大小**：该下拉列表用于设置胶片尺寸的基准方向。
- **缩放**：该选项用于设置摄像机与拍摄对象的距离，数值越大距离越近，视野越小。
- **视角**：该选项用于设置摄像机的视角，数值越大视野越宽，数值越小视野越小。该选项与“胶片大小”、“焦距”及“缩放”选项联动。

- **胶片大小**：该选项用于设置通过镜头看到的拍摄对象的实际大小。数值越大，视野越大，反之视野越小。
- **焦距**：该选项用于设置胶片与镜头间的距离。数值大就是长焦效果，数值小就是广角效果。
- **启用景深**：勾选该复选框后，摄像机将启用景深效果。启用景深效果后，其下方的"焦距"选项变为可用，通过该选项可设置镜头到拍摄对象最清晰部位的距离。
- **光圈**：启用景深效果后，可通过该选项设置拍摄对象清晰的范围。数值越大，拍摄对象清晰的范围越小。
- **光圈大小**：该选项与"光圈"选项相互作用，影响景深的模糊范围。
- **模糊层次**：该选项用于设置景深的模糊程度，数值越大越模糊。

12.3.2 移动摄像机

利用图 12-11 所示"工具"调板摄像机工具组中的"统一摄像机工具"、"轨道摄像机工具"、"跟踪 XY 摄像机工具"和"跟踪 Z 摄像机工具"，可以以不同方式移动摄像机。

- **"轨道摄像机工具"**：使用该工具可以目标点为中心旋转摄像机。
- **"统一摄像机工具"**：该工具的作用与"轨道摄像机工具"类似。

图 12-11 摄像机工具组

- **"跟踪 XY 摄像机工具"**：使用该工具可在水平或垂直方向平移摄像机。
- **"跟踪 Z 摄像机工具"**：使用该工具可将摄像机拉近或推远。

12.3.3 设置摄像机的目标点

在创建摄像机时，如果将摄像机的类型设为"双节点摄像机"，则摄像机除了自身属性外还会有一个"目标点"属性。默认情况下摄像机的目标点位于三维空间的原点，即世界坐标（0，0，0）的位置，呈形状，如图 12-12 所示。

使用"工具"调板中的"选择工具"拖动"合成"调板中摄像机的目标点，可改变目标点的位置，在摄像机的坐标轴上按住鼠标左键并拖动，可同时改变摄像机和目标点的位置。此外，在"时间轴"调板中展开摄像机层的"变换"选项，也可设置"目标点"属性的参数，如图 12-13 所示。在实际操作中，"目标点"属性经常配合"自动定向"功能一起使用。

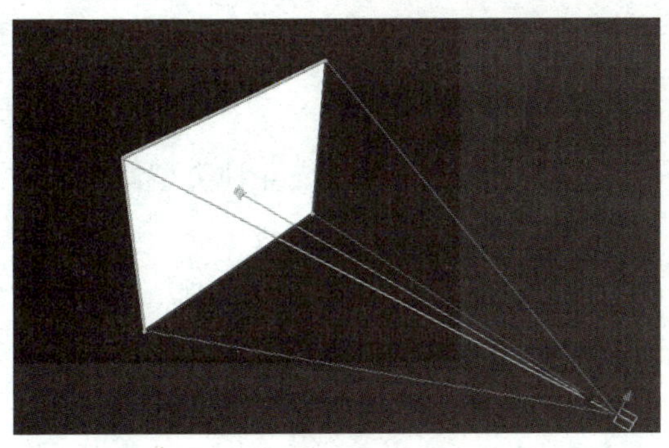

图 12-12　摄像机的目标点

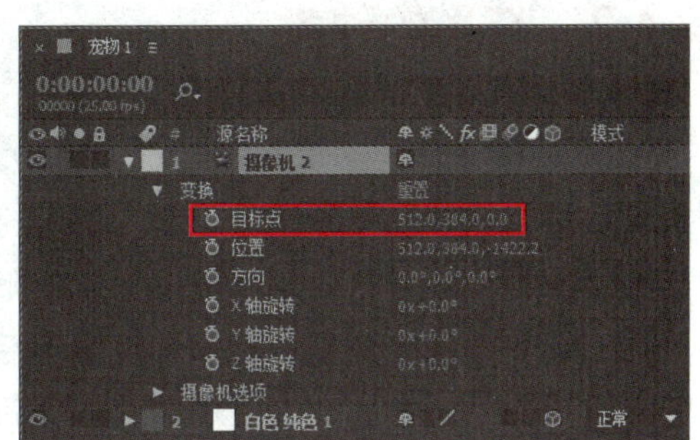

图 12-13　设置“目标点”属性

12.3.4　设置摄像机的入点与出点

创建摄像机后默认情况下其入点和出点与合成的入点和出点对齐，在制作多镜头切换效果时，需要使用多个摄像机，此时可通过设置各摄像机的入点和出点，达到制作要求。调整摄像机入点和出点的方法与普通图层完全相同，只需在“时间轴”调板中使用“选择工具”将摄像机的入点和出点拖到所需位置即可，如图 12-14 所示。

图 12-14　调整摄像机的入点和出点

12.4　应用灯光

通过在三维空间中添加灯光，可设置三维空间中的照明和投影等效果，模拟不同环境下的真实场景。

12.4.1　创建灯光

在 After Effects CC 中可通过创建一个或多个灯光来制作三维场景的光影效果。要创建灯光，只需选择“图层”>“新建”>“灯光”菜单，打开图 12-15 所示的“灯光设置”对话框，然后设置灯光参数并单击“确定”按钮即可。

- **名称：**该编辑框用于设置灯光的名称。
- **灯光类型：**该下拉列表用于设置灯光的类型。

12.4.2 灯光的种类

After Effects CC 中的灯光可分为平行光、聚光灯、点光和环境光 4 种类型。下面对不同类型的灯光进行简单介绍。

- **平行光：** 平行光是一种近似于太阳光的光源，具有无限的光照范围，可以照射到场景中的任何地方，这种灯光不受衰减影响，可以投射阴影。
- **聚光灯：** 聚光灯由一点向指定方向发射圆锥形的光线，这种灯光可以明确区分光照区域与非光照区域，受衰减影响，可以投射阴影。
- **点光：** 点光由一点向周围发射光线，这种灯光受衰减影响，可以投射阴影。
- **环境光：** 环境光没有发射点也没有方向性，用于调节整个场景的亮度。这种灯光不受衰减影响，也无法投射阴影，经常与其他类型的灯光配合使用。

12.4.3 设置灯光

创建灯光后，可在“时间轴”调板中展开灯光层的“灯光选项”选项，对灯光的参数进行设置，如图 12-16 所示。

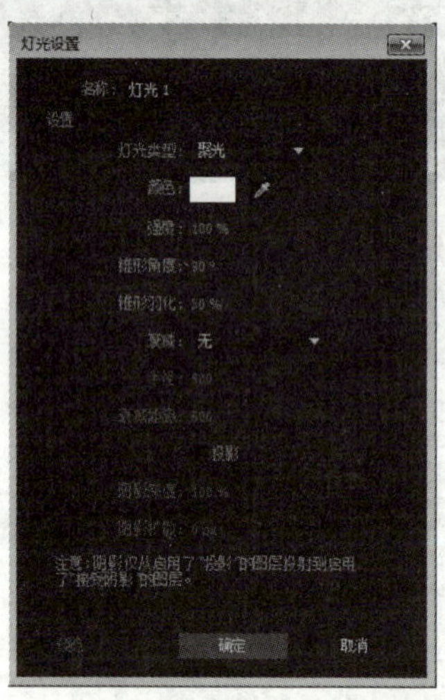

图 12-15 “灯光设置”对话框

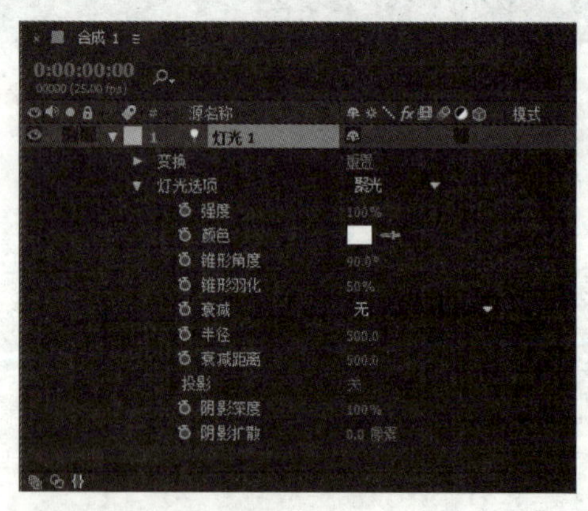

图 12-16 设置灯光参数

下面以聚光灯为例，介绍灯光各参数意义。

- **强度：** 该选项用于设置灯光的强度。
- **颜色：** 该选项用于设置灯光的颜色。
- **锥形角度：** 该选项用于设置灯光的角度和范围。
- **锥形羽化：** 该选项用于设置灯光边缘的羽化度。

- **衰减**：该下拉列表用于设置灯光衰减的方式。
- **半径**：该选项用于设置灯光衰减的半径。
- **衰减距离**：该选项用于设置灯光从光源射出后开始衰减的距离。
- **阴影**：该选项用于设置是否投射阴影。
- **阴影深度**：该选项用于设置由灯光所产生的阴影的颜色深度。
- **阴影扩散**：该选项用于设置由灯光所产生的阴影的扩散程度。

12.5　典型案例——制作旋转的立方体

下面利用本章所学知识，制作图 12-17 所示的立方体旋转动画。

图 12-17　旋转的立方体播放效果截图

素材文件	素材与实例\第 11 章\立方体素材
效果展示和源文件	素材与实例\第 11 章\旋转的立方体.aep、旋转的立方体.mov

制作分析

新建“立方体”合成，导入图像素材，并将其添加到“时间轴”调板中；然后将所有图层转换为三维图层，并设置各三维图层的属性，组成立方体；再新建“摄像机和灯光”合成，将“立方体”合成添加到“摄像机和灯光”合成的“时间轴”调板中，将“立方体”图层转换为三维图层，并设置其旋转参数，制作旋转动画；接着创建摄像机和灯光，并调整摄像机的位置，设置各灯光的参数；最后创建“场景”合成，将“摄像机和灯光”合成添加到“场景”合成的“时间轴”调板中，并添加背景图像。

制作步骤

步骤 1▶ 新建一个合成，在“合成设置”对话框中将“合成名称”设为“立方体”，将“预设”选项设为“HDTV 1080 25”，将“持续时间”选项设为“8 秒”，然后单击“确定”按钮，如图 12-18 所示。

步骤 2▶ 导入“立方体素材”文件夹中的所有图像素材，并将“城市 1.jpg”～“城市 6.jpg”图像素材按照图 12-19 所示的顺序添加到“时间轴”调板中。

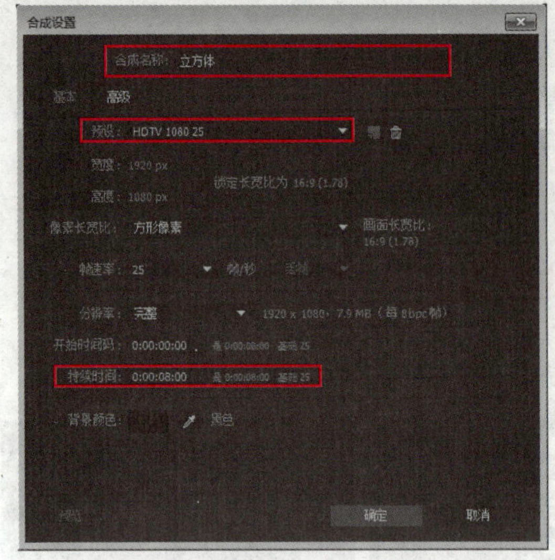

图 12-18　新建“立方体”合成

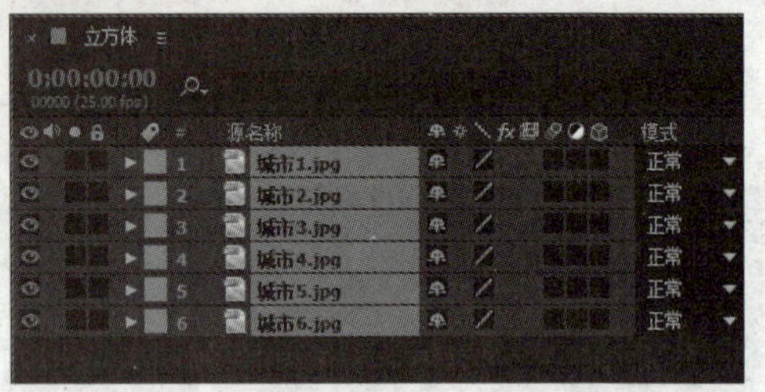

图 12-19　将图像素材添加到“时间轴”调板

步骤 3▶ 选中所有图层，选择“图层” > “3D 图层”菜单，将所有图层转换为三维图层，展开“城市 1.jpg”图层的“材质选项”选项，将“投影”选项设为“开”，将“透光率”选项设为“40%”，如图 12-20 所示，按照相同的操作，设置其他图层。

步骤 4▶ 在“合成”调板下方的“选择视图布局”下拉列表中选择“2 个视图-水平”选项，同时显示“顶部”和“活动摄像机”视图。

步骤 5▶ 展开“城市 2.jpg”图层的“变换”选项，将其“Y 轴旋转”选项设为“0×+90.0° ”，然后在“顶部”视图中沿 Z 轴方向调整其位置（按键盘上的左方向键），将其与“城市 1.jpg”的左侧对齐，如图 12-21 所示。

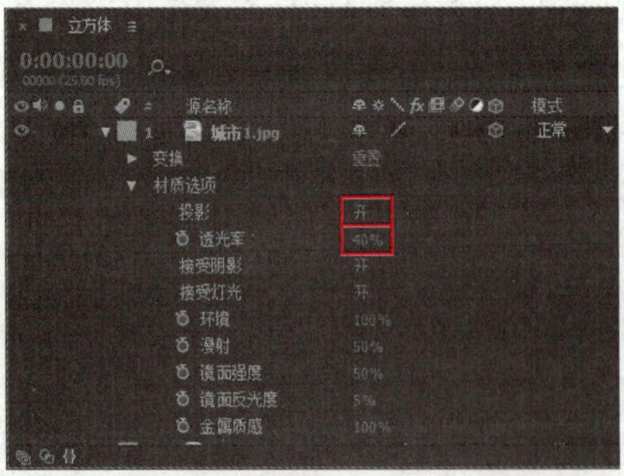

图 12-20　设置图层“透光率”属性

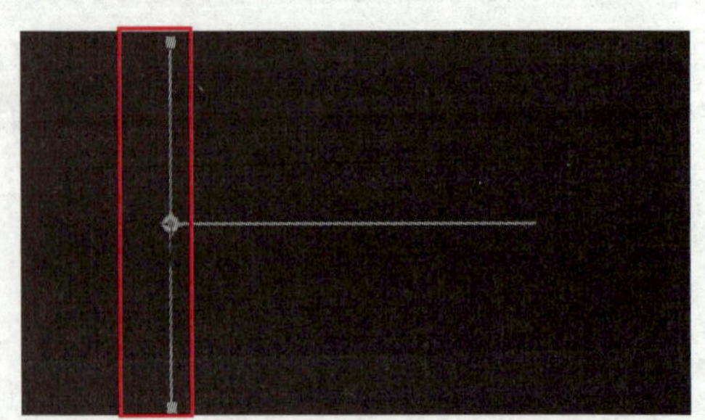

图 12-21　调整“城市 2.jpg”图层的位置

步骤 6▶ 选中“城市 1.jpg”图层，然后在“顶部”视图中调整其位置，使其与“城市 2.jpg”图层的下侧对齐，如图 12-22 所示。展开“城市 3.jpg”图层的“变换”选项，将其“Y 轴旋转”选项设为“0×+90.0°”，然后在“顶部”视图中调整其位置，使其与“城市 1.jpg”图层的右侧对齐，如图 12-23 所示。

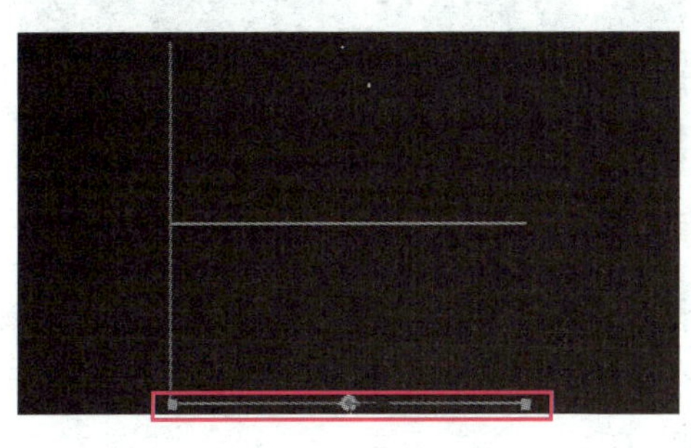

图 12-22　调整“城市 1.jpg”图层的位置

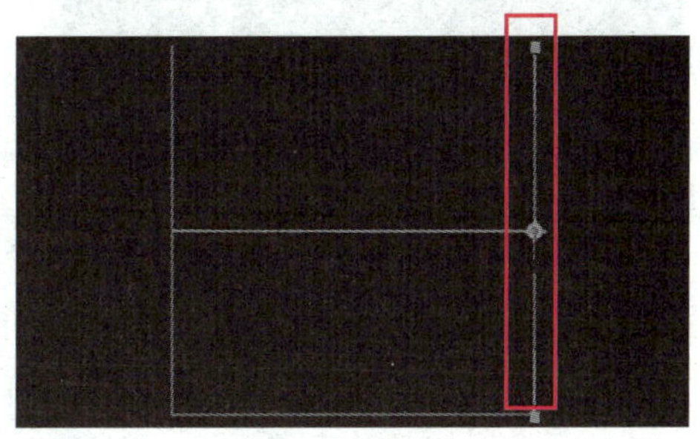

图 12-23　调整“城市 3.jpg”图层的位置

提　示

步骤 5 至步骤 9 是通过在三维空间中对“城市 1.jpg”至“城市 6.jpg”图片进行移动、旋转操作，最终组成立方体。

步骤 7▶ 选中“城市 4.jpg”图层，然后在“顶部”视图中调整其位置，如图 12-24 所示。选中“顶部”视图，在“合成”调板下方的“3D 视图弹出式菜单”下拉列表中选择“左侧”选项。

步骤 8▶ 展开“城市 5.jpg”图层的“变换”选项，将其“X 轴旋转”选项设为“0×+90.0°”，然后在“左侧”视图中调整其位置，如图 12-25 所示。

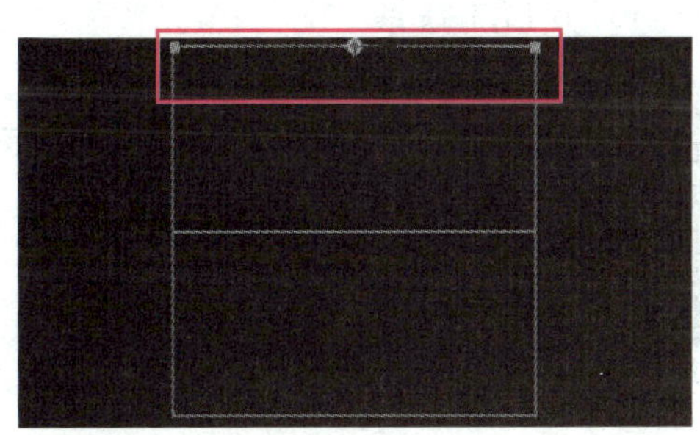

图 12-24　调整“城市 4.jpg”图层的位置

图 12-25　调整“城市 5.jpg”图层的位置

步骤 9▶ 展开“城市 6.jpg”图层的“变换”选项，将其“X 轴旋转”选项设为“0×+90.0°”，然后在“左侧”视图中调整其位置，如图 12-26 所示，至此立方体就创建完成了。

步骤 10▶ 新建一个名为“摄像机和灯光”的合成，然后将“立方体”合成添加到“摄像机和灯光”合成的“时间轴”调板中，将其转换为三维图层，并激活图层名称右侧的“对于合成图层：折叠变换；对于矢量图层：连续栅格化”开关☀，如图 12-27 所示。

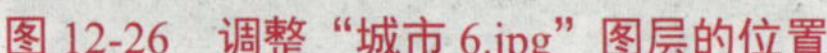

图 12-26　调整“城市 6.jpg”图层的位置

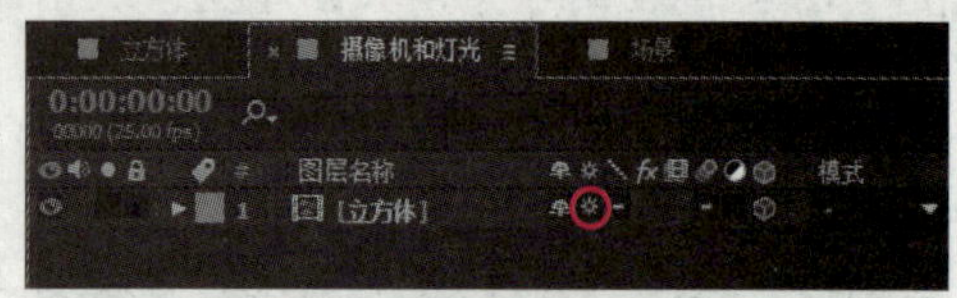

图 12-27　添加并设置“摄像机和灯光”合成

步骤 11▶　选择“图层”>“新建”>“摄像机”菜单，打开“摄像机设置”对话框，在“预设”下拉列表中选择“35 毫米”选项，并单击“确定”按钮，如图 12-28 所示。

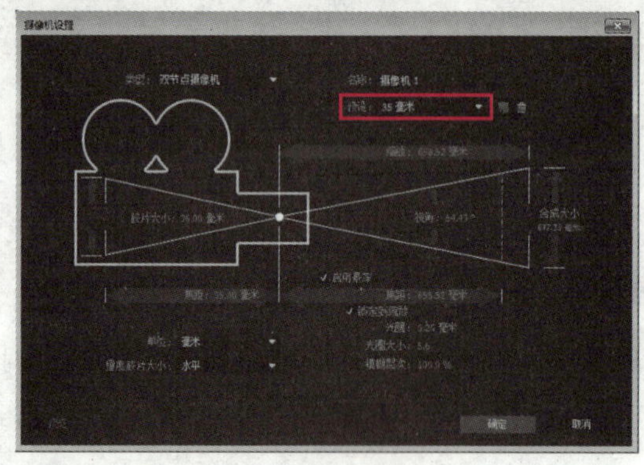

图 12-28　创建摄像机

步骤 12▶　使用“选择工具”在“左侧”视图中调整摄像机的位置，如图 12-29（a）所示；此时“摄像机 1”视图中的显示效果如图 12-29（b）所示。

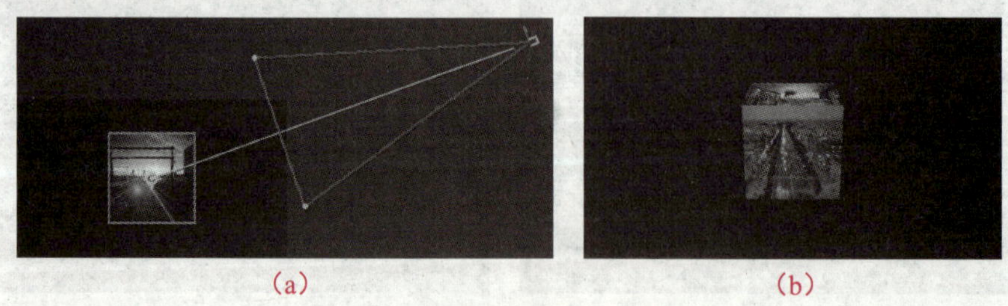

（a）　（b）

图 12-29　调整摄像机位置

步骤 13▶　选择“图层”>“新建”>“灯光”菜单，打开“灯光设置”对话框，在“灯光类型”下拉列表中选择“聚光”选项，将“强度”设为“400%”，并单击“确定”按钮，如图 12-30 所示。

步骤 14▶　展开“灯光 1”图层的“变换”选项，设置灯光的“位置”属性，如图 12-31 所示。

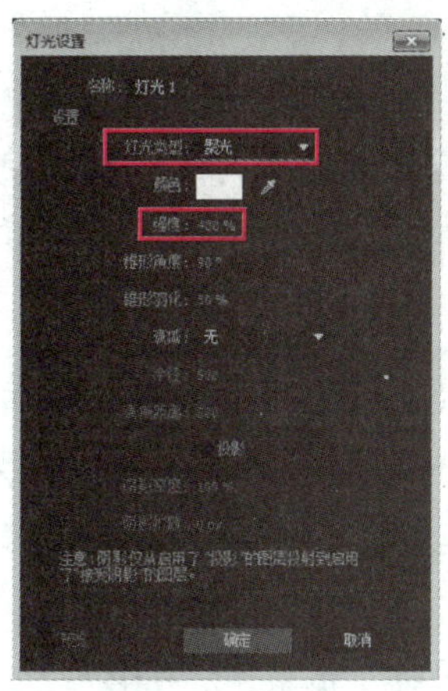

图 12-30　创建灯光 1

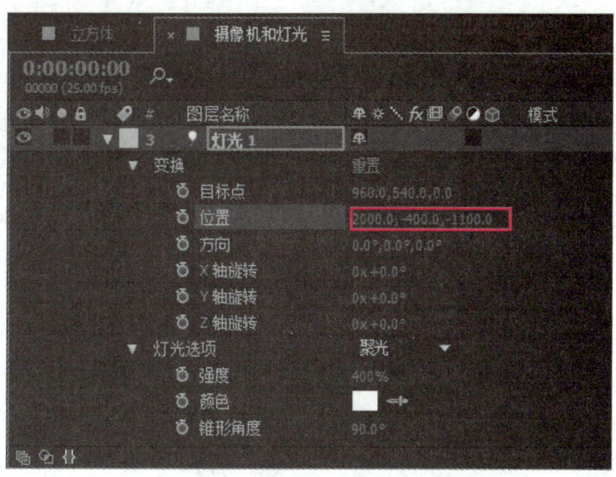

图 12-31　设置灯光 1 的位置

步骤 15▶　参照步骤 13～14 的操作再创建一个聚光灯和一个点光，并设置它们的“强度”和“位置”参数，如图 12-32 所示。此时灯光在各视图中的位置如图 12-33 所示。

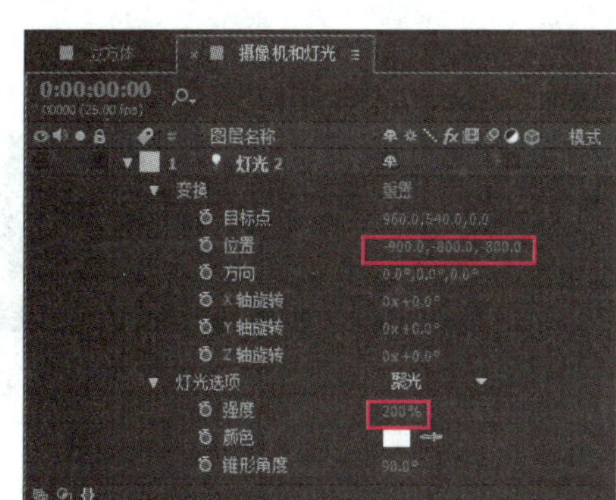

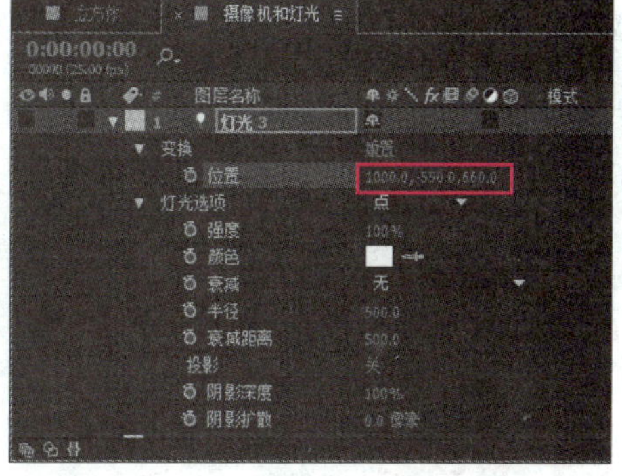

图 12-32　设置灯光 2 和灯光 3 的参数

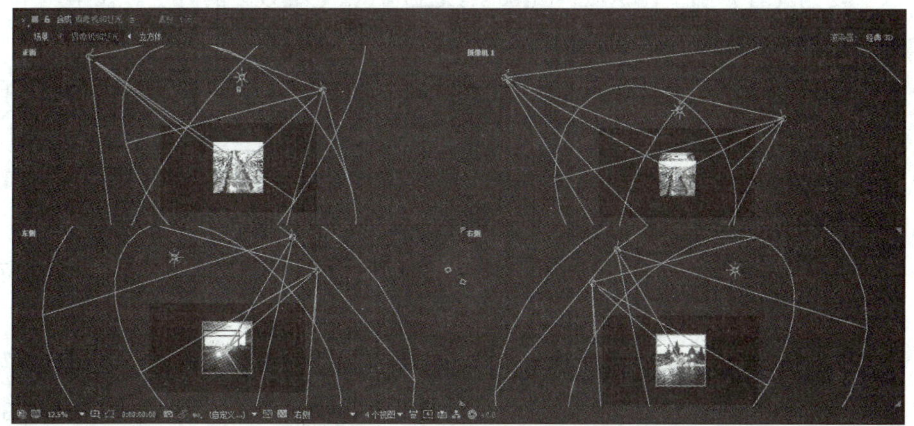

图 12-33　灯光在视图中的位置

提　示

本例中所使用的是比较常见的三点布光法，一个主光源位于对象前方一侧，负责照亮主体；一个辅助光源位于对象前方另一侧，负责照亮主体的暗面；一个轮廓光源位于对象后方，负责照亮对象轮廓。

步骤 16▶ 展开“立方体”图层的“变换”选项，单击“Y 轴旋转”属性左侧的“时间变化秒表”按钮创建关键帧，然后将“时间轴”调板的当前时间指针移至第 8 秒处，并将“Y 轴旋转”属性设为“4×+0.0°”，制作立方体旋转的动画，如图 12-34 所示。

步骤 17▶ 新建一个名为“场景”的合成，依次将“项目”调板中的“星空.jpg”图像素材和“摄像机和灯光”合成添加到“场景”合成的“时间轴”调板中，如图 12-35 所示，至此案例就完成了。

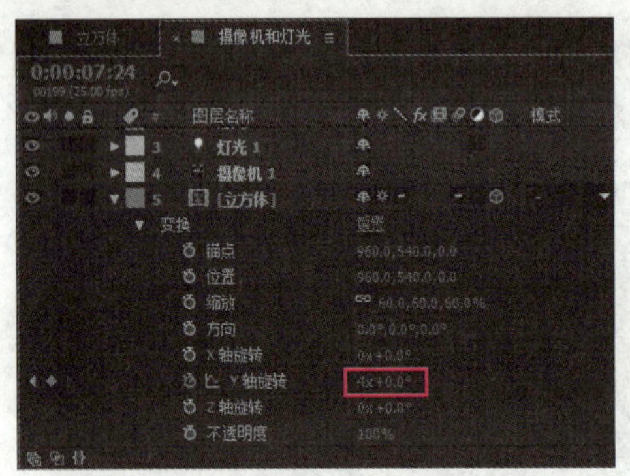

图 12-34　设置第 8 秒的“Y 轴旋转”属性

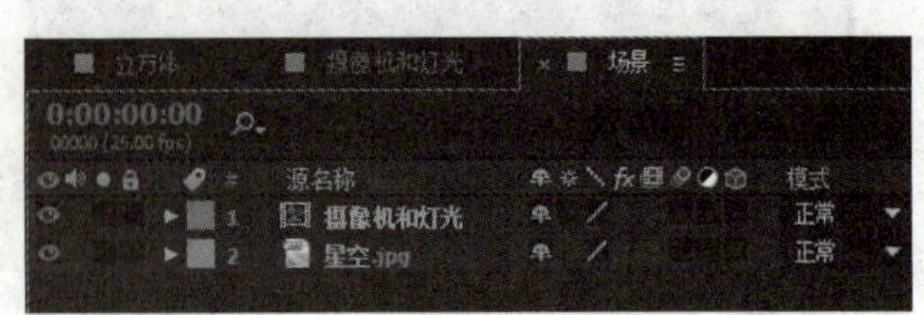

图 12-35　在“场景”合成中添加背景和合成

本章总结

本章主要为读者介绍了在 After Effects CC 中制作三维效果的方法。在学完本章内容后，读者应重点掌握以下知识。

- After Effects CC 是通过三维图层来实现三维效果的。三维图层与普通图层的区别是增加了纵深方向的 Z 轴。
- 要将图层转换为三维图层只需在“时间轴”调板中单击要转换的图层的三 D 图层开关即可，再次单击可将三维图层转换回二维图层。
- 使用多视图观察三维空间，可以从多个角度观看三维对象，以从多个角度对三维对象进行对比，便于编辑和调整三维对象。
- 在为二维图层创建动画时激活“自动定向”功能，可使二维图层在运动时始终保持运动朝向。为三维图层创建动画时激活“自动定向”功能，不仅可以保持三维图层运动时的朝向，还可使三维图层在运动过程中始终朝向摄像机。

- 在 After Effects CC 中，可通过设置一个或多个摄像机来拍摄三维空间中的对象。
- 利用“统一摄像机工具”、“轨道摄像机工具”、“跟踪 XY 摄像机工具”和“跟踪 Z 摄像机工具”，可以以不同方式移动摄像机。
- 在创建摄像机时，如果将摄像机的类型设为“双节点摄像机”，则摄像机除了自身属性外还会有一个“目标点”属性。默认情况下摄像机的目标点位于三维空间的原点，使用“选择工具”可调整目标点的位置。
- 通过在三维空间中添加灯光，可设置三维空间中的照明和投影等效果，模拟不同环境下的真实场景。
- After Effects CC 中的灯光可分为平行光、聚光灯、点光和环境光 4 种类型。

思考与练习

一、选择题

1. 三维图层与普通图层的区别是增加了（　　）。

A. X 轴　　B. Y 轴

C. Z 轴　　D. XY 轴

2. 下列不属于 After Effects CC 三维视图类型的是（　　）。

A. 摄像机视图　　B. 正交视图

C. 自定义视图　　D. 立体视图

3. 下列不属于 After Effects CC 坐标模式的是（　　）。

A. 主体轴模式　　B. 本地轴模式

C. 世界轴模式　　D. 视图轴模式

4. “摄像机设置”对话框中用于设置摄像机与拍摄对象距离的选项是（　　）。

A. “度量胶片大小”选项　　B. “缩放”选项

C. “视角”选项　　D. “焦距”选项

5. 要将摄像机拉近或推远应使用（　　）。

A. 统一摄像机工具　　B. 轨道摄像机工具

C. 跟踪 XY 摄像机工具　　D. 跟踪 Z 摄像机工具

6. 要创建近似于太阳光的光源，应选择（　　）型灯光。

A. 平行光　　B. 聚光灯

C. 点光　　D. 环境光

二、简答题

1. 如何将普通图层转换为三维图层？
2. 三维图层的“方向”属性和“旋转”属性的区别是什么？
3. 三维图层的属性和二维图层有什么区别？
4. “材质选项”属性的作用是什么？有哪些常用参数？
5. “自动定向”功能的作用是什么？
6. 单节点摄像机与双节点摄像机的区别是什么？
7. 如何设置摄像机的目标点、入点与出点？
8. 如何创建灯光？不同类型灯光的作用是什么？

本章实训

实训 1 旋转 3D 文字

利用本章所学的知识，制作一个图 12-36 所示的旋转 3D 文字动画。

图 12-36 旋转 3D 文字动画效果截图

素材文件	—
效果展示和源文件	素材与实例\第 12 章\旋转 3D 文字.aep、旋转 3D 文字.mov

提示：

（1）创建“北”合成，输入“北”字，并将文字图层转变为三维图层；然后展开文本图层的“材质选项”选项，将“投影”选项设为“开”。

（2）选中文本图层，连续按快捷键【Ctrl+D】19 次，创建 19 个文本图层副本，并依次展开各文本图层副本的“变换”选项，将“位置”属性的 Z 轴参数设为-1～-19。

（3）改变最上方与最下方文本图层中文字的颜色；将“北”合成复制一份，并将副本重命名为“京”，然后将“京”合成中各文本图层的“北”字都改为“京”字，按照相同的操作创建“金”、“企”和“鹅”合成。

（4）新建“场景”合成，将“北”、“京”、“金”、“企”和“鹅”合成添加到“时间轴”调板中，创建一个纯色图层，将纯色图层转换为三维图层，并调整其大小、方向和位置，将其放在文字下方，再为场景添加灯光和摄像机。

（5）通过为摄像机的“位置”属性创建关键帧，并改变摄像机各关键帧的位置，制作旋转 3D 文字效果；最后导入并添加“背景.jpg”图像素材。

实训 2　穿越迷宫动画

利用本章所学的知识，制作一个图 12-37 所示的穿越迷宫动画。

图 12-37　穿越迷宫动画效果截图

素材文件	素材与实例\第 12 章\迷宫素材
效果展示和源文件	素材与实例\第 12 章\穿越迷宫.aep、穿越迷宫.mov

提示：

（1）创建合成，并导入“墙壁.jpg”和“地面.jpg”图像素材；依次将“地面.jpg”和“墙壁.jpg”图像素材添加到“时间轴”调板中，并将其转换为三维图层。

（2）将“墙壁.jpg”图层复制 6 份，通过调整各层的“方向”属性，并在“合成”调板中移动墙壁图像的位置，制作迷宫的墙壁；再设置“地面.jpg”的“方向”属性，并将“地面.jpg”图层复制一份，通过在“合成”调板进行移动，制作迷宫的地面和顶部。

（3）添加一个单节点摄像机，并通过为其“位置”和“方向”属性创建关键帧，并调整摄像机“位置”和“方向”属性各关键帧的参数，制作穿越迷宫动画。

第 13 章　综合应用实战

通过前面章节的学习，我们已经掌握使用 Premiere Pro CC 和 After Effects CC 编辑、合成视频和制作视频特效的方法，本章将综合运用前面所学知识，结合使用 Premiere Pro CC 和 After Effects CC 制作几个精彩的影视案例。

学习目标

- 掌握制作航天知识片头的方法
- 掌握制作栏目包装片头的方法
- 掌握制作企业宣传片的方法
- 掌握制作颁奖典礼片头的方法

13.1　制作航天知识片头

下面利用所学知识，制作图 13-1 所示的航天知识片头。

图 13-1　航天知识播放效果截图

素材文件	素材与实例\第 13 章\航天知识素材
效果展示和源文件	素材与实例\第 13 章\航天知识镜头.aep、航天知识片头.prproj、航天知识片头.mp4

制作分析

首先新建“火箭起飞镜头”和“火箭起飞镜头 01”合成，通过创建关键帧动画、创建蒙版和添加特效等操作制作航天飞机发射的镜头；然后创建“火箭起飞镜头 02”合成，制作航天飞机穿越云层的镜头；再创建“火箭起飞镜头 03”合成，制作航天飞机在宇宙中飞行，以及标题文字出现的镜头；接着将制作的合成导出为视频文件；最后启动 Premiere Pro CC 将导出的视频文件作为素材进行剪辑并添加音频，输出最终视频文件。

制作步骤

1．制作“火箭起飞镜头 01”

步骤 1▶ 在 After Effects CC 新建一个合成，在“合成设置”对话框中将“合成名称”设为“火箭起飞镜头”，将“预设”选项设为“HDTV 1080 25”，将“分辨率”选项设为“四分之一”，将“持续时间”选项设为“20 秒”，然后单击“确定”按钮，如图 13-2 所示。

步骤 2▶ 导入“航天知识素材”文件夹中的所有素材，然后依次将“天空.jpg”、“火箭塔.psd”、“火箭.psd”和“背景.psd”图像素材添加到“时间轴”调板中，将“火箭塔.psd”图层的“缩放”属性设为“25，29%”，将“火箭.psd”图层的“缩放”属性设为“15，15%”，然后在“合成”调板中调整火箭塔和火箭图像的位置，如图 13-3 所示。

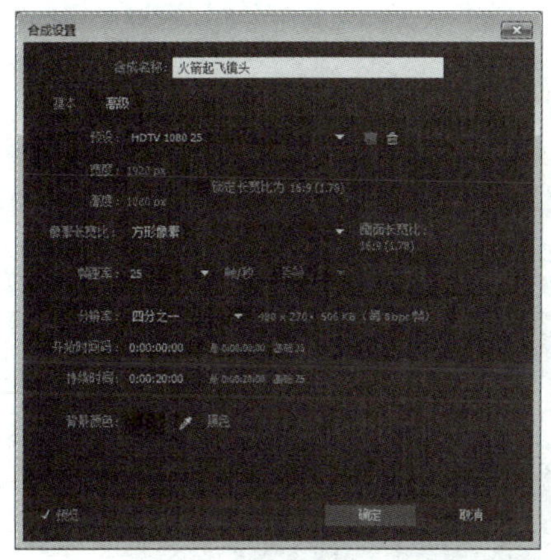

图 13-2 创建“火箭起飞镜头”合成

图 13-3 调整火箭塔和火箭图像的大小和位置

步骤 3▶ 依次将“项目”调板中的“喷雾.mov”和“雾气.mov”视频素材添加到“时间轴”调板“火箭.psd”图层上方，并将“喷雾.mov”图层的“缩放”属性设为“150，-105%”，“位置”属性设为“988，1328”，“旋转”属性设为“0×+90°”，然后选中“喷雾.mov”图层，并使用“钢笔工具”在“合成”调板中创建一个图 13-4 所示的蒙版。

步骤 4▶ 将“雾气.mov”图层的“缩放”属性设为“128，128%”，“位置”属性设为“966，756”，然后选中“雾气.mov”图层，并使用“钢笔工具”在“合成”调板中创建一个图 13-5 所示的蒙版。

图 13-4　在“喷雾.mov”图层上绘制蒙版

图 13-5　在“雾气.mov”图层上绘制蒙版

步骤 5▶　选中“雾气.mov”图层，为其添加“线性颜色”特效，在“特效控件”调板中将“主色”选项设为黑色，将“匹配柔和度”选项设为“10%”，如图 13-6（a）所示；为“雾气.mov”图层添加“抠像清除器”特效，按照图 13-6（b）所示设置其参数。

步骤 6▶　为“雾气.mov”图层添加“发光”特效，按照图 13-6（c）所示设置其参数；为“雾气.mov”图层添加“色阶”特效，按照图 13-6（d）所示设置其参数。

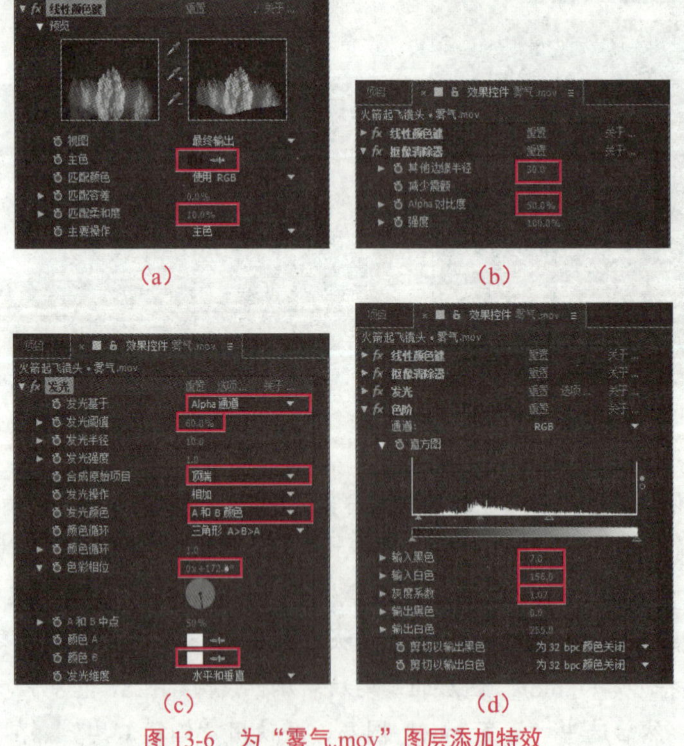

（a）　（b）

（c）　（d）

图 13-6　为“雾气.mov”图层添加特效

步骤 7▶ 选中“雾气.mov”图层，选择“图层”>“时间”>“时间伸缩”菜单，在打开的“时间伸缩”对话框中将“拉伸因数”选项设为“15%”，如图 13-7 所示。

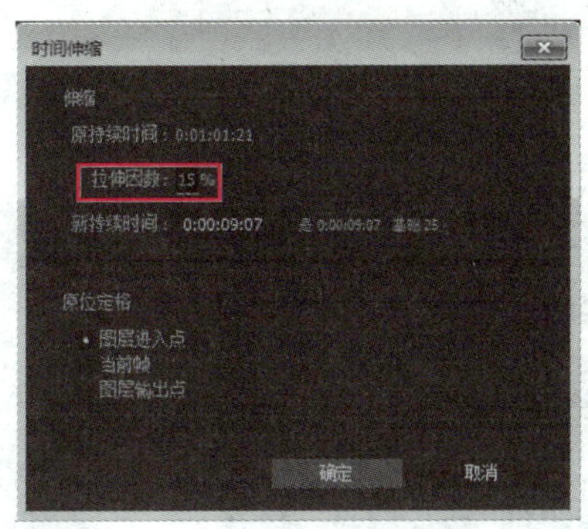

图 13-7　设置时间伸缩

步骤 8▶ 选中“雾气.mov”图层“特效控件”调板中的所有特效，按快捷键【Ctrl+C】，再选中“喷雾.mov”图层，按快捷键【Ctrl+V】复制特效。

步骤 9▶ 选中“雾气.mov”图层，然后选择“图层”>“新建”>“纯色”菜单，创建一个橙色的纯色图层，并在“时间轴”调板中将纯色图层的“模式”设为“颜色”，将“不透明度”属性设为“50%”，如图 13-8（a）所示；再使用“椭圆工具”在“合成”调板中创建一个图 13-8（b）所示的蒙版。

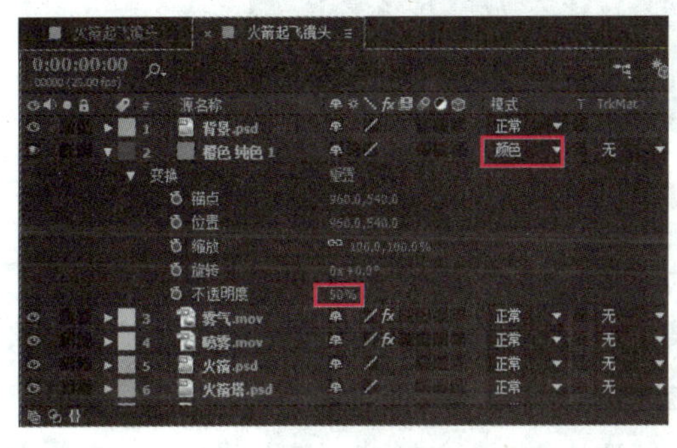

（a）

（b）

图 13-8　设置纯色图层的属性并创建蒙版

步骤 10▶ 展开“橙色 纯色 1”图层的“蒙版”选项，将“蒙版羽化”选项设为“770，770”，如图 13-9 所示。

步骤 11▶ 将“时间轴”调板的当前时间指针移至第 6 秒 05 帧处，然后将“项目”调板中的“火焰.mov”视频素材添加到“火箭塔.psd”图层下方，使其入点对齐至第 6 秒 05 帧，然后展开“火焰.mov”图层的“变换”选项，将其“缩放”属性设为“75，45%”，“旋转”属性设为“0×+90.0°”，“位置”属性设为“990，1000”。

步骤 12▶ 参照步骤 8 的操作，为“火焰.mov”图层复制“线性颜色键”、“抠像清除器”和“色阶”特效，然后选中“火焰.mov”图层，使用“钢笔工具”在“合成”调板中创建一个图 13-10 所示的蒙版。

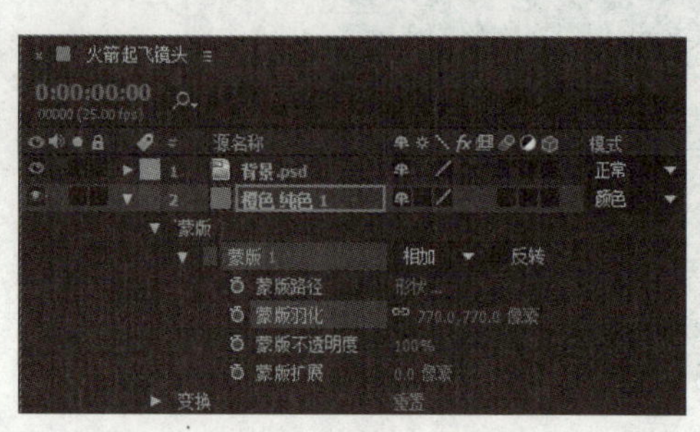

图 13-9 设置蒙版羽化

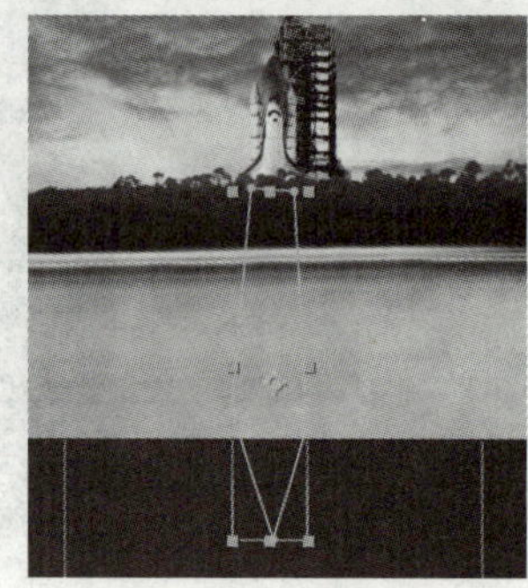

图 13-10 为“火焰.mov”图层创建蒙版

步骤 13▶ 在“时间轴”调板中将“喷雾.mov”图层和“火焰.mov”图层的“父级”设为“5.火箭.psd”，如图 13-11 所示。

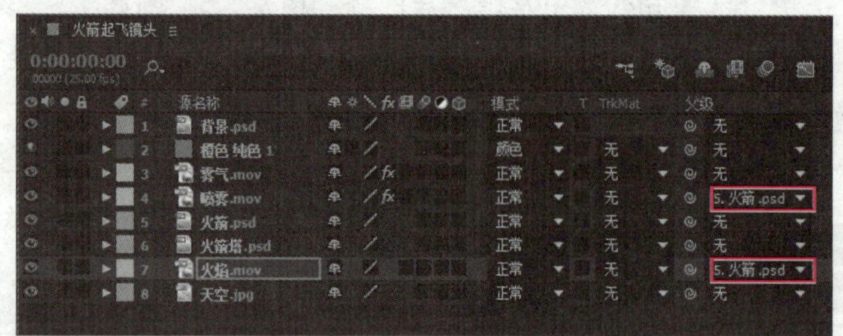

图 13-11 设置父子关系

步骤 14▶ 将“时间轴”调板的当前时间指针移至第 0 秒 20 帧处，展开“火箭.psd”图层的“变换”选项，单击“锚点”属性左侧的“时间变化秒表”按钮创建关键帧；将“时间轴”调板的当前时间指针移至第 2 秒 22 帧处，将“锚点”属性设为“453，845”；将当前时间指针移至第 7 秒处，将“锚点”属性设为“453，2175”；将当前时间指针移至第 14 秒处，将“锚点”属性设为“453，11114”。

步骤 15▶ 将“时间轴”调板的当前时间指针移至第 7 秒 04 帧处，展开“喷雾”图层的“变换”选项，单击“不透明度”属性左侧的“时间变化秒表”按钮创建关键帧，再将当前时间指针移至第 7 秒 23 帧处，并将“不透明度”属性设为“0%”。

步骤 16▶ 将“时间轴”调板的当前时间指针移至第 8 秒 08 帧处，展开“雾气”图层的“变换”选项，单击“不透明度”属性左侧的“时间变化秒表”按钮创建关键帧，再将当前时间指针移至第 9 秒 06 帧处，并将“不透明度”属性设为“0%”。

步骤 17▶ 新建一个名为“火箭起飞镜头 01”的合成，将“项目”调板中的“火箭起飞镜头”合成添加到“时间轴”调板中，并将其复制一份。

步骤 18▶ 选中上方的“火箭起飞镜头”图层，使用“矩形工具”■创建一个图 13-12 所示的蒙版。

步骤 19▶ 展开上方“火箭起飞镜头”图层的“蒙版”选项，将“蒙版羽化”选项设为“200，200”。

步骤 20▶ 展开上方“火箭起飞镜头”图层的“变换”选项，将“缩放”属性设为“100，-108%”，将“不透明度”属性设为“90%”，并在“合成”调板中调整上方“火箭起飞镜头”图层的位置，制作倒影效果，如图 13-13 所示。

图 13-12　创建蒙版

图 13-13　制作倒影效果

步骤 21▶ 为上方的“火箭起飞镜头”图层添加“定向模糊”特效，并按照图 13-14（a）所示设置其参数；此时“合成”调板中的画面如图 13-14（b）所示。

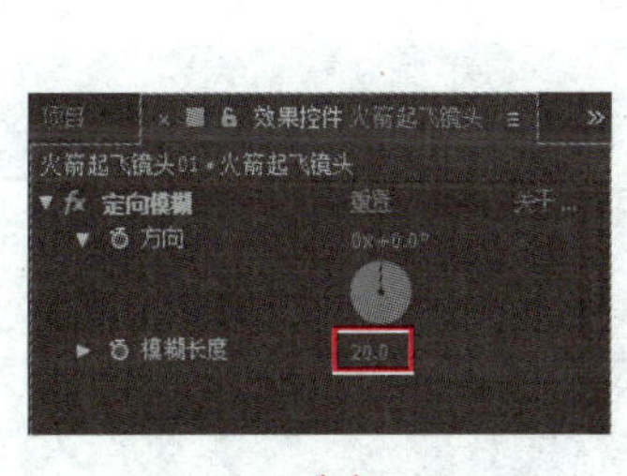

（a）

（b）

图 13-14　为“火箭起飞镜头”图层添加“定向模糊”特效

2. 制作“火箭起飞镜头 02”

步骤 1▶ 新建一个名为“火箭起飞镜头 02”的合成，将“项目”调板中的“航拍.jpg”图像素材添加到“时间轴”调板中，然后展开“航拍.jpg”图层的“变换”选项，将“缩放”属性设为“66，66%”。

步骤 2▶ 为“航拍.jpg”图层添加“色阶”和“颜色平衡”特效，参数如图 13-15（a）

及图 13-15（b）所示。

步骤 3▶ 将“项目”调板中的“云.mov”视频素材添加到“时间轴”调板中，展开“云.mov”图层的“变换”选项，将“缩放”属性设为“270，190%”。

步骤 4▶ 为“云.mov”图层添加“线性颜色键”、“抠像清除器”和“颜色平衡”特效，“线性颜色键”和“抠像清除器”特效的参数可参考前图 13-6（a）、（b）；“颜色平衡”特效的参数如图 13-16 所示。

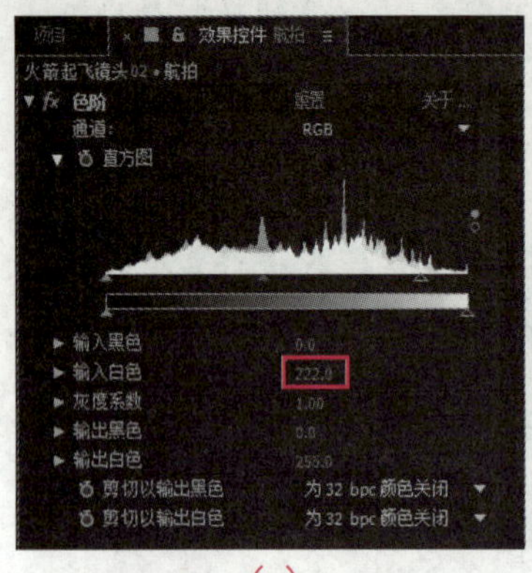

（a）

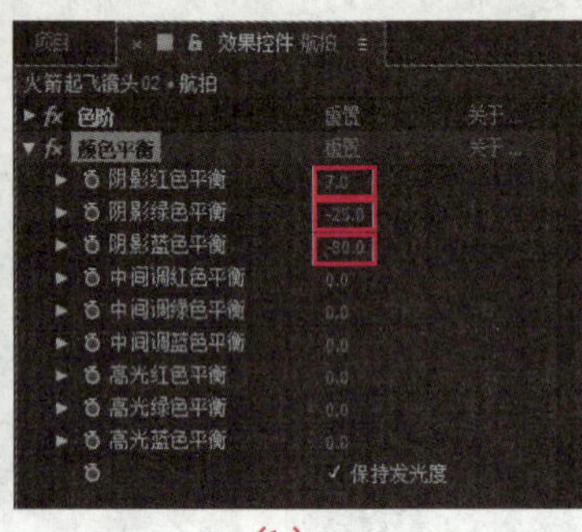

（b）

图 13-15 “色阶”和“颜色平衡”特效参数

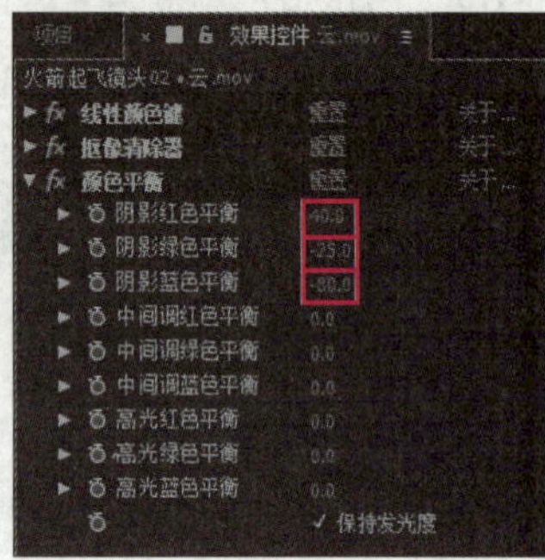

图 13-16 “颜色平衡”特效参数

步骤 5▶ 将“云.mov”图层复制一份，选中复制的“云.mov”图层，使用“钢笔工具”在“合成”调板中创建一个图 13-17（a）所示的蒙版，然后展开“云.mov”图层的“蒙版”选项，勾选“反转”复选框，并将“蒙版羽化”选项设为“170，170”，如图 13-17（b）所示。

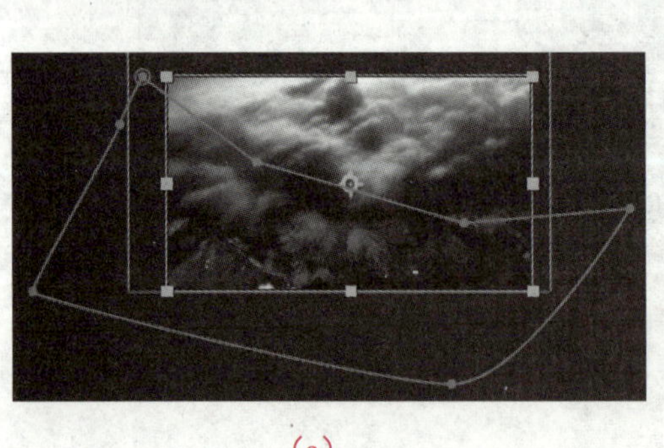

（a）

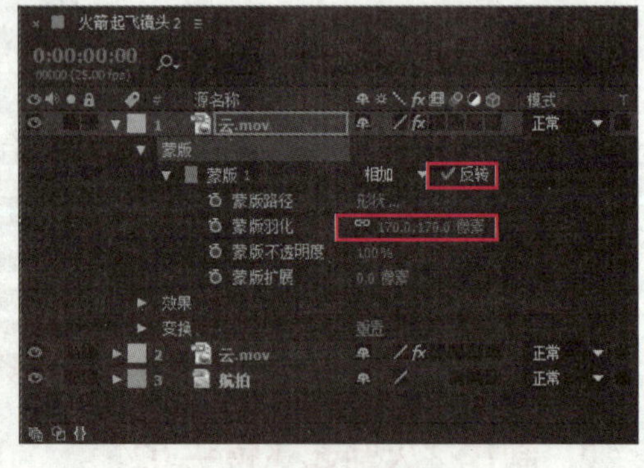

（b）

图 13-17 创建并设置蒙版

步骤 6▶ 将创建蒙版的“云.mov”图层复制一份，选中复制的“云.mov”图层，在“特效控件”调板中修改“颜色平衡”特效的参数，如图 13-18（a）所示；展开复制的“云.mov”图层的“蒙版”选项，取消勾选“反转”复选框，如图 13-18（b）所示。

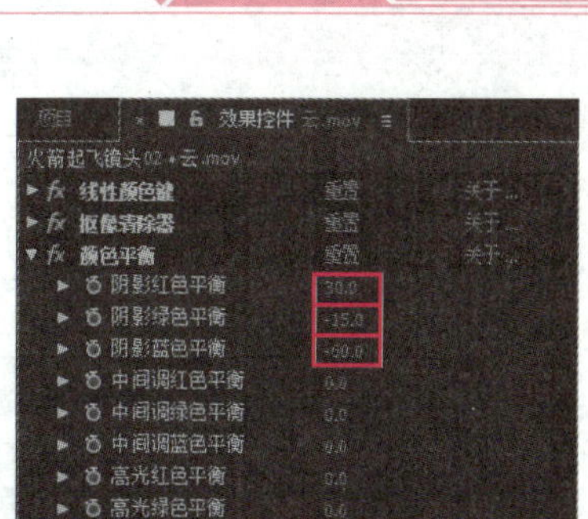

（a）

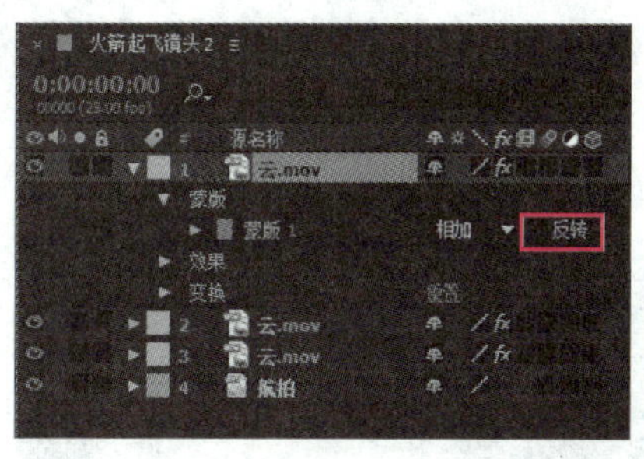

（b）

图 13-18　修改特效和蒙版参数

步骤 7▶　将“项目”调板中的“火箭.psd”图像素材添加到“时间轴”调板第一个“云.mov”图层下方，然后展开“火箭.psd”图层的“变换”选项，将“缩放”属性设为“40，40%”，将“旋转”属性设为“0×-10.0° ”，如图 13-19 所示。

步骤 8▶　将“火箭起飞镜头”合成中的“火焰.mov”图层复制到“火箭.psd”图层下方，将“火焰.mov”图层的入点对齐至第 0 秒处，然后展开“火焰.mov”图层的“变换”选项，将“旋转”属性改为“0×+80.0° ”，并在“合成”调板中将其移至火箭左侧尾处，如 13-20 所示。

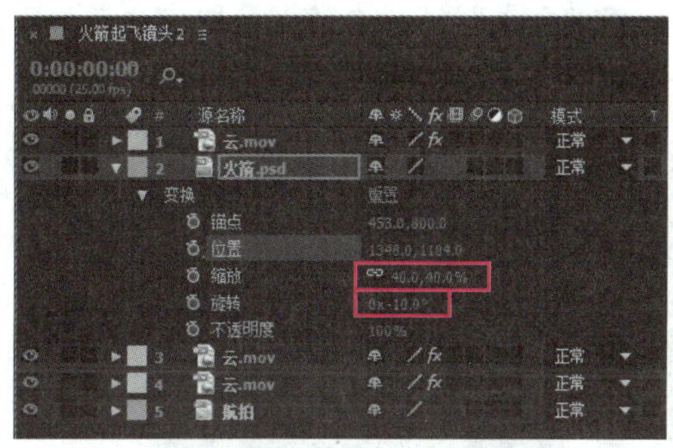

图 13-19　设置“火箭.psd”图层的属性

图 13-20　调整“火焰.mov”图层位置

步骤 9▶　选中“火焰.mov”图层，选择“图层”>“时间”>“时间伸缩”菜单，在打开的“时间伸缩”对话框中将“拉伸因数”选项设为“200%”。

步骤 10▶　将“火焰.mov”图层复制一份，然后在“合成”调板中调整“火焰.mov”图层副本的位置，如图 13-21 所示。

步骤 11▶　将“项目”调板中的“喷气.mov”视频素材添加到“火焰.mov”图层下方，然后展开“喷气.mov”图层的“变换”选项，将“缩放”属性设为“160，100%”，将“旋转”属性设为“0×+270.0° ”，再在“合成”调板中将喷气视频移至图 13-22 所示的位置。

步骤 12▶ 选中“喷气.mov”图层，打开“时间伸缩”对话框，将“拉伸因数”选项设为“200%”，然后为“喷气.mov”图层添加“线性颜色键”、“抠像清除器”和“色阶”特效，具体参数如前图 13-6（a）、（b）、（d）所示。

图 13-21 调整“火焰.mov”图层副本位置

图 13-22 调整“喷气.mov”图层位置

步骤 13▶ 将“喷气.mov”图层和两个“火焰.mov”图层的“父级”选项设为“2. 火箭.psd”图层，然后将火箭图像移至“合成”调板的画面右下方，如图 13-23 所示。

步骤 14▶ 展开“火箭.psd”图层的“变换”选项，单击“位置”和“缩放”属性左侧的“时间变化秒表”按钮创建关键帧，然后将“时间轴”调板的当前时间指针移至第 20 秒，将“缩放”属性设为“60，60%”，将“合成”调板中的火箭图像移至画面左上方，并调整运动路径的弧度，如图 13-24 所示。

图 13-23 移动火箭图像位置

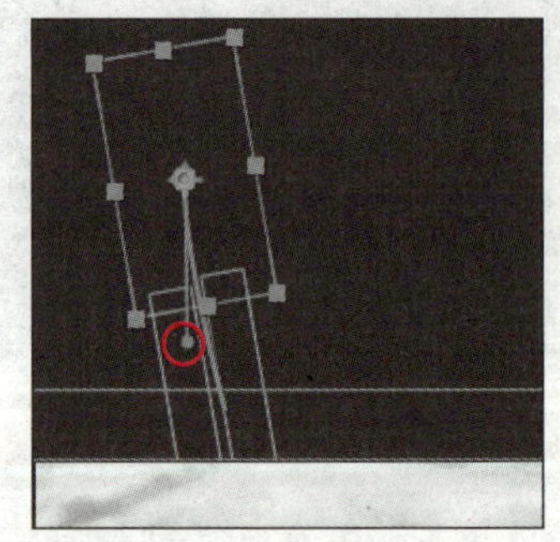

图 13-24 调整运动路径弧度

3. 制作“火箭起飞镜头 03”

步骤 1▶ 新建一个名为“火箭起飞镜头 03”的合成，将“项目”调板中的“星空背景.jpg”图像素材添加到“时间轴”调板中，然后为“星空背景.jpg”图层添加“色阶”和“快速模糊”特效，特效参数如图 13-25 所示。

步骤 2▶ 展开“星空背景.jpg”图层的“变换”选项，单击“缩放”属性左侧的“时间变化秒表”按钮创建关键帧，并将“缩放”属性设为“70，-70%”，然后将“时间轴”调板的当前时间指针移至第 19 秒，将“缩放”属性设为“65，-65%”，如图 13-26 所示。

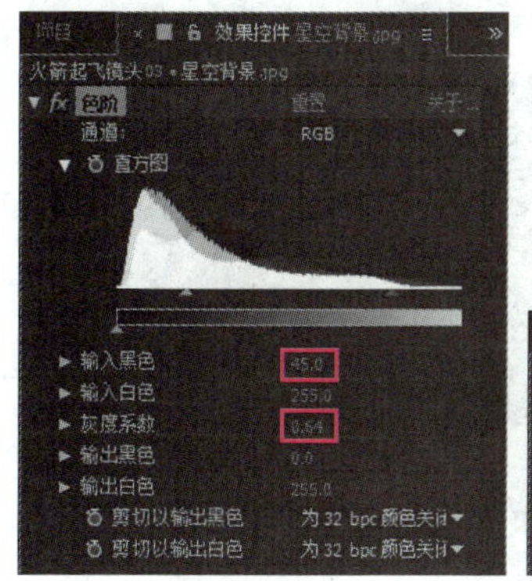

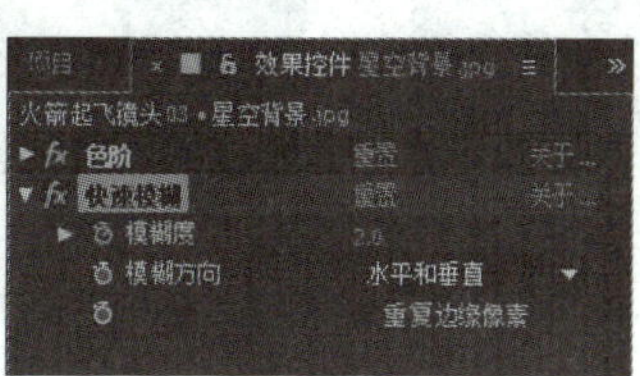

图 13-25 设置“色阶”和“快速模糊”特效参数

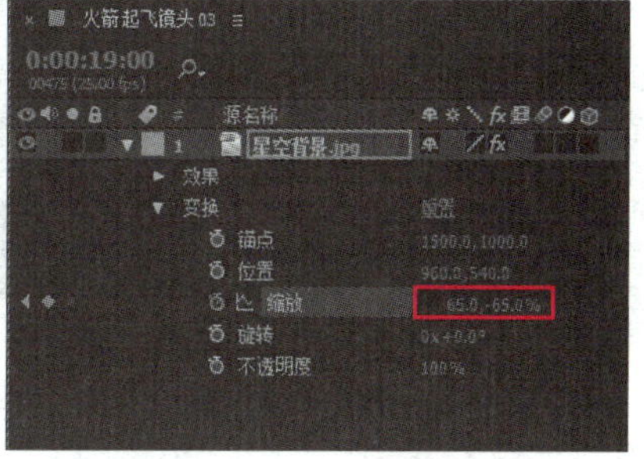

图 13-26 创建缩放动画

步骤 3▶ 将“项目”调板中的“地球.jpg”图像素材添加到“时间轴”调板中，然后为“地球.jpg”图层添加“色阶”特效，特效参数如图 13-27 所示。

步骤 4▶ 将“时间轴”调板的当前时间指针移至第 0 秒，展开“地球.jpg”图层的“变换”选项，将“缩放”属性设为“150，150%”，然后单击“旋转”属性左侧的“时间变化秒表”按钮创建关键帧，并将“旋转”属性设为“0×−185.0° ”，再将“合成”调板中的地球图像移至图 13-28 所示位置。

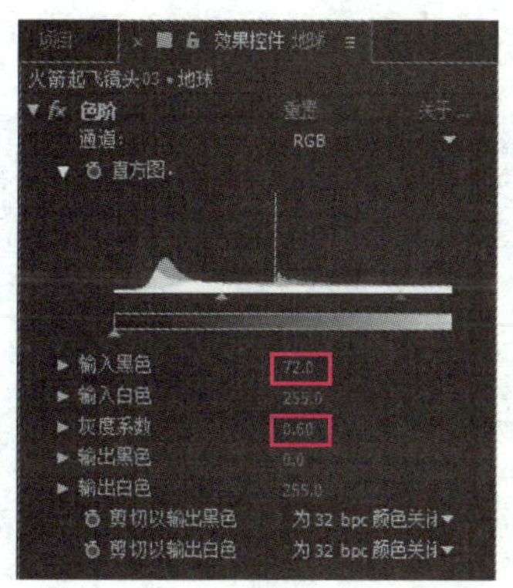

图 13-27 设置“色阶”特效参数

图 13-28 调整地球图像位置

步骤 5▶ 将“时间轴”调板的当前时间指针移至第 20 秒，将“地球.jpg”图层的“旋转”属性设为“0×-215.0° ”。

步骤 6▶ 创建一个橙色的纯色图层，将其“不透明度”属性设为“80%”，然后选中创建的纯色图层，使用“椭圆工具”在“合成”调板中创建一个图 13-29 所示的蒙版。

步骤 7▶ 将纯色图层的混合模式设为“颜色”，然后展开纯色图层的“蒙版”选项，

勾选“反转”复选框，并将“蒙版羽化”选项设为“770，770”，如图 13-30 所示。

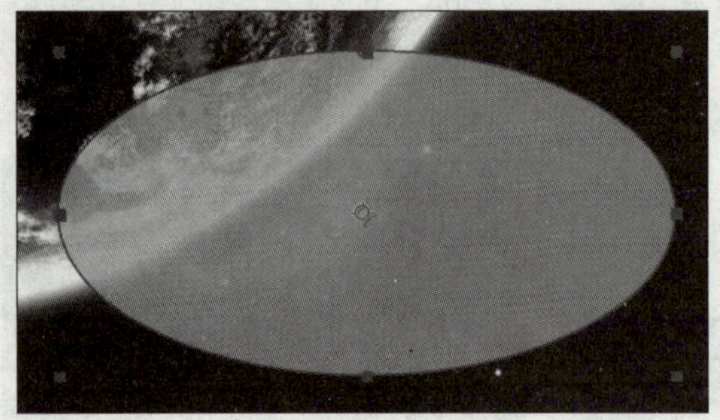

图 13-29　创建蒙版

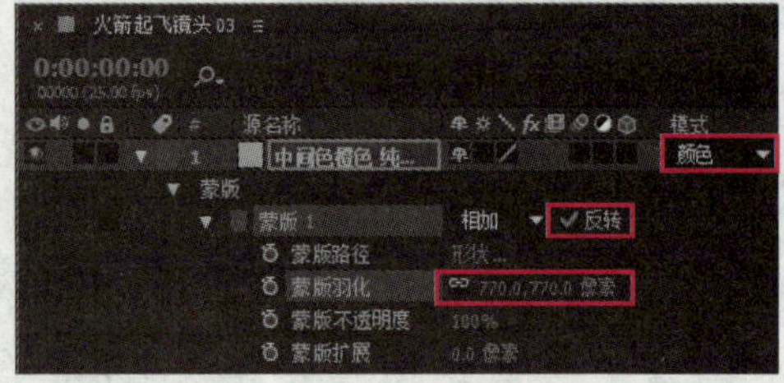

图 13-30　设置蒙版属性

步骤 8▶ 将“时间轴”调板的当前时间指针移至第 0 秒，然后将“项目”调板中的“图层 1/火箭飞.psd”图像素材添加到“时间轴”调板中，并将“图层 1/火箭飞.psd”图层的混合模式设为“动态抖动溶解”，展开“图层 1/火箭飞.psd”图层的“变换”选项，单击“位置”和“缩放”属性左侧的“时间变化秒表”按钮创建关键帧，并将“缩放”属性设为“25，25%”，再在“合成”调板中调整火箭图像的位置，如图 13-31 所示。

步骤 9▶ 将“火箭起飞镜头 02”合成中的“喷气.mov”图层复制到“火箭起飞镜头 03”合成中“图层 1/火箭飞.psd”图层下方，并将其混合模式设为“线性减淡”。

步骤 10▶ 展开“喷气.mov”图层的“变换”属性，将“缩放”属性设为“100，100%”，“旋转”属性设为“0×+38.0° ”，并将“合成”调板中的喷气效果移至图 13-32 所示位置。

图 13-31　调整火箭图像的位置

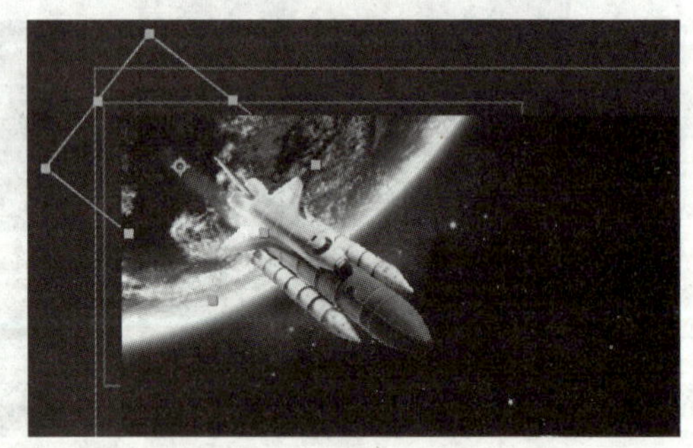

图 13-32　调整喷气效果的位置

步骤 11▶ 将“喷气.mov”图层的“父级”选项设为“1.图层 1/火箭飞.psd”图层，然后将“时间轴”调板的当前时间指针移至第 13 秒，将“图层 1/火箭飞.psd”图层的“缩放”属性设为“30，30%”，再将“合成”调板中的火箭图像移至画面右侧外，如图 13-33 所示。

步骤 12▶ 选择“横排文字工具”，在“字符”调板中将“字体系列”设为“微软雅黑”，将“字体样式”设为“Bold”，将“字体大小”设为“180”，然后在“合成”调板画面右侧输入“航天知识”文本，如图 13-34 所示。

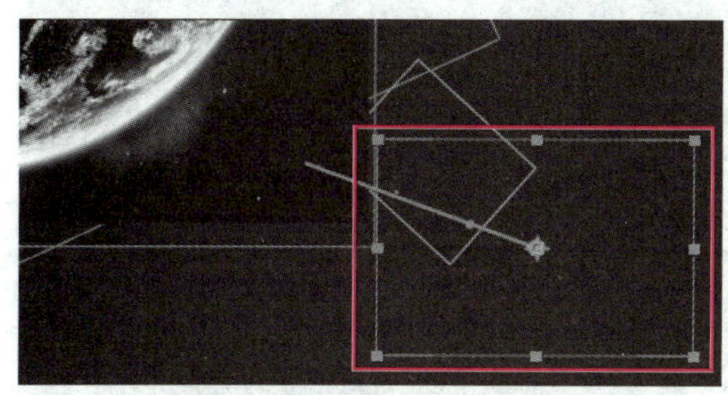

图 13-33　创建火箭移动动画

图 13-34　输入文本

步骤 13▶　为文本图层添加“梯度渐变”和“斜面 Alpha”特效，参数如图 13-35（a）、（b）所示。

步骤 14▶　将“时间轴”调板的当前时间指针移至第 6 秒，将“效果和预设”调板中“动画预设”>“Text”>“3D Text”组中的“3D 基本位置 Z 层叠”预设拖到文本图层上。

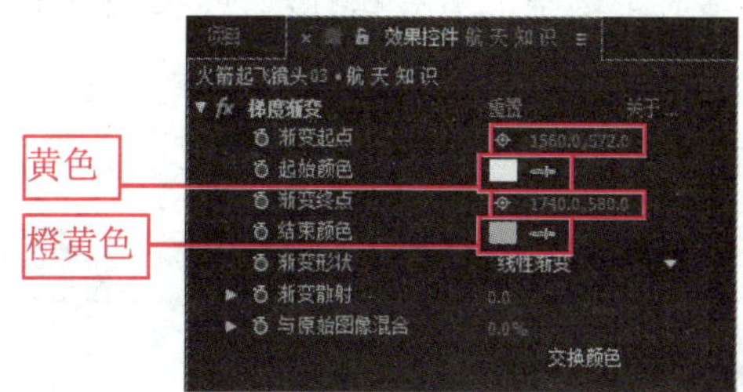

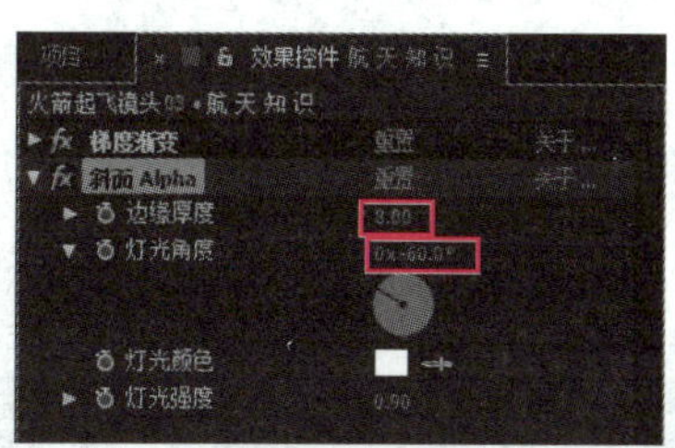

图 13-35　设置“梯度渐变”和“斜面 Alpha”特效参数

4. 合成输出

步骤 1▶　双击“项目”调板中的“火箭起飞镜头 01”合成，将其设为当前合成，然后选择“文件”>“导出”>“添加到渲染队列”菜单，将该合成添加到渲染队列中。

步骤 2▶　参照步骤 1 的操作，将“火箭起飞镜头 02”和“火箭起飞镜头 03”合成添加到渲染队列中。

步骤 3▶　单击“渲染队列”调板中“火箭起飞镜头 01”合成“输出模块”选项右侧的下拉按钮，在展开的快捷菜单中选择“自定义”选项，如图 13-36（a）所示；在打开的“输出模块设置”对话框的“主要选项”选项卡中，将“格式”选项设为“QuickTime”，并单击“格式选项”按钮，如图 13-36（b）所示；在打开的“QuickTime 选项”对话框的“视频”选项卡中将“视频编码器”选项设为“H.264”，然后连续单击“确定”按钮，如图 13-36（c）所示。

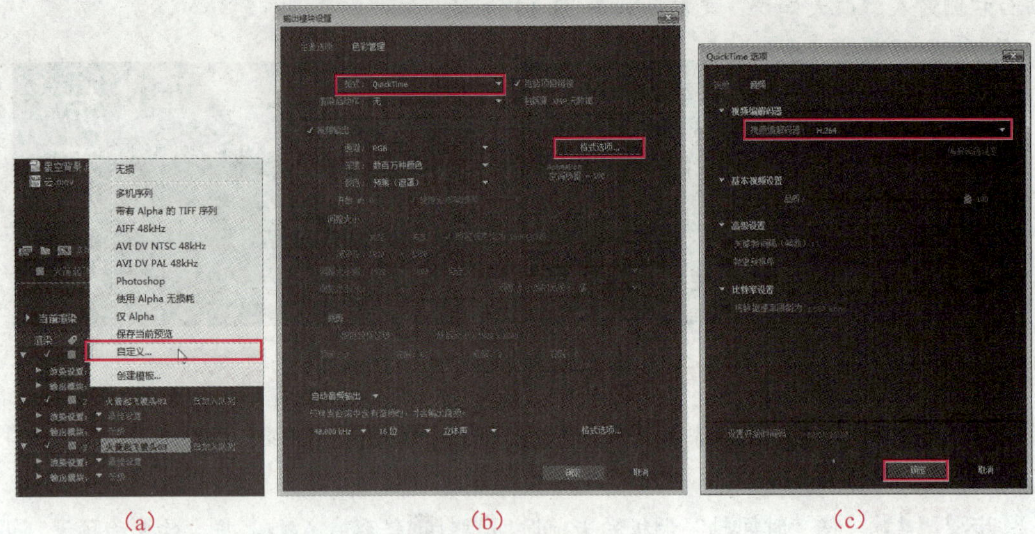

（a）（b）（c）

图 13-36 设置输出格式

步骤 4▶ 单击“渲染队列”调板中“火箭起飞镜头 01”合成的“输出到”选项右侧的下拉按钮，在展开的下拉列表中选择“合成名称”选项，然后在打开的“选择文件夹”对话框中选择用于保存导出视频文件的文件夹，并单击“选择”按钮（直接单击“选择”按钮会将导出的视频文件与 AE 项目文件放在同一目录下），如图 13-37 所示。

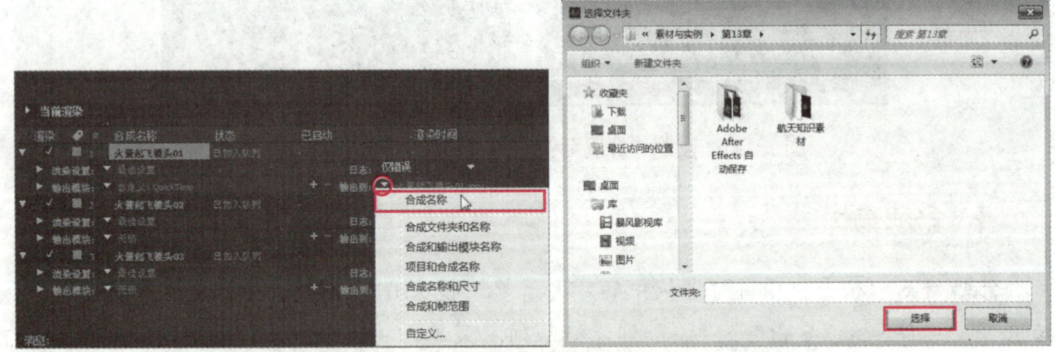

图 13-37 设置导出视频文件的保存路径

步骤 5▶ 参照步骤 3～4 的操作，设置“火箭起飞镜头 02”和“火箭起飞镜头 03”合成的输出格式及保存路径。

步骤 6▶ 单击“渲染队列”调板中的“渲染”按钮，等待一段时间后，即可将指定合成导出为与合成同名的 mov 视频文件。

步骤 7▶ 启动 Premiere Pro CC，新建一个名为“航天知识片头”的项目文件，将刚

刚导出的视频文件和“航天知识素材”文件夹中的“背景音乐.mp3”音频文件导入到“项目”调板中，然后将“火箭起飞镜头 01.mov”视频素材添加到“时间轴”调板的“视频 1”轨道中。

步骤 8▶ 将“时间轴”调板的当前时间指针■移至第 9 秒，然后将“项目”调板中的“火箭起飞镜头 02.mov”视频素材添加到“时间轴”调板的“视频 1”轨道中，并使其入点对齐至第 9 秒，如图 13-38 所示。

步骤 9▶ 右击“视频 1”轨道中的“火箭起飞镜头 02.mov”视频素材，在弹出的快捷菜单中选择“取消链接”菜单，然后删除“音频 1”轨道中的音频。

步骤 10▶ 选中“视频 1”轨道中的“火箭起飞镜头 02.mov”视频素材，选择“剪辑”>“速度/持续时间”菜单，在打开的“剪辑速度/持续时间”对话框中将“速度”选项设为“200%”，然后单击“确定”按钮，如图 13-39 所示。

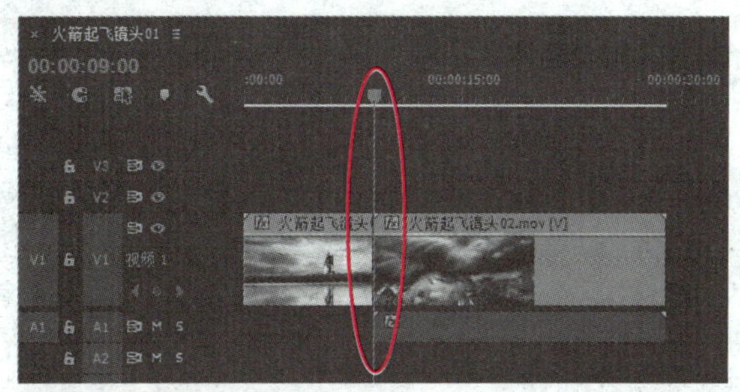

图 13-38　添加“火箭起飞镜头 02.avi”视频素材

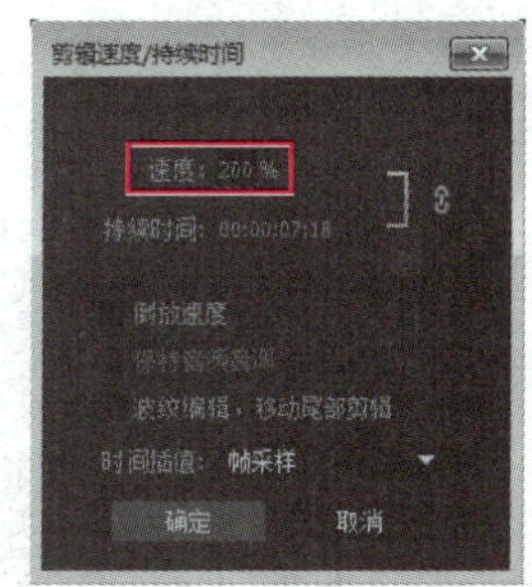

图 13-39　设置视频素材的速度

步骤 11▶ 将“时间轴”调板的当前时间指针■移至第 16 秒 18 帧，然后将“项目”调板中的“火箭起飞镜头 03.mov”视频素材添加到“时间轴”调板的“视频 1”轨道中，并使其入点对齐至第 16 秒 18 帧。

步骤 12▶ 参照步骤 8～9 的操作，删除“火箭起飞镜头 03.mov”视频素材中的音频，然后将“火箭起飞镜头 03.mov”视频素材的速度设为 68%。

步骤 13▶ 将“时间轴”调板的当前时间指针■移至第 33 秒，然后按快捷键【Ctrl+K】裁切“火箭起飞镜头 03.mov”视频素材，并将 33 秒后的视频片段删除。

步骤 14▶ 将“项目”调板中的“背景音乐.mp3”音频素材添加到“时间轴”调板的“音频 1”轨道中，然后将“效果”调板中“音频过渡”>“交叉淡化”组下的“指数淡化”过渡效果拖到音频素材的入点处。

步骤 15▶ 将“效果”调板中“视频过渡”>“缩放”组下的“交叉缩放”过渡效果拖到“火箭起飞镜头 01.mov”视频素材与“火箭起飞镜头 02.mov”视频素材的交点，将“溶解”组下的“交叉溶解”过渡效果拖到“火箭起飞镜头 02.mov”视频素材与“火箭起飞镜头 03.mov”视频素材的交点，以及“火箭起飞镜头 03.mov”视频素材的出点位置。

步骤 16▶ 单击“时间轴”调板，选择“文件”>“导出”>“媒体”菜单，在打开的“导出设置”对话框中将“格式”选项设为“H.264”，然后单击“输出名称”选项右侧的文本，设置输出视频的保存路径和名称，再单击“导出”按钮，进行输出，如图 13-40 所示，至此案例就完成了。

图 13-40　输出影片

13.2　制作栏目包装片头

下面利用所学知识，制作图 13-41 所示的栏目包装片头。

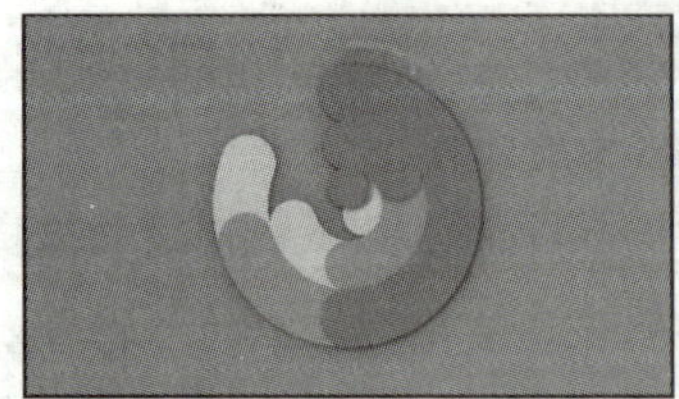

图 13-41　栏目包装片头播放效果截图

素材文件	素材与实例\第 13 章\栏目包装素材
效果展示和源文件	素材与实例\第 13 章\栏目包装镜头.aep、栏目包装片头.prproj、栏目包装片头.MP4

制作分析

首先通过绘制蒙版、创建关键帧动画以及添加和设置特效，准备栏目包装片头所需的素材；然后创建“栏目包装镜头01”和“栏目包装镜头02”合成，利用准备的素材制作镜头中的画面效果；再将制作的合成导出为视频文件；最后启动Premiere Pro CC，将导出的视频文件作为素材进行剪辑并添加音频，输出最终视频文件。

制作步骤

1. 制作栏目包装素材

步骤1▶ 在After Effects CC中新建一个合成，在“合成设置”对话框中将“合成名称”设为“景观照片”，将“预设”选项设为“HDTV 1080 25”，将“分辨率”选项设为“四分之一”，将“持续时间”选项设为“8秒”，然后单击“确定”按钮。

步骤2▶ 导入“栏目包装素材”文件夹中的所有文件夹和素材文件（在导入png序列素材时，不要直接导入文件夹，而是将png图像素材作为PNG序列导入，再在“项目”调板中创建“png序列素材”文件夹，进行管理”），如图13-42所示。

步骤3▶ 选择“图层”>“新建”>“纯色”图层，创建一个白色的纯色图层，然后按照景观7、4、6、1、2、5、3的顺序将“景观照片”文件夹中的景观图像素材添加到“时间轴”调板中，如图13-43所示。

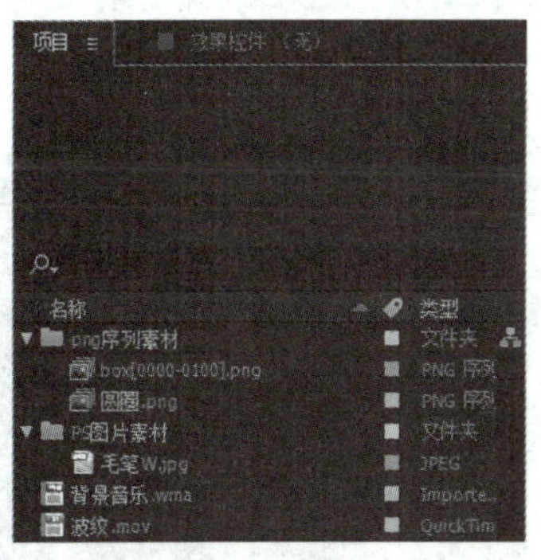

图13-42 导入素材

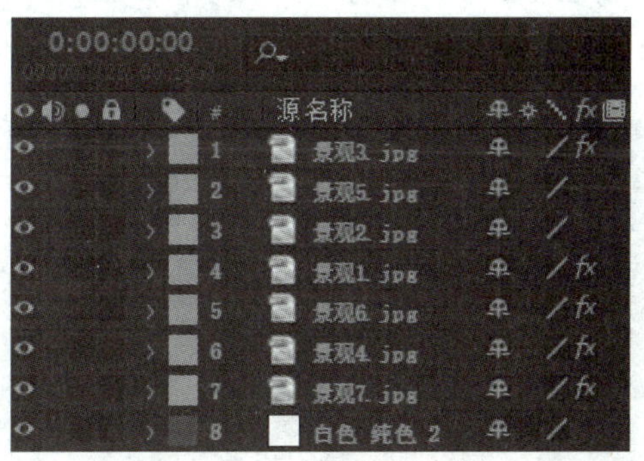

图13-43 添加景观图像

步骤4▶ 分别为景观1、3、4、6、7图层添加“投影”特效，将各层“投影”特效的“不透明度”选项统一设为“50%”，将景观1、3、6、7图层“投影”特效的“方向”选项设为“0×-118.0° ”，将“景观4.jpg”图层的“方向”选项设为“0×+71.0° ，将景观1、3、4图层“投影”特效的“距离”选项设为“266”，将“景观6.jpg”图层的“距离”选项设为“30”，将“景观7.jpg”图层的“距离”选项设为“8”。

步骤 5▶ 展开景观 1～7 图层的“变换”选项，单击“位置”和“缩放”属性左侧的“时间变化秒表”按钮创建关键帧，并依次将景观 1～7 图层的“缩放”属性设为“43，43%”、“270，270%”、“150，150%”、“26，26%”、“205，205%”、“68，68%”、“110，110%”，然后调整“合成”调板中景观 1～7 图像的位置，如图 13-44 所示。

步骤 6▶ 将“时间轴”调板的当前时间指针移至第 1 秒 08 帧处，然后依次将景观 1～7 图层的“缩放”属性设为“51，51%”、“154，154%”、“167，167%”、“18，18%”、“170，170%”、“76，76%”、“160，160%”，然后调整“合成”调板中景观 1～7 图像的位置，如图 13-45 所示。

图 13-44 调整景观图像第 0 秒的位置

图 13-45 调整景观图像第 1 秒 08 帧的位置

步骤 7▶ 将“时间轴”调板的当前时间指针移至第 4 秒 22 帧处，然后调整“合成”调板中景观 1～7 图像的位置，如图 13-46 所示。

步骤 8▶ 新建一个名为“光条”的合成，将其“持续时间”设为 20 秒，然后新建一个紫色的纯色图层，再创建一个形状图层，并使用“矩形工具”在形状图层上创建 4 个白色的矩形图形，如图 13-47 所示。

图 13-46 调整景观图像第 4 秒 22 帧的位置

图 13-47 绘制白色矩形

步骤 9▶ 展开形状图层的“变换”选项，单击“位置”属性左侧的“时间变化秒表”按钮创建关键帧，在“合成”调板中将白色矩形移至画面右侧外，如图 13-48（a）所示。

步骤 10▶ 将“时间轴”调板的当前时间指针移至第 13 秒处，然后在“合成”调板中将白色矩形移至画面左侧外，如图 13-48（b）所示。

(a)

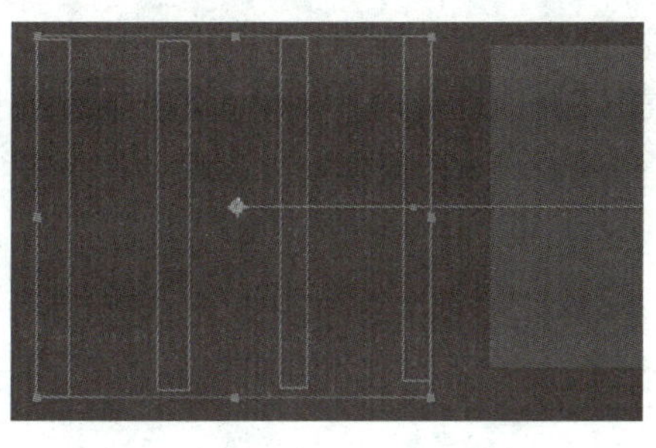

(b)

图 13-48 创建平移动画

步骤 11▶ 新建一个名为“球转动画”的合成，将其“持续时间”设为“20 秒”，然后将“项目”调板中的“光条”合成添加到“时间轴”调板中，并将其入点对齐至 1 秒的位置，再为“光条”图层添加“球面化”和“梯度渐变”特效，参数如图 13-49 所示。

步骤 12▶ 选中“光条”图层，使用“椭圆工具” 在“合成”调板中创建一个图 13-50 所示的蒙版。

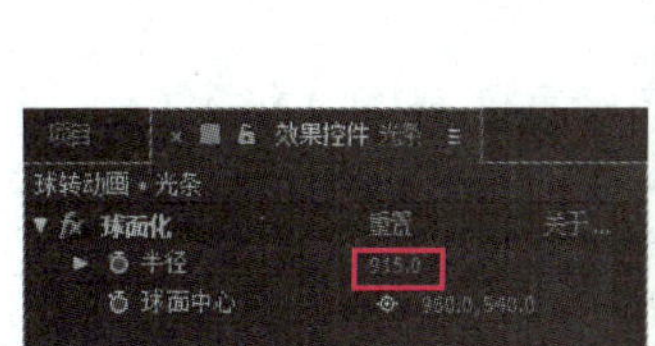

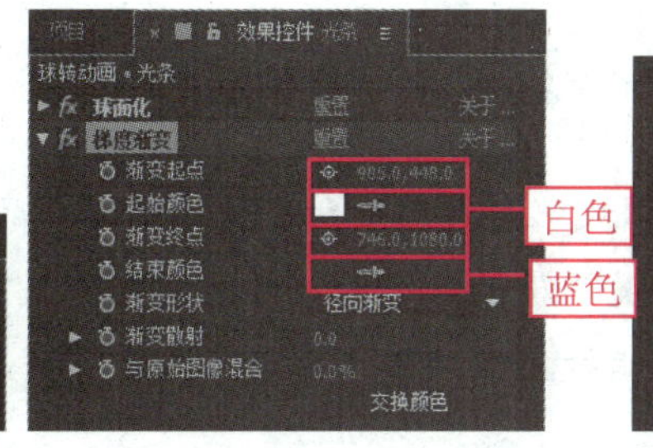

图 13-49 设置“球面化”和“梯度渐变”特效的参数

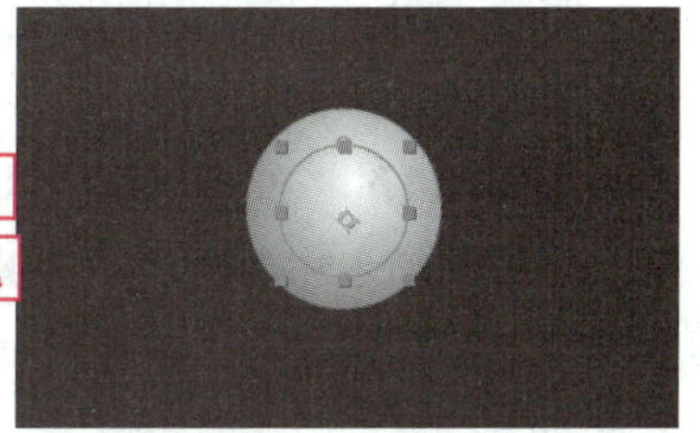

图 13-50 创建蒙版

步骤 13▶ 将“光条”图层转换为三维图层，然后展开“光条”图层的“变换”选项，单击“缩放”和“不透明度”属性左侧的“时间变化秒表”按钮 创建关键帧，并将“缩放”属性设为“200，200，100%”，将“不透明度”属性设为“0%”。

步骤 14▶ 将“时间轴”调板的当前时间指针 移至第 1 秒 16 帧处，将“光条”图层的“不透明度”属性设为“100%”。

步骤 15▶ 将“时间轴”调板的当前时间指针 移至第 2 秒处，将“光条”图层的“缩放”属性设为“435，440，215%”。

步骤 16▶ 将“光条”图层复制一份，然后将“时间轴”调板的当前时间指针 移至第 1 秒帧处，展开“光条”图层副本的“变换”选项，单击“Y 轴旋转”属性左侧的“时间变化秒表”按钮 创建关键帧，然后将“时间轴”调板的当前时间指针 移至第 2 秒 20 帧处，将“Y 轴旋转”属性设为“4×+337°”。

步骤 17▶ 新建一个名为“菱形三角 01”的合成，将其“持续时间”设为“20 秒”，然后新建一个纯色图层，并在纯色图层中使用“钢笔工具” 绘制一个图 13-51（a）所示的蒙版。

步骤 18▶ 再使用“钢笔工具”绘制 4 个蒙版，组成 13-51（b）所示的蒙版。

步骤 19▶ 为纯色图层添加“四色渐变”特效，并在“特效控件”调板中设置特效参数，如图 13-52 所示。

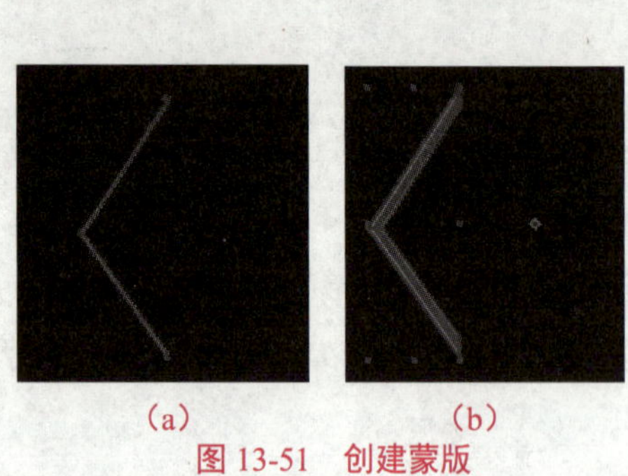

（a） （b）

图 13-51 创建蒙版

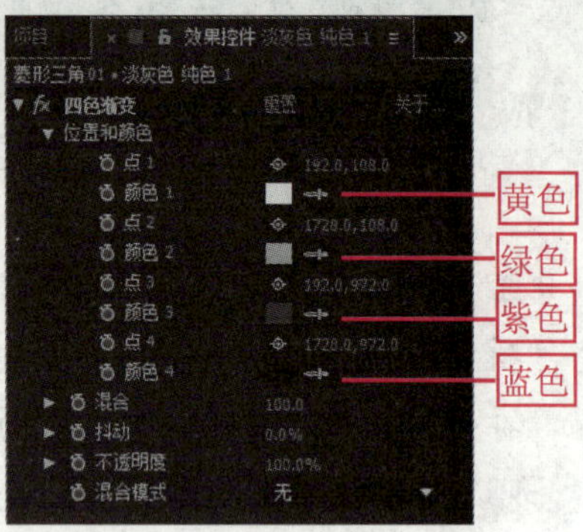

图 13-52 设置“四色渐变”特效参数

步骤 20▶ 将纯色图层复制 3 份，分别对 3 个副本图层中的蒙版进行复制和缩放操作，组成图 13-53 的图形。

步骤 21▶ 在“合成”调板中向右移动所有纯色图层中的对象，如图 13-54（a）所示；单击最下方纯色图层“位置”属性左侧的“时间变化秒表”按钮创建关键帧，然后将“时间轴”调板的当前时间指针移至第 1 秒 08 帧处，将最下方纯色图层中的对象移至画面左侧外。

步骤 22▶ 参照步骤 21 的操作为其他纯色图层创建关键帧动画，各纯色图层中对象在第 1 秒 08 帧处的位置如图 13-54（b）所示（注意：每向上一个图层，开始创建关键帧的位置向后推延 4 帧）。

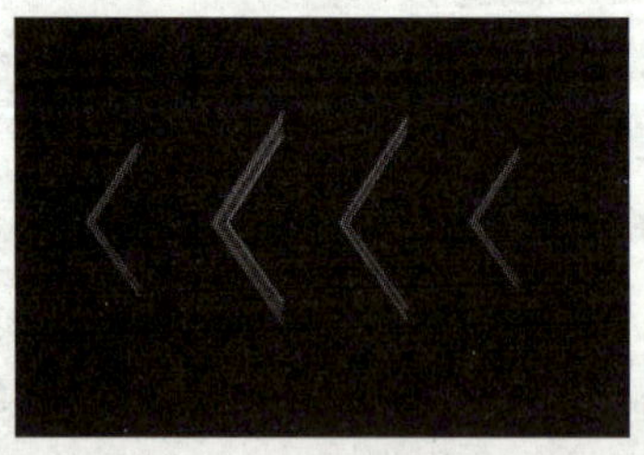

图 13-53 复制纯色图层并调整蒙版

（a） （b）

图 13-54 创建平移动画

步骤 23▶ 将“项目”调板中的“菱形三角 01”合成复制一份，并重命名为“菱形三角 02”，然后双击“菱形三角 02”合成打开该合成的“时间轴”调板，调整各纯色图层中对象动画开始帧的位置，如图 13-55（a）所示。

步骤 24▶ 将按照由下向上的顺序，将各纯色图层动画的结束帧移至 2 秒 04 帧、2 秒 11 帧、2 秒 12 帧、2 秒 17 帧和 3 秒的位置，并调整各纯色图层中对象动画开始帧的位置，如图 13-55（b）所示。

步骤 25▶ 新建一个名为“logo 盘”的合成，将其“持续时间”设为“20 秒”，然后新建一个任意颜色的纯色图层，至此素材就准备完成了。

2. 制作栏目包装镜头 01

步骤 1▶ 新建一个名为“栏目包装镜头 01”的合成，将其“持续时间”设为“20 秒”，然后选择“图层”>“新建”>“纯色”图层，创建一个名为“背景颜色”的灰蓝色纯色图层，如图 13-56 所示。

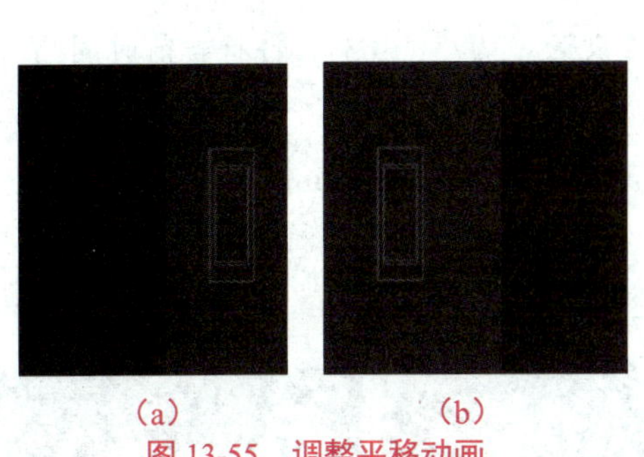

（a）　（b）

图 13-55　调整平移动画

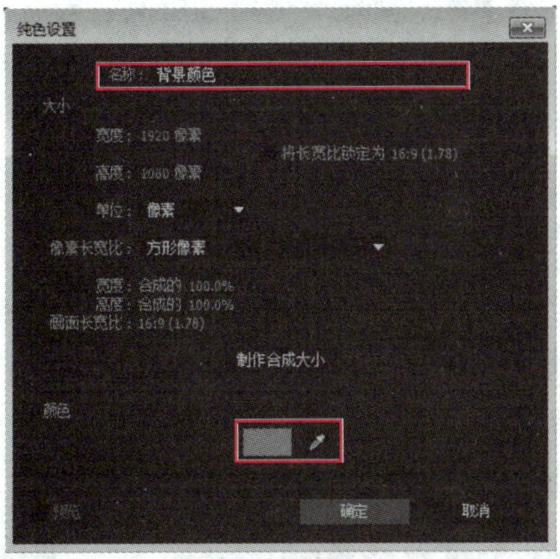

图 13-56　创建纯色图层

步骤 2▶ 展开“背景颜色”图层的“变换”选项，单击“不透明度”属性左侧的“时间变化秒表”按钮创建关键帧，然后将“不透明度”属性设为“0%”，再将“时间轴”调板的当前时间指针移至第 0 秒 17 帧处，将“不透明度”属性设为“100%”。

步骤 3▶ 将“项目”调板中的“圆圈.png”序列图像素材拖到“背景颜色”图层上方，然后将“时间轴”调板的当前时间指针移至第 2 秒 13 帧处，并将“项目”调板中的“景观照片”合成拖到“圆圈.png”图层上方，使其入点对齐至 2 秒 13 帧。

步骤 4▶ 将“项目”调板中的“球转动画”合成拖到“景观照片”图层上方，将其入点对齐至 0 秒处，并为其添加“卡片擦除”特效，然后将“时间轴”调板的当前时间指针移至第 3 秒 02 帧处，在“特效控件”调板中单击“卡片缩放”选项左侧的“时间变化秒表”按钮创建关键帧，并设置“卡片擦除”特效的参数，如图 13-57 所示。

步骤 5▶ 将“时间轴”调板的当前时间指针移至第 3 秒 11 帧处，在“特效控件”调板中单击“过渡完成”选项左侧的“时间变化秒表”按钮创建关键帧，将“卡片缩放”

选项设为“0.50”；将当前时间指针移至第 4 秒 17 帧处，将“卡片缩放”选项设为“0”；将当前时间指针移至第 5 秒 15 帧处，将“过渡完成”选项设为“100%”，将“卡片缩放”选项设为“1.14”。

步骤 6▶ 将“项目”调板中的“菱形三角 01”合成添加到“球转动画”图层上方，并将其入点对齐至 1 秒 07 帧处，然后展开“菱形三角 01”图层的“变换”选项，单击“不透明度”属性左侧的“时间变化秒表”按钮创建关键帧，并将“不透明度”属性设为“0%”，再将当前时间指针移至第 1 秒 16 帧处，将“不透明度”属性设为“100%”。

步骤 7▶ 将“菱形三角 01”图层复制一份，将“菱形三角 01”图层副本的入点对齐至 2 秒 05 帧处，然后展开“菱形三角 01”图层副本的“变换”选项，将“旋转”属性设为“0×+170.0°”

步骤 8▶ 创建一个纯色图层，并将其命名为“气泡 1”，然后将“气泡 1”图层的入点对齐至第 1 秒 02 帧处，再为其添加“泡沫”特效，并在“特效控件”调板中设置其参数，如图 13-58（a）所示。

步骤 9▶ 展开“气泡 1”图层的“变换”选项，单击“位置”属性左侧的“时间变化秒表”按钮创建关键帧，并将“位置”属性设为“3073，363”，再将当前时间指针移至第 3 秒 04 帧处，将位置”属性设为“-846，757”。

步骤 10▶ 再创建一个纯色图层，并将其命名为“气泡 2”，然后将“气泡 2”图层的入点对齐至第 2 秒 20 帧处，再为“气泡 2”图层添加“泡沫”特效，并在“特效控件”调板中设置其参数，如图 13-58（b）所示。

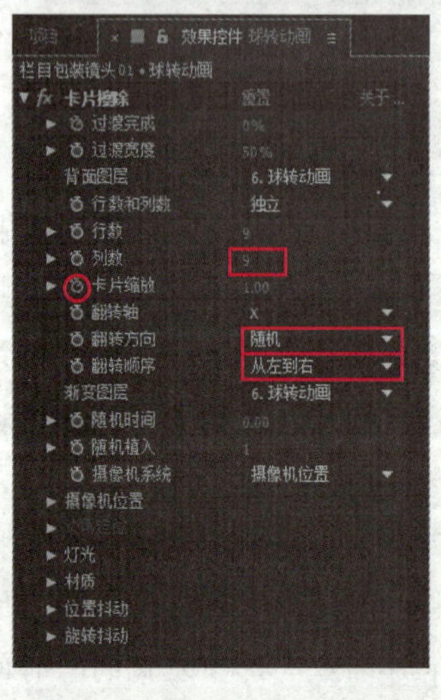

图 13-57　设置“卡片擦除”特效参数

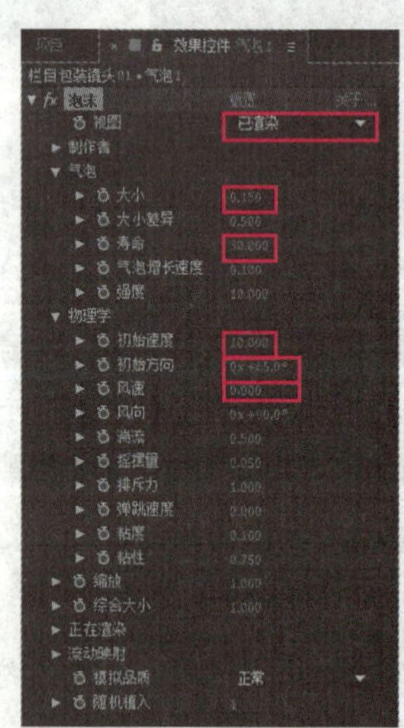

（a）

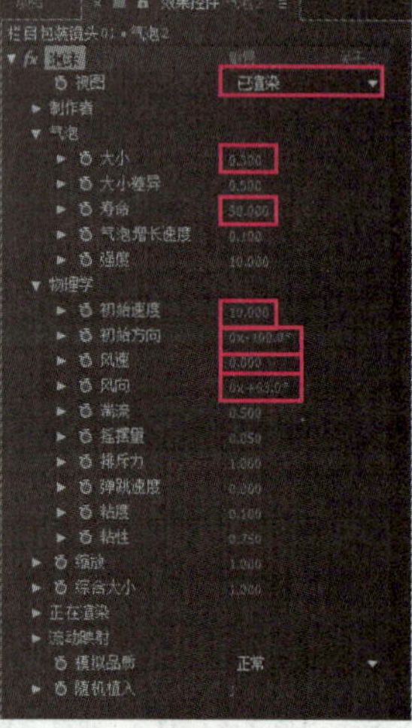

（b）

图 13-58　设置“泡沫”特效参数

步骤 11▶ 展开“气泡 1”图层的“变换”选项，单击“位置”属性左侧的“时间变化秒表”按钮创建关键帧，并将“位置”属性设为“1209，469”，然后将当前时间指针

移至第 3 秒 20 帧处，将位置”属性设为“4110，-312”。

3．制作栏目包装镜头 02

步骤 1▶ 新建一个名为“栏目包装镜头 02”的合成，将其“持续时间”设为“8 秒”，然后选择“图层”>“新建”>“纯色”图层，创建一个品蓝色的纯色图层。

步骤 2▶ 将“项目”调板“视频素材”文件夹中的“声呐圈.mov”视频素材拖到纯色图层上方，然后将当前时间指针移至第 5 秒 08 帧处，展开“声呐圈.mov”图层的“变换”选项，单击“不透明度”属性左侧的“时间变化秒表”按钮创建关键帧，并将“不透明度”属性设为“10%”，再将当前时间指针移至第 5 秒 20 帧处，将“不透明度”属性设为“0%”。

步骤 3▶ 将“项目”调板中的“logo 盘”合成拖到“声呐圈.mov”图层的上方，并将其入点对齐至 1 秒 07 帧处，然后为其添加“球面化”和“梯度渐变”特效，特效参数如图 13-59 所示。

步骤 4▶ 选中“logo 盘”图层，使用“椭圆工具”在“合成”调板中创建一个图 13-60 所示的蒙版。

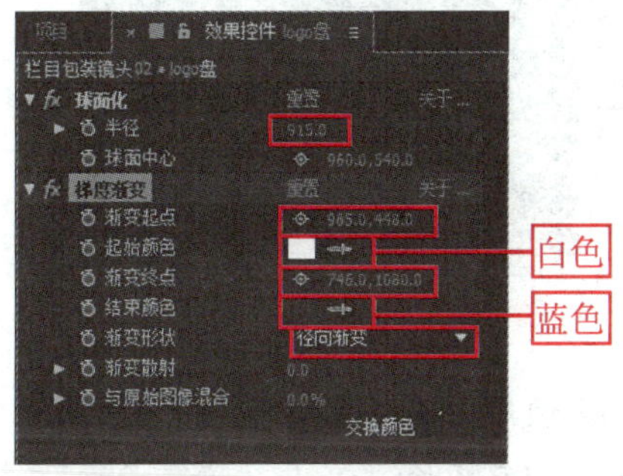

图 13-59　设置“球面化”和“梯度渐变”特效参数

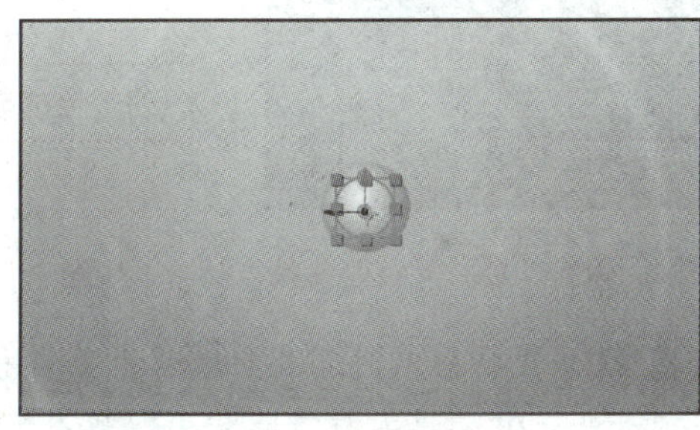

图 13-60　创建蒙版

步骤 5▶ 将“项目”调板“ps 图片素材”文件夹中的“毛笔 W.jpg”图像素材拖到“logo 盘”图层上方，并使其入点对齐至 1 秒 07 帧处，然后展开“毛笔 W.jpg”图层的“变换”选项，将“缩放”属性设为“75，90%”，再将“模式”选项设为“相除”，将“父级”选项设为“logo 盘”图层。

步骤 6▶ 将“项目”调板“png 序列素材”文件夹中的“box【0000-0100】.png”序列素材拖到“毛笔 W.jpg”图层上方，并使其入点对齐至 1 秒 07 帧处，然后将其“父级”选项设为“logo 盘”图层，再为“box【0000-0100】.png”图层添加“色阶”特效，并在“特效控件”调板中设置其参数，如图 13-61 所示。

步骤 7▶ 展开“logo 盘”图层的“变换”选项，单击“位置”属性左侧的“时间变化秒表”按钮创建关键帧，并将“位置”属性设为“960，-1050”；将当前时间指针移至第 2 秒处，将“位置”属性设为“960，20”；将当前时间指针移至第 2 秒 18 帧处，将“位置”属性设为“960，545”；将当前时间指针移至第 3 秒 10 帧处，将“位置”属性设为“960，436”；将当前时间指针移至第 5 秒 17 帧处，单击“缩放”属性左侧的“时间变化秒表”按钮创建关键帧，并将“缩放”属性设为“60，60%”；将当前时间指针移至第 6 秒 12 帧处，将“缩放”属性设为“200，200%”。

步骤 8▶ 将“项目”调板中的“波纹.mov”视频素材拖到“box【0000-0100】.png”图层上方，并将其“模式”选项设为“叠加”。

步骤 9▶ 选择“横排文字工具”，在“字符”调板中将“字体系列”设为“华文行楷”，将“字体大小”设为“260”，然后将当前时间指针移至第 3 秒 22 帧处，在“合成”调板中输入“娱”字，为“娱”文本图层添加“梯度渐变”和“定向模糊”特效，然后在“特效控件”调板中设置“梯度渐变”和“定向模糊”特效的参数，如图 13-62 所示。

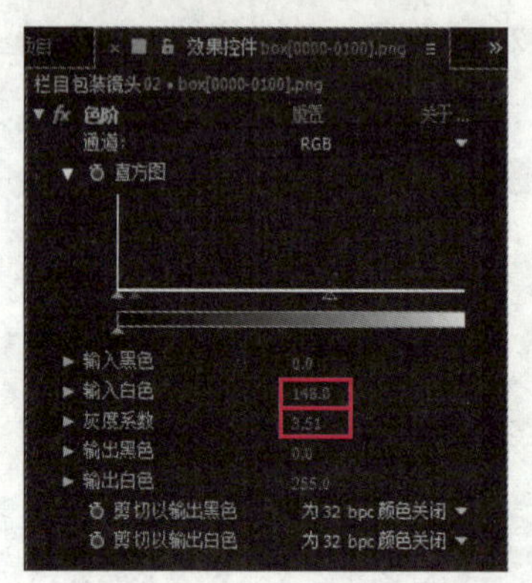

图 13-61 设置“色阶”特效参数

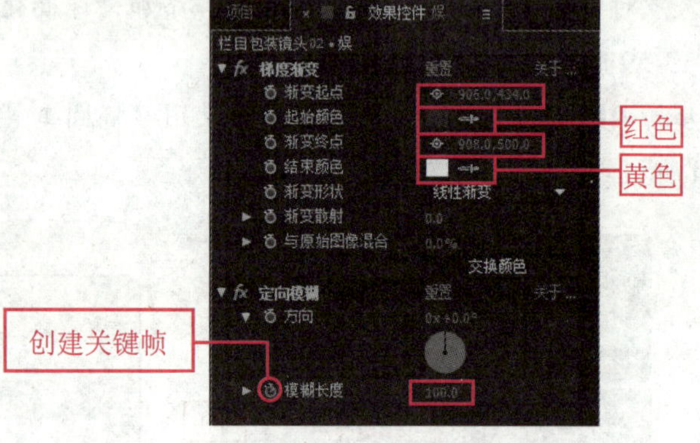

图 13-62 设置“梯度渐变”和“定向模糊”特效参数

步骤 10▶ 将当前时间指针移至第 4 秒 12 帧处，将“定向模糊”特效的“模糊长度”选项设为“0”；将当前时间指针移至第 5 秒 15 帧处，单击“模糊长度”选项左侧的“在当前时间添加或移除关键帧”按钮，添加一个关键帧；将当前时间指针移至第 5 秒 24 帧处，将“模糊长度”选项设为“100”。

步骤 11▶ 参照步骤 9～10 的操作输入文字“讯”，为其添加“梯度渐变”和“定向模糊”特效，并设置特效参数。

步骤 12▶ 将当前时间指针移至第 3 秒 22 帧处，然后展开“娱”文本图层的“变换”选项，单击“位置”属性左侧的“时间变化秒表”按钮创建关键帧，并将“合成”调板中的“娱”字移至画面上方外，如图 13-63（a）所示。

步骤 13▶ 将当前时间指针移至第 4 秒 04 帧处，然后将“合成”调板中的“娱”字移至图 13-63（b）所示位置；将当前时间指针移至第 5 秒 15 帧处，然后将“合成”调板中的“娱”字移至图 13-63（c）所示位置；将当前时间指针移至第 5 秒 24 帧处，然后将“合成”调板中的“娱”字移至画面下方外，如图 13-63（d）所示。

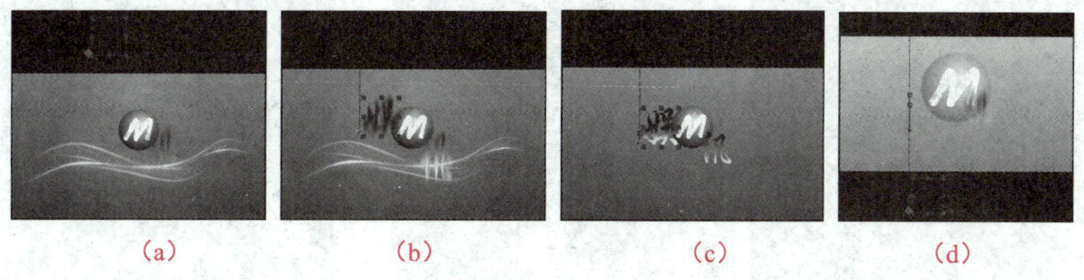

（a） （b） （c） （d）

图 13-63 创建“娱”字关键帧动画

步骤 14▶ 参照步骤 13~14 的操作，制作“讯”字由画面下放到中间再到上方的关键帧动画，如图 13-64 所示。

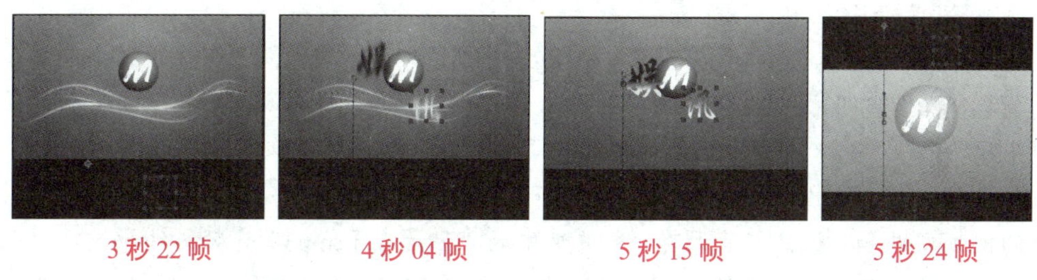

3 秒 22 帧 4 秒 04 帧 5 秒 15 帧 5 秒 24 帧

图 13-64 创建“讯”字关键帧动画

步骤 15▶ 将“项目”调板中的“菱形三角 02”合成拖到“讯”文本图层上方，并将其入点对齐至 0 秒 02 帧处，展开“菱形三角 02”图层的“变换”选项，将“不透明度”属性设为“70%”，然后为“菱形三角 02”图层添加“发光”和“色阶”特效，并在“特效控件”调板中设置特效参数，如图 13-65 所示。

步骤 16▶ 将“菱形三角 02”图层复制一份，展开“菱形三角 02”图层副本的“变换”选项，将“缩放”属性设为“-100，100%”。

步骤 17▶ 将下方的“菱形三角 02”图层再复制一份，放置在最上层，并将其入点对齐至 0 秒处，然后展开“菱形三角 02”图层副本的“变换”选项，将“位置”属性设为“1918，540”，将“缩放”属性设为“250，250%”，再为“菱形三角 02”图层副本添加“快速模糊”特效，并在“特效控件”调板中设置特效参数，如图 13-66 所示。

步骤 18▶ 将最上方的“菱形三角 02”图层复制一份，展开“菱形三角 02”图层副本的“变换”选项，将“位置”属性设为“-50，536”，将“缩放”属性设为“-250，250%”。

步骤 19▶ 在“项目”调板中新建一个文件夹，并将其命名为“项目合成层”，然后将创建的所有合成都拖到该文件夹中。

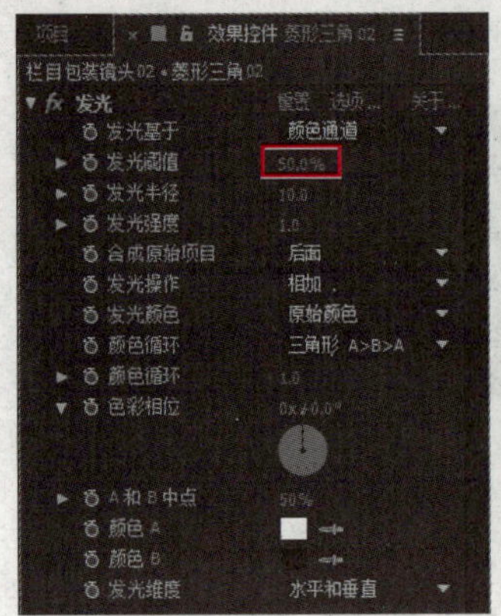

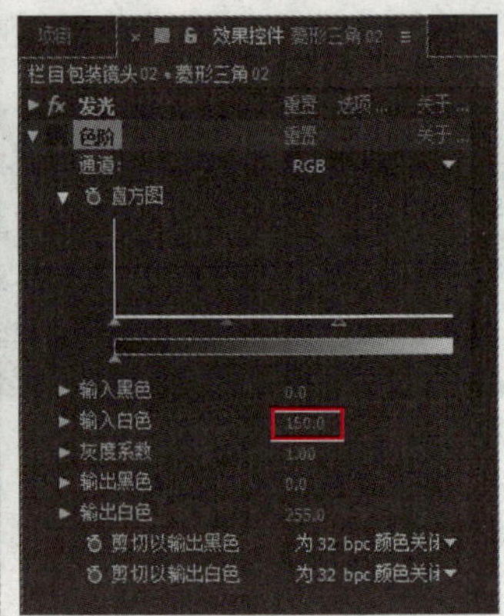

图 13-65 设置“发光”和“色阶”特效参数

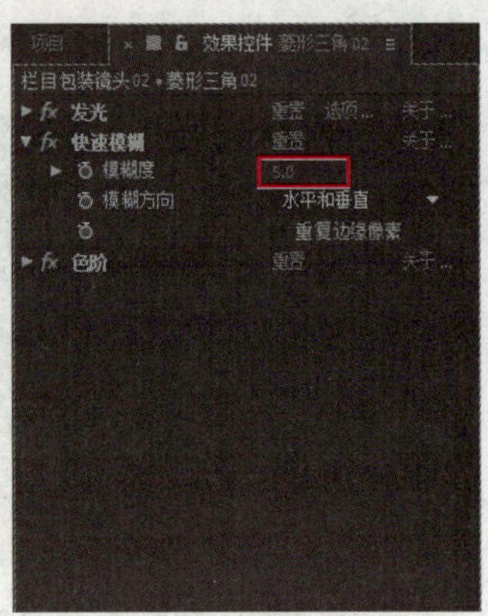

图 13-66 设置“快速模糊”特效参数

4. 合成输出

步骤 1▶ 参照综合案例 1 的设置，将“栏目包装镜头 01”和“栏目包装镜头 02”合成输出为名为“栏目包装镜头 01.mov”和“栏目包装镜头 02.mov”的视频文件。

步骤 2▶ 启动 Premiere Pro CC，新建一个名为“栏目包装片头”的项目文件，将刚导出的视频文件和“栏目包装素材”文件夹中的“背景音乐.mp3”音频文件导入到“项目”调板中，然后将“栏目包装镜头 01.mov”视频素材添加到“时间轴”调板的“视频 1”轨道中。

步骤 3▶ 将“时间轴”调板的当前时间指针■移至第 5 秒，然后将“项目”调板中的“栏目包装镜头 02.mov”视频素材添加到“时间轴”调板的“视频 1”轨道中，并使其入点对齐至第 5 秒，如图 13-67 所示。

步骤 4▶ 删除“视频 1”轨道中“栏目包装镜头 02.mov”视频素材后面的素材片段，然后将“效果”调板中“视频过渡”>“溶解”组下的“交叉溶解”过渡效果拖到“栏目包装镜头 01.mov”与“栏目包装镜头 02.mov”素材片段相交的位置。

步骤 5▶ 将“溶解”组下的“渐隐为白色”过渡效果拖到“栏目包装镜头 02.mov”素材片段的出点位置，并在“效果控件”调板中将其“持续时间”选项设为“2 秒”，如图 13-68 所示。

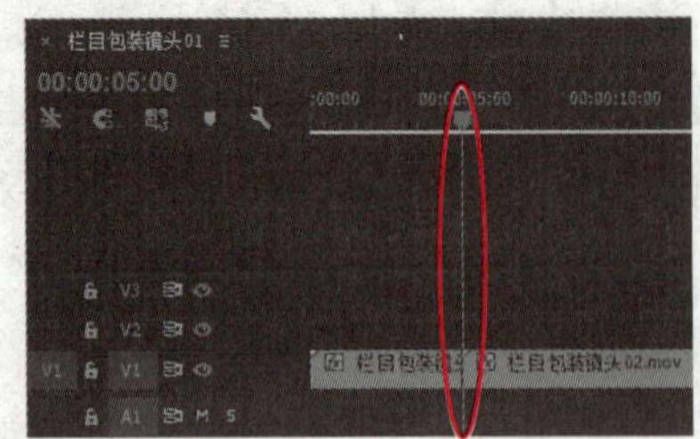

图 13-67 将视频素材添加到时间轴中

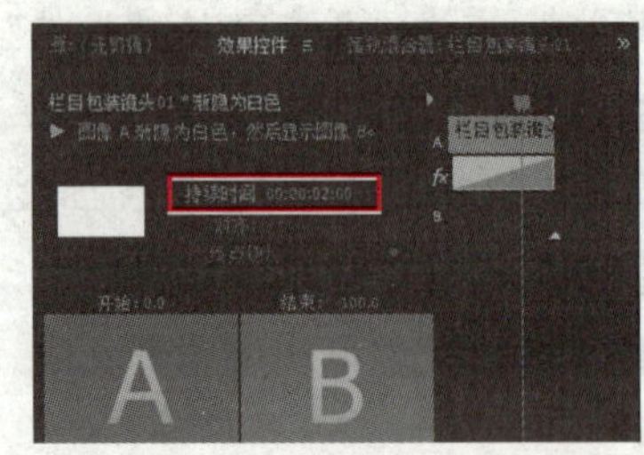

图 13-68 设置“渐隐为白色”过渡效果参数

步骤 6▶ 将“项目”调板中的“背景音乐.mp3”音频素材添加到“时间轴”调板的“音频 1”轨道中，并将其出点与“栏目包装镜头 02.mov”素材片段的出点对齐。

步骤 7▶ 单击“时间轴”调板，按快捷键【Ctrl+M】，在打开的“导出设置”对话框中将“格式”选项设为“H.264”，然后单击“输出名称”选项右侧的文本，设置输出视频的保存路径和名称，再单击“导出”按钮进行输出，如图 13-69 所示，至此案例就完成了。

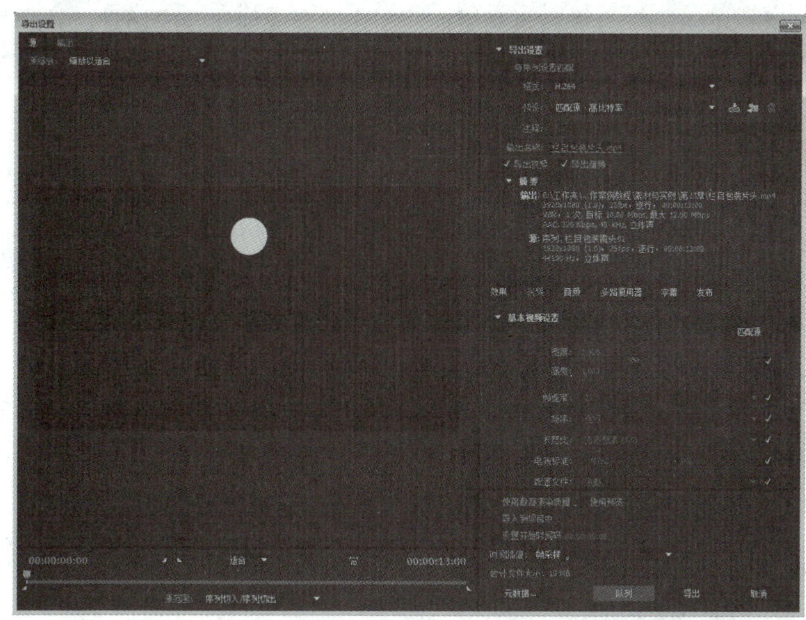

图 13-69　输出影片

13.3　制作企业宣传片

下面利用所学知识，制作图 13-70 所示的广告宣传片。

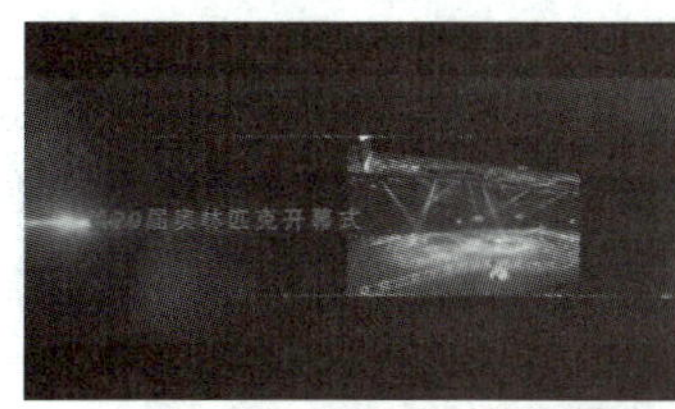

图 13-70　广告宣传片播放效果截图

素材文件	素材与实例\第 13 章\企业宣传片素材
效果展示和源文件	素材与实例\第 13 章\企业宣传片.aep、企业宣传片.MOV

制作分析

首先通过输入文本，为文本添加特效，创建蒙版，设置文本图层的混合模式等操作创建文本素材；然后利用图片和视频素材，以及创建的文本素材制作第“29 届奥林匹克开幕式”、“2010 上海世博会开幕式”、“2016 杭州 G20 交响音乐会”、“2016 杭州 G20 交响音乐会 01”和“LOGO”合成；再利用前面制作的合成创建合成场景，并通过添加和设置摄像机，制作各合成间的切换效果；最后为合成场景添加背景音乐，并进行输出。

制作步骤

1. 制作文本素材

步骤 1▶ 新建一个合成，在“合成设置”对话框中将“合成名称”设为“奥林匹克字幕”，将“宽度”选项设为“3840 px”，将“高度”选项设为“452 px”，将“帧速率”选项设为“29.97”，将“分辨率”选项设为“四分之一”，将“持续时间”选项设为“13 秒”，然后单击“确定”按钮，如图 13-71 所示。

步骤 2▶ 选择“横排文字工具”T，在“字符”调板中将“字体系列”设为“Adobe 黑体 Std”，将“字体大小”设为“300”，然后在“合成”调板中输入图 13-72 所示的文本。

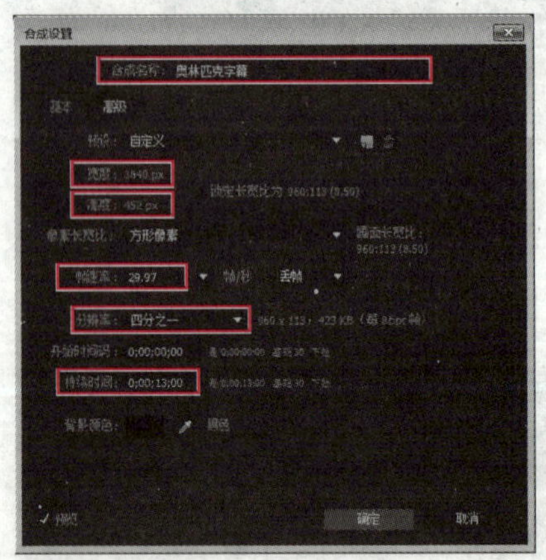

图 13-71 创建“奥林匹克字幕”合成

第29届奥林匹克开幕式

图 13-72 输入文本

步骤 3▶ 将“时间轴”调板中的文本图层复制两份，然后为最下方的文本图层添加“浮雕”特效，并在“特效控件”调板中设置“浮雕”特效的参数，如图 13-73 所示。

步骤 4▶ 选中中间的文本图层，使用“钢笔工具”在“合成”调板中创建一个图 13-74 所示的蒙版。

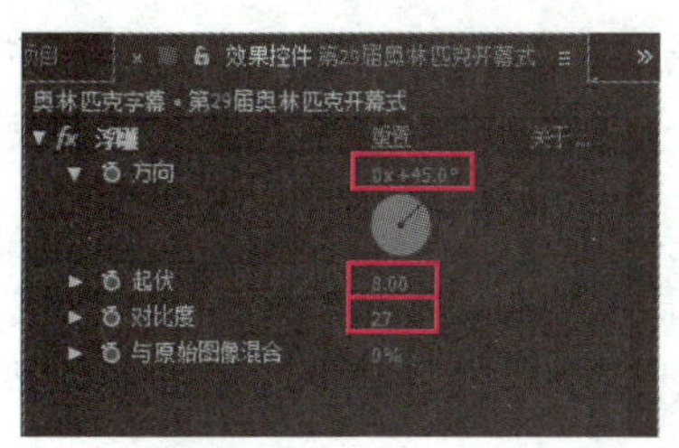

图 13-73　设置“浮雕”特效参数

第29届奥林匹克开幕式

图 13-74　创建蒙版

步骤 5▶　为中间的文本图层添加“梯度渐变”特效，并在“特效控件”调板中设置“梯度渐变”特效的参数，如图 13-75（a）所示。

步骤 6▶　为最上方的文本图层添加“梯度渐变”特效，并在“特效控件”调板中设置“梯度渐变”特效的参数，如图 13-75（b）所示。

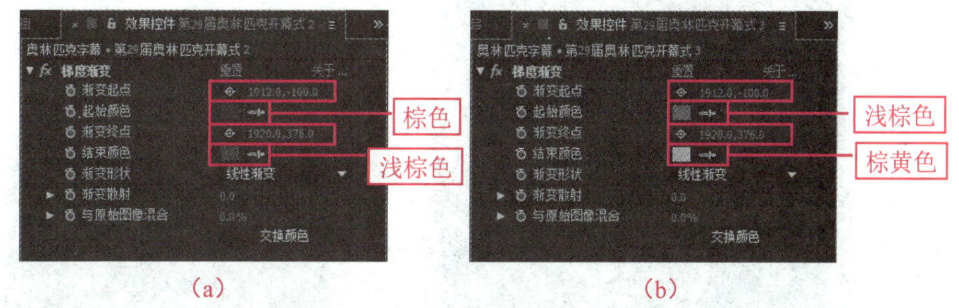

（a）　　（b）

图 13-75　设置“梯度渐变”特效参数

步骤 7▶　将中间和最上方文本图层的“模式”选项设为“强光”，然后将“奥林匹克字幕”合成复制一份，并将复制的合成重命名为“世博会字幕”，双击“世博会字幕”合成，然后修改“时间轴”调板中各文本图层中的文字，最终效果如图 13-76（a）所示。

步骤 8▶　参照步骤 7 的操作，再将“奥林匹克字幕”合成复制一份，并将复制的合成重命名为“音乐会字幕”，然后修改“音乐会字幕”合成中各层的文本，如图 13-76（b）所示。

2010年上海世博会开幕式　　2016杭州G20交响音乐会

（a）　　（b）

图 13-76　修改“世博会字幕”和“音乐会字幕”合成的文本

步骤 9▶　在“项目”调板中新建一个文件夹，并将其命名为“文字图层”，然后将刚刚创建的三个合成拖到“文字图层”文件夹中。

2．制作奥林匹克开幕式镜头

步骤 1▶　新建一个合成，在“合成设置”对话框中将“合成名称”设为“第 29 届奥

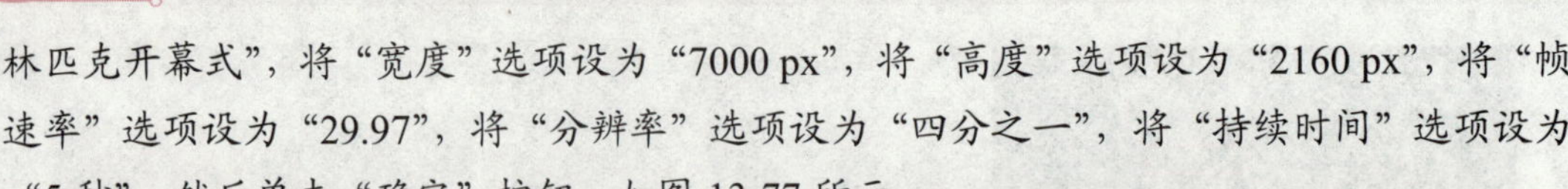

林匹克开幕式”，将“宽度”选项设为“7000 px”，将“高度”选项设为“2160 px”，将“帧速率”选项设为“29.97”，将“分辨率”选项设为“四分之一”，将“持续时间”选项设为“5 秒”，然后单击“确定”按钮，如图 13-77 所示。

步骤 2▶ 导入“广告宣传片素材”文件夹中的所有文件夹和素材文件，然后将“项目”调板“光效零件”文件夹中的“glow.png”图像素材添加到“时间轴”调板中，并将“glow.png”图层转换为三维图层。

步骤 3▶ 展开“glow.png”图层的“变换”选项，将“位置”属性设为“2048，1356，2544”，将“缩放”属性设为“390，390，390%”，将“不透明度”属性设为“20%”。

步骤 4▶ 为“glow.png”图层添加“填充”特效，并在“特效控件”调板中设置其参数，如图 13-78 所示。

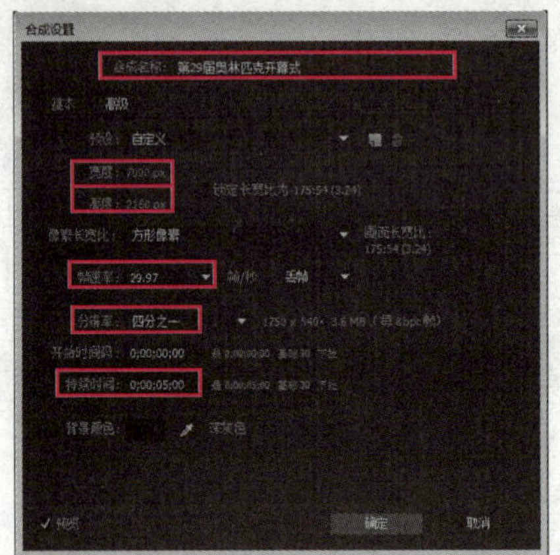

图 13-77 创建“第 29 届奥林匹克开幕式”合成

图 13-78 设置“填充”特效参数

步骤 5▶ 将“项目”调板“光效零件”文件夹中的“streak_03.png”图像素材拖到“glow.png”图层上方，将“streak_03.png”图层转换为三维图层，然后展开其“变换”选项，将“位置”属性设为“4800，429，-5”，将“缩放”属性设为“100，44，100%”。

步骤 6▶ 将“项目”调板“图片视频素材”文件夹中的“第 29 届奥林匹克开幕式.png”图像素材拖到“streak_03.png”图层的上方，将“第 29 届奥林匹克开幕式.png”图层转换为三维图层，然后展开其“变换”选项，将“位置”属性设为“5924，1108，0”，将“缩放”属性设为“183，183，183%”。

步骤 7▶ 将“项目”调板“图片视频素材”文件夹中的“第 29 届奥林匹克开幕式 01.png”图像素材拖到“第 29 届奥林匹克开幕式.png”图层的上方，将“第 29 届奥林匹克开幕式 01.png”图层转换为三维图层，然后展开其“变换”选项，将“位置”属性设为“5956，1112，-8”，将“缩放”属性设为“188，185，100%”。

步骤 8▶ 将当前时间指针移至第 2 秒 20 帧处，单击“不透明度”属性左侧的“时间变化秒表”按钮创建关键帧，并将“不透明度”属性设为“0%”，再将当前时间指针移至第 3 秒 06 帧处，将“不透明度”属性设为“100%”。

步骤 9▶ 将“项目”调板“文字图层”文件夹中的“奥林匹克字幕”合成拖到“第 29 届奥林匹克开幕式 01.png”图层上方，将“奥林匹克字幕”图层转换为三维图层，然后展开其“变换”选项，将“位置”属性设为“4460，1106，-900”，将“缩放”属性设为“27，27，27%”，效果如图 13-79 所示。

步骤 10▶ 将“项目”调板“光效零件”文件夹中的“streak_01.png”图像素材拖到“奥林匹克字幕”图层上方，将“streak_01.png”图层转换为三维图层，然后展开其“变换”选项，将“位置”属性设为“6568，1824，0”，再使用“矩形工具”创建一个图 13-80 所示的蒙版，并勾选“蒙版”选项下的“反转”复选框。

图 13-79　添加并设置“奥林匹克字幕”合成

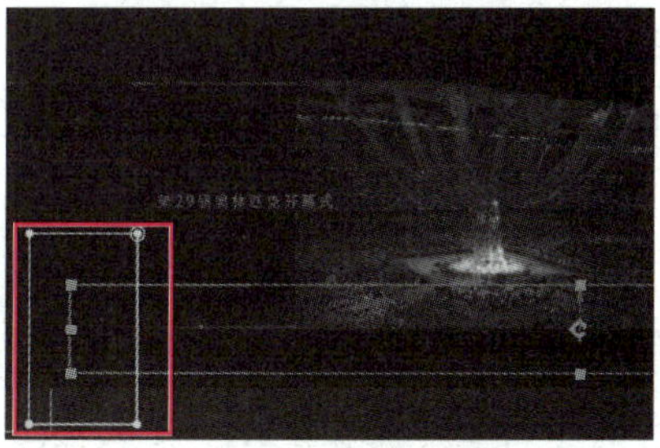

图 13-80　创建蒙版

步骤 11▶ 将“项目”调板“光效零件”文件夹中的“streak_02.png”图像素材拖到“streak_01.png”图层上方，将“streak_02.png”图层转换为三维图层，然后展开其“变换”选项，将“位置”属性设为“5280，704，0”，再使用“矩形工具”创建一个图 13-81 所示的蒙版，并勾选“蒙版”选项下的“反转”复选框。

步骤 12▶ 将“项目”调板“光效零件”文件夹中的“grid.png”图像素材拖到“streak_02.png”图层上方，将“grid.png”图层转换为三维图层，然后展开其“变换”选项，将“位置”属性设为“5280，704，0”，将“缩放”属性设为“33，33，33%”。

步骤 13▶ 将“项目”调板“光效零件”文件夹中的“grid2.png”图像素材拖到“grid.png”图层上方，将“grid2.png”图层转换为三维图层，然后展开其“变换”选项，将“位置”属性设为“4127，1416，1111”，将“缩放”属性设为“118，118，118%”，将“不透明度”属性设为“12%”。

步骤 14▶ 激活所有图层的“运动模糊-模拟快门持续时间”开关，再单击“为设置了‘运动模糊’开关的所有图层启用运动模糊”按钮，如图 13-82 所示。

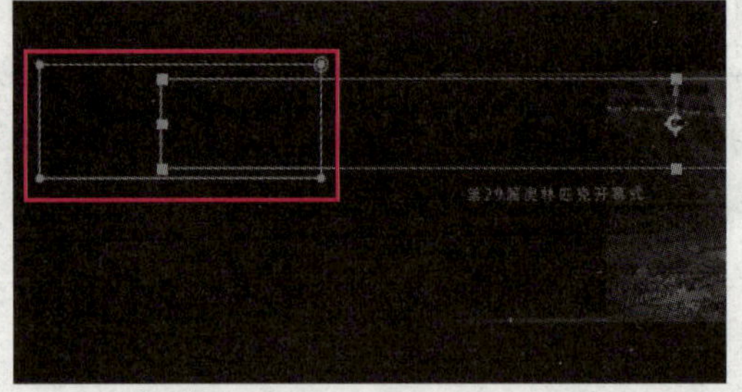

图 13-81　创建蒙版

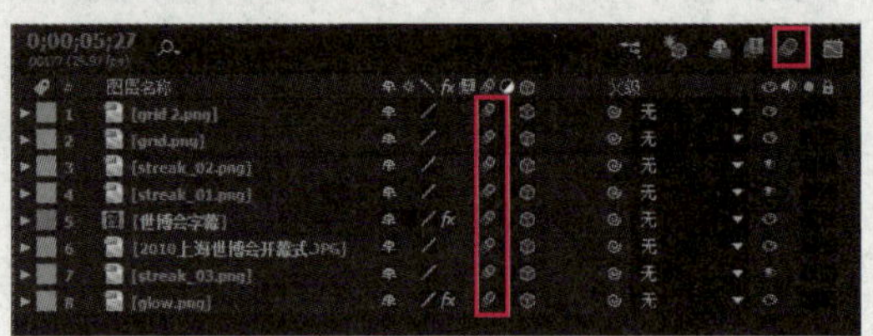
图 13-82　启用运动模糊功能

3．制作世博会开幕式和音乐会开幕式镜头

步骤 1▶ 将“项目”调板中的“第 29 届奥林匹克开幕式”合成复制一份，并将合成副本重命名为“2010 上海世博会开幕式”，然后双击“2010 上海世博会开幕式”合成，在“时间轴”调板中删除“第 29 届奥林匹克开幕式.png”、“第 29 届奥林匹克开幕式 01.png”和“奥林匹克字幕”图层。

步骤 2▶ 将“项目”调板“图片视频素材”文件夹中的“2010 上海世博会开幕式.jpg”图像素材拖到“streak_01.png”图层下方，然后将“2010 上海世博会开幕式.jpg”图层转换为三维图层，并展开其“变换”选项，将“位置”属性设为“2610，1116，0”，将“缩放”属性设为“183，185，100%”。

步骤 3▶ 将“项目”调板“文字图层”文件夹中的“世博会字幕”合成拖到“2010 上海世博会开幕式.jpg”图层上方，然后将“世博会字幕”图层转换为三维图层，并展开其“变换”选项，将“位置”属性设为“4216，912，-343”，将“缩放”属性设为“50，50，50%”。

步骤 4▶ 为“世博会字幕”图层添加“投影”特效，然后在“特效控件”调板中设置“投影”特效的参数，如图 13-83 所示；此时“合成”调板中的画面如图 13-84 所示。

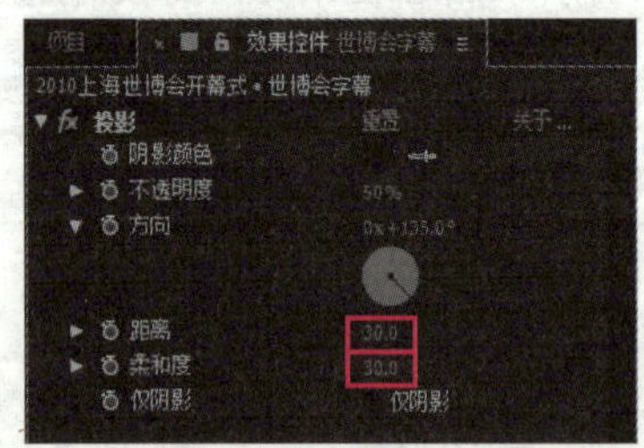

图 13-83　设置“投影”特效参数

图 13-84　“2010 上海世博会开幕式”合成的画面

步骤 5▶ 激活所有图层的“运动模糊-模拟快门持续时间”开关，再单击“为设置了‘运动模糊’开关的所有图层启用运动模糊”按钮，如前图 13-82 所示。

步骤6▶ 将“项目”调板中的“第29届奥林匹克开幕式”合成再复制一份，并将合成副本重命名为“2016杭州G20交响音乐会”，然后双击“2016杭州G20交响音乐会”合成，在“时间轴”调板中删除“glow.png”、“第29届奥林匹克开幕式.png”、“第29届奥林匹克开幕式01.png”和“奥林匹克字幕”图层，并调整图层的顺序，从上到下依次为“streak_03.png”、“streak_0.png”、“streak_02.png”、“grid.png”和“grid 2.png”。

步骤7▶ 将“项目”调板“图片视频素材”文件夹中的“杭州G20音乐交响会.jpg”图像素材拖到“streak03.jpg”图层上方，然后将“杭州G20音乐交响会.jpg”图层转换为三维图层，并展开其“变换”选项，将“位置”属性设为“5115，1180，2935”，将“缩放”属性设为“163，163，163%”。

步骤8▶ 将“项目”调板“图片视频素材”文件夹中的“杭州G20音乐交响会01.jpg”图像素材拖到“杭州G20音乐交响会.jpg”图层上方，然后将“杭州G20音乐交响会01.jpg”图层转换为三维图层，并展开其“变换”选项，将“位置”属性设为“2188，1124，-8”，将“缩放”属性设为“184，184，184%”，此时“合成”调板中的画面如图13-85所示。

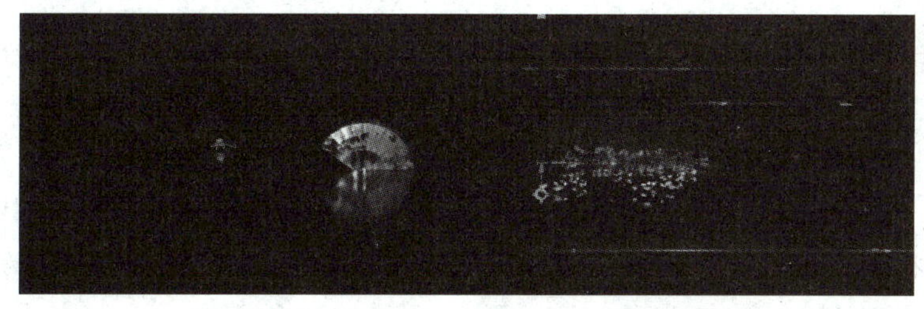

图13-85 “2016杭州G20交响音乐会”合成的画面

步骤9▶ 激活所有图层的“运动模糊-模拟快门持续时间”开关，再单击“为设置了‘运动模糊’开关的所有图层启用运动模糊”按钮。

步骤10▶ 将“项目”调板中的“第29届奥林匹克开幕式”合成再复制一份，并将合成副本重命名为“2016杭州G20交响音乐会01”，然后双击“2016杭州G20交响音乐会01”合成，在“时间轴”调板中删除“第29届奥林匹克开幕式.png”、“第29届奥林匹克开幕式01.png”和“奥林匹克字幕”图层。

步骤11▶ 将“项目”调板“图片视频素材”文件夹中的“2016杭州G20交响音乐会02.jpg”图像素材拖到“streak_03.png”图层上方，然后将“杭州G20音乐交响会02.jpg”图层转换为三维图层，并展开其“变换”选项，将“位置”属性设为“1604，1124，2816”，将“缩放”属性设为“184，184，184%”。

步骤12▶ 将“项目”调板“文字图层”文件夹中的“音乐会字幕”合成拖到“2016杭州G20交响音乐会02.jpg”图层上方，然后将“音乐会字幕”图层转换为三维图层，并展开其“变换”选项，将“位置”属性设为“3500，1118，-8760”，将“缩放”属性设为

"5.0，5.0，5.0%"。

步骤 13▶ 为"音乐会字幕"图层添加"投影"特效，然后在"特效控件"调板中设置"投影"特效的参数，具体参数可参照前图 13-83，此时"合成"调板中的画面如图 13-86 所示。

图 13-86 "2016 杭州 G20 交响音乐会 01"合成的画面

步骤 14▶ 激活所有图层的"运动模糊-模拟快门持续时间"开关，再单击"为设置了'运动模糊'开关的所有图层启用运动模糊"按钮。

4．制作 LOGO

步骤 1▶ 新建一个合成，在"合成设置"对话框中将"合成名称"设为"LOGO"，将"宽度"选项设为"7000 px"，将"高度"选项设为"2160 px"，将"帧速率"选项设为"29.97"，将"分辨率"选项设为"四分之一"，将"持续时间"选项设为"5 秒"，然后单击"确定"按钮。

步骤 2▶ 将"项目"调板"图片视频素材"文件夹中的"logo.psd"图像素材添加到"时间轴"调板中，展开"logo.psd"图层的"变换"选项，将"位置"属性设为"3504，1080"，将"缩放"属性设为"188，188%"。

步骤 3▶ 为"logo.psd"图层添加"色相/饱和度"特效，然后在"特效控件"调板中设置其参数，如图 13-87 所示。

步骤 4▶ 为"logo.psd"图层添加"CC Light Sweep"特效，将当前时间指针移至第 1 秒处，然后在"特效控件"调板中单击"Center"选项左侧的"时间变化秒表"按钮创建关键帧，并将"Center"选项设为"-720，93"，将"Edge Intensity"选项设为"200"，将"Edge Thickness"选项设为"3.7"，如图 13-88 所示。

步骤 5▶ 将前时间指针移至第 4 秒处，然后在"特效控件"调板中将"Center"选项设为"1296，-170"。

步骤 6▶ 在"项目"调板中新建一个文件夹，并将其命名为"合成图层"，然后将创建的所有合成拖到该文件夹中。

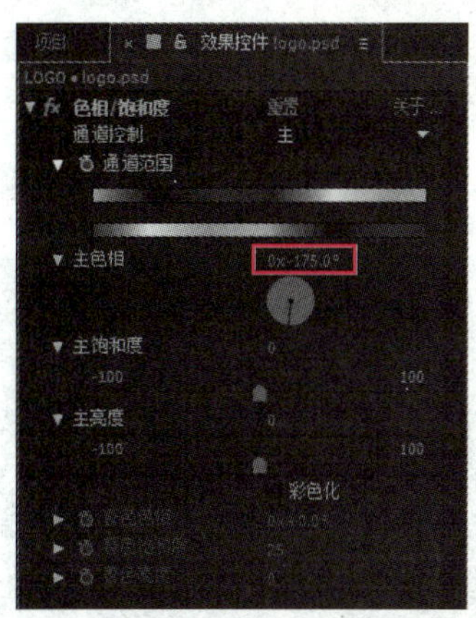

图 13-87　设置“色相/饱和度”特效参数

图 13-88　设置“CC Light Sweep”特效参数

5. 合成输出

步骤 1▶ 新建一个合成，在“合成设置”对话框中将“合成名称”设为“合成场景”，将“宽度”选项设为“3840 px”，将“高度”选项设为“2160 px”，将“帧速率”选项设为“29.97”，将“分辨率”选项设为“四分之一”，将“持续时间”选项设为“15 秒”，然后单击“确定”按钮。

步骤 2▶ 将“项目”调板“图片视频素材”文件夹中的“背景灯光.mov”视频素材添加到“时间轴”调板中，再将“合成图层”文件夹中的“第 29 届奥林匹克开幕式”拖到“背景灯光.mov”图层上方，将“第 29 届奥林匹克开幕式”图层转换为三维图层，并激活“对于合成图层：折叠变换；对于矢量图层：连续栅格化”开关。

步骤 3▶ 将当前时间指针移至第 4 秒 25 帧处，然后展开“第 29 届奥林匹克开幕式”图层的“变换”选项，单击“不透明度”属性左侧的“时间变化秒表”按钮创建关键帧，将“缩放”属性设为“150, 150, 150%”，再将当前时间指针移至第 5 秒处，并将“不透明度”属性设为“0%”。

步骤 4▶ 创建一个名为“摄像机 1”的双节点摄像机，将“胶片大小”设为“36 毫米”，将“视角”设为“71.51°”，如图 13-89 所示。

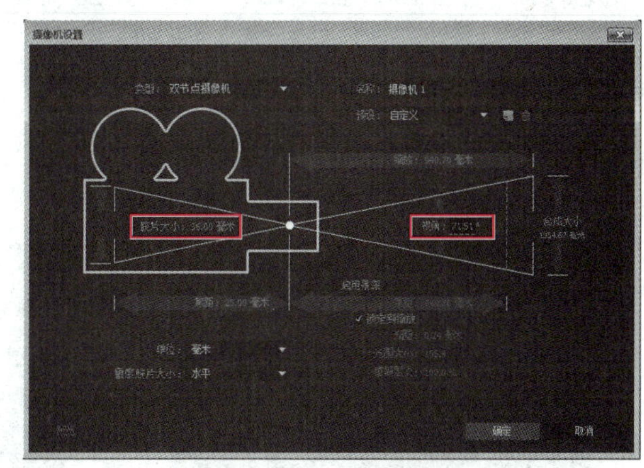

图 13-89　创建摄像机

步骤 5▶ 将当前时间指针移至第 2 秒 12 帧处，展开“摄

像机 1”图层的“变换”选项，单击“位置”属性左侧的“时间变化秒表”按钮创建关键帧，然后在“合成”调板中同时显示“顶部”、“左侧”、“右侧”和“活动摄像机”视图，并调整摄像机的位置，如图 13-90 所示。

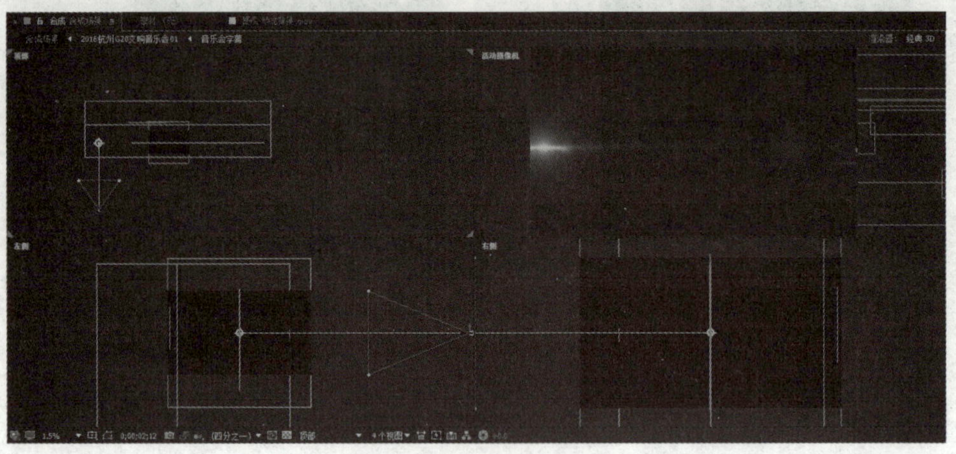

图 13-90　调整摄像机位置

步骤 6▶ 新建一个纯色图层，并将其命名为“位移控制”，将“位移控制”图层的“不透明度”属性设为“0%”，再将“摄像机 1”图层的“父级”选项设为“位移控制”图层。

提　示

由于在“合成场景”合成中同时存在二维图层和三维图层，因此在使用摄像机同时进行移动和推拉时，会产生一些不可预测的效果，此时使用一个透明的纯色图层来控制摄像机的移动，可避免上述情况发生。

步骤 7▶ 将当前时间指针移至第 0 秒 28 帧处，单击“位移控制”图层“锚点”属性左侧的“时间变化秒表”按钮创建关键帧，并将“锚点”属性设为“4286，1080”，此时“活动摄像机”视图中的画面如图 13-91 所示。

步骤 8▶ 将当前时间指针移至第 1 秒 05 帧处，将“锚点”属性设为“1312，1080”，此时“活动摄像机”视图中的画面如图 13-92 所示。

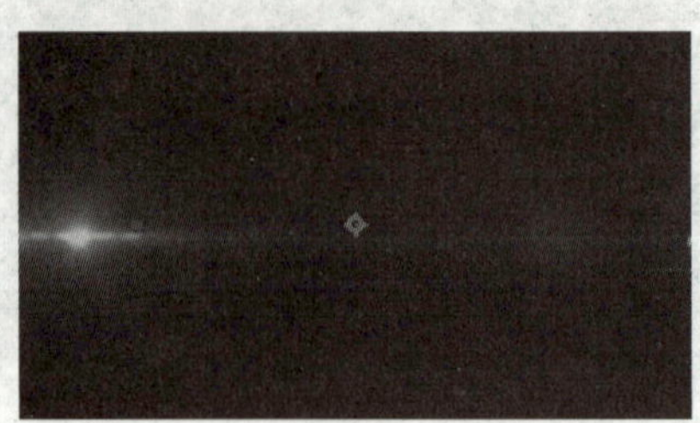

图 13-91　第 0 秒 28 帧的画面

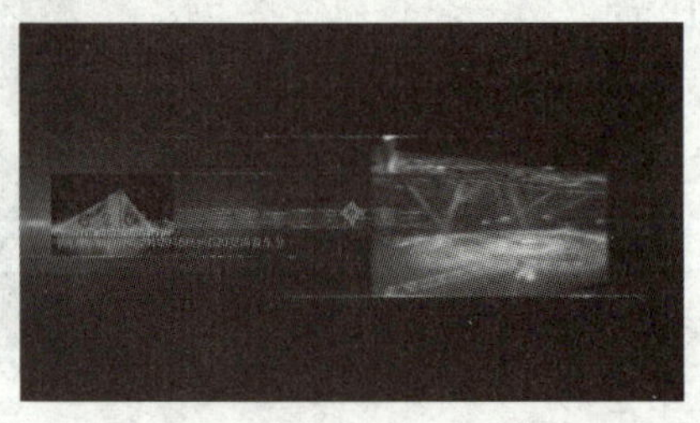

图 13-92　第 1 秒 05 帧的画面

步骤 9▶ 将当前时间指针移至第 2 秒 19 帧处，然后在“合成”调板的“顶部”视图中将摄像机沿 Z 轴向上移动，制作推镜头效果（拉近摄像机与拍摄对象的距离），如图 13-93 所示。

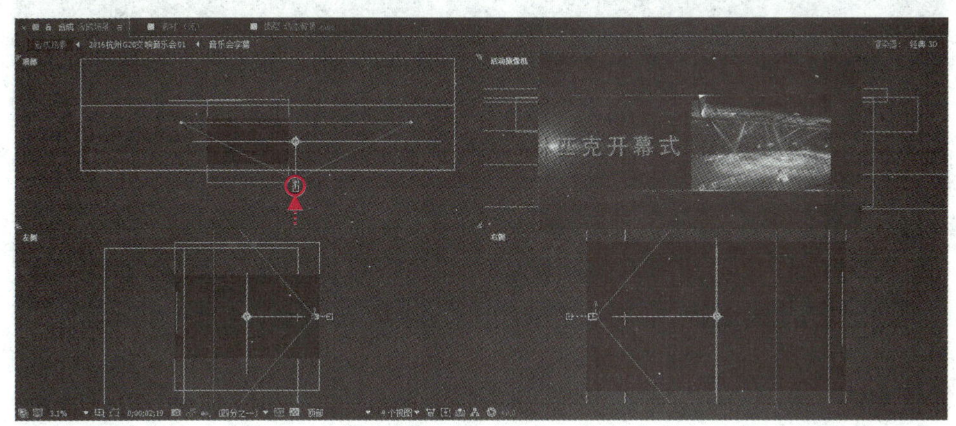

图 13-93　制作推镜头效果

步骤 10▶ 将“项目”调板“合成图层”文件夹中的“2010 上海世博会开幕式”合成拖到“位移控制”图层上方，使其入点位于第 3 秒 12 帧处，将其转换为三维图层，并激活“对于合成图层：折叠变换；对于矢量图层：连续栅格化”开关。

步骤 11▶ 将当前时间指针移至第 5 秒 24 帧处，并展开“2010 上海世博会开幕式”图层的“变换”选项，然后单击“不透明度”属性左侧的“时间变化秒表”按钮创建关键帧，将“缩放”属性设为“150，150，150%”，再将当前时间指针移至第 5 秒 29 帧处，并将“不透明度”属性设为“0%”。

步骤 12▶ 将当前时间指针移至第 3 秒 24 帧处，将“位移控制”图层的“锚点”属性设为“1091，1080”，此时“活动摄像机”视图中的画面如图 13-94 所示。

步骤 13▶ 将当前时间指针移至第 4 秒处，将“位移控制”图层的“锚点”属性设为“-4633，1080”，此时“活动摄像机”视图中的画面如图 13-95 所示。

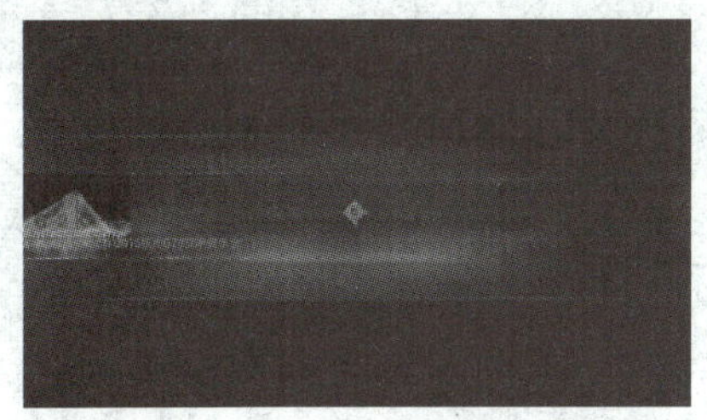

图 13-94　第 3 秒 24 帧的画面

图 13-95　第 4 秒的画面

步骤 14▶ 将当前时间指针移至第 5 秒 23 帧处，将“位移控制”图层的“锚点”属性设为“-5000，1080”，将“合成”调板“顶部”视图中的摄像机沿 X 轴向右平移，制

作摇镜头效果，使“活动摄像机”视图显示世博会开幕式画面，如图 13-96 所示。

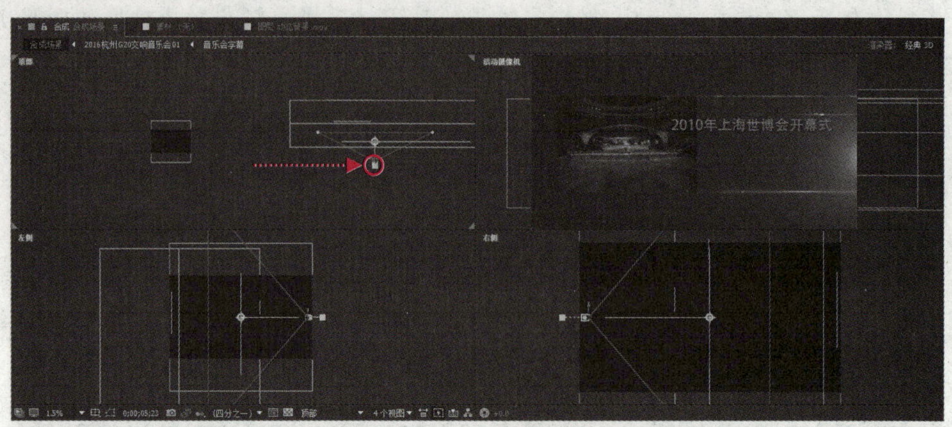

图 13-96　制作摇镜头效果

步骤 15▶ 将“项目”调板“合成图层”文件夹中的“2016 杭州 G20 交响音乐会”合成拖到“2010 上海世博会开幕式”图层上方，使其入点位于第 5 秒 21 帧处，将其转换为三维图层，并激活“运动模糊-模拟快门持续时间”开关和“对于合成图层：折叠变换；对于矢量图层：连续栅格化”开关，然后展开“2016 杭州 G20 交响音乐会”图层的“变换”选项，将“锚点”属性设为“3500，1080，0”，将“位置”属性设为“21211，995，-3533”。

步骤 16▶ 将“项目”调板“合成图层”文件夹中的“2016 杭州 G20 交响音乐会 01”合成拖到“2016 杭州 G20 交响音乐会”图层上方，使其入点位于第 5 秒 21 帧处，将其转换为三维图层，并激活“运动模糊-模拟快门持续时间”开关，然后展开“2016 杭州 G20 交响音乐会 01”图层的“变换”选项，将“锚点”属性设为“6435，1080，92”，将“位置”属性设为“28704，1070，-4064”。

步骤 17▶ 将当前时间指针移至第 5 秒 29 帧处，将“位移控制”图层的“锚点”属性设为“-4967，1080”，然后在“合成”调板的“顶部”视图中将摄像机沿 Z 轴向下移动，制作拉镜头效果，如图 13-97 所示。

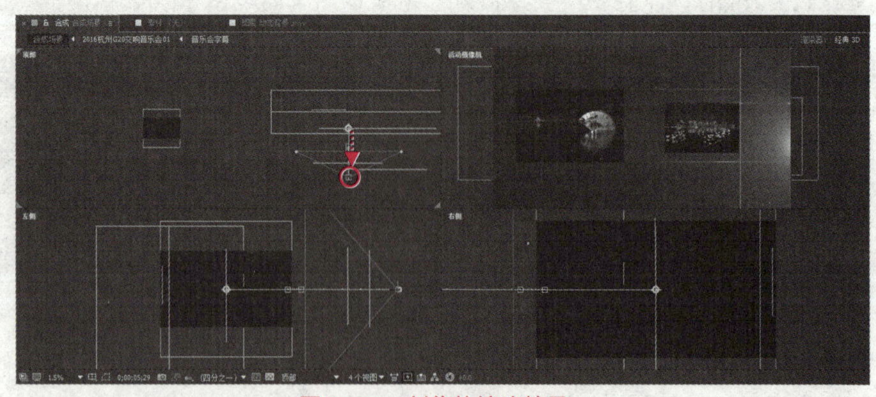

图 13-97　制作拉镜头效果

步骤 18▶ 将“项目”调板“合成图层”文件夹中的“LOGO”合成拖到“2016 杭州 G20 交响音乐会 01”图层上方，使其入点位于第 9 秒 21 帧处，将其转换为三维图层，并激活“运动模糊-模拟快门持续时间”开关，然后将当前时间指针移至第 3 秒 08 帧处，展开“LOGO”图层的“变换”选项，单击“不透明度”属性左侧的“时间变化秒表”按钮创建关键帧，并将“位置”属性设为“25148，972，-2104”，再将当前时间指针移至第 14 秒 03 帧处，并将“不透明度”属性设为“0%”。

步骤 19▶ 将当前时间指针移至第 6 秒 22 帧处，将“位移控制”图层的“锚点”属性设为“-4911，1080”，此时“活动摄像机”视图中的画面如图 13-98 所示。

步骤 20▶ 将当前时间指针移至第 6 秒 27 帧处，将“位移控制”图层的“锚点”属性设为“-5300，1080”，此时“活动摄像机”视图中的画面如图 13-99 所示。

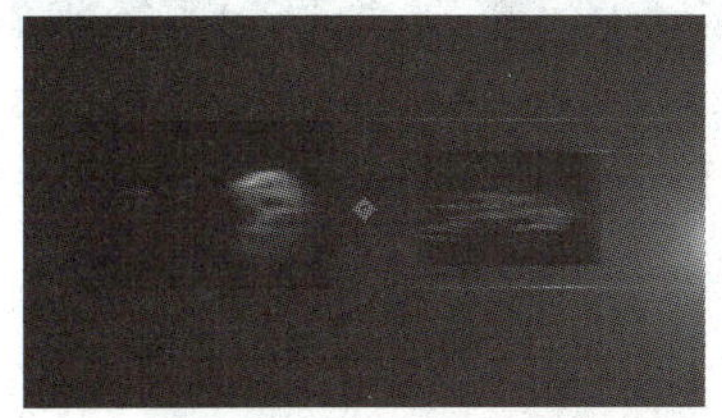

图 13-98 第 6 秒 22 帧的画面

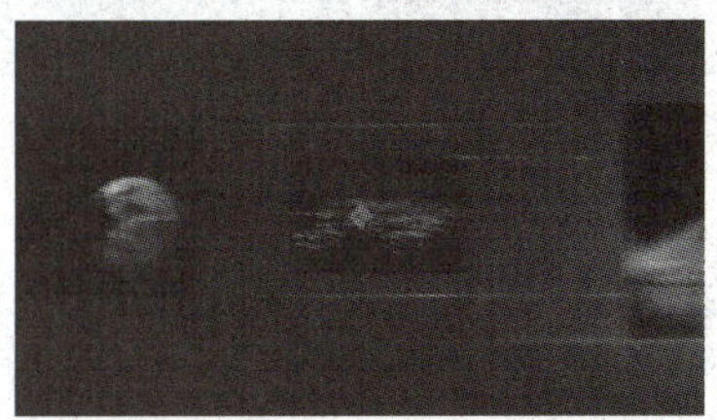

图 13-99 第 6 秒 27 帧的画面

步骤 21▶ 将当前时间指针移至第 8 秒 09 帧处，将“位移控制”图层的“锚点”属性设为“-5500，1080”，将“合成”调板“顶部”视图中的摄像机沿 X 轴向右平移，如图 13-100 所示。

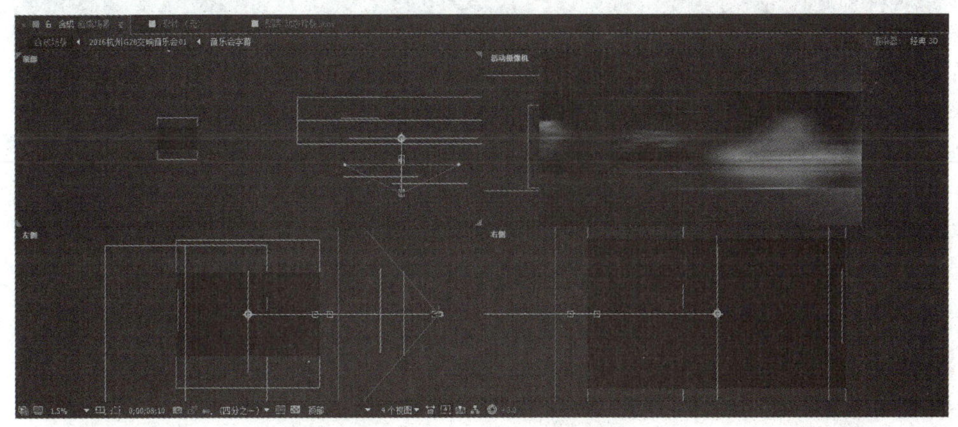

图 13-100 向右移动摄像机

步骤 22▶ 将当前时间指针移至第 8 秒 14 帧处，将“位移控制”图层的“锚点”属性设为“-6228，1080”，将“合成”调板“顶部”视图中的摄像机沿 Z 轴适当向下移动，如图 13-101 所示。

步骤 23▶ 将当前时间指针移至第 9 秒 20 帧处，将“位移控制”图层的“锚点”

属性设为“-6341，1080”，然后为“摄像机 1”图层的“位置”属性添加关键帧。

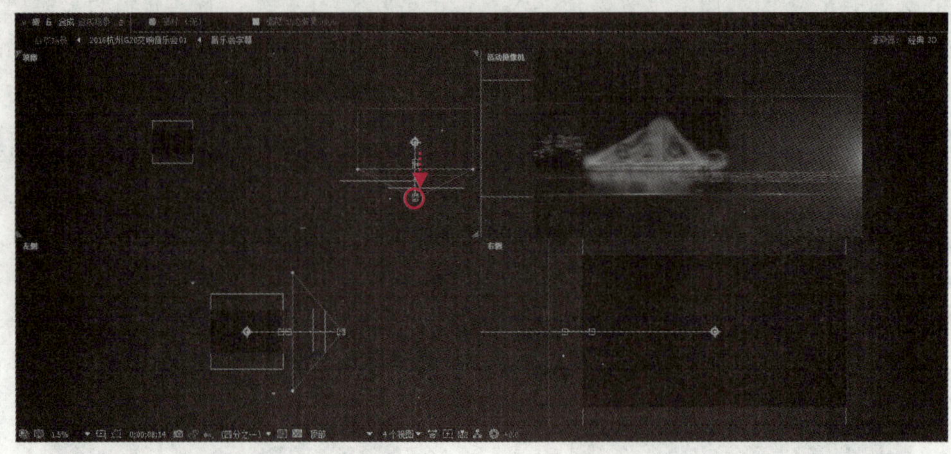

图 13-101　制作拉镜头效果

步骤 24▶ 将当前时间指针移至第 9 秒 25 帧处，将“合成”调板“顶部”视图中的摄像机沿 Z 轴向上移动，如图 13-102 所示。

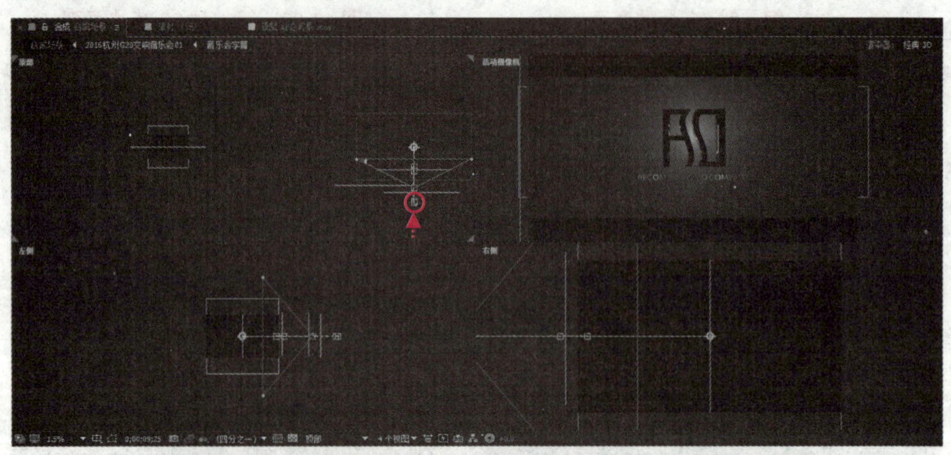

图 13-102　制作推镜头效果

步骤 25▶ 将当前时间指针移至第 13 秒 20 帧处，将“合成”调板“顶部”视图中的摄像机沿 Z 轴适当向上移动，如图 13-103 所示。

步骤 26▶ 将“项目”调板中的“动态背景.mov”视频素材拖到“LOGO”图层上方，然后将当前时间指针移至第 0 秒 08 帧处，将“动态背景.mov”图层的“模式”设为“相加”，单击“不透明度”属性左侧的“时间变化秒表”按钮创建关键帧，并将“缩放”属性设为“300，300%”，将“不透明度”属性设为“0%”。

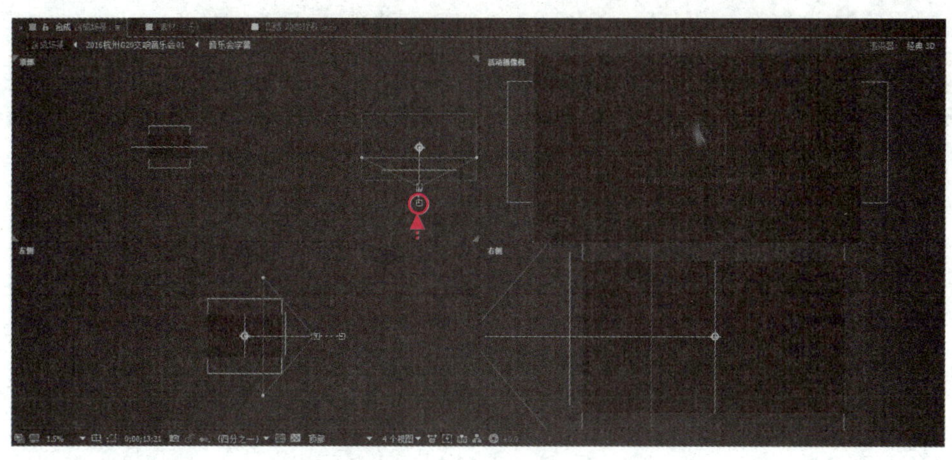

图 13-103　制作推镜头效果

步骤 27▶ 将当前时间指针移至第 0 秒 25 帧处，将“动态背景.mov”图层的“不透明度”属性设为“100%”；将当前时间指针移至第 6 秒处，为“动态背景.mov”图层的“不透明度”属性添加关键帧；将当前时间指针移至第 6 秒 15 帧处，将“动态背景.mov”图层的“不透明度”属性设为“0%”

步骤 28▶ 为“动态背景.mov”图层添加“色阶”和“色相/饱和度”特效，并在“特效控件”调板中设置特效参数，如图 13-104 所示。

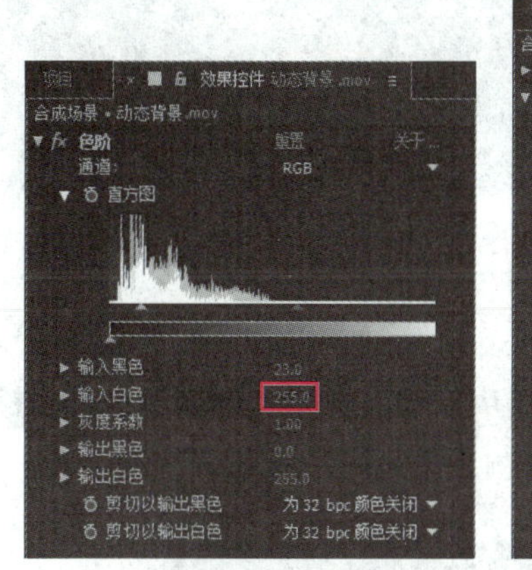

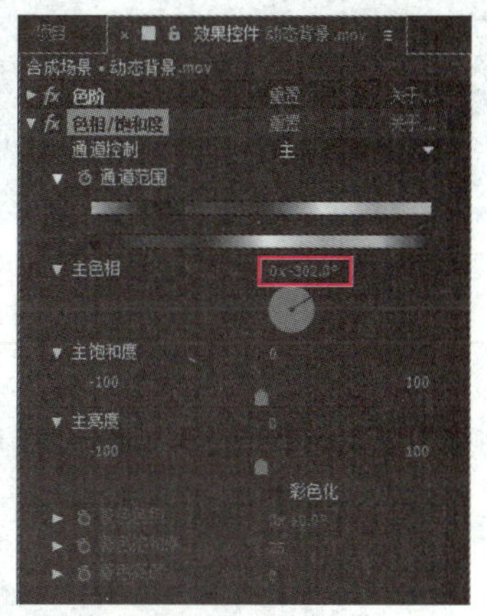

图 13-104　设置“色阶”和“色相/饱和度”特效参数

步骤 29▶ 将“动态背景.mov”图层复制一份，然后移动“动态背景.mov”图层副本在时间线上的位置，使其入点位于 5 秒 13 帧处。

步骤 30▶ 取消“动态背景.mov”图层副本“不透明度”属性的关键帧动画，将当前时间指针移至第 8 秒 09 帧处，单击“动态背景.mov”图层副本“不透明度”属性左侧的“时间变化秒表”按钮创建关键帧，并将“不透明度”属性设为“100%”，再将当前时间指针移至第 9 秒 20 帧处，将“不透明度”属性设为“0%”。

步骤 31▶ 创建一个黑色的纯色图层，然后选中纯色图层，使用“矩形工具”在“合成”调板中创建一个图 13-105（a）所示的蒙版，并勾选“蒙版”选项左侧的“反转”复选框，制作黑色边框，效果如图 13-105（b）所示。

（a）

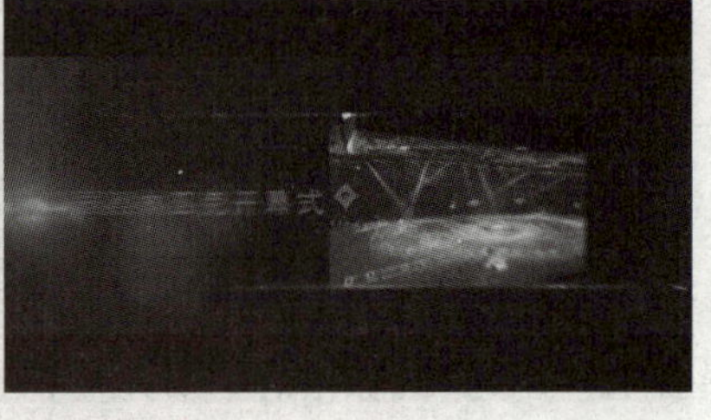

（b）

图 13-105　制作黑色边框

步骤 32▶ 将“项目”调板中的“背景音乐.mp3”音频素材拖到纯色图层上方，然后将当前时间指针移至第 13 秒处，展开“背景音乐.mp3”图层的“音频”选项，单击“音频电平”选项左侧的“时间变化秒表”按钮创建关键帧，再将当前时间指针移至第 13 秒 24 帧处，将“音频电平”选项设为“-100 dB”，如图 13-106 所示。

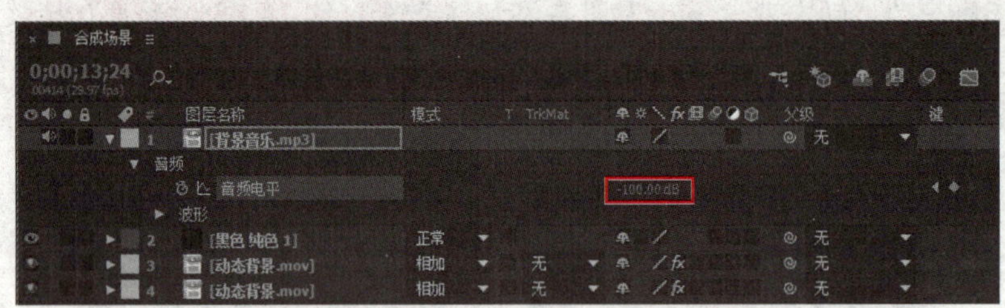

图 13-106　设置“音频电平”选项

步骤 33▶ 最后参照综合案例 1 的设置，将“合成场景”合成输出为名为“企业宣传片.mov”的视频文件，注意在“输出模块设置”对话框中将输出视频的尺寸调整为“1920×1080”，如图 13-107 所示，至此案例就完成了。

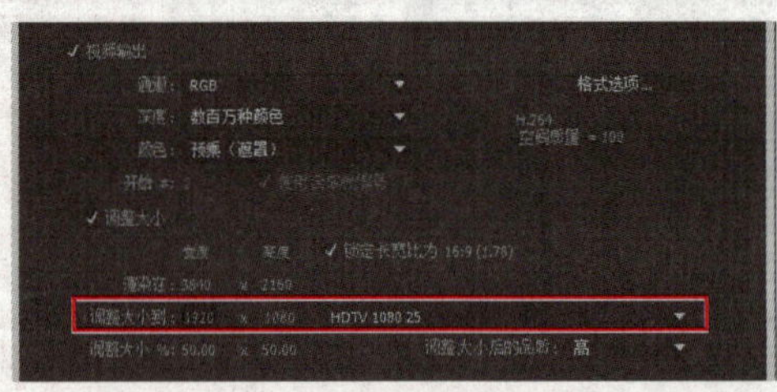

图 13-107　调整输出视频大小

13.4　制作颁奖典礼片头

下面利用本书所学知识，制作图 13-108 所示的颁奖典礼片头。

素材文件	素材与实例\第 13 章\颁奖典礼素材
效果展示和源文件	素材与实例\第 13 章\颁奖典礼镜头.aep、颁奖典礼片头.prproj、颁奖典礼片头.MP4

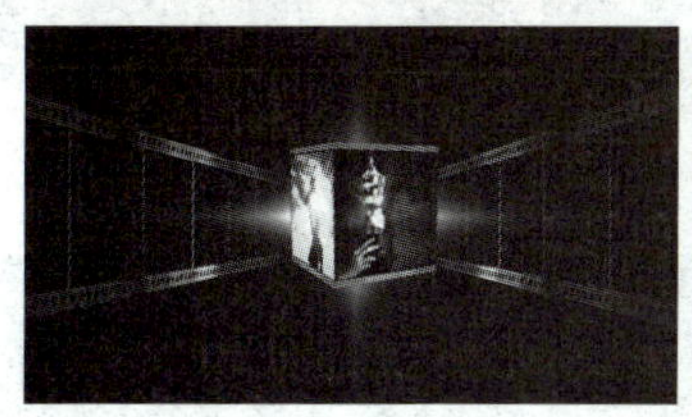

图 13-108　颁奖典礼片头播放效果截图

制作分析

首先通过绘制蒙版、创建关键帧动画以及添加和设置特效，准备片头所需的素材；然后创建“栏目包装镜头 01”和“栏目包装镜头 02”合成，利用准备的素材制作镜头中的画面效果；再将制作的合成导出为视频文件；最后启动 Premiere Pro CC 将导出的视频文件作为素材进行剪辑并添加音频，输出最终视频文件。

制作步骤

1．准备素材

步骤 1▶ 新建一个合成，将“合成名称”设为“盒子”，将“预设”选项设为“HDTV 1080 25”，将“分辨率”选项设为“四分之一”，将“持续时间”选项设为“15 秒”。

步骤 2▶ 将“项目”调板“图片和视频素材”文件夹中的“1～4.jpg”、“盒子顶颜色.jpg”和“盒子底颜色.jpg”图像素材添加到“时间轴”调板中，并参照本书 12.5 节实例中的操作，制作一个旋转立方体，如图 13-109 所示。

步骤 3▶ 新建一个双节点摄像机，然后在“时间轴”调板中展开“摄像机 1”图层的“摄像机选项”选项，设置摄像机的参数，如图 13-110 所示。

步骤 4▶ 将当前时间指针移至第 0 秒处，然后展开“摄像机 1”图层的“变换”选项，单击“位置”属性左侧的“时间变化秒表”按钮创建关键帧，并在“合成”调板的各视图中调整摄像机的位置，如图 13-111 所示。

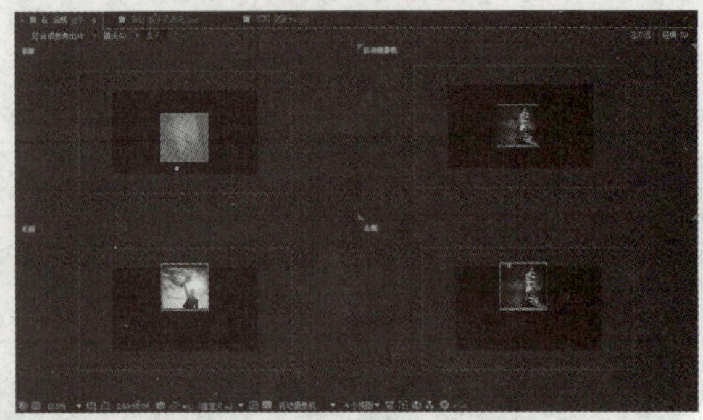

图 13-109　制作立方体

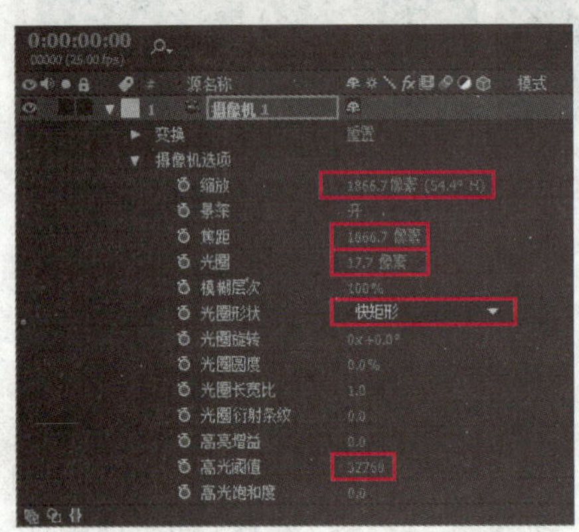

图 13-110　设置摄像机参数

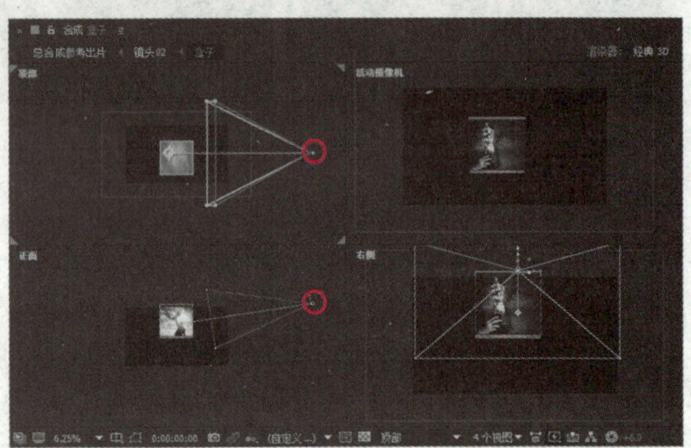

图 13-111　调整 0 秒处摄像机的位置

步骤 5▶　将当前时间指针移至第 1 秒 24 帧处，单击“摄像机 1”图层“目标点”属性左侧的“时间变化秒表”按钮创建关键帧，并在“合成”调板的各视图中调整摄像机和目标点的位置，并调整摄像机运动路径的弧度，如图 13-112 所示。

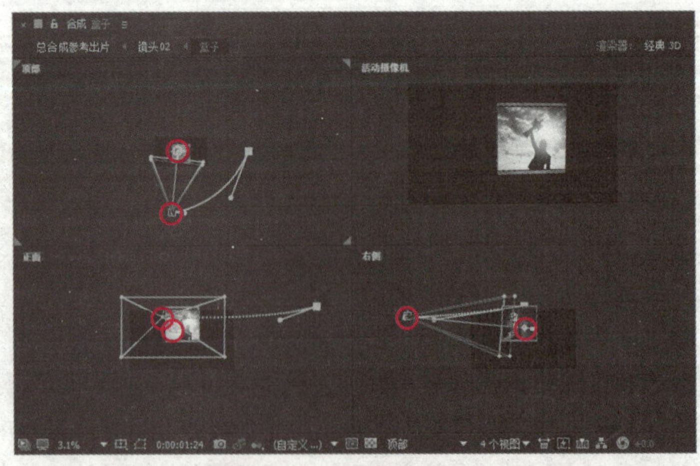

图 13-112　调整 1 秒 24 帧处摄像机和目标点的位置

步骤 6▶ 将当前时间指针移至第 3 秒 24 帧处，在“合成”调板的各视图中调整摄像机和目标点的位置，并调整摄像机运动路径的弧度，如图 13-113 所示。

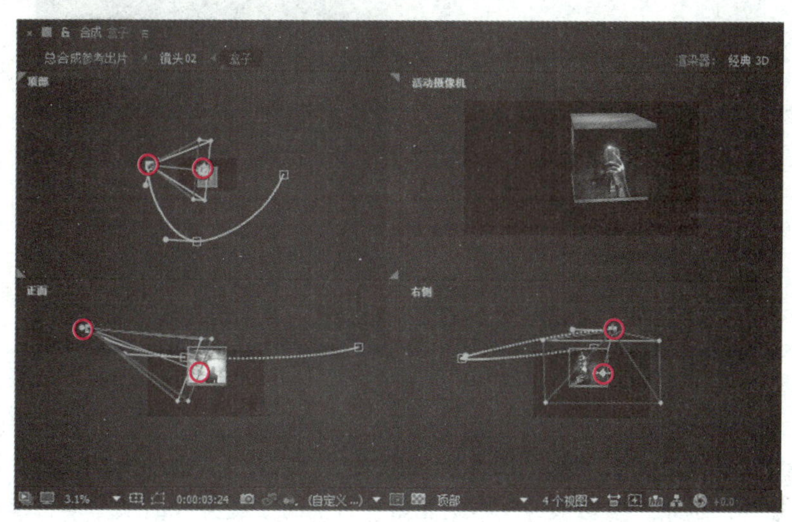

图 13-113　调整 3 秒 24 帧处摄像机和目标点的位置

步骤 7▶ 在所有图层上方新建一个黑色的纯色图层，并将其命名为“辉光”，然后为“辉光”图层添加“CC Particle Word”、“填充”和“发光”特效，并在“特效控件”调板中设置其参数，如图 13-114 和 113-115 所示；再激活“辉光”图层的“运动模糊-模拟快门持续时间”开关。

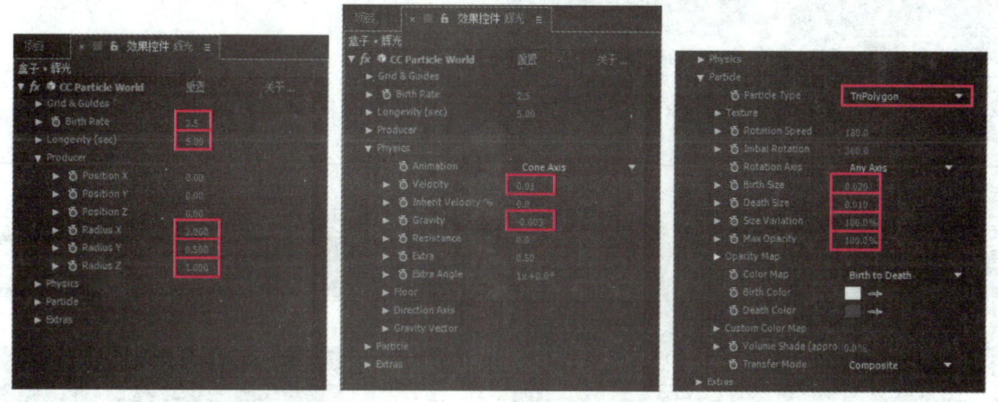

图 13-114　设置“CC Particle Word”特效参数

步骤 8▶ 新建一个名为“胶片”的合成，并在“合成设置”对话框中设置合成参数，如图 13-116 所示。

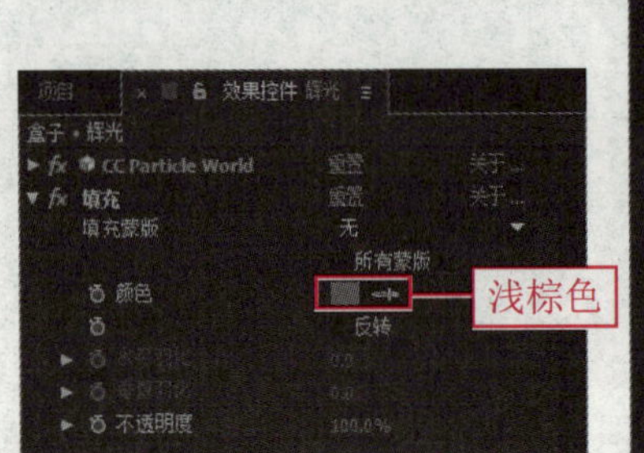

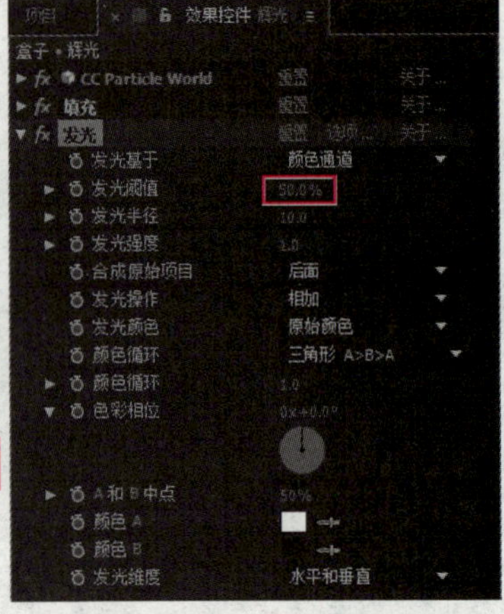

图 13-115　设置“填充”和“发光”特效参数

步骤 9▶　将“项目”调板“图片和视频素材”文件夹中的“胶片.psd”图像素材添加到“时间轴”调板中，然后展开“胶片.psd”图层的“变换”选项，单击“位置”属性左侧的“时间变化秒表”按钮创建关键帧，并将“合成”调板中的胶片图像移至画面左侧外，如图 13-117（a）所示；将当前时间指针移至第 4 秒 03 帧处，然后将“合成”调板中的胶片图像向右平移至画面右侧外，如图 13-117（b）所示。

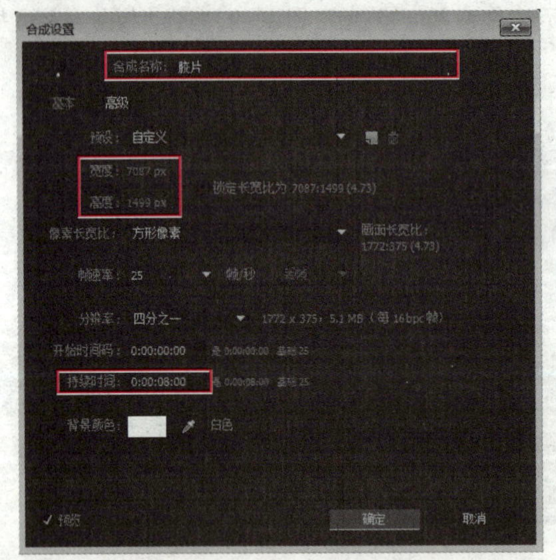

图 13-116　创建“胶片”合成

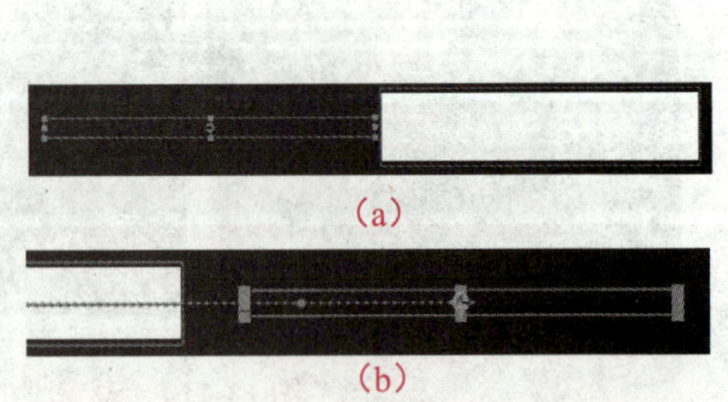

（a）

（b）

图 13-117　创建胶片平移的关键帧动画

步骤 10▶　将“项目”调板“图片和视频素材”文件夹中的“金属面反射.MOV”视频素材拖到“胶片.psd”图层上方，并将“金属面反射.MOV”图层的“模式”选项设为“模板亮度”。

步骤 11▶ 新建一个名为“底光素材”的合成，并在“合成设置”对话框中将“预设”选项设为“HDTV 1080 25”，将“持续时间”选项设为“15 秒”。

步骤 12▶ 将“项目”调板“图片和视频素材”文件夹中的“星星 01.jpg”图像素材添加到“时间轴”调板中，并将“星星 01.jpg”图层复制一份，然后将下方“星星 01.jpg”图层的“轨道遮罩”选项设为“亮度”，如图 13-118 所示。

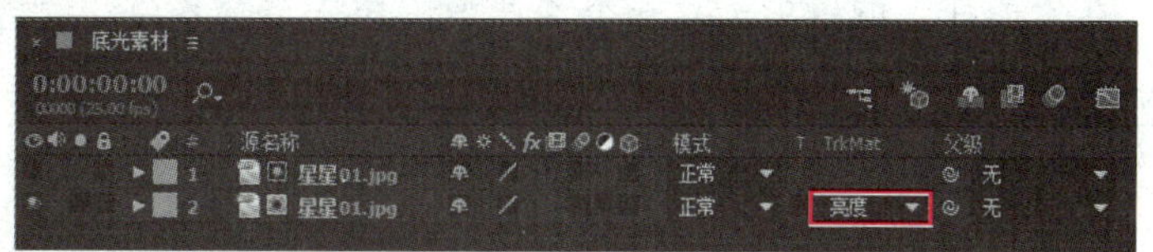

图 13-118 设置“星星 01.jpg”图层的“轨道遮罩”选项

步骤 13▶ 新建一个名为“粒子背景”的合成，并在“合成设置”对话框中将“预设”选项设为“HDTV 1080 25”，将“持续时间”选项设为“9 秒”。

步骤 14▶ 将“项目”调板“图片和视频素材”文件夹中的“粒子滚动.MOV”视频素材添加到“时间轴”调板中，并将“粒子滚动.MOV”图层复制一份，然后将下方“粒子滚动.MOV”图层的“轨道遮罩”选项设为“亮度”。

步骤 15▶ 新建一个名为“奖杯升起”的合成，并在“合成设置”对话框中将“预设”选项设为“HDTV 1080 25”，将“持续时间”选项设为“15 秒”。

步骤 16▶ 将“项目”调板“图片和视频素材”文件夹中的“奖杯.psd”图像素材添加到“时间轴”调板中，然后展开“奖杯.psd”图层的“变换”选项，单击“位置”属性左侧的“时间变化秒表”按钮创建关键帧，并将“合成”调板中的奖杯图像移至画面下方，如图 13-119（a）所示。

步骤 17▶ 将当前时间指针移至第 6 秒处，然后将“合成”调板中的奖杯图像向上移动，如图 13-119（b）所示。

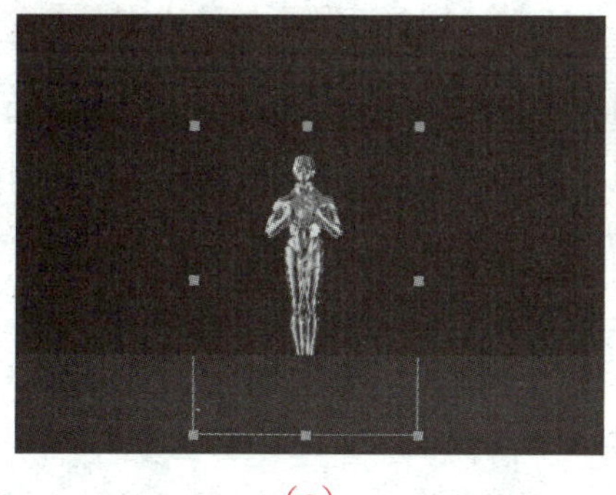

（a）

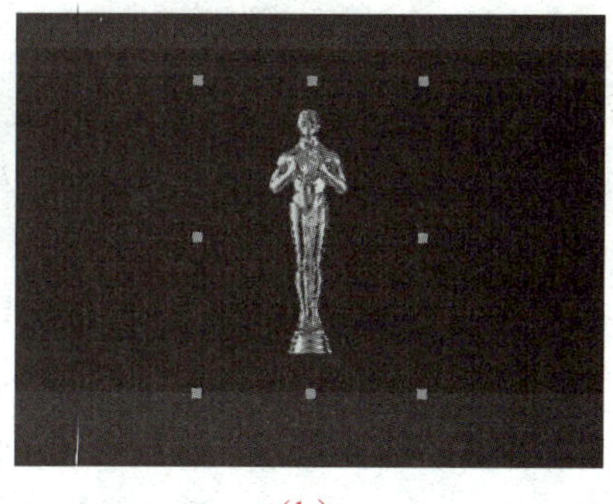

（b）

图 13-119 创建奖杯上升的关键帧动画

步骤 18▶ 将“奖杯.psd”图层复制一份，然后将“奖杯.psd”图层副本的“不透明度”属性设为“70%”，并为其添加“发光”特效，再在“效果控件”调板中设置“发光”特效的参数，如图 13-120 所示。

步骤 19▶ 将“项目”调板“图片和视频素材”文件夹中的“金属面反射.MOV”视频素材拖到所有图层下方，然后将“轨道遮罩”选项设为“亮度”。

步骤 20▶ 在“项目”调板中创建一个文件夹，并将其命名为“素材”，然后将刚刚创建的所有合成拖到该文件夹中。

2. 制作镜头 01

步骤 1▶ 新建一个名为“镜头 01”的合成，将“预设”选项设为“HDTV 1080 25”，将“持续时间”选项设为“8 秒”。

步骤 2▶ 将“项目”调板“图片和视频素材”文件夹中的“星星.jpg”图像素材添加到“时间轴”调板中，然后为“星星.jpg”图层添加“发光”特效，并在“特效控件”调板中设置其参数，如图 13-121 所示。

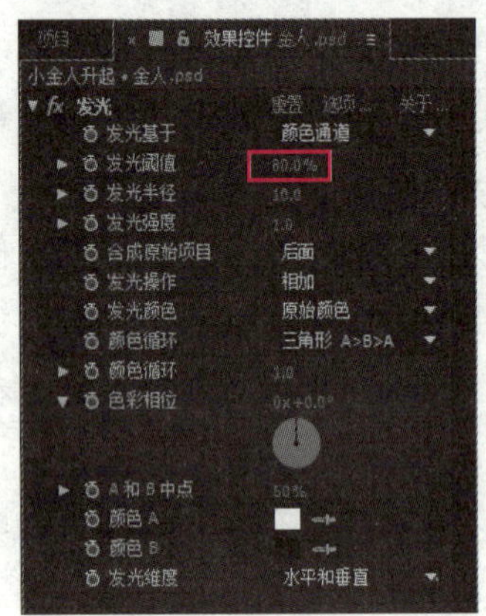

图 13-120 设置“发光”特效参数

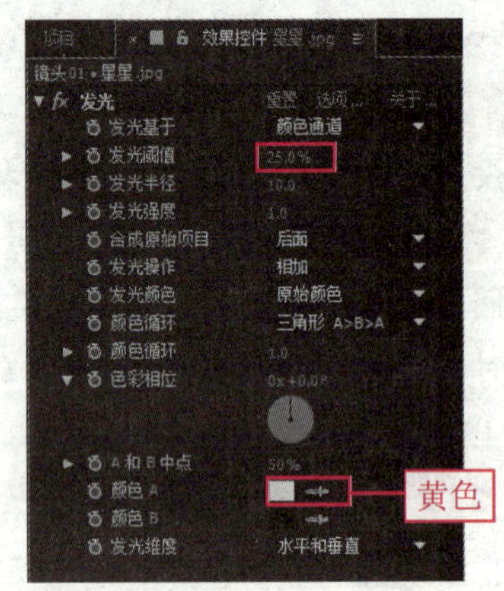

图 13-121 设置“发光”特效参数

步骤 3▶ 展开“星星.jpg”图层的“变换”选项，单击“缩放”属性左侧的“时间变化秒表”按钮创建关键帧，并将“缩放”属性设为“0，0%”；将当前时间指针移至第 3 秒 02 帧处，然后将“缩放”属性设为“1000，1000%”；将当前时间指针移至第 4 秒 01 帧处，然后将“缩放”属性设为“10000，10000%”。

步骤 4▶ 新建一个纯色图层，并将其命名为“BG”，然后为“BG”图层添加“梯度渐变”特效，并在“特效控件”调板中设置其参数，如图 13-122 所示。

步骤 5▶ 将当前时间指针移至第 0 秒处，然后展开“BG”图层的“变换”选项，单击“不透明度”属性左侧的“时间变化秒表”按钮创建关键帧，再将当前时间指针移至第 1 秒 14 帧处，将“不透明度”属性设为“0%”。

步骤 6▶ 将“项目”调板“素材”文件夹中的“胶片”合成拖到“BG”图层上方，然后将“胶片”图层转换为三维图层，展开“胶片”图层的“变换”选项，将“锚点”属性设为“3544，750，-217”，将“位置”属性设为“26，540，342”，将“方向”属性设为“0.0°，5.0°，0.0°”。

步骤 7▶ 为“胶片”图层添加“梯度渐变”特效，并在“特效控件”调板中设置其参数，如图 13-123 所示。

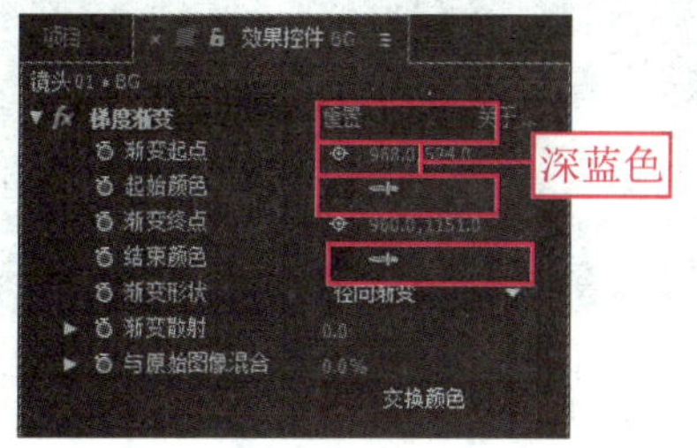

图 13-122　设置“梯度渐变”特效参数

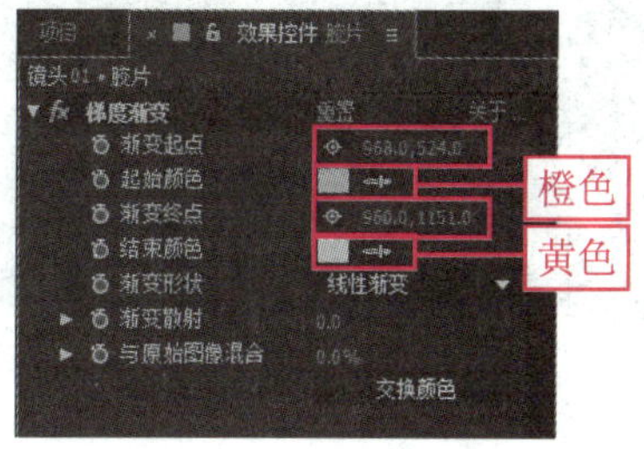

图 13-123　设置“梯度渐变”特效参数

步骤 8▶ 将“胶片”图层复制一份，然后展开“胶片”图层副本的“变换”选项，将“锚点”属性设为“3544，750，714”，将“位置”属性设为“-23，540，167”，将“方向”属性设为“0.0°，355.0°，0.0°”。

步骤 9▶ 将“项目”调板“素材”文件夹中的“盒子”合成拖到“胶片”图层上方，使其入点位于第 2 秒处，然后展开“盒子”图层的“变换”选项，单击“缩放”和“不透明度”属性左侧的“时间变化秒表”按钮创建关键帧，并将“缩放”属性设为“42，45%”，将“不透明度”属性设为“0%”；将当前时间指针移至第 2 秒 18 帧处，将“不透明度”属性设为“100%”；将当前时间指针移至第 3 秒 01 帧处，将“缩放”属性设为“65，69%”。

步骤 10▶ 创建一个双节点摄像机，然后在“合成”调板中同时显示 4 个视图，在各视图中调整摄像机和目标点的位置，如图 13-124 所示。

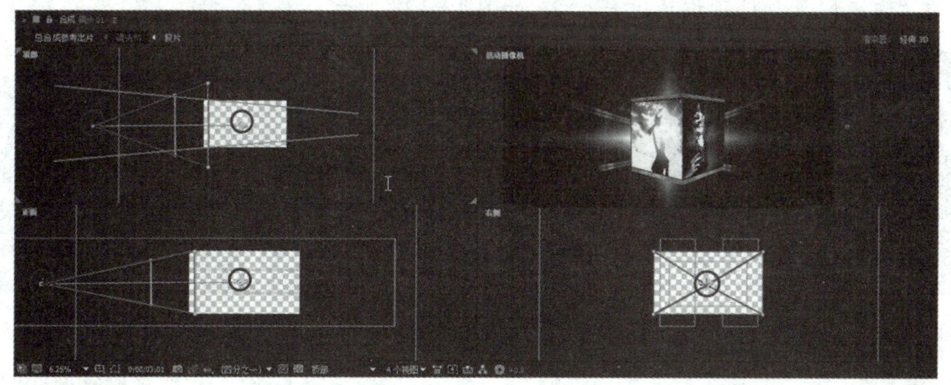

图 13-124　设置摄像机位置

步骤 11▶ 创建一个名为“灯光”的点状光图层，然后展开“灯光”图层的“灯光选项”选项，设置灯光参数，如图 13-125 所示。

步骤 12▶ 在“合成”调板的各视图中调整灯光的位置，如图 13-126 所示。

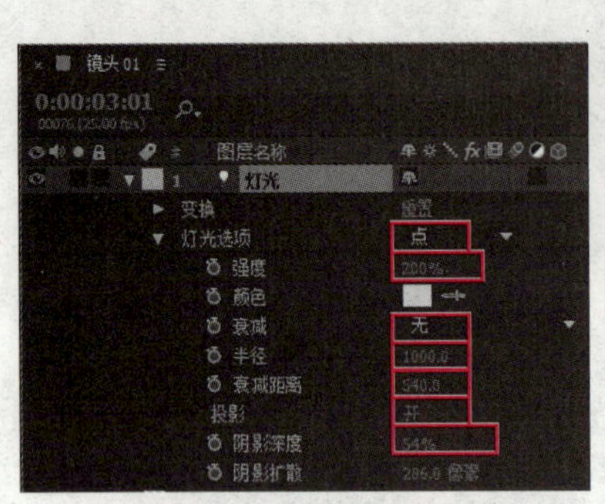

图 13-125 设置灯光参数

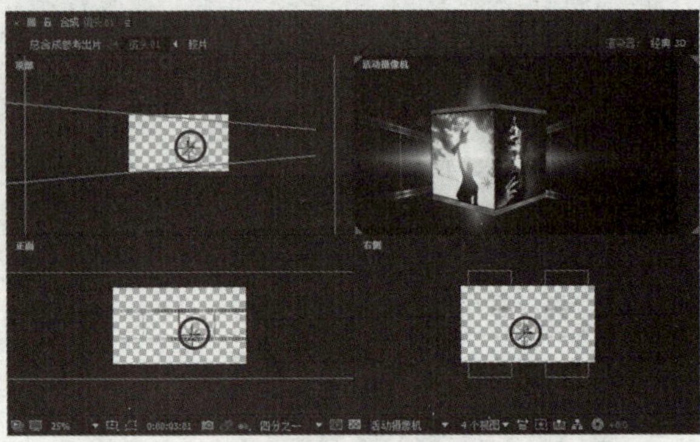

图 13-126 调整灯光位置

3．制作镜头 02

步骤 1▶ 新建一个名为“镜头 02”的合成，将“预设”选项设为“HDTV 1080 25”，将“持续时间”选项设为“15 秒”。

步骤 2▶ 将“镜头 01”合成中的“BG”图层复制到“镜头 02”合成的“时间轴”调板中，然后在“特效控件”调板中将“梯度渐变”特效的“起始颜色”改为“橙黄色”，如图 13-127 所示。

步骤 3▶ 将“盒子”合成中的“辉光”图层复制到“镜头 02”合成的“时间轴”调板中。

步骤 4▶ 将“项目”调板“图片和视频素材”文件夹中的“群星闪烁.mov”视频素材拖到“辉光”图层上方，并将“群星闪烁.mov”图层复制一份，然后将下方“群星闪烁.mov”图层的“轨道遮罩”选项设为“亮度”，如图 13-128 所示。

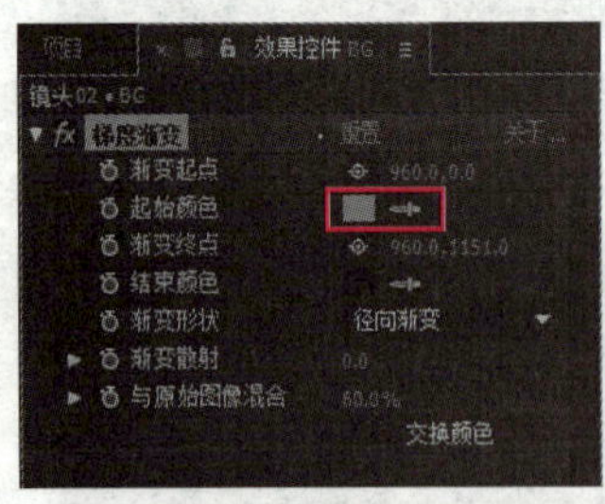

图 13-127 调整“梯度渐变”特效参数

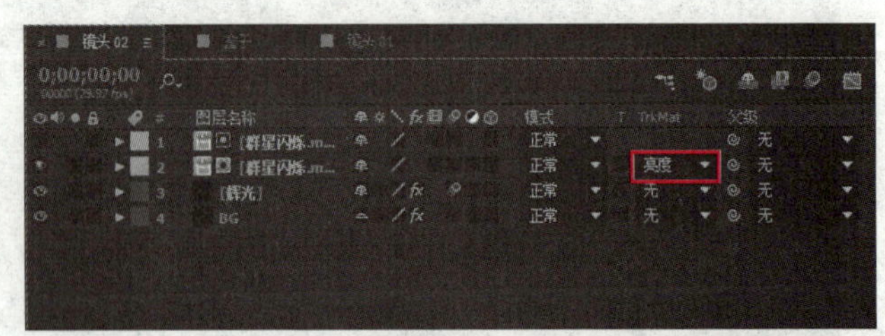

图 13-128 设置“群星闪烁.mov”图层的轨道遮罩

步骤 5▶ 将“项目”调板“素材”文件夹中的“盒子”合成拖到“群星闪烁.mov”

图层上方，此时由于“镜头 01”与“镜头 02”切换时盒子旋转的动画是连续的，因此需要调整“盒子”图层入点的位置，将当前时间指针移至第 1 秒 08 帧处，然后将光标移至“盒子”图层的入点位置，将其拖至 1 秒 08 帧处，再在时间线上将“盒子”图层整体向左拖动，使其入点对齐至第 0 秒处，如图 13-129 所示。

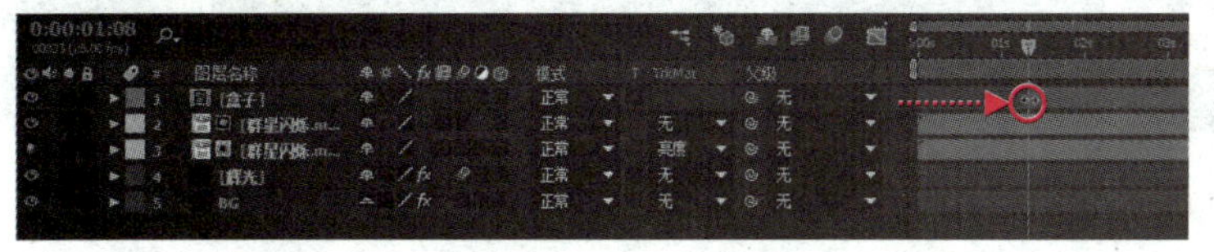

图 13-129　调整“盒子”图层的入点

步骤 6▶　将当前时间指针移至第 0 秒处，展开“盒子”图层的“变换”选项，然后单击“不透明度”属性左侧的“时间变化秒表”按钮创建关键帧，并将“缩放”属性设为“65，68%”，然后使用“椭圆工具”在“合成”调板中创建图 13-130 所示的蒙版。

步骤 7▶　将“盒子”图层的“不透明度”属性设为“0%”；将当前时间指针移至第 0 秒 13 帧处，将“不透明度”属性设为“100%”；将当前时间指针移至第 1 秒 21 帧处，为“不透明度”属性添加关键帧；将当前时间指针移至第 3 秒 05 帧处，将“不透明度”属性设为“0%”。

步骤 8▶　选择“横排文本工具”，在“字符”调板中将“字体系列”设为“Felix Titling”，将“字体大小”设为“100”，然后在“合成”调板中输入图 13-131 所示的文本。

图 13-130　创建蒙版

图 13-131　输入文本

步骤 9▶　为文本图层添加“梯度渐变”、“斜面 Alpha”和“投影”特效，并在“特效控件”调板中设置特效参数，如图 13-132 所示。

步骤 10▶　将文本图层复制一份，然后将文本图层副本中的文字改为“FILM BY ROBERT DALTON”，并在“字符”调板中将“字体”大小改为“40”，如图 13-133 所示。

步骤 11▶　将当前时间指针移至第 0 秒处，打开“效果和预设”调板，将“动画预设”>“Text”>“3D Text”组中的“3D 按随机顺序震动进入”预设分别拖到两个文本图层上，播放效果如图 13-134 所示。

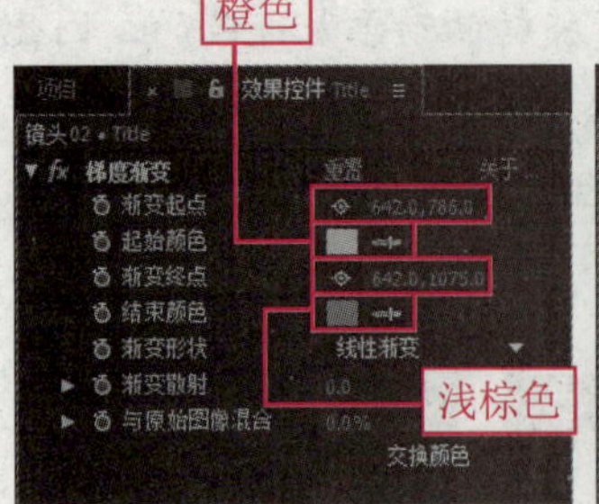

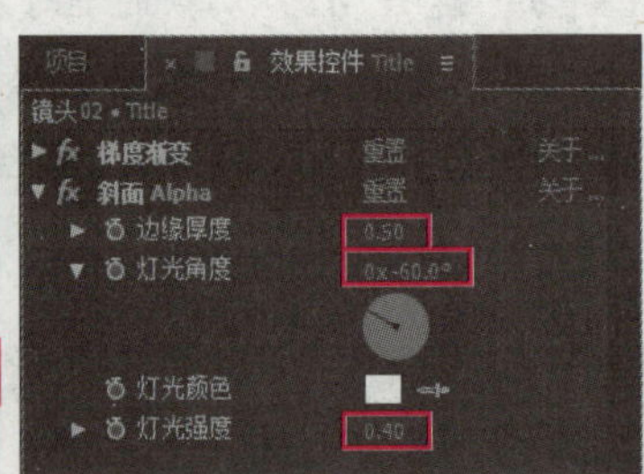

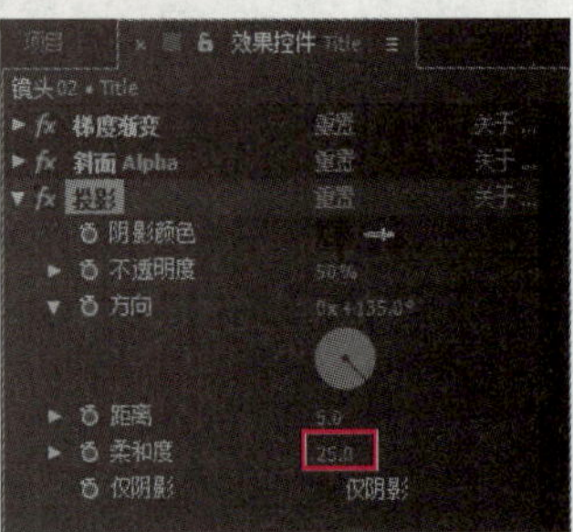

图 13-132　设置“梯度渐变”、“斜面 Alpha”和“投影”特效参数

图 13-133　修改文本图层中的文本

图 13-134　为文本图层添加动画预设后的效果

步骤 12▶　激活两个文本图层的“运动模糊—模拟快门持续时间”开关。

4．制作镜头 03

步骤 1▶　新建一个名为“镜头 03”的合成，将“预设”选项设为“HDTV 1080 25”，将“持续时间”选项设为“15 秒”。

步骤 2▶　创建一个纯色图层，然后为其添加“梯度渐变”特效，并在“特效控件”调板中设置“梯度渐变”特效的参数，也可在“合成”调板中设置渐变起点和渐变终点的位置，如图 13-135 所示。

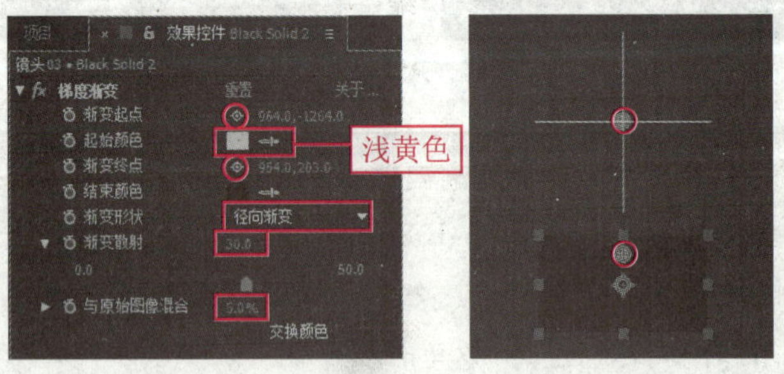

图 13-135　调整“梯度渐变”特效参数

步骤 3▶　将“项目”调板“图片和视频素材”文件夹中的“星星.jpg”图像素材拖到纯色图层上方，然后展开“星星.jpg”图层的“变换”选项，将“锚点”属性设为“300,

300”，将“位置”属性设为“-8，0”，将“缩放属性设为“1860，1860%”，再将“星星.jpg”图层的“模式”选项设为“排除”。

步骤4▶ 将“项目”调板“素材”文件夹中的“粒子背景”合成拖到“星星.jpg”图层上方，并将“粒子背景”图层的“缩放”属性设为“132.5，132.5%”。

步骤5▶ 将“项目”调板“素材”文件夹中的“底光素材”合成拖到“粒子背景”图层上方，并将“底光素材”图层的“位置”属性设为“952，1140”，将“缩放”属性设为“242.5，242.5%”。

步骤6▶ 将“盒子”合成中的“辉光”图层复制到“镜头03”合成的“时间轴”调板中，然后将“辉光”图层的“缩放”属性设为“145.8，145.8%”。

步骤7▶ 将“项目”调板“图片和视频素材”文件夹中的“喷发粒子”视频素材拖到“辉光”图层上方，然后将“喷发粒子”图层的“缩放”属性设为“154，179%”，将“旋转”属性设为“0×-90.0°”，再将“喷发粒子”图层的“模式”选项设为“变亮”。

步骤8▶ 创建一个橙色的纯色图层，然后将纯色图层的“模式”选项设为“颜色”。

步骤9▶ 将“项目”调板“素材”文件夹中的“奖杯升起”合成拖到纯色图层上方，并将“奖杯升起”图层的“位置”属性设为“968，902”，将“缩放”属性设为“181，181%”。

5. 制作镜头04

步骤1▶ 新建一个名为“镜头04”的合成，将“预设”选项设为“HDTV 1080 25”，将“持续时间”选项设为“15秒”。

步骤2▶ 将“镜头03”合成最下方的纯色图层复制到“镜头04”合成的“时间轴”调板中。

步骤3▶ 将“项目”调板“图片和视频素材”文件夹中的“星星.jpg”图像素材拖到纯色图层上方，然后展开“星星.jpg”图层的“变换”选项，将“锚点”属性设为“300，300”，将“位置”属性设为“-8，276”，将“缩放”属性设为“784，784%”，再将“星星.jpg”图层的“模式”选项设为“排除”，如图13-136所示。

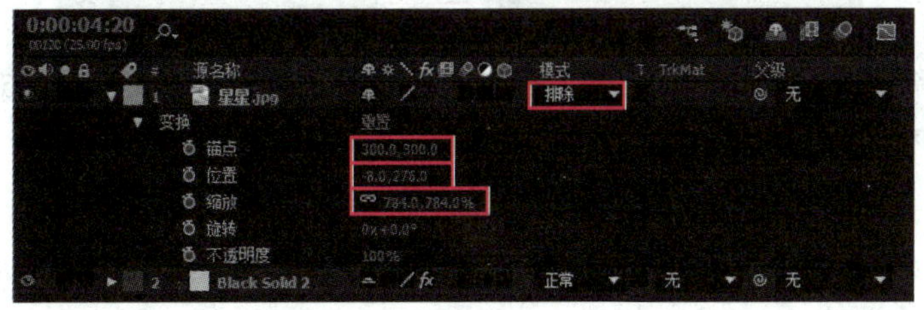

图13-136 设置“星星.jpg”图层的属性参数和混合模式

步骤4▶ 将“项目”调板“素材”文件夹中的“粒子背景”合成拖到“星星.jpg”图

层上方，然后将当前时间指针移至第 3 秒 04 帧处，展开“粒子背景”图层的“变换”选项，单击“不透明度”属性左侧的“时间变化秒表”按钮创建关键帧；再将当前时间指针移至第 4 秒 20 帧处，将“不透明度”属性设为“0%”。

步骤 5▶ 将“项目”调板“素材”文件夹中的“底光素材”合成拖到“粒子背景”图层上方，然后将“底光素材”图层的“位置”属性设为“952，1158”，将“缩放”属性设为“144，304%”。

步骤 6▶ 将“盒子”合成中的“辉光”图层复制到“镜头 04”合成的“时间轴”调板中。

步骤 7▶ 将“项目”调板“图片和视频素材”文件夹中的“喷发粒子.mov”视频素材拖到“辉光”图层上方，然后将“喷发粒子.mov”图层的“位置”属性设为“960，870”，将“缩放”属性设为“133，149%”，将“旋转”属性设为“0×-90.0°”。

步骤 8▶ 选中“喷发粒子.mov”图层，使用“钢笔工具”在“合成”调板中绘制一个图 13-137 所示的蒙版。

步骤 9▶ 新建一个淡橙色的纯色图层，然后将纯色图层的“模式”选项设为“颜色”，此时“合成”面板的画面如图 13-138 所示。

步骤 10▶ 将“项目”调板“素材”文件夹中的“奖杯升起”合成拖到纯色图层上方。

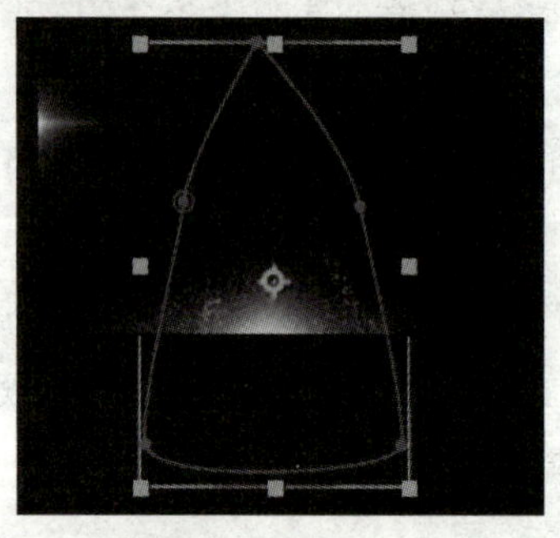

图 13-137　创建蒙版

图 13-138　创建纯色图层并设置其混合模式

步骤 11▶ 选择“横排文本工具”，在“字符”调板中将“字体系列”设为“汉仪水波体简”，将“字体大小”设为“50”，然后在“合成”调板中输入“The 45th annual awards ceremony”，如图 13-139 所示。

步骤 12▶ 将文本图层的入点拖到第 1 秒处，然后为文本图层添加“梯度渐变”和“投影”特效，并在“特效控件”调板中设置特效参数，如图 13-140 所示。

步骤 13▶ 打开“效果和预设”调板，为文本图层添加“动画预设” > “Text” > “3D Text”组中的“3D 反转进入旋转 X”预设。

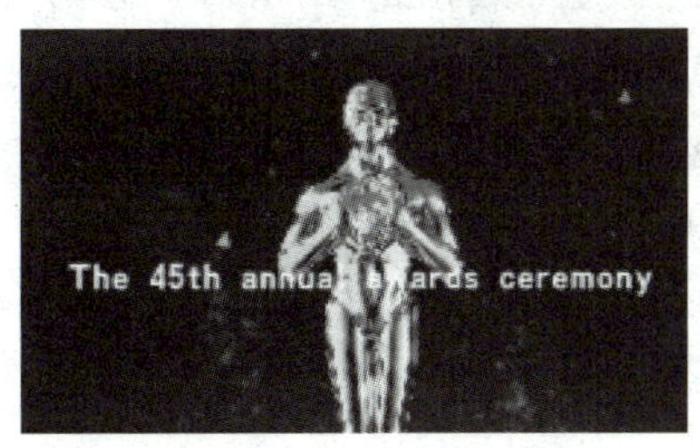

图 13-139　输入文本

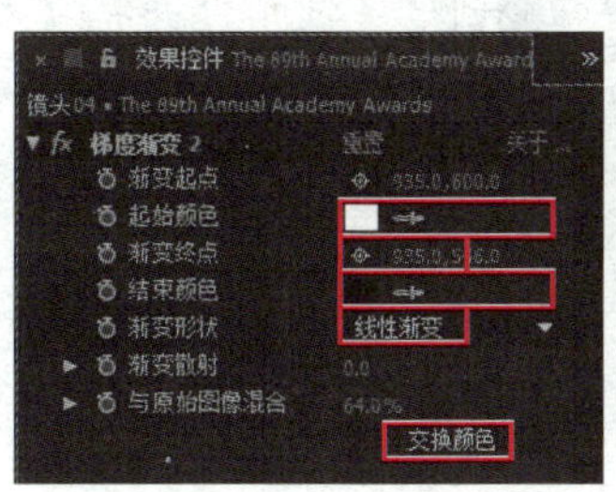

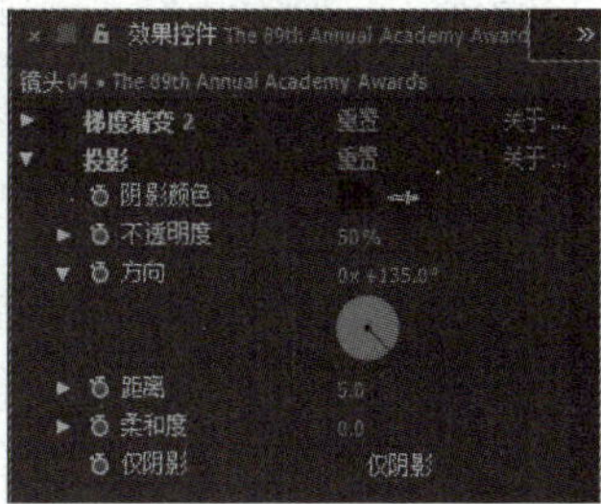

图 13-140　设置“梯度渐变”和“投影”特效的参数

步骤 14▶　选择“横排文本工具”，在“字符”调板中将“字体系列”设为“华文细黑”，将“字体大小”设为“212”，然后在“合成”调板中输入“CEREMONY”，如图 13-141 所示。

步骤 15▶　将“CEREMONY”文本图层的入点拖到第 2 秒 13 帧处，然后为“CEREMONY”文本图层添加“浮雕”、“梯度渐变”和“发光”特效，并在“特效控件”调板中设置特效参数，如图 13-142 和 13-143 所示。

图 13-141　输入文本

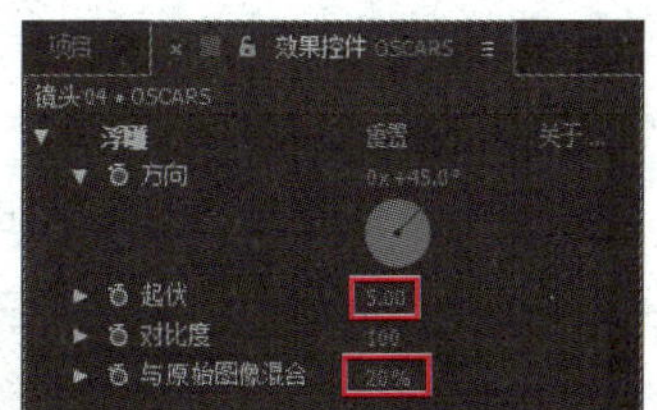

图 13-142　设置“浮雕”特效参数

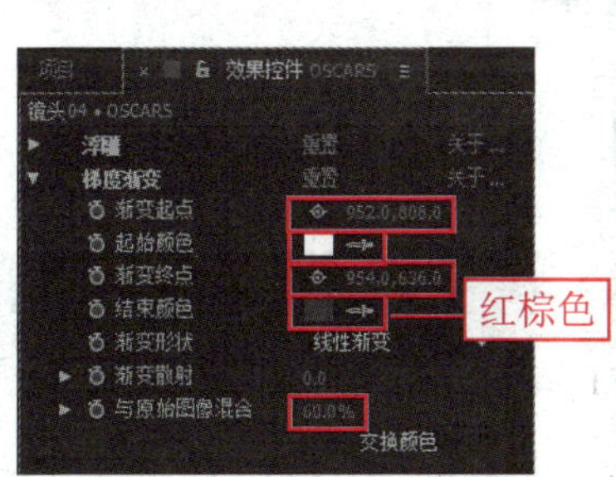

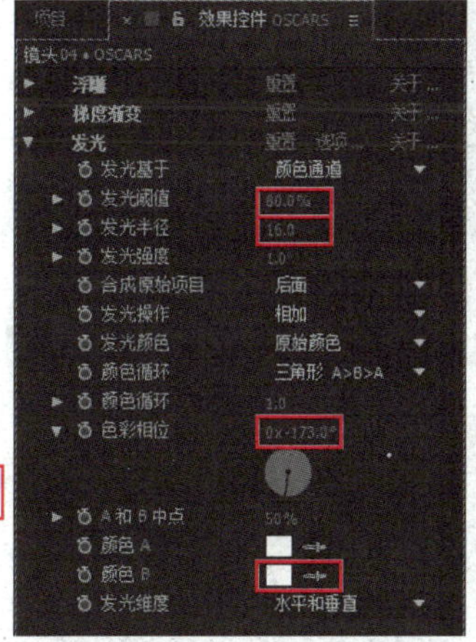

图 13-143　设置“梯度渐变”和“发光”特效参数

步骤 16▶　展开“CEREMONY”文本图层的“变换”选项，单击“不透明度”属性

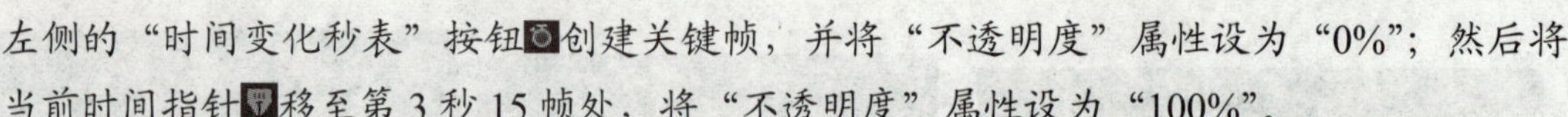

左侧的“时间变化秒表”按钮创建关键帧，并将“不透明度”属性设为“0%”；然后将当前时间指针移至第 3 秒 15 帧处，将“不透明度”属性设为“100%”。

步骤 17▶ 在“项目”调板中新建一个“项目合成层”文件夹，然后将“镜头 01”、“镜头 02”、“镜头 03”和“镜头 04”合成拖到该文件夹中。

6. 合成输出

步骤 1▶ 参照综合案例 1 的设置，将“镜头 01”、“镜头 02”、“镜头 03”和“镜头 04”合成输出为名为“镜头 01.mov”、“镜头 02.mov”、“镜头 03.mov”和“镜头 04.mov”的视频文件，注意设置输出格式时在“输出模块设置”对话框的“音频输出”下拉列表中选择“关闭音频输出”选项，如图 13-144 所示。

步骤 2▶ 启动 Premiere Pro CC，新建一个名为“颁奖典礼片头”的项目文件，将刚刚导出的视频文件和“颁奖典礼素材”文件夹中的“背景音乐.mp3”音频文件导入到“项目”调板中，然后将“镜头 01.mov”视频素材添加到“时间轴”调板中。

步骤 3▶ 分别将“项目”调板中的“镜头 02.mov”和“镜头 03.mov”视频素材添加到“时间轴”调板的“视频 2”和“视频 3”轨道中，并使其入点分别对齐至第 3 秒 08 帧处和第 5 秒处。

步骤 4▶ 在“时间轴”调板中新建一个视频轨道，然后将“时间轴”调板的当前时间指针移至第 7 秒 06 帧处，再将“项目”调板中的“镜头 04.mov”视频素材添加到“时间轴”调板的“视频 4”轨道中，并使其入点对齐至第 7 秒 06 帧处，如图 13-145 所示。

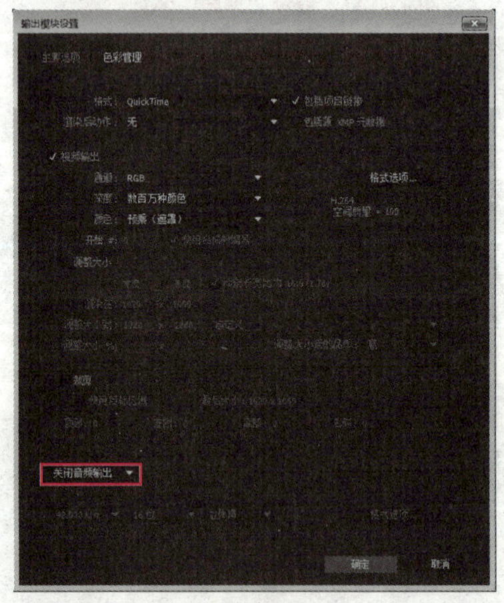

图 13-144　关闭音频输出

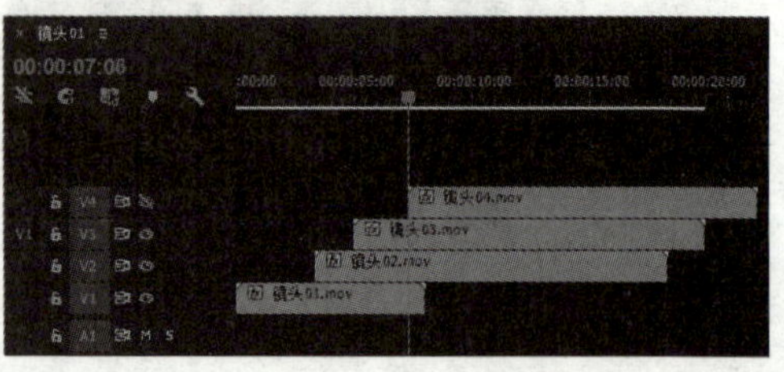

图 13-145　将视频素材添加到“时间轴”中

步骤 5▶ 将"时间轴"调板的当前时间指针■移至第 15 秒处，然后隐藏"视频 4"轨道，按快捷键【Ctrl+K】对"镜头 02.mov"和"镜头 03.mov"视频素材进行分割，并删除 15 秒后的片段。

步骤 6▶ 将"时间轴"调板的当前时间指针■移至第 16 秒 12 帧处，显示"视频 4"轨道，然后按快捷键【Ctrl+K】对"镜头 04.mov"视频素材进行分割，并删除 16 秒 12 帧后的片段，如图 13-146 所示。

步骤 7▶ 为"镜头 02.mov"、"镜头 03.mov"，以及"镜头 04.mov"素材片段的入点和出点添加"效果"调板"视频过渡">"溶解"组中的"交叉溶解"过渡效果，并在"效果控件"调板中将"镜头 04.mov"素材片段出点处的"交叉溶解"过渡效果的"持续时间"设为"1 秒 12 帧"，如图 13-147 所示。

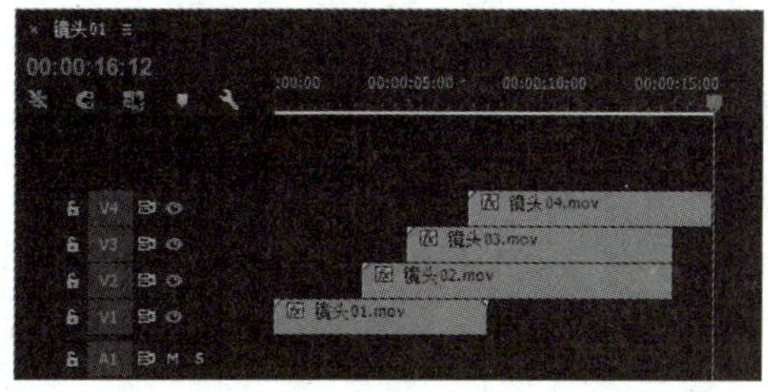

图 13-146　分割并删除素材片段

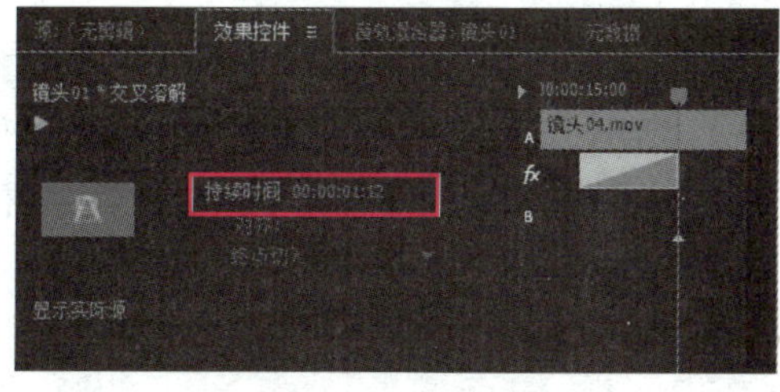

图 13-147　设置"交叉溶解"过渡效果的持续时间

步骤 8▶ 将"项目"调板中的"背景声音.mp3"音频素材添加到"时间轴"调板的"音频 1"轨道中，锁定视频轨道，将"时间轴"调板的当前时间指针■移至第 16 秒处，然后按快捷键【Ctrl+K】对"背景声音.mp3"音频素材进行分割，并删除 16 秒后的部分。

步骤 9▶ 为"背景声音.mp3"音频素材的出点添加"效果"调板"音频过渡">"交叉淡化"组中的"指数淡化"过渡效果，并在"效果控件"调板中将"指数淡化"过渡效果的"持续时间"设为"1 秒 12 帧"。

步骤 10▶ 单击"时间轴"调板，按快捷键【Ctrl+M】，在打开的"导出设置"对话框中将"格式"选项设为"H.264"，然后单击"输出名称"选项右侧的文本，设置输出视频的保存路径和名称，再单击"导出"按钮进行输出，至此案例就完成了。

参考文献

[1] 颜磊，等．中文版 Premiere Pro CS4 实例与操作［M］．北京：航空工业出版社，2013．

[2] 元亨．Premiere Pro CS6 高手成长之路［M］．北京：清华大学出版社，2014．

[3] 黄薇，等．Premiere Pro CS6 中文版标准教程［M］．北京：清华大学出版社，2014．

[4] 程明才．After Effects CC 中文版超级学习手册［M］．北京：人民邮电出版社，2014．

[5] 吉家进，等．中文版 After Effects 影视特效制作 208 例．北京：人民邮电出版社，2015．

[6] 铁钟．After Effects CC 高手成长之路［M］．北京：清华大学出版社，2013．

[7] 周炜，等．After Effects CS6 影视后期制作实战从入门到精通［M］．北京：人民邮电出版社，2013．